Übungsbuch Konzernbilanzen

# Übungsbuch Konzernbilanzen

## Aufgaben und Fallstudien mit Lösungen

von

Prof. Dr. Dr. h. c. Jörg Baetge
Universität Münster

Prof. Dr. Hans-Jürgen Kirsch
Universität Münster

Prof. Dr. Stefan Thiele
Bergische Universität Wuppertal

9., aktualisierte und umfassend neu gestaltete Auflage

IDW VERLAG GMBH

Das Thema Nachhaltigkeit liegt uns am Herzen:

9., aktualisierte und umfassend neu gestaltete Auflage


Die IDW Verlag GmbH ist ein Unternehmen des Instituts der Wirtschaftsprüfer in Deutschland e. V. (IDW).

Satz: Reemers Publishing Services GmbH Krefeld
Druck und Verarbeitung: Beltz Bad Langensalza GmbH
KN 12135



ISBN 978-3-8021-2967-4

Bibliografische Informationen der Deutschen Bibliothek
Die Deutsche Bibliothek verzeichnet diese Publikation in der Deutschen Nationalbibliografie; detaillierte bibliografische Daten sind im Internet unter http://www.d-nb.de abrufbar.

**www.idw-verlag.de**

# Vorwort zur neunten Auflage

Mit der Neuauflage des Lehrbuchs „Konzernbilanzen“ erscheint in nunmehr neunter Auflage das inhaltlich und strukturell abgestimmte „Übungsbuch Konzernbilanzen“. Dabei wurden die aktuellen Entwicklungen der nationalen und internationalen Rechnungslegung umfassend eingearbeitet. Zudem haben wir das Übungsbuch um eine Teilaufgabe zu Kaufpreisanpassungsklauseln nach IFRS ergänzt.

Diese Auflage des „Übungsbuchs Konzernbilanzen“ umfasst sowohl Aufgaben zur handelsrechtlichen als auch zur internationalen Rechnungslegung. Aus dem Titel der jeweiligen Übung geht das relevante Rechnungslegungssystem hervor. Wird im Titel der jeweiligen Übung kein expliziter Bezug zu einem Normensystem hergestellt, so bezieht sich die Aufgabe sowohl auf die nationalen als auch auf die internationalen Regelungen.

In Einklang mit den vorherigen Auflagen, stehen Ihnen Leerformulare im Internet zur Verfügung, um die Bearbeitung der Aufgaben mit umfangreicheren Konsolidierungstabellen zu erleichtern. Die Leerformulare können kostenfrei unter www.baetge-kirsch-thiele.de heruntergeladen werden.

Bei der Erstellung der sechsten Auflage haben uns die Mitarbeiter des Instituts für Rechnungslegung und Wirtschaftsprüfung (IRW) der Universität Münster tatkräftig unterstützt. Wir sind Frau Ann Kristin Borchert (M.Sc.), Frau Clarissa Büngeler (M.Sc.), Frau Dr. Sarah Marie Igel, Frau Maren Kwiatkowski (M.Sc.), Herrn Simon Lücht (M.Sc.) und Herrn Dr. Sebastian von Friedolsheim zu großem Dank verpflichtet.

Ferner sind wir dem gesamten Team der studentischen Mitarbeiterinnen und Mitarbeiter des Instituts für Rechnungslegung und Wirtschaftsprüfung (IRW) für ihre vielfältige Unterstützung zu großem Dank verpflichtet.

Die Gesamtkoordination des Projektes lag in den souveränen Händen von Herrn Simon Lücht (M.Sc.), der die zahlreichen inhaltlichen Fragen und formalen Aspekte mit hervorragender Sachkenntnis, großer Sorgfalt und viel Geduld bewältigt hat. In der Endphase wurde er von Frau Maren Kwiatkowski (M.Sc.) tatkräftig unterstützt. Ihnen gilt unser besonderer Dank.

Natürlich freuen wir uns auch bei dieser Auflage des Übungsbuches sehr über Ihre Anmerkungen und Verbesserungsvorschläge.

Münster und Wuppertal, im September 2024

Jörg Baetge
Hans-Jürgen Kirsch
Stefan Thiele

# Vorbemerkung zur zweiten Auflage

Mit der vorliegenden Neuauflage ist das 1995 erstmals erschienene „Übungsbuch Bilanzierung" erheblich erweitert worden. Dies hat mich zum einen veranlaßt, das Übungsbuch nunmehr auf zwei Bände aufzuteilen: neben dem „Übungsbuch Konzernbilanzen" erscheint das „Übungsbuch Bilanzen und Bilanzanalyse". Zum anderen habe ich meine beiden Schüler, Herrn Prof. Dr. Hans-Jürgen Kirsch und Herrn Dr. Stefan Thiele, gebeten, beide Übungsbücher mit mir gemeinsam herauszugeben. Das „Übungsbuch Konzernbilanzen" liegt nunmehr als Ergebnis dieser Gemeinschaftsarbeit vor.

Münster, im September 2002 Jörg Baetge

# Vorwort zur ersten Auflage

Bilanzen sind, wie schon im Vorwort der ersten Auflage des Lehrbuches „Bilanzen" des Herausgebers erwähnt, kein trockenes Buchhalter-Thema. Mit dem vorliegenden „Übungsbuch Bilanzierung" soll diese Feststellung unterstrichen werden. Das Übungsbuch enthält einerseits Aufgaben, Fallbeispiele und Vorlesungsfälle aus den Bereichen Einzelabschluß, Konzernabschluß, Bilanzanalyse/Bilanzpolitik und Unternehmensbewertung, die in den vergangenen Semestern Inhalt von Examensklausuren, Seminar-Klausuren und Vorlesungen des Herausgebers an der Westfälischen Wilhelms-Universität Münster waren. Andererseits sind auch zahlreiche Fälle und Übungen aus den Vorlesungen von Prof. Dr. Andreas Nordmeyer und WP Dr. Wienand Schruff an der Universität Münster Gegenstand dieses Buches. Durch diese Publikation werden die bisher erschienenen Lehrbücher „Bilanzen" und „Konzernbilanzen" des Herausgebers ergänzt. Das „Übungsbuch Bilanzierung" kann daher auf ideale Weise zusammen mit diesen beiden Büchern eingesetzt werden. Aber auch für sich allein bietet das „Übungsbuch Bilanzierung" aufgrund seiner umfassenden Konzeption die besondere Möglichkeit, den Studierenden grundlegendes Wissen im Bereich des externen Rechnungswesens zu vermitteln. Um den Übungscharakter des Buches zu betonen, sind die Lösungen für etwa die Hälfte der Aufgaben und Fallstudien abgedruckt, während ein Teil der Übungen nicht gelöst ist. Durch die umfassenden Literaturhinweise zu jeder Übung besteht indes die Möglichkeit, die jeweilige Aufgabe oder Fallstudie auch ohne Kenntnis der Lösung oder ohne die Lösungshinweise zu bearbeiten. Die Studierenden sollen durch das Übungsbuch in die Lage versetzt werden, das Buch als Lernhilfe sowie Wissenskontrolle zu verwenden und sich optimal auf Vorlesungen/Seminare und Klausuren vorzubereiten. An manchen Stellen überschreiten die Übungen bewußt den Stoffumfang, der durch die Lehrbücher „Bilanzen" und „Konzernbilanzen" des Herausgebers vermittelt wird, so daß eine Vertiefung des Lehrbuchstoffes angeboten wird. [...]

Münster, 15. März 1995 Jörg Baetge

# Danksagungen zu Vorauflagen

Auch die Vorauflagen wurden unter intensiver Mitarbeit damaliger Mitarbeiterinnen und Mitarbeiter sowie externer Unterstützung angefertigt, deren Wirken bis in die aktuelle Auflage hineinreicht. Daher bedanken wir uns ausdrücklich auch bei den im Folgenden genannten Personen für ihre engagierte und kompetente Unterstützung:

8. Auflage 2021:
Sarah Marie Igel (M.Sc), Dr. Julian Höbener, Jonas Höfer (M.Sc.), Julian Korte (M.Sc.), Moritz Nonnast (M.Sc.), Sebastian von Friedolsheim (M.Sc.), Dr. Dennis Wege;

7. Auflage 2019:
Katharina Großelfinger (M.Sc.), Jonas Höfer (M.Sc.), Dr. Michael Huter, Philipp Pferdmenges (M.Sc.), Dennis Wege (M.Sc.);

6. Auflage 2017:
Katharina Großelfinger (M.Sc.), Yannic Dust (M.Sc.), Julian Höbener (M.Sc.), Michael Huter (M.Sc.), Marcel Faber (M.Sc.), Fabian von Wieding (M.Sc.), Oliver Wätjen (M.Sc.), Dipl.-Kfm. Stephen Weich;

5. Auflage 2015:
Michael Alkemeier (M.Sc.), Philipp Dollereder (M.Sc.), Frederik Engelke (M.Sc.), Marcel Faber (M.Sc.), Christoph König (M.Sc.), Fabian Umseher (M.Sc.), Dipl.-Kfm. Stephen Weich;

4. Auflage 2010:
Dipl.-Kffr. Yasmine Bassen, Dr. Christoph Berentzen, Dipl.-Kfm. Dennis Böhne, Dr. Tobias Brembt, cand. B.Sc. Christian Brömmelhaus, Dr. Peter Brüggemann, cand. rer. pol. Bastian Bürger, Dipl.-Kfm. Dominik Dettenrieder, cand. B.Sc. Florian Eilts, cand. rer. pol. Florian Gallasch, Dipl.-Kfm. Fabian Graupe, Dipl.-Kfm. André Hater, cand. rer. pol. Timo Hesse, Dipl.-Ök. Matthias Hilser, Dr. Boris Hippel, Dipl.-Ök. Andreas Hußmann, Dipl.-Kfm. Michael Janko, Dipl.-Kfm. Martin Jonas, Dr. Lüder Kurz, Dipl.-Ök. Sascha Lambeck, Dipl.-Kfm. Gerrit Lütkeschümer, Dipl.-Kfm. Torsten Moser, Dipl.-Ök. Thorsten Ohliger, Dipl.-Kfm. Alexander Olbrich, cand. B.Sc. Mario Riedel, Dipl.-Kfm. Andreas Schmidt, Dipl.-Kfm. Matthias Schmidt, Dipl.-Kffr. Lena Schoo, Dipl.-Math. Florian Steinbach, cand. B.Sc. Laura Walter, Dipl.-Kfm. Christian Weber;

3. Auflage 2006:
Dr. Karl-Heinz Armeloh, cand. rer. pol. Peter Brüggemann, Dr. Carsten Bruns, Dr. Matthias Dohrn, Dipl.-Kfm. Dirk W. Fischer, Dr. Jochen Frysch, Dipl.-Kfm. Timo Haenelt, Dr. Peter Happe, Dr. Lars Hepers, Dipl.-Kffr. Eva Klaholz, Dipl.-Kfm., cand. rer. pol. Matthias Knabe, Hannes Köhrmann, Dipl.-Kfm. Peter Koelen, Dr. Jens Kümmel, Dr. Achim Lienau, LL.M., Dipl.-Ök. Thorsten Melcher, Dipl.-Kfm. Dirk Meth, Dipl.-Kfm. Sebastian Nimwegen, Prof. Dr. Andreas Nordmeyer, Dipl.-Kffr. Tatjana Oberdörster, Dipl.-Ök. Sören Peters, Dr. Holger Philipps, cand. rer. pol. Tobias Radloff, Dr. Julia Schlösser, WP Dr. Wienand Schruff, Dipl.-Kfm. Roland Schulz, Dipl.-Kfm. Henrik Solmecke,

Dipl.Ök. Leif Steinhauer, Dr. Bernd Stibi, Prof. Dr. Dirk Thomas-Meyer, Dr. Andreas Tschöpel, Prof. Dr. Isabel von Keitz, Dr. Jörn Wirth, Dipl.-Kfm. Benedikt Wünsche;

2. Auflage 2002:
Cand. rer. pol. Martin Bade, Dipl.-Kfm. Matthias Dohrn, Dipl.-Kfm. Christian Heidemann, Dr. Christian Heitmann, Dr. Thomas Linßen, cand. rer. pol. Stefan Vogels, cand. rer. oec. Felix Wriggers;

1. Auflage 1995:
Dipl.-Kfm. Karl-Heinz Armeloh, Dipl.-Kfm. Carsten Bruns, Dr. Jochen Frysch, Dipl.-Kfm. Peter Happe, Dr. Dagmar Hüls, Dipl.-Wirtschafts-Inf. Andreas Jerschensky, Prof. Dr. Andreas Nordmeyer, Dr. Holger Philipps, Nicole Sander, Dipl.-Kffr. Julia Schlösser, WP Dr. Wienand Schruff, Dipl.-Kfm. Michael Siefke, Dipl.-Kffr. Isabel Sieringhaus, Dr. Bernd Stibi, Dipl.-Kfm. Dirk Thoms-Meyer, Dipl.-Kfm. Carsten Uthoff, cand. rer. pol. Melanie Winter.

Münster und Wuppertal, im September 2024

Jörg Baetge
Hans-Jürgen Kirsch
Stefan Thiele

# Inhaltsverzeichnis

## Kapitel V: Die Vollkonsolidierung



## Kapitel VI: Die Quotenkonsolidierung



## Kapitel VII: Die Equity-Methode

## Kapitel VIII: Einzelfragen der Konzernrechnungslegung



## Kapitel IX: Der Konzernanhang



## Kapitel X: Die Kapitalflussrechnung



## Kapitel XI: Die Segmentberichterstattung



## Kapitel XII: Die Darstellung von Eigenkapitalveränderungen



## Kapitel XIII: Der Konzernlagebericht



## Kapitel XIV: Zusammenfassende Fallstudien zur Konzernrechnungslegung

# Verzeichnis der Übersichten

# Abkürzungsverzeichnis

A

| | |
|---|---|
| Abs. | Absatz |
| Abschn. | Abschnitt |
| a. F. | alte Fassung |
| AG | Aktiengesellschaft |
| AK | Anschaffungskosten |
| akt.fäh. | aktivierungsfähig |
| AktG | Aktiengesetz |
| Aufl. | Auflage |

B

| | |
|---|---|
| bez. | bezüglich |
| BGB | Bürgerliches Gesetzbuch |
| BilMoG | Bilanzrechtsmodernisierungsgesetz |
| BilRUG | Bilanzrichtlinie-Umsetzungsgesetz |
| BMJV | Bundesministerium der Justiz und für Verbraucherschutz |
| bspw. | beispielsweise |
| BW | Buchwert |
| bzw. | beziehungsweise |

C

| | |
|---|---|
| ca. | circa |
| CF | Conceptual Framework |
| Co. | Compagnie |
| Corp. | Corporation |

D

| | |
|---|---|
| h. | das heißt |
| DRS | Deutscher Rechnungslegungsstandard |
| DRSC | Deutsches Rechnungslegungs Standards Committee e. V. |

E

| | |
|---|---|
| EDV | Elektronische Datenverarbeitung |
| EG | Europäische Gemeinschaft(en) |
| EK | Eigenkapital |
| EStG | Einkommensteuergesetz |
| etc. | et cetera |
| EU | Europäische Union, Enkelunternehmen |
| E.V. | eingetragener Verein |
| evtl. | eventuell |
| EWR | Europäischer Wirtschaftsraum |

F

| | |
|---|---|
| F. | Framework |
| f. | folgende |
| F & E | Forschung und Entwicklung |
| Fifo | First in – first out |

G

| | |
|---|---|
| GE | Geldeinheit(en) |
| GesU | Gesellschafterunternehmen |
| ggf. | gegebenenfalls |
| GKV | Gesamtkostenverfahren |
| GmbH | Gesellschaft mit beschränkter Haftung |
| GoF | Geschäfts- oder Firmenwert |
| GU | Gemeinschaftsunternehmen |
| GuV | Gewinn- und Verlustrechnung(en) |

H

| | |
|---|---|
| HB | Handelsbilanz(en) |
| HGB | Handelsgesetzbuch |
| HGB-FA | HGB-Fachausschuss |
| HK | Herstellungskosten |

I

| | |
|---|---|
| IAS | International Accounting Standard(s) |
| IASB | International Accounting Standards Board |
| i. d. F. | in der Fassung |
| i. d. R. | in der Regel |

| | |
|---|---|
| IDW | Institut der Wirtschaftsprüfer in Deutschland e. V. |
| IFRS | International Financial Reporting Standard(s) |
| IFRS PS MC | IFRS Practice Statement Management Commentary |
| i. H. v. | in Höhe von |
| Inc. | Incorporation |
| InsO | Insolvenzordnung |
| i. S. | im Sinne |
| i. S. d. | im Sinne der, des |
| i. S. v. | im Sinne von |
| i. V. m. | in Verbindung mit |

**K**

| | |
|---|---|
| KA | Konzernabschluss |
| Kap. | Kapitel |
| KB | Konzernbilanz |
| KG | Kommanditgesellschaft |
| KZA | Kettenzwischenabschluss |

**L**

| | |
|---|---|
| Lifo | Last in - first out |
| Ltd. | Limited |

**M**

| | |
|---|---|
| M & A | Mergers and Acquisitions |
| Mio. | Million(en) |
| MU | Mutterunternehmen |

**N**

| | |
|---|---|
| ND | Nutzungsdauer |
| Nr. | Nummer |

**O**

| | |
|---|---|
| o. g. | oben genannten |
| OHG | Offene Handelsgesellschaft |

**P**

| | |
|---|---|
| p. a. | pro anno |
| PC | Personal Computer |
| PPS | Produktionsplanung und -steuerung |
| PublG | Gesetz über die Rechnungslegung von bestimmten Unternehmen und Konzernen (Publizitätsgesetz) |

**S**

| | |
|---|---|
| S. | Seite(n) |
| SA | Summenabschluss |
| SB | Summenbilanz |
| sog. | sogenannte(r,n) |
| stL | stille Lasten |
| stR | stille Reserven |

**T**

| | |
|---|---|
| T | Tausend |
| to | Tonnen |
| TU | Tochterunternehmen |

**U**

| | |
|---|---|
| u. a. | unter anderem |
| UKV | Umsatzkostenverfahren |
| USA | United States of America |

**V**

| | |
|---|---|
| vgl. | vergleiche |

**W**

| | |
|---|---|
| WP | Wirtschaftsprüfer |

**Z**

| | |
|---|---|
| z. B. | zum Beispiel |
| ZW | Zeitwert |

# Kapitel I: Grundlagen des Konzernabschlusses

## Übung 1: Aktienrechtliche Grundlagen des Konzerns

### Aufgaben

(a) Definieren Sie den Begriff Unterordnungskonzern und erläutern Sie die Voraussetzungen für das Vorliegen eines solchen Konzerns.

(b) Worin besteht der Unterschied zu einem Gleichordnungskonzern?

### Literaturhinweis

BAETGE, JÖRG/KIRSCH, HANS-JÜRGEN/THIELE, STEFAN, Konzernbilanzen, 15. Aufl., Düsseldorf 2024, Kap. I Abschn. 2.

### Lösungen

#### Lösung zu Teilaufgabe (a)

Unterordnungskonzerne sind durch ein **Verhältnis der Über-/Unterordnung** der Konzernunternehmen gekennzeichnet. Quasi als Vorstufe des Konzerns regelt das AktG das einfache Abhängigkeitsverhältnis zwischen Unternehmen. Gemäß § 17 Abs. 1 AktG sind abhängige Unternehmen „rechtlich selbständige Unternehmen, auf die ein anderes Unternehmen (herrschendes Unternehmen) unmittelbar oder mittelbar einen **beherrschenden Einfluss** ausüben kann“.

Nach § 18 Abs. 1 Satz 1 AktG beherrscht ein Unternehmen an der Spitze des Konzerns die von ihm abhängigen Unternehmen, indem es die **einheitliche Leitung** über diese Unternehmen ausübt. Hierbei wird gemäß § 18 Abs. 1 Satz 3 AktG davon ausgegangen, dass ein i. S. v. § 17 Abs. 1 AktG abhängiges Unternehmen mit dem herrschenden Unternehmen einen Konzern bildet. Im Regelfall setzt die einheitliche Leitung somit die tatsächliche Beherrschung voraus. Ob ein Unternehmen einen beherrschenden Einfluss ausüben kann, ist von Außenstehenden indes schwierig zu beurteilen.

Daher wird eine Abhängigkeit bei in Mehrheitsbesitz (Kapital- oder Stimmrechtsmehrheit) stehenden Unternehmen widerlegbar vermutet (§ 17 Abs. 2 AktG).

## Lösung zu Teilaufgabe (b)

Im Unterschied zu einem Unterordnungskonzern beruht bei Gleichordnungskonzernen die tatsächliche Beherrschung nicht auf der Beherrschungsmacht eines einzelnen Unternehmens. Gleichordnungskonzerne umfassen mindestens zwei Unternehmen, die tatsächlich beherrscht werden, ohne dass ein Unternehmen von dem anderen abhängig ist oder beide von einem anderen Unternehmen abhängig sind. Nach § 18 Abs. 2 AktG bilden unabhängige, unter einer einheitlichen Leitung zusammengefasste (d. h. im Regelfall tatsächlich beherrschte) Unternehmen einen Konzern, wobei weitergehende gesetzliche Regelungen für derartige Gleichordnungskonzerne nicht bestehen.

# Übung 2: Die Konzernbilanztheorien

## Aufgaben

(a) Stellen Sie die im Schrifttum diskutierten Konzernbilanztheorien dar.

(b) Würdigen Sie diese Theorien kritisch.

(c) Auf welcher Theoriekonzeption basieren die handelsrechtlichen Konsolidierungsvorschriften? Gehen Sie dabei auch auf den Einheitsgrundsatz ein.

## Literaturhinweise

Baetge, Jörg/Kirsch, Hans-Jürgen/Thiele, Stefan, Konzernbilanzen, 15. Aufl., Düsseldorf 2024, Kap. I Abschn. 6 sowie Kap. II Abschn. 25.

Baetge, Jörg/Kirsch, Hans-Jürgen/Thiele, Stefan, Bilanzen, 17. Aufl., Düsseldorf 2024, Kap. I Abschn. 3.

## Lösungen

### Lösung zu Teilaufgabe (a)

Der Konzernabschluss setzt sich aus den Einzelabschlüssen der einbezogenen Unternehmen zusammen, so dass die klassischen Bilanztheorien - wie die statische, die dynamische und die organische - ebenfalls für den Konzernabschluss relevant sind. Während mit den klassischen Bilanztheorien der Zweck eines Einzelabschlusses sowie Abbildungsregeln für die Bilanz und für die GuV abgeleitet werden, beantworten die Konzernbilanztheorien konzernabschlussspezifische respektive konsolidierungsspezifische Fragen. Diese beziehen sich im Wesentlichen auf die Art und den Umfang der Einbeziehung der Einzelabschlüsse in den Konzernabschluss sowie die Charakterisierung und die daraus folgende Behandlung von Anteilen der an den Tochterunternehmen beteiligten nicht beherrschenden Gesellschafter.

Im Schrifttum werden zwei Konzernbilanztheorien diskutiert, nämlich die Einheitstheorie und die Interessentheorie.

Der Zweck des Konzernabschlusses besteht nach der **Einheitstheorie** darin, die Vermögens-, Finanz- und Ertragslage des Konzerns als eine wirtschaftliche Einheit darzustellen. Die einzelnen Konzernunternehmen stellen lediglich unselbständige Betriebsstätten dar.

Dabei gehen die Anhänger der Einheitstheorie von dem Gedanken aus, dass die beherrschenden Gesellschafter im Konzern ihre Interessen aufgrund ihres beherrschenden Einflusses gegenüber den nicht beherrschenden Gesellschaftern der Tochtergesellschaften durchsetzen können. Da zudem eine homogene Interessenlage zwischen den Anteilseignern unterstellt wird, können die Interessen der nicht beherrschende Gesellschafter (als quasi gleichgerichtet) vernachlässigt werden. Die nicht beherrschenden Gesellschafter gelten infolge der Homogenitätsannahme nicht als Fremdkapitalgeber, sondern als Eigenkapitalgeber des Konzerns.

Aus der unterstellten homogenen Interessenlage aller Konzernanteilseigner ziehen die Anhänger der Einheitstheorie die Konsequenz, dass die von dem Mutterunternehmen beherrschten Tochterunternehmen nach dem sog. „Bruttoverfahren" vollständig in den Konzernabschluss einzubeziehen sind. Dabei werden auch die den nicht beherrschenden Gesellschaftern zuzurechnenden Anteile am Vermögen, an den Schulden sowie an den Aufwendungen und Erträgen der Tochterunternehmen als konzernzugehörig qualifiziert und in den Konzernabschluss einbezogen.

Geschäfte innerhalb des Konzerns gelten als mit sich selbst abgeschlossen und sind vollständig zu eliminieren. Die mit der vollständigen Einbeziehung aller Tochterunternehmen verbundene vollständige Eliminierung konzerninterner Beziehungen wird als Vollkonsolidierung bezeichnet.

Das wesentliche Kennzeichen der **Interessentheorie** besteht darin, dass heterogene Interessen zwischen den Mehrheitsaktionären und den Minderheiten am gemeinsamen Unternehmen bestehen (Interessengegensatz). Der Zweck des Konzernabschlusses besteht nach der Interessentheorie darin, den Mehrheitsaktionären ein Bild der wirtschaftlichen Einheit aus deren Sicht zu vermitteln. Die nicht beherrschenden Gesellschafter werden als Konzernaußenstehende und damit als (quasi) Fremdkapitalgeber betrachtet, die ausschließlich am Einzelabschluss ihres Unternehmens interessiert sind.

Auf dieser konzeptionellen Basis sind in der Vergangenheit zwei Ausprägungen der Interessentheorie diskutiert worden:

Die Anteilseigner des Mutterunternehmens sollen nach der klassischen Interpretation der Interessentheorie (**Interessentheorie mit partieller Konsolidierung**) dem konsolidierten Abschluss entnehmen können, welche Teile des Vermögens und des Erfolges der beherrschten Tochterunternehmen ihnen selbst zuzurechnen sind. Infolgedessen ist der Konzernabschluss nach dem „Nettoverfahren" aufzustellen.

Nach dem „Nettoverfahren" sind die Vermögensgegenstände und die Schulden der durch die Konzernobergesellschaft beherrschten Tochterunternehmen sowie deren Aufwendungen und Erträge nur anteilig entsprechend der Beteiligungsquote des Mutterunternehmens in den Konzernabschluss aufzunehmen. Die nicht beherrschenden Anteile werden im Konzernabschluss nicht ausgewiesen, da die auf die nicht beherrschenden Gesellschafter entfallenden Anteile als nicht zum Konzern zugehörig angesehen werden.

Nach der klassischen Interpretation der Interessentheorie bewirkt der Interessengegensatz zwischen den Gesellschaftergruppen ebenfalls, dass die aus konzerninternen Geschäftsbeziehungen stammenden Zwischenergebnisse nicht vollständig, sondern nur in Höhe des Anteils der beherrschenden Gesellschafter zu eliminieren sind. Die den nicht beherrschenden Gesellschaftern zuzurechnenden Zwischenergebnisse gelten als mit der Umwelt realisiert.

Diese Form der Einbeziehung von Tochterunternehmen in den Konzernabschluss wird als Quotenkonsolidierung bezeichnet; der Konzernabschluss zeigt den hinter der Beteiligung stehenden Besitz der beherrschenden Gesellschafter.

Die Quotenkonsolidierung ist im Handelsrecht lediglich als Wahlrecht für Gemeinschaftsunternehmen kodifiziert. Für Tochterunternehmen ist die quotale Konsolidierung nicht vorgesehen.

Die neuere Interpretation der Interessentheorie (**Interessentheorie mit Vollkonsolidierung**) beruht auf der grundlegenden interessentheoretischen These, dass sich der Konzernabschluss an die Gesellschafter des herrschenden Unternehmens richtet. Konzernabschlussadressaten sind danach ausschließlich die Anteilseigner des Mutterunternehmens. Im Gegensatz zu der Interessentheorie mit partieller Konsolidierung betrachtet der neuere interessentheoretische Ansatz die wirtschaftliche Einheit der Konzernunternehmen. Der Konzernabschluss soll den beherrschenden Gesellschaftern die hinter ihrer Beteiligung stehende wirtschaftliche Verfügungsmacht zeigen.

Die Konzernleitung kann aufgrund der wirtschaftlichen Abhängigkeit der beherrschten Tochterunternehmen über deren gesamte Vermögensgegenstände und Schulden verfügen und durch konzerninterne Geschäfte Kapital, Liquidität und Ergebnisse verlagern. Aufgrund dessen wäre eine Quotenkonsolidierung der Tochterunternehmen für die Anteilseigner der Konzernobergesellschaft nicht aussagefähig und würde somit das grundlegende Ziel der Interessentheorie verfehlen. In einem Konzernabschluss sind deshalb die Tochterunternehmen vollzukonsolidieren.

Der Konzernabschluss nach der Interessentheorie mit Vollkonsolidierung ist in seiner Ausgestaltung mit einem Konzernabschluss nach der Einheitstheorie vergleichbar.

## Lösung zu Teilaufgabe (b)

An der Einheitstheorie wird kritisiert, dass die Verhältnisse im Konzern sehr vereinfacht dargestellt werden, da eine homogene Interessenlage zwischen allen Anteilseignern bzw. zwischen den beherrschenden Gesellschaftern und den nicht beherrschenden Gesellschaftern unterstellt wird. In der Realität ist indes keineswegs von einheitlichen, sondern durchaus von heterogenen Interessen auszugehen.

Nach beiden Konzernbilanztheorien werden zudem lediglich die Gesellschafter respektive die beherrschenden Gesellschafter als Konzernabschlussadressaten angesehen. Andere Stakeholder wie Gläubiger oder Arbeitnehmer, deren wirtschaftliche Entscheidungen wesentlich von der Lage des Konzerns abhängen, werden nicht als Adressaten des konsolidierten Abschlusses betrachtet, obwohl diese Gruppen ein ähnlich begründbares Interesse am Konzernabschluss haben wie die Anteilseigner.

Die aus der Einheitstheorie und den beiden interessentheoretischen Konzeptionen hervorgehende Gestaltung des Konzernabschlusses gilt nur für die vom Mutterunternehmen durch Mehrheitsbeteiligung oder auf anderem Wege beherrschten Konzernunternehmen. Wie andere Unternehmensverbindungen, bspw. Gemeinschaftsunternehmen, in den konsolidierten Abschluss einbezogen werden sollen, wird von den Konzernabschlusstheoretikern nicht diskutiert.

## Lösung zu Teilaufgabe (c)

Gemäß dem sog. Einheitsgrundsatz des § 297 Abs. 3 Satz 1 HGB ist die wirtschaftliche Lage des Konzerns so darzustellen, als ob die einbezogenen Unternehmen ein einziges Unternehmen wären.

Im Schrifttum wird der Einheitsgrundsatz unterschiedlich interpretiert. So wird die Vorschrift häufig der Einheitstheorie zugeordnet. In der Teilaufgabe (a) wurde indes gezeigt, dass die Interessentheorie mit Vollkonsolidierung (neuere Interpretation der Interessentheorie) durchaus mit der Einheitstheorie vergleichbar ist und dass beide Theorien - abgesehen von möglichen Ausweisunterschieden - durch die Vollkonsolidierung der Tochterunternehmen zu gleichen Werten im Konzernabschluss führen (können). Die in § 297 Abs. 3 Satz 1 HGB formulierte Einheit der Konzernunternehmen kann deshalb nicht eindeutig der Einheitstheorie zugeordnet werden. Allerdings lässt sich zeigen, dass sich der Einheitsgrundsatz auf die eigentliche Konsolidierung (und nur darauf) bezieht.

Durch den Einheitsgrundsatz wäre indes zu vermuten, dass den handelsrechtlichen Konsolidierungsvorschriften die Einheitstheorie oder die Interessentheorie mit Vollkonsolidierung zugrunde liegt. Allerdings ist es zumeist nicht möglich, die konkreten gesetzlichen Konsolidierungsvorschriften des HGB eindeutig einer der Konzernbilanztheorien zuzuordnen. Bei den nachfolgenden gesetzlichen Vorschriften ist eine Zuordnung allerdings möglich:

### (1) Geschäfts- oder Firmenwert (GoF)

Gemäß § 301 Abs. 3 HGB ist in der Konzernbilanz ausschließlich der auf die beherrschenden Gesellschafter entfallende Geschäfts- oder Firmenwert auszuweisen. Diese kodifizierte Vorschrift ist der Interessentheorie mit partieller Konsolidierung zuzuordnen, da die Konzernbilanz nur die den beherrschenden Gesellschaftern zuzurechnenden Anteile des Geschäfts- oder Firmenwertes zeigen soll.

Nach der Interessentheorie mit Vollkonsolidierung wäre der auf die nicht beherrschenden Gesellschafter entfallende Geschäfts- oder Firmenwert zusätzlich separat auszuweisen, während nach der Einheitstheorie der auf die beherrschenden Gesellschafter und die nicht beherrschenden Gesellschafter entfallende Geschäfts- oder Firmenwert in einem Bilanzposten zusammengefasst auszuweisen wäre.

### (2) Nicht beherrschende Gesellschafter im Konzernabschluss

Die „Nicht beherrschenden Anteile“ am Eigenkapital der Tochterunternehmen sind nach § 307 Abs. 1 HGB separat im Eigenkapital des Konzernabschlusses auszuweisen. Diese Vorschrift kommt der Interessentheorie mit Vollkonsolidierung am nächsten, da zwischen beherrschenden Gesellschaftern und nicht beherrschenden Gesellschaftern differenziert wird, der Konzernabschluss aber dennoch die Vermögensgegenstände und Schulden des Tochterunternehmens in ihrer Gesamtheit erfasst.

Der Ausweis der „Nicht beherrschenden Anteile“ als Eigenkapital hat zwar auch einheitstheoretischen Charakter, doch wäre ein gesonderter Ausweis der nicht beherrschenden Anteile nicht erforderlich. Nach der Interessentheorie mit partieller Konsolidierung müssten die Anteile der nicht beherrschenden Gesellschafter als Fremdkapital Konzernaußenstehender ausgewiesen werden. Die ihnen zurechenbaren Vermögensgegenstände und Schulden würden nicht gezeigt.

# Kapitel II: Zwecke und Grundsätze des Konzernabschlusses

## Übung 3: Die Zwecke des Konzernabschlusses

### Sachverhalt

Das Tochterunternehmen T fungiert als Zulieferer für sein Mutterunternehmen M und weist in seinem Einzelabschluss einen hohen Bestand an Forderungen aus Lieferungen und Leistungen an M aus. Die Verbindlichkeiten aus Lieferungen und Leistungen im Einzelabschluss von M enthalten u. a. die Verbindlichkeiten aus besagten Lieferungen von T. Das Mutterunternehmen M ist zur Aufstellung eines handelsrechtlichen Konzernabschlusses verpflichtet, in den das abhängige Tochterunternehmen T einzubeziehen ist.

### Aufgaben

(a) Beschreiben Sie zunächst allgemein die Zwecke eines HGB-Konzernabschlusses und vergleichen Sie diese mit den Zwecken des handelsrechtlichen Einzelabschlusses. Beurteilen Sie ferner die identifizierten Gemeinsamkeiten und Unterschiede.

(b) Erläutern Sie die Bedeutung des Kompensationszweckes und beschreiben Sie, wie der Sachverhalt vor diesem Hintergrund im handelsrechtlichen Konzernabschluss zu behandeln ist.

(c) Beschreiben Sie die Beziehungen der handelsrechtlichen Konzernabschlusszwecke zueinander und gehen Sie dabei besonders auf die Stellung des Kompensationszweckes in diesem Zwecksystem ein.

(d) Erläutern Sie kurz den Zweck eines IFRS-Konzernabschlusses.

### Literaturhinweis

Baetge, Jörg/Kirsch, Hans-Jürgen/Thiele, Stefan, Konzernbilanzen, 15. Aufl., Düsseldorf 2024, Kap. II.

# Lösungen

## Lösung zu Teilaufgabe (a)

Das Zwecksystem des handelsrechtlichen Konzernabschlusses besteht aus den Zwecken der Dokumentation, der Rechenschaft, der Kapitalerhaltung aufgrund von Informationen sowie dem Zweck der Kompensation der Mängel der Einzelabschlüsse.

Die **Dokumentation** als primäres Ziel der Buchführung umfasst die übersichtliche, vollständige und für Dritte nachvollziehbare Aufzeichnung sämtlicher Geschäftsvorfälle. Auch wenn der Geltungsbereich der Buchführungspflicht aus § 238 Abs. 1 Satz 1 HGB den Konzernabschluss vordergründig nicht umfasst, ist auch hier eine umfassende Dokumentation unverzichtbar. Eine sachgerechte Konzernabschlussprüfung i. S. d. § 317 Abs. 3 Satz 1 HGB wäre ohne eine umfassende Dokumentation nicht denkbar. Sowohl die Einzelabschlüsse der Tochterunternehmen als auch die notwendigen Maßnahmen zur Adaption der Bilanzierungsvorschriften des Mutterunternehmens unterliegen daher der Dokumentationspflicht. Im Vergleich zum Einzelabschluss bezieht sich der Dokumentationszweck im Konzernabschluss folglich zusätzlich auf die erforderlichen Konsolidierungsmaßnahmen. Nur so ist bspw. nachvollziehbar, in welchem Ausmaß stille Reserven oder stille Lasten im Rahmen der Kapitalkonsolidierung den entsprechenden Vermögensgegenständen und Schulden zugeordnet wurden bzw. wie sich der Geschäfts- oder Firmenwert (GoF) errechnet. Auch das in § 297 Abs. 2 Satz 2 HGB geforderte, den tatsächlichen Verhältnissen entsprechende Bild von Vermögens-, Finanz- und Ertragslage, verlangt nach einer den Dokumentationszweck erfüllenden Aufzeichnung sämtlicher Geschäftsvorfälle.

Das grundlegende Element des **Rechenschaftszweckes** besteht in der zutreffenden Darstellung der wirtschaftlichen Lage des gesamten Konzerns. Gesetzlich normiert wird dieser Zweck durch die Generalnorm des § 297 Abs. 2 Satz 2 HGB, die eine den tatsächlichen Verhältnissen entsprechende Abbildung der Vermögens-, Finanz- und Ertragslage des Konzerns fordert. Im Vergleich zum Einzelabschluss ist zu beachten, dass der Rechenschaftszweck gleichermaßen in beiden Abschlusskonzeptionen verankert ist. Verdeutlicht wird dies insbesondere durch die Übernahme rechenschaftsfördernder Einzelvorschriften, wie der periodengerechten Erfolgsermittlung gemäß § 250 Abs. 1 und 2 i. V. m. § 298 Abs. 1 HGB, in den Konzernabschluss.

Im Konzernabschluss gilt im Unterschied zum Einzelabschluss lediglich die **Kapitalerhaltung aufgrund von Informationen**, die auch als „Kapitalverminderungskontrolle" bezeichnet wird. Dementsprechend wird eine vorsichtige und somit kapitalerhaltende Gewinnermittlung angestrebt, was bspw. durch die auch bei Erstellung des Konzernabschlusses zu beachtenden Niederstwertvorschriften des § 253 Abs. 3 und 4 i. V. m. § 298 Abs. 1 HGB zum Ausdruck gebracht wird. Die andere Ausprägung des Kapitalerhaltungszweckes besteht in der für den Einzelabschluss geltenden Ausschüttungssperre, welche übermäßige Ausschüttungen vermeiden soll. Da der Konzernabschluss nicht als Grundlage für die Zahlungsbemessung dient, ist dieser Grundsatz im Hinblick auf den Konzernabschluss nicht einschlägig.

Der **Kompensationszweck** hat die Aufgabe, die Informationsdefizite der Einzelabschlüsse wirtschaftlich voneinander abhängiger Unternehmen zu kompensieren, indem die einzelnen Geschäftsvorfälle einer Periode bei der Zusammenfassung der Einzelabschlüsse zum Konzernabschluss neu beurteilt und um konzerninterne Geschäfte sowie deren Auswirkungen bereinigt werden. Ein derart erstellter Konzernabschluss kann als „Quasi-Einzelabschluss" der Gesamtheit aller einbezogenen

Unternehmen interpretiert werden. Der nur für den Konzernabschluss maßgebliche Kompensationszweck wird ferner im Einheitsgrundsatz des § 297 Abs. 3 Satz 1 HGB deutlich.

Eine wichtige **Gemeinsamkeit** der Zwecksysteme von Einzel- und Konzernabschluss ist die elementare Bedeutung der Dokumentation. Ohne diesen primären Buchführungszweck könnten beide Rechenwerke die an sie gestellten Anforderungen nicht erfüllen.

Der Rechenschaftszweck begründet eine weitere **Gemeinsamkeit** von Einzel- und Konzernabschluss. Er bezweckt die Offenlegung der Verwendung des anvertrauten Kapitals. In Anbetracht der wirtschaftlichen Einheit eines Unternehmens ist diese Gemeinsamkeit für die Kapitalgeber des Konzerns zu begrüßen, da deren Informationsbedürfnissen hierdurch Rechnung getragen wird.

Gleichwohl bestehen auch **bedeutende Unterschiede** zwischen den Zwecksystemen der beiden Abschlussarten. Der Unterschied im Bereich der Kapitalerhaltung resultiert aus der Tatsache, dass Ausschüttungen nur von Einzelunternehmen, nicht aber von Konzernen vorgenommen werden und der Konzernabschluss somit keine Zahlungsbemessungsfunktion besitzt. Die Kapitalerhaltung aufgrund von Informationen ist gleichwohl bedeutsam, da der Konzernleitung und externen Adressaten hierdurch wertvolle Informationen über die Kapitalerhaltung des Konzerns als Ganzes vermittelt werden. Die Kompensation der Mängel des Einzelabschlusses kann als spezifischer Konzernabschlusszweck angesehen werden und ist für den Informationswert des Konzernabschlusses von entscheidender Bedeutung. Schließlich bildet erst ein konsolidierter Konzernabschluss die wirtschaftliche Einheit des Konzerns zutreffend ab.

## Lösung zu Teilaufgabe (b)

Aufgrund der beschriebenen Leistungsbeziehung sind in den Einzelabschlüssen von Tochterunternehmen T und Mutterunternehmen M Forderungen bzw. Verbindlichkeiten ausgewiesen, die lediglich zwischen den Konzernunternehmen, aber nicht gegenüber konzernaußenstehenden Dritten bestehen. Dies führt bei einfacher Addition der Abschlussposten zu einer **Verzerrung der Vermögens- und Finanzlage der wirtschaftlichen Einheit „Konzern"** und verhindert die ausreichende Erfüllung der Zwecke Rechenschaft und Kapitalerhaltung aufgrund von Informationen im Konzernabschluss.

Um dem Kompensationszweck Rechnung zu tragen, werden daher konzerninterne Geschäfte im Konzernabschluss durch die Konsolidierung eliminiert, so dass die wirtschaftliche Lage des Konzerns als wirtschaftliche Einheit ohne Doppelzählungen und konzerninterne Geschäftsbeziehungen zutreffend dargestellt wird. Um die im Sachverhalt ausschließlich innerhalb des Konzernverbundes bestehenden Forderungen und Verbindlichkeiten zu eliminieren, ist eine **Schuldenkonsolidierung** gemäß § 303 HGB durchzuführen. Hierdurch kann gewährleistet werden, dass die Vermögenslage bzw. die Schuldendeckungsfähigkeit des Konzerns den tatsächlichen wirtschaftlichen Verhältnissen entsprechend abgebildet wird.

## Lösung zu Teilaufgabe (c)

Eine den Dokumentationsgrundsätzen entsprechende Datenaufbereitung schafft die **Voraussetzung** für die Erfüllung der Konzernabschlusszwecke. Diese sind der Zweck der Rechenschaft, der Kapitalerhaltung aufgrund von Informationen und der Kompensation der Mängel der zusammengefassten Einzelabschlüsse voneinander wirtschaftlich abhängiger Unternehmen. Somit wird die Sicht der wirtschaftlichen Einheit des Konzerns angenommen. Dem Dokumentationszweck ist folglich eine grundlegende Position innerhalb des Zwecksystems einzuräumen.

Zur Erreichung des beabsichtigten **Interessenausgleiches** zwischen internen und externen Adressaten sind die Zwecke der Rechenschaft sowie der Kapitalerhaltung aufgrund von Informationen gleich zu gewichten. Die Ausgewogenheit dieser beiden Zwecke ermöglicht folglich den relativierten Schutz der Interessen der Adressaten.

Der Kompensationszweck ist dem Dokumentationszweck nachgelagert, den Zwecken der Kapitalerhaltung und der Rechenschaft jedoch vorgelagert. Die Erfüllung des Rechenschaftszweckes i. S. d. Offenlegung der Verwendung des anvertrauten Kapitals sowie der Kapitalverminderungskontrolle im Rahmen der Kapitalerhaltungsaufgabe ist nur durch die Eliminierung von Doppelzählungen und konzerninternen Geschäftsvorfällen, welche die Vermögens-, Finanz- und Ertragslage verzerren, möglich. Der Kompensationszweck ist folglich eine **zentrale Voraussetzung** zur Erfüllung der dem Interessenausgleich dienenden, gleichgewichteten Zwecke der Rechenschaft sowie der Kapitalerhaltung aufgrund von Informationen.

## Lösung zu Teilaufgabe (d)

Mit einem IFRS-Abschluss sollen die Abschlussadressaten informiert und bei ihren Entscheidungen unterstützt werden (CF.1.2). Zweck der IFRS-Rechnungslegung ist somit die **Vermittlung entscheidungsnützlicher Informationen**. Die Entscheidungsnützlichkeit der Daten hängt wiederum von den jeweiligen Informationsbedürfnissen der Abschlussadressaten ab.

Die IFRS-Rechnungslegung behandelt die unterschiedlichen Interessen der **Abschlussadressaten** anders als das Handelsrecht. Investoren, Kreditgeber und andere Gläubiger werden als Hauptadressaten eines IFRS-Abschlusses benannt (CF.1.5). Für andere Parteien als die genannten Hauptadressaten kann die Finanzberichterstattung ebenfalls nützlich sein, ist aber nicht primär für diese anderen Parteien bestimmt (CF.1.10). Somit werden vorwiegend Informationen über die Vermögens-, Finanz- und Ertragslage eines Unternehmens bereitgestellt, die Eigen- und Fremdkapitalgeber bei ihren Kapitalanlageentscheidungen unterstützen sollen. Mit dem IFRS-Konzernabschluss wird damit ausschließlich der Informationszweck verfolgt.

# Kapitel III: Die Pflicht zur Aufstellung eines Konzernabschlusses und die Abgrenzung des Konsolidierungskreises

## Übung 4: Die Aufstellungspflicht nach HGB

### Aufgaben

(a) Charakterisieren Sie das dem HGB zugrunde liegende Konzept zur Aufstellungspflicht eines Konzernabschlusses.

(b) Welche Möglichkeiten bestehen für ein Mutterunternehmen, auf die Aufstellung eines HGB-Konzernabschlusses zu verzichten?

(c) Bitte prüfen Sie die nachstehenden Aussagen auf ihre Richtigkeit und begründen Sie jeweils Ihre Antwort:

(1) Nach HGB besteht für alle Konzernformen bei Vorliegen der entsprechenden Voraussetzungen des § 290 HGB die Verpflichtung zur Aufstellung eines Konzernabschlusses.

(2) In einen HGB-Konzernabschluss dürfen nur Tochterunternehmen in der Rechtsform der Kapitalgesellschaft oder der Personenhandelsgesellschaft einbezogen werden.

(3) Die Aufstellungspflicht und die Prüfungspflicht eines HGB-Konzernabschlusses sind voneinander unabhängig.

(4) Gemäß § 290 HGB ist es für die Pflicht zur Aufstellung eines Konzernabschlusses erforderlich, dass das Mutterunternehmen eine Kapitalgesellschaft ist. Der Sitz dieser Kapitalgesellschaft ist allerdings unerheblich.

(5) Mutterunternehmen, die Kreditinstitute oder Versicherungsunternehmen sind, werden gemäß § 290 HGB zur Aufstellung eines Konzernabschlusses verpflichtet.

(6) Als dem Mutterunternehmen zustehende Rechte i. S. d. § 290 Abs. 2 HGB gelten nicht nur die Rechte, über die das Mutterunternehmen unmittelbar verfügen darf.

## Literaturhinweis

Baetge, Jörg/Kirsch, Hans-Jürgen/Thiele, Stefan, Konzernbilanzen, 15. Aufl., Düsseldorf 2024, Kap. III Abschn. 1 und 2.

## Lösungen

### Lösung zu Teilaufgabe (a)

Die Pflicht zur Aufstellung eines HGB-Konzernabschlusses einer inländischen Kapitalgesellschaft bzw. einer Personenhandelsgesellschaft i. S. d. § 264a Abs. 1 HGB folgt dem Konzept des beherrschenden Einflusses (§ 290 Abs. 1 i. V. m. Abs. 2 HGB):

Das Konzept des beherrschenden Einflusses nach § 290 Abs. 1 HGB wird nicht explizit im Gesetz definiert. Es kann indes davon ausgegangen werden, dass ein Mutterunternehmen immer dann einen beherrschenden Einfluss auf ein Tochterunternehmen ausüben kann, wenn es dauerhaft dessen Finanz- und Geschäftspolitik bestimmen kann. Der beherrschende Einfluss muss nicht tatsächlich ausgeübt werden, lediglich die Möglichkeit dazu ist ausreichend. In § 290 Abs. 2 HGB werden vier typisierende, nicht abschließende Tatbestände aufgeführt, die stets einen beherrschenden Einfluss begründen:

- **Mehrheit der Stimmrechte (§ 290 Abs. 2 Nr. 1 HGB)**
  Ein beherrschender Einfluss liegt stets vor, wenn auf rechtlich gesicherter Basis eine Stimmrechtsmehrheit besteht. Hierbei wird auf eine rein formelle Stimmrechtsmehrheit abgestellt. Demnach sind dem Mutterunternehmen neben den direkten Anteilen am Tochterunternehmen indirekte Stimmrechte gemäß § 290 Abs. 3 Sätze 1 und 2 HGB zuzurechnen bzw. gemäß § 290 Abs. 3 Satz 3 HGB abzuziehen. Eine Zurechnung ist z. B. dann erforderlich, wenn sowohl das Mutterunternehmen als auch ein Tochterunternehmen Anteile an einem weiteren Tochterunternehmen halten. Rechte sind z. B. dann abzuziehen, wenn sie für Rechnung einer anderen Person gehalten werden.
- **Bestellungs- und Abberufungsrecht (§ 290 Abs. 2 Nr. 2 HGB)**
  Ist das Mutterunternehmen Gesellschafterin des Tochterunternehmens (es genügt ein mittelbares Gesellschaftsverhältnis) und hat es das Recht inne, die Mehrheit der Mitglieder des die Finanz- und Geschäftspolitik bestimmenden Verwaltungs-, Leitungs- oder Aufsichtsorgans zu bestellen oder abzuberufen, wird ein beherrschender Einfluss unterstellt. Das Mutterunternehmen muss somit die Möglichkeit zur personellen Einflussnahme besitzen. Bei der in Deutschland üblichen Trennung von Leitung (z. B. Vorstand) und Überwachung (z. B. Aufsichtsrat) der Geschäftstätigkeit ist es bereits ausreichend, wenn das Mutterunternehmen die Mehrheit der Mitglieder eines der beiden Organe bestellen oder abberufen kann, um die Möglichkeit eines beherrschenden Einflusses zu begründen.
- **Beherrschender Einfluss aufgrund eines Beherrschungsvertrages oder einer Satzungsbestimmung (§ 290 Abs. 2 Nr. 3 HGB)**
  Sofern ein Beherrschungsvertrag oder eine entsprechende Satzungsbestimmung des Tochterunternehmens vorliegen, kann das Mutterunternehmen stets einen beherrschenden Einfluss auf dieses Unternehmen ausüben. Bei Beherrschungsverträgen wird die Leitung des beherrschten Unternehmens einem anderen Unternehmen unterstellt, das dann Weisungen erteilen kann. In Deutschland sind Beherrschungsverträge in § 291 AktG geregelt, wobei die Vorschriften nicht

nur auf Aktiengesellschaften, sondern analog auch für Unternehmen anderer Rechtsformen angewendet werden. Bei Satzungsbestimmungen ist zu prüfen, ob die Gesamtheit der Satzungsregelungen die Beherrschung des Tochterunternehmens ermöglicht.

- **Mehrheit der Chancen und Risiken bei Zweckgesellschaften (§ 290 Abs. 2 Nr. 4 HGB)** Verfolgt ein Unternehmen ein genau definiertes Ziel eines anderen Unternehmens, ist es als Zweckgesellschaft zu klassifizieren. Trägt ein Mutterunternehmen die Mehrheit der positiven bzw. negativen finanziellen Auswirkungen einer Zweckgesellschaft, liegt gemäß § 290 Abs. 2 Nr. 4 HGB ein beherrschender Einfluss auf dieses Unternehmen vor. Die Zweckgesellschaft ist in diesem Fall Tochterunternehmen des Mutterunternehmens. Im Zweifel ist die Mehrheit der Risiken für die Betrachtung des beherrschenden Einflusses maßgeblich.

Die Aufzählung des § 290 Abs. 2 HGB ist nicht abschließend, so dass die Möglichkeit eines beherrschenden Einflusses gemäß § 290 Abs. 1 HGB auch in anderen Fällen vorliegen kann. Als Beispiel kann hier die Beherrschung bei einer Beteiligung von weniger als 50 % der Stimmrechte aufgrund einer Präsenzmehrheit in der Hauptversammlung genannt werden.

## Lösung zu Teilaufgabe (b)

Ein Mutterunternehmen wird von der Pflicht zur Aufstellung eines HGB-Konzernabschlusses befreit, wenn der Konzern bestimmte Größenkriterien unterschreitet oder wenn ein anderer, bestimmten Voraussetzungen genügender Konzernabschluss aufgestellt wird. Außerdem braucht ein Mutterunternehmen keinen HGB-Konzernabschluss aufzustellen, wenn ein IFRS-Konzernabschluss freiwillig erstellt oder verpflichtend zu erstellen ist:

- **Befreiung von der Aufstellungspflicht eines HGB-Konzernabschlusses durch einen übergeordneten Konzernabschluss (§§ 291 und 292 HGB):**
  Gemäß den §§ 291 und 292 HGB kann ein Mutterunternehmen eines Teilkonzerns von der Konzernabschlusspflicht nach HGB befreit werden, wenn der dem Teilkonzernabschluss übergeordnete Gesamtkonzernabschluss bestimmten Kriterien genügt. Der übergeordnete Konzernabschluss hat im Wesentlichen dann befreienden Charakter, wenn er den Anforderungen der 7. EG-Richtlinie sowie des durch das BilRUG geänderten HGB, das auf der EU-Richtlinie 2013/34/EU basiert, entspricht und sowohl das von der Aufstellungspflicht zu befreiende Mutterunternehmen als auch dessen Tochterunternehmen in den Konzernabschluss entsprechend den Konsolidierungsvorschriften einbezogen sind. Der Abschluss muss geprüft und offengelegt werden und das zu befreiende Mutterunternehmen muss im Anhang seines Einzelabschlusses auf die Befreiung hinweisen. Dabei bezieht sich § 291 HGB auf Konzernabschlüsse von Mutterunternehmen mit Sitz in einem EU/EWR-Staat. Die Regelung des § 292 HGB erlaubt es zudem, den Anwendungskreis auszudehnen. Unter bestimmten Bedingungen können demnach auch Konzernabschlüsse von Mutterunternehmen mit Sitz in einem Nicht-EU/EWR-Staat befreiende Wirkung haben.
  Die Befreiung kann allerdings gemäß § 291 Abs. 3 Nr. 1 HGB nicht in Anspruch genommen werden, wenn das zu befreiende Mutterunternehmen kapitalmarktorientiert ist oder aus Gründen des Minderheitenschutzes die nicht beherrschenden Gesellschafter, unter den in § 291 Abs. 3 Nr. 2 HGB genannten Voraussetzungen, die Aufstellung eines Teilkonzernabschlusses verlangen.

- **Größenabhängige Befreiungsmöglichkeit (§ 293 HGB):**
Wenn der Konzern bestimmte Größenkriterien nicht überschreitet, braucht kein Konzernabschluss aufgestellt zu werden (vgl. Übersicht 4-1):

| Größenkriterien | Bruttomethode | Nettomethode |
|---|---|---|
| Bilanzsumme (Mio. €)<br>Umsatzerlöse (Mio. €)<br>Arbeitnehmerzahl | ≤ 30<br>≤ 60<br>≤ 250 | ≤ 25<br>≤ 50<br>≤ 250 |

**Übersicht 4-1:** Größenkriterien für die Befreiung nach § 293 HGB

Die Größenkriterien „Bilanzsumme" und „Umsatzerlöse" können durch zwei alternative Methoden berechnet werden. Für die **Bruttomethode** (§ 293 Abs. 1 Satz 1 Nr. 1 HGB), die auf der Summierung der Einzelabschlüsse am Abschlussstichtag des Mutterunternehmens basiert und für die **Nettomethode** (§ 293 Abs. 1 Satz 1 Nr. 2 HGB), bei der ein konsolidierter Abschluss am Konzernabschlussstichtag zu betrachten ist, gelten aufgrund der abweichenden Berechnung unterschiedliche Schwellenwerte. Nur wenn zwei von drei Grenzwerten an zwei aufeinander folgenden Abschlussstichtagen nicht überschritten werden, ist kein Konzernabschluss aufzustellen. Nimmt ein Konzern die Befreiung bereits seit mehreren Jahren in Anspruch, erfüllt aber zum aktuellen oder zum vorherigen Stichtag die Befreiungskriterien nicht mehr, kann der Konzern gemäß § 293 Abs. 4 HGB die Befreiung weiterhin in Anspruch nehmen. Danach führt erst ein Überschreiten der Grenzwerte an zwei aufeinander folgenden Stichtagen zur verpflichtenden Aufstellung eines Konzernabschlusses. Auch die größenabhängige Befreiung kann nicht in Anspruch genommen werden, wenn das Mutterunternehmen kapitalmarktorientiert i. S. d. § 264d HGB ist (§ 293 Abs. 5 HGB).

- **Verpflichtender oder freiwilliger IFRS-Konzernabschluss (§ 315e Abs. 3 HGB):**
Seit 2005 sind kapitalmarktorientierte Mutterunternehmen in der EU dazu verpflichtet, ihren Konzernabschluss nach den IFRS aufzustellen. Außerdem wird gemäß § 315e Abs. 3 HGB auch nicht kapitalmarktorientierten Mutterunternehmen ein Wahlrecht eingeräumt, alternativ zum HGB-Konzernabschluss einen IFRS-Konzernabschluss aufzustellen.

## Lösung zu Teilaufgabe (c)

(1) Die Aussage ist falsch. Zum einen erfordert die gesetzliche Regelung des § 290 HGB das Bestehen eines hierarchischen Mutter-Tochter-Verhältnisses. Demnach sind Unternehmen, die an der Spitze eines Gleichordnungskonzerns stehen, nicht zur Aufstellung eines Konzernabschlusses verpflichtet. Zum anderen sind selbst bei sog. Unterordnungskonzernen, die bei Vorliegen der entsprechenden Voraussetzungen des § 290 HGB zu einer Aufstellungspflicht für einen Konzernabschluss führen, stets auch die Befreiungsmöglichkeiten von der Aufstellungspflicht eines Konzernabschlusses zu prüfen. Wie bereits in Teilaufgabe (b) beschrieben, sieht das HGB die Befreiung durch einen übergeordneten Konzernabschluss (§§ 291, 292 HGB) eine größenabhängige Befreiung (§ 293 HGB) sowie die Möglichkeit, einen nach IFRS aufgestellten Konzernabschluss (§ 315e Abs. 3 HGB) aufzustellen, vor. Liegt einer der genannten Fälle vor, muss das betreffende Mutterunternehmen keinen HGB-Konzernabschluss aufstellen.

(2) Die Aussage ist falsch. Die Rechtsform der in einen HGB-Konzernabschluss einzubeziehenden Tochterunternehmen ist unerheblich. Die Tochterunternehmen müssen lediglich die Unternehmenseigenschaft erfüllen. Unter dem Unternehmensbegriff sind alle Formen wirtschaftlicher

Aktivitäten zu subsumieren, sofern sie auf eine bestimmte Dauer ausgerichtet sind und für Dritte erkennbar ausgeübt werden. Tochterunternehmen können daher auch z. B. sog. Bauarbeitsgemeinschaften in der Rechtsform einer BGB-Gesellschaft sein.

(3) Die Aussage ist falsch. Die Aufstellungspflicht für einen Konzernabschluss gemäß § 290 HGB zieht auch immer die Prüfungspflicht nach sich (§ 316 Abs. 2 HGB). Zu beachten ist, dass Konzernabschlüsse nur von Wirtschaftsprüfern oder Wirtschaftsprüfungsgesellschaften geprüft werden dürfen (§ 319 Abs. 1 Satz 1 und 2 HGB). Die Aufstellungspflicht und die Prüfungspflicht für einen Konzernabschluss sind demnach nicht unabhängig voneinander.

(4) Die Aussage ist falsch. Erstens muss das Mutterunternehmen nicht unbedingt eine Kapitalgesellschaft sein. Es kann sich auch um eine Personenhandelsgesellschaft i. S. d. § 264a Abs. 1 HGB handeln. Zweitens ist der Sitz des Mutterunternehmens für die Aufstellungspflicht eines Konzernabschlusses nicht unerheblich. § 290 HGB fordert explizit, dass der Sitz des Mutterunternehmens im Inland liegen muss, da nur diese Unternehmen in den Geltungsbereich des HGB fallen.

(5) Die Aussage ist falsch. Kreditinstitute bzw. Versicherungsunternehmen sind unabhängig von ihrer Rechtsform gemäß § 340i HGB bzw. gemäß § 341i HGB grundsätzlich zur Aufstellung eines Konzernabschlusses verpflichtet.

(6) Die Aussage ist richtig. Als Rechte i. S. d. Konzeptes des beherrschenden Einflusses des § 290 Abs. 2 Nr. 1-3 HGB werden dem Mutterunternehmen nicht nur die Rechte zugerechnet, die ihm unmittelbar zustehen. Nach § 290 Abs. 3 Sätze 1 und 2 HGB werden dem Mutterunternehmen ebenfalls als Rechte zugerechnet:

- die Rechte, die einem anderen Tochterunternehmen zustehen,
- die Rechte, die einer Person zustehen, die für Rechnung des Mutterunternehmens oder eines anderen Tochterunternehmens handelt, und
- die Rechte, die dem Mutterunternehmen oder einem anderen Tochterunternehmen aufgrund einer Vereinbarung mit anderen Gesellschaftern des betreffenden Unternehmens zustehen.

Zu beachten ist, dass die Rechte, die den anderen Tochterunternehmen zustehen, dem Mutterunternehmen vollständig und nicht nur anteilig in Höhe der jeweiligen Beteiligungsquote zugerechnet werden.

Von den dem Mutterunternehmen unmittelbar oder mittelbar zustehenden Rechten sind gemäß § 290 Abs. 3 Satz 3 HGB die nachstehenden Rechte abzuziehen:

- die Rechte, die mit Anteilen verbunden sind, die von dem Mutterunternehmen oder von dessen Tochterunternehmen für Rechnung einer anderen Person gehalten werden, und
- die Rechte, die mit als Sicherheit gehaltenen Anteilen verbunden sind und die nach Weisung oder im Interesse des Sicherungsgebers ausgeübt werden.

# Übung 5: Die Aufstellungspflicht nach PublG

## Sachverhalt

Die Johansson & Partner KG, Bad Nenndorf, mit Knut Johansson als Komplementär, erwirtschaftet mit 1.115 Mitarbeitern einen Jahresumsatz von € 270 Mio. bei einer Bilanzsumme von € 45 Mio. Sie ist zu 55 % an der unabhängig agierenden MEGA GmbH, Hannover, (Umsatz € 80 Mio., Bilanzsumme € 30 Mio., 186 Mitarbeiter) beteiligt. In der Gesellschafterversammlung der GmbH hat jeder der fünf Gesellschafter ein gleichgewichtetes Stimmrecht.

Die Johansson & Partner KG hat mit der Karlson GmbH, Ingolstadt, (Umsatz € 90 Mio., Bilanzsumme € 30 Mio., 100 Mitarbeiter) seit fünf Jahren einen Finanz- und Produktionsverbund zur Optimierung der Finanzmittel und zur Abstimmung des Produktionsprogramms durch einen Beherrschungsvertrag vereinbart. Dabei legt die Johansson & Partner KG die Produktion fest und disponiert Finanzmittel. In diesem Jahr hat sie 30 % ihres zusätzlich zu dem Beherrschungsvertrag bestehenden Kapitalanteils an der Karlson GmbH an die Omega GmbH & Co. KG veräußert. Der nach der Transaktion verbleibende Kapitalanteil im Besitz der Johansson & Partner KG beläuft sich auf 20 %. Die genannten Umsätze und Bilanzsummen sind um gegenseitige Beziehungen bereinigt, d. h. auf konsolidierter Basis ermittelt, und waren in den letzten fünf Jahren konstant.

## Aufgaben

(a) Muss die Johansson & Partner KG aufgrund der Beziehung zur MEGA GmbH einen Konzernabschluss aufstellen?

(b) War die Johansson & Partner KG aufgrund der Beziehung zur Karlson GmbH vor der Beteiligungsveräußerung verpflichtet, einen Konzernabschluss aufzustellen?

(c) Wirkt sich die Beteiligungsveräußerung auf die Aufstellungspflicht aus? Begründen Sie Ihre Antworten.

## Literaturhinweis

Baetge, Jörg/Kirsch, Hans-Jürgen/Thiele, Stefan, Konzernbilanzen, 15. Aufl., Düsseldorf 2024, Kap. III Abschn. 13.

# Lösungen

## Lösung zu Teilaufgabe (a)

Da die Johansson & Partner KG keine Kapitalgesellschaft und keine haftungsbeschränkte Personengesellschaft i. S. d. § 264a Abs. 1 HGB ist, unterliegt sie bei der Betrachtung zur Aufstellungspflicht eines Konzernabschlusses dem PublG. Nach § 11 Abs. 1 PublG muss das Mutterunternehmen hierfür beherrschenden Einfluss über ein anderes Unternehmen ausüben können.

Aufgrund der Stimmrechtsbeschränkung kann kein beherrschender Einfluss von Seiten der Johansson & Partner KG auf die MEGA GmbH ausgeübt werden. Die MEGA GmbH ist aufgrund des lediglich 20 %igen Stimmrechtsanteils durch Herrn Knut Johansson weisungsunabhängig. Die Johansson & Partner KG trägt auch bei wirtschaftlicher Betrachtung nicht die Mehrheit der Chancen und Risiken der MEGA GmbH. Somit liegt in diesem Fall keine Aufstellungspflicht für einen Konzernabschluss vor.

## Lösung zu Teilaufgabe (b)

Aufgrund der vertraglich festgelegten Weisungsbefugnis der Johansson & Partner KG gegenüber der Karlson GmbH ist die Bedingung des beherrschenden Einflusses i. S. d. § 290 Abs. 1 HGB erfüllt. Die Größenkriterien des PublG (Konzernumsatz > € 130 Mio., Konzernbilanzsumme > € 65 Mio., inländische Konzernarbeitnehmerzahl > 5.000) werden durch den konsolidierten Konzernabschluss in zwei Fällen (Umsatz: € 360 Mio., Bilanzsumme: € 75 Mio.) in mehr als zwei aufeinander folgenden Jahren überschritten. Daher war die Johansson & Partner KG vor der Veräußerung der Beteiligung zur Aufstellung eines Konzernabschlusses verpflichtet.

## Lösung zu Teilaufgabe (c)

Die Beteiligungsveräußerung hat keinen Einfluss auf die Pflicht zur Aufstellung eines Konzernabschlusses. Die Beurteilung des beherrschenden Einflusses richtet sich in dieser Fallkonstellation ausschließlich nach den vertraglichen Vereinbarungen zwischen der Johansson & Partner KG und der Karlson GmbH. Diese sind von der Veräußerung der Kapitalanteile unberührt, so dass der bestehende Beherrschungsvertrag gemäß § 290 Abs. 2 Nr. 3 HGB weiterhin die Aufstellungspflicht eines Konzernabschlusses durch die Johansson & Partner KG nach sich zieht.

# Übung 6: Fallstudie zur Aufstellungspflicht für einen Konzernabschluss nach PublG

## Sachverhalt

Bruno Hirch ist ein in München ansässiger Vollblutunternehmer aus der Medienbranche, der unter der Rechtsform der Kommanditgesellschaft (Bruno Hirch KG) firmiert. Bruno Hirch selbst hält als Komplementär 90 % der Anteile an dieser Gesellschaft. Sein Sohn Horst sowie seine Frau Leonore verfügen als Kommanditisten über jeweils 5 % der Anteile. Im Laufe seiner langjährigen Geschäftstätigkeit hat sich Bruno Hirch mit seiner Firma an drei verschiedenen Unternehmen aus unterschiedlichen Sparten der Medienbranche beteiligt: Die Pay TV AG, die Fußballrechte GmbH und die Zeitschriften AG. Die Beteiligungsstruktur von Bruno Hirchs Unternehmensgruppe stellt sich wie folgt dar: Die Bruno Hirch KG hält 75 % des Kapitals sowie der Stimmrechte der Pay TV AG. Ferner ist die Bruno Hirch KG mit 5 % an der selbst gegründeten Fußballrechte GmbH beteiligt, die ausschließlich zum Zwecke gegründet wurde, die Fußballrechte der Bruno Hirch KG zu verwalten. Aufgrund des Gesellschaftsvertrages, in dem bereits bei Gründung der Gesellschaft sämtliche operativen Entscheidungen festgelegt wurden, haftet die Bruno Hirch KG für sämtliche Risiken, die sich aus dem operativen Geschäft der Fußballrechte GmbH ergeben. Schließlich hält die Bruno Hirch KG auch noch 45 % des Kapitals und der Stimmrechte der Zeitschriften AG. Darüber hinaus besteht zwischen diesen beiden Unternehmen ein Beherrschungsvertrag.

Beim sonntäglichen Frühschoppen mit befreundeten Lokalpolitikern und Bankiers im Englischen Garten prahlt Bruno wie immer über die geschäftlichen Erfolge und den Umfang seiner Unternehmensgruppe. In diesem Zusammenhang kommt die Frage auf, ob die Bruno Hirch KG keinen Konzernabschluss aufstellen müsse. Bruno Hirch beauftragt umgehend seinen Controller, den Sachverhalt zu prüfen. Innerhalb von vier Wochen stellt der Controller zur Überprüfung Probe-Konzernabschlüsse der Bruno Hirch KG für die vergangenen vier Geschäftsjahre auf und ermittelt die durchschnittliche Arbeitnehmerzahl für diesen Zeitraum. Der Controller legt Bruno Hirch in seiner Abschlussbesprechung folgende Übersicht mit den wesentlichen Kennzahlen Konzernbilanzsumme, Konzernumsatzerlöse und Arbeitnehmerzahl vor:

| Größenkriterien | 31.12.01 | 31.12.02 | 31.12.03 | 31.12.04 |
|---|---|---|---|---|
| Konzernbilanzsumme (T€) | 40.000 | 67.000 | 58.000 | 71.000 |
| Konzernumsatzerlöse (T€) | 98.000 | 135.000 | 132.000 | 138.000 |
| Arbeitnehmerzahl | 3.500 | 4.250 | 5.150 | 5.200 |

**Übersicht 6-1:** Wesentliche Kennzahlen der Bruno Hirch KG

## Aufgaben

(a) Auf Basis welcher Rechtsgrundlage könnte die Bruno Hirch KG verpflichtet sein, einen Konzernabschluss zu erstellen? Nennen, erläutern und prüfen Sie die entsprechenden Voraussetzungen dieser Rechtsvorschrift für den Fall der Bruno Hirch KG und begründen Sie, ob und ggf. ab welchem Zeitpunkt eine Pflicht zur Aufstellung eines Konzernabschlusses besteht. Zeichnen Sie dazu zunächst ein Organigramm für die im Sachverhalt beschriebene Beteiligungsstruktur.

(b) Welche Auswirkungen ergeben sich für die Pflicht zur Aufstellung eines Konzernabschlusses, wenn die Bruno Hirch KG keine Kapitalanteile an der Pay TV AG, der Fußballrechte GmbH und der Zeitschriften AG hält?

(c) Bruno Hirch ärgert sich darüber, dass sein Controller so viel Zeit in die Aufstellung der Probe-Konzernabschlüsse investiert hat. Schließlich hält er selbst mehr vom „großen Geschäft“ als vom „Erbsenzählen“. Er ist der Auffassung, dass es zur Ermittlung der Kennzahlen „Bilanzsumme“ und „Umsatzerlöse“ völlig ausgereicht hätte, die entsprechenden Zahlen aus den schon vorhandenen Einzelabschlüssen der Unternehmensgruppe zu addieren. Hat Bruno Hirch Recht? Wie wäre Brunos Einwand zu beurteilen, wenn er unter der Rechtsform einer GmbH firmieren würde?

(d) Welche Auswirkungen hinsichtlich der Pflicht zur Aufstellung eines Konzernabschlusses ergäben sich, wenn statt der Bruno Hirch KG (1) eine Bruno Hirch GmbH & Co. KG bzw. (2) ein Kreditinstitut an der Spitze der Unternehmensgruppe stünde?

## Literaturhinweis

BAETGE, JÖRG/KIRSCH, HANS-JÜRGEN/THIELE, STEFAN, Konzernbilanzen, 15. Aufl., Düsseldorf 2024, Kap. III Abschn. 13 und 14.

## Lösungen

### Lösung zu Teilaufgabe (a)

Aus den Daten des oben geschilderten Sachverhaltes lässt sich das folgende Organigramm für die Beteiligungsstruktur der Unternehmensgruppe von Bruno Hirch zeichnen:

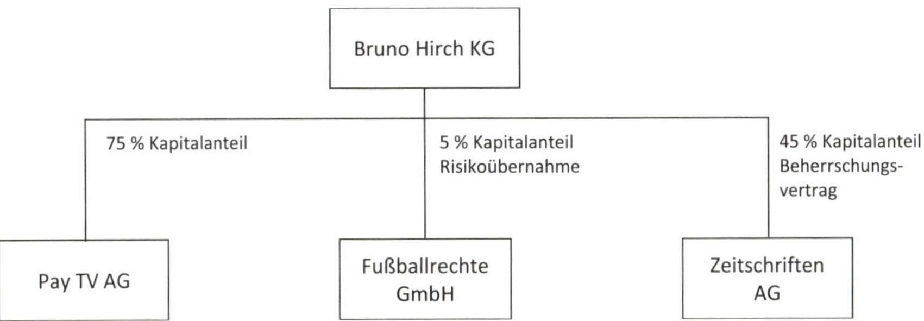


**Übersicht 6-2:** Organigramm der Beteiligungsstruktur der Unternehmensgruppe Bruno Hirch

Die Bruno Hirch KG ist eine Personenhandelsgesellschaft mit einer natürlichen Person als Vollhafter. Als solche unterliegt sie nicht den handelsrechtlichen Vorschriften der §§ 290-293 HGB über die Aufstellung von Konzernabschlüssen, die nur für Kapitalgesellschaften und Personenhandelsgesellschaften i. S. d. § 264a Abs. 1 HGB (z. B. GmbH & Co. KG) gelten. Für Mutterunternehmen anderer Rechtsformen ist die Pflicht zur Aufstellung eines Konzernabschlusses vorbehaltlich branchenspezifischer (z. B. für Banken und Versicherungen) oder anderer Ausnahmeregelungen im Publizitätsgesetz (PublG) kodifiziert.

**Vorschriften des Publizitätsgesetzes**

Gemäß § 11 Abs. 1 PublG muss ein Unternehmen mit Sitz im Inland einen Konzernabschluss aufstellen, wenn die folgenden beiden Voraussetzungen kumulativ erfüllt sind:

- Das Unternehmen kann unmittelbar oder mittelbar einen beherrschenden Einfluss auf ein anderes Unternehmen ausüben und
- der Konzern überschreitet bestimmte Größenkriterien.

Der in § 11 Abs. 1 PublG kodifizierte Unternehmensbegriff ist nicht weiter definiert. Ein Unternehmen liegt grundsätzlich dann vor, wenn damit auf Dauer und für Dritte erkennbar erwerbswirtschaftliche Ziele verfolgt werden. In § 11 Abs. 5 PublG wird der Unternehmensbegriff lediglich negativ abgegrenzt. Folgende Mutterunternehmen werden nicht von § 11 Abs. 1 PublG erfasst, da sie entweder unter andere Rechtsvorschriften fallen oder die Unternehmenseigenschaft nicht erfüllen:

- Kapitalgesellschaften,
- Kreditinstitute,
- Versicherungsunternehmen,
- Personenhandelsgesellschaften i. S. d. § 264a HGB und
- Personenhandelsgesellschaften und Einzelkaufleute, die sich auf die Vermögensverwaltung beschränken.

Das Publizitätsgesetz knüpft die Konzernrechnungslegungspflicht in § 11 Abs. 1 i. V. m. Abs. 6 Nr. 1 PublG an das Konzept des beherrschenden Einflusses gemäß § 290 Abs. 1 HGB.

Die Größenkriterien für den Konzern werden in § 11 Abs. 1 Nr. 1-3 PublG spezifiziert. Danach ist das Mutterunternehmen nur dann zur Aufstellung eines Konzernabschlusses verpflichtet, wenn an drei aufeinander folgenden Konzernabschlussstichtagen jeweils mindestens zwei der drei nachstehenden Größenmerkmale erfüllt werden:

- Die Bilanzsumme beträgt am Konzernabschlussstichtag mehr als € 65 Mio.
- Die Konzernumsatzerlöse in den zwölf Monaten vor dem Konzernabschlussstichtag übersteigen € 130 Mio.
- Die Konzernunternehmen mit Sitz im Inland haben in den zwölf Monaten vor dem Konzernabschlussstichtag durchschnittlich mehr als 5.000 Arbeitnehmer beschäftigt.

**Anwendung der Regelungen auf die Bruno Hirch KG**

Zur Untersuchung der Pflicht zur Aufstellung eines Konzernabschlusses im Fall der Bruno Hirch KG sind somit deren Unternehmenseigenschaft, das Kriterium des beherrschenden Einflusses sowie die Überschreitung der entsprechenden Größenkriterien zu prüfen:

- **Unternehmenseigenschaft:** Die Bruno Hirch KG erfüllt die Unternehmenseigenschaft, da sie nachhaltig und nach außen erkennbar erwerbswirtschaftliche Ziele verfolgt und nicht von der Negativabgrenzung des § 11 Abs. 5 PublG erfasst wird.
- **Beherrschender Einfluss:** Die Bruno Hirch KG muss über mindestens ein Unternehmen einen beherrschenden Einfluss ausüben können, um zur Aufstellung eines Konzernabschlusses verpflichtet zu sein. Die Pay TV AG steht unter dem beherrschenden Einfluss der Bruno Hirch KG, da diese eine Stimmrechtsmehrheit von 75 % inne hat. Die Fußballrechte GmbH erfüllt ein genau definiertes, im Gesellschaftsvertrag festgelegtes Ziel der Bruno Hirch KG. Sie ist daher als Zweckgesellschaft i. S. v. § 290 Abs. 2 Nr. 4 HGB anzusehen. Die Bruno Hirch KG hält zwar nur eine Kapitalbeteiligung von 5 % an der Fußballrechte GmbH, trägt allerdings die Mehrheit ihrer Risiken. Daher ist diese als Tochtergesellschaft der Bruno Hirch KG zu klassifizieren. An der Zeitschriften AG ist die Bruno Hirch KG nur zu 45 % beteiligt. Aufgrund des Beherrschungsvertrages übt die Bruno Hirch KG dennoch einen beherrschenden Einfluss aus. Sowohl die Pay TV AG als auch die Fußballrechte GmbH und die Zeitschriften AG stehen somit unter dem beherrschenden Einfluss der Bruno Hirch KG und sind als deren Tochterunternehmen zu qualifizieren.
- **Größenkriterien:** Die Prüfung der Größenkriterien ergibt zum 31.12.01, dass alle drei Kennzahlen die in § 11 Abs. 1 Nr. 1-3 PublG festgelegten Grenzwerte unterschreiten. Zum 31.12.02 überschreiten die Konzernbilanzsumme und die Konzernumsatzerlöse indes die Grenzwerte, während die durchschnittliche Arbeitnehmerzahl noch darunter liegt. Zum 31.12.03 übersteigen die Konzernumsatzerlöse und die durchschnittliche Arbeitnehmerzahl die Grenzwerte, während diesmal die Konzernbilanzsumme den Grenzwert unterschreitet. Schließlich liegen zum 31.12.04 alle drei Kennzahlen über den gesetzlichen Grenzwerten. Die in § 11 Abs. 1 Nr. 1-3 PublG kodifizierten Anforderungen an die Überschreitung der Größenkriterien im Zeitablauf von drei aufeinander folgenden Konzernabschlussstichtagen werden demnach erstmalig zum 31.12.04 erfüllt.

Zusammenfassend ist also festzuhalten, dass die Bruno Hirch KG zum Stichtag 31.12.04 einen Konzernabschluss aufstellen muss, weil zu diesem Zeitpunkt die in § 11 Abs. 1 PublG geforderten Voraussetzungen zum ersten Mal erfüllt sind.

## Lösung zu Teilaufgabe (b)

Wenn die Bruno Hirch KG keine Kapitalanteile an der Pay TV AG, der Fußballrechte GmbH und der Zeitschriften AG hält, ist die Pay TV AG aufgrund der wegfallenden Stimmrechtsmehrheit nicht mehr als Tochterunternehmen zu klassifizieren, da die Bruno Hirch KG keinen beherrschenden Einfluss auf sie ausüben kann. Die Bruno Hirch KG ist indes – vorausgesetzt, dass sie auch ohne die Pay TV AG die Größenkriterien des § 11 Abs. 1 Nr. 1-3 PublG überschreitet – weiterhin zur Aufstellung eines Konzernabschlusses verpflichtet, da an die Klassifizierung als Tochterunternehmen weder für die Zeitschriften AG nach § 290 Abs. 2 Nr. 3 HGB (Beherrschungsvertrag), noch für die Fußballrechte GmbH nach § 290 Abs. 2 Nr. 4 HGB (Übernahme der Risiken einer Zweckgesellschaft) die Voraussetzung einer Beteiligung geknüpft ist.

## Lösung zu Teilaufgabe (c)

Hirch hat Unrecht. Eine einfache Addition der entsprechenden Zahlen aus den Einzelabschlüssen der Unternehmensgruppe ist zur Ermittlung der beiden Kennzahlen „Konzernbilanzsumme" und „Konzernumsatzerlöse" nicht zulässig. Denn § 11 Abs. 1 Nr. 1-2 PublG fordert explizit, dass diese Kennzahlen einem Konzernabschluss zu entnehmen sind. Sofern von einem nach § 11 Abs. 1 PublG ggf. konzernrechnungslegungspflichtigen Unternehmen bisher keine Konzernabschlüsse erstellt wurden, ist es für die Prüfung der Größenkriterien des § 11 Abs. 1 Nr. 1-2 PublG erforderlich, für die vergangenen Geschäftsjahre interne Probe-Konzernabschlüsse inklusive sämtlicher Konsolidierungsmaßnahmen aufzustellen.

Im Gegensatz zum PublG ist es allerdings gemäß § 293 HGB für Mutterunternehmen in den Rechtsformen einer Kapitalgesellschaft wahlweise möglich, zur Prüfung einer größenabhängigen Befreiung von der Pflicht zur Aufstellung eines Konzernabschlusses auf die Erstellung eines solchen Probe-Konzernabschlusses zu verzichten. Vielmehr können zur Ermittlung der beiden Kennzahlen die entsprechenden Zahlen aus den Einzelabschlüssen des Mutterunternehmens und der Tochterunternehmen addiert werden (sog. Bruttomethode nach § 293 Abs. 1 Nr. 1 HGB). Würde Bruno Hirch also unter der Rechtsform einer GmbH firmieren, könnte auf die interne Erstellung von Probe-Konzernabschlüssen verzichtet werden, wenn die in § 293 Abs. 1 Nr. 1 HGB festgelegten Größenkriterien für die Bruttomethode nicht überschritten würden.

## Lösung zu Teilaufgabe (d)

Sollte an der Spitze der Unternehmensgruppe von Bruno Hirch eine GmbH & Co. KG oder ein Kreditinstitut stehen, ergäben sich keine Auswirkungen auf die Aufstellungspflicht für einen Konzernabschluss:

(1) Im Fall der GmbH & Co. KG würde die Pflicht zur Aufstellung eines Konzernabschlusses zwar nicht durch die Rechtsvorschrift des § 11 Abs. 1 PublG begründet. Vielmehr wäre eine Bruno Hirch GmbH & Co. KG gemäß dem Konzept des beherrschenden Einflusses nach § 264a Abs. 1 i. V. m. § 290 Abs. 1 HGB zur Konzernrechnungslegung verpflichtet. Im vorliegenden Sachverhalt greifen aber auch die in den §§ 291-293 HGB kodifizierten Möglichkeiten, auf die Aufstellung eines HGB-Konzernabschlusses zu verzichten, nicht.

(2) Im Fall eines Kreditinstitutes würde die Aufstellungspflicht für einen Konzernabschluss weder durch § 11 Abs. 1 PublG noch durch § 290 Abs. 1 HGB begründet. Vielmehr sind Kreditinstitute, auch wenn sie keine Kapitalgesellschaften sind, gemäß § 340i HGB grundsätzlich zur Konzernrechnungslegung verpflichtet.

# Übung 7: Der Konsolidierungskreis nach der Einheitstheorie und nach der Interessentheorie

## Sachverhalt

Ein Mutterunternehmen (M) ist an den Tochterunternehmen

- T 1 zu 100 %,
- T 2 zu 75 % und
- T 3 zu 25 %

beteiligt. Beim Tochterunternehmen T 3 übt M aufgrund von Unternehmensverträgen die faktische Kontrolle aus.

## Aufgaben

(a) Wie ist der Konsolidierungskreis nach der Einheitstheorie zu ziehen?

(b) Wie ist der Konsolidierungskreis nach der traditionellen und der neueren Interpretation der Interessentheorie zu ziehen? Begründen Sie Ihre Antwort.

## Literaturhinweis

BAETGE, JÖRG/KIRSCH, HANS-JÜRGEN/THIELE, STEFAN, Konzernbilanzen, 15. Aufl., Düsseldorf 2024, Kap. I Abschn. 6.

## Lösungen

### Lösung zu Teilaufgabe (a)

Entsprechend der **Einheitstheorie** stellt der Konzernabschluss den Quasi-Einzelabschluss der wirtschaftlichen Einheit „Konzern" dar. Die einzelnen Unternehmen des Konzerns nehmen die wirtschaftliche Stellung von unselbständigen Betriebsstätten ein, die vollständig vom Mutterunternehmen beherrscht werden. Nicht beherrschende Gesellschafter werden von den beherrschenden Gesellschaftern des Konzerns dominiert. Die Gesellschaftsverhältnisse innerhalb des Konzerns sind daher dadurch gekennzeichnet, dass sie eine homogene Interessenlage aufweisen. Die Kapitalanteile der nicht beherrschenden Gesellschafter werden dem Eigenkapital des Konzerns zugerechnet.

Nach der Einheitstheorie sind das Mutterunternehmen und sämtliche durch Mehrheitsbeteiligungen rechtlich oder auf andere Art faktisch kontrollierte Unternehmen unabhängig von der Beteiligungshöhe zu 100 % in den Konsolidierungskreis einzubeziehen. Da M über T 1 und T 2 die gesetzliche Kontrolle durch Mehrheitsbeteiligung und über T 3 die faktische Kontrolle ausübt, gehören in dem vorliegenden Beispiel nach der Einheitstheorie M, T 1, T 2 und T 3 zum Konsolidierungskreis. Sämtliche Tochterunternehmen sind vollständig zu konsolidieren (**Vollkonsolidierung**).

## Lösung zu Teilaufgabe (b)

Nach der **(traditionellen) Interessentheorie** dient der Konzernabschluss als Informationsinstrument für die Gesellschafter des Mutterunternehmens und kann insofern als eine Art erweiterter (Einzel-)Abschluss der Muttergesellschaft interpretiert werden. Die nicht beherrschenden Gesellschafter der Tochterunternehmen werden als Außenstehende des Konzerns betrachtet, wobei ein Interessenkonflikt zwischen den beherrschenden Gesellschaftern als Eigenkapitalgebern und den nicht beherrschenden Gesellschaftern als Quasi-Fremdkapitalgebern unterstellt wird. Für die Einbeziehung in den Konsolidierungskreis sind daher die Beteiligungsverhältnisse zwingend zu betrachten. Nur Unternehmen, bei denen das Mutterunternehmen unmittelbar oder mittelbar mehr als die Hälfte des Kapitals besitzt, sind nach der Interessentheorie in den Konsolidierungskreis aufzunehmen. Diese Tochterunternehmen sind anteilig in Höhe der Beteiligungsquote zu konsolidieren **(Interessentheorie mit partieller Konsolidierung)**. Für das vorliegende Beispiel bedeutet dies, dass nur M, T 1 und T 2 zum Konsolidierungskreis gehören, wobei T 1 und T 2 entsprechend der jeweiligen Beteiligungsquote in den Konzernabschluss einzubeziehen sind. T 3 hingegen gehört aufgrund der fehlenden Mehrheitsbeteiligung nicht zum Konsolidierungskreis. Die bestehende faktische Kontrolle hat keine Bedeutung.

Nach der **neueren Interpretation** der Interessentheorie sollen die beherrschenden Gesellschafter des Mutterunternehmens über die wirtschaftliche Einheit der Konzernunternehmen als Gesamtheit der beherrschten Unternehmen informiert werden. Die Konzernleitung kann aufgrund der wirtschaftlichen Abhängigkeit von T 3 (Unternehmensvertrag) über dessen Vermögensgegenstände und Schulden verfügen und durch konzerninterne Geschäfte Kapital, Liquidität und Ergebnisse verlagern. Daher wäre auch das Unternehmen T 3 in den Konsolidierungskreis einzubeziehen. Die Tochterunternehmen T 1, T 2 und T 3 sind zudem nicht mit einer Quoten-, sondern mit einer für die Anteilseigner aussagekräftigeren Vollkonsolidierung im Konzernabschluss zu berücksichtigen **(Interessentheorie mit Vollkonsolidierung)**.

# Übung 8: Aufstellungspflicht und Konsolidierungskreis beim Konzernabschluss nach HGB

## Sachverhalt

Die A AG (mit Sitz in Deutschland) ist an der

- B GmbH (mit Sitz in Deutschland) zu 75 %, an der
- C GmbH (mit Sitz in Deutschland) zu 40 % und an der
- D Ltd. (mit Sitz in Großbritannien) zu 100 %

beteiligt.

- Die B GmbH hält 15 % der Anteile der C GmbH und 60 % der Anteile der E OHG (mit Sitz in Deutschland).
- Die D Ltd. ist zu 100 % an der F AG (mit Sitz in Deutschland) beteiligt.
- Die Stimmrechtsanteile stimmen mit den Kapitalanteilen überein.

## Aufgabe

Welche Unternehmen müssen nach den Vorschriften des HGB einen Konzern- oder Teilkonzernabschluss aufstellen und welche Unternehmen sind jeweils einzubeziehen? Zeichnen Sie ein (Konzern-) Organigramm und begründen Sie Ihre Antworten.

## Literaturhinweis

Baetge, Jörg/Kirsch, Hans-Jürgen/Thiele, Stefan, Konzernbilanzen, 15. Aufl., Düsseldorf 2024, Kap. III Abschn. 12, 14 und 32.

## Lösung

Das (Konzern-)Organigramm stellt sich wie folgt dar:

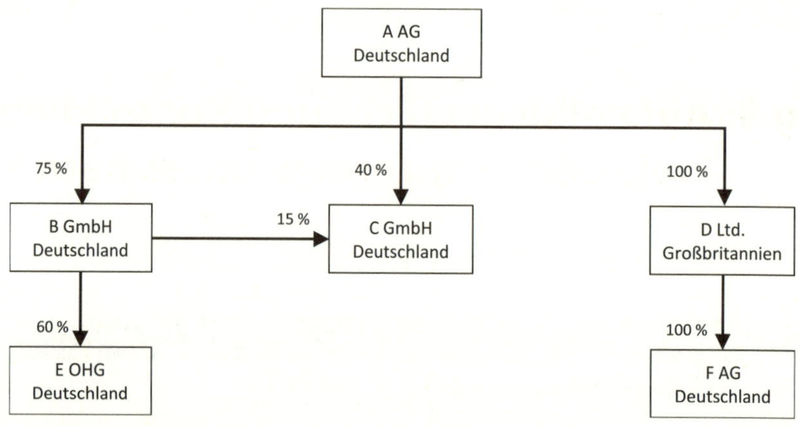


**Übersicht 8-1:** Organigramm des A AG-Konzerns

Gemäß § 290 Abs. 1 HGB hat ein Unternehmen einen Konzernabschluss aufzustellen, wenn es auf mindestens ein Tochterunternehmen einen beherrschenden Einfluss ausüben kann. Die A AG müsste demnach mindestens ein Tochterunternehmen haben, um zur Aufstellung eines Konzernabschlusses verpflichtet zu sein. Sie ist indes nur dann zur Aufstellung eines handelsrechtlichen Konzernabschlusses verpflichtet, falls

- keine der Befreiungsvorschriften der §§ 291-293 HGB wirkt,
- kein IFRS-Abschluss gemäß § 315e HGB aufgestellt werden muss oder soll und falls
- keine Befreiung mangels konsolidierungspflichtiger Tochterunternehmen (§ 296 HGB) besteht.

Gemäß § 294 Abs. 1 HGB sind in einen Konzernabschluss grundsätzlich alle Tochterunternehmen einzubeziehen, wenn die Einbeziehung nicht nach § 296 HGB unterbleiben darf.

Im vorliegenden Beispiel bedeutet dies für die **A AG**:

- Die B GmbH ist als Tochterunternehmen der A AG zu klassifizieren, da die A AG durch eine 75 %ige Mehrheit der Stimmrechte einen beherrschenden Einfluss ausüben kann (§ 290 Abs. 1 i. V. m. Abs. 2 Nr. 1 HGB). Die A AG hat somit einen Konzernabschluss aufzustellen, in den die B GmbH einzubeziehen ist.
- Die C GmbH ist in den Konzernabschluss einzubeziehen, da der A AG mit 55 % der Anteile (40 % direkt und 15 % indirekt über die B GmbH) die Mehrheit der Stimmrechte zusteht und sie somit einen beherrschenden Einfluss ausüben kann (§ 290 Abs. 1 i. V. m. Abs. 2 Nr. 1 und Abs. 3 HGB).
- Die D Ltd. ist Tochterunternehmen, da die A AG über 100 % der Stimmrechte verfügt und sie somit einen beherrschenden Einfluss ausüben kann (§ 290 Abs. 1 i. V. m. Abs. 2 Nr. 1 HGB). Der Sachverhalt, dass der Sitz der D Ltd. in Großbritannien und somit im Ausland liegt, ist für die Abgrenzung des Konsolidierungskreises unerheblich. Die D Ltd. ist daher in den Konzernabschluss einzubeziehen.

- Die E OHG ist in den Konzernabschluss einzubeziehen, da der A AG mit 60 % der Anteile (indirekt über die B GmbH) die Mehrheit der Stimmrechte zusteht und sie somit einen beherrschenden Einfluss ausüben kann (§ 290 Abs. 1 i. V. m. Abs. 2 Nr. 1 und Abs. 3 HGB).
- Die F AG ist in den Konzernabschluss einzubeziehen, da der A AG mit 100 % der Anteile (indirekt über die D Ltd.) die Mehrheit der Stimmrechte zusteht und sie somit einen beherrschenden Einfluss ausüben kann (§ 290 Abs. 1 i. V. m. Abs. 2 Nr. 1 und Abs. 3 HGB).

Die **B GmbH** muss gemäß § 290 Abs. 1 HGB einen Teilkonzernabschluss aufstellen, falls sie mindestens ein Tochterunternehmen hat, der Konzernabschluss der A AG keine befreiende Wirkung nach § 291 HGB hat und die für die A AG oben genannten Befreiungsvorschriften nicht wirken. Gemäß § 294 Abs. 1 HGB sind in diesen Teilkonzernabschluss grundsätzlich alle Tochterunternehmen einzubeziehen, wenn die Einbeziehung nicht nach § 296 HGB unterbleiben darf.

In den Teilkonzernabschluss der B GmbH ist die E OHG einzubeziehen, da der B GmbH mit 60 % der Anteile die Mehrheit der Stimmrechte zusteht und sie somit einen beherrschenden Einfluss ausüben kann (§ 290 Abs. 1 i. V. m. Abs. 2 Nr. 1 HGB). Die C GmbH ist dagegen nicht als Tochterunternehmen in den Teilkonzernabschluss einzubeziehen, da der B GmbH nicht die Mehrheit der Stimmrechte zusteht und auch kein anderer Tatbestand erfüllt ist, der einen beherrschenden Einfluss begründen könnte. Die C GmbH ist daher im Teilkonzernabschluss der B GmbH als Beteiligung mit den Anschaffungskosten zu bewerten.

Für die **D Ltd.** besteht nach deutschem Recht keine Pflicht zur Aufstellung eines Teilkonzernabschlusses nach HGB, da eine solche Pflicht gemäß § 290 Abs. 1 HGB nur für Kapitalgesellschaften mit Sitz im Inland besteht.

# Übung 9: Die Stufenkonzeption des HGB

## Sachverhalt

Die Schelm AG, eine expandierende Maschinenbau-Holding mit Sitz in Münster, hält am Ende des Jahres 01 in ihrem Beteiligungsportfolio sieben Beteiligungen:

(1) Eine 100 %ige Beteiligung an dem Produktionsunternehmen Blech GmbH & Co. KG, das wie schon in den Vorjahren € 75 Mio. Umsatzerlöse erzielt hat. Die Blech GmbH & Co. KG wird in Personalunion von den Mitgliedern des Vorstandes der Schelm AG geleitet. Bei der Blech GmbH & Co. KG sind zum Jahresende nur noch knapp 90 % der ehemals 900 Arbeitnehmer beschäftigt. Die Schelm AG ist auch an der Komplementär-GmbH zu 100 % beteiligt und zugleich einziger Kommanditist der Blech GmbH & Co. KG.

(2) Eine Beteiligung i. H. v. 100 % an einer gemeinnützigen Unterstützungskasse in der Rechtsform einer GmbH, deren Begünstigte die Beschäftigten der Schelm AG und der Blech GmbH & Co. KG sind.

(3) Eine Beteiligung im Umfang von 100 % an einer Vertriebsgesellschaft in Buxtehude, bei der im Laufe des Geschäftsjahres ein Insolvenzverfahren eingeleitet wurde.

(4) Eine 15 %ige Beteiligung an dem Software-Haus CIM AG, die mit Wirkung zum Beginn von 01 für € 2,5 Mio. auf die Schelm AG übergegangen ist. Von dieser Beteiligung an der CIM AG, die PPS-Systeme entwickelt, verspricht man sich weitreichende Synergien für die Produktion der Blech GmbH & Co. KG. Im Übrigen werden die Steuerungssysteme bereits jetzt in enger Kooperation mit der Blech GmbH & Co. KG entwickelt und auch an diese geliefert. Die übrigen 85 % der Anteile befinden sich im Streubesitz. Der Vorstandsvorsitzende F. Euerstein der Schelm AG, der bereits seit einigen Jahren einen Aufsichtsratssitz bei der CIM AG innehat, übernimmt auf einer außerordentlichen Aufsichtsratssitzung zu Beginn von 01 den Aufsichtsratsvorsitz.

(5) Einen Anteil i. H. v. 30 % an der Satelliten GmbH, Leipzig. An der Satelliten GmbH, die Satellitenschüsseln herstellt und vertreibt, ist zudem ein weiterer Hauptgesellschafter mit einem Anteil i. H. v. 60 % beteiligt. 10 % der Anteile liegen in der Hand des Bundes. Da das Unternehmen offensichtlich floriert, überlässt die Schelm AG den anderen Gesellschaftern die Führung der Satelliten AG. Andere wirtschaftliche Verflechtungen bestehen nicht.

(6) Außerdem hat die Schelm AG vor einigen Jahren zusammen mit der JCN Corp., USA, ein Joint Venture in Dortmund gegründet, in dem die Entwicklungskräfte beider Gesellschaften gepoolt wurden. Das Joint Venture wurde gegründet, um langfristig ein Verfahren zu entwickeln, mit dem Bierflaschen effizienter abgefüllt werden können. Beide beteiligten Gesellschaften halten einen Anteil i. H. v. jeweils 50 %.

(7) Einen Anteil i. H. v. 75 % des Kapitals an der Maschinenbau GmbH. Der Anteil soll aber in nächster Zeit wieder veräußert werden. Entsprechende Verhandlungen sind bereits eingeleitet. Die Absicht der Weiterveräußerung besteht seit dem Erwerb der Anteile.

Alle Unternehmen stellen ihren Jahresabschluss zum 31.12. auf. Die Schelm AG hat in 01 einen Umsatz i. H. v. € 15 Mio. (Vorjahr: € 10 Mio.) und 40 Angestellte (Vorjahr: 35). Die handelsrechtlichen Möglichkeiten, keinen HGB-Konzernabschluss aufzustellen, sollen nicht vorliegen bzw. nicht in Anspruch genommen werden.

## Aufgaben

(a) Charakterisieren Sie die Stufenkonzeption des HGB.

(b) Prüfen Sie zunächst, ob ein Konzernabschluss aufzustellen ist und zeigen Sie, wie die Beteiligungsunternehmen der Schelm AG nach der Stufenkonzeption des HGB in den Konzernabschluss einzubeziehen sind.

## Literaturhinweis

BAETGE, JÖRG/KIRSCH, HANS-JÜRGEN/THIELE, STEFAN, Konzernbilanzen, 15. Aufl., Düsseldorf 2024, Kap. III Abschn. 12, 142. und 3.

## Lösungen

### Lösung zu Teilaufgabe (a)

Nach der **Stufenkonzeption** des HGB hängt die Form der Einbeziehung eines Unternehmens in den Konzernabschluss von der Intensität des Einflusses des Mutterunternehmens auf das betreffende Unternehmen ab. Auf der ersten Stufe, auf der ein Unternehmen auf ein anderes Unternehmen einen beherrschenden Einfluss ausüben kann, wird das Unternehmen als **Tochterunternehmen** gemäß §§ 300-309 HGB vollkonsolidiert. Nach dem Konzept des beherrschenden Einflusses des § 290 Abs. 1 HGB liegt immer dann ein Tochterunternehmen vor, wenn das Mutterunternehmen die Möglichkeit hat, die Finanz- und Geschäftspolitik eines anderen Unternehmens dauerhaft zu bestimmen. Dies ist stets dann der Fall, wenn für das Mutterunternehmen einer der typisierenden Tatbestände des § 290 Abs. 2 HGB vorliegt:

- die Mehrheit der Stimmrechte an einem anderen Unternehmen,
- das Recht, die Mehrheit der Mitglieder des die Finanz- und Geschäftspolitik bestimmenden Verwaltungs-, Leitungs- oder Aufsichtsorgans eines anderen Unternehmens zu bestellen oder abzuberufen, wenn das Mutterunternehmen gleichzeitig Gesellschafter ist,
- das Recht, die Finanz- und Geschäftspolitik aufgrund eines mit einem anderen Unternehmen geschlossenen Beherrschungsvertrages oder aufgrund einer Bestimmung in der Satzung eines anderen Unternehmens zu bestimmen oder
- die Übernahme der Mehrheit der Chancen und Risiken eines anderen Unternehmens, das ein genau definiertes Ziel des Mutterunternehmens verfolgt und daher als Zweckgesellschaft zu klassifizieren ist.

Die zweite Stufe bilden die **Gemeinschaftsunternehmen**, die von einem Konzernunternehmen und einem oder mehreren konzernaußenstehenden Unternehmen gemeinsam geführt werden. Solche Gemeinschaftsunternehmen werden gemäß § 310 HGB wahlweise quotal konsolidiert oder als assoziiertes Unternehmen nach der Equity-Methode behandelt.

**Assoziierte Unternehmen**, bei denen von einem Konzernunternehmen ein sog. maßgeblicher Einfluss auf die Geschäftspolitik ausgeübt wird, bilden die dritte Stufe der Stufenkonzeption. Der maßgebliche Einfluss ist geringer als die vollständige oder quotale Beherrschung eines Beteiligungsunternehmens, geht aber über das reine Halten der Anteile hinaus. Assoziierte Unternehmen werden nach der Equity-Methode gemäß den §§ 311, 312 HGB in den Konzernabschluss einbezogen. Bei Tochterunternehmen, die gemäß § 296 HGB nicht vollkonsolidiert werden und bei Gemeinschaftsunternehmen, die nicht quotal einbezogen werden, ist zu prüfen, ob aufgrund eines maßgeblichen Einflusses die Equity-Methode anzuwenden ist.

Die letzte Stufe bilden diejenigen **Unternehmen**, bei denen **kein maßgeblicher Einfluss** seitens des beteiligten Konzernunternehmens ausgeübt wird. Die Anteile an dem betreffenden Unternehmen werden zur Herstellung einer dauernden Geschäftsbeziehung gehalten. In diesem Fall sind die Anteile als solche im Konzernabschluss auszuweisen und, ggf. vermindert um außerplanmäßige Abschreibungen, mit den (fortgeführten) Anschaffungskosten zu bewerten.

## Lösung zu Teilaufgabe (b)

Vor der Analyse des Einbezuges potentieller Konzerngesellschaften ist zunächst zu prüfen, ob überhaupt ein Konzernabschluss aufzustellen ist. Dies ist der Fall, wenn das Mutterunternehmen einen beherrschenden Einfluss gemäß § 290 Abs. 1 HGB auf ein untergeordnetes Unternehmen ausüben kann.

Bei der Blech GmbH & Co. KG (**Beteiligung (1)**) liegt durch die Beteiligung i. H. v. 100 % die Mehrheit der Stimmrechte in der Hand der Schelm AG. Somit ist der typisierende Sachverhalt des § 290 Abs. 2 Nr. 1 HGB erfüllt. Von der Schelm AG kann demnach ein beherrschender Einfluss ausgeübt werden. Somit handelt es sich bei der Blech GmbH & Co. KG um ein **Tochterunternehmen**. Eine wahlweise Nichteinbeziehung aufgrund eines der in § 296 HGB genannten Kriterien kommt nicht in Betracht, weil

- eine dauernde Beschränkung der Ausübung der Rechte i. S. d. § 296 Abs. 1 Nr. 1 HGB bei der Blech GmbH & Co. KG nicht vorliegt,
- die erforderlichen Angaben zur Aufstellung des Konzernabschlusses ohne unverhältnismäßig hohe Kosten oder unangemessene Verzögerungen vorgenommen werden können (§ 296 Abs. 1 Nr. 2 HGB) und
- eine Weiterveräußerung der Anteile an der Blech GmbH & Co. KG nicht geplant ist (§ 296 Abs. 1 Nr. 3 HGB).

Schließlich kann das Einbeziehungswahlrecht des § 296 Abs. 2 HGB nicht angewendet werden, weil dieses Unternehmen aufgrund seiner relativen Größe im Vergleich zur Holding nicht von untergeordneter Bedeutung für die Vermögens-, Finanz- und Ertragslage des Konzerns sein kann. Die Schelm AG ist folglich zur Aufstellung eines Konzernabschlusses verpflichtet.

Zu prüfen bleibt, ob die Schelm AG keinen Konzernabschluss aufstellen muss, weil die Kriterien für eine größenabhängige Befreiung unterschritten werden. Denn nach § 293 HGB ist ein Mutterunternehmen von der Konzernrechnungslegungspflicht befreit, wenn an zwei aufeinander folgenden Abschlussstichtagen zwei der in der folgenden Übersicht dargestellten drei Kriterien nicht überschritten werden:

| Größenkriterien | Bruttomethode | Nettomethode |
|---|---|---|
| Bilanzsumme (Mio. €) | ≤ 30 | ≤ 25 |
| Umsatzerlöse (Mio. €) | ≤ 60 | ≤ 50 |
| Arbeitnehmerzahl | ≤ 250 | ≤ 250 |

**Übersicht 9-1:** Größenkriterien für die Befreiung nach § 293 HGB

Nach der **Bruttomethode** (§ 293 Abs. 1 Satz 1 Nr. 1 HGB) werden die Bilanzsumme und die Umsatzerlöse ermittelt, indem die Werte der Einzelabschlüsse der in den Konzernabschluss einzubeziehenden Unternehmen zum Abschlussstichtag des Mutterunternehmens addiert werden. Nach der **Nettomethode** (§ 293 Abs. 1 Satz 1 Nr. 2 HGB) werden die Werte des konsolidierten Abschlusses herangezogen, in dem konzerninterne Verflechtungen bereits eliminiert sind. Da die Blech GmbH & Co. KG als Tochterunternehmen in 01, wie in den Vorjahren, Umsatzerlöse i. H. v. € 75 Mio. erzielte und durchschnittlich 855 Arbeitnehmer in 01 (zum Jahresbeginn: 900 Arbeitnehmer, zum Jahresende: 810 Arbeitnehmer) und in den Vorjahren durchschnittlich 900 Arbeitnehmer beschäftigte, kommt eine größenabhängige Befreiung nicht in Frage. Infolgedessen ist die Schelm AG verpflichtet, einen Konzernabschluss aufzustellen, in den die Blech GmbH & Co. KG einzubeziehen ist.

Die Beteiligung an der gemeinnützigen Unterstützungskasse (**Beteiligung (2)**) erfüllt den typisierenden Sachverhalt der Mehrheit der Stimmrechte gemäß § 290 Abs. 2 Nr. 1 HGB. Es besteht daher die Annahme, dass die Schelm AG einen beherrschenden Einfluss auf die gemeinnützige Unterstützungskasse ausüben kann. Die Unterstützungskasse ist daher als **Tochterunternehmen** der Schelm AG zu klassifizieren. Die Unternehmenseigenschaft ist durch die Rechtsform der GmbH sichergestellt. Da bei Gründung der Unterstützungskasse ein beherrschender Einfluss auf die Richtlinien in Bezug auf das Vermögen und die Geschäftsführung ausgeübt werden konnte, stellt die Beschränkung der Zugriffsmöglichkeit auf das Vermögen der Unterstützungskasse keine erhebliche und andauernde Beschränkung der Rechte des Mutterunternehmens nach § 296 Abs. 1 Nr. 1 HGB dar. Die Unterstützungskasse ist daher im Rahmen der Vollkonsolidierung in den Konzernabschluss einzubeziehen.

Bei der Vertriebsgesellschaft (**Beteiligung (3)**) in Buxtehude ist durch die Mehrheit der Stimmrechte wiederum der typisierende Tatbestand des § 290 Abs. 2 Nr. 1 HGB erfüllt und somit die Möglichkeit zur Ausübung eines beherrschenden Einflusses gegeben. Es handelt sich daher bei der Vertriebsgesellschaft um ein **Tochterunternehmen**. Da die Verwaltungs- und Verfügungsbefugnis über das Unternehmen gemäß § 22 Abs. 1 InsO dem Insolvenzverwalter untersteht, liegen die Voraussetzungen des Wahlrechtes gemäß § 296 Abs. 1 Nr. 1 HGB vor, so dass das Tochterunternehmen optional nicht vollkonsolidiert werden muss. Falls aber auf die Vollkonsolidierung der Vertriebsgesellschaft verzichtet wird, ist zu prüfen, ob aufgrund eines maßgeblichen Einflusses die Equity-Methode anzuwenden ist. Ein maßgeblicher Einfluss i. S. d. § 311 HGB liegt aufgrund von § 22 Abs. 1 InsO allerdings nicht vor, so dass eine Einbeziehung nach der Equity-Methode nicht möglich ist. Die **Beteiligung** an der Vertriebsgesellschaft ist somit in der Konzernbilanz nur zu Anschaffungskosten anzusetzen, die ggf. um außerplanmäßige Abschreibungen zu mindern sind.

Auf die CIM AG (**Beteiligung (4)**) kann kein beherrschender Einfluss ausgeübt werden, da die Interessen der CIM AG im Zweifelsfall nicht den Konzerninteressen untergeordnet werden. Die

Schelm AG hat nicht die Mehrheit der Stimmrechte oder das Recht inne, die Mehrheit der Mitglieder der Verwaltungs-, Leitungs- oder Aufsichtsorgane zu bestellen. Beherrschungsverträge wurden nicht abgeschlossen. Die CIM AG ist zudem nicht als Zweckgesellschaft zu klassifizieren. Zwar liegen die restlichen Anteile der CIM AG im Streubesitz, eine dauerhafte Präsenzmehrheit bei der Hauptversammlung ist hiermit aber nicht verbunden. Deshalb kann auch kein beherrschender Einfluss ausgeübt werden. Zu berücksichtigen ist indes, dass die Schelm AG einen maßgeblichen Einfluss auf die CIM AG besitzt, da

- intensive Lieferungs- und Leistungsbeziehungen bestehen,
- eine Teilnahme an unternehmenspolitischen Entscheidungen gegeben ist und
- eine Vertretung im Vorstand und Aufsichtsrat vorliegt.

Somit handelt es sich um ein typisches **assoziiertes Unternehmen** i. S. d. § 311 HGB mit der Folge, dass es nach der Equity-Methode gemäß § 312 HGB in den Konzernabschluss aufgenommen werden muss, auch wenn die Assoziierungsvermutung einer 20 %igen Beteiligung nicht erfüllt ist.

Auf die Beziehung zur Satelliten GmbH (**Beteiligung (5)**) trifft keiner der typisierenden Tatbestände des § 290 Abs. 2 HGB zu. Da andere Gesellschafter die Satelliten GmbH dominieren, kann die Schelm AG auch bei wirtschaftlicher Betrachtung keinen beherrschenden Einfluss auf die Satelliten GmbH ausüben. Daher ist diese kein Tochterunternehmen i. S. d. § 290 Abs. 1 HGB. Zu vermuten ist indes, dass ein maßgeblicher Einfluss bei der Satelliten GmbH vorliegt, da eine Beteiligung von über 20 % besteht (§ 311 Abs. 1 Satz 2 HGB). Diese Vermutung kann glaubhaft widerlegt werden, da die Einflussmöglichkeit tatsächlich nicht genutzt wird. Folglich kommt eine Berücksichtigung nach der Equity-Methode nicht in Betracht, sondern nur eine Bewertung zu Anschaffungskosten, ggf. vermindert um außerplanmäßige Abschreibungen.

Das Joint Venture (**Beteiligung (6)**) ist ein **Gemeinschaftsunternehmen** i. S. d. § 310 HGB, da die folgenden Kriterien erfüllt sind:

- Das Joint Venture hat die Eigenschaft eines Unternehmens,
- die Gesellschafterunternehmen sind voneinander wirtschaftlich unabhängig und
- die gemeinsame Führung wird tatsächlich ausgeübt.

Daher darf das Unternehmen nach der Quotenkonsolidierung im Konzernabschluss berücksichtigt werden. Wird die Möglichkeit der Einbeziehung nach der Quotenkonsolidierung nicht genutzt, ist das Unternehmen nach der Equity-Methode einzubeziehen, da bei gemeinsamer Führung automatisch ein maßgeblicher Einfluss i. S. d. § 311 HGB gegeben ist.

Die Beteiligung an der Maschinenbau GmbH (**Beteiligung (7)**) erfüllt den typisierenden Tatbestand des § 290 Abs. 2 Nr. 1 HGB, da der Schelm AG die Mehrheit der Stimmrechte zusteht. Es besteht daher die Möglichkeit, einen beherrschenden Einfluss auszuüben. Nach § 290 Abs. 1 HGB ist die Maschinenbau GmbH demnach Tochterunternehmen der Schelm AG. Da indes von vornherein die Absicht bestand, die Anteile weiterzuveräußern, kommt ein Verzicht auf die Vollkonsolidierung gemäß § 296 Abs. 1 Nr. 3 HGB in Betracht. Durch die Ausübung dieses Wahlrechtes wird die rechtliche Komponente des Konzeptes des beherrschenden Einflusses korrigiert, indem der Vollkonsolidierungskreis auf die wirtschaftliche Einheit des Konzerns beschränkt wird. Daher spricht der Gesetzgeber auch nur von Anteilen und nicht von einer Beteiligung, da der Begriff der Beteiligung die Absicht dauerhafter Geschäftsbeziehungen impliziert (§ 271 Abs. 1 HGB).

Aufgrund der von vornherein geplanten Veräußerung müssen die Anteile an dem Tochterunternehmen in der Konzernbilanz als Teil des Umlaufvermögens ausgewiesen werden. Sie sind mit ihren Anschaffungskosten, ggf. vermindert um außerplanmäßige Abschreibungen, zu bewerten. Da die Schelm AG bereits entsprechende Verkaufsaktivitäten eingeleitet hat, dürfte die Verkaufsabsicht gegenüber dem Konzernabschlussprüfer im Fall der Nichteinbeziehung leicht nachzuweisen sein.

Etwas Anderes würde gelten, wenn ein konsolidiertes Tochterunternehmen, das ohne Weiterveräußerungsabsicht übernommen wurde, veräußert werden soll. Eine Endkonsolidierung kommt erst dann in Betracht, wenn der Verkauf wirksam vollzogen ist.

# Übung 10: Der Konsolidierungskreis nach HGB

## Aufgaben

(a) Nehmen Sie zu folgender Aussage kritisch Stellung: „Während im AktG a. F. der Konzern klar gegen die Umwelt abgegrenzt war, wird im aktuellen konsolidierten handelsrechtlichen Abschluss ein stufenweiser Übergang vom Kern der Unternehmensgruppe zur Umwelt unterstellt (sog. Stufenkonzeption)."

(b) Gemäß § 296 Abs. 1 und 2 HGB sind verschiedene Einbeziehungswahlrechte zur Vollkonsolidierung für Tochterunternehmen kodifiziert. Welche Bedenken lassen sich gegen diese vorbringen?

## Literaturhinweis

BAETGE, JÖRG/KIRSCH, HANS-JÜRGEN/THIELE, STEFAN, Konzernbilanzen, 15. Aufl., Düsseldorf 2024, Kap. III Abschn. 3.

## Lösungen

### Lösung zu Teilaufgabe (a)

Bei der Einführung der Konzernrechnungslegungsvorschriften in das HGB wurde die Stufenkonzeption - und dabei im Wesentlichen die Quotenkonsolidierung - im Schrifttum mit nachfolgenden Argumenten kritisiert:

(a) Mit der Stufenkonzeption wird nicht die wirtschaftliche Einheit gemäß der Einheitstheorie, sondern die Einflusssphäre des Konzerns dargestellt. Diese Idee ist zwar positiv zu beurteilen, doch es bleibt fraglich, ob dieser Ansatz zu einem aussagekräftigeren Konzernabschluss führt als ohne Quotenkonsolidierung.

(b) Durch die Quotenkonsolidierung enthält die Bilanz anteilige Vermögensgegenstände, Schulden und Eigenkapitalanteile, über die das Mutterunternehmen nicht unabhängig von Dritten verfügen kann. Der Konzernabschluss bietet somit entweder ein unvollständiges Bild des Vermögens und der Schulden des Konzerns, wenn der Konzern in Abstimmung mit den Kooperationspartnern über sie verfügen kann, oder aber ein falsches Bild, wenn die Konzernleitung nicht darüber verfügen kann. Die Quotenkonsolidierung verstößt somit gegen den Aktivierungsgrundsatz, dessen Kriterium der selbständigen Verwertbarkeit das wirtschaftliche Eigentum an der Sache oder dem Recht voraussetzt.

(c) Der Adressat des Konzernabschlusses kann nicht zwischen den einzelnen „Stufen“ differenzieren. Der Konzernabschluss stellt ein Wertekonglomerat dar, da vollkonsolidierte und quotal konsolidierte Posten miteinander vermischt werden.

## Lösung zu Teilaufgabe (b)

Nach § 296 HGB sehen die handelsrechtlichen Konzernrechnungslegungsvorschriften vier Einbeziehungswahlrechte vor. Im Einzelnen braucht ein Tochterunternehmen nicht vollkonsolidiert zu werden, wenn

(1) „erhebliche und andauernde Beschränkungen die Ausübung der Rechte des Mutterunternehmens in Bezug auf das Vermögen oder die Geschäftsführung dieses Unternehmens nachhaltig beeinträchtigen“ (§ 296 Abs. 1 Nr. 1 HGB). Bei diesem Konsolidierungswahlrecht ist es fraglich, ob die Gewährung eines Wahlrechtes zweckmäßig ist. Wenn nämlich das Mutterunternehmen seine Rechte tatsächlich nicht ausüben kann, zeigt der Konzernabschluss bei der Einbeziehung des betreffenden Tochterunternehmens Vermögensgegenstände und Schulden, über die das Mutterunternehmen faktisch nicht verfügen kann. Demzufolge wäre kein Konsolidierungswahlrecht, sondern ein Konsolidierungsverbot angebracht.

(2) „die für die Aufstellung des Konzernabschlusses erforderlichen Angaben nicht ohne unverhältnismäßig hohe Kosten oder unangemessene Verzögerungen zu erhalten sind“ (§ 296 Abs. 1 Nr. 2 HGB). Im Schrifttum wird das Konsolidierungswahlrecht aufgrund zeitlich unangemessener Verzögerungen erheblich kritisiert. Wegen der fünfmonatigen Aufstellungsfrist und den heutigen Kommunikationsmöglichkeiten gibt es kaum begründbare Anwendungsfälle. Außerdem besteht - vor allem aufgrund der vielen unbestimmten Rechtsbegriffe in der Vorschrift des § 296 Abs. 1 Nr. 2 HGB - die potentielle Gefahr des (bilanzpolitischen) Missbrauchs.

(3) „die Anteile des Tochterunternehmens ausschließlich zum Zwecke ihrer Weiterveräußerung gehalten werden“ (§ 296 Abs. 1 Nr. 3 HGB). Dieses Einbeziehungswahlrecht knüpft an das subjektive Merkmal der ausschließlichen Weiterveräußerungsabsicht an, also an eine zeitliche und kausale Verknüpfung von Erwerb und Veräußerungsabsicht, was schwierig nachzuvollziehen und nachzuweisen ist. Indes ist dieses Wahlrecht vor allem für institutionelle Anleger und Kreditinstitute bedeutend, die oftmals größere Anteilspakete ausschließlich zur Platzierung am Kapitalmarkt oder während einer Sanierungsphase halten.

(4) die Einbeziehung des Tochterunternehmens für die Vermittlung des von der Generalnorm geforderten Bildes der wirtschaftlichen Lage des Konzerns von untergeordneter Bedeutung ist (§ 296 Abs. 2 HGB). Dieses Wahlrecht basiert auf dem Grundsatz der Wirtschaftlichkeit. Die Unwesentlichkeit des betreffenden Tochterunternehmens muss dabei sowohl für die Vermögens- als auch für die Finanz- und die Ertragslage gesondert anhand mehrerer Maßgrößen geprüft werden. Häufig werden quantitative Größen als Maßstab für die Entscheidung herangezogen, die für den Fall einer Nichteinbeziehung bzw. Einbeziehung des betreffenden Unternehmens verglichen werden. Eine Veränderung der Maßgröße von 5 % oder mehr ist in jedem Fall als wesentlich anzusehen. Allerdings besteht auch bei diesem Wahlrecht die Gefahr, dass der Grenzwert nicht objektiv, sondern bilanzpolitisch motiviert festgelegt werden könnte.

Zusammenfassend sind Wahlrechte kritisch zu beurteilen, da sie bilanzpolitische Gestaltungsmöglichkeiten beim (Konzern-)Abschluss ermöglichen und zulasten des Objektivierungsgrades der Rechnungslegung gehen. Ebenfalls wird die Vergleichbarkeit von Konzernabschlüssen durch Wahlrechte negativ beeinträchtigt.

Allerdings werden die durch die Wahlrechte induzierten Gestaltungsspielräume durch den Grundsatz der Stetigkeit eingeschränkt. Damit wird die Vergleichbarkeit von Konzernabschlüssen wiederum verbessert.

# Übung 11: Die Aufstellungspflicht nach IFRS

## Aufgaben

(a) Welche Normen sind für deutsche Unternehmen relevant, die einen IFRS-Konzernabschluss aufstellen müssen bzw. möchten?

(b) Welches Konzept konstituiert nach IFRS die Pflicht zur Aufstellung eines Konzernabschlusses? Beschreiben Sie dieses Konzept und die sich daraus ergebenden Rechtsfolgen.

(c) Vergleichen Sie die Anwendung dieses Konzeptes nach IFRS mit dessen Anwendung im Rahmen des HGB.

(d) Welche Ausnahmen von der Aufstellungspflicht eines Konzernabschlusses sehen die IFRS vor?

(e) Welche Auswirkungen haben diese Regelungen für deutsche Mutterunternehmen?

## Literaturhinweis

Baetge, Jörg/Kirsch, Hans-Jürgen/Thiele, Stefan, Konzernbilanzen, 15. Aufl., Düsseldorf 2024, Kap. III Abschn. 11, 12, 2 und 41.

## Lösungen

### Lösung zu Teilaufgabe (a)

In Deutschland bestimmt sich die Pflicht, einen Konzernabschluss aufzustellen, in Abhängigkeit der Rechtsform nach den §§ 290–293 HGB bzw. nach § 11 PublG. In beiden Fällen muss ein Mutter-Tochter-Verhältnis bestehen. Wenn das Kriterium des beherrschenden Einflusses erfüllt ist, verpflichten die vorgenannten Normen das Mutterunternehmen zur Aufstellung eines Konzernabschlusses nach HGB. In einem zweiten Schritt muss untersucht werden, welches Regelsystem (HGB oder IFRS) für das jeweilige Mutterunternehmen relevant ist. Grundsätzlich ist der Konzernabschluss nach HGB aufzustellen. Allerdings kann darauf verzichtet werden, wenn ein IFRS-Konzernabschluss – freiwillig oder verpflichtend – aufgestellt wird.

Ein verpflichtender IFRS-Konzernabschluss wird seit 2005 von allen kapitalmarktorientierten Mutterunternehmen in der EU verlangt. Rechtsgrundlage ist die Verordnung (EG) Nr. 1606/2002 des Europäischen Parlaments und des Rates vom 19.07.2002 betreffend die Anwendung internationaler

Rechnungslegungsstandards[11], die eine unmittelbare Bindungswirkung entfaltet und daher nicht in deutsches Recht umgesetzt werden musste. Anzumerken ist, dass die IAS-Verordnung nicht abschließend klärt, ob ein Mutterunternehmen einen Konzernabschluss aufzustellen hat. Vielmehr wird das relevante Regelsystem determiniert. Ausgangspunkt der Aufstellungspflicht ist damit stets § 290 HGB und nicht IFRS 10 (Konzernabschlüsse), der zwar ebenfalls die Aufstellungspflicht regelt, aber für deutsche Mutterunternehmen nicht für die Aufstellung, sondern nur für die Abgrenzung des Konsolidierungskreises in einem IFRS-Konzernabschluss einschlägig ist. Der Anwendungsbereich der IAS-Verordnung wird durch den deutschen Gesetzgeber im Rahmen des § 315e Abs. 2 HGB erweitert. Demnach müssen die IFRS bereits dann angewendet werden, wenn das Mutterunternehmen die Zulassung eines Wertpapiers zum Handel am amtlichen oder geregelten (inländischen) Markt beantragt hat. Darüber hinaus werden gemäß § 315e Abs. 1 HGB zusätzliche, den IFRS-Abschluss ergänzende HGB-Berichtspflichten gefordert.

Für alle Mutterunternehmen, die keinen IFRS-Konzernabschluss aufstellen müssen, bietet § 315e Abs. 3 HGB die Möglichkeit einer freiwilligen Anwendung. Die Frage, ob überhaupt ein Konzernabschluss aufzustellen ist, bestimmt sich hier erneut - analog zu der verpflichtenden Anwendung - nach § 290 HGB. Die zusätzlichen HGB-Berichtselemente gemäß § 315e Abs. 1 HGB müssen auch bei der freiwilligen IFRS-Bilanzierung beachtet werden. So muss ein befreiender IFRS-Konzernabschluss bspw. um einen Lagebericht, der der Vorschrift des § 315 HGB genügt, ergänzt werden.

## Lösung zu Teilaufgabe (b)

Sofern nach IFRS 10.4 ein Mutter-Tochter-Verhältnis existiert, hat jedes Mutterunternehmen einen IFRS-Konzernabschluss aufzustellen. Nach IFRS ist ein Mutter-Tochter-Verhältnis immer dann gegeben, wenn ein Unternehmen - unabhängig von Größe, Rechtsform und Sitz - die Möglichkeit hat, über ein anderes Unternehmen einen beherrschenden Einfluss (power to control) auszuüben (IFRS 10.A).

Die Möglichkeit der Ausübung eines beherrschenden Einflusses liegt vor, wenn ein Investor aufgrund seiner Beziehung zum Beteiligungsunternehmen variablen wirtschaftlichen Erfolgen ausgesetzt ist oder Rechte an diesen Erfolgen hat und in der Lage ist, die wirtschaftlichen Erfolge durch seine Entscheidungsgewalt über das Beteiligungsunternehmen zu beeinflussen.

Insofern keine Stimmrechtsmehrheit vorliegt, konkretisiert IFRS 10.7 Beherrschung i. S. v. IFRS 10.A, wenn neben einer Minderheitsbeteiligung die Beherrschungsmöglichkeit auf Basis der folgenden drei Komponenten besteht. Demnach beherrscht ein Investor ein Beteiligungsunternehmen lediglich dann, wenn

- der Investor die Bestimmungsmacht über das Beteiligungsunternehmen besitzt (IFRS 10.7 (a)),
- der Investor dem Risiko von oder über Rechte an variablen wirtschaftlichen Erfolgen aus dem Engagement bei dem Beteiligungsunternehmen ausgesetzt ist bzw. verfügt (IFRS 10.7 (b)),
- es dem Investor möglich ist, durch Ausübung einer Bestimmungsmacht über das Beteiligungsunternehmen, die Höhe seiner wirtschaftlichen Erfolge zu beeinflussen (IFRS 10.7 (c)).

---

1 Im Folgenden wird hierfür die Bezeichnung „IAS-Verordnung“ verwendet.

Unterstützend zu den drei Komponenten der Beherrschung nennt IFRS 10.B3 weitere Faktoren für die Beurteilung der Beherrschung:

- Zweck und Konzeption des Beteiligungsunternehmen,
- (Art und Weise der Entscheidung über) maßgebliche Tätigkeiten,
- gegenwärtige Möglichkeit des Investors, die maßgeblichen Tätigkeiten beim Beteiligungsunternehmen zu bestimmen,
- Risiko oder Rechte des Investors bez. der variablen wirtschaftlichen Erfolge des Beteiligungsunternehmens und
- Fähigkeit des Investors, durch Ausübung seiner Entscheidungsmacht über das Beteiligungsunternehmen, die Höhe seiner wirtschaftlichen Erfolge zu beeinflussen.

Die Kriterien des IFRS 10 sind für die Beurteilung der Beherrschung in ihrer Gesamtheit zu betrachten. Demnach sind sämtliche Umstände und Tatsachen zu berücksichtigen. Es wird lediglich darauf abgestellt, ob das Mutterunternehmen über Entscheidungsmacht bzw. ein Recht auf die variablen wirtschaftlichen Erfolge des Tochterunternehmens verfügt, nicht darauf, ob der mögliche Einfluss tatsächlich ausgeübt wird.

## Lösung zu Teilaufgabe (c)

Im Zuge des BilMoG wurde das Kriterium des beherrschenden Einflusses in § 290 Abs. 1 HGB implementiert, wodurch die bisherige Unterteilung in das Konzept der einheitlichen Leitung sowie das Control-Konzept aufgehoben wurde. Von einem beherrschenden Einfluss kann immer dann ausgegangen werden, wenn ein Unternehmen die Möglichkeit hat, die Finanz- und Geschäftspolitik eines anderen Unternehmens dauerhaft zu bestimmen, um aus dessen Tätigkeiten Nutzen zu ziehen. Als typisierende Tatbestände eines beherrschenden Einflusses werden in § 290 Abs. 2 HGB die ursprünglichen Kriterien des Control-Konzeptes aufgeführt und um ein zusätzliches, den Sachverhalt von Zweckgesellschaften abdeckendes Kriterium ergänzt. Die Regelung des § 290 HGB bezieht sich jedoch nur auf Kapitalgesellschaften oder Personenhandelsgesellschaften i. S. d. § 264a HGB mit Sitz im Inland. Im Unterschied zu den IFRS wird bei den typisierenden Kriterien des § 290 Abs. 2 Nr. 1-3 HGB, die auf rechtlich gesicherten Grundlagen beruhen, ein Mutter-Tochter-Verhältnis unterstellt. Die Aufzählung des § 290 Abs. 2 HGB ist indes nicht abschließend. Daher kann ein beherrschender Einfluss auch bei einer nicht rechtlich gesicherten Beherrschung vorliegen.

Anders als nach IFRS muss der beherrschende Einfluss des § 290 Abs. 1 HGB indes dauerhaft bestehen. Möglichkeiten zur Einflussnahme wie z. B. durch etwaige Präsenzmehrheiten in der Hauptversammlung einer Aktiengesellschaft begründen demnach nach HGB nur dann einen beherrschenden Einfluss, wenn sich die verbleibenden Anteile nicht beherrschender Gesellschafter im Streubesitz befinden.

In Übereinstimmung mit IFRS 10.7 reicht nach § 290 Abs. 1 HGB die Möglichkeit der Ausübung des beherrschenden Einflusses aus, um eine Konzernabschlusspflicht zu begründen. Die faktische Ausübung eines beherrschenden Einflusses ist hingegen nicht erforderlich. Grundsätzlich begründet somit bei beiden Rechnungslegungssystemen die Möglichkeit zur Ausübung eines beherrschenden Einflusses auf ein Tochterunternehmen die Pflicht zur Aufstellung eines Konzernabschlusses. Nach HGB muss der beherrschende Einfluss indes dauerhaft bestehen, um eine Konzernabschlusspflicht begründen zu können. Zudem unterstellt § 290 Abs. 2 Nr. 1-3 HGB für bestimmte Sachverhalte unwiderlegbar ein Mutter-Tochter-Verhältnis, auch wenn tatsächlich kein beherrschender

Einfluss ausgeübt werden kann. Dies kann ggf. bei der Abgrenzung des Konsolidierungskreises über § 296 HGB korrigiert werden. Nach IFRS wird in diesen Fällen kein Mutter-Tochter-Verhältnis unterstellt.

## Lösung zu Teilaufgabe (d)

Nach IFRS 10.4 sind grundsätzlich alle Mutterunternehmen verpflichtet, einen Konzernabschluss aufzustellen. Die Folge daraus wäre, dass in einem mehrstufigen Konzern auch auf allen Teilkonzernebenen Konzernabschlüsse aufgestellt werden müssten. Um dies zu verhindern, sieht IFRS 10.4 bestimmte Ausnahmen vor: Ein Teilkonzernmutterunternehmen wird von der Pflicht zur Aufstellung eines Konzernabschlusses befreit, wenn diese Gesellschaft zu 100 % einem übergeordneten Mutterunternehmen gehört (wholly-owned subsidiary). Darüber hinaus kann auf einen Teilkonzernabschluss verzichtet werden, wenn das Mutterunternehmen zu weniger als 100 % einem übergeordneten Mutterunternehmen gehört (partially-owned subsidiary) und die übrigen Anteilseigner über die Nichtaufstellung informiert werden und dieser nicht widersprechen (IFRS 10.4 (a) (i)). Voraussetzungen sind in beiden Fällen (wholly- und partially-owned subsidiary), dass das Teilkonzernmutterunternehmen keinen öffentlichen Kapitalmarkt in Anspruch nimmt, keinen Börsengang vorbereitet und ein übergeordnetes Mutterunternehmen einen IFRS-Konzernabschluss veröffentlicht hat (IFRS 10.4 (a) (ii), (iii) und (iv)). Soweit diese Voraussetzungen erfüllt sind und das Mutterunternehmen auf die Aufstellung eines Teilkonzernabschlusses verzichtet, sind nach IAS 27.16 weitere Informationen anzugeben (z. B. Name und Sitz des befreiten Mutterunternehmens, Gründe für die Befreiung).

Andere Befreiungstatbestände sind nach IFRS nicht vorgesehen. Vor allem besteht keine größenabhängige Erleichterung wie im HGB. Eine solche Ausnahme lässt sich auch durch die Materiality-Klausel (CF.2.11) kaum begründen.

## Lösung zu Teilaufgabe (e)

Die Regelungen der IFRS über die Pflicht zur Aufstellung eines Konzernabschlusses sind für deutsche Mutterunternehmen nicht relevant, da sich die Aufstellungspflicht für diese Unternehmen ausschließlich aus den §§ 290-293 HGB ergibt.

# Übung 12: Der Konsolidierungskreis nach IFRS

## Aufgaben

Charakterisieren Sie die im Konzernabschluss nach IFRS zu berücksichtigenden

(a) Tochterunternehmen,

(b) gemeinschaftlichen Vereinbarungen,

(c) assoziierten Unternehmen,

(d) Anteile an Unternehmen, auf die kein maßgeblicher Einfluss ausgeübt wird, bzw. Anteile an Tochterunternehmen, gemeinschaftlichen Vereinbarungen oder assoziierten Unternehmen im Fall einer Abweichung von der Regelmethode und

(e) Tochterunternehmen, die mit der Absicht zur Weiterveräußerung gehalten werden bzw. akquiriert wurden.

(f) Stellen Sie jeweils die grundsätzlich anzuwendende Methode dar und gehen Sie zudem auf zu berücksichtigende Anwendungspflichten, -wahlrechte und -verbote sowie alternativ anwendbare Methoden ein.

## Literaturhinweise

BAETGE, JÖRG/KIRSCH, HANS-JÜRGEN/THIELE, STEFAN, Konzernbilanzen, 15. Aufl., Düsseldorf 2024, Kap. III Abschn. 42, Kap. VI Abschn. 5 sowie Kap. VII Abschn. 5.

BAETGE, JÖRG/KIRSCH, HANS-JÜRGEN/THIELE, STEFAN, Bilanzen, 17. Aufl., Düsseldorf 2024, Kap. VI Abschn. 6.

## Lösungen

### Lösung zu Teilaufgabe (a)

Sofern nach IFRS eine Gesellschaft die Möglichkeit zur Beherrschung (power to control) mindestens eines Unternehmens besitzt und folglich ein Mutter-Tochter-Verhältnis vorliegt (vgl. IFRS 10.2), muss das Mutterunternehmen einen Konzernabschluss aufstellen und das entsprechende Tochterunternehmen - gemäß dem Weltabschlussprinzip unabhängig von dessen Größe, Rechtsform und Sitz - in den Konzernabschluss einbeziehen.

Die Einbeziehung von Tochterunternehmen in den Konsolidierungskreis ist in IFRS 10 (Konzernabschlüsse) geregelt. Neben diesem Standard ist IFRS 5 (Zur Veräußerung gehaltene langfristige Vermögenswerte und aufgegebene Geschäftsbereiche) relevant. Die IFRS enthalten grundsätzlich keine expliziten Ausnahmen von der Einbeziehung in den Konsolidierungskreis. Die Frage der Berücksichtigung eines Tochterunternehmens ist auf Basis des Kriteriums der Beherrschung zu beantworten.

Unabhängig von Rechtsform und Sitz des Mutterunternehmens sowie der Tochterunternehmen besteht in den IFRS die Pflicht zur Einbeziehung des Mutterunternehmens und aller Tochterunternehmen (Weltabschlussprinzip). Gleichwohl gilt für alle Bereiche der IFRS-Rechnungslegung die Ausnahme aufgrund einer untergeordneten Bedeutung nach der Materiality-Klausel (CF.2.11) sowie des Cost-benefit-Prinzips in CF.2.39, welches die Beachtung der Wirtschaftlichkeit in allen Bereichen der Rechnungslegung fordert. Übertragen auf den Konsolidierungskreis ermöglichen diese Regelungen, dass alle Tochterunternehmen, die zusammengenommen von untergeordneter Bedeutung für die Darstellung der wirtschaftlichen Lage des Konzerns sind, nicht vollkonsolidiert werden müssen. Sie sind dann als Finanzinstrumente nach den Vorschriften des IFRS 9 (Finanzinstrumente) zu behandeln (vgl. Lösung zur Teilaufgabe (d)). Ferner darf im Fall unverhältnismäßig hoher Kosten oder zeitlicher Verzögerungen vorübergehend auf die Einbeziehung in den Konsolidierungskreis verzichtet werden, wenn in seltenen Ausnahmefällen ein grobes Missverhältnis zwischen dem zusätzlichen Informationsgewinn durch die Einbeziehung eines Tochterunternehmens und den dafür anfallenden Kosten besteht oder sofern eine rechtzeitige Informationsbeschaffung nicht möglich ist.

Liegt bei einem Tochterunternehmen eine Weiterveräußerungsabsicht vor, so ist das Tochterunternehmen zwar auch zu konsolidieren, allerdings sind die Auswirkungen der Veräußerung auf den Konzernabschluss gemäß IFRS 5.30 deutlich zu machen (vgl. Lösung zur Teilaufgabe (e)).

## Lösung zu Teilaufgabe (b)

Der IASB hat im Rahmen der umfassenden Überarbeitung der Konzernrechnungslegung nach internationalen Standards unter anderem die Vorschriften zur Quotenkonsolidierung reformiert. Die Regelungen zur quotalen Konsolidierung des IAS 31 (Anteile an Gemeinschaftsunternehmen) wurden durch die Vorschriften des IFRS 11 (Gemeinschaftliche Vereinbarungen) ersetzt.

Die Voraussetzung für die Anwendung des IFRS 11 ist eine gemeinschaftliche Vereinbarung. Diese ist zumeist dann gegeben, wenn die beteiligten Gesellschaften ihre gemeinsamen Aktivitäten auf Grundlage einer vertraglichen Vereinbarung (contractual arrangement) sowie unter gemeinschaftlicher Beherrschung (joint control) ausüben (IFRS 11.5). Eine durchsetzbare vertragliche Vereinbarung regelt vor allem den Zweck, die Tätigkeit und die Dauer der gemeinschaftlichen Aktivitäten (IFRS 11.B4 (a)). Sie muss indes nicht zwingend in schriftlicher Form vorliegen (IFRS 11.B2). Für eine gemeinschaftliche Beherrschung ist die Definition des Beherrschungskonzeptes nach IFRS 10 (Konzernabschlüsse) maßgeblich (IFRS 11.B5). Als gemeinschaftlich ist die Beherrschung allerdings erst dann zu charakterisieren, wenn Entscheidungen über relevante Aktivitäten von mehreren Parteien im Konsens getroffen werden müssen. Dann ist es jedem Unternehmen der gemeinschaftlichen Vereinbarung möglich, eine einseitige Bestimmung der relevanten Aktivitäten durch eine andere Partei zu verhindern (IFRS 11.10).

Es werden zwei Formen von gemeinschaftlichen Vereinbarungen unterschieden: Erstens gemeinschaftliche Tätigkeiten (joint operations) und zweitens Gemeinschaftsunternehmen (joint ventures). Bei einer gemeinschaftlichen Tätigkeit hat jeder Betreiber seinen Anteil an den Vermögenswerten (assets) und Schulden (liabilities) sowie den Erlösen (revenues) und Aufwendungen (expenses) anteilig zu erfassen (IFRS 11.20). Anders verhält es sich bei der bilanziellen Abbildung eines Gemeinschaftsunternehmens im Konzernabschluss. In diesem Fall ist die Beteiligung zwingend nach der Equity-Methode gemäß IAS 28 (Beteiligungen an assoziierten Unternehmen und Gemeinschaftsunternehmen) zu bewerten (IFRS 11.24 und IAS 28.16).

Allerdings ist dabei zu beachten, dass Gemeinschaftsunternehmen wie auch assoziierte Unternehmen lediglich in einen ohnehin aufzustellenden Konzernabschluss einzubeziehen sind, aber selbst keine Konzernabschlusspflicht begründen. Dieser Umstand resultiert aus der Tatsache, dass der Konzernbegriff des IFRS 10 ein Mutter-Tochter-Verhältnis voraussetzt und nach diesem Verständnis kein Konzern ohne ein vollkonsolidierungspflichtiges Tochterunternehmen existieren kann.

Auch hier sind die Materiality-Klausel (CF.2.11) sowie das Cost-benefit-Prinzip (CF.2.39) zu berücksichtigen.

## Lösung zu Teilaufgabe (c)

Assoziierte Unternehmen sind dadurch gekennzeichnet, dass sie nicht von einem in den Konzernabschluss einbezogenen Unternehmen i. S. d. Control-Konzeptes des IFRS 10 beherrscht werden, aber der Konzern die Möglichkeit besitzt, auf das assoziierte Unternehmen einen maßgeblichen Einfluss auszuüben. Sofern ein Mutterunternehmen verpflichtet ist, einen Konzernabschluss aufzustellen, müssen evtl. vorhandene assoziierte Unternehmen in diesem gemäß IAS 28.13 nach der Equity-Methode berücksichtigt werden, sofern kein Befreiungstatbestand gemäß IAS 28.17 vorliegt. Hierbei ist die Möglichkeit zur Ausübung eines maßgeblichen Einflusses ausreichend, so dass die tatsächliche Ausübung kein zwingend erforderliches Kriterium darstellt. Tochterunternehmen können gemäß IAS 28.2 explizit keine assoziierten Unternehmen darstellen.

Es ist gemäß IAS 28.17 von einer Anwendung der Equity-Methode zur Einbeziehung von assoziierten Unternehmen in den Konzernabschluss abzusehen, wenn

- das Unternehmen selbst ein 100 %iges Tochterunternehmen oder ein teilweise im Besitz eines anderen Unternehmens stehendes Tochterunternehmen ist und die anderen Eigentümer, einschließlich der nicht stimmberechtigten Eigentümer, darüber unterrichtet sind, dass das Unternehmen die Equity-Methode nicht anwendet, und dagegen keine Einwände erheben,
- die Schuld- oder Eigenkapitalinstrumente des Unternehmens an keinem öffentlichen Markt (einer inländischen oder ausländischen Wertpapierbörse oder am Freiverkehrsmarkt, einschließlich lokaler und regionaler Märkte) gehandelt werden,
- das Unternehmen bei keiner Wertpapieraufsichtsbehörde oder einer anderen Regulierungsbehörde seine Abschlüsse zwecks Emission beliebiger Kategorien von Instrumenten an einem öffentlichen Markt eingereicht hat oder im Begriff ist, sie einzureichen,
- das oberste oder ein zwischengeschaltetes Mutterunternehmen des Mutterunternehmens einen Konzernabschluss aufstellt, der veröffentlicht wird und den IFRS entspricht.

Weitere Tatbestände die von der Anwendung der Equity-Methode befreien, sind in den IAS 28.18-20 kodifiziert.

## Lösung zu Teilaufgabe (d)

Anteile an Unternehmen sind im IFRS-Abschluss als Finanzinstrumente gemäß IFRS 9 zu bilanzieren. Nicht anzuwenden sind diese Vorschriften, sofern ein anderer Standard einschlägig ist. Im Zusammenhang des Konzernabschlusses sind gemäß IFRS 9.2.1 i. V. m. IAS 39.2 folgende Fälle vom Anwendungsbereich des IFRS 9 ausgenommen:

- Tochterunternehmen, sofern sie vollkonsolidiert werden (IFRS 10),
- gemeinschaftliche Vereinbarungen, sofern sie anteilig einbezogen oder nach der Equity-Methode behandelt werden (IFRS 11), und
- assoziierte Unternehmen, sofern sie gemäß IAS 28 nach der Equity-Methode einbezogen werden.

Zu beachten ist, dass Anteile an Tochterunternehmen, die auf Basis der Materiality-Klausel bzw. des Cost-benefit-Prinzips nicht vollkonsolidiert werden, unmittelbar in den Anwendungsbereich des IFRS 9 fallen. Gleiches gilt für nicht nach IFRS 11 bzw. IAS 28 behandelte gemeinschaftliche Vereinbarungen und assoziierte Unternehmen. Aber auch Anteile an Unternehmen, über die kein maßgeblicher Einfluss - wie von der Equity-Methode gefordert - ausgeübt werden kann, sind gemäß IFRS 9 zu bilanzieren.

Werden nach IFRS 9 zu behandelnde Anteile bereits mit kurzfristiger Gewinnerzielungsabsicht bzw. Veräußerungsabsicht erworben, so sind diese verpflichtend als „zu Handelszwecken gehalten“ (held for trading) zu klassifizieren und der Kategorie „erfolgswirksam zum beizulegenden Zeitwert bewertet“ (at fair value through profit or loss) zuzuordnen. In dieser Klasse werden typischerweise Anteile erfasst, die zu spekulativen Zwecken gehalten werden. Ist dies nicht der Fall, so werden die Anteile in die Klasse „zur Veräußerung verfügbare finanzielle Vermögenswerte“ (available-for-sale financial assets) eingeordnet.

Die Bewertung der betrachteten finanziellen Vermögenswerte nach IFRS 9 richtet sich nach der Kategorie, in die das jeweilige Finanzinstrument eingeordnet wurde. Bei der Zugangsbewertung werden alle finanziellen Vermögenswerte mit den Anschaffungskosten bewertet, die dem beizulegenden Zeitwert entsprechen (IFRS 9.5.1.1). Gemäß IFRS 9 Anhang A handelt es sich beim beizulegenden Zeitwert üblicherweise um denjenigen Transaktionspreis, zu dem voneinander unabhängige sowie sachverständige Geschäftspartner einen Vermögenswert tauschen oder eine Verpflichtung begleichen würden. Anfallende Transaktionskosten gehören demnach zu den Anschaffungskosten. Eine Ausnahme bilden die finanziellen Vermögenswerte, die der Kategorie „erfolgswirksam zum beizulegenden Zeitwert bewertet“ zugeordnet werden. Bei diesen werden die anfallenden Transaktionskosten nicht berücksichtigt.

Nach IFRS 9 sind Eigenkapitalinstrumente grundsätzlich erfolgswirksam zum beizulegenden Zeitwert zu bilanzieren (IFRS 9.4.1.4). Sofern die Eigenkapitalinstrumente nicht zu Handelszwecken gehalten werden, besteht indes die unwiderrufliche Wahlmöglichkeit Wertänderungen erfolgsneutral im OCI zu erfassen. Nach IFRS 9 existieren demnach zwei unterschiedliche Klassifizierungsmöglichkeiten. Es besteht die Möglichkeit, die Anteile der Kategorie „fair value through profit and loss“ oder, insofern diese nicht zu Handelszwecken gehalten werden, im OCI „fair value through OCI“ abzubilden. Bei beiden Abbildungsmethoden erfolgt die Bewertung der Anteile zum beizulegenden Zeitwert. In der Kategorie „fair value through profit and loss“ erfolgt die Neubewertung erfolgswirksam, bei der Klassifizierung zu „fair value through OCI“ hingegen erfolgsneutral.

Über die Eigenkapitalinstrumente hinausgehend folgt die Klassifizierung bei Fremdkapitalinstrumenten einer anderen Logik. Die Einordnung ist zum einen vom Geschäftsmodell des Unternehmens abhängig, d. h. ob die finanziellen Vermögenswerte gehalten oder auch veräußert werden sollen (Geschäftsmodellbedingung). Zum anderen ist zu prüfen, ob für die Fremdkapitalinstrumente vertraglich festgelegte Zeitpunkte über Zins- und Tilgungszahlungen existieren (Zahlungsstrombedingung). Davon abhängig sind Fremdkapitalinstrumente entweder zu fortgeführten Anschaffungskosten, erfolgswirksam durch die Kategorie „fair value through profit and loss" oder erfolgsneutral im „OCI" zu erfassen. Sofern bei Fremdkapitalinstrumenten die Zahlungsstrombedingung erfüllt ist und das Unternehmen vorsieht, finanzielle Vermögenswerte zu halten und zu veräußern, sind die Finanzinstrumente erfolgsneutral und der Kategorie „fair value through OCI" zuzuordnen. Wenn die Zahlungsstrombedingung erfüllt wird und das Geschäftsmodell lediglich ein Halten der Fremdkapitalinstrumente vorsieht, sind diese zu fortgeführten Anschaffungskosten anzusetzen. Ist die Zahlungsstrombedingung nicht erfüllt, sind die Finanzinstrumente grundsätzlich der Kategorie „fair value through profit and loss" zuzuordnen und entsprechend erfolgswirksam zu bewerten.

## Lösung zu Teilaufgabe (e)

Tochterunternehmen, die mit der Absicht zur Weiterveräußerung gehalten werden, sind auch weiterhin zu konsolidieren. Indes sind die Implikationen für den Konzernabschluss, IFRS 5.30 entsprechend, deutlich zu machen. Sofern die Voraussetzungen der IFRS 5.31 f. bzw. der IFRS 5.6-12 vorliegen, ist das Tochterunternehmen als aufgegebener Geschäftsbereich (discontinued operation) zu klassifizieren. Die Vermögenswerte, Schulden sowie Ergebniswirkungen der zu veräußernden Tochterunternehmen sind demnach gesondert auszuweisen. Gemäß IFRS 5.15 f. werden die Vermögenswerte und Schulden zum niedrigeren Wert aus dem Buchwert und dem beizulegenden Zeitwert abzüglich der Veräußerungskosten bewertet. Darüber hinaus ist gemäß IFRS 5.33 bspw. auch das Ergebnis nach Steuern des aufgegebenen Geschäftsbereiches separat in der Gesamtergebnisrechnung darzustellen. Weitere Angabepflichten beziehen sich ferner auf die Netto-Cashflows sowie auf eine Darstellung der Zusammensetzung der Cashflows des aufgegebenen Geschäftsbereiches (IFRS 5.33).

Die Veräußerungsabsicht eines zum Konzern gehörigen Tochterunternehmens **nach dem Erwerb** des Unternehmens führt somit nicht zu einer Ausnahme aus dem Konsolidierungskreis.

Auch wenn ein Tochterunternehmen **schon mit der Absicht** zur Weiterveräußerung innerhalb der nächsten zwölf Monate erworben wurde, ist dieses zu konsolidieren. Ein mit § 296 Abs. 1 Nr. 3 HGB vergleichbares Vollkonsolidierungswahlrecht besteht nach IFRS nicht. Ein solches Tochterunternehmen ist nach IFRS somit (unter Berücksichtigung der Bewertungs-, Ausweis- und Angaberegelungen nach IFRS 5) verpflichtend in den Konsolidierungskreis einzubeziehen.

# Übung 13: HGB versus IFRS: Die Abgrenzung des Konsolidierungskreises im Vergleich

## Sachverhalt

Die in der Automobilindustrie tätige A AG mit Sitz in Deutschland hält 100 % der Anteile an der B AG und ist - wegen der hier unterstellten Erfüllung der übrigen notwendigen Tatbestandsvoraussetzungen - insoweit verpflichtet, einen Konzernabschluss aufzustellen. Die A AG hält außerdem:

(1) 60 % der Anteile an der C AG (Automobilzulieferer), wobei es sich bei der Hälfte der Anteile um stimmrechtslose Aktien handelt. Der konzernaußenstehende nicht beherrschende Gesellschafter der C AG hält die übrigen, vollständig stimmberechtigten 40 % der Anteile. Weiterhin bestimmt der konzernaußenstehende nicht beherrschende Gesellschafter maßgeblich die Geschäftspolitik der C AG.

(2) 60 % der Anteile an der D GmbH, wobei diese Anteile bereits im Zeitpunkt des Erwerbs mit der Absicht der baldigen Weiterveräußerung erworben wurden.

(3) 60 % der Anteile an der E Corporation, wobei aufgrund langanhaltender politischer Turbulenzen im Sitzstaat der E Corporation deren Fähigkeit, Finanzmittel und andere Vermögenswerte zur A AG zu transferieren, nachhaltig erheblich beeinträchtigt ist, und

(4) 60 % der Anteile an der F AG, wobei wesentliche Entscheidungen aufgrund einer Satzungsbestimmung durch die A AG nicht durchgesetzt werden können.

## Aufgaben

In welcher Form sind die Gesellschaften in den Konzernabschluss der A AG einzubeziehen, wenn

(a) ein HGB-konformer oder

(b) ein IFRS-konformer Abschluss erstellt werden soll?

(c) Finden die handelsrechtlichen Einbeziehungswahlrechte gemäß § 296 Abs. 1 Nr. 1-3 und Abs. 2 HGB eine Entsprechung in den IFRS-Vorschriften?

## Literaturhinweis

BAETGE, JÖRG/KIRSCH, HANS-JÜRGEN/THIELE, STEFAN, Konzernbilanzen, 15. Aufl., Düsseldorf 2024, Kap. III Abschn. 12, 3 und 4.

# Lösungen

## Lösung zu Teilaufgabe (a)

(1) Die C AG steht unter dem beherrschenden Einfluss eines Konzernaußenstehenden, der 4/7, also 57,14 % der stimmberechtigten Aktien hält. Die A AG kann somit die Finanz- und Geschäftspolitik der C AG nicht dauerhaft bestimmen, so dass seitens der A AG kein beherrschender Einfluss vorliegt. Zudem verfügt die A AG nur über 3/7, also 42,86 % der stimmberechtigten Aktien, so dass auch die Möglichkeit der Beherrschung aufgrund Stimmrechtsmehrheit ausgeschlossen werden kann. Die Tatbestandsvoraussetzungen des § 290 Abs. 1 Satz 1 und Abs. 2 HGB sind somit nicht erfüllt. Von einer Vollkonsolidierung ist abzusehen. Da ein maßgeblicher Einfluss ausgeübt werden kann und die Tatbestandsvoraussetzung (Assoziierungsvermutung) des § 311 Abs. 1 Satz 2 HGB erfüllt ist, ist die C AG nach der Equity-Methode zu behandeln.

(2) Die Anteile an der D GmbH wurden bereits im Zeitpunkt des Erwerbs mit der Absicht der baldigen Weiterveräußerung erworben. Insoweit besteht ein Einbeziehungswahlrecht in den Vollkonsolidierungskreis. Wenn von der Vollkonsolidierung gemäß § 296 Abs. 1 Nr. 3 HGB abgesehen werden soll, ist das Unternehmen nach der Equity-Methode zu bilanzieren, da die Voraussetzungen nach § 311 Abs. 1 HGB erfüllt sind.

(3) Aufgrund lang andauernder politischer Turbulenzen im Sitzstaat der E Corporation ist deren Fähigkeit, Finanzmittel und andere Vermögensgegenstände zur A AG zu transferieren, nachhaltig erheblich beeinträchtigt. Hierbei handelt es sich um eine tatsächliche Beeinträchtigung der Rechte der A AG an der E Corporation, wofür § 296 Abs. 1 Nr. 1 HGB ein Wahlrecht zur Vollkonsolidierung eröffnet. Sofern von der Vollkonsolidierung abgesehen werden soll, ist zu prüfen, ob ein maßgeblicher Einfluss gemäß § 311 Abs. 1 HGB ausgeübt werden kann. Da dies wohl bejaht werden kann, ist die E Corporation in diesem Fall nach der Equity-Methode zu bilanzieren.

(4) Die Anteile der A AG an der F AG begründen eine formelle Stimmrechtsmehrheit gemäß § 290 Abs. 1 i. V. m. Abs. 2 Nr. 1 HGB. Gleichwohl verfügt die A AG nicht über die Möglichkeit wesentliche Entscheidungen durchsetzen zu können. Dieser Tatbestand begründet jedoch zunächst keine Ausnahme von der Einbeziehungspflicht in den Konsolidierungskreis. Da es sich bei der vorliegenden Satzungsbestimmung um eine erhebliche und nachhaltige Beeinträchtigung der Rechte der A AG handelt, eröffnet § 296 Abs. 1 Nr. 1 HGB indes ein Konsolidierungswahlrecht, so dass die A AG im Ergebnis von einer Konsolidierung absehen kann.

## Lösung zu Teilaufgabe (b)

(1) Da die A AG nur über 42,86 % der stimmberechtigten Aktien verfügt, und da die C AG von einem Konzernaußenstehenden beherrscht wird, liegen die Voraussetzungen für die Ausübung eines beherrschenden Einflusses über die C AG nicht vor (vgl. IFRS 10.7 i. V. m. IFRS 10.10 f.). Somit ist die C AG kein Tochterunternehmen der A AG, so dass von einer Anwendung des IFRS 10 (Konzernabschlüsse) abzusehen ist. Aufgrund der Tatsache, dass auf die C AG ein maßgeblicher Einfluss nach IAS 28.6 ausgeübt werden kann, ist das Unternehmen nach der Equity-Methode zu bilanzieren.

(2) Die Anteile an der D GmbH wurden bereits im Zeitpunkt des Erwerbs mit der Absicht der baldigen Weiterveräußerung erworben. Da mit der Verabschiedung des IFRS 5 (Zur Veräuße-

rung gehaltene langfristige Vermögenswerte und aufgegebene Geschäftsbereiche) keine expliziten Einbeziehungsverbote in den Konsolidierungskreis existieren, muss in den Fällen, in denen beim Erwerb eines Tochterunternehmens die Voraussetzungen für eine Klassifikation „zur Veräußerung bestimmt" i. S. d. IFRS 5 erfüllt sind, die Beteiligung dennoch konsolidiert und in Übereinstimmung mit IFRS 5 bewertet und ausgewiesen werden.

(3) Aufgrund der Stimmrechtsmehrheit wird gemäß IFRS 10.7 (a) i. V. m. IFRS 10.11 widerlegbar angenommen, dass die A AG einen beherrschenden Einfluss auf die E Corporation ausüben kann. Indes ist durch langanhaltende politische Turbulenzen im Sitzstaat der E Corporation deren Fähigkeit, Finanzmittel und sonstige Vermögenswerte zur A AG zu transferieren, nachhaltig erheblich beeinträchtigt. Daher ist zu prüfen, ob daher die Annahme der Beherrschung widerlegbar ist. Da in diesem Fall nicht nur der Transfer von Finanzmitteln, sondern weitere Rechte beschränkt sind, kann hier wohl nicht davon ausgegangen werden, dass die A AG einen beherrschenden Einfluss auf die E Corporation tatsächlich ausüben kann. Die Beherrschungsvermutung des IFRS 10.7 (a) i. V. m. IFRS 10.8 kann daher widerlegt werden. Die E Corporation ist somit kein Tochterunternehmen und nicht in den Konsolidierungskreis einzubeziehen.

(4) Obwohl die A AG 60 % der Anteile an der F AG hält, resultiert hieraus nicht die Möglichkeit, wesentliche Entscheidungen durchzusetzen. Die A AG ist somit nicht in der Lage, die Finanz- und Geschäftspolitik der F AG zu bestimmen. Da dies durch eine Satzungsbestimmung begründet wird, liegt nachweislich kein beherrschender Einfluss seitens der A AG vor. Infolge dieser Widerlegung der Beherrschungsvermutung gemäß IFRS 10.7 ist die F AG kein Tochterunternehmen nach IFRS 10 und nicht in den Vollkonsolidierungskreis einzubeziehen.

## Lösung zu Teilaufgabe (c)

Gemäß § 294 Abs. 1 HGB sind grundsätzlich alle Tochterunternehmen durch Vollkonsolidierung in den Konzernabschluss einzubeziehen. Diese grundsätzliche Pflicht wird indes durch vier Einbeziehungswahlrechte durchbrochen, wobei der Status als Tochterunternehmen durch die Ausübung eines dieser Wahlrechte unberührt bleibt.

So muss ein Tochterunternehmen nicht durch Vollkonsolidierung in den Konzernabschluss einbezogen werden, sofern

(1) erhebliche und andauernde Beschränkungen die Ausübung der Rechte des Mutterunternehmens in Bezug auf das Vermögen oder die Geschäftsführung des Tochterunternehmens beeinträchtigen (§ 296 Abs. 1 Nr. 1 HGB),

(2) der Einbezug des Tochterunternehmens zu unverhältnismäßig hohen Kosten oder unangemessenen Verzögerungen führen würde (§ 296 Abs. 1 Nr. 2 HGB),

(3) die Anteile ausschließlich für Weiterveräußerungszwecke gehalten werden (§ 296 Abs. 1 Nr. 3 HGB) oder

(4) die Einbeziehung in Bezug auf das von der Generalnorm geforderte Bild der wirtschaftlichen Lage von untergeordneter Bedeutung ist (§ 296 Abs. 2 HGB).

Die Vorschriften nach IFRS sehen hingegen keine (expliziten) Ausnahmen vom verpflichtenden Einbezug in den Vollkonsolidierungskreis vor. Sofern ein Unternehmen gemäß IFRS 10 beherrscht wird, ist es folglich grundsätzlich ‚als Tochterunternehmen in den Konzernabschluss einzubeziehen. Allerdings führen die IFRS-Regelungen in Bezug auf die im HGB explizit geregelten Tatbestände zu ähnlichen Ergebnissen:

(1) Bei der Beschränkung der Ausübung der Rechte des Mutterunternehmens (§ 296 Abs. 1 Nr. 1 HGB) gibt es zwar in den IFRS-Vorschriften kein Konsolidierungswahlrecht. Allerdings ist in solchen Fällen i. d. R. keine bzw. eine stark eingeschränkte Bestimmungsmacht eines Investors gegeben, so dass gemäß IFRS 10 keine Beherrschung und somit kein Tochterunternehmen vorliegt.

(2) Bei einer ausschließlichen Weiterveräußerungsabsicht (§ 296 Abs. 1 Nr. 3 HGB) dürfte gemäß IFRS 10.7 aufgrund fehlender Kontrolle ebenfalls keine Beherrschung und somit kein Tochterunternehmen vorliegen. Das Unternehmen darf folglich nicht in den Konsolidierungskreis einbezogen werden.

(3) § 296 Abs. 1 Nr. 2 und Abs. 2 HGB sehen ein Wahlrecht zum Einbezug in den Konsolidierungskreis im Hinblick auf unverhältnismäßig hohe Kosten und bei untergeordneter Bedeutung vor. Für alle Bereiche der IFRS-Rechnungslegung und somit auch für die Abgrenzung des Konsolidierungskreises gilt ebenfalls die Ausnahme aufgrund einer untergeordneten Bedeutung nach der Materiality-Klausel (CF.2.11) und aufgrund unverhältnismäßig hoher Kosten basierend auf dem Cost-benefit-Prinzip (CF.2.39).

Im Ergebnis ist somit festzuhalten, dass sich in Abhängigkeit der Ausübung der handelsrechtlichen Wahlrechte i. d. R. nur geringfügige Unterschiede zur Abgrenzung des Konsolidierungskreises nach HGB ergeben (müssen).

# Kapitel IV: Der Grundsatz der Einheitlichkeit

## Übung 14: Die Einheitlichkeit der Bilanzierung im Konzernabschluss nach HGB

### Aufgaben

(a) Begründen Sie die Notwendigkeit der Vereinheitlichung der Einzelabschlüsse im Rahmen der Konzernabschlusserstellung.

(b) Beschreiben Sie das grundlegende Vorgehen bei der Vereinheitlichung der Bilanzen und Gewinn- und Verlustrechnungen von Tochterunternehmen.

### Literaturhinweis

BAETGE, JÖRG/KIRSCH, HANS-JÜRGEN/THIELE, STEFAN, Konzernbilanzen, 15. Aufl., Düsseldorf 2024, Kap. IV Abschn. 1–3.

### Lösungen

#### Lösung zu Teilaufgabe (a)

Der Konzernabschluss wird zunächst durch die Addition der relevanten Einzelabschlüsse vorbereitet. Er ist indes nur dann **aussagekräftig** und mit Einzelabschlüssen **vergleichbar**, wenn die einzubeziehenden Abschlüsse vor der Zusammenfassung vereinheitlicht worden sind. Der Grundsatz der Einheitlichkeit beschreibt insofern, wie die Einzelabschlüsse der Konzernunternehmen beschaffen sein müssen, damit sie zum Summenabschluss zusammengefasst werden können. Zu unterscheiden ist der Grundsatz der Einheitlichkeit vom Einheitsgrundsatz nach § 297 Abs. 3 Satz 1 HGB, der als Leitlinie für die Konsolidierung, dem sechsten Schritt der Konzernabschlusserstellung, erst im weiteren Verlauf der Konzernabschlusserstellung relevant wird. Dagegen wird die Vereinheitlichung der Abschlüsse im vierten Schritt der Aufstellung eines Konzernabschlusses vorgenommen. Der Grundsatz der Einheitlichkeit ist besonders bedeutsam, weil der Konzernabschluss als Quasi-Einzelabschluss aller einbezogenen Unternehmen den Zwecken der Rechenschaft und der Kapitalerhaltung nur dann gerecht werden kann, wenn das Zahlenwerk **formell und materiell einheitlich** ist.

Die Vereinheitlichung als vierter Schritt der Konzernabschlusserstellung bezieht sich auf die folgenden Aspekte:

- Vereinheitlichung der Stichtage,
- Vereinheitlichung von Ansatz, Bewertung und Ausweis und
- Vereinheitlichung der Recheneinheit (Währungsumrechnung).

Die **formelle Einheitlichkeit** erfordert einheitliche Stichtage bzw. Berichtsperioden, einen einheitlichen Ausweis sowie eine einheitliche Währung. Dabei sind lediglich die Einheitlichkeit der Stichtage und der Währung gesetzlich geregelt. Gemäß § 299 Abs. 1 HGB ist der Konzernabschluss auf den Stichtag des Jahresabschlusses des Mutterunternehmens aufzustellen. Die Ausweiswahlrechte bei einzelnen Abschlussposten müssen für die Erstellung der sog. Handelsbilanzen II (HB II) einheitlich festgelegt werden. Dies dient dem Grundsatz der Klarheit. § 299 Abs. 2 HGB legt auch fest, auf Grundlage welches Abschlusses diejenigen Unternehmen in den Konzernabschluss einbezogen werden sollen bzw. müssen, deren Geschäftsjahr von dem des Konzerns abweicht. In § 244 i. V. m. § 298 Abs. 1 HGB wird geregelt, dass der Konzernabschluss in der Recheneinheit Euro aufzustellen ist. Spezielle Vorschriften zur Technik der Währungsumrechnung sind zudem in den §§ 256a und 308a HGB enthalten.

Die **materielle Einheitlichkeit** bezieht sich auf den Ansatz und die Bewertung der jeweiligen Abschlusspositionen und verlangt, dass die HB II nach einheitlichen Ansatz- und Bewertungsgrundsätzen aufgestellt werden. Für den Ansatz findet sich in § 300 Abs. 2 HGB eine explizite Regelung. Die einheitliche Bewertung ist in den §§ 256a, 308 und 308a HGB kodifiziert.

## Lösung zu Teilaufgabe (b)

Die Vereinheitlichung der Abschlüsse der in den Konzernabschluss einzubeziehenden Unternehmen wird in den im Folgenden beschriebenen Schritten vorgenommen:

In einem **ersten Schritt** müssen die **Stichtage** bzw. Berichtsperioden der Konzernunternehmen vereinheitlicht werden. Als Stichtag für den Konzernabschluss ist in § 299 Abs. 1 HGB der Abschlussstichtag des Mutterunternehmens vorgeschrieben. Der Jahresabschluss des Mutterunternehmens kann dementsprechend ohne zeitliche Anpassung für den Konzernabschluss herangezogen werden. Allerdings müssen die Tochterunternehmen ihre Jahresabschlüsse nicht zwingend auf den Stichtag des Mutterunternehmens aufstellen, da das HGB keine grundsätzliche Pflicht zur Vereinheitlichung der Stichtage vorgibt. Vielmehr ist eine Abweichung der Stichtage innerhalb bestimmter Grenzen im Rahmen der Konzernabschlusserstellung zulässig. In bestimmten Fällen ist jedoch die Erstellung eines sog. **Zwischenabschlusses** geboten. Ein solcher Zwischenabschluss ist dann aufzustellen, wenn der Abschlussstichtag des Tochterunternehmens um mehr als drei Monate vor dem Konzernabschlussstichtag oder zeitlich uneingeschränkt nach dem Konzernabschlussstichtag liegt (§ 299 Abs. 2 HGB). Durch den Zwischenabschluss werden die HB II-Werte des Tochterunternehmens an den einheitlichen Abschlussstichtag angepasst. Falls der Stichtag hingegen um weniger als drei Monate vor dem Konzernabschlussstichtag liegt, sind lediglich Vorgänge von besonderer Bedeutung für die Vermögens-, Finanz- und Ertragslage des einbezogenen Tochterunternehmens, die zwischen dessen Abschlussstichtag und dem Konzernabschlussstichtag eingetreten sind, entweder in der Konzernbilanz und in der Konzern-GuV zu berücksichtigen oder alternativ gemäß § 299 Abs. 3 HGB im Anhang anzugeben.

In einem **zweiten Schritt** sind **Ansatz, Bewertung und Ausweis** zu vereinheitlichen. Dabei sind nach § 298 HGB die für große Kapitalgesellschaften relevanten Vorschriften für den Jahresabschluss entsprechend auf den Konzernabschluss anzuwenden. In Bezug auf den **Ansatz** sind nach § 300 Abs. 2 Satz 1 HGB die Vermögensgegenstände, Schulden und Rechnungsabgrenzungsposten sowie die Erträge und Aufwendungen der in den Konzernabschluss einbezogenen Unternehmen - unabhängig von ihrer Berücksichtigung in den Jahresabschlüssen dieser Unternehmen - vollständig aufzunehmen, soweit nach dem Recht des Mutterunternehmens nicht ein Bilanzierungsverbot oder ein Bilanzierungswahlrecht besteht. Nach dem **Recht des Mutterunternehmens** zulässige Bilanzierungswahlrechte sind gemäß § 300 Abs. 2 Satz 2 HGB in den HB II und damit im Konzernabschluss unabhängig von ihrer Ausübung in den einbezogenen Einzelabschlüssen (HB I) gemäß den konzerneinheitlichen Bilanzierungsanweisungen auszuüben. Durch den Verweis auf ein eventuelles Bilanzierungsverbot beim Mutterunternehmen wird zudem deutlich, dass die Posten aus den Jahresabschlüssen der Tochterunternehmen nicht unbesehen in den Konzernabschluss übernommen werden dürfen. Vielmehr sind die einzelnen Posten dahingehend zu prüfen, ob deren Ansatz im Einklang mit dem Recht und den Bilanzierungsanweisungen des Mutterunternehmens steht. Umgekehrt können im Konzernabschluss nach dem Recht des Mutterunternehmens bestimmte Positionen ansatzpflichtig werden, obgleich für diese nach dem **Recht des Tochterunternehmens** ein Ansatzwahlrecht oder -verbot vorliegt.

Gemäß § 300 Abs. 1 Satz 2 HGB ist der Ansatz von Vermögensgegenständen und Schulden der Tochterunternehmen im Konzernabschluss nur zulässig, soweit „die **Eigenart des Konzernabschlusses** keine Abweichungen bedingt". Einzelne Sachverhalte können daher aus Sicht des Konzerns und damit für die Erstellung des Konzernabschlusses anders zu beurteilen sein. Beispielsweise müssen die im Kaufpreis für ein erworbenes Tochterunternehmen vergüteten **Forschungskosten**, die auf ein von einem Konzernunternehmen entwickeltes und an ein anderes Konzernunternehmen zum Zwecke langfristiger Nutzung veräußertes Patent entfallen, im Einzelabschluss des erwerbenden Unternehmens aufgrund des Vollständigkeitsgebotes gemäß § 246 Abs. 1 HGB aktiviert werden, da **aus Sicht des Einzelabschlusses** ein entgeltlicher Erwerb von außenstehenden Dritten vorliegt. Aus **Konzernsicht** sind die Forschungskosten für dieses im Konzern selbsterstellte Patent indes nicht als aktivierungsfähige Herstellungs- bzw. Anschaffungskosten zu qualifizieren, da das Patent im Konzern selbsterstellt wurde und den Konzernverbund nicht verlassen hat, sondern lediglich von einer Betriebsstätte an eine andere weitergegeben wurde. Ein Ansatz des Patents ist daher gemäß § 255 Abs. 2 Satz 4 i. V. m. § 298 Abs. 1 HGB im Konzernabschluss nicht zulässig.

Die **Bewertung** im Konzernabschluss ist in § 308 HGB geregelt. Nach § 308 Abs. 1 HGB sind die gemäß § 300 Abs. 2 HGB in den Konzernabschluss übernommenen Vermögensgegenstände und Schulden der in den Konzernabschluss einbezogenen Unternehmen nach den auf den Jahresabschluss des Mutterunternehmens anwendbaren Bewertungsmethoden einheitlich zu bewerten (Satz 1). Grundsätzlich ist analog zu den Ansatzregeln das auf das Mutterunternehmen anzuwendende Recht maßgeblich. Im Rahmen der Bewertungsvorschriften gewährte Wahlrechte dürfen jedoch in der HB II der zu konsolidierenden Konzernunternehmen unabhängig von der Ausübung in der HB I neu ausgeübt werden (Satz 2). Das gewährte Wahlrecht ist dann allerdings einheitlich auszuüben. Gleichartige Sachverhalte sind demnach im Konzern einheitlich zu bewerten. Zudem sind abweichende Bewertungsmethoden zwischen dem Einzelabschluss des Mutterunternehmens und dem Konzernabschluss im Anhang zu erläutern (Satz 3).

Wird vom Mutterunternehmen eine **Neubewertung** von Vermögensgegenständen und Schulden vorgenommen, ist diese aus den folgenden Gründen auch im Konzernabschluss erforderlich. Eine Neubewertung ist einerseits notwendig, wenn die Bewertungsmethode, die im Einzelabschluss eines Konzernunternehmens in der HB I angewendet wird, nach dem Recht des Mutterunternehmens nicht zulässig ist. Andererseits wird eine Neubewertung im Konzernabschluss erforderlich, wenn ein Konzernunternehmen im Einzelabschluss eine zwar grundsätzlich mit dem Recht des Mutterunternehmens vereinbare Bewertungsmethode anwendet, für gleichartige Sachverhalte im Konzernabschluss allerdings eine andere Methode angewendet wird. Unter Umständen können bestimmte Befreiungen von einer verpflichtenden Vereinheitlichung der Bewertung nach § 308 Abs. 2 HGB für Kreditinstitute und Versicherungsunternehmen (Satz 2), bei Bewertungsanpassungen von untergeordneter Bedeutung (Satz 3) oder in Ausnahmefällen (Satz 4) in Anspruch genommen werden.

In Bezug auf den **Ausweis** sind die Gliederungsvorschriften für große Kapitalgesellschaften anzuwenden. Diese sind jedoch an die Anforderungen eines Konzernabschlusses anzupassen, so dass unter Umständen konsolidierungsspezifische Positionen aufgenommen werden müssen. Sofern ein Konzernunternehmen im Einzelabschluss noch nicht die Gliederungsvorschriften einer großen Kapitalgesellschaft anwendet, sind für die Erstellung der HB II entsprechende Umgliederungen erforderlich. Die Ausweiswahlrechte bei einzelnen Abschlussposten in der Konzernbilanz müssen nach dem Grundsatz der Einheitlichkeit für alle HB II einheitlich festgelegt werden. Das Gleiche gilt für die Wahlrechte, bestimmte Angaben entweder in der Konzernbilanz bzw. in der Konzern-GuV oder im Konzernanhang zu publizieren. Das Wahlrecht der Anwendung entweder des Gesamtkosten- (GKV) oder des Umsatzkostenverfahrens (UKV) darf im Konzernabschluss unabhängig von den Einzelabschlüssen des Mutterunternehmens und der Tochterunternehmen einmalig neu ausgeübt werden. Zudem können sich Anpassungen ergeben, wenn Sachverhalte aus Konzernsicht anders zu beurteilen sind als aus der Sicht des Einzelabschlusses. Sofern bspw. ein Konzernunternehmen Anteile an einem verbundenen Unternehmen hält, sind diese im Einzelabschluss im Anlage- oder Umlaufvermögen auszuweisen. Aus Konzernsicht sind solche Anteile indes als eigene Anteile nach § 301 Abs. 4 HGB offen vom gezeichneten Kapital abzusetzen.

Um einen aussagefähigen Konzernabschluss zu erstellen, sind zudem in einem **dritten Schritt** gemäß § 244 i. V. m. § 298 Abs. 1 HGB die Abschlüsse der ausländischen Tochterunternehmen in die Konzernwährung (Euro) umzurechnen. Hierfür ist in § 308a HGB die sog. modifizierte Stichtagskursmethode vorgesehen. Nach dieser Methode sind die Aktiv- und Passivposten einer auf fremde Währung lautenden Bilanz, mit Ausnahme des Eigenkapitals, das zum historischen Kurs in Euro umzurechnen ist, zum Devisenkassamittelkurs am Abschlussstichtag in Euro umzurechnen (Satz 1). Die Posten der GuV sind zum Durchschnittskurs in Euro umzurechnen (Satz 2). In Bezug auf die Behandlung von entstehenden Umrechnungsdifferenzen schreibt das Gesetz einen Ausweis innerhalb des Konzerneigenkapitals unter dem Posten „Eigenkapitaldifferenz aus Währungsumrechnung" vor (Satz 3).

# Übung 15: Die Einheitlichkeit der Abschlussstichtage nach HGB

## Sachverhalt

Zur Erstellung des Konzernabschlusses nach HGB muss ein deutsches Mutterunternehmen M zwei inländische Tochterunternehmen vollkonsolidieren. Der Abschlussstichtag des Mutterunternehmens ist der 31.12.01. Das Tochterunternehmen T1 erstellt den Jahresabschluss zum 30.06.01, das zweite Tochterunternehmen T2 hat den Abschluss zum 30.10.01 erstellt.

## Aufgabe

Wie muss das Mutterunternehmen M auf die vom Konzernabschlussstichtag abweichenden Stichtage der Tochterunternehmen T1 und T2 reagieren?

## Literaturhinweis

BAETGE, JÖRG/KIRSCH, HANS-JÜRGEN/THIELE, STEFAN, Konzernbilanzen, 15. Aufl., Düsseldorf 2024, Kap. IV Abschn. 2.

## Lösung

Nach § 299 HGB ist der Konzernabschluss auf den **Stichtag des Jahresabschlusses** des Mutterunternehmens aufzustellen. Zugunsten eines hohen Informationsgehaltes des Konzernabschlusses sollten daher auch alle einfließenden Jahresabschlüsse der Tochterunternehmen auf den Stichtag des Mutterunternehmens erstellt werden. Praktisch wird diese Vereinheitlichung indes nicht zuletzt aufgrund des Weltabschlussprinzips als nicht durchsetzbar angesehen. Daher verzichtet der Gesetzgeber in § 299 HGB auf eine explizit verpflichtende Vereinheitlichung der Stichtage. Vielmehr wurde die Regelung zur Aufstellung auf den Stichtag des Konzernabschlusses in § 299 Abs. 2 HGB als Soll-Vorschrift formuliert.

Die Pflicht zur Aufstellung eines **Zwischenabschlusses** hängt maßgeblich von der Länge des Zeitraumes zwischen den Stichtagen des Konzernabschlusses und des einzubeziehenden Abschlusses ab. Sofern der Stichtag eines Tochterunternehmens um **mehr als drei Monate vor** dem Stichtag des Mutterkonzerns liegt, muss nach § 299 Abs. 2 Satz 2 HGB ein Zwischenabschluss auf den Konzernstichtag und für den Zeitraum des Abschlusses erstellt werden. Sofern der Stichtag des Abschlusses des Tochterunternehmens **weniger als drei Monate vor** dem Abschlussstichtag des Mutterkonzerns liegt, darf der originäre Abschluss als Grundlage für die Konsolidierung des Tochterunternehmens herangezogen werden. In diesem Fall muss kein Zwischenabschluss aufgestellt werden. Allerdings sind zusätzliche Anpassungen bzw. Angaben nach § 299 Abs. 3 HGB erforderlich: Sofern nach dem Abschlussstichtag des einzubeziehenden Tochterunternehmens und vor dem Konzernabschlussstichtag Vorgänge von besonderer Bedeutung für die Vermögens-, Finanz- und Ertragslage eines in den Konzernabschluss einbezogenen Unternehmens stattfinden, sind diese in der Konzernbilanz und Konzern-GuV zu berücksichtigen oder im Anhang anzugeben. Falls der Stichtag eines Tochterunternehmens **nach dem Konzernabschlussstichtag** liegt, ist in jedem Fall ein Zwischenabschluss auf den Stichtag des Konzernabschlusses zu erstellen. Die vereinfachende Drei-Monats-Regel gilt in diesem Fall nicht.

Der Stichtag des **Tochterunternehmens T1** liegt sechs Monate vor dem Konzernabschlussstichtag. Die Drei-Monats-Regel kann daher für dieses Tochterunternehmen nicht angewendet werden. Zu Konsolidierungszwecken ist daher für T1 ein Zwischenabschluss auf den Stichtag und für den Zeitraum des Konzernabschlusses zu erstellen.

Der Stichtag des **Tochterunternehmens T2** liegt weniger als drei Monate vor dem Konzernabschlussstichtag. Daher kann das Mutterunternehmen M für dieses Tochterunternehmen die vereinfachende Drei-Monats-Regel in Anspruch nehmen. Das Tochterunternehmen T2 kann somit auf Basis seines Jahresabschlusses zum 30.10.01 in den Konzernabschluss einbezogen werden. Allerdings muss zusätzlich geprüft werden, ob zwischen dem 30.10.01 und dem 31.12.01 Vorgänge von besonderer Bedeutung für die Vermögens-, Finanz- und Ertragslage des Tochterunternehmens stattgefunden haben. In diesem Fall wäre eine entsprechende Anpassung der Konzernbilanz und Konzern-GuV um diese Vorgänge erforderlich. Alternativ könnten diese Vorgänge auch im Konzernanhang angegeben werden. Zudem steht die Möglichkeit offen, einen freiwilligen Zwischenabschluss für T2 zum 31.12.01 zu erstellen und das Unternehmen auf dieser Grundlage in den Konzernabschluss einzubeziehen.

# Übung 16: Die Einheitlichkeit der Abschlussinhalte

## Sachverhalt

Zur Erstellung des Konzernabschlusses eines Automobilkonzerns zum Stichtag 31.12.01 werden aus den Einzelabschlüssen des deutschen Mutterunternehmens M und des deutschen Tochterunternehmens T1 sowie des ausländischen Tochterunternehmens T2 die Handelsbilanzen II (HB II) für die Zusammenfassung zur Summenbilanz erstellt. Beide Tochterunternehmen sind Kapitalgesellschaften und bilanzieren in Euro.

Folgende Sachverhalte sind in den Einzelabschlüssen der Tochterunternehmen enthalten, wobei der Abschluss von T1 nach dem HGB und der Abschluss von T2 nach ausländischem Recht aufgestellt wurde:

(1) Zur Finanzierung des Aufbaus von Händlerstandorten hat bei T2 im abgelaufenen Geschäftsjahr eine Kapitalerhöhung durch Aktienemission stattgefunden. T2 hat die Ausgaben für den Entwurf und den Druck von Börsenprospekten aktiviert.

(2) T1 hat von dem Mutterunternehmen M eine Kundenliste entgeltlich erworben und diese im Anlagevermögen aktiviert.

(3) Durch die Ausweitung seiner Geschäftsaktivitäten hat T2 einen hohen Bedarf an Ersatzteilen für seine Händlerstandorte, die von M bereitgestellt werden. Die bei der Einfuhr angefallenen ausländischen Zölle wurden im Einzelabschluss von T2 aufwandswirksam erfasst.

(4) Zur Ausstattung seiner Standorte hat T2 in neue PCs und zugehörige Software investiert. Diese Investitionen wurden im Anlagevermögen erfasst.

(5) T1 hat zum Ende des abgelaufenen Geschäftsjahres einen langfristigen Kredit an T2 vergeben, um dem Schwesterunternehmen die weitere Expansion zu ermöglichen. T1 hat die entsprechende Forderung im Einzelabschluss aktiviert, T2 weist eine gleichlautende Verbindlichkeit aus.

(6) Die oben genannten Ersatzteile werden bei T2 nach der Durchschnittskostenmethode im Vorratsbestand bewertet. M bewertet die gleichen Vorräte entsprechend der Konzernbilanzierungsrichtlinie nach der Fifo-Methode.

(7) Während M seine technischen Anlagen entsprechend der Konzernbilanzierungsrichtlinie degressiv abschreibt, hat T2 sich bei einer im Konzern bisher nicht existierenden Stanzmaschine für die lineare Abschreibung entschieden.

## Aufgaben

(a) Grenzen Sie zunächst den Grundsatz der Einheitlichkeit der Konzernabschlussinhalte vom Einheitsgrundsatz i. S. d. § 297 Abs. 3 Satz 1 HGB ab. Erläutern Sie in diesem Zusammenhang kurz die notwendigen Organisationsmaßnahmen, die in Konzernen die Einheitlichkeit der Bilanzierung gewährleisten.

(b) Wie sind die in den Einzelabschlüssen der Tochterunternehmen beschriebenen Sachverhalte bei einem HGB-Konzernabschluss in den HB II zu berücksichtigen?

(c) Gehen Sie nun davon aus, dass M einen IFRS-Konzernabschluss erstellen wird, während die Tochterunternehmen in ihren HB I weiterhin nach nationalem Recht bilanzieren. Stellen Sie kurz dar, wie in den IFRS die Einheitlichkeit der Abschlussinhalte gewährleistet wird und erläutern Sie anschließend die Behandlung der Sachverhalte (1) bis (7) in einem IFRS-Abschluss II der Tochterunternehmen.

(d) Unterstellen Sie, dass sowohl M als auch die Tochterunternehmen ihre Abschlüsse nach IFRS aufstellen. Die Tochterunternehmen stellen ihre Einzelabschlüsse abweichend vom Geschäftsjahr des Mutterunternehmens M bereits zum 31.10.01 auf, erstellen jedoch keinen weiteren Zwischenabschluss zur Einbeziehung in den Konzernabschluss. Wie ist dieser Sachverhalt bei der Abschlusserstellung zu beurteilen?

## Literaturhinweis

Baetge, Jörg/Kirsch, Hans-Jürgen/Thiele, Stefan, Konzernbilanzen, 15. Aufl., Düsseldorf 2024, Kap. II Abschn. 2 und 331.1 sowie Kap. IV Abschn. 1, 24 und 3.

## Lösungen

### Lösung zu Teilaufgabe (a)

Die dem **Grundsatz der Einheitlichkeit** zuzuordnenden Maßnahmen zur Vereinheitlichung der in den Konzernabschluss einzubeziehenden Abschlüsse stellen den vierten Schritt bei der Erstellung des Konzernabschlusses dar. Das Zahlenwerk der einzubeziehenden Jahresabschlüsse wird in den HB II vereinheitlicht und anschließend zum Summenabschluss addiert. Die **Vereinheitlichung der Einzelabschlüsse** betrifft dabei den Stichtag (§ 299 HGB), den Ansatz (§ 300 Abs. 2 HGB), die Bewertung (§ 308 HGB sowie § 308a HGB), den Ausweis (§ 298 Abs. 1 HGB) und die Währung (§ 298 Abs. 1 i. V. m. § 244 HGB).

Der **Einheitsgrundsatz i. S. d. § 297 Abs. 3 Satz 1 HGB** betrifft hingegen den sechsten Schritt der Aufstellung eines Konzernabschlusses. Er formuliert die auf den Summenabschluss anzuwendende Generalnorm der Konsolidierung, wonach zur Darstellung der Vermögens-, Finanz- und Ertragslage des Konzerns und der Erfüllung der Konzernabschlusszwecke ein **um konzerninterne Geschäfte bereinigter Abschluss** eines einheitlichen Unternehmens aufzustellen ist.

Zur Herstellung der **formellen Einheitlichkeit** der Bilanzierung sind einheitliche Stichtage, ein einheitlicher Ausweis sowie die Einheitlichkeit der Recheneinheit zu gewährleisten. Dabei ist die Einheitlichkeit der Stichtage gesetzlich geregelt und erfordert eine entsprechende Anpassung der Berichtsperioden der einbezogenen Unternehmen. Die Einheitlichkeit der Währung wird über die Wahl der Währungsumrechnungsmethode hergestellt. Die Einheitlichkeit des Ausweises sowie die Herstellung der **materiellen Einheitlichkeit** werden in Konzernen i. d. R. durch die Formulierung konzerneinheitlicher Bilanzierungs- und Bewertungsgrundsätze in einer Konzernbilanzierungsrichtlinie und die Anpassung der Abschlüsse der einbezogenen Unternehmen an diese Richtlinie gewährleistet.

## Lösung zu Teilaufgabe (b)

(1) Gemäß § 300 Abs. 2 Satz 1 HGB sind Vermögensgegenstände, Schulden, Rechnungsabgrenzungsposten, Erträge und Aufwendungen der in den Konzernabschluss einbezogenen Unternehmen unabhängig von ihrer Berücksichtigung in den Jahresabschlüssen vollständig aufzunehmen, soweit kein Bilanzierungswahlrecht oder -verbot nach dem Recht des Mutterunternehmens besteht. Die im vorliegenden Fall genannten Ausgaben für den Entwurf und den Druck von Börsenprospekten fallen unter die Gründungsaufwendungen. Diese dürfen gemäß § 248 Abs. 1 Nr. 1 HGB nicht aktiviert werden und sind daher in der HB II von T2 aufwandswirksam zu berücksichtigen.

(2) Aus der Sicht des Tochterunternehmens T1 stellt die Kundenliste einen extern erworbenen immateriellen Vermögensgegenstand dar, der zutreffend im Einzelabschluss aktiviert wurde. Indes ist die Kundenliste aus dem Blickwinkel des Konzerns nicht extern erworben, da die Transaktion zwischen zwei konzernzugehörigen Unternehmen stattgefunden hat. Es handelt sich für den Konzern daher um einen selbsterstellten immateriellen Vermögensgegenstand des Anlagevermögens, für den nach § 248 Abs. 2 Satz 2 HGB ein Aktivierungsverbot besteht.

(3) Bei Zöllen handelt es sich um Anschaffungsnebenkosten. Diese sind nach § 255 Abs. 1 Satz 1 HGB aktivierungspflichtig, sofern sie dem Vermögensgegenstand einzeln zugerechnet werden können. Die beschriebenen Zölle sind den Ersatzteilen einzeln zuzuordnen. Die als Aufwand erfassten Zölle sind daher in der HB II von T2 zu aktivieren.

(4) Gemäß § 300 Abs. 2 Satz 1 HGB sind alle Vermögensgegenstände vollständig in den Konzernabschluss aufzunehmen, soweit kein Aktivierungswahlrecht oder ein Aktivierungsverbot besteht. Die Erfassung der Investitionen im Anlagevermögen bei T2 ist nach dem Recht des Mutterunternehmens M geboten.

(5) Der Ausweis einer Forderung bei T1 entspricht den handelsrechtlichen Regelungen. Auch die Verbindlichkeit bei T2 ist verpflichtend anzusetzen. Forderungen und Verbindlichkeiten zwischen in den Konzernabschluss einbezogenen Unternehmen werden dann allerdings im Rahmen der Schuldenkonsolidierung nach § 303 HGB eliminiert.

(6) Gemäß § 308 Abs. 1 HGB sind die nach § 300 Abs. 2 HGB in den Konzernabschluss übernommenen Vermögensgegenstände und Schulden einheitlich zu bewerten. Dabei sind bei gleichartigen Sachverhalten gewährte Wahlrechte einheitlich auszuüben. Im vorliegenden Fall ist grundsätzlich eine Vorratsbewertung entsprechend der Vorgehensweise des Mutterunternehmens, also eine Bewertung nach der Fifo-Methode, geboten. Allerdings kann die Gleichartigkeit der Sachverhalte neben Unterschieden hinsichtlich Art und Funktion der Vermögensgegenstände und Schulden auch durch Unterschiede in anderen wertbestimmenden Faktoren (z. B. Standortbedingungen) eingeschränkt sein. Aufgrund heterogener bewertungsrelevanter Einflüsse kann im Konzernabschluss eine Bewertung nach verschiedenen Methoden zulässig oder sogar geboten sein.

(7) Gemäß § 253 Abs. 3 Satz 2 HGB sind sowohl die lineare als auch die degressive Abschreibungsmethode anwendbar. Gleichartige Sachverhalte sind einheitlich zu behandeln. Im vorliegenden Fall liegt indes keine Gleichartigkeit der abgeschriebenen Maschinen vor. Üblicherweise wird die von T2 anzuwendende Abschreibungsmethode über eine Konzernbilanzierungsrichtlinie determiniert. Bei der Abbildung bisher nicht geregelter Sachverhalte sollte sich T2 daher an ähnlichen Fällen orientieren. Die Bilanzierung gänzlich neuer Sachverhalte sollte von der Konzernzentrale vorgegeben werden.

## Lösung zu Teilaufgabe (c)

Die Einheitlichkeit der Abschlussinhalte nach IFRS wird durch Vorschriften zur Einheitlichkeit von Ansatz, Bewertung und Ausweis (CF.2.24-26), zur Einheitlichkeit der Stichtage (IFRS 10.B92 f.) sowie zur Einheitlichkeit der Währung (IAS 21 (Auswirkungen von Wechselkursänderungen)) gewährleistet.

(1) Ein Vermögenswert ist gemäß dem Conceptual Framework der IFRS eine Ressource, die aufgrund vergangener Ereignisse in der Verfügungsmacht des Unternehmens steht, und von der erwartet wird, dass dem Unternehmen ein künftiger wirtschaftlicher Nutzen zufließen wird (CF.4.3 f.). Bei Ausgaben im Zusammenhang mit der Gründung der rechtlichen Existenz eines Unternehmens kann nicht davon ausgegangen werden, dass künftiger wirtschaftlicher Nutzen daraus entstehen wird. Nach IAS 38.69 (a) dürfen diese Ausgaben daher nicht aktiviert werden, sondern sind als Aufwand zu erfassen.

(2) Die Ausgaben für Kundenlisten sind auch nach IFRS nicht aktivierungsfähig, da sie aus Konzernsicht nicht extern erworben, sondern selbst geschaffen wurden. Somit besteht ein Aktivierungsverbot nach IAS 38.63.

(3) Unter Beachtung des allgemeinen Grundsatzes der Periodenabgrenzung besteht für nicht erstattungsfähige Zölle nach IAS 2.11 ein Aktivierungsgebot bei den Vorräten als Teil der Anschaffungs- oder Herstellungskosten.

(4) Gemäß IAS 16.7 sind Gegenstände des Sachanlagevermögens als Vermögenswert zu aktivieren, wenn es wahrscheinlich ist, dass ein mit ihnen verbundener künftiger wirtschaftlicher Nutzen dem Unternehmen zufließen wird und ihre Anschaffungs- oder Herstellungskosten verlässlich ermittelt werden können. Es kann davon ausgegangen werden, dass beide Voraussetzungen erfüllt sind. Somit besteht auch nach IFRS für die Investitionen von T2 ein Aktivierungsgebot im Sachanlagevermögen.

(5) Der Ausweis einer Forderung bei T1 und einer Verbindlichkeit bei T2 steht auch im Einklang mit den Vorgaben der IFRS. Die konzerninternen Forderungen und Verbindlichkeiten werden im Rahmen der Schuldenkonsolidierung nach IFRS 10.B86 eliminiert.

(6) Gemäß IFRS 10.19 sind bei der Aufstellung des Konzernabschlusses auf gleiche Geschäftsvorfälle unter ähnlichen Umständen einheitliche Rechnungslegungsmethoden anzuwenden, d. h., auch das nach IAS 2.24 f. bestehende Wahlrecht zur Anwendung von Bewertungsvereinfachungsverfahren zur Vorratsbewertung ist bei gleichartigen Sachverhalten im Konzernabschluss grundsätzlich einheitlich auszuüben. Sowohl die Fifo- als auch die Durchschnittskostenmethode gehören gemäß IAS 2.25 zu den zulässigen Methoden der Bewertungsvereinfachungsverfahren. Aufgrund der Gleichartigkeit der Sachverhalte muss die Bewertung im IFRS-Abschluss II von T2 grundsätzlich an die Methode des Mutterunternehmens M angepasst werden.

(7) Die IFRS sehen gemäß IAS 16.62 bei der Folgebewertung von Gegenständen des Sachanlagevermögens die lineare, die geometrisch-degressive oder die leistungsabhängige Abschreibungsme-

thode vor. Üblicherweise wird die von T2 anzuwendende Abschreibungsmethode über eine Konzernbilanzierungsrichtlinie determiniert. Bei der Abbildung bisher nicht geregelter Sachverhalte sollte sich T2 an ähnlichen Fällen orientieren. Die Bilanzierung gänzlich neuer Sachverhalte sollte von der Konzernzentrale entschieden werden.

## Lösung zu Teilaufgabe (d)

Bei abweichenden Stichtagen ist gemäß IFRS 10.B92 grundsätzlich ein Zwischenabschluss auf den Konzernabschlussstichtag aufzustellen. Ausnahmsweise darf darauf verzichtet werden, wenn die Aufstellung eines Zwischenabschlusses undurchführbar ist und die Abweichung nicht mehr als drei Monate beträgt. Da im vorliegenden Sachverhalt keine Anhaltspunkte für die Undurchführbarkeit eines Zwischenabschlusses vorliegen, haben die Tochterunternehmen einen solchen aufzustellen.

# Übung 17: Die Währungsumrechnung im Konzernabschluss

## Sachverhalt

Die Modellbau AG, Hettstedt, hat am 31.12.01 60 % der Anteile an der Immobiliengesellschaft Dr. Snyder Inc., Liverpool, erworben. Der Kaufpreis der Beteiligung betrug 100 Mio. £. Die Dr. Snyder Inc. besitzt seit Langem Grundstücke in den Außenbezirken von Liverpool, die - nachdem die Gegend als Gewerbegebiet ausgeschrieben wurde - in ihrem Wert beträchtlich gestiegen sind. Die in den vormals landwirtschaftlich genutzten Grundstücken enthaltenen stillen Reserven betragen am 31.12.01 insgesamt 40 Mio. £. Weitere stille Reserven und stille Lasten existieren nicht. Der Wechselkurs beträgt am 31.12.01 2,00 €/£. Die nachstehende Übersicht weist die Handelsbilanz II (HB II) der Modellbau AG zum 31.12.01 aus:

| **31.12.01 (Alle Zahlenangaben in Mio. €)** | | | |
|---|---|---|---|
| Grundstücke | 700 | Eigenkapital | 200 |
| Anteile an verbundenen Unternehmen | 200 | Rückstellungen | 600 |
| Sonstige Vermögensgegenstände | 350 | Verbindlichkeiten | 500 |
| Kasse | 50 | | |
| Summe Aktiva | 1.300 | Summe Passiva | 1.300 |

**Übersicht 17-1:** Die HB II der Modellbau AG zum 31.12.01

Die HB II der Dr. Snyder Inc. zum 31.12.01 ist der folgenden Übersicht zu entnehmen:

| **31.12.01 (Alle Zahlenangaben in Mio. £)** | | | |
|---|---|---|---|
| Grundstücke | 100 | Eigenkapital | 100 |
| Sonstige Vermögensgegenstände | 100 | Verbindlichkeiten | 150 |
| Kasse | 50 | | |
| Summe Aktiva | 250 | Summe Passiva | 250 |

**Übersicht 17-2:** Die HB II der Dr. Snyder Inc. zum 31.12.01

## Aufgaben

(a) Erstellen Sie für das Tochterunternehmen Dr. Snyder Inc. die HB II in Euro zum 31.12.01 auf Basis der modifizierten Stichtagskursmethode nach § 308a HGB. Erläutern Sie dabei kurz die Vorgehensweise bei der Umrechnung der einzelnen Bilanzposten.

(b) Erstellen Sie, basierend auf der HB II der Modellbau AG zum 31.12.01 (vgl. Übersicht 17-1) und der gemäß Teilaufgabe (a) in Euro umgerechneten HB II des Tochterunternehmens Dr. Snyder Inc., die Konzernbilanz zum 31.12.01. Wenden Sie für die Erstkonsolidierung dabei die Neubewertungsmethode an.

(c) Rechnen Sie die HB II der Dr. Snyder Inc. zum 31.12.02 auf Basis der modifizierten Stichtagskursmethode nach § 308a HGB in Euro um. Berücksichtigen Sie dabei, dass die Dr. Snyder Inc. zum 31.12.02 aus Liquiditätsgründen 80 % ihres Immobilienbesitzes an Konzernaußenstehende zum Preis von 112 Mio. £ in bar veräußert hat, dass der Wechselkurs des britischen Pfundes zu Beginn des Jahres 02 auf 1,60 €/£ gesunken ist und dass das britische Pfund dieses Niveau bis zum 31.12.02 beibehalten hat. In der nachstehenden Übersicht ist die HB II der Dr. Snyder Inc. zum 31.12.02 in Mio. £ wiedergegeben:

| **31.12.02 (Alle Zahlenangaben in Mio. £)** | | | |
|---|---|---|---|
| Grundstücke | 20 | Eigenkapital | |
| Sonstige Vermögensgegenstände | 100 | ▪ Sonstiges Eigenkapital | 100 |
| Kasse | 162 | ▪ Gewinn | 32 |
| | | Verbindlichkeiten | 150 |
| Summe Aktiva | 282 | Summe Passiva | 282 |

**Übersicht 17-3:** Die HB II der Dr. Snyder Inc. zum 31.12.02

(d) Rechnen Sie die soeben beschriebene HB II der Dr. Snyder Inc. zum 31.12.02 - dem Konzept der funktionalen Währung nach IFRS folgend - in Euro um. Berücksichtigen Sie hierbei, dass die Dr. Snyder Inc. als ausländische Betriebsstätte der Modellbau AG behandelt wird. Erläutern Sie dabei kurz die gewählte Umrechnungsmethode und die Vorgehensweise bei den einzelnen Bilanzposten.

## Literaturhinweis

Baetge, Jörg/Kirsch, Hans-Jürgen/Thiele, Stefan, Konzernbilanzen, 15. Aufl., Düsseldorf 2024, Kap. IV Abschn. 4 sowie Kap. V Abschn. 125.2.

## Lösungen

### Lösung zu Teilaufgabe (a)

Für die Währungsumrechnung als eine der wesentlichen Grundlagen für die Erstellung des Konzernabschlusses ist seit der Überarbeitung des HGB durch das BilMoG die sog. modifizierte Stichtagskursmethode als einzig zulässige Methode vorgeschrieben. Gemäß der modifizierten Stichtagskursmethode sind die in der HB II der Dr. Snyder Inc. ausgewiesenen Bilanzposten mit dem Devisenkassamittelkurs im Zeitpunkt der Abschlusserstellung umzurechnen. Lediglich das Eigenkapital ist zum historischen Kurs zum Zeitpunkt des Erwerbs der Anteile des Tochterunternehmens durch das Mutterunternehmen umzurechnen. Da der Erwerbszeitpunkt und der Abschlussstichtag hier identisch sind, ergibt sich allerdings vorerst kein Unterschied. Die Posten der GuV - und somit auch der Gewinn in der Bilanz - werden zum Durchschnittskurs in Euro umgerechnet.

Somit ist für die Währungsumrechnung aller Bilanzposten der Wechselkurs am 31.12.01 (2,00 €/£) zu verwenden. Die nachstehende Übersicht zeigt die in Euro umgerechnete HB II der Dr. Snyder Inc. zum 31.12.01:

| 31.12.01 (Alle Zahlenangaben in Mio. €) | | | |
|---|---|---|---|
| Grundstücke | 200 | Eigenkapital | 200 |
| Sonstige Vermögensgegenstände | 200 | Verbindlichkeiten | 300 |
| Kasse | 100 | | |
| Summe Aktiva | 500 | Summe Passiva | 500 |

**Übersicht 17-4:** Die HB II der Dr. Snyder Inc. zum 31.12.01

## Lösung zu Teilaufgabe (b)

Basierend auf den vorliegenden HB II des Mutterunternehmens Modellbau AG und des Tochterunternehmens Dr. Snyder Inc. sind bei der **Neubewertungsmethode** zuerst die stillen Reserven und Lasten aufzudecken, bevor die Beteiligung mit dem anteiligen Eigenkapital des Tochterunternehmens aufgerechnet werden kann.

Die **stillen Reserven und Lasten** werden in der **Spalte „Stille Reserven"** aufgedeckt. Die stillen Reserven der Grundstücke belaufen sich auf 40 Mio. £. Dieser Betrag ist im Rahmen der Konzernbilanzerstellung in der Spalte „stille Reserven/stille Lasten" für die Grundstücke auszuweisen. Der Zeitwert der Grundstücke summiert sich daher auf insgesamt £ 140 Mio. bzw. € 280 Mio. (Umrechnung anhand des Wechselkurses von 2,00 €/£).

Da keine weiteren stillen Reserven oder stillen Lasten vorliegen, erhöht sich das sonstige Eigenkapital der Dr. Snyder Inc. um € 80 Mio. (= £ 40 Mio. · 2,00 €/£) auf € 280 Mio. Der Buchungssatz dazu lautet:

| Grundstücke | 80 Mio. € | an | Sonstiges Eigenkapital | 80 Mio. € |
|---|---|---|---|---|

Die aufgedeckten stillen Reserven und die entsprechende Erhöhung des Eigenkapitals werden anschließend in die HB III übernommen. Bis auf diese Veränderung ergibt sich keine Anpassung an den Werten der HB II der Dr. Snyder Inc. Durch Horizontaladdition der HB II der Modellbau AG und der HB III der Dr. Snyder Inc. entsteht die **Summenbilanz** (vgl. Übersicht 17-5).

In der anschließenden Kapitalkonsolidierung werden bei der erstmaligen Einbeziehung der Dr. Snyder Inc. in den Konzernabschluss die **wechselseitigen Kapitalverflechtungen** aus der Summenbilanz eliminiert. Der Buchwert der Beteiligung wird dabei mit dem anteiligen neubewerteten Eigenkapital verrechnet. Daraus ergibt sich ein **Unterschiedsbetrag** wie folgt:

| | | | |
|---|---|---|---|
| | Buchwert der Beteiligung | | 200 Mio. € |
| – | Anteiliges neubewertetes Eigenkapital (280 Mio. € · 60 %) | – | 168 Mio. € |
| = | Unterschiedsbetrag | | 32 Mio. € |

Der dazugehörige Buchungssatz (1) lautet:

| | | | | |
|---|---|---|---|---|
| Unterschiedsbetrag | 32 Mio. € | | | |
| Eigenkapital | 168 Mio. € | an | Anteile an verbundenen Unternehmen | 200 Mio. € |

Da es sich um einen aktiven Unterschiedsbetrag handelt, ist dieser als Geschäfts- oder Firmenwert (GoF) zu erfassen. Der Buchungssatz (2) dazu lautet:

| | | | | |
|---|---|---|---|---|
| Geschäfts- oder Firmenwert | 32 Mio. € | an | Unterschiedsbetrag | 32 Mio. € |

Weiterhin sind die an der Dr. Snyder Inc. mit 40 % beteiligten **konzernaußenstehenden Gesellschafter** zu berücksichtigen. Der Anteil dieser nicht beherrschenden Gesellschafter am Eigenkapital der Dr. Snyder Inc. wird bilanziell innerhalb des Eigenkapitals des Konzerns unter dem Posten „Nicht beherrschende Anteile“ gesondert ausgewiesen. Den außenstehenden Gesellschaftern stehen € 112 Mio. (= € 280 Mio. · 40 %) des neubewerteten Eigenkapitals der Dr. Snyder Inc. zu. Der Buchungssatz (3) für die Konzernbilanz lautet somit:

| | | | | |
|---|---|---|---|---|
| Eigenkapital | 112 Mio. € | an | Anteile nicht beherrschender Gesellschafter | 112 Mio. € |

Unter Berücksichtigung der Konsolidierungsbuchungen (1) bis (3) entsteht zum Zeitpunkt der Erstkonsolidierung (31.12.01) aus der Summenbilanz die **Konzernbilanz** (vgl. Übersicht 17-5):

| Zeitpunkt 31.12.01 | Modell-bau AG | Dr. Snyder Inc. | | | SB | Konsolidie-rungsspalte | | KB |
|---|---|---|---|---|---|---|---|---|
| (Alle Zahlenangaben in Mio. €) | HB II | HB II | stR | HB III | | Soll | Haben | |
| **Bilanz** | | | | | | | | |
| **Aktiva** | | | | | | | | |
| Geschäfts- oder Firmenwert | | | | | | 32[2] | | 32 |
| Grundstücke | 700 | 200 | 80 | 280 | 980 | | | 980 |
| Anteile an verbundenen Unternehmen | 200 | | | | 200 | | 200[1] | |
| Sonstige Vermögensgegenstände | 350 | 200 | | 200 | 550 | | | 550 |
| Kasse | 50 | 100 | | 100 | 150 | | | 150 |
| Unterschiedsbetrag | | | | | | 32[1] | 32[2] | |
| Summe Aktiva | 1.300 | 500 | | 580 | 1.880 | | | 1.712 |
| **Passiva** | | | | | | | | |
| Eigenkapital | | | | | | | | |
| ▪ Sonstiges Eigenkapital | 200 | 200 | 80 | 280 | 480 | 168[1] | | 200 |
| | | | | | | 112[3] | | |
| ▪ Nicht beherrschende Anteile | | | | | | | 112[3] | 112 |
| Rückstellungen | 600 | | | | 600 | | | 600 |
| Verbindlichkeiten | 500 | 300 | | 300 | 800 | | | 800 |
| Summe Passiva | 1.300 | 500 | | 580 | 1.880 | 344 | 344 | 1.712 |

**Übersicht 17-5:** Die Konzernbilanz zum 31.12.01 als Erstkonsolidierung nach der Neubewertungsmethode

## Lösung zu Teilaufgabe (c)

Nach der modifizierten Stichtagskursmethode werden alle Aktiv- und Passivposten (mit Ausnahme des Eigenkapitals) zum Devisenkassamittelkurs am Abschlussstichtag umgerechnet. Das Eigenkapital wird zum historischen Kurs, also dem Kurs zum Zeitpunkt des Erwerbs der Beteiligung durch das Mutterunternehmen (31.12.01), in Euro umgerechnet. Die Posten der GuV werden zum Durchschnittskurs in Euro umgerechnet.

Im Rahmen der Folgekonsolidierung für das Jahr 02 ist jeder Bilanzposten mit dem Devisenkassamittelkurs zum 31.12.02 umzurechnen. Daher werden die Grundstücke, die sonstigen Vermögensgegenstände, die Kasse und die Verbindlichkeiten mit dem Stichtagskurs von 1,60 €/£ umgerechnet. Ein Niederstwerttest bzw. Höchstwerttest für Währungskursrisiken, der vor der Reform des HGB durch das BilMoG im Konzept der funktionalen Währung erforderlich war, entfällt bei der modifizierten Stichtagskursmethode, da durch die Nutzung aktueller Wechselkurse zur Umrechnung der Aktiva bzw. Passiva Abwertungs- bzw. Aufwertungspotentiale implizit berücksichtigt werden.

Das **sonstige Eigenkapital** wird zum historischen Kurs in Euro umgerechnet, der im Sachverhalt 2,00 €/£ beträgt. Die Posten der GuV werden zum Durchschnittskurs in Euro umgerechnet. Da der Wechselkurs zum Jahresbeginn auf 1,60 €/£ gefallen ist und dann bis zum Jahresende konstant geblieben ist, beträgt dieser ebenfalls 1,60 €/£.

Durch die Wahl unterschiedlicher Kurse für die Umrechnung der Bilanzposten der Dr. Snyder Inc. entsteht in der umgerechneten HB II eine **Umrechnungsdifferenz**. Diese wird in der Höhe von € - 40 Mio. innerhalb des Eigenkapitals der HB II zum 31.12.02 ausgewiesen (vgl. Übersicht 17-6). Somit ergibt sich die nachfolgende, in Euro umgerechnete HB II der Dr. Snyder Inc. zum 31.12.02:

| 31.12.02 (Alle Zahlenangaben in Mio. €) | | | |
|---|---|---|---|
| Grundstücke | 32,0 | Eigenkapital | |
| Sonstige Vermögensgegenstände | 160,0 | ■ Sonstiges Eigenkapital | 200,0 |
| Kasse | 259,2 | ■ Umrechnungsdifferenz | – 40,0 |
| | | ■ Gewinn | 51,2 |
| | | Verbindlichkeiten | 240,0 |
| Summe Aktiva | 451,2 | Summe Passiva | 451,2 |

**Übersicht 17-6:** Die HB II der Dr. Snyder Inc. zum 31.12.02

## Lösung zu Teilaufgabe (d)

Für die Währungsumrechnung nach IFRS ist das Konzept der funktionalen Währung anzuwenden. Hierfür ist zunächst die funktionale Währung des Tochterunternehmens festzulegen. Diese ist entweder die lokale Währung des Tochterunternehmens oder die Währung, in der der Konzernabschluss aufgestellt wird (Darstellungswährung). Die Entscheidung richtet sich nach dem primären wirtschaftlichen Umfeld, in dem das Tochterunternehmen tätig ist. Dieses ist normalerweise das Umfeld, in dem es hauptsächlich Zahlungsmittel erwirtschaftet und aufwendet. Außerdem ist die wirtschaftliche Selbständigkeit des Unternehmens zu beurteilen. Laut Aufgabenstellung ist das Unternehmen als ausländische Betriebsstätte zu klassifizieren und agiert damit in einem hohen Maße unselbständig. Im Fall der Unselbständigkeit ist die funktionale Währung des Tochterunternehmens die Währung des Konzernabschlusses, in diesem Fall der Euro. Die Transaktionen in Fremdwährung (Pfund) sind somit nach der **Zeitbezugsmethode** in Euro umzurechnen.

Nach der **Zeitbezugsmethode** sind für die Umrechnung von Bilanzposten grundsätzlich historische Kurse, also die Kurse zum Zeitpunkt des Erwerbs der Beteiligung durch das Mutterunternehmen (31.12.01), zugrunde zu legen. Abweichend von dieser Regel sind die monetären Posten mit dem Kurs zum Zeitpunkt der Folgekonsolidierung (31.12.02) umzurechnen. Die Posten der GuV und damit auch der Gewinn dürfen aus Vereinfachungsgründen mit dem Periodendurchschnittskurs umgerechnet werden, soweit dies unter Berücksichtigung von Kursschwankungen angemessen ist. Für die einzelnen Bilanzposten der Dr. Snyder Inc. gelten somit folgende **Umrechnungsregeln**:

Die in der Bilanz der Dr. Snyder Inc. zum 31.12.02 ausgewiesenen **Grundstücke** sind zum **historischen Kurs** umzurechnen (2,00 €/£). Damit ergibt sich ein fortgeführter Euro-Anschaffungswert der Grundstücke in der HB II von € 40 Mio. (= £ 20 Mio. · 2,00 €/£). Allerdings muss hier nach IFRS ein Impairment-Test auf eine mögliche außerplanmäßige Abschreibung von Vermögenswerten berücksichtigt werden. In die Prüfung auf einen Abwertungsbedarf sind auch Wechselkursdifferenzen einzubeziehen. Da annahmegemäß Anhaltspunkte für eine Wertminderung vorliegen, werden die fortgeführten Euro-Anschaffungswerte mit dem Euro-Tageswert verglichen.

Für den Bilanzposten „Grundstücke" ergibt sich der Euro-Tageswert wie folgt: Die Grundstücke haben am 31.12.02 Anschaffungskosten aus Konzernsicht i. H. v. € 56 Mio. (= £ 28 Mio. · 2,00 €/£). Ihr Zeitwert am 31.12.02 beträgt € 44,8 Mio. (= £ 28 Mio. · 1,60 €/£). Gemäß den Regelungen des

Impairment-Tests sind die Grundstücke in der umgerechneten HB II der Dr. Snyder Inc. mit dem niedrigeren der beiden Werte, d. h. mit dem fortgeführten Euro-Tageswert von € 44,8 Mio., anzusetzen. Der Betrag setzt sich aus den mit dem Stichtagskurs umgerechneten historischen Anschaffungskosten (€ 32 Mio. = £ 20 Mio. · 1,60 €/£) und den mit dem Stichtagskurs umgerechneten stillen Reserven (€ 12,8 Mio. = £ 8 Mio. · 1,60 €/£) zusammen.

Die **sonstigen Vermögensgegenstände** im Wert von £ 100 Mio. werden zunächst mit dem **historischen Kurs** von 2,00 €/£ umgerechnet. Daraus ergibt sich ein Wert von € 200 Mio. Aus dem Vergleich mit dem Euro-Tageswert (**Niederstwerttest**) folgt indes, dass die sonstigen Vermögensgegenstände in der umgerechneten HB II mit dem niedrigeren Euro-Tageswert von € 160 Mio. (= £ 100 Mio. · 1,60 €/£) anzusetzen sind.

Am 31.12.02 hat die Dr. Snyder Inc. **liquide Mittel (Kasse)** i. H. v. £ 162 Mio., die als monetärer Posten mit dem **Wechselkurs am Bilanzstichtag** von 1,60 €/£ umzurechnen sind. Damit ergibt sich ein Euro-Wert der liquiden Mittel von € 259,2 Mio.

Auch die **Verbindlichkeiten** der Dr. Snyder Inc. sind als monetärer Posten mit dem Bilanzstichtagskurs umzurechnen: € 240 Mio. (= £ 150 Mio. · 1,60 €/£).

Das **sonstige Eigenkapital** i. H. v. £ 100 Mio. ist mit dem **historischen Kurs** von 2,00 €/£ umzurechnen, was zu einem Euro-Wert von € 200 Mio. führt.

Der **Gewinn** der Dr. Snyder Inc. wird mit dem **Durchschnittskurs** umgerechnet: € 51,2 Mio. (= £ 32 Mio. · 1,60 €/£).

Durch die Wahl unterschiedlicher Kurse für die Umrechnung der Bilanzposten der Dr. Snyder Inc. entsteht in der umgerechneten HB II eine **Umrechnungsdifferenz** i. H. v. € - 27,2 Mio. Diese ist differenziert in Abhängigkeit von der Entstehung der Differenzen zu behandeln und wird vereinfachend im Eigenkapital ausgewiesen (ist grundsätzlich jedoch in Abhängigkeit ihrer Entstehung unterschiedlich zu behandeln, vgl. IAS 21.27 ff.). Somit ergibt sich die nachfolgende, in Euro umgerechnete HB II der Dr. Snyder Inc. zum 31.12.02:

| 31.12.02 (Alle Zahlenangaben in Mio. €) | | | |
|---|---|---|---|
| Grundstücke | 44,8 | Eigenkapital | |
| Sonstige Vermögensgegenstände | 160,0 | ▪ Sonstiges Eigenkapital | 200,0 |
| Kasse | 259,2 | ▪ Umrechnungsdifferenz | – 27,2 |
| | | ▪ Gewinn | 51,2 |
| | | Verbindlichkeiten | 240,0 |
| Summe Aktiva | 464,0 | Summe Passiva | 464,0 |

**Übersicht 17-7:** Die HB II der Dr. Snyder Inc. zum 31.12.02

# Kapitel V: Die Vollkonsolidierung

## Übung 18: Die Vorgehensweise bei der Erstellung des Konzernabschlusses nach HGB

### Aufgaben

(a) Nennen Sie die erforderlichen Konsolidierungsmaßnahmen, wenn Tochterunternehmen in einen HGB-Konzernabschluss einbezogen werden. Orientieren Sie sich dabei an den Schritten der Erstellung eines Konzernabschlusses. Nennen Sie auch die Zwecke, die mit den einzelnen Maßnahmen verfolgt werden.

(b) Nennen Sie die Voraussetzungen, unter denen bei Tochterunternehmen auf Vollkonsolidierungsmaßnahmen verzichtet werden darf.

### Literaturhinweis

BAETGE, JÖRG/KIRSCH, HANS-JÜRGEN/THIELE, STEFAN, Konzernbilanzen, 15. Aufl., Düsseldorf 2024, Kap. III Abschn. 322., Kap. IV und Kap. V.

### Lösungen

#### Lösung zu Teilaufgabe (a)

Der Prozess der Konzernabschlusserstellung wird in sieben Schritte unterteilt. Zunächst ist die Aufstellungspflicht zu beurteilen (Schritt 1) und das anzuwendende Normensystem zu bestimmen (Schritt 2). Danach ist der Konsolidierungskreis abzugrenzen (Schritt 3), bevor im vierten Schritt unter Beachtung einheitlicher Ansatz- und Bewertungsvorschriften aus den Handelsbilanzen und den Gewinn- und Verlustrechnungen der Konzernunternehmen die sog. **Handelsbilanzen II** (HB II) und die **GuV II** erstellt werden. Im fünften Schritt werden die HB II und die GuV II durch eine horizontale Addition zur **Summenbilanz** bzw. zur **Summen-GuV** zusammengefasst. Im sechsten Schritt findet schließlich die eigentliche **Konsolidierung** statt. Unter Beachtung der **Grundsätze**

**ordnungsmäßiger Konsolidierung** werden die konzerninternen wirtschaftlichen Verflechtungen aus dem Summenabschluss eliminiert (Schritt 7). Auf diese Weise wird dem **Kompensationszweck** Rechnung getragen und - entsprechend dem **Einheitsgrundsatz** des § 297 Abs. 3 Satz 1 HGB - die wirtschaftliche Lage des Konzerns so dargestellt, als ob die einbezogenen Unternehmen ein einziges Unternehmen wären.

Bei der **Kapitalkonsolidierung** gemäß § 301 HGB werden die Kapitalverflechtungen der Konzernunternehmen untereinander eliminiert. Im Summenabschluss werden sowohl die Beteiligungen am Eigenkapital der Tochterunternehmen als auch das Eigenkapital der Tochterunternehmen selbst ausgewiesen. Diese Doppelzählung ist zu eliminieren, indem im Summenabschluss die Beteiligung des Mutterunternehmens an einem Tochterunternehmen mit dem auf die Beteiligung entfallenden Eigenkapital des Tochterunternehmens verrechnet wird.

Die Forderungen und Ausleihungen sowie die Verbindlichkeiten und Rückstellungen zwischen den einbezogenen Konzernunternehmen werden mit Hilfe der **Schuldenkonsolidierung** gemäß § 303 HGB aus dem Summenabschluss eliminiert.

Lieferungen und Leistungen zwischen den in den Konzernabschluss einbezogenen Unternehmen stellen aus Konzernsicht interne Transaktionen dar. Falls bei diesen Geschäften Erfolge, d. h. entweder Gewinne oder Verluste, realisiert werden, spricht man von Zwischenergebnissen. Aus Konzernsicht gelten die Erfolge als nicht realisiert und sind folglich zu eliminieren. Aufgabe der **Zwischenergebniseliminierung** nach § 304 HGB ist demnach die Bereinigung der Werte der Vermögensgegenstände in der Summenbilanz um diese Zwischenergebnisse.

Die Summen-GuV wird mit Hilfe der **Aufwands- und Ertragskonsolidierung** gemäß § 305 HGB um Zwischenergebnisse bereinigt. Zusätzlich sind bei der Aufwands- und Ertragskonsolidierung jene Aufwendungen und Erträge gegeneinander aufzurechnen, die nach den Definitionsgrundsätzen für den Jahreserfolg aus Konzernsicht nicht in der Konzern-GuV erscheinen dürfen.

## Lösung zu Teilaufgabe (b)

Auf die Vollkonsolidierung eines Unternehmens darf verzichtet werden, wenn die Voraussetzungen einer der Ausnahmetatbestände des § 296 HGB erfüllt sind. Nach § 296 HGB braucht ein Tochterunternehmen nicht vollkonsolidiert zu werden, wenn

- erhebliche und andauernde Beschränkungen die Ausübung der Rechte des Mutterunternehmens in Bezug auf das Vermögen oder die Geschäftsführung des Tochterunternehmens nachhaltig beeinträchtigen (§ 296 Abs. 1 Nr. 1 HGB),
- die Einbeziehung des Tochterunternehmens zu unverhältnismäßig hohen Kosten oder unangemessenen Verzögerungen führen würde (§ 296 Abs. 1 Nr. 2 HGB),
- die Anteile an dem Tochterunternehmen ausschließlich zum Zwecke der Weiterveräußerung gehalten werden (§ 296 Abs. 1 Nr. 3 HGB) oder
- die Einbeziehung des Tochterunternehmens für die Vermittlung des von der Generalnorm geforderten Bildes der wirtschaftlichen Lage des Konzerns von untergeordneter Bedeutung ist (§ 296 Abs. 2 HGB).

Mit dem Wahlrecht des § 296 Abs. 2 HGB wird dem **Grundsatz der Wesentlichkeit** Rechnung getragen. Nach diesem Grundsatz brauchen auch einzelne Konsolidierungsmaßnahmen nicht durchgeführt zu werden, wenn dies für die Vermittlung eines den tatsächlichen Verhältnissen entsprechenden Bildes der Vermögens-, Finanz- und Ertragslage von untergeordneter Bedeutung ist:

- Die Schuldenkonsolidierung (§ 303 Abs. 2 HGB),
- die Zwischenergebniseliminierung (§ 304 Abs. 2 HGB) und
- die Aufwands- und Ertragskonsolidierung (§ 305 Abs. 2 HGB).

Bei der Beurteilung, ob eine Konsolidierungsmaßnahme von untergeordneter Bedeutung ist, reicht es nicht aus, die Vermögens-, Finanz- oder Ertragslage getrennt voneinander zu analysieren. Vielmehr ist die Vermögens-, Finanz- und Ertragslage gemeinsam vor dem Hintergrund des Wesentlichkeitsgrundsatzes zu würdigen. Für die Beurteilung der Wesentlichkeit gilt das sog. „**doppelte Minimumprinzip**", d. h. auf die Konsolidierungsmaßnahme darf nicht verzichtet werden, wenn die Konsolidierungsmaßnahme entweder isoliert oder im Verbund wesentliche Auswirkungen auf die Vermögens-, Finanz- und Ertragslage hat.

Problematisch ist schließlich, wie eine untergeordnete Bedeutung im Rahmen der Berücksichtigung des Wesentlichkeitsgrundsatzes zu konkretisieren ist. Aus Gründen der Objektivierbarkeit sollten dafür Finanzkennzahlen herangezogen werden, die repräsentativ für die Vermögens-, Finanz- und Ertragslage des Konzerns sind. Falls eine untergeordnete Bedeutung festgestellt wird, darf auf die Konsolidierungsmaßnahmen verzichtet werden.

# Übung 19: Die Erst- und Folgekonsolidierung nach der Neubewertungsmethode

## Sachverhalt

Zur Festigung ihrer Marktposition beteiligt sich die Koka AG am 31.12.01 zu 80 % an der Lector GmbH zu einem Kaufpreis von 1.000 GE. Die Koka AG ist zuversichtlich, die Beteiligung günstig erworben zu haben, da die erworbenen Vermögensgegenstände der Lector GmbH erhebliche stille Reserven aufweisen. Stille Lasten haben demgegenüber einen deutlich geringeren Umfang.

Folgende Übersicht zeigt die Bilanz der Koka AG zum 31.12.01:

| 31.12.01 (Alle Zahlenangaben in GE) | | | | | |
|---|---|---|---|---|---|
| Grundstücke | 300 | | Gezeichnetes Kapital | 500 | |
| Technische Anlagen | 500 | | Kapitalrücklage | 600 | |
| Beteiligung | 1.000 | | Gewinnrücklagen | 700 | |
| Anlagevermögen | | 1.800 | Eigenkapital | | 1.800 |
| Vorräte | 500 | | Rückstellungen | | 900 |
| Forderungen | 600 | | Verbindlichkeiten | | 300 |
| Kasse | 100 | | | | |
| Umlaufvermögen | | 1.200 | | | |
| Summe Aktiva | | 3.000 | Summe Passiva | | 3.000 |

**Übersicht 19-1:** Bilanz der Koka AG zum 31.12.01

Folgende Übersicht zeigt die Bilanz der Lector GmbH zum 31.12.01:

| 31.12.01 (Alle Zahlenangaben in GE) | | | | | |
|---|---|---|---|---|---|
| Grundstücke | 200 | | Gezeichnetes Kapital | 125 | |
| Technische Anlagen | 400 | | Kapitalrücklage | 250 | |
| Anlagevermögen | | 600 | Gewinnrücklagen | 125 | |
| Vorräte | 200 | | Eigenkapital | | 500 |
| Forderungen | 400 | | Rückstellungen | | 600 |
| Kasse | 200 | | Verbindlichkeiten | | 300 |
| Umlaufvermögen | | 800 | | | |
| Summe Aktiva | | 1.400 | Summe Passiva | | 1.400 |

**Übersicht 19-2:** Bilanz der Lector GmbH zum 31.12.01

Bei den in der Bilanz der Lector GmbH ausgewiesenen Vermögensgegenständen und Schulden sind folgende stille Reserven und stille Lasten enthalten:

| (Alle Zahlenangaben in GE) | Lector GmbH | |
|---|---|---|
| | Stille Reserven | Stille Lasten |
| Grundstücke | 125 | – |
| Technische Anlagen | 150 | – |
| Vorräte | 65 | – |
| Rückstellungen | – | 180 |

**Übersicht 19-3:** Stille Reserven und stille Lasten ausgewählter Bilanzposten der Lector GmbH zum 31.12.01

Für das Geschäftsjahr 02 sind folgende Sachverhalte zu beachten:

(1) Im Anlagevermögen wurden in Höhe der Abschreibungen neue Vermögensgegenstände beschafft.

(2) Die technischen Anlagen der Lector GmbH werden über die verbleibende Nutzungsdauer von zehn Jahren linear abgeschrieben.

(3) Der Geschäfts- oder Firmenwert (GoF) wird über vier Jahre linear abgeschrieben.

(4) Im Umlaufvermögen entspricht der Wert der abgegangenen Vermögensgegenstände dem Wert der zugegangenen Vermögensgegenstände.

(5) Alle in 01 ausgewiesenen Vorräte der Lector GmbH werden in 02 verbraucht.

(6) Der für die Rückstellungsbildung im Jahresabschluss 01 der Lector GmbH maßgebliche Sachverhalt tritt in 02 ein; die Rückstellung wird aufgelöst. Dabei entsteht im Jahresabschluss der Lector GmbH per 31.12.02 ein zusätzlicher Aufwand i. H. v. 180 GE (Realisierung stiller Lasten).

(7) Der Gewinn in der Summenbilanz des Koka-Konzerns zum 31.12.02 entfällt zur Hälfte auf die Lector GmbH.

(8) Mit den im Geschäftsjahr 02 erwirtschafteten Gewinnen wurden kurzfristige Schulden beglichen, so dass die Verbindlichkeiten in der Summenbilanz des Koka-Konzerns zum 31.12.02 bereits in Höhe der jeweiligen Gewinne vermindert sind.

Die folgende Übersicht 19-4 zeigt die Summenbilanz des Koka-Konzerns zum 31.12.02:

| 31.12.02 (Alle Zahlenangaben in GE) | | | | | |
|---|---|---|---|---|---|
| Grundstücke | 625 | | Gezeichnetes Kapital | 625 | |
| Technische Anlagen | 1.050 | | Kapitalrücklage | 850 | |
| Beteiligung | 1.000 | | Gewinnrücklagen | 825 | |
| Anlagevermögen | | 2.675 | Differenzen aus der Neubewertung | 160 | |
| Vorräte | 765 | | Gewinn | 200 | |
| Forderungen | 1.000 | | Eigenkapital | | 2.660 |
| Kasse | 300 | | Rückstellungen | | 1.680 |
| Umlaufvermögen | | 2.065 | Verbindlichkeiten | | 400 |
| Summe Aktiva | | 4.740 | Summe Passiva | | 4.740 |

**Übersicht 19-4:** Summenbilanz des Koka-Konzerns zum 31.12.02

## Aufgaben

(a) Erstellen Sie die Konzernbilanz zum 31.12.01 nach der Neubewertungsmethode. Bilden Sie zunächst die Summenbilanz zum 31.12.01. Formulieren und erläutern Sie anschließend die notwendigen Konsolidierungsbuchungen.

(b) Erläutern Sie qualitativ den Einfluss des Erwerbs der Anteile an der Lector GmbH auf die Erstkonsolidierung, wenn sich die Koka AG dazu entschließen würde, den Erwerbsvorgang nicht zum 31.12.01, sondern zum 30.06.01 durchzuführen?

(c) Führen Sie ausgehend von der in Übersicht 19-4 dargestellten Summenbilanz die Folgekonsolidierung der Lector GmbH in der Konzernbilanz des Koka-Konzerns unter Berücksichtigung der im Geschäftsjahr 02 angefallenen Sachverhalte zum 31.12.02 durch.

(d) Beschreiben Sie die Erst- und Folgekonsolidierung nach IFRS. Gehen Sie dabei auch auf Gemeinsamkeiten und Unterschiede zum HGB ein.

## Literaturhinweis

BAETGE, JÖRG/KIRSCH, HANS-JÜRGEN/THIELE, STEFAN, Konzernbilanzen, 15. Aufl., Düsseldorf 2024, Kap. V Abschn. 124., 125.1, 125.2 und 13.

## Lösungen

### Lösung zu Teilaufgabe (a)

Bei der Durchführung der Erstkonsolidierung nach der Neubewertungsmethode zum 31.12.01 sind zuerst die stillen Reserven und stillen Lasten der Lector GmbH im Jahresabschluss aufzudecken. Der implizit in der Summenbilanz von Übersicht 19-5 berücksichtigte Buchungssatz (1) berichtigt dementsprechend die Buchwerte hin zu Zeitwerten. Es entstehen sog. Differenzen aus der Neubewertung:

| | | | | |
|---|---|---|---|---|
| Grundstücke | 125 GE | | | |
| Technische Anlagen | 150 GE | | | |
| Vorräte | 65 GE | an | Differenzen aus der Neubewertung | 160 GE |
| | | | Rückstellungen | 180 GE |

Im nächsten Schritt ist die Summenbilanz zu erstellen. Diese entsteht durch die Horizontaladdition der Einzelbilanz der Koka AG zu Buchwerten und der Einzelbilanz der Lector GmbH zu Zeitwerten (vgl. Übersicht 19-5).

Im darauf folgenden Schritt findet die eigentliche Kapitalkonsolidierung statt. Hier wird der Beteiligungsbuchwert der Koka AG mit dem anteiligen neubewerteten Eigenkapital (80 % des gezeichneten Kapitals sowie der Rücklagen) der Lector GmbH verrechnet. Dies geschieht durch Buchungssatz (2):

| | | | | |
|---|---|---|---|---|
| Gezeichnetes Kapital | 100 GE | | | |
| Kapitalrücklage | 200 GE | | | |
| Gewinnrücklagen | 100 GE | | | |
| Differenzen aus der Neubewertung | 128 GE | | | |
| Verbleib. Unterschiedsbetrag | 472 GE | an | Beteiligung | 1.000 GE |

Es entsteht ein aktiver Unterschiedsbetrag, der als Geschäfts- oder Firmenwert zu behandeln und entsprechend durch Buchungssatz (3) umzubuchen ist:

| | | | | |
|---|---|---|---|---|
| Geschäfts- oder Firmenwert | 472 GE | an | Verbleib. Unterschiedsbetrag | 472 GE |

Anschließend sind die Anteile nicht beherrschender Gesellschafter am Eigenkapital der Lector GmbH zu berechnen. Den nicht beherrschenden Gesellschaftern stehen 20 % des anteiligen neubewerteten Eigenkapitals der Lector GmbH zu.

Die nicht beherrschenden Anteile werden durch Buchungssatz (4) dotiert:

| | | | | |
|---|---|---|---|---|
| Gezeichnetes Kapital | 25 GE | | | |
| Kapitalrücklage | 50 GE | | | |
| Gewinnrücklagen | 25 GE | | | |
| Differenzen aus der Neubewertung | 32 GE | an | Nicht beherrschende Anteile | 132 GE |

Damit ergibt sich die in der nachstehenden Übersicht 19-5 dargestellte Konzernbilanz zum 31.12.01:

| Zeitpunkt 31.12.01 (Alle Zahlenangaben in GE) | SB | Konsolidierungsspalte | | KB |
|---|---|---|---|---|
| | | Soll | Haben | |
| **Aktiva** | | | | |
| Geschäfts- oder Firmenwert | | 472[3] | | 472 |
| Grundstücke | 625 | | | 625 |
| Technische Anlagen | 1.050 | | | 1.050 |
| Beteiligung | 1.000 | | 1.000[2] | |
| Vorräte | 765 | | | 765 |
| Forderungen | 1.000 | | | 1.000 |
| Kasse | 300 | | | 300 |
| Verbleib. Unterschiedsbetrag | | 472[2] | 472[3] | |
| Summe Aktiva | 4.740 | | | 4.212 |
| **Passiva** | | | | |
| Eigenkapital | | | | |
| ■ Gezeichnetes Kapital | 625 | 100[2] | | 500 |
| | | 25[4] | | |
| ■ Kapitalrücklage | 850 | 200[2] | | 600 |
| | | 50[4] | | |
| ■ Gewinnrücklagen | 825 | 100[2] | | 700 |
| | | 25[4] | | |
| ■ Differenzen aus der Neubewertung | 160 | 128[2] | | |
| | | 32[4] | | |
| ■ Nicht beherrschende Anteile | | | 132[4] | 132 |
| Rückstellungen | 1.680 | | | 1.680 |
| Verbindlichkeiten | 600 | | | 600 |
| Summe Passiva | 4.740 | 1.604 | 1.604 | 4.212 |

**Übersicht 19-5:** Überleitung von der Summenbilanz zur Konzernbilanz des Koka-Konzerns zum 31.12.01

## Lösung zu Teilaufgabe (b)

Nach § 301 Abs. 2 Satz 1 HGB ist eine Verrechnung des Beteiligungsbuchwertes der Koka AG mit dem neubewerteten Eigenkapital der Lector GmbH auf Basis der Wertverhältnisse zu dem Zeitpunkt vorzunehmen, zu dem die Lector GmbH zu einem Tochterunternehmen der Koka AG geworden ist. Für den Fall, dass der Anteilserwerb schon am 30.06.01 stattfindet, ist somit die Erstkonsolidierung auf Basis der **Wertverhältnisse zu diesem Zeitpunkt** durchzuführen. Zur Bestimmung des neubewerteten Eigenkapitals des Tochterunternehmens ist bei einem unterjährigen Erwerb hierfür i. d. R. ein Zwischenabschluss aufzustellen. Das anteilige neubewertete Eigenkapital der Lector GmbH ist dann dem Zwischenabschluss der Lector GmbH zum 30.06.01 zu entnehmen und mit dem Beteiligungsbuchwert der Koka AG zu diesem Zeitpunkt zu verrechnen. Die Einbeziehung zum 31.12.01 ist bereits eine Folgekonsolidierung.

## Lösung zu Teilaufgabe (c)

Bei der Folgekonsolidierung wird die Verrechnung von Beteiligungsbuchwert und anteiligem neubewerteten Eigenkapital wiederholt. Die bereits im Rahmen der Erstkonsolidierung aufgedeckten stillen Reserven und stillen Lasten sind daher bei der Folgekonsolidierung erneut zu berücksichtigen. Der implizit in der Summenbilanz in der Übersicht 19-6 enthaltene Buchungssatz (1) bei der Folgekonsolidierung entspricht damit dem Buchungssatz (1) bei der Erstkonsolidierung:

| | | | | |
|---|---|---|---|---|
| Grundstücke | 125 GE | | | |
| Technische Anlagen | 150 GE | | | |
| Vorräte | 65 GE | an | Differenzen aus der Neubewertung | 160 GE |
| | | | Rückstellungen | 180 GE |

Anschließend wird der Beteiligungsbuchwert der Koka AG gegen das anteilige neubewertete Eigenkapital der Lector GmbH aufgerechnet. Auch diese Buchung basiert auf den Wertverhältnissen zum Zeitpunkt der Erstkonsolidierung. Der verbleibende Unterschiedsbetrag ist als Geschäfts- oder Firmenwert auszuweisen. Die Buchungssätze (2) und (3) bei der Folgekonsolidierung entsprechen damit den Buchungssätzen (2) und (3) bei der Erstkonsolidierung:

| | | | | |
|---|---|---|---|---|
| Gezeichnetes Kapital | 100 GE | | | |
| Kapitalrücklage | 200 GE | | | |
| Gewinnrücklagen | 100 GE | | | |
| Differenzen aus der Neubewertung | 128 GE | | | |
| Verbleib. Unterschiedsbetrag | 472 GE | an | Beteiligung | 1.000 GE |

| | | | | |
|---|---|---|---|---|
| Geschäfts- oder Firmenwert | 472 GE | an | Verbleib. Unterschiedsbetrag | 472 GE |

Am Eigenkapital der Lector GmbH sind zu 20 % Konzernaußenstehende beteiligt. Der auf die nicht beherrschenden Gesellschafter entfallende Teil des Eigenkapitals der Lector GmbH ist auf Basis der Wertansätze in 02 zu ermitteln. Die nicht beherrschenden Gesellschafter partizipieren also auch an dem im Jahr 02 erwirtschafteten Gewinn der Lector GmbH (100 GE) sowie an den Veränderungen des gezeichneten Kapitals und der Rücklagen der Lector GmbH. Das gezeichnete Kapital, die Kapitalrücklage und die Gewinnrücklagen der Lector GmbH zum 31.12.02 haben sich gegenüber dem 31.12.01 indes nicht verändert, so dass der folgende Buchungssatz (4) bei der Folgekonsolidierung - bezogen auf das gezeichnete Kapital und die Rücklagen - mit dem Buchungssatz (4) bei der Erstkonsolidierung übereinstimmt:

| | | | | |
|---|---|---|---|---|
| Gezeichnetes Kapital | 25 GE | | | |
| Kapitalrücklage | 50 GE | | | |
| Gewinnrücklagen | 25 GE | | | |
| Differenzen aus der Neubewertung | 32 GE | | | |
| Gewinn | 20 GE | an | Nicht beherrschende Anteile | 152 GE |

Bei der Folgekonsolidierung sind die bei der Erstkonsolidierung aufgedeckten **stillen Reserven und stillen Lasten in der Konzernbilanz fortzuführen**. So sind die aufgedeckten stillen Reserven bei den technischen Anlagen über die Restnutzungsdauer der zugrunde liegenden Vermögensgegenstände von zehn Jahren abzuschreiben. Ferner ist der Geschäfts- oder Firmenwert um ein Viertel abzuschreiben, da seine Nutzungsdauer annahmegemäß vier Jahre beträgt. Die bei den Vorräten durch Verbrauch und bei den Rückstellungen durch deren Auflösung realisierten stillen Reserven und stillen Lasten werden in voller Höhe erfolgswirksam berücksichtigt. Die Differenz der Wertänderungen der fortgeführten stillen Reserven und stillen Lasten wird zugunsten bzw. zulasten des Gewinns gebucht. Der folgende Buchungssatz (5) erfasst die genannten Wertänderungen:

| | | | | |
|---|---|---|---|---|
| Rückstellungen | 144 GE | | | |
| Gewinn | 38 GE | an | Geschäfts- oder Firmenwert | 118 GE |
| | | | Technische Anlagen | 12 GE |
| | | | Vorräte | 52 GE |

Bei der Neubewertungsmethode werden auch die nicht beherrschenden Gesellschafter erfolgswirksam an den o. g. Geschäftsvorfällen beteiligt. Hiervon ausgenommen ist die Abschreibung des Geschäfts- oder Firmenwertes, da diese nur den Anteil der Gesellschafter des Mutterunternehmens erfasst. Der Buchungssatz (6) lautet somit:

| | | | | |
|---|---|---|---|---|
| Rückstellungen | 36 GE | an | Technische Anlagen | 3 GE |
| | | | Vorräte | 13 GE |
| | | | Nicht beherrschende Anteile | 20 GE |

Damit ergibt sich die in der nachstehenden Übersicht dargestellte Konzernbilanz:

| Zeitpunkt 31.12.02 (Alle Zahlenangaben in GE) | SB | Konsolidierungsspalte | | KB |
|---|---|---|---|---|
| | | Soll | Haben | |
| **Aktiva** | | | | |
| Geschäfts- oder Firmenwert | | 472[3] | 118[5] | 354 |
| Grundstücke | 625 | | | 625 |
| Technische Anlagen | 1.050 | | 12[5]<br>3[6] | 1.035 |
| Beteiligung | 1.000 | | 1.000[2] | |
| Vorräte | 765 | | 52[5]<br>13[6] | 700 |
| Forderungen | 1.000 | | | 1.000 |
| Kasse | 300 | | | 300 |
| Verbleib. Unterschiedsbetrag | | 472[2] | 472[3] | |
| Summe Aktiva | 4.740 | | | 4.014 |
| **Passiva** | | | | |
| Eigenkapital | | | | |
| ■ Gezeichnetes Kapital | 625 | 100[2]<br>25[4] | | 500 |
| ■ Kapitalrücklage | 850 | 200[2]<br>50[4] | | 600 |
| ■ Gewinnrücklagen | 825 | 100[2]<br>25[4] | | 700 |
| ■ Differenzen aus der Neubewertung | 160 | 128[2]<br>32[4] | | |
| ■ Gewinn | 200 | 20[4]<br>38[5] | | 142 |
| ■ Nicht beherrschende Anteile | | | 152[4]<br>20[6] | 172 |
| Rückstellungen | 1.680 | 144[5]<br>36[6] | | 1.500 |
| Verbindlichkeiten | 400 | | | 400 |
| Summe Passiva | 4.740 | 1.842 | 1.842 | 4.014 |

**Übersicht 19-6:** Überleitung von der Summenbilanz zur Konzernbilanz des Koka-Konzerns zum 31.12.02

## Lösung zu Teilaufgabe (d)

Die Kapitalkonsolidierung nach IFRS ist gemäß IFRS 10 (Konzernabschlüsse) i. V. m. IFRS 3 (Unternehmenszusammenschlüsse) ausschließlich nach der vollständigen Neubewertungsmethode durchzuführen. Die relevanten Vorschriften zur Aufstellungspflicht, zum Konsolidierungskreis und zu den Konsolidierungsregeln für die Aufstellung des Konzernabschlusses sind in IFRS 10 enthalten. IFRS 3 regelt die Methode der Bilanzierung von Unternehmenszusammenschlüssen.

Die Vorgehensweise bei der Kapitalkonsolidierung entspricht technisch im Wesentlichen der Neubewertungsmethode nach HGB. Unterschiede können sich durch die Behandlung des Geschäfts- oder Firmenwertes und der Anteile nicht beherrschender Gesellschafter sowie bei der Berücksichtigung bedingter Gegenleistungen im Wertansatz der Beteiligung ergeben. Nach IFRS 3 sind die Bewertungsunterschiede zwischen den Buchwerten und den beizulegenden Zeitwerten unabhängig vom Anteil des Mutterunternehmens vollständig aufzulösen. Auch bisher beim Tochterunternehmen nicht angesetzte Vermögenswerte, Schulden und Eventualverbindlichkeiten müssen im Rahmen der Erstkonsolidierung angesetzt werden, sofern die Ansatzbedingungen in IFRS 3.11-14 erfüllt sind.[1] Im Detail können sich hier Unterschiede zum HGB ergeben. So ist z. B. eine Eventualverbindlichkeit separat zu passivieren, sofern es sich hierbei um eine gegenwärtige Verpflichtung handelt, die aus einem früheren Ereignis resultiert und deren beizulegender Zeitwert sich verlässlich ermitteln lässt. Dies unterscheidet sich von der Erfassung im Einzelabschluss nach IAS 37 (Rückstellungen, Eventualverbindlichkeiten und Eventualforderungen), wonach nur eine Angabe im Anhang vorgesehen ist.

Ein evtl. verbleibender positiver Unterschiedsbetrag wird in der IFRS-Rechnungslegung ebenfalls als **Geschäfts- oder Firmenwert (goodwill)** aktiviert. Ein Unterschied zum HGB kann sich bei der Bestimmung des Geschäfts- oder Firmenwertes bei der Existenz von nicht beherrschenden Gesellschaftern und damit bei einer Beteiligungsquote am Tochterunternehmen von weniger als 100 % ergeben. In diesem Fall kann der Geschäfts- oder Firmenwert nach IFRS über zwei unterschiedliche Bilanzierungsalternativen bestimmt werden. Bei der ersten Alternative wird der erworbene Geschäfts- oder Firmenwert ohne den auf die nicht beherrschenden Gesellschafter entfallenden Anteil am Geschäfts- oder Firmenwert angesetzt (sog. Partial Goodwill-Methode). Diese Alternative entspricht dem Vorgehen nach HGB. Bei der zweiten Alternative wird der sog. full goodwill angesetzt, bei dem der auf die nicht beherrschenden Gesellschafter entfallende Geschäfts- oder Firmenwert ebenfalls berücksichtigt wird (Full Goodwill-Methode). Die Bestimmung des full goodwill steht dabei im direkten Zusammenhang mit der Bewertung der Anteile der nicht beherrschenden Gesellschafter, da diese bei Anwendung der Full Goodwill-Methode in Höhe ihres beizulegenden Zeitwertes zu berücksichtigen sind. Bei der ersten Bilanzierungsalternative, der Partial Goodwill-Methode, werden sie hingegen wie nach dem HGB entsprechend ihrem Anteil am neubewerteten Nettovermögen angesetzt. Der auf die nicht beherrschenden Gesellschafter entfallende Geschäfts- oder Firmenwert entspricht der Differenz zwischen dem beizulegenden Zeitwert der nicht beherrschenden Anteile und dem korrespondierenden anteiligen Nettovermögen der nicht beherrschenden Gesellschafter.

Die Folgekonsolidierung nach IFRS entspricht im Wesentlichen dem Vorgehen in der handelsrechtlichen Rechnungslegung. So sind neben der Wiederholung der Buchungen der Erstkonsolidierung die in der ersten Periode aufgedeckten stillen Reserven und stillen Lasten fortzuführen. Auch die bereits erwähnten, im Abschluss des Tochterunternehmens nicht angesetzten Posten, wie z. B. die erstmals bilanzierten immateriellen Vermögenswerte und Eventualverbindlichkeiten, müssen fortgeführt werden.

---

1 Zur sog. Kaufpreisallokation siehe Übung 26.

Im Unterschied zum HGB ist allerdings nach IFRS ein bestehender Geschäfts- oder Firmenwert nicht über die voraussichtliche Nutzungsdauer planmäßig, sondern nach dem **impairment only approach** gemäß IAS 36 (Wertminderung von Vermögenswerten) nur bei einem identifizierten Wertminderungsbedarf außerplanmäßig abzuschreiben. Ferner sind im Gegensatz zu den Regelungen im HGB bei der Anwendung der Full Goodwill-Methode die nicht beherrschenden Gesellschafter an einer Wertminderung des Geschäfts- oder Firmenwertes zu beteiligen.

# Übung 20: Die Erst- und Folgekonsolidierung nach der Buchwertmethode

## Sachverhalt

Die Doggy-Food AG möchte das Geschäftsjahr 01 mit einem „Paukenschlag“ abschließen und hat Silvester 01 noch 100 % der Anteile an der Pauli Pansen GmbH für 300 GE und 60 % der Anteile der Kauknochen AG für 140 GE erworben. Die Stimmrechte entsprechen dabei jeweils den Beteiligungsquoten. Beide Tochterunternehmen sind vollzukonsolidieren. Der Kapitalkonsolidierung sind die folgenden Einzelabschlüsse zugrunde zu legen, die bereits an die konzerneinheitlichen Bilanzierungsgrundsätze angepasst wurden (Handelsbilanz II). Zum 31.12.01 ergibt sich die folgende Bilanz der Doggy-Food AG, in der die Unternehmenserwerbe zum Jahresende bereits berücksichtigt sind:

| 31.12.01 (Alle Zahlenangaben in GE) | | | | |
|---|---|---|---|---|
| Beteiligung Pauli Pansen GmbH | 300 | | Eigenkapital | 410 |
| Beteiligung Kauknochen AG | 140 | | Sonstige Passiva | 430 |
| Sonstiges Anlagevermögen | <u>300</u> | | | |
| Anlagevermögen | | 740 | | |
| Umlaufvermögen | | 100 | | |
| Summe Aktiva | | 840 | Summe Passiva | 840 |

**Übersicht 20-1:** Bilanz der Doggy-Food AG zum 31.12.01

Die Bilanz der Pauli Pansen GmbH zum 31.12.01 ist der folgenden Übersicht 20-2 zu entnehmen:

| 31.12.01 (Alle Zahlenangaben in GE) | | | |
|---|---|---|---|
| Anlagevermögen | 400 | Eigenkapital | 250 |
| Umlaufvermögen | 150 | Sonstige Passiva | 300 |
| Summe Aktiva | 550 | Summe Passiva | 550 |

**Übersicht 20-2:** Bilanz der Pauli Pansen GmbH zum 31.12.01

Übersicht 20-3 zeigt die Bilanz der Kauknochen AG zum 31.12.01:

| 31.12.01 (Alle Zahlenangaben in GE) | | | |
|---|---|---|---|
| Anlagevermögen | 300 | Eigenkapital | 200 |
| Umlaufvermögen | 150 | Sonstige Passiva | 250 |
| Summe Aktiva | 450 | Summe Passiva | 450 |

**Übersicht 20-3:** Bilanz der Kauknochen AG zum 31.12.01

Bei den in den Bilanzen der Pauli Pansen GmbH und der Kauknochen AG ausgewiesenen Vermögensgegenständen sind folgende stille Reserven enthalten:

| (Alle Zahlenangaben in GE) | Pauli Pansen GmbH | Kauknochen AG |
|---|---|---|
| | Stille Reserven | Stille Reserven |
| Anlagevermögen | 8 | 20 |
| Umlaufvermögen | 10 | – |

**Übersicht 20-4:** Stille Reserven in Bilanzposten der Tochterunternehmen der Doggy-Food AG zum 31.12.01

Für das Geschäftsjahr 02 sind folgende Sachverhalte zu beachten:

(1) Im sonstigen Anlagevermögen wurden in Höhe der Abschreibungen neue Vermögensgegenstände beschafft.

(2) Die Vermögensgegenstände des sonstigen Anlagevermögens werden über vier Jahre linear abgeschrieben.

(3) Der Geschäfts- oder Firmenwert (GoF) wird entsprechend seiner im Erstkonsolidierungszeitpunkt bestimmten Nutzungsdauer ebenfalls über vier Jahre linear abgeschrieben.

(4) Im Umlaufvermögen entspricht der Wert der abgegangenen Vermögensgegenstände dem Wert der zugegangenen Vermögensgegenstände.

(5) Bei der Doggy-Food AG, der Pauli Pansen GmbH und der Kauknochen AG ist im Geschäftsjahr 02 jeweils ein Gewinn i. H. v. 50 GE entstanden. Mit diesen Gewinnen wurden bereits kurzfristige Schulden beglichen, so dass die sonstigen Passiva in der Summenbilanz des Doggy-Food-Konzerns zum 31.12.02 bereits in Höhe der jeweiligen Gewinne vermindert sind.

## Aufgaben

(a) Führen Sie für den Doggy-Food-Konzern die Kapitalkonsolidierung der Pauli Pansen GmbH und der Kauknochen AG nach der Buchwertmethode im Erstkonsolidierungszeitpunkt durch. Erläutern Sie Ihr Vorgehen.

(b) Führen Sie die Kapitalkonsolidierung der beiden Tochterunternehmen nach der Buchwertmethode zum 31.12.02 durch. Erläutern Sie Ihr Vorgehen.

## Literaturhinweis

Baetge, Jörg/Kirsch, Hans-Jürgen/Thiele, Stefan, Konzernbilanzen, 15. Aufl., Düsseldorf 2024, Kap. V Abschn. 125.1 und 125.3.

## Lösungen

Ausgangspunkt für die Konsolidierungsbuchungen ist die Summenbilanz, die bei Anwendung der Buchwertmethode keine stillen Reserven oder stillen Lasten enthält:

| 31.12.01 (Alle Zahlenangaben in GE) | | | | |
|---|---|---|---|---|
| Beteiligung Pauli Pansen GmbH | 300 | | Eigenkapital | 860 |
| Beteiligung Kauknochen AG | 140 | | Sonstige Passiva | 980 |
| Sonstiges Anlagevermögen | 1.000 | | | |
| Anlagevermögen | | 1.440 | | |
| Umlaufvermögen | | 400 | | |
| Summe Aktiva | | 1.840 | Summe Passiva | 1.840 |

**Übersicht 20-5:** Summenbilanz des Doggy-Food-Konzerns zum 31.12.01

Nach der Buchwertmethode werden die Beteiligungen der Doggy-Food AG an der Pauli Pansen GmbH und der Kauknochen AG mit dem gesamten bilanziellen Eigenkapital der Pauli Pansen GmbH (250 GE = 250 GE · 100 %) und dem anteiligen bilanziellen Eigenkapital der Kauknochen AG (120 GE = 200 GE · 60 %) verrechnet. Maßgeblich für diese Buchung sind die Wertverhältnisse zum Zeitpunkt der Erstkonsolidierung. Bei der Beteiligung an der Pauli Pansen GmbH ergibt sich folgender vorläufiger Unterschiedsbetrag aus der Kapitalkonsolidierung:

| | | |
|---|---|---|
| | Buchwert der Beteiligung der Doggy-Food AG an der Pauli Pansen GmbH | 300 GE |
| – | Anteiliges bilanzielles Eigenkapital der Pauli Pansen GmbH (250 GE · 100 %) | – 250 GE |
| = | Vorläufiger Unterschiedsbetrag Pauli Pansen GmbH | 50 GE |

Der vorläufige Unterschiedsbetrag bei der Beteiligung der Doggy-Food AG an der Kauknochen AG ergibt sich analog aus nachstehender Berechnung:

| | | |
|---|---|---|
| | Buchwert der Beteiligung der Doggy-Food AG an der Kauknochen AG | 140 GE |
| – | Anteiliges bilanzielles Eigenkapital der Kauknochen AG (200 GE · 60 %) | – 120 GE |
| = | Vorläufiger Unterschiedsbetrag Kauknochen AG | 20 GE |

Diese vorläufigen Unterschiedsbeträge werden zugleich mit der Konsolidierungsbuchung (1) erfasst. Der Buchungssatz (1) lautet somit:

| | | | | |
|---|---|---|---|---|
| Vorläufiger Unterschiedsbetrag | 70 GE | | | |
| Sonstiges Eigenkapital | 370 GE | an | Beteiligung Pauli Pansen GmbH | 300 GE |
| | | | Beteiligung Kauknochen AG | 140 GE |

Der bei der Kapitalkonsolidierung entstandene vorläufige aktive Unterschiedsbetrag i. H. v. 70 GE ist den stillen Reserven der Pauli Pansen GmbH und der Kauknochen AG zuzuordnen. Stille Reserven der Vermögensgegenstände werden bei der Pauli Pansen GmbH wegen der Beteiligungsquote von

100 % in vollem Umfang aufgedeckt, bei der Kauknochen AG hingegen erfolgt die Aufdeckung der stillen Reserven nur in Höhe der Beteiligungsquote von 60 %. Bei der Beteiligung der Doggy-Food AG an der Pauli Pansen GmbH verbleibt dann noch ein Unterschiedsbetrag von 32 GE, wie folgende Berechnung zeigt:

| | | |
|---|---|---|
| | Vorläufiger Unterschiedsbetrag Pauli Pansen GmbH | 50 GE |
| – | Anteilige stille Reserven im Anlagevermögen (8 GE · 100 %) | – 8 GE |
| – | Anteilige stille Reserven im Umlaufvermögen (10 GE · 100 %) | – 10 GE |
| = | Verbleib. Unterschiedsbetrag Pauli Pansen GmbH | 32 GE |

Der verbleibende Unterschiedsbetrag bei der Beteiligung an der Kauknochen AG wird wie folgt ermittelt:

| | | |
|---|---|---|
| | Vorläufiger Unterschiedsbetrag Kauknochen AG | 20 GE |
| – | Anteilige stille Reserven im Anlagevermögen (20 GE · 60 %) | – 12 GE |
| – | Anteilige stille Reserven im Umlaufvermögen (0 GE · 60 %) | – 0 GE |
| = | Verbleib. Unterschiedsbetrag Kauknochen AG | 8 GE |

Da der verbleibende Unterschiedsbetrag in beiden Fällen positiv ist, ist auf der Aktivseite der Konzernbilanz ein Geschäfts- oder Firmenwert i. H. v. insgesamt 40 GE (= 32 GE + 8 GE) anzusetzen. Das Konzernanlage- und das Konzernumlaufvermögen gemäß der Summenbilanz sind entsprechend um die aufgedeckten stillen Reserven von 20 GE (= 8 GE + 12 GE) bzw. 10 GE (= 10 GE + 0 GE) zu erhöhen.

Der Buchungssatz (2) bei der Kapitalkonsolidierung, mit dem der vorläufige aktive Unterschiedsbetrag auf die stillen Reserven und den Geschäfts- oder Firmenwert verteilt wird, lautet:

| | | | | |
|---|---|---|---|---|
| Geschäfts- oder Firmenwert | 40 GE | | | |
| Sonstiges Anlagevermögen | 20 GE | | | |
| Umlaufvermögen | 10 GE | an | Vorläufiger Unterschiedsbetrag | 70 GE |

Da die Doggy-Food AG an der Kauknochen AG nur zu 60 % beteiligt ist, muss ein Ausgleichsposten für die Anteile nicht beherrschender Gesellschafter gebildet werden, der wie folgt zu berechnen ist:

| | | |
|---|---|---|
| Nicht beherrschende Anteile | = | **Bilanzielles** Eigenkapital der Kauknochen AG · Beteiligungsquote der nicht beherrschenden Gesellschafter |
| | = | 200 GE · 40 % |
| | = | 80 GE |

Die in der Konzernbilanz unter dem Posten „Nicht beherrschende Anteile" auszuweisenden Anteile nicht beherrschender Gesellschafter werden durch den Buchungssatz (3) berücksichtigt:

| Sonstiges Eigenkapital | 80 GE | an | Nicht beherrschende Anteile | 80 GE |
|---|---|---|---|---|

Die Anteile nicht beherrschender Gesellschafter werden bei der Buchwertmethode ohne Berücksichtigung der stillen Reserven und stillen Lasten berechnet, d. h., diese Gesellschafter sind nicht an den stillen Reserven und stillen Lasten des zu konsolidierenden Tochterunternehmens beteiligt.

Die Überleitung von der Summenbilanz auf die Konzernbilanz des Doggy-Food-Konzerns für das Geschäftsjahr 01 zeigt die nachfolgende Übersicht 20-6:

| Zeitpunkt 31.12.01 (Alle Zahlenangaben in GE) | SB | Konsolidierungsspalte | | KB |
|---|---|---|---|---|
| | | Soll | Haben | |
| **Aktiva** | | | | |
| Geschäfts- oder Firmenwert | | 40[2] | | 40 |
| Beteiligung Pauli Pansen GmbH | 300 | | 300[1] | |
| Beteiligung Kauknochen AG | 140 | | 140[1] | |
| Sonstiges Anlagevermögen | 1.000 | 20[2] | | 1.020 |
| Umlaufvermögen | 400 | 10[2] | | 410 |
| Vorläufiger Unterschiedsbetrag | | 70[1] | 70[2] | |
| Summe Aktiva | 1.840 | | | 1.470 |
| **Passiva** | | | | |
| Eigenkapital | | | | |
| ▪ Sonstiges Eigenkapital | 860 | 370[1] | | 410 |
| | | 80[3] | | |
| ▪ Nicht beherrschende Anteile | | | 80[3] | 80 |
| Sonstige Passiva | 980 | | | 980 |
| Summe Passiva | 1.840 | 590 | 590 | 1.470 |

**Übersicht 20-6:** Überleitung von der Summenbilanz zur Konzernbilanz des Doggy-Food-Konzerns zum 31.12.01

## Lösung zu Teilaufgabe (b)

Wie im Erstkonsolidierungszeitpunkt ist auch für die Folgekonsolidierung die Summenbilanz Ausgangspunkt für die Kapitalkonsolidierung. Dabei ist zu beachten, dass das sonstige Anlagevermögen und das Umlaufvermögen den Sachverhalten (1) und (4) entsprechend in derselben Höhe wie am 31.12.01 mit einem Wert von 1.000 GE bzw. 400 GE in der Summenbilanz zum 31.12.02 enthalten sind. Zudem wurden mit den in der Doggy-Food AG, der Pauli Pansen GmbH und der Kauknochen AG erwirtschafteten Gewinnen, die in der Summenbilanz i. H. v. insgesamt 150 GE (= 50 GE + 50 GE + 50 GE) ausgewiesen werden, kurzfristige Schulden beglichen (Sachverhalt (5)). Somit beträgt der Wertansatz der sonstigen Passiva 830 GE (= 980 GE - 50 GE - 50 GE - 50 GE).

Folgende Übersicht 20-7 zeigt die Summenbilanz des Doggy-Food-Konzerns zum 31.12.02:

| 31.12.02 (Alle Zahlenangaben in GE) | | | | | |
|---|---|---|---|---|---|
| Beteiligung Pauli Pansen GmbH | 300 | | Sonstiges Eigenkapital | 860 | |
| Beteiligung Kauknochen AG | 140 | | Gewinn | 150 | |
| Sonstiges Anlagevermögen | 1.000 | | Eigenkapital | | 1.010 |
| Anlagevermögen | | 1.440 | Sonstige Passiva | | 830 |
| Umlaufvermögen | | 400 | | | |
| Summe Aktiva | | 1.840 | Summe Passiva | | 1.840 |

**Übersicht 20-7:** Summenbilanz des Doggy-Food-Konzerns zum 31.12.02

Bei der Folgekonsolidierung sind zunächst die Konsolidierungsbuchungen der Erstkonsolidierung zu wiederholen. Der Buchungssatz (1) der Folgekonsolidierung entspricht dabei dem Buchungssatz (1) bei der Erstkonsolidierung:

| | | | | |
|---|---|---|---|---|
| Vorläufiger Unterschiedsbetrag | 70 GE | | | |
| Sonstiges Eigenkapital | 370 GE | an | Beteiligung | |
| | | | Pauli Pansen GmbH | 300 GE |
| | | | Beteiligung Kauknochen AG | 140 GE |

Mit Hilfe des Buchungssatzes (2), der dem Buchungssatz (2) bei der Erstkonsolidierung entspricht, werden die stillen Reserven im Konzernanlage- und Konzernumlaufvermögen aufgedeckt und der Geschäfts- oder Firmenwert in der Konzernbilanz aktiviert:

| | | | | |
|---|---|---|---|---|
| Geschäfts- oder Firmenwert | 40 GE | | | |
| Sonstiges Anlagevermögen | 20 GE | | | |
| Umlaufvermögen | 10 GE | an | Vorläufiger Unterschiedsbetrag | 70 GE |

Am Eigenkapital der Kauknochen AG sind zu 40 % nicht beherrschende Gesellschafter beteiligt. Der auf diese Gesellschafter entfallende Teil des Eigenkapitals der Kauknochen AG ist auf Basis der Wertansätze im Geschäftsjahr 02 zu ermitteln. Die nicht beherrschenden Gesellschafter partizipieren also auch am erwirtschafteten Gewinn des Geschäftsjahres 02 der Kauknochen AG (20 GE = 50 GE · 40 %), so dass sich hieraus der Buchungssatz (3) ergibt:

| | | | | |
|---|---|---|---|---|
| Sonstiges Eigenkapital | 80 GE | | | |
| Gewinn | 20 GE | an | Nicht beherrschende Anteile | 100 GE |

Bei der Folgekonsolidierung sind die bei der Erstkonsolidierung aufgedeckten stillen Reserven in der Konzernbilanz entsprechend der Wertentwicklung der ihnen zugrunde liegenden Vermögensgegenstände fortzuführen. Da sowohl das sonstige Anlagevermögen als auch der Geschäfts- oder Firmenwert über eine Nutzungsdauer von vier Jahren planmäßig linear abgeschrieben werden (Sachverhalte (2) und (3)), ergibt sich im Geschäftsjahr 02 ein Abschreibungsbedarf für die stillen Reserven des sonstigen Anlagevermögens i. H. v. 5 GE (= 20 GE / 4 Jahre) und für den Geschäfts- oder Firmenwert i. H. v. 10 GE (= 40 GE / 4 Jahre). Die Abschreibungen auf den Geschäfts- oder Firmenwert sowie die Abschreibungen auf die im sonstigen Anlagevermögen aufgedeckten stillen Reserven sind erfolgswirksam zulasten des Konzerngewinns zu buchen. Der Buchungssatz (4) lautet somit:

| Gewinn | 15 GE | an | Geschäfts- oder Firmenwert | 10 GE |
|---|---|---|---|---|
| | | | Sonstiges Anlagevermögen | 5 GE |

Damit ergibt sich die in der nachstehenden Übersicht 20-8 dargestellte Überleitung von der Summenbilanz zur Konzernbilanz zum 31.12.02:

| Zeitpunkt 31.12.02 (Alle Zahlenangaben in GE) | SB | Konsolidierungsspalte | | KB |
|---|---|---|---|---|
| | | Soll | Haben | |
| **Aktiva** | | | | |
| Geschäfts- oder Firmenwert | | 40[2] | 10[4] | 30 |
| Beteiligung Pauli Pansen GmbH | 300 | | 300[1] | |
| Beteiligung Kauknochen AG | 140 | | 140[1] | |
| Sonstiges Anlagevermögen | 1.000 | 20[2] | 5[4] | 1.015 |
| Umlaufvermögen | 400 | 10[2] | | 410 |
| Vorläufiger Unterschiedsbetrag | | 70[1] | 70[2] | |
| Summe Aktiva | 1.840 | | | 1.455 |
| **Passiva** | | | | |
| Eigenkapital | | | | |
| ■ Sonstiges Eigenkapital | 860 | 370[1] | | 410 |
| | | 80[3] | | |
| ■ Gewinn | 150 | 20[3] | | 115 |
| | | 15[4] | | |
| ■ Nicht beherrschende Anteile | | | 100[3] | 100 |
| Sonstige Passiva | 830 | | | 830 |
| Summe Passiva | 1.840 | 625 | 625 | 1.455 |

**Übersicht 20-8:** Überleitung von der Summenbilanz zur Konzernbilanz des Doggy-Food-Konzerns zum 31.12.02

# Übung 21: Die Neubewertungsmethode bei eigenen Anteilen des Tochterunternehmens nach HGB

## Sachverhalt

„Das kann doch nicht so schwierig sein, unsere einzige Tochtergesellschaft zu konsolidieren", schwingt Hubertus Magi noch die sonore Stimme seines Chefs in den Ohren.

Die Wolf AG ist zu 90 % an der Wuchtig AG beteiligt, wobei die Stimmrechtsanteile mit den jeweiligen Kapitalanteilen übereinstimmen. Die Wuchtig AG selbst besitzt die restlichen 10 % der Anteile und plant diese langfristig im Unternehmen zu halten.[2] Die eigenen Anteile hat die Wuchtig AG am 31.12.01 zu einem Preis von 40 GE bar erworben. Der Kapitalkonsolidierung sind die in den Übersichten 21-1 und 21-2 abgebildeten Einzelabschlüsse zugrunde zu legen, die bereits an die konzerneinheitlichen Bilanzierungsgrundsätze angepasst wurden. Hubertus Magi hegt allerdings den treffenden Verdacht, dass im Einzelabschluss der Wuchtig AG der Erwerb der eigenen Anteile noch nicht berücksichtigt wurde und die zugehörige Buchung noch vorzunehmen ist, bevor mit der Kapitalkonsolidierung begonnen werden kann.

Folgende Übersicht 21-1 zeigt die Handelsbilanz II (HB II) der Wolf AG zum 31.12.01:

| 31.12.01 (Alle Zahlenangaben in GE) | | | | | |
|---|---|---|---|---|---|
| Beteiligung Wuchtig AG | 360 | | Gezeichnetes Kapital | 200 | |
| Sonstiges Anlagevermögen | 600 | | Andere Gewinnrücklagen | 300 | |
| Anlagevermögen | | 960 | Eigenkapital | | 500 |
| Umlaufvermögen | | 240 | Rückstellungen | | 300 |
| | | | Verbindlichkeiten | | 400 |
| Summe Aktiva | | 1.200 | Summe Passiva | | 1.200 |

**Übersicht 21-1:** HB II der Wolf AG zum 31.12.01

2 Die Bedingungen des § 71 Abs. 1 AktG seien erfüllt.

Die HB II der Wuchtig AG zum 31.12.01 vor dem Erwerb der eigenen Anteile ist in der nachfolgenden Übersicht 21-2 abgebildet:

| 31.12.01 (Alle Zahlenangaben in GE) | | | | | |
|---|---|---|---|---|---|
| Anlagevermögen | | 330 | Gezeichnetes Kapital | 100 | |
| Kasse | 60 | | Andere Gewinnrücklagen | 100 | |
| Sonstiges Umlaufvermögen | 370 | | Eigenkapital | | 200 |
| Umlaufvermögen | | 430 | Rückstellungen | | 100 |
| | | | Verbindlichkeiten | | 460 |
| Summe Aktiva | | 760 | Summe Passiva | | 760 |

**Übersicht 21-2:** HB II der Wuchtig AG zum 31.12.01

Die in der Bilanz der Wuchtig AG ausgewiesenen Vermögensgegenstände und Schulden enthalten folgende stille Reserven und stille Lasten:

| | Wuchtig AG | |
|---|---|---|
| (Alle Zahlenangaben in GE) | Stille Reserven | Stille Lasten |
| Anlagevermögen | 90 | – |
| Sonstiges Umlaufvermögen | 50 | – |
| Rückstellungen | – | 20 |

**Übersicht 21-3:** Stille Reserven und stille Lasten in den Bilanzposten der Wuchtig AG zum 31.12.01

## Aufgaben

(a) Nehmen Sie zunächst die bisher fehlende Buchung für den Erwerb der eigenen Anteile durch die Wuchtig AG vor und stellen Sie deren Handelsbilanz II zum 31.12.01 einschließlich dieses Geschäftsvorfalls auf. Erläutern Sie Ihr Vorgehen.

(b) Führen Sie anschließend auf der Grundlage der HB II der Wolf AG und der nun vorliegenden HB II der Wuchtig AG die Kapitalkonsolidierung zum Zeitpunkt der Erstkonsolidierung nach der Neubewertungsmethode durch und erstellen Sie die Konzernbilanz zum 31.12.01. Erläutern Sie Ihr Vorgehen, indem Sie die erforderlichen Buchungssätze kommentieren. Bitte gehen Sie davon aus, dass die Wuchtig AG am 31.12.01 erstmalig konsolidiert wird.

## Literaturhinweise

BAETGE, JÖRG/KIRSCH, HANS-JÜRGEN/THIELE, STEFAN, Konzernbilanzen, 15. Aufl., Düsseldorf 2024, Kap. V Abschn. 123.2.

BAETGE, JÖRG/KIRSCH, HANS-JÜRGEN/THIELE, STEFAN, Bilanzen, 17. Aufl., Düsseldorf 2024, Kap. X Abschn. 213.

## Lösungen

### Lösung zu Teilaufgabe (a)

Die bilanzielle Behandlung eines Erwerbs von eigenen Anteilen ist in § 272 Abs. 1a HGB geregelt. Danach hat die Wuchtig AG den Nennbetrag der erworbenen Anteile in der Vorspalte zur Bilanz offen vom gezeichneten Kapital abzusetzen. Der Nennbetrag der von der Wuchtig AG erworbenen eigenen Anteile beträgt 10 GE (= 100 GE (Gezeichnetes Kapital) · 10 % (eigene Anteile)). Ferner hat die Wuchtig AG die Differenz zwischen den Anschaffungskosten und dem Nennbetrag der eigenen Anteile mit den anderen Gewinnrücklagen zu verrechnen. Diese Differenz entspricht 30 GE (= 40 GE - 10 GE).

Durch den folgenden Buchungssatz (1) wird diese Transaktion im Einzelabschluss der Wuchtig AG abgebildet:

| | | | | |
|---|---|---|---|---|
| Gezeichnetes Kapital | 10 GE | | | |
| Andere Gewinnrücklagen | 30 GE | an | Kasse | 40 GE |

Nach dieser Buchung ergibt sich die folgende HB II für die Wuchtig AG:

| 31.12.01 (Alle Zahlenangaben in GE) | | | | | |
|---|---|---|---|---|---|
| Anlagevermögen | | 330 | Gezeichnetes Kapital | 100 | |
| Kasse | 20 | | ./. Nennbetrag eigener Anteile | – 10 | |
| Sonstiges Umlaufvermögen | 370 | | Andere Gewinnrücklagen | 70 | |
| Umlaufvermögen | | 390 | Eigenkapital | | 160 |
| | | | Rückstellungen | | 100 |
| | | | Verbindlichkeiten | | 460 |
| Summe Aktiva | | 720 | Summe Passiva | | 720 |

**Übersicht 21-4:** HB II der Wuchtig AG zum 31.12.01 nach Berücksichtigung der eigenen Anteile

### Lösung zu Teilaufgabe (b)

Bei der Kapitalkonsolidierung nach der Neubewertungsmethode werden in einem ersten Schritt die stillen Reserven und stillen Lasten der Tochterunternehmen unabhängig von der Beteiligungsquote vollständig aufgedeckt und somit deren Eigenkapital neubewertet. Buchungssatz (2) zeigt die Aufdeckung der stillen Reserven und stillen Lasten der Wuchtig AG:

| | | | | |
|---|---|---|---|---|
| Anlagevermögen | 90 GE | | | |
| Sonstiges Umlaufvermögen | 50 GE | an | Differenzen aus der Neubewertung | 120 GE |
| | | | Rückstellungen | 20 GE |

Aus dieser Buchung ergibt sich die HB III der Wuchtig AG:

| 31.12.01 (Alle Zahlenangaben in GE) | | | | | |
|---|---|---|---|---|---|
| Anlagevermögen | | 420 | Gezeichnetes Kapital | 100 | |
| Kasse | 20 | | ./. Nennbetrag eigener Anteile | – 10 | |
| Sonstiges Umlaufvermögen | 420 | | Andere Gewinnrücklagen | 70 | |
| Umlaufvermögen | | 440 | Differenzen aus der Neubewertung | 120 | |
| | | | Eigenkapital | | 280 |
| | | | Rückstellungen | | 120 |
| | | | Verbindlichkeiten | | 460 |
| Summe Aktiva | | 860 | Summe Passiva | | 860 |

**Übersicht 21-5:** HB III der Wuchtig AG zum 31.12.01

Anschließend sind die HB II der Wolf AG und die HB III der Wuchtig AG zur Summenbilanz zu aggregieren:

| 31.12.01 (Alle Zahlenangaben in GE) | | | | | |
|---|---|---|---|---|---|
| Beteiligung Wuchtig AG | 360 | | Gezeichnetes Kapital | 300 | |
| Sonstiges Anlagevermögen | 1.020 | | ./. Nennbetrag eigener Anteile | – 10 | |
| Anlagevermögen | | 1.380 | Andere Gewinnrücklagen | 370 | |
| Umlaufvermögen | | 680 | Differenzen aus der Neubewertung | 120 | |
| | | | Eigenkapital | | 780 |
| | | | Rückstellungen | | 420 |
| | | | Verbindlichkeiten | | 860 |
| Summe Aktiva | | 2.060 | Summe Passiva | | 2.060 |

**Übersicht 21-6:** Summenbilanz des Wolf-Konzerns zum 31.12.01

Im Anschluss daran ist im Rahmen der Kapitalkonsolidierung der Buchwert der Beteiligung der Wolf AG an der Wuchtig AG mit dem anteiligen neubewerteten Eigenkapital der Wuchtig AG zu verrechnen. Hier sind allerdings nicht nur 90 %, sondern der volle Betrag des gezeichneten Kapitals und der anderen Gewinnrücklagen zu verrechnen, weil die für die Kapitalkonsolidierung maßgebliche Beteiligungsquote unter Berücksichtigung des Erwerbs der eigenen Anteile durch die Wuchtig AG zu bestimmen ist. Die Beteiligungsquote entspricht dem Verhältnis des Nennbetrages der Anteile, die die Wolf AG an der Wuchtig AG hält, zu dem in der HB III der Wuchtig AG ausgewiesenen gezeichneten Kapital abzüglich des Nennbetrages der durch die Wuchtig AG gehaltenen eigenen Anteile. Das in der HB III der Wuchtig AG ausgewiesene und in der Summenbilanz des Wolf-Konzerns enthaltene Eigenkapital der Wuchtig AG ist somit zu 100 % (= (100 GE – 10 GE) / (90 % · 100 GE)) in die Kapitalkonsolidierung einzubeziehen.

Der entsprechende Buchungssatz (3) lautet wie folgt:

| | | | | |
|---|---|---|---|---|
| Verbleib. Unterschiedsbetrag | 80 GE | | | |
| Gezeichnetes Kapital | 90 GE | | | |
| Andere Gewinnrücklagen | 70 GE | | | |
| Differenzen aus der Neubewertung | 120 GE | an | Beteiligung Wuchtig AG | 360 GE |

Da es sich um einen aktiven Unterschiedsbetrag aus der Kapitalkonsolidierung handelt, ist dieser als Geschäfts- oder Firmenwert (GoF) zu behandeln und dementsprechend durch Buchungssatz (4) zu aktivieren:

| | | | | |
|---|---|---|---|---|
| Geschäfts- oder Firmenwert | 80 GE | an | Verbleib. Unterschiedsbetrag | 80 GE |

Übersicht 21-7 zeigt die Bilanz des Wolf-Konzerns nach der Kapitalkonsolidierung:

| 31.12.01 (Alle Zahlenangaben in GE) | | | | | |
|---|---|---|---|---|---|
| Geschäfts- oder Firmenwert | 80 | | Gezeichnetes Kapital | 200 | |
| Sonstiges Anlagevermögen | 1.020 | | Andere Gewinnrücklagen | 300 | |
| Anlagevermögen | | 1.100 | Eigenkapital | | 500 |
| Umlaufvermögen | | 680 | Rückstellungen | | 420 |
| | | | Verbindlichkeiten | | 860 |
| Summe Aktiva | | 1.780 | Summe Passiva | | 1.780 |

**Übersicht 21-7:** Bilanz des Wolf-Konzerns zum 31.12.01

# Übung 22: Die Ermittlung und Bilanzierung des Geschäfts- oder Firmenwertes im Konzernabschluss

## Sachverhalt

Die X-GmbH hat zum 31.12.01 100 % der Anteile an der Z-GmbH übernommen. Der Beteiligungsbuchwert beträgt 2,5 Mio. GE. Die Bilanz der Z-GmbH weist zum 31.12.01 ein Eigenkapital von 1,4 Mio. GE aus. Eingehende Untersuchungen der X-GmbH haben ergeben, dass der Zeitwert eines Betriebsgrundstücks der Z-GmbH um 300.000 GE über dem Buchwert liegt und die von der Z-GmbH bisher noch nicht bilanzierten selbst entwickelten Patente mit 500.000 GE zu bewerten sind.

## Aufgaben

(a) Berechnen Sie den Unterschiedsbetrag aus der Kapitalkonsolidierung im beschriebenen Sachverhalt nach HGB und erläutern Sie Ihr Vorgehen. Legen Sie hierbei die Wertansätze der Bilanz der Z-GmbH vom 31.12.01 zugrunde. Gehen Sie darüber hinaus auch auf die Behandlung des Unterschiedsbetrages im Rahmen der Folgekonsolidierung ein.

(b) Wie ist der Unterschiedsbetrag aus der Kapitalkonsolidierung nach IFRS im Rahmen der Erst- und Folgekonsolidierung zu behandeln? Gehen Sie hierbei auch auf Unterschiede zur Behandlung des Unterschiedsbetrages nach HGB ein.

## Literaturhinweise


Baetge, Jörg/Kirsch, Hans-Jürgen/Thiele, Stefan, Konzernbilanzen, 15. Aufl., Düsseldorf 2024, Kap. V Abschn. 126. und Abschn. 13.

Baetge, Jörg/Kirsch, Hans-Jürgen/Thiele, Stefan, Bilanzen, 17. Aufl., Düsseldorf 2024, Kap. V Abschn. 24 und Abschn. 533.

## Lösungen

### Lösung zu Teilaufgabe (a)

Zur Ermittlung des Unterschiedsbetrages ist im Rahmen der **Erstkonsolidierung** zunächst eine Neubewertung des Eigenkapitals der Z-GmbH gemäß § 301 Abs. 1 Satz 2 HGB erforderlich. Hierfür sind die stillen Reserven und stillen Lasten der Z-GmbH aufzudecken. Dazu ist zum einen der Buchwert der Grundstücke um die stillen Reserven des Betriebsgrundstücks i. H. v. 300.000 GE zu erhöhen. Zum anderen sind die von der Z-GmbH bisher nicht bilanzierten selbst geschaffenen Patente nunmehr i. H. v. 500.000 GE nach DRS 23.51 zu berücksichtigen, da sie gemäß der Einzelerwerbsfiktion im Rahmen des Erwerbs der Z-GmbH durch die X-GmbH entgeltlich erworben wurden. Da keine stillen Lasten bei der Z-GmbH vorhanden sind, kann in einem nächsten Schritt durch den Vergleich des Beteiligungsbuchwertes der X-GmbH an der Z-GmbH mit dem neubewerteten Eigenkapital der Z-GmbH der Unterschiedsbetrag aus der Kapitalkonsolidierung ermittelt werden. Übersteigt der Beteiligungsbuchwert das neubewertete Eigenkapital, ist diese Differenz im Konzernabschluss nach § 301 Abs. 3 Satz 1 HGB als **Geschäfts- oder Firmenwert (GoF)** zu aktivieren. Folgende Berechnung zeigt die Ermittlung des Geschäfts- oder Firmenwertes im Sachverhalt:

| | | |
|---|---|---|
| | Stille Reserven der Grundstücke | 300.000 GE |
| + | Zeitwert der nicht bilanzierten Patente | + 500.000 GE |
| = | Summe der stillen Reserven | 800.000 GE |
| + | Bilanzielles Eigenkapital der Z-GmbH | + 1.400.000 GE |
| = | Neubewertetes Eigenkapital der Z-GmbH | 2.200.000 GE |

| | | |
|---|---|---|
| | Buchwert der Beteiligung der X-GmbH an der Z-GmbH | 2.500.000 GE |
| – | Neubewertetes Eigenkapital der Z-GmbH | – 2.200.000 GE |
| = | Geschäfts- oder Firmenwert | 300.000 GE |

Die Bewertung des Geschäfts- oder Firmenwertes bei der **Folgekonsolidierung** richtet sich nach § 309 Abs. 1 HGB i. V. m. § 253 Abs. 3 HGB. Hiernach wird der Geschäfts- oder Firmenwert im Rahmen einer Fiktion als immaterieller Vermögensgegenstand des Anlagevermögens betrachtet, dessen zeitliche Nutzung begrenzt ist. Der Geschäfts- oder Firmenwert ist daher planmäßig über die voraussichtliche Nutzungsdauer abzuschreiben. Die voraussichtliche Restnutzungsdauer ist an jedem Konzernbilanzstichtag zu überprüfen (DRS 23.123). Sofern sich die voraussichtliche Nutzungsdauer nicht verlässlich schätzen lässt, ist ausnahmsweise ein Abschreibungszeitraum des Geschäfts- oder Firmenwertes von zehn Jahren zugrunde zu legen (§ 253 Abs. 3 Satz 4 i. V. m. Abs. 3 Satz 3 HGB). Die Abschreibung erfolgt grundsätzlich linear, es sei denn, eine andere Methode bildet den Abnutzungsverlauf des Geschäfts- oder Firmenwertes objektiv nachprüfbar besser ab (DRS 23.119).

Zudem ist der Geschäfts- oder Firmenwert bei einer voraussichtlich dauernden Wertminderung gemäß § 253 Abs. 3 Satz 5 HGB außerplanmäßig auf den niedrigeren beizulegenden Wert abzuschreiben. Der niedrigere Wertansatz des Geschäfts- oder Firmenwertes muss nach § 253 Abs. 5 Satz 2 HGB beibehalten werden, auch wenn die Gründe für die außerplanmäßige Abschreibung nicht mehr bestehen. Sofern der Geschäfts- oder Firmenwert im Erstkonsolidierungszeitpunkt auf mehrere Geschäftsfelder aufgeteilt wurde, ist die Prüfung auf eine außerplanmäßige Abschreibung entsprechend differenziert durchzuführen (DRS 23.132).

## Lösung zu Teilaufgabe (b)

Die Ermittlung des Geschäfts- oder Firmenwertes (goodwill) im Rahmen der Erstkonsolidierung nach IFRS entspricht im vorliegenden Fall dem Vorgehen nach HGB. Die Bewertung eines Geschäfts- oder Firmenwertes bei der Folgekonsolidierung nach IFRS unterscheidet sich hingegen von der nach HGB, da der Geschäfts- oder Firmenwert nach IFRS nicht planmäßig über die voraussichtliche Nutzungsdauer abzuschreiben ist. Gemäß IAS 36 (Wertminderung von Vermögenswerten) ist ein Geschäfts- oder Firmenwert nur bei einer Wertminderung außerplanmäßig abzuschreiben (impairment only approach). Ein Wertminderungsbedarf ergibt sich, wenn der erzielbare Betrag (höherer Wert aus Nutzungswert und Nettoveräußerungspreis) den Buchwert der zahlungsmittelgenerierenden Einheit (kleinste abgrenzbare Einheit in einem Unternehmen, der weitestgehend eigenständige Cashflows zugeordnet werden können), der der Geschäfts- oder Firmenwert zugeordnet wurde, unterschreitet. Dieser Wertminderungstest ist mindestens einmal jährlich und zusätzlich unterjährig bei Vorliegen bestimmter Indikatoren nach IAS 36.7-17 durchzuführen.

# Übung 23: Die Umrechnung eines Geschäfts- oder Firmenwertes nach IFRS

## Sachverhalt

Die in Deutschland ansässige Adasdas AG, die auf die Vermarktung von Fußballschuhen spezialisiert ist, hat am 30.06.01 100 % der Anteile der US-amerikanischen Upper Amor Inc. erworben. Das US-amerikanische Unternehmen ist Spezialist für die Produktion und Vermarktung von Basketballschuhen und beliefert primär den Freizeitsportmarkt in den USA.

Im Erwerbszeitpunkt wurde im Rahmen der Erstkonsolidierung der Upper Amor Inc. ein Geschäfts- oder Firmenwert in der Höhe von 1.500 Mio. US-$ ermittelt. Der Bilanzstichtag der Adasdas AG ist der 31.12.01. Der Wechselkurs €/US-$ vom Erwerbszeitpunkt bis zum Ende des Jahres 01 jeweils zum letzten Tag eines Monats ergibt sich wie folgt:

| Zeitpunkt | 30.06.01 | 31.07.01 | 31.08.01 | 30.09.01 | 31.10.01 | 30.11.01 | 31.12.01 |
|---|---|---|---|---|---|---|---|
| Wechselkurs | 1,20 €/US-$ | 1,25 €/US-$ | 1,30 €/US-$ | 1,27 €/US-$ | 1,30 €/US-$ | 1,35 €/US-$ | 1,40 €/US-$ |

**Übersicht 23-1:** Entwicklung des Wechselkurses €/US-$ vom Erwerbszeitpunkt bis zum Ende des Jahres 01

## Aufgaben

(a) Bestimmen Sie die funktionale Währung der Upper Amor Inc.

(b) Rechnen Sie den nach IFRS entstehenden Geschäfts- oder Firmenwert des ausländischen Geschäftsbetriebes zum Zeitpunkt der Erstkonsolidierung sowie der Folgekonsolidierung – dem Konzept der funktionalen Währung folgend – in die Darstellungswährung um. Erläutern Sie dabei die entstehenden Währungsdifferenzen sowie deren Behandlung.

## Literaturhinweis

Baetge, Jörg/Kirsch, Hans-Jürgen/Thiele, Stefan, Konzernbilanzen, 15. Aufl., Düsseldorf 2024, Kap. IV Abschn. 4 und Kap. V Abschn. 131.1.

# Lösungen

## Lösung zu Teilaufgabe (a)

Für die Währungsumrechnung nach IFRS ist das Konzept der funktionalen Währung anzuwenden. Hierfür ist zunächst die funktionale Währung des Tochterunternehmens festzulegen. Diese richtet sich nach dem primären wirtschaftlichen Umfeld, in dem das Tochterunternehmen tätig ist. Das primäre wirtschaftliche Umfeld ist dabei normalerweise das Umfeld, in dem ein Unternehmen hauptsächlich Zahlungsmittel erwirtschaftet und aufwendet. Außerdem ist die wirtschaftliche Selbständigkeit des Unternehmens zu beurteilen.

Laut Aufgabenstellung agiert die Upper Amor Inc. insbesondere im US-amerikanischen Freizeitsportmarkt. Das Unternehmen erwirtschaftet daher vorwiegend Zahlungsmittel in US-$, also seiner Landeswährung. Somit kann nach IAS 21.11 (a) von einer weitgehend unabhängigen wirtschaftlichen Tätigkeit der Upper Amor Inc. ausgegangen werden. Die funktionale Währung der wirtschaftlich selbständigen Upper Amor Inc. ist der US-$.

## Lösung zu Teilaufgabe (b)

Ein im Zusammenhang mit dem Erwerb eines wirtschaftlich selbständigen ausländischen Geschäftsbetriebes entstehender Geschäfts- oder Firmenwert wird in der funktionalen Währung des ausländischen Betriebes ermittelt und ist als Vermögenswert des ausländischen Geschäftsbetriebes zu behandeln (IAS 21.47). Nach IAS 21.39 (a) sind bei Tochterunternehmen, deren funktionale Währung nicht die Währung einer Wirtschaft mit Hochinflation ist, Vermögenswerte und Schulden zum Stichtagskurs zu transformieren. Somit ist auch der Geschäfts- oder Firmenwert nach der modifizierten Stichtagsmethode zum Zeitpunkt der Erstkonsolidierung mit dem Umrechnungskurs zum Erwerbszeitpunkt (30.06.01) umzurechnen. Der Wechselkurs beträgt zu diesem Zeitpunkt 1,20 €/US-$, so dass sich der Geschäfts- oder Firmenwert am 30.06.01 auf € 1.800 Mio. ($ 1.500 Mio. · 1,20 €/US-$) beläuft.

Im Rahmen der Folgekonsolidierung wird der Geschäfts- oder Firmenwert mit dem aktuellen Umrechnungskurs (31.12.01) umgerechnet. Der Wechselkurs beträgt zu diesem Zeitpunkt 1,40 €/US-$, so dass sich der Geschäfts- oder Firmenwert am 31.12.01 auf € 2.100 Mio. ($ 1.500 Mio. · 1,40 €/US-$) beläuft.

Bei der Umrechnung nach der modifizierten Stichtagskursmethode variiert der Wert des Geschäfts- oder Firmenwertes in Abhängigkeit von der Wechselkursentwicklung. Die Auf-/Abwertung der funktionalen Währung des erworbenen Unternehmens führt zu einer Erhöhung/Verminderung des Geschäfts- oder Firmenwertes. Da die modifizierte Stichtagskursmethode als eine reine Transformation angesehen wird, werden Umrechnungsdifferenzen gemäß IAS 21.39 (c) im sonstigen Ergebnis (other comprehensive income) erfasst. Bei Veräußerung des ausländischen Geschäftsbetriebes werden die im sonstigen Ergebnis und im Eigenkapital kumulierten Umrechnungsdifferenzen in die GuV reklassifiziert (IAS 21.48).

Für den hier dargestellten Sachverhalt entsteht aus der Umrechnung des Geschäfts- oder Firmenwertes der Upper Amor Inc. zwischen Erst- und Folgekonsolidierung eine positive Währungsumrechnungsdifferenz in Höhe von € 300 Mio. (€ 2.100 Mio. - € 1.800 Mio.). Dieser Betrag ist im Konzernabschluss der Adasdas AG für die abgelaufene Periode gemäß IAS 21.39 (c) im sonstigen Ergebnis und mithin im Zeitablauf kumuliert als Eigenkapitalbestandteil zu erfassen.

# Übung 24: Der Wertminderungstest für derivative Geschäfts- oder Firmenwerte nach IFRS

## Sachverhalt

Zum 31.12.01 erwirbt die nach IFRS bilanzierende Volkskarren AG 60 % der Anteile an der Edison, Inc., einem amerikanischen Autobauer, der sich auf die Produktion von Elektroautos spezialisiert hat. Für den Kauf der Anteile hat die Volkskarren AG 35.000 GE bezahlt. In der Bilanz der Edison, Inc. ist ein Eigenkapital in Höhe von 8.000 GE ausgewiesen, die lang- und kurzfristigen Verbindlichkeiten sind insgesamt mit 26.000 GE angegeben. Der beizulegende Zeitwert der unbebauten Grundstücke der Edison, Inc., die in der Bilanz mit 12.000 GE bewertet wurden, beträgt 13.000 GE. Zusätzlich identifizieren die Experten der Volkskarren AG den Markennamen der Edison, Inc. als Vermögenswert und bewerten ihn mit 1.000 GE. Es bestehen keine Eventualverbindlichkeiten bei der Edison, Inc.

Die Volkskarren AG richtet mit der Übernahme der Edison, Inc. den neuen Geschäftsbereich „Elektromobilität" ein. Die aus der Übernahme erwarteten Synergieeffekte werden ausschließlich in diesem Geschäftsbereich realisiert. Jeder Geschäftsbereich stellt bei der Volkskarren AG eine zahlungsmittelgenerierende Einheit dar.

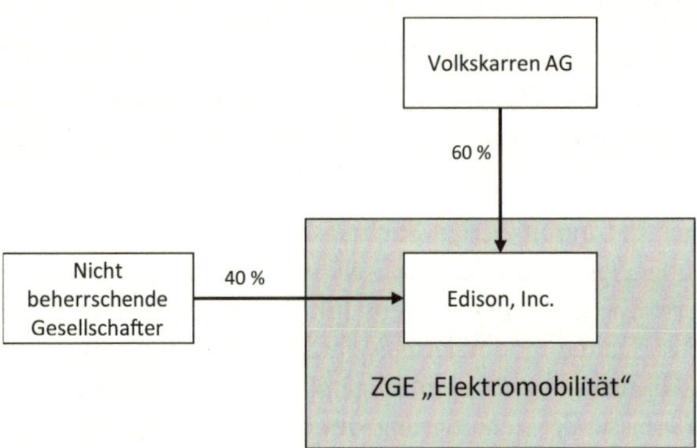


**Übersicht 24-1:** ZGE „Elektromobilität" zum 31.12.01

Da der Ausbau des Ladestationen-Netzes und die gesellschaftliche Akzeptanz für Elektroautos hinter den ursprünglichen Erwartungen liegen, aktualisiert die Volkskarren AG ein Jahr nach dem Kauf der Anteile, am 31.12.02, ihre internen Planungen für den Geschäftsbereich Elektromobilität. Den erzielbaren Betrag des Geschäftsbereiches, der nur unter Berücksichtigung der Schulden und mithin auf Basis des Nettovermögens des Geschäftsbereiches ermittelt werden kann, schätzen die Experten der Volkskarren AG anhand der internen Planungen auf 45.000 GE.

Im Laufe des Jahres 03 hat die Volkskarren AG unter ihrem neuen CEO, der ein großer Freund der vertikalen Integration ist, 70 % der Anteile an der Volt GmbH aus Baden-Württemberg gekauft, die Batterien für Elektroautos produziert. Die Volt GmbH wurde vollständig in das Geschäftssegment „Elektromobilität" integriert. Das neubewertete Nettovermögen der Volt GmbH beträgt 41.500 GE und es wurde im Zugangszeitpunkt ein full goodwill (partial goodwill) in Höhe von 12.000 GE (9.000 GE) ermittelt, von dem 9.000 GE auf die Volkskarren AG entfallen.

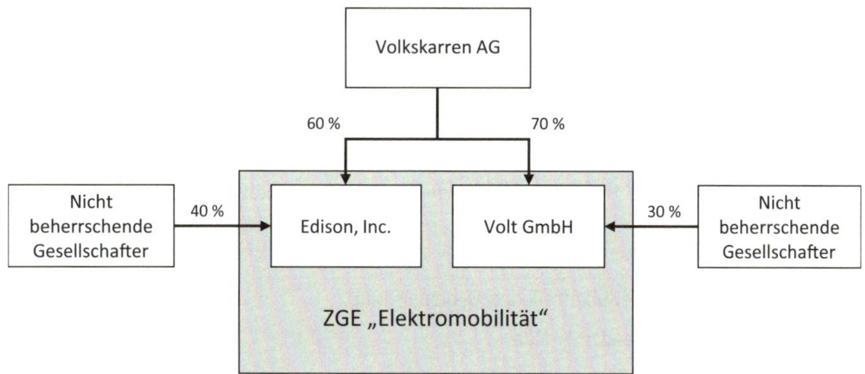


**Übersicht 24-2:** ZGE „Elektromobilität" zum 31.12.03

Gegen Ende des Jahres 03 wird zudem publik, dass der CWM AG, einem Konkurrenten der Volkskarren AG aus Bayern, signifikante Durchbrüche in der Brennstoffzellenforschung gelungen sind, und es ist absehbar, dass Autos mit Wasserstoffantrieb langfristig Elektroautos von den Straßen verdrängen werden. Dies nimmt die Volkskarren AG zum Anlass, am 31.12.03 ihre interne Planung für den Geschäftsbereich Elektromobilität zu aktualisieren. Für den gesamten Geschäftsbereich Elektromobilität ermitteln die Accounting-Experten der Volkskarren AG einen erzielbaren Betrag in Höhe von 70.000 GE.

## Aufgaben

(a) Berechnen Sie den Geschäfts- oder Firmenwert der Edison, Inc. sowohl nach der Partial Goodwill- als auch nach der Full Goodwill-Methode zum 31.12.01. Vernachlässigen Sie latente Steuern und nehmen Sie an, dass der beizulegende Zeitwert der Anteile der nicht beherrschenden Gesellschafter der Edison, Inc. mit einem Abschlag von 25 % aus dem Kaufpreis für die Mehrheitsbeteiligung an der Edison, Inc. abgeleitet werden kann. Die Volkskarren AG hat vor dem Erwerb keine Anteile an der Edison, Inc. gehalten.

(b) Führen Sie einen Wertminderungstest für den derivativen Geschäfts- oder Firmenwert der Edison, Inc. zum 31.12.02 sowohl unter Anwendung der Partial Goodwill- als auch der Full Goodwill-Methode durch. Nehmen Sie an, dass keine anderen Vermögenswerte des Geschäftsbereiches Elektromobilität im Wert gemindert sind.

(c) Führen Sie einen Wertminderungstest für die derivativen Geschäfts- oder Firmenwerte des Geschäftsbereiches Elektromobilität zum 31.12.03 sowohl unter Anwendung der Partial Goodwill- als auch der Full Goodwill-Methode durch. Nehmen Sie weiterhin an, dass keine anderen Vermögenswerte des Geschäftsbereiches Elektromobilität im Wert gemindert sind.

## Literaturhinweise

Baetge, Jörg/Kirsch, Hans-Jürgen/Thiele, Stefan, Konzernbilanzen, 15. Aufl., Düsseldorf 2024, Kap. V Abschn. 131.2 und Abschn. 131.3.

Baetge, Jörg/Kirsch, Hans-Jürgen/Thiele, Stefan, Bilanzen, 17. Aufl., Düsseldorf 2024, Kap. V Abschn. 533.

## Lösungen

### Lösung zu Teilaufgabe (a)

Ein derivativer Geschäfts- oder Firmenwert (goodwill) berechnet sich gemäß IFRS 3.32 als Residualgröße:

| | |
|---|---|
| | Beizulegender Zeitwert der übertragenen Gegenleistung |
| + | Wert der nicht beherrschenden Anteile |
| – | Gesamtes neubewertetes Nettovermögen |
| = | Geschäfts- oder Firmenwert |

Die von der Volkskarren AG für die Anteile an der Edison, Inc. übertragene Gegenleistung sind die für die Anteile übertragenen Zahlungsmittel. Der beizulegende Zeitwert der übertragenen Gegenleistung ergibt sich unmittelbar aus der Höhe des entrichteten Betrages und beträgt folglich 35.000 GE.

Durch die Neubewertung des Nettovermögens der Edison, Inc. werden die stillen Reserven in den unbebauten Grundstücken und der Marke in Höhe von jeweils 1.000 GE aufgedeckt. Das neubewertete Eigenkapital der Edison, Inc., welches dem neubewerteten Nettovermögen entspricht, beträgt folglich:

| | | |
|---|---|---|
| | Stille Reserven in den unbebauten Grundstücken | 1.000 GE |
| + | Stille Reserven im immateriellen Anlagevermögen (Marke) | + 1.000 GE |
| = | Saldo der stillen Reserven und stillen Lasten | 2.000 GE |
| + | Bilanzielles Eigenkapital der Edison, Inc. | + 8.000 GE |
| = | Neubewertetes Eigenkapital der Edison, Inc. | 10.000 GE |

Gemäß IFRS 3.19 besteht ein Wahlrecht zur Bewertung der nicht beherrschenden Anteile. Diese können entweder mit dem auf sie entfallenden Anteil des neubewerteten Nettovermögens (Partial Goodwill-Methode) oder mit ihrem beizulegenden Zeitwert (Full Goodwill-Methode) bewertet werden. Dieses Wahlrecht kann bei jedem Unternehmenszusammenschluss neu ausgeübt werden.

Der den nicht beherrschenden Gesellschaftern zustehende Anteil am neubewerteten Nettovermögen beträgt 10.000 GE · 40 % = 4.000 GE, so dass sich bei Anwendung der **Partial Goodwill-Methode** der folgende Geschäfts- oder Firmenwert ergibt:

| | | |
|---|---|---|
| | Beizulegender Zeitwert der übertragenen Gegenleistung | 35.000 GE |
| + | Auf nicht beherrschende Gesellschafter entfallendes Nettovermögen | + 4.000 GE |
| – | Gesamtes neubewertetes Nettovermögen | – 10.000 GE |
| = | partial goodwill | 29.000 GE |

Der partial goodwill entspricht dem Geschäfts- oder Firmenwert, der ausschließlich auf die beherrschenden Gesellschafter entfällt, da er dem Betrag entspricht, um den der beizulegende Zeitwert der übertragenen Gegenleistung, in diesem Fall der Kaufpreis der Beteiligung (35.000 GE), das auf die beherrschenden Gesellschafter entfallende neubewertete Nettovermögen (10.000 GE · 60 % = 6.000 GE) übersteigt (35.000 GE - 6.000 GE = 29.000 GE).

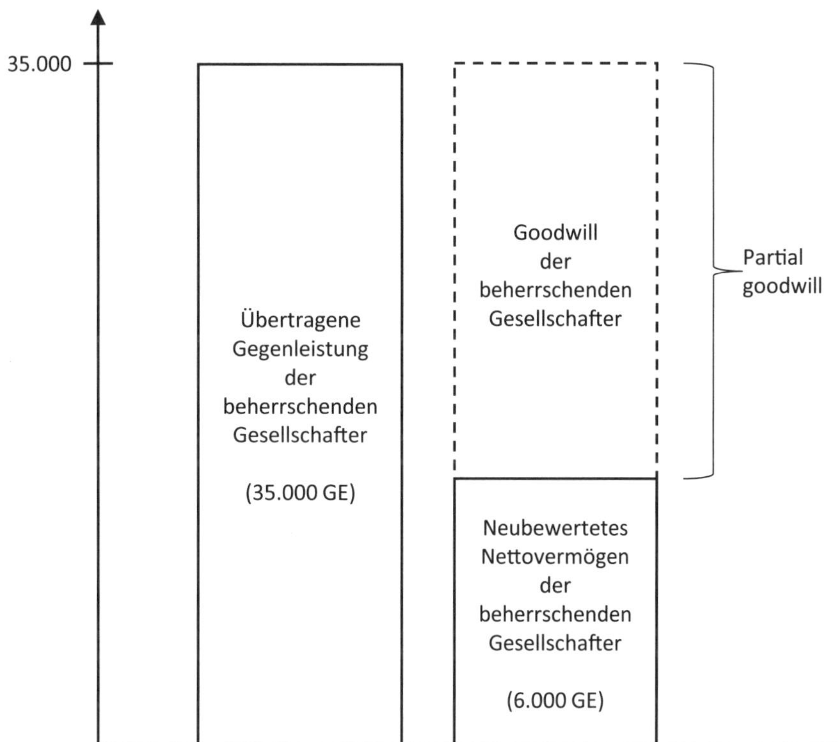


**Übersicht 24-3:** Höhe des derivativen Geschäfts- oder Firmenwertes unter Anwendung der Partial Goodwill-Methode

Bei Anwendung der **Full Goodwill-Methode** werden die nicht beherrschenden Anteile dagegen mit ihrem beizulegenden Zeitwert bewertet. Durch lineares Hochrechnen des Kaufpreises der Mehrheitsbeteiligung auf den Gesamtwert der Edison, Inc. (35.000 GE / 60 % = 58.333 GE) und nach Abzug des Abschlages (25 %) ergibt sich für die nicht beherrschenden Anteile ein beizulegender Zeitwert in Höhe von 17.500 GE (= 58.333 GE · 40 % · 75 %). Der full goodwill ergibt sich damit wie folgt:

| | | |
|---|---|---|
| | Beizulegender Zeitwert der übertragenen Gegenleistung | 35.000 GE |
| + | Beizulegender Zeitwert der nicht beherrschenden Anteile | + 17.500 GE |
| – | Gesamtes neubewertetes Nettovermögen | – 10.000 GE |
| = | full goodwill | 42.500 GE |

Der full goodwill ist der Betrag, um den der Gesamtwert der Edison, Inc., d. h. der Wert des beherrschenden Anteils (gemessen als beizulegender Zeitwert der übertragenen Gegenleistung für diesen Anteil) und der beizulegende Zeitwert der nicht beherrschenden Anteile (35.000 GE + 17.500 GE = 52.500 GE), das gesamte neubewertete Nettovermögen (10.000 GE) übersteigt (52.500 GE - 10.000 GE = 42.500 GE). Der full goodwill entfällt damit sowohl auf die beherrschenden als auch auf die nicht beherrschenden Gesellschafter.

Vom gesamten full goodwill in Höhe von 42.500 GE entfällt der Betrag auf die nicht beherrschenden Gesellschafter, um den der beizulegende Zeitwert der nicht beherrschenden Anteile (17.500 GE) das diesen Anteilen zustehende neubewertete Nettovermögen der Edison, Inc. (10.000 GE · 40 % = 4.000 GE) übersteigt, d. h. 13.500 GE (= 17.500 GE - 4.000 GE).

| | | |
|---|---|---|
| | Beizulegender Zeitwert der Anteile nicht beherrschender Gesellschafter | 17.500 GE |
| – | Auf nicht beherrschende Gesellschafter entfallendes neubewertetes Eigenkapital (10.000 GE · 40 %) | – 4.000 GE |
| = | Auf nicht beherrschende Gesellschafter entfallender goodwill | 13.500 GE |

Der auf die Gesellschafter der Volkskarren AG entfallende Teil des full goodwill ermittelt sich analog und entspricht dem zuvor ermittelten partial goodwill (35.000 GE - 10.000 GE · 60 % = 29.000 GE).

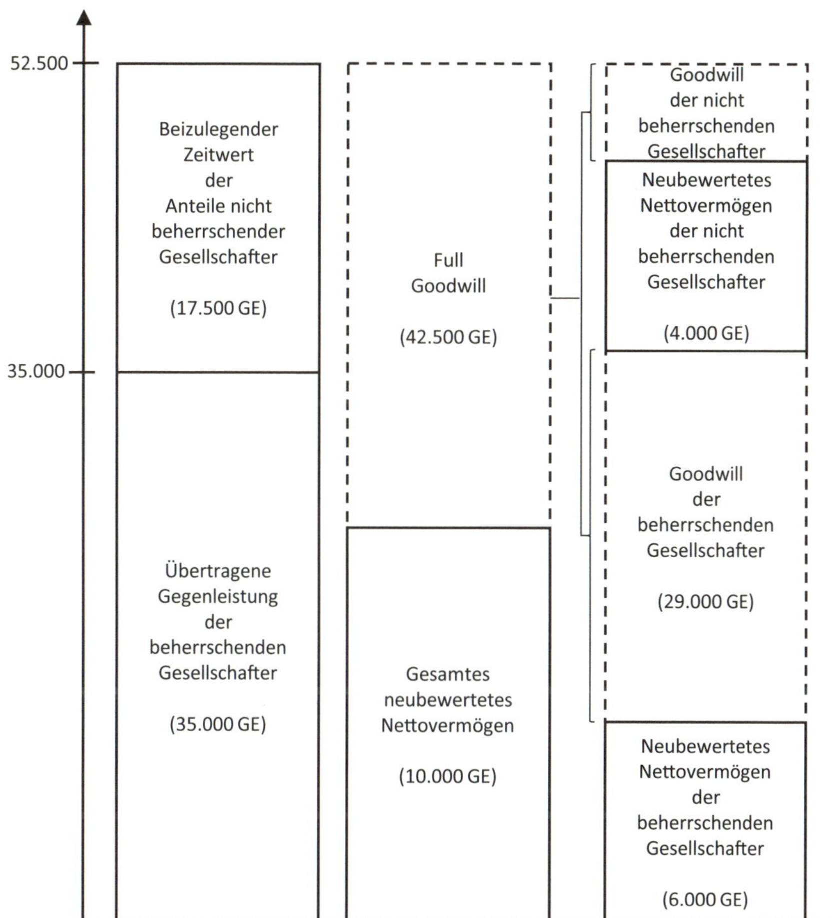


**Übersicht 24-4:** Höhe des derivativen Geschäfts- oder Firmenwertes unter Anwendung der Full Goodwill-Methode

Der ermittelte full bzw. partial goodwill ist gemäß IAS 36.80 einer (Gruppe von) zahlungsmittelgenerierenden Einheiten (ZGE) zuzuordnen. Der Geschäfts- oder Firmenwert der Edison, Inc. wird hier dem Geschäftssegment Elektromobilität zugeordnet, da die Volkskarren AG Synergieeffekte aus der Übernahme der Edison, Inc. ausschließlich in diesem Geschäftssegment erwartet und dieses als ZGE identifiziert.

## Lösung zu Teilaufgabe (b)

Gemäß IAS 36.10 (b) i. V. m. IAS 36.90 ist ein derivativer Geschäfts- oder Firmenwert nicht selbst, sondern die ZGE, der der Geschäfts- oder Firmenwert zugeordnet wurde, jährlich oder sobald Hinweise auf eine Wertminderung vorliegen, einem **Wertminderungstest** zu unterziehen. Maßgeblich für eine Wertminderung ist der erzielbare Betrag, der mit dem Buchwert der ZGE inklusive Geschäfts- oder Firmenwert verglichen wird. Ist der erzielbare Betrag kleiner als der Buchwert der ZGE inklusive Geschäfts- oder Firmenwert, besteht ein Wertminderungsbedarf in Höhe der Differenz der beiden Beträge. Sind an dem Tochterunternehmen neben den beherrschenden auch nicht beherrschende Gesellschafter beteiligt, ist dieser Wertminderungsbedarf gemäß IAS 36.C6 auf die Gesellschafterstämme anhand der Ergebnisverteilung aufzuteilen und GuV-wirksam zu erfassen.

Da der **partial goodwill** (29.000 GE) lediglich auf die beherrschenden Gesellschafter entfällt und die ihnen zuzuordnenden geschäftswertbildenden Komponenten umfasst, der erzielbare Betrag der ZGE indes geschäftswertbildende Komponenten sowohl der beherrschenden als auch der nicht beherrschenden Gesellschafter berücksichtigt, können diese beiden Werte nicht sachgerecht miteinander verglichen werden. Der partial goodwill ist daher in einem ersten Schritt gemäß IAS 36.C4 i. V. m. IAS 36.IE65 auf einen (fiktiven) full goodwill hochzurechnen (48.333 GE). Der erzielbare Betrag (45.000 GE) ist kleiner als der Buchwert des Nettovermögens der ZGE inklusive (fiktivem) full goodwill (58.333 GE). Folglich besteht ein Wertminderungsbedarf:

| | | |
|---|---|---|
| | Buchwert der ZGE ohne Geschäfts- oder Firmenwert | 10.000 GE |
| + | Buchwert des fiktiven full goodwill (29.000 GE / 60 %) | + 48.333 GE |
| = | Buchwert der ZGE | 58.333 GE |
| – | Erzielbarer Betrag der ZGE | – 45.000 GE |
| = | Wertminderungsbedarf | 13.333 GE |

Dieser Wertminderungsbedarf ist indes nur in der Höhe, die auf die beherrschenden Gesellschafter entfällt, zu erfassen, da der in der Konzernbilanz der Volkskarren AG ausgewiesene partial goodwill ebenfalls lediglich auf die beherrschenden Gesellschafter entfällt. Die Ermittlung des (anteilig) zu erfassenden Wertminderungsbedarfs geschieht im zweiten Schritt:

| | |
|---|---|
| Wertminderungsbedarf | 13.333 GE |
| Aufwandswirksame Erfassung (60 %) | 8.000 GE |

Der partial goodwill ist folglich in Höhe von 8.000 GE außerplanmäßig auf 21.000 GE (= 29.000 GE - 8.000 GE) abzuschreiben.

Wird das Wahlrecht zur Bewertung der nicht beherrschenden Anteile so ausgeübt, dass diese mit ihrem beizulegenden Zeitwert bewertet werden, besteht keine Notwendigkeit, den sich ergebenden **full goodwill** im ersten Schritt hochzurechnen, da der full goodwill auf beide Gesellschafterstämme der Edison, Inc. entfällt und folglich direkt mit dem erzielbaren Betrag der ZGE verglichen werden kann. Der erzielbare Betrag der ZGE (45.000 GE) ist kleiner als der Buchwert der ZGE inklusive full goodwill, so dass ein Wertminderungsbedarf besteht:

| | | |
|---|---|---|
| | Buchwert der ZGE ohne Geschäfts- oder Firmenwert | 10.000 GE |
| + | Buchwert des full goodwill | + 42.500 GE |
| = | Buchwert der ZGE | 52.500 GE |
| – | Erzielbarer Betrag der ZGE | – 45.000 GE |
| = | Wertminderungsbedarf | 7.500 GE |

Da bei Anwendung der Full Goodwill-Methode ein Geschäfts- oder Firmenwert angesetzt wird, der sowohl auf die beherrschenden als auch auf die nicht beherrschenden Gesellschafter entfällt, ist der gesamte Wertminderungsbedarf in Höhe von 7.500 GE GuV-wirksam zu erfassen. Der zu erfassende Wertminderungsbedarf ist auf die Gesellschafterstämme auf Grundlage der Ergebnisbeteiligung aufzuteilen (IAS 36.C6):

| Wertminderungsbedarf | 7.500 GE |
|---|---|
| Aufwandswirksame Erfassung (100 %) | 7.500 GE |
| davon beherrschende Gesellschafter (7.500 GE · 60 %) | 4.500 GE |
| davon nicht beherrschende Gesellschafter (7.500 GE · 40 %) | 3.000 GE |

Der full goodwill beträgt nach der Wertminderung 35.000 GE (= 42.500 GE - 7.500 GE), von denen 24.500 GE (= 29.000 GE - 4.500 GE) auf die beherrschenden Gesellschafter und 10.500 GE (= 13.500 GE - 3.000 GE) auf die nicht beherrschenden Gesellschafter der Edison, Inc. entfallen.

## Lösung zu Teilaufgabe (c)

Gemäß IAS 36.90 werden nicht die einzelnen Tochterunternehmen und ihre Geschäfts- oder Firmenwerte separat auf Wertminderung geprüft, sondern die ZGE, denen die Geschäfts- oder Firmenwerte zugeordnet wurden. Da die Geschäfts- oder Firmenwerte der Edison, Inc. und der Volt GmbH beide auf dieselbe ZGE, den Geschäftsbereich Elektromobilität, allokiert wurden, werden beide Geschäfts- oder Firmenwerte beim Wertminderungstest dieser ZGE **zusammen**, d. h. mit der Durchführung eines Wertminderungstest, **auf Wertminderung geprüft**.

Werden die nicht beherrschenden Anteile der Edison, Inc. sowie der Volt GmbH in Höhe des auf sie entfallenden neubewerteten Nettovermögens bewertet, sind die beiden dadurch entstandenen **partial goodwill** im ersten Schritt auf (fiktive) full goodwills hochzurechnen. Der (fiktive) full goodwill aus dem Unternehmenszusammenschluss mit der Edison, Inc. beträgt 35.000 GE bzw. 12.857 GE aus dem Unternehmenszusammenschluss mit der Volt GmbH. Damit ergibt sich folgender Wertminderungsbedarf:

| | | |
|---|---|---|
| | Buchwert der ZGE ohne Geschäfts- oder Firmenwert | 51.500 GE |
| + | Buchwert des (fiktiven) full goodwill der Edison, Inc. (21.000 GE / 60 %) | + 35.000 GE |
| + | Buchwert des (fiktiven) full goodwill der Volt GmbH (9.000 GE / 70 %) | + 12.857 GE |
| = | Buchwert der ZGE | 99.357 GE |
| – | Erzielbarer Betrag der ZGE | – 70.000 GE |
| = | Wertminderungsbedarf | 29.357 GE |

Die gesamte ZGE einschließlich der auf sie allokierten (fiktiven) full goodwill ist um 29.357 GE im Wert zu mindern. Dieser Wertminderungsbedarf ist auf die Geschäfts- oder Firmenwerte der ZGE anhand derer relativer Buchwerte vor der Durchführung des Wertminderungstest zu allokieren (IAS 36.C7 (a)). Der Anteil des Geschäfts- oder Firmenwertes der Edison, Inc. am gesamten auf die ZGE allokierten Geschäfts- oder Firmenwert betrug vor der Wertminderung 70 % [= 21.000 GE / (21.000 GE + 9.000 GE)], der der Volt GmbH betrug 30 % [= 9.000 GE / (21.000 GE + 9.000 GE)].

Der auf diese Weise auf die einzelnen Geschäfts- oder Firmenwerte aufgeteilte Wertminderungsbedarf ist indes lediglich in Höhe des auf die Gesellschafter der Volkskarren AG entfallenden Anteils (60 % bzw. 70 %) GuV-wirksam zu erfassen, da lediglich die auf sie entfallenden partial goodwill in der Konzernbilanz angesetzt werden.

| Wertminderungsbedarf | 29.357 GE | |
|---|---|---|
| | **Edison, Inc.** | **Volt GmbH** |
| Anteil am gesamten GoF der ZGE | 21.000 GE / 30.000 GE = 70 % | 9.000 GE / 30.000 GE = 30 % |
| Anteiliger Wertminderungsbedarf | 29.357 GE · 70% = 20.550 GE | 29.357 GE · 30 % = 8.807 GE |
| Aufwandswirksame Erfassung | 20.550 GE · 60 % = 12.330 GE | 8.807 GE · 70 % = 6.165 GE |

Der gesamte auf die ZGE allokierte Geschäfts- oder Firmenwert ist folglich außerplanmäßig um 18.495 GE auf 11.505 GE (= 21.000 GE + 9.000 GE - 18.495 GE) abzuschreiben. Der Geschäfts- oder Firmenwert der ZGE in Höhe von 11.505 GE setzt sich nach der Wertminderung aus dem partial goodwill der Edison, Inc. in Höhe von 8.670 GE (= 21.000 GE - 12.330 GE) und dem partial goodwill der Volt GmbH in Höhe von 2.835 GE (= 9.000 GE - 6.165 GE) zusammen.

Bei Anwendung der **Full Goodwill-Methode** besteht folgender Wertminderungsbedarf:

| | | |
|---|---|---|
| | Buchwert der ZGE ohne Geschäfts- oder Firmenwert | 51.500 GE |
| + | Geschäfts- oder Firmenwert der Edison, Inc. | + 35.000 GE |
| + | Geschäfts- oder Firmenwert der Volt GmbH | + 12.000 GE |
| = | Buchwert der ZGE | 98.500 GE |
| – | Erzielbarer Betrag der ZGE | – 70.000 GE |
| = | Wertminderungsbedarf | 28.500 GE |

Für die gesamte ZGE inklusive beider full goodwill besteht ein Wertminderungsbedarf von 28.500 GE, d. h. vorrangig sind beide full goodwill in Höhe von 28.500 GE im Wert zu mindern. Dieser Wertminderungsbedarf wird anhand der relativen Buchwerte der Geschäfts- oder Firmenwerte vor dem Wertminderungstest auf die beiden full goodwill verteilt. Entsprechend entfallen 74,47 % des Wertminderungsbedarfs auf den full goodwill der Edison, Inc. und 25,53 % auf den full goodwill der Volt GmbH. Der Wertminderungsbedarf wird anhand dieser (auf zwei Nachkommastellen gerundeten) Goodwill-Anteile auf die Tochterunternehmen allokiert und jeweils vollständig aufwandswirksam erfasst, da die Geschäfts- oder Firmenwerte beider Tochterunternehmen in der Konzernbilanz ebenfalls vollständig, d. h. sowohl auf die beherrschenden als auch die nicht beherrschenden Gesellschafter entfallend, angesetzt werden. Gleichwohl ist der Wertminderungsbedarf auf die Gesellschafterstämme aufzuteilen.

| Wertminderungsbedarf | 28.500 GE | |
|---|---|---|
| | **Edison, Inc.** | **Volt GmbH** |
| Anteil am gesamten GoF der ZGE | 35.000 GE / 47.000 GE = 74,47 % | 12.000 GE / 47.000 GE = 25,53 % |
| Anteiliger Wertminderungsbedarf | 28.500 GE · 74,47% = 21.224 GE | 28.500 GE · 25,53 % = 7.276 GE |
| Aufwandswirksame Erfassung | 21.224 GE | 7.276 GE |
| davon beherrschende Gesellschafter | 21.224 GE · 60 % = 12.734 GE | 7.276 GE · 70 % = 5.093 GE |
| davon nicht beherrschende Gesellschafter | 21.224 GE · 40 % = 8.490 GE | 7.276 GE · 30 % = 2.183 GE |

Der auf die ZGE allokierte Geschäfts- oder Firmenwert beträgt nach der Wertminderung 18.500 GE (= 35.000 GE + 12.000 GE - 28.500 GE), der sich aus dem full goodwill der Edison, Inc. in Höhe von 13.776 GE (= 35.000 GE - 21.224 GE) und dem full goodwill der Volt GmbH in Höhe von 4.724 GE (= 12.000 GE - 7.276 GE) zusammensetzt. Ferner entfallen von den 18.500 GE des gesamten Geschäfts- oder Firmenwertes 15.673 GE (= 24.500 GE + 9.000 GE - 12.734 GE - 5.093 GE) auf die Gesellschafter der Volkskarren AG und 2.827 GE (= 10.500 GE + 3.000 GE - 8.490 GE - 2.183 GE) auf die nicht beherrschenden Gesellschafter der Edison, Inc. und der Volt GmbH.

# Übung 25: Die außerplanmäßige Abschreibung eines Geschäfts- oder Firmenwertes

## Sachverhalt

Die Buchstaben AG ist zu 100 % an ihrem einzigen Tochterunternehmen, der ABC GmbH, beteiligt. Die Buchstaben AG weist in ihrem Konzernabschluss einen Geschäfts- oder Firmenwert (GoF) i. H. v. 1.000 GE aus, der objektiv nachvollziehbar zu 400 GE auf das Geschäftsfeld B und zu je 300 GE auf die Geschäftsfelder A und C der ABC GmbH zugeordnet wurde. Die drei Geschäftsfelder der ABC GmbH stellen dabei auch die kleinsten identifizierbaren Einheiten des Unternehmens dar, die weitgehend unabhängig von anderen Einheiten Mittelzuflüsse erzeugen.

Zum 31.12.01 tritt der Vorstand der ABC GmbH unerwartet zurück. Der beizulegende Zeitwert der Beteiligung an der ABC GmbH beträgt zu diesem Zeitpunkt 4.000 GE, der sich im Verhältnis 3:4:3 auf die Geschäftsfelder A, B und C aufteilt. Der Buchwert des Nettovermögens (ohne GoF) eines jeden Geschäftsfeldes beträgt je 1.000 GE. Die bilanziellen Schulden eines jeden Geschäftsfeldes sind doppelt so hoch wie das korrespondierende Nettovermögen (inkl. GoF). In den Geschäftsfeldern A, B und C sind wesentliche stille Reserven i. H. v. 50 GE, 100 GE bzw. 450 GE enthalten. Stille Lasten bestehen i. H. v. 300 GE, 200 GE bzw. 100 GE. Die Gegenwartswerte der künftigen Mittelzuflüsse aus der Nutzung der Vermögensgegenstände bzw. -werte der Geschäftsfelder A, B und C betragen 4.000 GE, 4.100 GE bzw. 3.800 GE.

## Aufgaben

(a) Beschreiben Sie zunächst allgemein das Vorgehen zur Prüfung der Werthaltigkeit eines derivativen Geschäfts- oder Firmenwertes nach HGB und IFRS.

(b) Prüfen Sie die Werthaltigkeit des Geschäfts- oder Firmenwertes zum 31.12.01 nach HGB. Wie wäre der Fall zu beurteilen, wenn eine Zuordnung des Geschäfts- oder Firmenwertes auf die verschiedenen Geschäftsfelder nicht objektiv nachvollziehbar möglich gewesen wäre?

(c) Prüfen Sie die Werthaltigkeit des Geschäfts- oder Firmenwertes zum 31.12.01 nach IFRS.

## Literaturhinweis

BAETGE, JÖRG/KIRSCH, HANS-JÜRGEN/THIELE, STEFAN, Konzernbilanzen, 15. Aufl., Düsseldorf 2024, Kap. V Abschn. 126.2 und Abschn. 131.3.

## Lösungen

### Lösung zu Teilaufgabe (a)

Gemäß § 253 Abs. 3 Satz 5 **HGB** ist ein derivativer Geschäfts- oder Firmenwert bei voraussichtlich dauernder Wertminderung auf seinen beizulegenden Wert abzuschreiben. Ob eine außerplanmäßige Abschreibung des Geschäfts- oder Firmenwertes vorzunehmen ist, ist gemäß DRS 23.127 zu prüfen, sofern ein oder mehrere Anhaltspunkte für eine voraussichtlich dauernde Wertminderung vorliegen. DRS 23.126 zählt verschiedene Anhaltspunkte auf, die für die Beurteilung relevant sein können.

Zur Prüfung der Werthaltigkeit ist gemäß DRS 23.128 der Restbuchwert des Geschäfts- oder Firmenwertes mit seinem beizulegenden Wert zu vergleichen. Der beizulegende Wert errechnet sich konzeptionell aus der Differenz zwischen dem beizulegenden Zeitwert der Beteiligung des Mutterunternehmens am Tochterunternehmen und dem anteiligen beizulegenden Zeitwert des Nettovermögens (ohne GoF) des Tochterunternehmens zum Abschlussstichtag. Vereinfachend gestattet DRS 23.129, anstelle des beizulegenden Zeitwertes des Nettovermögens den Buchwert des Nettovermögens des Tochterunternehmens heranzuziehen. Es wird allerdings empfohlen, zumindest wesentliche stille Reserven und stille Lasten aufzudecken. Sofern sich ein negativer beizulegender Wert ergibt, ist der Geschäfts- oder Firmenwert gemäß DRS 23.131 auf den Erinnerungswert abzuschreiben. Ein darüber hinausgehender Abschreibungsbedarf ist nicht explizit zu berücksichtigen. Vielmehr ist dieser ein Anzeichen für eine Wertminderung in den sonstigen Vermögensgegenständen und dürfte in den außerplanmäßigen Abschreibungen dieser Vermögensgegenstände enthalten sein.

DRS 23.85 empfiehlt, den Geschäfts- oder Firmenwert zum Erwerbszeitpunkt einem oder ggf. mehreren Geschäftsfeldern des Tochterunternehmens zuzuordnen, sofern dies objektiv nachvollziehbar möglich ist. In diesem Fall ist die Werthaltigkeit für jeden zugeordneten Teil des Geschäfts- oder Firmenwertes einzeln zu prüfen.

Nach den **IFRS** ist ein derivativer Geschäfts- oder Firmenwert zwingend zum Zeitpunkt des Erwerbs einer oder mehreren zahlungsmittelgenerierenden Einheiten (ZGE) zuzuordnen, die aus den Synergien des Zusammenschlusses voraussichtlich Nutzen ziehen (IAS 36.80). Jede zahlungsmittelgenerierende Einheit, der ein Geschäfts- oder Firmenwert zugeordnet wurde, ist gemäß IAS 36.90 mindestens jährlich auf Wertminderung zu prüfen. Darüber hinaus ist ein Wertminderungstest durchzuführen, wenn es Anhaltspunkte dafür gibt, dass diese Einheit im Wert gemindert sein könnte.

Zur Prüfung auf Wertminderung ist gemäß IAS 36.90 der Buchwert der zahlungsmittelgenerierenden Einheit einschließlich Geschäfts- oder Firmenwert mit ihrem erzielbaren Betrag zu vergleichen. Der erzielbare Betrag ist gemäß IAS 36.6 der höhere der beiden Beträge aus dem beizulegenden Zeitwert abzüglich Kosten des Abganges und dem Nutzungswert der zahlungsmittelgenerierenden Einheit. In Bezug auf zahlungsmittelgenerierende Einheiten wird es häufig nicht möglich sein, den beizulegenden Zeitwert zu ermitteln. Dann ist gemäß IAS 36.20 der Nutzungswert als erzielbarer Betrag heranzuziehen.

Der Abschreibungsbedarf ist gemäß IAS 36.104 zuerst dem Geschäfts- oder Firmenwert zuzuordnen. Falls darüber hinaus weiterer Abschreibungsbedarf besteht, ist dieser im Verhältnis der Buchwerte den Vermögenswerten der zahlungsmittelgenerierenden Einheit zuzuordnen.

## Lösung zu Teilaufgabe (b)

Im Kontext des HGB gilt der unerwartete Rücktritt des Vorstandes gemäß DRS 23.126 (e) als Anhaltspunkt für eine voraussichtlich dauernde Wertminderung. Folglich ist die Werthaltigkeit des in der Konzernbilanz der Buchstaben AG ausgewiesenen Geschäfts- oder Firmenwertes zum 31.12.01 zu prüfen.

Die Buchstaben AG hat den Geschäfts- oder Firmenwert den drei Geschäftsfeldern der ABC GmbH zugeordnet. Die Prüfung der Werthaltigkeit ist also gesondert für jedes Geschäftsfeld durchzuführen.

Die folgende Übersicht 25-1 zeigt die Ermittlung des beizulegenden Wertes des Geschäfts- oder Firmenwertes zum 31.12.01 sowohl gesondert für die drei Geschäftsfelder als auch insgesamt für die ABC GmbH ohne Aufdeckung wesentlicher stiller Reserven und stiller Lasten:

| Zeitpunkt 31.12.01 (Alle Zahlenangaben in GE) | | Geschäftsfelder des TU | | | TU |
|---|---|---|---|---|---|
| | | A | B | C | |
| | Beizulegender Zeitwert der Beteiligung | 1.200 | 1.200 | 1.600 | 4.000 |
| – | Buchwert des Nettovermögens ohne GoF | 1.000 | 1.000 | 1.000 | 3.000 |
| = | Beizulegender Wert des GoF | 200 | 200 | 600 | 1.000 |

**Übersicht 25-1:** Ermittlung des beizulegenden Wertes des Geschäfts- oder Firmenwertes ohne Berücksichtigung stiller Reserven und stiller Lasten gemäß DRS 23

Anschließend ist der beizulegende Wert des Geschäfts- oder Firmenwertes mit seinem Restbuchwert zu vergleichen, um den Abschreibungsbedarf zu ermitteln:

| Zeitpunkt 31.12.01 (Alle Zahlenangaben in GE) | | Geschäftsfelder des TU | | | TU |
|---|---|---|---|---|---|
| | | A | B | C | |
| | Beizulegender Wert des GoF | 200 | 200 | 600 | 1.000 |
| – | Restbuchwert des GoF | 300 | 400 | 300 | 1.000 |
| = | Unterschiedsbetrag | – 100 | – 200 | 300 | 0 |
| | Abschreibungsbedarf | 100 | 200 | 0 | 0 |

**Übersicht 25-2:** Ermittlung des Abschreibungsbedarfes des Geschäfts- oder Firmenwertes ohne Berücksichtigung stiller Reserven und stiller Lasten gemäß DRS 23

Ohne Berücksichtigung stiller Reserven und stiller Lasten ist der Geschäfts- oder Firmenwert um 300 GE (= 100 GE + 200 GE) abzuschreiben. Der verbleibende Restbuchwert des Geschäfts- oder Firmenwertes beträgt somit 700 GE (= 1.000 GE - 300 GE).

Für den Fall, dass eine objektiv nachvollziehbare Zuordnung des Geschäfts- oder Firmenwertes zu den Geschäftsfeldern nicht möglich gewesen wäre, ergibt sich indes kein Abschreibungsbedarf, da bei geschäftsfeldübergreifender Betrachtung die negativen Unterschiedsbeträge aus den Geschäftsfeldern A und B durch den positiven Unterschiedsbetrag aus Geschäftsfeld C kompensiert werden.

Die folgende Übersicht 25-3 zeigt die vom DRSC empfohlene Ermittlung des beizulegenden Wertes des Geschäfts- oder Firmenwertes zum 31.12.01 sowohl gesondert für die drei Geschäftsfelder als auch insgesamt für die ABC GmbH unter Berücksichtigung wesentlicher stiller Reserven und stiller Lasten:

| Zeitpunkt 31.12.01 (Alle Zahlenangaben in GE) | Geschäftsfelder des TU | | | TU |
|---|---|---|---|---|
| | A | B | C | |
| Beizulegender Zeitwert der Beteiligung | 1.200 | 1.200 | 1.600 | 4.000 |
| – Buchwert des Nettovermögens ohne GoF | 1.000 | 1.000 | 1.000 | 3.000 |
| – Wesentliche stille Reserven | 50 | 100 | 450 | 600 |
| + Wesentliche stille Lasten | 300 | 200 | 100 | 600 |
| = Beizulegender Wert des GoF | 450 | 300 | 250 | 1.000 |

**Übersicht 25-3:** Ermittlung des beizulegenden Wertes des Geschäfts- oder Firmenwertes unter Berücksichtigung stiller Reserven und stiller Lasten gemäß DRS 23

Der beizulegende Wert des Geschäfts- oder Firmenwertes ist wieder mit seinem Restbuchwert zu vergleichen, um den Abschreibungsbedarf zu ermitteln:

| Zeitpunkt 31.12.01 (Alle Zahlenangaben in GE) | Geschäftsfelder des TU | | | TU |
|---|---|---|---|---|
| | A | B | C | |
| Beizulegender Wert des GoF | 450 | 300 | 250 | 1.000 |
| – Restbuchwert des GoF | 300 | 400 | 300 | 1.000 |
| = Unterschiedsbetrag | 150 | – 100 | – 50 | 0 |
| Abschreibungsbedarf | 0 | 100 | 50 | 0 |

**Übersicht 25-4:** Ermittlung des Abschreibungsbedarfes des Geschäfts- oder Firmenwertes unter Berücksichtigung stiller Reserven und stiller Lasten gemäß DRS 23

Sofern die Buchstaben AG wesentliche stille Reserven und stille Lasten aufdeckt, ist der Geschäfts- oder Firmenwert in der Konzernbilanz zum 31.12.01 um 150 GE (= 100 GE + 50 GE) außerplanmäßig auf 850 GE (= 1.000 GE - 150 GE) abzuschreiben.

Für den Fall, dass eine objektiv nachvollziehbare Zuordnung des Geschäfts- oder Firmenwertes zu den Geschäftsfeldern nicht möglich gewesen wäre, ergibt sich auch unter Berücksichtigung wesentlicher stiller Reserven und stiller Lasten kein Abschreibungsbedarf.

## Lösung zu Teilaufgabe (c)

Laut Sachverhalt sind die Geschäftsfelder der ABC GmbH die kleinsten identifizierbaren Einheiten des Unternehmens, die weitgehend unabhängig von anderen Einheiten Mittelzuflüsse erzeugen. Folglich können die Geschäftsfelder nach IFRS als zahlungsmittelgenerierende Einheiten betrachtet werden. Der Nutzungswert entspricht dem Gegenwartswert der künftigen Mittelzuflüsse aus der Nutzung der Vermögenswerte der zahlungsmittelgenerierenden Einheit. Der Buchwert der Gruppe von Vermögenswerten, die einer zahlungsmittelgenerierenden Einheit zugeordnet wurden, errechnet sich in diesem Fall aus dem Nettovermögen (ohne GoF) zuzüglich des Geschäfts- oder Firmenwertes und der Schulden. Beispielhaft ergibt sich für Geschäftsfeld A ein Wert i. H. v. 3.900 GE (= 1.000 GE + 300 GE + 1.300 GE · 2). Der Buchwert der Schulden wurde für Geschäftsfeld A ermittelt, indem das Nettovermögen (inkl. GoF) (= 1.300 GE) entsprechend des Sachverhaltes mit dem Faktor 2 multipliziert wurde.

Die folgende Übersicht 25-5 zeigt die Ermittlung des Unterschiedsbetrages aus den Buchwerten der zahlungsmittelgenerierenden Einheiten der ABC GmbH und deren erzielbaren Beträgen:

| Zeitpunkt 31.12.01 (Alle Zahlenangaben in GE) | | Zahlungsmittelgenerierende Einheiten des TU | | |
|---|---|---|---|---|
| | | A | B | C |
| | Erzielbarer Betrag (Nutzungswert) | 4.000 | 4.100 | 3.800 |
| – | Buchwert der Vermögenswerte einschl. GoF | 3.900 | 4.200 | 3.900 |
| = | Unterschiedsbetrag | 100 | – 100 | – 100 |
| | Abschreibungsbedarf der ZGE | 0 | 100 | 100 |

**Legende:**
ZGE ≙ Zahlungsmittelgenerierende Einheit

**Übersicht 25-5:** Ermittlung des Abschreibungsbedarfes der zahlungsmittelgenerierenden Einheiten der ABC GmbH nach IFRS

Folglich sind Abschreibungen i. H. v. jeweils 100 GE auf die Geschäfts- oder Firmenwerte der Geschäftsfelder B und C vorzunehmen. Insgesamt ist der Geschäfts- oder Firmenwert der ABC GmbH um 200 GE (= 100 GE + 100 GE) auf einen Wert von 800 GE (= 1.000 GE - 200 GE) abzuschreiben.

# Übung 26: Die Kaufpreisallokation (purchase price allocation)

## Sachverhalt

Die M AG (M) erwirbt 100 % der Anteile an der T AG (T) zu einem Kaufpreis von 100 Mio. GE. Der Erwerbszeitpunkt ist der 31.12.01.

Die T bilanziert ihre immateriellen Vermögenswerte und Sachanlagen zu Anschaffungs- und Herstellungskosten gemäß IAS 38.74 bzw. IAS 16.30 und nimmt das Wahlrecht zur Bewertung dieser Vermögenswerte nach der Neubewertungsmethode nicht in Anspruch. Zum Zeitpunkt des Erwerbs weist sie in ihrer Bilanz, die den allgemeinen Bilanzierungsgrundsätzen des Konzerns entspricht, folgende Buchwerte aus:

| 31.12.01 (Alle Zahlenangaben in Mio. GE) | | | |
|---|---|---|---|
| Immaterielle Vermögenswerte (ohne Goodwill) | 20 | Eigenkapital | 80 |
| Sachanlagen | 60 | Rückstellungen | 20 |
| Forderungen | 35 | Verbindlichkeiten | 20 |
| Flüssige Mittel | 5 | | |
| Summe Aktiva | 120 | Summe Passiva | 120 |

**Übersicht 26-1:** Bilanz der T zum 31.12.01

Ferner sind folgende Sachverhalte bei der Kaufpreisallokation zu berücksichtigen, die nicht in der Bilanz der T zum 31.12.01 abgebildet sind:

(1) Im Rahmen des Unternehmenserwerbs sind zusätzliche Kosten für Unternehmensberater und Bewertungsgutachter i. H. v. jeweils 2 Mio. GE angefallen. Ferner unterhält M eine eigene M & A-Abteilung, die pro Jahr 3 Mio. GE kostet und die Akquisition maßgeblich begleitet hat.

(2) T besitzt ein unbebautes Grundstück, das durch einen gerade im Erwerbszeitpunkt abgeschlossenen Straßenbau sehr verkehrsgünstig gelegen ist. Der Wertansatz des Grundstücks in der Bilanz von T i. H. v. 1 Mio. GE repräsentiert nur 10 % des beizulegenden Zeitwertes.

(3) T verfügt über Lizenzen, die sie bei einer gewöhnlichen Transaktion zwischen voneinander unabhängigen Marktteilnehmern im Erwerbszeitpunkt zu einem Preis veräußern könnte, der 5 Mio. GE über dem Buchwert in der Bilanz von T zum 31.12.01 liegt.

(4) Der beizulegende Zeitwert einer Kundenliste von T wird auf 10 Mio. GE geschätzt. Diese Kundenliste unterliegt keiner Geheimhaltungsvereinbarung, die eine Weitergabe der Kundeninformationen verhindert, und kann an Dritte veräußert werden. Da die Kundenliste seit der Unternehmensgründung selbst entwickelt wurde, darf sie im Jahresabschluss von T nicht aktiviert werden.

(5) M plant im Zusammenhang mit der Akquisition eine umfassende Restrukturierung von T und rechnet hierfür mit Kosten i. H. v. 10 Mio. GE in jedem der fünf folgenden Geschäftsjahre. Einen detaillierten, formalen Restrukturierungsplan hat M indes noch nicht erstellt.

(6) T hat in der Vergangenheit eine Darlehenszusage in einer Höhe von 50 Mio. GE an ein konzernaußenstehendes Unternehmen gegeben. Die Zusage besteht noch bis zum 31.12.02. Die Wahrscheinlichkeit der Inanspruchnahme des Darlehens wird auf 20 % geschätzt.

(7) T hat von einem Gericht in erster Instanz einen Anspruch gegen eine Versicherungsgesellschaft i. H. v. 5 Mio. GE zugesprochen bekommen. Die Versicherungsgesellschaft hat gegen das Urteil Berufung eingelegt. Die Wahrscheinlichkeit der Aufhebung des Urteils in zweiter Instanz wird von der Rechtsabteilung der T auf 85 % geschätzt.

## Aufgaben

(a) Stellen Sie die für die Erstkonsolidierung erforderliche Neubewertungsbilanz der T nach IFRS auf. Die im Rahmen der Kaufpreisallokation entstehenden latenten Steuern sind dabei nicht zu berücksichtigen.

(b) Welche wesentlichen Gemeinsamkeiten und Unterschiede bestehen zwischen der Kaufpreisallokation nach IFRS und der handelsrechtlichen Kaufpreisallokation nach der Neubewertungsmethode?

(c) Gehen Sie nun davon aus, dass M neben dem fixen Kaufpreis i. H. v. 100 Mio. GE zusätzlich eine bedingte Gegenleistung i. H. v. 20 Mio. GE zu zahlen hat, sofern die T im Jahr nach der Akquisition ein positives Jahresergebnis aufweist, sowie zusätzlich i. H. v. 5 Mio. GE, sofern die T in den nächsten drei Geschäftsjahren kumulierte Umsatzerlöse i. H. v. 100 Mio. GE erzielt. M geht mit einer Wahrscheinlichkeit von 85 % davon aus, dass die T im kommenden Jahr ein positives Jahresergebnis erzielen wird. Mit der Erzielung der kumulierten Umsatzerlöse i. H. v. 100 Mio. GE rechnet M jedoch nur zu 20 %. Ermitteln Sie unter Berücksichtigung der neuen Informationen die Wertansätze der Beteiligung an der T sowohl nach IFRS als auch nach HGB. Diskontierungseffekte sind hierbei zu vernachlässigen. Sind für die bedingten Gegenleistungen Passivposten in der Konzernbilanz anzusetzen?

(d) Aufgrund der überraschend guten Leistung der T hält die M es nach Ablauf des ersten Geschäftsjahres nach dem Beteiligungserwerb für wahrscheinlich, dass sie auch die zusätzlichen 5 Mio. GE als bedingte Gegenleistung zu entrichten hat. Zum Ende des zweiten Geschäftsjahres nach der Akquisition ist die M schließlich sicher, dass sie die bedingte Gegenleistung zahlen muss. Beschreiben Sie, welche Auswirkungen dies auf die Bilanzierung der bedingten Gegenleistung im Konzernabschluss sowohl nach IFRS als auch nach HGB hat.

## Literaturhinweise

Baetge, Jörg/Kirsch, Hans-Jürgen/Thiele, Stefan, Konzernbilanzen, 15. Aufl., Düsseldorf 2024, Kap. V Abschn. 123. und 13.

PELLENS, BERNHARD/FÜLBIER, ROLF UWE/GASSEN, JOACHIM/SELLHORN, THORSTEN, Internationale Rechnungslegung, 11. Aufl., Stuttgart 2021, S. 829-838.

# Lösungen

## Lösung zu Teilaufgabe (a)

Im Rahmen der Erstkonsolidierung wird der Kaufpreis auf die erworbenen Vermögenswerte und Schulden entsprechend ihrer beizulegenden Zeitwerte im Erwerbszeitpunkt (Zeitpunkt des Kontrollübergangs) aufgeteilt. Hierdurch wird die vorstehende Bilanz in die Neubewertungsbilanz der T transformiert.

Die zu berücksichtigenden Sachverhalte sind wie folgt zu würdigen:

(1) Die Anschaffungskosten der Anteile an T setzen sich gemäß IFRS 3.37 aus dem beizulegenden Zeitwert der für die Beherrschungsmöglichkeit von M übertragenen Vermögenswerte, übernommenen Schulden sowie ausgegebenen Eigenkapitalinstrumente zusammen. Die Kosten, die M bei der Durchführung der Unternehmensakquisition entstehen, sind nach IFRS 3.53 grundsätzlich als Aufwand in den Perioden zu erfassen, in denen sie anfallen. Die Anschaffungsnebenkosten, die aus den Kosten für die Unternehmensberater und die Bewertungsgutachter bestehen, sind daher als Periodenaufwand zu erfassen. Gleiches gilt für die Kosten der M & A-Abteilung. Somit betragen die Anschaffungskosten der Anteile an T 100 Mio. GE, die im Jahresabschluss der M bilanziell anzusetzen und im Rahmen der Kapitalkonsolidierung mit dem auf sie entfallenden Eigenkapital der T zu verrechnen sind.

(2) Nach IFRS 3.18 sind die erworbenen identifizierbaren Vermögenswerte mit dem beizulegenden Zeitwert im Erwerbszeitpunkt zu bewerten. Der Wertansatz der Sachanlagen in der Neubewertungsbilanz (HB III) der T ist infolge des höheren beizulegenden Zeitwertes des Grundstücks von 10 Mio. GE (= 1 Mio. GE / 10 %) um 9 Mio. GE zu erhöhen.

(3) Wie im Sachverhalt (2) sind die immateriellen Vermögenswerte nach IFRS 3.18 mit ihrem beizulegenden Zeitwert zu bewerten und somit in der Neubewertungsbilanz der T um 5 Mio. GE höher anzusetzen als in ihrer Bilanz zu Buchwerten.

(4) Nach IFRS 3.A ist ein immaterieller Vermögenswert identifizierbar, nicht-monetär und ohne physische Substanz. Im Rahmen eines Unternehmenszusammenschlusses steht vor allem die Identifizierbarkeit im Vordergrund, um einen immateriellen Vermögenswert getrennt von einem Geschäfts- oder Firmenwert zu aktivieren (IFRS 3.B31 i. V. m. IFRS 3.10-12). Dabei ist es gemäß IFRS 3.13 unerheblich, dass - wie im Fall der Kundenliste der T - ein immaterieller Vermögenswert nicht im Jahresabschluss des erworbenen Unternehmens angesetzt wurde. Zur Erfüllung des Kriteriums der Identifizierbarkeit muss ein immaterieller Vermögenswert nach IFRS 3.B31 separierbar sein oder auf einem vertraglichen oder anderen Recht basieren. Da die Kundenliste der T keiner Geheimhaltungsvereinbarung unterliegt und veräußert werden kann, ist sie separierbar i. S. d. IFRS 3.B33 i. V. m. IFRS 3.B31. Auf die tatsächliche Absicht des erwerbenden Unternehmens, die Kundenliste zu veräußern, kommt es nicht an (IFRS 3.B33). Daher ist die Kundenliste der T mit dem beizulegenden Zeitwert i. H. v. 10 Mio. GE zu aktivieren (IFRS 3.18).

(5) In der Konzernbilanz dürfen Schulden, die durch Absichten oder Handlungen des Erwerbers erst mit Erwerb eines Tochterunternehmens entstehen, nicht passiviert werden. Dabei ist es unerheblich, ob die Schulden beim erwerbenden oder beim erworbenen Unternehmen entstehen.

Im Rahmen der Kaufpreisallokation dürfen daher nur solche Restrukturierungsrückstellungen berücksichtigt werden, die bereits im Erwerbszeitpunkt bei T gemäß IAS 37.72 passiviert worden sind. T hat für die von M geplanten Restrukturierungsmaßnahmen indes keine Rückstellung gebildet, so dass auch keine Rückstellung in der Neubewertungsbilanz von T passiviert werden darf.

Im Jahresabschluss von M wäre eine Rückstellung für Restrukturierungsmaßnahmen nur anzusetzen, wenn eine faktische Verpflichtung aufgrund eines detaillierten, formalen Restrukturierungsplans sowie des Umsetzungsbeginns bzw. der Ankündigung dieses Plans (IAS 37.72) entstanden wäre. Dies ist hier nicht der Fall. Die zu erwartenden Aufwendungen der Restrukturierung von T sind daher nach IFRS 3.11 i. V. m. IAS 37.72 keine Schulden im Erwerbszeitpunkt und dürfen demzufolge nicht in der Konzernbilanz als Rückstellung passiviert werden.

(6) Bei der gegebenen Darlehenszusage handelt es sich um eine gegenwärtige Außenverpflichtung aus einem Ereignis der Vergangenheit, der sich T nicht entziehen kann. Da die Inanspruchnahme eines Darlehens indes nicht wahrscheinlich i. S. d. IAS 37.23 ist, hat die Verpflichtung den Charakter einer Eventualverbindlichkeit (IAS 37.10 (b) (i)). Eventualverbindlichkeiten unterliegen grundsätzlich einem Passivierungsverbot nach IAS 37.27. Sofern sie allerdings aus Unternehmenszusammenschlüssen stammen, sind sie aus dem Anwendungsbereich des IAS 37 (Rückstellungen, Eventualverbindlichkeiten und Eventualforderungen) ausgeschlossen (IFRS 3.23). Nach IFRS 3.23 ist eine Eventualverbindlichkeit im Rahmen eines Unternehmenszusammenschlusses zu passivieren, wenn es sich hierbei um eine gegenwärtige Verpflichtung aus einem vergangenen Ereignis handelt, deren beizulegender Zeitwert sich verlässlich ermitteln lässt. Dies ist bei der Darlehenszusage von T gegeben, so dass diese i. H. v. 10 Mio. GE zu passivieren ist. Auf eine Diskontierung kann aufgrund der Kurzfristigkeit verzichtet werden.

(7) Im Gegensatz zu Eventualverbindlichkeiten dürfen Eventualforderungen im Rahmen von Unternehmenszusammenschlüssen nach IFRS 3 - wie auch nach IAS 37 - nicht angesetzt werden. Der potentielle Anspruch von T gegenüber der Versicherungsgesellschaft ist eine Eventualforderung i. S. d. IAS 37.32, die nicht aktivierungsfähig ist. Außerdem sind auch keine Angaben im Anhang nach IAS 37.34 i. V. m. IAS 37.89 f. erforderlich, da der Zufluss wirtschaftlichen Nutzens nach der Einschätzung der Rechtsabteilung nicht hinreichend wahrscheinlich ist. Die Einschätzung der Rechtsabteilung ist jedoch fortlaufend zu überprüfen (IAS 37.35). Sobald ein wirtschaftlicher Nutzenzufluss für T aus dem Rechtsstreit als hinreichend wahrscheinlich eingeschätzt wird, ist eine Eventualforderung im Anhang anzugeben (IAS 37.89 f.). Sofern ein wirtschaftlicher Nutzenzufluss nahezu sicher geworden ist, wird ein Vermögenswert ertragswirksam aktiviert.

Folgende Berechnung zeigt die Ermittlung des neubewerteten Eigenkapitals der T:

| | | |
|---|---|---|
| | Bilanzielles Eigenkapital der T (vor Neubewertung) | 80 Mio. GE |
| + | Stille Reserven des Grundstücks von T | + 9 Mio. GE |
| + | Stille Reserven der Lizenzen von T | + 5 Mio. GE |
| + | Aktivierung der Kundenliste von T | + 10 Mio. GE |
| – | Passivierung einer Eventualverbindlichkeit aus der Darlehenszusage von T | – 10 Mio. GE |
| = | Neubewertetes Eigenkapital der T | 94 Mio. GE |

Nach dem Ansatz der erworbenen identifizierbaren Vermögenswerte und übernommenen Schulden zum beizulegenden Zeitwert im Erwerbszeitpunkt beträgt das neubewertete Eigenkapital der T 94 Mio. GE. Somit ergibt sich die Neubewertungsbilanz (HB III) wie folgt:

| Zeitpunkt 31.12.01 (Alle Zahlenangaben in Mio. GE) | HB II | stR/stL | HB III |
|---|---|---|---|
| **Aktiva** | | | |
| Immaterielle Vermögenswerte (ohne Goodwill) | 20 | 15 | 35 |
| Sachanlagen | 60 | 9 | 69 |
| Forderungen | 35 | | 35 |
| Flüssige Mittel | 5 | | 5 |
| Summe Aktiva | 120 | | 144 |
| **Passiva** | | | |
| Eigenkapital | 80 | 14 | 94 |
| Rückstellungen | 20 | | 20 |
| Verbindlichkeiten | 20 | 10 | 30 |
| Summe Passiva | 120 | | 144 |

**Übersicht 26-2:** Neubewertungsbilanz der T

Der erworbene Geschäfts- oder Firmenwert ist zu ermitteln, indem die Anschaffungskosten der Anteile von M an T mit dem neubewerteten Eigenkapital der T verrechnet werden:

| | | |
|---|---|---|
| | Anschaffungskosten der Anteile von M an T | 100 Mio. GE |
| – | Neubewertetes Eigenkapital der T | – 94 Mio. GE |
| = | Geschäfts- oder Firmenwert | 6 Mio. GE |

Dieser Geschäfts- oder Firmenwert bildet die Erwartungen der M als Erwerber hinsichtlich des künftigen wirtschaftlichen Nutzens aus Vermögenswerten ab, die im Rahmen des Unternehmenszusammenschlusses nicht einzeln identifiziert und getrennt angesetzt werden können (IFRS 3.A).

## Lösung zu Teilaufgabe (b)

Voraussetzung zur Allokation des Kaufpreises ist zunächst, die Anschaffungskosten einer Beteiligung zu ermitteln. Hierbei unterscheiden sich die IFRS und die handelsrechtlichen Regelungen in der Behandlung von Anschaffungsnebenkosten. Diese sind entgegen der IFRS-Regelungen nach HGB Bestandteil der Anschaffungskosten i. S. d. § 255 Abs. 1 Satz 2 HGB (DRS 23.24). Eine bloße Ursächlichkeit zwischen dem Erwerb der Anteile und den Ausgaben ist jedoch nicht ausreichend. Vielmehr müssen die Ausgaben dem Zweck dienen, die Anteile aus dem fremden in das eigene (wirtschaftliche) Eigentum zu überführen, um als Anschaffungsnebenkosten klassifiziert zu werden. Demnach erhöhen die dem Unternehmenserwerb direkt zurechenbaren Ausgaben, die für die Unternehmensberater und die Bewertungsgutachter bei M angefallen sind, die Anschaffungskosten der Anteile an T.

Die anschließende Kaufpreisallokation ist im HGB nicht detailliert geregelt. Gemäß § 300 Abs. 1 Satz 2 HGB sind grundsätzlich sämtliche Vermögensgegenstände, Schulden, Rechnungsabgrenzungsposten und Sonderposten eines erworbenen Tochterunternehmens in den Konzernabschluss aufzunehmen. Grundlage hierfür ist das auf das Mutterunternehmen anzuwendende Recht. Der Ansatz von Vermögensgegenständen, Schulden, Rechnungsabgrenzungsposten und Sonderposten eines Tochterunternehmens im Konzernabschluss ist nach § 300 Abs. 2 Satz 1 HGB dabei unabhängig vom Ansatz im Jahresabschluss des betreffenden Tochterunternehmens. Dies entspricht der Regelung des IFRS 3.13, dass in der Neubewertungsbilanz eines erworbenen Tochterunternehmens auch Vermögenswerte und Schulden angesetzt werden, die in dessen Jahresabschluss nicht enthalten sind.

So ist die Kundenliste von T - wie auch nach IAS 38.63 - ein selbst geschaffener immaterieller Vermögensgegenstand, der im Jahresabschluss von T aufgrund des Aktivierungsverbotes in § 248 Abs. 2 Satz 2 HGB nicht aktiviert werden darf. Dieses Aktivierungsverbot ist bei der Kaufpreisallokation nicht einschlägig, da die Kundenliste aus Sicht des Konzerns durch den Kauf des Tochterunternehmens entgeltlich erworben wurde. Damit ist sie - wie auch in der Neubewertungsbilanz nach IFRS - in der Handelsbilanz III (HB III) der T mit dem beizulegenden Zeitwert anzusetzen (§ 301 Abs. 1 Satz 2 HGB).

Darüber hinaus muss ein Vermögensgegenstand bzw. -wert vom Geschäfts- oder Firmenwert zu trennen sein. Ein gesonderter Ansatz geschäftswertähnlicher Vorteile - wie Humankapital oder Standortvorteile - ist weder nach DRS 23.53 f. noch nach IFRS 3.11 zulässig.

Schulden, die erst durch Maßnahmen oder Entscheidungen nach dem Erwerbszeitpunkt entstehen, sind wie nach IFRS nicht in der handelsrechtlichen Neubewertungsbilanz des erworbenen Tochterunternehmens zu passivieren (DRS 23.57).

Im Gegensatz zu den Regelungen des IAS 37.72 ist es nach DRS 23.58 jedoch nicht ausreichend, dass eine Restrukturierungsrückstellung aufgrund eines detaillierten, formalen Restrukturierungsplans und dessen Bekanntgabe bereits im Jahresabschluss des erworbenen Tochterunternehmens passiviert wurde. Vielmehr ist eine Restrukturierungsrückstellung ausschließlich dann anzusetzen, wenn im Erstkonsolidierungszeitpunkt eine Außenverpflichtung des erworbenen Tochterunternehmens besteht (DRS 23.58). Dies ist im vorliegenden Sachverhalt der geplanten Restrukturierung von T durch M jedoch nicht der Fall.

Eventualverbindlichkeiten sind im Gegensatz zu IFRS 3.23 nach HGB nicht ansatzfähig. Allerdings sind sie als Haftungsverhältnisse i. S. d. § 251 HGB i. V. m. § 298 Abs. 1 HGB unter der Konzernbilanz anzugeben.

## Lösung zu Teilaufgabe (c)

Gemäß IFRS 3.37 umfasst die für eine erworbene Beteiligung übertragene Gegenleistung auch eine etwaige bedingte Gegenleistung. Die bedingte Gegenleistung ist mit ihrem fair value bewertet in der übertragenen Gegenleistung zu berücksichtigen (IFRS 3.39). Außerdem ist für die Verpflichtung zur Zahlung einer bedingten Gegenleistung eine Schuld anzusetzen und ebenfalls mit dem fair value der bedingten Gegenleistung zu bewerten (IFRS 3.40 i. V. m. IAS 32.11 und IFRS 9.5.1.1). Der fair value der bedingten Gegenleistung bemisst sich nach den Vorgaben des IFRS 13.

Zusätzlich zu dem fixen Kaufpreis i. H. v. 100 Mio. GE ist folglich auch die bedingte Gegenleistung i. H. v. 18 GE (= 85 % · 20 Mio. GE + 20 % · 5 Mio. GE) in die für die Beteiligung übertragene Gegenleistung einzubeziehen. Die übertragene Gegenleistung beträgt somit insgesamt 118 Mio. GE. In gleicher Höhe ist eine Schuld für die bedingte Gegenleistung anzusetzen.

Nach den handelsrechtlichen Vorschriften darf eine bedingte Gegenleistung nur dann in die Anschaffungskosten der Beteiligung einbezogen werden, sofern die bedingte Gegenleistung wahrscheinlich zu zahlen ist und verlässlich geschätzt werden kann (DRS 23.31 f.). Im vorliegenden Sachverhalt ist die Zahlung der bedingten Gegenleistung i. H. v. 20 Mio. GE wahrscheinlich (85 %), die Zahlung der bedingten Gegenleistung i. H. v. 5 Mio. GE jedoch nicht (20 %). Die Höhe der bedingten Gegenleistung ist bei Eintritt des zugrunde liegenden Ereignisses fix, daher kann der Betrag der bedingten Gegenleistung verlässlich bestimmt werden. Da die Zahlung noch nicht sicher ist, darf für keine der beiden bedingten Gegenleistungen eine Verbindlichkeit angesetzt werden. Gemäß § 249 Abs. 1 Satz 1 HGB ist für die bedingte Gegenleistung i. H. v. 20 Mio. GE jedoch bereits eine Rückstellung zu passivieren, da die Zahlung der Gegenleistung wahrscheinlich und verlässlich bewertbar ist.

Somit ist neben dem fixen Kaufpreis i. H. v. 100 GE und den Anschaffungsnebenkosten für die Berater und Gutachter i. H. v. 2 Mio. GE nur die bedingte Gegenleistung i. H. v. 20 Mio. GE in die Anschaffungskosten einzubeziehen. Der Kaufpreis beträgt somit insgesamt 122 Mio. GE. Für die bedingte Gegenleistung ist zudem eine Rückstellung i. H. v. 20 Mio. GE zu bilanzieren.

## Lösung zu Teilaufgabe (d)

Da die M ihre Einschätzung hinsichtlich der Wahrscheinlichkeit zur Zahlung der bedingten Gegenleistung verändert hat, ändert sich entsprechend der fair value der bedingten Gegenleistung. Die Wertänderung liegt bereits außerhalb des 12-monatigen Wertanpassungszeitraumes und entspringt zudem aus einem wertbegründenden Ereignis, nämlich der Leistung des erworbenen Unternehmens. Daher ist die für die bedingte Gegenleistung angesetzte Schuld GuV-wirksam an die jeweiligen Wertänderungen anzupassen. Eine Wertkorrektur des Kaufpreises und mithin des aus der Kapitalkonsolidierung resultierenden Unterschiedsbetrages erfolgt nicht (IFRS 3.58 i. V. m. IFRS 3.45).

Da die M zum Ende des ersten Geschäftsjahres die Zahlung der bedingten Gegenleistung i. H. v. 5 Mio. GE für wahrscheinlich hält, ist diese bedingte Gegenleistung nachträglich in den Anschaffungskosten der Beteiligung zu berücksichtigen (DRS 23.160 f.). Es ist zudem gemäß § 249 Abs. 1 Satz 1 HGB eine Rückstellung für die wahrscheinliche und verlässlich ermittelbare Verpflichtung zur Zahlung der bedingten Gegenleistung anzusetzen. Die Wertanpassung der Anschaffungskosten und der Ansatz der Rückstellung führen dazu, dass die Buchung insgesamt erfolgsneutral ist.

Zum Ende des zweiten Geschäftsjahres ist die Verpflichtung zur Zahlung der bedingten Gegenleistung nunmehr sicher, weshalb sie ab diesem Zeitpunkt als Verbindlichkeit in der Konzernbilanz der M auszuweisen ist. Die Umbuchung der Rückstellung in die Verbindlichkeit erfolgt ebenfalls erfolgsneutral.

# Übung 27: Grundlagen der Schuldenkonsolidierung

## Aufgaben

(a) Beschreiben Sie Rechtsgrundlagen und Umfang der Schuldenkonsolidierung.

(b) Erläutern Sie die Vorgehensweise bei der Schuldenkonsolidierung. Gehen Sie dabei auf Fälle ein, bei denen sich die zu konsolidierenden Posten in gleicher Höhe gegenüberstehen und bei denen dies nicht der Fall ist. Wie sind die entstehenden Differenzen zu systematisieren und zu behandeln? Nennen und erläutern Sie darüber hinaus Gründe für echte Aufrechnungsdifferenzen.

(c) Ist es möglich, dass in einem Konzernabschluss die Posten „Forderungen gegen verbundene Unternehmen" bzw. „Verbindlichkeiten gegenüber verbundenen Unternehmen" auftreten, obwohl die Schuldenkonsolidierung im gesetzlich geforderten Umfang durchgeführt wurde?

(d) In welcher Regelung der IFRS wird die Schuldenkonsolidierung behandelt? Gibt es Unterschiede im Vergleich zum HGB?

## Literaturhinweis

Baetge, Jörg/Kirsch, Hans-Jürgen/Thiele, Stefan, Konzernbilanzen, 15. Aufl., Düsseldorf 2024, Kap. V Abschn. 2.

## Lösungen

### Lösung zu Teilaufgabe (a)

Die Schuldenkonsolidierung ist in § 303 HGB geregelt und basiert auf der Einheitsfiktion des Konzernabschlusses gemäß § 297 Abs. 3 Satz 1 HGB. Dieser Fiktion folgend dürfen keine Schuldbeziehungen zwischen den in den Konzernabschluss einbezogenen Unternehmen existieren, so dass dieser i. d. R. frei von konzerninternen Schuldbeziehungen sowie daraus evtl. resultierenden Konsequenzen ist.

So sind gemäß § 303 Abs. 1 HGB die Posten „Ausleihungen und andere Forderungen, Rückstellungen und Verbindlichkeiten [...] sowie [...] Rechnungsabgrenzungsposten" zwischen den in den Konzernabschluss einbezogenen Unternehmen aufzurechnen. Rein formal gesehen ist diese Aufzählung abschließend. Aus dem Kompensationszweck des Konzernabschlusses i. V. m. der Generalnorm des

§ 297 Abs. 2 Satz 2 HGB ergibt sich indes die Notwendigkeit, das Gesetz weiter auszulegen. Ein Konzernabschluss, der die Vermögenslage des Konzerns zutreffend abbildet, setzt nämlich voraus, dass bei der Schuldenkonsolidierung nicht nur die in § 303 Abs. 1 HGB genannten Bilanzposten berücksichtigt, sondern sämtliche konzerninterne Schuldbeziehungen konsolidiert werden. Als weitere Posten der Aktivseite sind z. B. „geleistete Anzahlungen", „sonstige Vermögensgegenstände" oder „sonstige Wertpapiere" denkbar. Posten der Passivseite, die bei der Schuldenkonsolidierung untersucht werden müssen, sind z. B. „sonstige Rückstellungen" oder „Anleihen". Auch unter der Bilanz oder im Anhang auszuweisende Posten sind auf eine eventuelle Berücksichtigung bei der Schuldenkonsolidierung hin zu untersuchen. Hier sind beispielhaft die Posten „Verbindlichkeiten aus Gewährleistungsverträgen" oder „sonstige Haftungsverhältnisse" zu nennen.

## Lösung zu Teilaufgabe (b)

Bei der Schuldenkonsolidierung sind grundsätzlich sämtliche interne Schuldbeziehungen zu eliminieren. Unabhängig von der Beteiligungsquote erfolgt die Eliminierung stets zu 100 %. Allerdings sind ausgewiesene Anteile nicht beherrschender Gesellschafter um eine ggf. entstehende anteilige Erfolgswirkung zu korrigieren. Im einfachsten Fall, in dem sich die zu konsolidierenden Posten in gleicher Höhe gegenüberstehen, werden bei der Schuldenkonsolidierung die über die Einzelabschlüsse der jeweiligen Konzernunternehmen in den Summenabschluss gelangten Ansprüche bzw. Verpflichtungen aus einer Schuldbeziehung (z. B. Beteiligungsunternehmen A hat eine Forderung gegen Beteiligungsunternehmen B und B hat eine entsprechende Verbindlichkeit gegenüber A) weggelassen. Dies führt lediglich zu einer Bilanzverkürzung, die Frage der Behandlung von Differenzen stellt sich nicht. Allerdings stehen sich die zu eliminierenden Beträge häufig nicht in gleicher Höhe gegenüber. Ungleiche Beträge korrespondierender Posten bzw. das Fehlen korrespondierender Posten führen zu Aufrechnungsdifferenzen.

Es werden folgende Aufrechnungsdifferenzen unterschieden:

- unechte Aufrechnungsdifferenzen (buchungstechnische Unzulänglichkeiten; sie werden durch erfolgswirksame/erfolgsneutrale Nachbuchungen korrigiert),
- stichtagsbedingte Aufrechnungsdifferenzen (abweichende Bilanzstichtage der einbezogenen Unternehmen gemäß § 299 Abs. 2 HGB; sie werden durch erfolgswirksame/erfolgsneutrale Korrekturbuchungen eliminiert) und
- echte Aufrechnungsdifferenzen (aufgrund von Ansatz- und Bewertungsvorschriften entsprechen sich Ansprüche und Verpflichtungen nicht).

Während stichtagsbedingte und unechte Differenzen einfach durch eine nachträgliche Korrekturbuchung in der HB II eliminiert werden können, ist bei echten Aufrechnungsdifferenzen zwischen der Periode der Entstehung und der Behandlung in den Folgejahren zu unterscheiden. Mögliche Gründe für echte Aufrechnungsdifferenzen sind:

- Rückstellungen
  Ein in den Konzernabschluss einbezogenes Unternehmen bildet gemäß § 249 Abs. 1 Satz 1 HGB eine Rückstellung für ungewisse Verbindlichkeiten gegenüber einem anderen Konzernunternehmen. Im Einzelabschluss des einen Konzernunternehmens ist somit eine Rückstellung ausgewiesen. Da aber keine ungewissen Forderungen bilanziert werden dürfen, existieren keine korrespondierenden Posten im Einzelabschluss des anderen Konzernunternehmens.

- Niederstwert- bzw. Höchstwertvorschriften
  Aufgrund der imparitätischen Bewertung von Forderungen und Verbindlichkeiten i. S. d. Kapitalerhaltungszweckes kann es zu Aufrechnungsdifferenzen kommen, wenn bei einer Forderungs-/ Verbindlichkeitsbeziehung zwischen zwei in den Konzernabschluss einbezogenen Unternehmen das eine Unternehmen die Forderung ganz oder teilweise abschreibt, während bei dem anderen Unternehmen die Verbindlichkeit in voller Höhe anzusetzen ist.
- Kreditgewährung mit Abschlag (Auszahlungs-Disagio)
  Wenn innerkonzernliche Darlehen mit einem Auszahlungs-Disagio gewährt werden und der Darlehensnehmer das Wahlrecht des § 250 Abs. 3 HGB so wahrnimmt, dass er das Disagio direkt als Aufwand bucht, entsprechen sich die Posten der Schuldbeziehung bei den beiden Unternehmen nicht. Somit ist der Erfüllungsbetrag der Verbindlichkeit bei einem Konzernunternehmen höher als der korrespondierende Nennbetrag der Forderung bei dem ebenfalls in den Konzernabschluss einbezogenen Unternehmen.
- Währungsumrechnung
  Durch die Umrechnung der Bilanzen ausländischer Konzernunternehmen in Euro können echte Aufrechnungsdifferenzen entstehen, wenn unterschiedliche Wechselkurse verwendet werden.

## Lösung zu Teilaufgabe (c)

Auch im Konzernabschluss können die Posten „Forderungen gegen verbundene Unternehmen" bzw. „Verbindlichkeiten gegenüber verbundenen Unternehmen" trotz Schuldenkonsolidierung enthalten sein. Dieses kann zwei Ursachen haben:

- Sofern Tochterunternehmen gemäß § 296 HGB nicht in den Konzernabschluss einbezogen werden, sind Forderungen gegen und Verbindlichkeiten gegenüber den nicht konsolidierten Beteiligungsunternehmen weiterhin unter diesem Posten auszuweisen.
- Gemäß § 303 Abs. 2 HGB braucht die Schuldenkonsolidierung nicht angewendet zu werden, wenn die wegzulassenden Beträge für die Vermögens-, Finanz- und Ertragslage des Konzerns von untergeordneter Bedeutung sind. In diesem Fall werden die Forderungen gegen und die Verbindlichkeiten gegenüber verbundenen Unternehmen nicht eliminiert und bleiben folglich im Konzernabschluss unter diesem Posten bestehen.

## Lösung zu Teilaufgabe (d)

Die Schuldenkonsolidierung ist in den IFRS nur sehr allgemein in IFRS 10 (Konzernabschlüsse) geregelt. So verpflichtet IFRS 10.B86 (c) dazu, sämtliche Ansprüche und Verpflichtungen zwischen einbezogenen Unternehmen (intragroup balances) zu eliminieren. Die Beteiligungsquote von möglichen nicht beherrschenden Gesellschaftern ist bei der Eliminierung der Ansprüche und Verpflichtungen unerheblich. Die Eliminierung erfolgt stets vollständig.

Auf die Schuldenkonsolidierung darf immer dann verzichtet werden, wenn sie von untergeordneter Bedeutung für die zu treffende wirtschaftliche Entscheidung der Adressaten ist (CF.2.11). Die Schuldenkonsolidierung nach HGB und IFRS unterscheidet sich nicht aufgrund der Technik, sondern nur aufgrund der einzubeziehenden Posten. So sind z. B. auch Eventualforderungen (contingent assets) nach IAS 37.31-35 in den notes anzugeben und somit ggf. bei der Schuldenkonsolidierung zu eliminieren.

# Übung 28: Fallstudie zur Schuldenkonsolidierung nach HGB

## Sachverhalt

Die Desenberger Betonwerke AG stellt zum 31.12.01 einen Konzernabschluss auf, wobei unterstellt wird, dass das Geschäftsjahr dem Kalenderjahr entspricht. Eines der Tochterunternehmen ist die Bau Schnell AG, an der die Desenberger Betonwerke AG 80 % hält.

| Zeitpunkt 31.12.01 (Alle Zahlenangaben in GE) | Bilanz Desenberger Betonwerke AG |
|---|---|
| **Aktiva** | |
| A. Anlagevermögen | |
| I. Sachanlagen | |
| 1. Grundstücke | 100 |
| 2. Technische Anlagen und Maschinen | 250 |
| 3. Andere Anlagen, Betriebs- und Geschäftsausstattung | 300 |
| II. Finanzanlagen | |
| 1. Anteile an verbundenen Unternehmen Bau Schnell AG | 200 |
| B. Umlaufvermögen | |
| I. Vorräte | |
| 1. Roh-, Hilfs- und Betriebsstoffe | 100 |
| 3. Fertige Erzeugnisse, Waren | 70 |
| II. Forderungen | |
| 1. Forderungen aus Lieferungen und Leistungen | 70 |
| 2. Forderungen gegen verbundene Unternehmen | 10 |
| IV. Kassenbestand | 100 |
| Summe Aktiva | 1.200 |
| **Passiva** | |
| A. Eigenkapital | |
| I. Gezeichnetes Kapital | 220 |
| II. Kapitalrücklage | 100 |
| III. Gewinnrücklagen | 100 |
| IV. Bilanzgewinn | 80 |
| B. Rückstellungen | |
| 1. Rückstellungen für Pensionen und ähnliche Verpflichtungen | 180 |
| 3. Sonstige Rückstellungen | 20 |
| C. Verbindlichkeiten | |
| 2. Verbindlichkeiten gegenüber Kreditinstituten | 400 |
| 4. Verbindlichkeiten gegenüber verbundenen Unternehmen | 100 |
| Summe Passiva | 1.200 |

**Übersicht 28-1:** Bilanz der Desenberger Betonwerke AG zum 31.12.01

| Zeitpunkt<br>31.12.01<br>(Alle Zahlenangaben in GE) | | GuV<br>Desenberger Betonwerke AG |
|---|---|---|
| 1. | Umsatzerlöse | 250 |
| 2. | Bestandsveränderungen | 10 |
| 3. | Andere aktivierte Eigenleistungen | 2 |
| 4. | Sonstige betriebliche Erträge | 1 |
| 5. | Materialaufwand | 82 |
| 6. | Personalaufwand | 60 |
| 7. | Abschreibungen | 4 |
| 8. | Sonstige betriebliche Aufwendungen | 30 |
| 9. | Sonstige Zinsen und ähnliche Erträge | 1 |
| 10. | Zinsen und ähnliche Aufwendungen | 2 |
| 11. | Steuern | 6 |
| **12.** | **Jahresüberschuss** | **80** |
| 13. | Gewinn-/Verlustvortrag | 0 |
| 14. | Zuführung zur Kapitalrücklage | 0 |
| 15. | Zuführung zu Gewinnrücklagen | 0 |
| **16.** | **Bilanzgewinn** | **80** |

**Übersicht 28-2:** GuV der Desenberger Betonwerke AG zum 31.12.01

| Zeitpunkt<br>31.12.01<br>(Alle Zahlenangaben in GE) | Bilanz Bau Schnell AG | stR/stL |
|---|---|---|
| **Aktiva** | | |
| A. Anlagevermögen | | |
| VIII. Sachanlagen | | |
| 1. Grundstücke | 20 | 130 |
| 2. Technische Anlagen und Maschinen | 50 | |
| 3. Andere Anlagen, Betriebs- und Geschäftsausstattung | 30 | |
| B. Umlaufvermögen | | |
| I. Vorräte | | |
| 1. Roh-, Hilfs- und Betriebsstoffe | 50 | |
| 3. Fertige Erzeugnisse, Waren | 20 | |
| II. Forderungen | | |
| 1. Forderungen aus Lieferungen und Leistungen | 30 | |
| IV. Kassenbestand | 70 | |
| Summe Aktiva | 270 | |
| **Passiva** | | |
| A. Eigenkapital | | |
| I. Gezeichnetes Kapital | 70 | |
| II. Kapitalrücklage | 20 | |
| III. Gewinnrücklagen | 30 | |
| IV. Bilanzgewinn | 20 | |
| B. Rückstellungen | | |
| 1. Rückstellungen für Pensionen und ähnliche Verpflichtungen | 30 | |
| C. Verbindlichkeiten | | |
| 2. Verbindlichkeiten gegenüber Kreditinstituten | 50 | |
| 4. Verbindlichkeiten aus Lieferungen und Leistungen | 30 | |
| 6. Verbindlichkeiten gegenüber verbundenen Unternehmen | 20 | |
| Summe Passiva | 270 | |

**Übersicht 28-3:** Bilanz der Bau Schnell AG zum 31.12.01

| Zeitpunkt<br>31.12.01<br>(Alle Zahlenangaben in GE) | GuV<br>Bau Schnell AG |
|---|---|
| 1. Umsatzerlöse | 50 |
| 2. Bestandsveränderungen | 5 |
| 3. Andere aktivierte Eigenleistungen | 3 |
| 4. Sonstige betriebliche Erträge | |
| 5. Materialaufwand | 25 |
| 6. Personalaufwand | 8 |
| 7. Abschreibungen | 2 |
| 8. Sonstige betriebliche Aufwendungen | 1 |
| 9. Sonstige Zinsen und ähnliche Erträge | 2 |
| 10. Zinsen und ähnliche Aufwendungen | 1 |
| 11. Steuern | 3 |
| **12. Jahresüberschuss** | **20** |
| 13. Gewinn-/Verlustvortrag | 0 |
| 14. Zuführung zur Kapitalrücklage | 0 |
| 15. Zuführung zu Gewinnrücklagen | 0 |
| **16. Bilanzgewinn** | **20** |

**Übersicht 28-4:** GuV der Bau Schnell AG zum 31.12.01

Die Desenberger Betonwerke AG hat die Bau Schnell AG zum 01.01.01 erworben, so dass die Erstkonsolidierung der Bau Schnell AG zum 01.01.01 (Erwerbszeitpunkt) erfolgen muss. Der Vorstand der Desenberger Betonwerke AG glaubt, aufgrund der schlechten konjunkturellen Lage der Baubranche einen guten Kauf getätigt zu haben. Darüber hinaus weisen die Grundstücke der Bau Schnell AG erhebliche stille Reserven auf. Nach der Vereinheitlichung von Stichtag, Ansatz, Bewertung und Ausweis weisen die **Einzelabschlüsse** der beiden Unternehmen die obenstehenden Bilanz- und GuV-Posten zum 31.12.01 auf (vgl. Übersichten 28-1 bis 28-4).

Zusätzlich sind folgende **Geschäftsvorfälle** zu berücksichtigen:

(1) Die Desenberger Betonwerke AG hat in ihrem Einzelabschluss 01 eine Rückstellung für ungewisse Verbindlichkeiten gegenüber der Bau Schnell AG i. H. v. 20 GE gebildet.

(2) Die Bau Schnell AG hat Verbindlichkeiten gegenüber der Desenberger Betonwerke AG i. H. v. 10 GE für die Lieferung von Beton zum Bau einer Brücke.

(3) Weiterhin hat die Bau Schnell AG noch Verbindlichkeiten i. H. v. 10 GE bei der Desenberger Betonwerke AG, die die Desenberger Betonwerke AG aber schon wegen Uneinbringlichkeit aufgrund vertraglicher Gestaltungen im Einzelabschluss 01 abgeschrieben hat.

## Aufgaben

(a) Nehmen Sie die Erst- und Folgekonsolidierung gemäß § 301 HGB sowie die Schuldenkonsolidierung gemäß § 303 HGB für den Konzern zum 31.12.01 vor. Der Jahresüberschuss der Bau Schnell AG soll vollständig den Gewinnrücklagen zugeführt werden.

(b) Erläutern Sie die notwendigen Buchungen der Schuldenkonsolidierung der Jahre 02 und 03 für die Geschäftsvorfälle (1) und (3), wenn

(1) die Rückstellung, die die Desenberger Betonwerke AG in ihrem Einzelabschluss 01 gebildet hat, im Jahr 02 tatsächlich in Anspruch genommen werden muss, und

(2) die Forderung, die die Desenberger Betonwerke AG schon wegen Uneinbringlichkeit aufgrund vertraglicher Gestaltungen im Einzelabschluss 01 abgeschrieben hat, im Jahr 03 doch noch bezahlt wird.

## Literaturhinweis

Baetge, Jörg/Kirsch, Hans-Jürgen/Thiele, Stefan, Konzernbilanzen, 15. Aufl., Düsseldorf 2024, Kap. V Abschn. 1 und Abschn. 2.

## Lösungen

### Lösung zu Teilaufgabe (a)

Bei der **Kapitalkonsolidierung** nach der Neubewertungsmethode gemäß § 301 HGB werden in einem ersten Schritt alle stillen Reserven und stille Lasten des Tochterunternehmens in voller Höhe aufgedeckt und in der Handelsbilanz III (HB III) abgebildet. Die Aufdeckung der stillen Reserven/stillen Lasten wirkt sich erhöhend/verringernd auf das Eigenkapital der Bau Schnell AG aus. Somit wird in der HB III das neubewertete Eigenkapital und nicht das bilanzielle Eigenkapital ausgewiesen. Der Bilanzgewinn zum 31.12.01 darf bei der Erstkonsolidierung zum 01.01.01 nicht berücksichtigt werden, weil dieser erst im Jahr des Erwerbs erwirtschaftet wurde. Die stillen Reserven i. H. v. 130 GE bestanden indes schon zum Erwerbszeitpunkt und blieben bis zum Geschäftsjahresende unverändert. Das neubewertete Eigenkapital errechnet sich bei der Bau Schnell AG am 01.01.01 wie folgt:

| | | | |
|---|---|---|---|
| | Summe der stillen Reserven | | 130 GE |
| + | Bilanzielles Eigenkapital | + | 120 GE |
| = | Neubewertetes Eigenkapital | | 250 GE |

Die zugehörige Buchung wird vor Aufstellung der Summenbilanz vorgenommen und lautet:

| | | | | |
|---|---|---|---|---|
| Grundstücke | 130 GE | an | Differenzen aus der Neubewertung | 130 GE |

Im zweiten Schritt wird der Beteiligungsbuchwert im Einzelabschluss der Desenberger Betonwerke AG mit dem anteiligen Eigenkapital (80 %) der Bau Schnell AG verrechnet. Die zugehörige Buchung (1) lautet:

| | | | | |
|---|---|---|---|---|
| Gezeichnetes Kapital | 56 GE | | | |
| Kapitalrücklage | 16 GE | | | |
| Gewinnrücklagen | 24 GE | | | |
| Differenzen aus der Neubewertung | 104 GE | an | Anteile an verbundenen Unternehmen Bau Schnell AG | 200 GE |

Bei der Verrechnung des Beteiligungsbuchwertes mit dem anteiligen Eigenkapital ergibt sich kein Unterschiedsbetrag. Daher ist der Ausweis eines Geschäfts- oder Firmenwertes nicht erforderlich. Die Anteile nicht beherrschender Gesellschafter sind aus dem Eigenkapital der Bau Schnell AG durch den Buchungssatz (2) zu konsolidieren:

| | | | | |
|---|---|---|---|---|
| Gezeichnetes Kapital | 14 GE | | | |
| Kapitalrücklage | 4 GE | | | |
| Gewinnrücklagen | 6 GE | | | |
| Differenzen aus der Neubewertung | 26 GE | an | Nicht beherrschende Anteile | 50 GE |

Die innerkonzernlichen Kapitalverflechtungen wurden mit den Buchungen (1) und (2) eliminiert. Da keine kapitalkonsolidierungsspezifischen Posten wie z. B. die planmäßige Abschreibung eines Geschäfts- oder Firmenwertes oder stiller Reserven weitergeführt werden müssen, entspricht die Folgekonsolidierung zum Ende des Geschäftsjahres den oben angegebenen Buchungen. Zum 31.12.01 muss daher lediglich noch die Gewinnverwendungsrechnung vorgenommen werden. Die Buchung (3) in der Bilanz lautet:

| | | | | |
|---|---|---|---|---|
| Jahresüberschuss | 16 GE | an | Gewinnrücklagen | 16 GE |

| | | | | |
|---|---|---|---|---|
| Jahresüberschuss | 4 GE | an | Nicht beherrschende Anteile | 4 GE |

Die zugehörige Buchung (4) in der Summen-GuV lautet:

| | | | | |
|---|---|---|---|---|
| Zuführung zu Gewinnrücklagen | 16 GE | an | Jahresüberschuss | 16 GE |

| | | | | |
|---|---|---|---|---|
| Auf nicht beherrschende Anteile entfallender Gewinn | 4 GE | an | Jahresüberschuss | 4 GE |

Nachdem die Kapitalkonsolidierung und die Gewinnverwendungsrechnung durchgeführt wurden, erfolgt nun die **Schuldenkonsolidierung**. Bei **Geschäftsvorfall (1)** wird aus Konzernsicht eine Rückstellung für ungewisse Verbindlichkeiten gegenüber sich selbst gebildet. Ansprüche und Verpflichtungen entsprechen sich in diesem Fall nicht, da keine ungewissen Forderungen bilanziert werden dürfen. Somit entsteht eine echte Aufrechnungsdifferenz, die durch eine Buchung gegen den Jahresüberschuss bzw. sonstige betriebliche Aufwendungen korrigiert werden muss.

Die Rückstellung wird mit Buchungssatz (5) in der Konzernbilanz konsolidiert:

| | | | | |
|---|---|---|---|---|
| Sonstige Rückstellungen | 20 GE | an | Jahresüberschuss | 20 GE |

Die korrespondierende GuV-Buchung (6) lautet:

| | | | | |
|---|---|---|---|---|
| Jahresüberschuss | 20 GE | an | Sonstige betriebliche Aufwendungen | 20 GE |

**Geschäftsvorfall (2)** hat zur Folge, dass die Desenberger Betonwerke AG eine Forderung i. H. v. 10 GE ausweist und die Bau Schnell AG eine Verbindlichkeit in der gleichen Höhe passiviert. Diese internen Schuldbeziehungen stehen sich in identischer Höhe gegenüber und können somit ohne Verursachung von Aufrechnungsdifferenzen eliminiert werden. Der Buchungssatz (7) lautet:

| | | | | |
|---|---|---|---|---|
| Verbindlichkeiten gegenüber verbundenen Unternehmen | 10 GE | an | Forderungen gegen verbundene Unternehmen | 10 GE |

Eine GuV-Buchung ist nicht notwendig, da bei diesem Geschäftsvorfall keine Erfolgswirkung entstanden ist.

Die aus **Geschäftsvorfall (3)** resultierende innerkonzernliche Schuldbeziehung führt dagegen zu einer Aufrechnungsdifferenz, weil die Desenberger Betonwerke AG die Forderung in ihrem Einzelabschluss abgeschrieben hat. Mit Buchungssatz (8) wird diese Schuldbeziehung im Konzernabschluss bilanziell eliminiert:

| | | | | |
|---|---|---|---|---|
| Verbindlichkeiten gegenüber verbundenen Unternehmen | 10 GE | an | Jahresüberschuss | 10 GE |

Folgende Brutto-Buchung führt zum gleichen Ergebnis:

| | | | | |
|---|---|---|---|---|
| Forderungen gegenüber verbundenen Unternehmen | 10 GE | an | Jahresüberschuss | 10 GE |

| | | | | |
|---|---|---|---|---|
| Verbindlichkeiten gegenüber verbundenen Unternehmen | 10 GE | an | Forderungen gegenüber verbundenen Unternehmen | 10 GE |

Die Korrektur in der GuV wird mit Buchungssatz (9) durchgeführt:

| | | | | |
|---|---|---|---|---|
| Jahresüberschuss | 10 GE | an | Sonstige betriebliche Aufwendungen | 10 GE |

Insgesamt hat die Schuldenkonsolidierung zu ertragswirksamen Korrekturen i. H. v. 30 GE geführt. Da der gesamte Gewinn den Gewinnrücklagen zugeführt werden soll, gilt dies auch für die anteiligen Jahresüberschüsse aus der Schuldenkonsolidierung. Die Buchung (10) in der Konzernbilanz lautet:

| Jahresüberschuss | 24 GE | an | Gewinnrücklagen | 24 GE |
|---|---|---|---|---|

Die Buchung (11) vollzieht die Gewinnverwendung in der GuV nach:

| Zuführung zu Gewinnrücklagen | 24 GE | an | Jahresüberschuss | 24 GE |
|---|---|---|---|---|

Da der gestiegene Jahresüberschuss anteilig den nicht beherrschenden Gesellschaftern zusteht, muss dies entsprechend in der Konzernbilanz und -GuV ausgewiesen werden. Hierfür sind die Buchungen (12) und (13) notwendig. Bilanzbuchung (12):

| Jahresüberschuss | 6 GE | an | Nicht beherrschende Anteile | 6 GE |
|---|---|---|---|---|

In der GuV erfolgt die Korrektur mit folgender Buchung (13):

| Auf nicht beherrschende Anteile entfallender Gewinn | 6 GE | an | Jahresüberschuss | 6 GE |
|---|---|---|---|---|

Die Entwicklung von Einzel- und Konzernabschluss der betrachteten Konzernunternehmen unter Berücksichtigung der Kapital- und Schuldenkonsolidierung verdeutlicht die nachfolgende Übersicht:

| Zeitpunkt 31.12.01 (Alle Zahlenangaben in GE) | Desenberger Betonwerke AG | Bau Schnell AG | | | SB | Konsolidierungsspalte | | KB |
|---|---|---|---|---|---|---|---|---|
| | | HB II | ZW | HB III | | Soll | Haben | |
| **Aktiva** | | | | | | | | |
| A. Anlagevermögen | | | | | | | | |
| II. Sachanlagen | | | | | | | | |
| 1. Grundstücke | 100 | 20 | 150 | 150 | 250 | | | 250 |
| 2. Technische Anlagen und Maschinen | 250 | 50 | | 50 | 300 | | | 300 |
| 3. Andere Anlagen, Betriebs- und Geschäftsausstattung | 300 | 30 | | 30 | 330 | | | 330 |
| III. Finanzanlagen | | | | | | | | |
| 1. Anteile an verbundenen Unternehmen Bau Schnell AG | 200 | | | | 200 | | 200[1] | |
| B. Umlaufvermögen | | | | | | | | |
| I. Vorräte | | | | | | | | |
| 1. Roh-, Hilfs- und Betriebsstoffe | 100 | 50 | | 50 | 150 | | | 150 |
| 3. Fertige Erzeugnisse | 70 | 20 | | 20 | 90 | | | 90 |
| II. Forderungen | | | | | | | | |
| 1. Forderungen aus Lieferungen und Leistungen | 70 | 30 | | 30 | 100 | | | 100 |
| 2. Forderungen gegen verbundene Unternehmen | 10 | | | | 10 | | 10[7] | |
| IV. Kassenbestand | 100 | 70 | | 70 | 170 | | | 170 |
| Vorläufiger Unterschiedsbetrag | | | | | | | | |
| **Summe Aktiva** | **1.200** | **270** | | **400** | **1.600** | | **210** | **1.390** |

| Zeitpunkt 31.12.01 (Alle Zahlenangaben in GE) | Desenberger Betonwerke AG | Bau Schnell AG | | | SB | Konsolidierungsspalte | | KB |
|---|---|---|---|---|---|---|---|---|
| | | HB II | ZW | HB III | | Soll | Haben | |
| **Passiva** | | | | | | | | |
| A. Eigenkapital | | | | | | | | |
| I. Gezeichnetes Kapital | 220 | 70 | | 70 | 290 | 56[1]<br>14[2] | | 220 |
| II. Kapitalrücklage | 100 | 20 | | 20 | 120 | 16[1]<br>4[2] | | 100 |
| III. Gewinnrücklagen | 100 | 30 | | 30 | 130 | 24[1]<br>6[2] | 16[3]<br>24[10] | 140 |
| IV. Differenzen aus der Neubewertung | | | | 130 | 130 | 104[1]<br>26[2] | | |
| V. Bilanzgewinn | 80 | 20 | | 20 | 100 | 16[3]<br>4[3]<br>24[10]<br>6[12] | 20[5]<br>10[8] | 80 |
| VI. Nicht beherrschende Anteile | | | | | | | 50[2]<br>4[3]<br>6[12] | 60 |
| B. Rückstellungen | | | | | | | | |
| 1. Rückstellungen für Pensionen und ähnliche Verpflichtungen | 180 | 30 | | 30 | 210 | | | 210 |
| 3. Sonstige Rückstellungen | 20 | | | | 20 | 20[5] | | |
| C. Verbindlichkeiten | | | | | | | | |
| 2. Verbindlichkeiten gegenüber Kreditinstituten | 400 | 50 | | 50 | 450 | | | 450 |
| 4. Verbindlichkeiten aus Lieferungen und Leistungen | 100 | 30 | | 30 | 130 | | | 130 |
| 6. Verbindlichkeiten gegenüber verbundenen Unternehmen | | 20 | | 20 | 20 | 10[7]<br>10[8] | | |
| **Summe Passiva** | **1.200** | **270** | | **400** | **1.600** | **340** | **130** | **1.390** |

**Übersicht 28-5:** Kapital- und Schuldenkonsolidierung der Desenberger Betonwerke AG in der Bilanz

| Zeitpunkt 31.12.01 (Alle Zahlenangaben in GE) | | Desenberger Betonwerke AG | Bau Schnell AG | Summen-GuV | Konsolidierungsspalte | | Konzern-GuV |
|---|---|---|---|---|---|---|---|
| | | | | | Soll | Haben | |
| 1. | Umsatzerlöse | 250 | 50 | 300 | | | 300 |
| 2. | Bestandsveränderungen | 10 | 5 | 15 | | | 15 |
| 3. | Andere aktivierte Eigenleistungen | 2 | 3 | 5 | | | 5 |
| 4. | Sonstige betriebliche Erträge | 1 | | 1 | | | 1 |
| 5. | Materialaufwand | 82 | 25 | 107 | | | 107 |
| 6. | Personalaufwand | 60 | 8 | 68 | | | 68 |
| 7. | Abschreibungen | 4 | 2 | 6 | | | 6 |
| 8. | Sonstige betriebliche Aufwendungen | 30 | 1 | 31 | | 20[6]<br>10[9] | 1 |
| 9. | Sonstige Zinsen und ähnliche Erträge | 1 | 2 | 3 | | | 3 |
| 10. | Zinsen und ähnliche Aufwendungen | 2 | 1 | 3 | | | 3 |
| 11. | Steuern | 6 | 3 | 9 | | | 9 |
| **12.** | **Jahresüberschuss** | 80 | 20 | 100 | 20[6]<br>10[9] | 16[4]<br>4[4]<br>24[11]<br>6[13] | 130 |
| 13. | Gewinn-/Verlustvortrag | | | | | | |
| 14. | Zuführung zur Kapitalrücklage | | | | | | |
| 15. | Zuführung zu Gewinnrücklagen | | | | 16[4]<br>24[11] | | 40 |
| 16. | Auf nicht beherrschende Anteile entfallender Gewinn | | | | 4[4]<br>6[13] | | 10 |
| **17.** | **Bilanzgewinn** | 80 | 20 | 100 | | | 80 |

**Übersicht 28-6:** Auswirkungen der Kapital- und Schuldenkonsolidierung der Desenberger Betonwerke AG in der GuV

## Lösung zu Teilaufgabe (b)

(1) Berücksichtigung der Rückstellung:

Die Inanspruchnahme der Rückstellung für ungewisse Verbindlichkeiten zieht keine konzernbilanziellen Buchungen nach sich, da die Rückstellung durch die Inanspruchnahme im Jahr 02 sowohl im Einzelabschluss der Desenberger Betonwerke AG als auch im Konzernabschluss nicht mehr erscheint. Ebenso sind keine GuV-Buchungen vorzunehmen, da die GuV im Einzelabschluss der Desenberger Betonwerke AG im Jahr 02 durch die erfolgsneutrale Auflösung der Rückstellung (Buchungssatz: Sonstige Rückstellungen an Kassenbestand) unberührt bleibt. Somit ergibt sich ebenfalls keine Erfolgswirkung auf Ebene der Konzern-GuV.

(2) Berücksichtigung der abgeschriebenen Forderung:

Am 31.12.02 ist für die Schuldenkonsolidierung folgende bilanzielle Buchung erforderlich:

| Verbindlichkeiten gegenüber verbundenen Unternehmen | 10 GE | an | Korrekturposten (im EK) | 10 GE |
|---|---|---|---|---|

Da in diesem Jahr keine Erfolgswirkung aus dem Sachverhalt entstanden ist, wird die Verbindlichkeit der Bau Schnell AG, der keine Forderung (mehr) gegenübersteht, erfolgsneutral mit einem gesonderten Korrekturposten innerhalb des Eigenkapitals (häufig als Konsolidierungsausgleichsposten oder Konsolidierungsdifferenzen bezeichnet) verrechnet. Dieser Korrekturposten ist im Eigenkapital separat auszuweisen, da nur so für den außenstehenden Konzernabschlussadressaten erkennbar ist, welcher Teil des ausgewiesenen Eigenkapitals aus Konsolidierungsdifferenzen besteht.

Am 31.12.03 ist die bei der Desenberger Betonwerke AG bereits abgeschriebene Forderung, die von der Bau Schnell AG überwiesen wurde, im Konzernabschluss zu korrigieren.

Da die Forderung im Jahr 01 aufgrund von Uneinbringlichkeit abgeschrieben wurde, ist der Eingang als sonstiger betrieblicher Ertrag im Einzelabschluss der Desenberger Betonwerke AG berücksichtigt worden. Folglich ist der Konzernjahresüberschuss um diesen sonstigen betrieblichen Ertrag zu hoch ausgewiesen und muss korrigiert werden. In der Bilanz ist diese erfolgswirksame Auflösung in Ermangelung eines Gegenpostens gegen den Korrekturposten im Eigenkapital zu buchen. Somit sind die folgenden Buchungen erforderlich:

Buchung in der Bilanz:

| Jahresüberschuss | 10 GE | an | Korrekturposten (im EK) | 10 GE |
|---|---|---|---|---|

Buchung in der GuV:

| Sonstiger betrieblicher Ertrag | 10 GE | an | Jahresüberschuss | 10 GE |
|---|---|---|---|---|

# Übung 29: Die Kapital- und Schuldenkonsolidierung nach HGB unter Berücksichtigung vorkonzernlicher Beziehungen

## Sachverhalt

Die Tierfreund AG erwirbt am 31.12.01 alle Anteile an der Goldhamster GmbH zum Preis von 600 GE. Die Handelsbilanzen der beiden Unternehmen haben zu diesem Zeitpunkt folgendes Aussehen:

| 31.12.01 (Alle Zahlenangaben in GE) | | | |
|---|---|---|---|
| Sonstiges Anlagevermögen | 1.000 | Eigenkapital | |
| Beteiligung | 600 | ■ Gezeichnetes Kapital | 300 |
| Goldhamster GmbH | | ■ Kapitalrücklage | 600 |
| Sonstiges Umlaufvermögen | 300 | ■ Jahresüberschuss | 200 |
| Kasse | 200 | Rückstellungen | 200 |
| | | Verbindlichkeiten | 800 |
| Summe Aktiva | 2.100 | Summe Passiva | 2.100 |

**Übersicht 29-1:** Handelsbilanz der Tierfreund AG

| 31.12.01 (Alle Zahlenangaben in GE) | | | |
|---|---|---|---|
| Sonstiges Anlagevermögen | 400 | Eigenkapital | |
| Sonstiges Umlaufvermögen | 300 | ■ Gezeichnetes Kapital | 100 |
| Kasse | 100 | ■ Kapitalrücklage | 200 |
| | | ■ Jahresüberschuss | 150 |
| | | Rückstellungen | 100 |
| | | Verbindlichkeiten | 250 |
| Summe Aktiva | 800 | Summe Passiva | 800 |

**Übersicht 29-2:** Handelsbilanz der Goldhamster GmbH

Zusätzlich sind folgende Sachverhalte zu berücksichtigen:

- Das sonstige Anlagevermögen der Goldhamster GmbH enthält stille Reserven i. H. v. 25 GE.
- Die Tierfreund AG hat im Geschäftsjahr 01 eine langfristige Forderung gegenüber der Goldhamster GmbH i. H. v. 80 GE um 25 % abgeschrieben, da zu erwarten ist, dass die Goldhamster GmbH ihre Verbindlichkeit nur zu 75 % begleichen wird.
- Die Tierfreund AG hat im Geschäftsjahr 01 in ihrem Jahresabschluss eine Rückstellung für ungewisse Verbindlichkeiten gegenüber der Goldhamster GmbH i. H. v. 100 GE gebildet. Es ist davon auszugehen, dass die Rückstellung zeitnah nach dem Erwerb aufgelöst wird.
- Die Tierfreund AG hat eine Forderung aus Lieferungen und Leistungen gegen- über der Goldhamster GmbH i. H. v. 50 GE. Letztere weist eine Verbindlichkeit gegenüber der Tierfreund AG in gleicher Höhe aus.
- Die Tierfreund AG hat eine Forderung aus Lieferungen und Leistungen gegenüber einem Kunden der Goldhamster GmbH i. H. v. 50 GE. Im Jahresabschluss des Kunden steht dieser Forderung eine Verbindlichkeit in gleicher Höhe gegenüber.

## Aufgaben

(a) Führen Sie die Kapitalkonsolidierung zum 31.12.01 nach der Neubewertungsmethode durch.

(b) Führen Sie die Schuldenkonsolidierung anhand von Buchungssätzen durch.

## Literaturhinweis

Baetge, Jörg/Kirsch, Hans-Jürgen/Thiele, Stefan, Konzernbilanzen, 15. Aufl., Düsseldorf 2024, Kap. V Abschn. 1 und Abschn. 2.

## Lösungen

### Lösung zu Teilaufgabe (a)

- Stille Reserven im Anlagevermögen

Bei der Kapitalkonsolidierung nach der Neubewertungsmethode sind noch vor der Bildung der Summenbilanz die stillen Reserven und stille Lasten aufzudecken. Bei der Goldhamster GmbH sind laut Sachverhalt ausschließlich stille Reserven zu berücksichtigen. Diese sind mit dem folgenden Buchungssatz (1) aufzudecken:

| Sonstiges Anlagevermögen | 25 GE | an | Differenzen aus der Neubewertung | 25 GE |
|---|---|---|---|---|

- Abgeschriebene Forderung

Gemäß DRS 23.49 f. sind die vorkonzernlichen Beziehungen zwischen der Goldhamster GmbH und der Tierfreund AG bereits im Rahmen der Kapitalkonsolidierung gemäß § 301 Abs. 1 Satz 1 HGB zu berücksichtigen, da sich die Ansprüche und Verpflichtungen zwischen den Gesellschaften nicht betragsgleich gegenüberstehen. Im Rahmen des Erwerbsvorgangs sind sämtliche Vermögensgegenstände und Schulden neuzubewerten. Da die Tierfreund AG die langfristige Forderung gegenüber der Goldhamster GmbH um 25 % abgeschrieben hat, ergibt sich eine Differenz zwischen dem beizulegenden Zeitwert der Schuld des Tochterunternehmens und dem bisher passivierten Erfüllungsbetrag dieser Verbindlichkeit bei der Goldhamster GmbH. Diese Differenz ist im Rahmen der Ermittlung des neubewerteten Eigenkapitals einzubeziehen, da sie aus Sicht der Tierfreund AG eine stille Reserve im Vermögen der Goldhamster GmbH ist und insofern auch bei der Kaufpreisbemessung berücksichtigt wurde (vgl. DRS 23.B15 i. V. m. DRS 23.44).

Die Neubewertung der Verbindlichkeit gegenüber der Tierfreund AG ist mit folgendem Buchungssatz (2) abzubilden:

| | | | | |
|---|---|---|---|---|
| Verbindlichkeit gegenüber der Tierfreund AG | 20 GE | an | Differenzen aus der Neubewertung | 20 GE |

- Rückstellung für ungewisse Verbindlichkeiten

Die von der Tierfreund AG in ihrem Jahresabschluss des Geschäftsjahres 01 gebildete Rückstellung für ungewisse Verbindlichkeiten gegenüber der Goldhamster GmbH i. H. v. 100 GE ist ebenfalls als vorkonzernliche Beziehung zu klassifizieren und daher bereits im Rahmen der Kapitalkonsolidierung in Form einer Anschaffungspreisminderung zu berücksichtigen (DRS 23.50). Buchhalterisch ist die Anschaffungskostenminderung mit Hilfe des folgenden Buchungssatzes (3) zu erfassen:

| | | | | |
|---|---|---|---|---|
| Rückstellung gegenüber der Goldhamster GmbH | 100 GE | an | Beteiligung Goldhamster GmbH | 100 GE |

Nach der Aufstellung der Summenbilanz und der Berücksichtigung der vorkonzernlichen Beziehungen können die eigentlichen **Konsolidierungsbuchungen** durchgeführt werden. Hierbei ist zunächst der verbleibende Buchwert der Beteiligung an der Goldhamster GmbH mit dem neubewerteten Eigenkapital der Goldhamster GmbH zu verrechnen. Dies wird durch den folgenden Buchungssatz (4) dargestellt:

| | | | | |
|---|---|---|---|---|
| Verbl. Unterschiedsbetrag | 5 GE | | | |
| Differenzen aus der Neubewertung | 45 GE | | | |
| Gezeichnetes Kapital | 100 GE | | | |
| Kapitalrücklage | 200 GE | | | |
| Jahresüberschuss | 150 GE | an | Beteiligung Goldhamster GmbH | 500 GE |

Da es sich um einen aktiven Unterschiedsbetrag handelt, ist dieser als Geschäfts- oder Firmenwert (GoF) auf der Aktivseite der Konzernbilanz anzusetzen. Dies erfolgt durch den folgenden Buchungssatz (5):

| | | | | |
|---|---|---|---|---|
| Geschäfts- oder Firmenwert | 5 GE | an | Verbl. Unterschiedsbetrag | 5 GE |

Damit ergibt sich die in Übersicht 29-3 aus der Summenbilanz und den in der Konsolidierungsspalte gebuchten Buchungssätzen (1) bis (5) entwickelte Konzernbilanz der Tierfreund AG zum 31.12.01:

| Zeitpunkt 31.12.01 | MU | TU | | SB | Konsolidierungs-spalte | | KB |
|---|---|---|---|---|---|---|---|
| (Alle Zahlenangaben in GE) | HB II | HB II | stR/stL | | Soll | Haben | |
| **Aktiva** | | | | | | | |
| Geschäfts- oder Firmenwert | | | | | 5[5] | | 5 |
| Sonstiges Anlagevermögen | 1.000 | 400 | 25[1] | 1.425 | | | 1.425 |
| Beteiligung Goldhamster GmbH | 600 | | | 600 | | 100[3]<br>500[4] | |
| Sonstiges Umlaufvermögen | 300 | 300 | | 600 | | | 600 |
| Kasse | 200 | 100 | | 300 | | | 300 |
| Verbleib. Unterschiedsbetrag | | | | | 5[4] | 5[5] | |
| Summe Aktiva | 2.100 | 800 | | 2.925 | | | 2.330 |
| **Passiva** | | | | | | | |
| Eigenkapital | | | | | | | |
| ■ Gezeichnetes Kapital | 300 | 100 | | 400 | 100[4] | | 300 |
| ■ Kapitalrücklage | 600 | 200 | | 800 | 200[4] | | 600 |
| ■ Jahresüberschuss | 200 | 150 | 25[1] | 45 | 45[4] | | 200 |
| | | | 20[2] | | 150[4] | | |
| Rückstellungen | 200 | 100 | | 300 | 100[3] | | 200 |
| Verbindlichkeiten | 800 | 250 | 20[2] | 1.030 | | | 1.030 |
| Summe Passiva | 2.100 | 800 | | 2.925 | 605 | 605 | 2.330 |

**Übersicht 29-3:** Konzernbilanz der Tierfreund AG zum 31.12.01

## Lösung zu Teilaufgabe (a)

- Abgeschriebene Forderung

Da die Verbindlichkeit der Goldhamster GmbH gemäß DRS 23.44 neubewertet wurde (vgl. Buchungssatz 2 in Teilaufgabe (a)), stehen sich die entstandenen internen Schuldbeziehungen nun in gleicher Höhe gegenüber und können somit ohne Verursachung von Aufrechnungsdifferenzen eliminiert werden. Die Differenz zwischen dem beizulegenden Zeitwert der Schuld des Tochterunternehmens und dem bisher passivierten Erfüllungsbetrag wurde bereits im Rahmen der Ermittlung des neubewerteten Eigenkapitals berücksichtigt (DRS 23.49).

Buchung in der Bilanz:

| Verbindlichkeiten | 60 GE | an | Sonstiges Umlaufvermögen | 60 GE |
|---|---|---|---|---|

- Forderung und Verbindlichkeit in gleicher Höhe

Die entstandenen internen Schuldbeziehungen aus Lieferungen und Leistungen stehen sich in gleicher Höhe gegenüber und können somit ebenfalls ohne Verursachung von Aufrechnungsdifferenzen im Rahmen der Schuldenkonsolidierung eliminiert werden. Eine GuV-Buchung ist nicht notwendig, da dieser Geschäftsvorfall keine Erfolgswirkung hatte.

Buchung in der Bilanz:

| Verbindlichkeiten | 50 GE | an | Sonstiges Umlaufvermögen | 50 GE |
|---|---|---|---|---|

- Forderung gegenüber einem Kunden des Tochterunternehmens

Die Forderung der Tierfreund AG besteht bei diesem Sachverhalt nicht gegenüber der Goldhamster GmbH direkt, sondern gegenüber einem Kunden der Goldhamster GmbH, also gegenüber einem konzernaußenstehenden Unternehmen. Somit sind diesbezüglich keine Konsolidierungsbuchungen erforderlich.

# Übung 30: Anschaffungs- und Herstellungskosten im Einzel- und Konzernabschluss

## Sachverhalt

Im Konzern des Mutterunternehmens M liefert das zu konsolidierende Tochterunternehmen A an das zu konsolidierende Tochterunternehmen B Maschinenteile im Wert von 1.400 GE pro Stück. Diesem Preis liegt folgende Kalkulation zugrunde:

| | | | |
|---|---|---|---|
| | Fertigungs- und Materialeinzelkosten | | 700 GE |
| + | Sonderkosten der Fertigung (davon Stücklizenzen an B: 90 GE) | + | 150 GE |
| + | Fertigungs- und Materialgemeinkosten | + | 220 GE |
| + | Kosten der allgemeinen Verwaltung (davon Mietzahlungen an M: 50 GE) | + | 250 GE |
| + | Kosten für den Transport von A zu B | + | 20 GE |
| + | Gewinnzuschlag | + | 60 GE |
| = | Preis der Maschinenteile | | 1.400 GE |

B veredelt die Maschinenteile. Dabei fallen weitere Fertigungs- und Materialeinzelkosten i. H. v. 200 GE sowie Kosten der allgemeinen Verwaltung i. H. v. 185 GE (davon 100 GE produktionsbezogen) je Stück an. Darüber hinaus sind für den Zeitraum der Veredelung der Maschinenteile Fremdkapitalkosten i. H. v. 15 GE aufzuwenden.

Sowohl A als auch B bewerten ihre fertigen Erzeugnisse im Einzelabschluss zur Herstellungskostenuntergrenze, während die fertigen Erzeugnisse im Konzernabschluss zur Herstellungskostenobergrenze bewertet werden. Das Mutterunternehmen hält jeweils 100 % der Anteile an den Tochterunternehmen A und B.

Der Geschäftsführer des Mutterunternehmens M plant einen Börsengang, um neues Kapital für künftige Investitionen zu beschaffen. Da dieses Vorhaben gemäß § 315e Abs. 2 HGB mit weiteren Publizitätspflichten belegt ist, bittet er den Leiter des Konzernrechnungswesens einen Probe-Konzernabschluss nach IFRS aufzustellen, um Abweichungen zum handelsrechtlichen Konzernabschluss besser abschätzen zu können.

## Aufgaben

(a) Wie sind die Maschinenteile in den handelsrechtlichen Einzelabschlüssen von A und B zu bewerten?

(b) Wie sind die Maschinenteile im Konzernabschluss nach HGB zu bewerten?

(c) Erläutern Sie zunächst allgemein die Bewertung von Herstellungskosten nach IFRS und gehen Sie auf wesentliche Unterschiede zum HGB ein. Wie sind die Maschinenteile im IFRS-Konzernabschluss des Mutterunternehmens konkret zu bewerten?

(d) Welche Auswirkungen hat es, wenn bei dem ursprünglichen Erwerb des Unternehmens A durch M stille Reserven bei der Maschine aufgedeckt wurden, mit der A die Maschinenteile fertigt?

## Literaturhinweise

BAETGE, JÖRG/KIRSCH, HANS-JÜRGEN/THIELE, STEFAN, Konzernbilanzen, 15. Aufl., Düsseldorf 2024, Kap. V Abschn. 3.

BAETGE, JÖRG/KIRSCH, HANS-JÜRGEN/THIELE, STEFAN, Bilanzen, 17. Aufl., Düsseldorf 2024, Kap. IV Abschn. 2 sowie Abschn. 5.

## Lösungen

### Lösung zu Teilaufgabe (a)

Die Bewertung von Vermögensgegenständen im Einzelabschluss richtet sich nach § 253 HGB. So sind Vermögensgegenstände gemäß § 253 Abs. 1 Satz 1 HGB höchstens mit ihren Anschaffungs- oder Herstellungskosten, vermindert um die Abschreibungen nach § 253 Abs. 3 und 4 HGB, anzusetzen. Die Bestandteile der Anschaffungs- und Herstellungskosten sind in § 255 Abs. 1 bis 3 HGB geregelt.

Die Tochterunternehmen A und B setzen ihre fertigen Erzeugnisse im Einzelabschluss jeweils zur Herstellungskostenuntergrenze an. Die Herstellungskostenuntergrenze ergibt sich gemäß § 255 Abs. 2 Satz 2 HGB aus den aktivierungspflichtigen Material- und Fertigungseinzelkosten und den Sonderkosten der Fertigung sowie angemessenen Teilen der Materialgemeinkosten, der Fertigungsgemeinkosten und des Werteverzehrs des Anlagevermögens, soweit dieser durch die Fertigung veranlasst ist. Die Berechnungen werden im Folgenden aufgeführt.

Die Transportkosten i. H. v. 20 GE für den Transport von A zu B sind aus Sicht des Tochterunternehmens A als Vertriebskosten zu klassifizieren. Diese dürfen gemäß § 255 Abs. 2 Satz 4 HGB auch bei einer Bewertung zur Herstellungskostenobergrenze nicht angesetzt werden. Die Herstellungskosten im Einzelabschluss (HB I) von Tochterunternehmen A zur Herstellungskostenuntergrenze ergeben sich damit wie folgt:

| | | | |
|---|---|---|---|
| | Fertigungs- und Materialeinzelkosten | | 700 GE |
| + | Sonderkosten der Fertigung | + | 150 GE |
| + | Fertigungs- und Materialgemeinkosten | + | 220 GE |
| = | HK von Tochterunternehmen A zur Herstellungskostenuntergrenze | | 1.070 GE |

Die Herstellungskosten im Einzelabschluss (HB I) von Tochterunternehmen B zur Herstellungskostenuntergrenze berechnen sich wie folgt:

| | | | |
|---|---|---|---|
| | Materialeinzelkosten (Preis der Maschinenteile von A) | | 1.400 GE |
| + | Fertigungs- und Materialeinzelkosten (für die Veredelung von B) | + | 200 GE |
| = | HK von Tochterunternehmen B zur Herstellungskostenuntergrenze | | 1.600 GE |

Die Kalkulation der Herstellungskostenuntergrenze und Herstellungskostenobergrenze im Einzelabschluss sowie des Selbstkostenpreises wird durch die folgende zusammenfassende Übersicht verdeutlicht:

| **Kalkulation der Herstellungskostenuntergrenze und der Herstellungskostenobergrenze bzw. des Selbstkostenpreises** (Alle Zahlenangaben in GE) | | | TU A | TU B |
|---|---|---|---|---|
| **P** | | Material- und Fertigungseinzelkosten | 700 | 1.600 |
| | + | Sondereinzelkosten der Fertigung | 150 | – |
| | = | Summe der Einzelkosten | 850 | 1.600 |
| | + | Angemessene Teile der notwendigen Material- und Fertigungsgemeinkosten | 220 | – |
| | + | Angemessene Teile des Werteverzehrs des Anlagevermögens | – | – |
| | = | Summe der aktivierungspflichtigen Gemeinkosten | 220 | – |
| | | Herstellungskostenuntergrenze | 1.070 | 1.600 |
| **W** | + | Anteilige Gemeinkosten der allgemeinen Verwaltung | 250 | 185 |
| | + | Anteilige Aufwendungen für soziale Einrichtungen des Betriebes für freiwillige soziale Leistungen und für betriebliche Altersversorgung | – | – |
| | + | Anteilige zurechenbare Zinsen für Fremdkapital | – | 15 |
| | = | Summe der aktivierungsfähigen Gemeinkosten | 250 | 200 |
| | | Herstellungskostenobergrenze | 1.320 | 1.800 |
| **V** | + | Vertriebskosten | 20 | – |
| | + | Gewinnzuschlag | 60 | – |
| | = | **Selbstkostenpreis** | 1.400 | – |

**Legende:**
P ≙ Pflichtbestandteile der Herstellungskosten
W ≙ Wahlbestandteile der Herstellungskosten
V ≙ Verbot der Aktivierung

**Übersicht 30-1:** Die Bestandteile der Herstellungskostenuntergrenze, der Herstellungskostenobergrenze sowie des Selbstkostenpreises

## Lösung zu Teilaufgabe (b)

Für den Konzernabschluss sind nicht die Werte der Vermögensgegenstände aus der HB I, sondern die an die konzerneinheitliche Bewertung angepassten Werte maßgeblich. Sofern die Bewertung der Vermögensgegenstände der HB I von den Vorgaben der Bewertungsrichtlinien des Konzerns abweicht, sind die Vermögensgegenstände gemäß § 308 Abs. 2 Satz 1 HGB entsprechend der konzerneinheitlichen Bewertungsrichtlinien neu zu bewerten. Das Ergebnis wird in der HB II abgebildet.

Auch im Konzernabschluss ist nach § 298 Abs. 1 HGB die Definition der Herstellungskosten nach § 255 Abs. 2, 2a und 3 HGB maßgeblich. Als Untergrenze der Konzernherstellungskosten sind die Materialeinzelkosten, die Fertigungseinzelkosten und die Sonderkosten der Fertigung sowie angemessene Teile der Materialgemeinkosten, der Fertigungsgemeinkosten und des Werteverzehrs des Anlagevermögens, soweit dieser durch die Fertigung veranlasst ist, anzusetzen. Zusätzlich zu den Bestandteilen der Herstellungskostenuntergrenze dürfen Kosten der allgemeinen Verwaltung sowie Kosten für soziale Einrichtungen des Betriebes, freiwillige soziale Leistungen und Kosten für die betriebliche Altersversorgung angesetzt werden, soweit diese auf den Zeitraum der Herstellung entfallen. Ein Bezug zur Produktion spielt dabei nach HGB keine Rolle. Zudem dürfen Fremdkapitalzinsen, soweit sie auf den Zeitraum der Herstellung entfallen und sofern das Fremdkapital zur Finanzierung der Herstellung des Vermögensgegenstandes verwendet wurde, anteilig in den Herstellungskosten berücksichtigt werden. Vertriebs- und Forschungskosten dürfen hingegen, wie auch im Einzelabschluss, nicht aktiviert werden.

Im vorliegenden Sachverhalt wurde in der HB I zur Herstellungskostenuntergrenze bewertet, während im Konzern zur Herstellungskostenobergrenze bewertet werden soll. Daher sind alle nicht aktivierten, aber aktivierungsfähigen Gemeinkosten in den Wertansatz der HB II einzubeziehen.

Vor diesem Hintergrund ergeben sich als vorläufige Konzernherstellungskosten zur Herstellungskostenobergrenze:

| | | | |
|---|---|---|---|
| | Fertigungs- und Materialeinzelkosten TU A | | 700 GE |
| + | Sonderkosten der Fertigung TU A | + | 150 GE |
| + | Fertigungs- und Materialgemeinkosten TU A | + | 220 GE |
| + | Kosten der allgemeinen Verwaltung TU A | + | 250 GE |
| + | Fertigungs- und Materialeinzelkosten TU B | + | 200 GE |
| + | Kosten der allgemeinen Verwaltung TU B | + | 185 GE |
| + | Fremdkapitalzinsen TU B | + | 15 GE |
| = | Vorläufige Konzernherstellungskosten (= Wertansatz in der HB II) | | 1.720 GE |

Die Kalkulation der vorläufigen Konzernherstellungskosten sowie des Selbstkostenpreises wird durch die folgende zusammenfassende Übersicht verdeutlicht:

| **Kalkulation des Selbstkostenpreises bzw. der vorläufigen Konzernherstellungskosten nach HGB** (Alle Zahlenangaben in GE) | | | TU A | TU B | KA |
|---|---|---|---|---|---|
| **P** | | Material- und Fertigungseinzelkosten | 700 | 1.600 | 900 |
| | + | Sondereinzelkosten der Fertigung | 150 | – | 150 |
| | = | Summe der Einzelkosten | 850 | 1.600 | 1.050 |
| | + | Angemessene Teile der notwendigen Material- und Fertigungsgemeinkosten | 220 | – | 220 |
| | + | Angemessene Teile des Werteverzehrs des Anlagevermögens | – | – | – |
| | = | Summe der aktivierungspflichtigen Gemeinkosten | 220 | – | 220 |
| **W** | + | Anteilige Gemeinkosten der allgemeinen Verwaltung | 250 | 185 | 435 |
| | + | Anteilige Aufwendungen für soziale Einrichtungen des Betriebes, für freiwillige soziale Leistungen und für betriebliche Altersversorgung | – | – | – |
| | + | Anteilige zurechenbare Zinsen für Fremdkapital | – | 15 | 15 |
| | = | Summe der aktivierungsfähigen Gemeinkosten | 250 | 200 | 450 |
| **V** | + | Vertriebskosten | 20 | – | – |
| | + | Gewinnzuschlag | 60 | – | – |
| | = | **Selbstkostenpreis** | 1.400 | – | – |
| | = | **Vorläufige Konzernherstellungskosten** | – | – | 1.720 |
| **Legende:** Vgl. Übersicht 30-1. | | | | | |

**Übersicht 30-2:** Die Bestandteile der Konzernherstellungskosten nach HGB

Die vorläufigen Konzernherstellungskosten sind aber um sog. Herstellungskostenmehrungen und Herstellungskostenminderungen zu korrigieren. Bei **Herstellungskostenmehrungen** handelt es sich um Aufwendungen, für die eine Aktivierung zwar aus Sicht des einzelnen einbezogenen Unternehmens nicht in Betracht kommt, die aber aus Sicht des Konzerns hingegen aktivierungspflichtig sind. Umgekehrt sind **Herstellungskostenminderungen** Aufwendungen, die in der HB II aktiviert wurden, im Konzernabschluss aber nicht aktivierungsfähig sind. Als Herstellungskostenmehrungen sind z. B. durch konzerninterne Lieferungen entstandene Aufwendungen für den Transport eines Erzeugnisses anzusetzen. Aus Sicht des liefernden Unternehmens sind sie den Vertriebskosten zuzuordnen und dürfen somit nicht aktiviert werden. Aus Konzernsicht hingegen sind sie als Fertigungskosten zu behandeln und folglich zu aktivieren, da es sich aus dieser Perspektive um einen Transport zwischen verschiedenen Betriebsstätten handelt. Als Herstellungskostenminderungen sind z. B. innerkonzernliche Lizenzgebühren, innerkonzernliche Mietaufwendungen oder Gewinnzuschläge zu nennen. Diese werden bei dem empfangenden Konzernunternehmen aktiviert, wohingegen sie aus Konzernsicht zu eliminieren sind.

Im vorliegenden Sachverhalt sind die Transportkosten von A zu B als Herstellungskostenmehrung i. H. v. 20 GE zu erfassen. Demgegenüber sind die Gebühren für die Stücklizenzen von A an B i. H. v. 90 GE und die Mietzahlungen von A an M i. H. v. 50 GE als (zu konsolidierende) Herstellungskostenminderungen zu klassifizieren. Die folgende Abbildung zeigt die Berechnung der endgültigen Konzernherstellungskosten zur **Herstellungskostenobergrenze**:

| | | | |
|---|---|---|---|
| | Vorläufige Konzernherstellungskosten | | 1.720 GE |
| + | Einzelkosten der Fertigung | + | 20 GE |
| – | Stücklizenzen | – | 90 GE |
| – | Mietzahlungen | – | 50 GE |
| = | Konzernherstellungskosten zur Herstellungskostenobergrenze | | 1.600 GE |

## Lösung zu Teilaufgabe (c)

Die Bilanzierung von Vorräten nach IFRS ist in IAS 2 (Vorräte) geregelt. Der Standard konkretisiert die Ermittlung der Anschaffungs- und Herstellungskosten, mit denen ein Vermögenswert zu bewerten ist. Gemäß IAS 2.10 sind alle Kosten des Erwerbs und der Herstellung sowie sonstige Kosten einzubeziehen, die angefallen sind, um die Vorräte an ihren derzeitigen Ort und in ihren derzeitigen Zustand zu versetzen.

Die Herstellungskosten enthalten sämtliche Aufwendungen, die der Produktionseinheit direkt zurechenbar sind (Einzelkosten). Darüber hinaus sind pflichtgemäß alle variablen und fixen Produktionsgemeinkosten zu aktivieren, soweit diese angemessen sind und in direktem Zusammenhang mit dem Produkt bzw. dem Produktionsvorgang anfallen. Unter den variablen Produktionsgemeinkosten sind alle Kostenbestandteile zu subsumieren, die (nahezu) unmittelbar mit dem Produktionsvolumen variieren wie bspw. Material- und Fertigungsgemeinkosten. Fixe produktionsbezogene Gemeinkosten sind dem Herstellungsvorgang nicht direkt zurechenbar und fallen weitestgehend unabhängig vom Produktionsvolumen an, z. B. planmäßige Abschreibungen und Instandhaltungskosten von Betriebsgebäuden (IAS 2.12). Ein Ansatzverbot besteht hingegen für Vertriebskosten sowie für alle Kosten, die nicht dem Herstellungsprozess zurechenbar sind (IAS 2.16).

Aus dem Kriterium der Produktionsbezogenheit der Gemeinkosten resultieren Unterschiede zwischen den IFRS-Regelungen und den entsprechenden HGB-Bestimmungen. Bei der handelsrechtlichen Bewertung der Herstellungskosten dürfen gemäß des Wahlrechtes des § 255 Abs. 2 Satz 3 HGB angemessene Teile der allgemeinen Verwaltungskosten und der sozialen Aufwendungen, sofern diese im Herstellungszeitraum angefallen sind, aktiviert werden. Der Produktionsbezug ist im Gegensatz zu den Regelungen des IAS 2 kein maßgebendes Ansatzkriterium. Da, wie in Aufgabenteil (b), die fertigen Erzeugnisse zur Herstellungskostenobergrenze unter Einbeziehung aller unter § 255 Abs. 2 und 3 HGB fallenden Aufwendungen aktiviert werden, übersteigen die HGB-Herstellungskosten die IFRS-Herstellungskosten um die im Herstellungszeitraum angefallenen nicht produktionsbezogenen Anteile an den allgemeinen Verwaltungskosten i. H. v. 85 GE. Darüber hinaus dürfen in dem vorliegenden Sachverhalt die Fremdkapitalkosten i. H. v. 15 GE nicht einbezogen werden. Zwar können diese dem Herstellungsvorgang zugeordnet werden, jedoch ist eine Aktivierung nur in den Fällen geboten, in denen sie zur Produktion eines qualifizierten Vermögenswertes i. S. d. IAS 23 (Fremdkapitalkosten) aufgewendet werden. Ein qualifizierter Vermögenswert ist dadurch gekennzeichnet, dass ein beträchtlicher Zeitraum erforderlich ist, um ihn in seinen beabsichtigten gebrauchs- oder verkaufsfähigen Zustand zu versetzen (IAS 23.5). Für die Veredelung der Maschinenteile durch das Tochterunternehmen B ist kein weitreichender Zeitraum erforderlich, so dass die Fremdkapitalkosten in dieser Konstellation als Aufwand zu erfassen sind.

Die Kalkulation der vorläufigen Konzernherstellungskosten nach IFRS ist somit insgesamt um 100 GE niedriger im Vergleich zum handelsrechtlichen Ansatz wie die folgende zusammenfassende Übersicht verdeutlicht:

| **Kalkulation des Selbstkostenpreises bzw. der vorläufigen Konzernherstellungskosten nach IFRS** (Alle Zahlenangaben in GE) | | | TU A | TU B | KA |
|---|---|---|---|---|---|
| **P** | | Material- und Fertigungseinzelkosten | 700 | 1.600 | 900 |
| | + | Sondereinzelkosten der Fertigung | 150 | – | 150 |
| | = | Summe der Einzelkosten | 850 | 1.600 | 1.050 |
| | | Produktionsbezogene | | | |
| | + | Material- und Fertigungsgemeinkosten | 220 | – | 220 |
| | + | Gemeinkosten der allgemeinen Verwaltung | 250 | 100 | 350 |
| | + | Aufwendungen für soziale Einrichtungen des Betriebes, für freiwillige soziale Leistungen und für betriebliche Altersversorgung | – | – | – |
| | + | Kosten des Werteverzehrs des Anlagevermögens | – | – | – |
| | = | Summe der aktivierungspflichtigen Gemeinkosten | 470 | 100 | 570 |
| **P/V** | + | Fremdkapitalkosten | – | 15 | 15 |
| **V** | | Nicht produktionsbezogene | | | |
| | + | Gemeinkosten der allgemeinen Verwaltung | – | 85 | 85 |
| | + | Aufwendungen für soziale Einrichtungen des Betriebes, für freiwillige soziale Leistungen und für betriebliche Altersversorgung | – | – | – |
| | + | Kosten des Werteverzehrs des Anlagevermögens | – | – | – |
| | = | Summe der nicht einzubeziehenden Gemeinkosten | – | 100 | 100 |
| | + | Vertriebskosten | 20 | – | – |
| | + | Gewinnzuschlag | 60 | – | – |
| | = | **Selbstkostenpreis** | 1.400 | – | – |
| | = | **Vorläufige Konzernherstellungskosten** | – | – | 1.620 |
| **Legende:** Vgl. Übersicht 30-1. | | | | | |

**Übersicht 30-3:** Die Bestandteile der Konzernherstellungskosten nach IFRS

Die vorläufigen Konzernherstellungskosten sind analog zum Handelsrecht um Herstellungskostenmehrungen und Herstellungskostenminderungen zu korrigieren. Identisch zum Aufgabenteil (b) sind die Transportkosten von A zu B als Herstellungskostenmehrung i. H. v. 20 GE zu erfassen. Demgegenüber sind die Gebühren für die Stücklizenzen von A an B i. H. v. 90 GE und die Mietzahlungen von A an M i. H. v. 50 GE als (zu konsolidierende) Herstellungskostenminderungen zu klassifizieren. Die folgende Abbildung zeigt die Berechnung der endgültigen Konzernherstellungskosten nach IFRS:

| | | | |
|---|---|---|---|
| | Vorläufige Konzernherstellungskosten | | 1.620 GE |
| + | Einzelkosten der Fertigung | + | 20 GE |
| – | Stücklizenzen | – | 90 GE |
| – | Mietzahlungen | – | 50 GE |
| = | Konzernherstellungskosten | | 1.500 GE |

## Lösung zu Teilaufgabe (d)

Falls bei dem ursprünglichen Erwerb des Unternehmens A durch das Mutterunternehmen M bei der Erstkonsolidierung stille Reserven bei der Maschine aufgedeckt wurden, mit der Unternehmen A die Maschinenteile fertigt, sind diese in der Konzernbilanz in den Folgeperioden, wie auch der Buchwert der Maschine, über die Restnutzungsdauer abzuschreiben. Hierdurch ergibt sich eine insgesamt höhere produktionsbezogene Abschreibung im Konzern als im Einzelabschluss. Da gemäß § 255 Abs. 2 Satz 2 HGB sowie IAS 2.12 auch der Werteverzehr des Anlagevermögens bei der Ermittlung der Herstellungskosten zu berücksichtigen ist, muss dieser in die Konzernherstellungskosten einbezogen werden.

# Übung 31: Die Zwischenergebniseliminierung

## Sachverhalt

Ein in der Getränkeindustrie tätiges Konzernmutterunternehmen M steht in Liefer- und Leistungsbeziehungen mit seinen Tochterunternehmen TU 1 und TU 2. Sowohl TU 1 als auch TU 2 stellen Konzentratmischungen zur Verfügung, die bei M nach einer geheimen Rezeptur unter Zuführung weiterer Zutaten einen beliebten Durstlöscher ergeben. Bei TU 1 sind zur Herstellung seiner Konzentratmischung Material- und Personaleinzelkosten i. H. v. jeweils 10 GE, Personalgemeinkosten von 5 GE, allgemeine, nicht herstellungsbezogene Verwaltungskosten von 10 GE und sich auf den Zeitraum der Herstellung beziehende Fremdkapitalzinsen von 5 GE angefallen. Bei TU 2 entstanden Materialeinzelkosten i. H. v. 10 GE, Personaleinzelkosten von 5 GE sowie Kosten für den Transport zu M von 5 GE. M erwirbt die Konzentratmischung von TU 1 zu einem Preis von 10 GE und die Lieferung von TU 2 zu einem Preis von 30 GE. Nach Zusammenführung beider Mischungen im Verhältnis 1:1 fallen bei M zusätzlich Materialeinzelkosten i. H. v. 10 GE an sowie in gleicher Höhe Fremdkapitalzinsen, die dem Herstellungszeitraum zuzuordnen sind. Die Konzentratmischung des TU 1 und das Endprodukt des M sind als qualifizierte Vermögenswerte gemäß IAS 23 zu klassifizieren.

## Aufgaben

(a) Beschreiben Sie den Zweck der Zwischenergebniseliminierung. Erläutern Sie dabei auch den Zusammenhang zwischen dem Realisationsprinzip gemäß § 252 Abs. 1 Nr. 4 HGB und der Zwischenergebniseliminierung im Konzernabschluss.

(b) Wie hoch sind die Anschaffungs- und Herstellungskosten in den handelsrechtlichen Einzelabschlüssen von M, TU 1 und TU 2 sowie im handelsrechtlichen Konzernabschluss, wenn einerseits zur Herstellungskostenuntergrenze und andererseits zur Herstellungskostenobergrenze aktiviert wird? Worin unterscheiden sich der Ansatz zur Herstellungskostenuntergrenze im Konzernabschluss im Vergleich zum Ansatz zur Herstellungskostenuntergrenze im Einzelabschluss von M bzw. der Ansatz zur Herstellungskostenobergrenze im Konzernabschluss im Vergleich zum Ansatz zur Herstellungskostenobergrenze im Einzelabschluss von M?

(c) Stellen Sie anhand von Buchungssätzen die Fertigungs- und Verkaufsprozesse bei TU 1 und TU 2 sowie den Fertigungsprozess bei M dar. Sowohl M als auch die beiden Tochterunternehmen TU 1 und TU 2 gliedern ihre GuV nach dem Gesamtkostenverfahren (GKV). Unterstellen Sie in diesem Zusammenhang, dass die Einzelkosten bei M, TU 1 und TU 2 vollständig für die Anschaffung von Roh-, Hilfs- und Betriebsstoffen (Materialaufwand) entstehen und diese bar bezahlt werden. Die bei TU 2 anfallenden Kosten für den Transport zu M sowie die Verwaltungskosten bei TU 1 werden als sonstiger betrieblicher Aufwand der laufenden Periode erfasst, werden indes – wie auch alle Personalaufwendungen von TU 1 und TU 2 – in dieser Periode noch nicht beglichen. Die Fremdkapitalzinsen bei TU 1 und M werden als Zinsaufwand erfasst und sind ebenfalls noch unbezahlt. Der Verkauf der Konzentratmischungen erfolgt gegen Barzahlung. Die bei M zusätzlich anfallenden Materialeinzelkosten sind dagegen noch nicht beglichen. Wie lauten die Konsolidierungsbuchungen, wenn TU 1 und TU 2 zur Herstellungskostenuntergrenze bzw. M zur Herstellungskostenobergrenze aktiviert haben und die Konzernrichtlinie eine Bilanzierung zur Herstellungskostenobergrenze vorschreibt?

(d) Wie lauten die im Zusammenhang mit dem beschriebenen Sachverhalt vorzunehmenden Konsolidierungsbuchungen im Rahmen der Aufwands- und Ertragskonsolidierung? Begründen Sie diese bitte kurz.

(e) Stellen Sie die grundsätzlichen Regelungen der IFRS zur Zwischenergebniseliminierung dar und gehen Sie dabei auf Unterschiede und Gemeinsamkeiten im Vergleich zum HGB ein.

(f) Stellen Sie den Umfang der Anschaffungs- und Herstellungskosten in den Einzelabschlüssen von M, TU 1 und TU 2 sowie im Konzernabschluss nach den Regelungen der IFRS dar und führen Sie die darauf aufbauende Konsolidierungsbuchung zur Zwischenergebniseliminierung durch. Weisen Sie dabei auch auf die Unterschiede im Vergleich zur Bilanzierung nach dem HGB hin.

## Literaturhinweise

BAETGE, JÖRG/KIRSCH, HANS-JÜRGEN/THIELE, STEFAN, Konzernbilanzen, 15. Aufl., Düsseldorf 2024, Kap. V Abschn. 3.

BAETGE, JÖRG/KIRSCH, HANS-JÜRGEN/THIELE, STEFAN, Bilanzen, 17. Aufl., Düsseldorf 2024, Kap. IV Abschn. 2 und Abschn. 5.

## Lösungen

### Lösung zu Teilaufgabe (a)

Die Vermögens-, Finanz- und Ertragslage der einbezogenen Unternehmen ist im Konzernabschluss so darzustellen, als handele es sich bei den rechtlich selbständigen Unternehmen um ein einheitliches Unternehmen (§ 297 Abs. 3 Satz 1 HGB). Gemäß § 252 Abs. 1 Nr. 4 Halbsatz 2 HGB i. V. m. § 298 Abs. 1 HGB gilt das Realisationsprinzip auch für den Konzernabschluss. Bei den zwischen den Konzernunternehmen gehandelten und gelieferten Waren und Leistungen im Bestand des Konzerns ist der Wertsprung zum Absatzmarkt noch nicht erfolgt. Sie sind daher zu Anschaffungs- und Herstellungskosten aus Konzernsicht zu bewerten, sofern nicht ein niedrigerer Wert in Folge des Niederstwertprinzips anzusetzen ist. Im Rahmen der Zwischenergebniseliminierung sind diese Anschaffungs- oder Herstellungskosten aus Sicht des Konzerns zu ermitteln. Dabei besteht die **erste Aufgabe** in der Bereinigung der durch konzerninterne Umsätze um positive oder negative Erfolgsbeiträge verzerrten Werte von Vermögensgegenständen und die entsprechende Korrektur eines um unrealisierte Gewinne oder Verluste zu hoch bzw. zu niedrig ausgewiesenen Jahresergebnisses im Eigenkapital. Positive Erfolgsbeiträge resultieren bspw. aus einem Gewinnaufschlag und haben zur Folge, dass das verkaufende Unternehmen aus Konzernsicht einen unrealisierten Erfolg und das kaufende Unternehmen einen um den Erfolgsbeitrag zu hohen Bestandswert ausweist. Die Eliminierung dieser sog. **eliminierungspflichtigen** Bestandteile des Zwischenergebnisses verhindert somit den Ausweis aus Konzernsicht unrealisierter Erfolge i. S. d. Realisationsprinzips.

Neben den eliminierungspflichtigen Erfolgsbestandteilen einer Transaktion sind bei der Zwischenergebniseliminierung die aus Konzernsicht relevanten Einzel- und Gemeinkosten zu identifizieren. Es existieren also von der Ausübung der Wahlrechte in § 255 Abs. 2 und 3 HGB i. V. m. § 298 Abs. 1 HGB abhängige Bestandteile eines Zwischenergebnisses. So sind bspw. die in den von M erworbenen Vermögensgegenständen enthaltenen Kostenbestandteile, die bei den Tochterunternehmen aktivierungsfähige Gemeinkosten waren, bei M aber im Einzelabschluss als (aktivierungspflichtige) Materialeinzelkosten betrachtet werden, aus Konzernsicht als aktivierungsfähige Gemeinkosten zu behandeln. Diese bewertungsabhängigen Bestandteile gelten bis zur endgültigen Festlegung einer Konzernbewertungsrichtlinie als **eliminierungsfähig**. Sind bei konzerninternen Lieferungen oder Leistungen in den Bezugskosten Vertriebskosten enthalten, sind diese darauf zu untersuchen, ob es sich auch aus Konzernsicht um (dann) eliminierungspflichtige Vertriebskosten oder um ggf. aktivierungspflichtige Fertigungskosten handelt. Die Anpassung der Bewertung an eine konzerneinheitliche Definition der Konzernherstellungskosten zur Ober- oder Untergrenze stellt die **zweite Aufgabe** der Zwischenergebniseliminierung dar.

## Lösung zu Teilaufgabe (b)

Anschaffungs- und Herstellungskosten **im Einzelabschluss zur Herstellungskostenuntergrenze:**

| | | |
|---|---|---|
| M: | 50 GE | (Anschaffungskosten von TU 1 und TU 2 i. H. v. 40 GE sowie Materialeinzelkosten bei M i. H. v. 10 GE) |
| TU 1: | 25 GE | |
| TU 2: | 15 GE | |

Anschaffungs- und Herstellungskosten **im Einzelabschluss zur Herstellungskostenobergrenze:**

| | | |
|---|---|---|
| M: | 60 GE | (Anschaffungskosten von TU 1 und TU 2 i. H. v. 40 GE sowie Materialeinzelkosten und Fremdkapitalzinsen bei M i. H. v. jeweils 10 GE) |
| TU 1: | 40 GE | |
| TU 2: | 15 GE | (Kosten für den Transport i. H. v. 5 GE sind Vertriebskosten und damit im Einzelabschluss nicht aktivierungsfähig) |

Die Anschaffungs- und Herstellungskosten **im Konzernabschluss zur Herstellungskostenuntergrenze:**

| | | |
|---|---|---|
| | Materialeinzelkosten TU 1 | 10 GE |
| + | Personaleinzelkosten TU 1 | 10 GE |
| + | Personalgemeinkosten TU 1 | 5 GE |
| + | Materialeinzelkosten TU 2 | 10 GE |
| + | Personaleinzelkosten TU 2 | 5 GE |
| + | Fertigungseinzelkosten TU 2 | 5 GE |
| + | Materialeinzelkosten M | 10 GE |
| = | AK/HK des Konzerns zur Herstellungskostenuntergrenze | 55 GE |

Bei den aus Sicht des Einzelunternehmens nicht aktivierungsfähigen Vertriebskosten handelt es sich aus Konzernsicht um den transportierten Gütern direkt zurechenbare Fertigungseinzelkosten, die als Herstellungskostenmehrungen Bestandteil der Konzernherstellungskosten zur Herstellungskostenuntergrenze sind. Der Ansatz zur Herstellungskostenuntergrenze im Einzelabschluss von M (50 GE) enthält einen Zwischenverlust von 15 GE aus den bei TU 1 angefallenen aktivierungspflichtigen Kosten von 25 GE abzüglich des Verkaufspreises an M i. H. v. 10 GE. Darüber hinaus umfasst der Ansatz zur Herstellungskostenuntergrenze im Einzelabschluss des M einen Zwischengewinn von 15 GE aus der Lieferung von TU 2. Somit kompensieren sich Zwischengewinn und Zwischenverlust aus den Lieferungen der Tochterunternehmen. Ferner enthält der Ansatz zur Herstellungskostenuntergrenze im Konzernabschluss die im Ansatz zur Herstellungskostenuntergrenze im Einzelabschluss von M unberücksichtigten Vertriebskosten, die in den Konzernherstellungskosten als Herstellungskostenmehrungen i. H. v. 5 GE zu berücksichtigen sind.

Die Anschaffungs- und Herstellungskosten **im Konzernabschluss zur Herstellungskostenobergrenze:**

| | | |
|---|---|---|
| | AK/HK des Konzerns zur Herstellungskostenuntergrenze | 55 GE |
| + | Allgemeine Verwaltungskosten TU 1 | 10 GE |
| + | Fremdkapitalzinsen TU 1 | 5 GE |
| + | Weitere Kosten TU 2 | 0 GE |
| + | Fremdkapitalzinsen M | 10 GE |
| = | AK/HK des Konzerns zur Herstellungskostenobergrenze | 80 GE |

Der Ansatz zur Herstellungskostenobergrenze im Einzelabschluss von M (60 GE) enthält einen Zwischenverlust i. H. v. 30 GE aus den bei TU 1 angefallenen Kosten von 40 GE abzüglich des Verkaufspreises an M i. H. v. 10 GE. Weiterhin enthält der Ansatz zur Herstellungskostenobergrenze im Einzelabschluss von M einen Zwischengewinn i. H. v. 15 GE aus der Lieferung von TU 2. Darüber hinaus dürfen die beim Ansatz zur Herstellungskostenobergrenze im Konzernabschluss einbezogenen Vertriebskosten i. H. v. 5 GE beim Ansatz zur Herstellungskostenobergrenze im Einzelabschluss von M nicht berücksichtigt werden.

## Lösung zu Teilaufgabe (c)

Nachfolgend sind die erforderlichen Buchungssätze aufgeführt. Um die Fertigungs- und Verkaufsprozesse besser nachvollziehen zu können, wird nicht zwischen den Buchungen in Bilanz und GuV unterschieden:

**Buchungen bei TU 1:**

Kauf der Roh-, Hilfs- und Betriebsstoffe:

| | | | | |
|---|---|---|---|---|
| Roh-, Hilfs- und Betriebsstoffe | 10 GE | an | Kasse | 10 GE |

Verbrauch der Roh-, Hilfs- und Betriebsstoffe und Erfassung der Personal-, Verwaltungs- und Finanzierungskosten:

| | | | | |
|---|---|---|---|---|
| Materialaufwand | 10 GE | | | |
| Personalaufwand | 15 GE | | | |
| Sonst. betrieblicher Aufwand | 10 GE | | | |
| Zinsaufwand | 5 GE | an | Roh-, Hilfs- und Betriebsstoffe | 10 GE |
| | | | Verbindlichkeiten | 30 GE |

Fertigung (Aktivierung zur Herstellungskostenuntergrenze):

| Fertige Erzeugnisse I | 25 GE | an | Bestandserhöhung | 25 GE |
|---|---|---|---|---|

Verkauf an M:

| Bestandsminderung | 25 GE | | | |
|---|---|---|---|---|
| Kasse | 10 GE | an | Fertige Erzeugnisse I | 25 GE |
| | | | Umsatzerlöse | 10 GE |

Abschlussbuchung:

| Eigenkapital | 30 GE | an | Jahreserfolg | 30 GE |
|---|---|---|---|---|

**Buchungen bei TU 2:**

Kauf der Roh-, Hilfs- und Betriebsstoffe:

| Roh-, Hilfs- und Betriebsstoffe | 10 GE | an | Kasse | 10 GE |
|---|---|---|---|---|

Verbrauch der Roh-, Hilfs- und Betriebsstoffe und Erfassung der sonstigen Kosten:

| Materialaufwand | 10 GE | | | |
|---|---|---|---|---|
| Personalaufwand | 5 GE | | | |
| Sonst. betrieblicher Aufwand | 5 GE | an | Roh-, Hilfs- und Betriebsstoffe | 10 GE |
| | | | Verbindlichkeiten | 10 GE |

Fertigung (Aktivierung zur Herstellungskostenuntergrenze):

| Fertige Erzeugnisse I | 15 GE | an | Bestandserhöhung | 15 GE |
|---|---|---|---|---|

Verkauf an M:

| Bestandsminderung | 15 GE | | | |
|---|---|---|---|---|
| Kasse | 30 GE | an | Fertige Erzeugnisse I | 15 GE |
| | | | Umsatzerlöse | 30 GE |

Abschlussbuchung:

| Jahreserfolg | 10 GE | an | Eigenkapital | 10 GE |
|---|---|---|---|---|

**Buchungen bei M:**

Kauf der fertigen Erzeugnisse von TU 1 und TU 2 sowie Kauf der zusätzlichen Roh-, Hilfs- und Betriebsstoffe i. H. v. 10 GE, Klassifizierung als Roh-, Hilfs- und Betriebsstoffe:

| Roh-, Hilfs- und Betriebsstoffe | 50 GE | an | Kasse (TU 1) | 10 GE |
|---|---|---|---|---|
| | | | Kasse (TU 2) | 30 GE |
| | | | Kasse (Dritte) | 10 GE |

Verbrauch der Roh-, Hilfs- und Betriebsstoffe und Erfassung der Fremdkapitalzinsen:

| Materialaufwand | 50 GE | | | |
|---|---|---|---|---|
| Zinsaufwand | 10 GE | an | Roh-, Hilfs- und Betriebsstoffe | 50 GE |
| | | | Verbindlichkeiten | 10 GE |

Fertigung (Aktivierung zur Herstellungskostenobergrenze):

| Fertige Erzeugnisse II | 60 GE | an | Bestandserhöhung | 60 GE |
|---|---|---|---|---|

Die fertigen Erzeugnisse II stellen das Endprodukt nach Verarbeitung der Lieferungen von TU 1 und TU 2 an M dar. Diese fertigen Erzeugnisse erscheinen nun in der Summenbilanz in Höhe der im Einzelabschluss des M erfassten Herstellungskosten zur Obergrenze.

**Konsolidierungsbuchung zur Zwischenergebniseliminierung:**

| Fertige Erzeugnisse | 20 GE | an | Jahreserfolg | 20 GE |
|---|---|---|---|---|

Da gemäß konzerneinheitlicher Bilanzierung die fertigen Erzeugnisse im Konzernabschluss der M zur Herstellungskostenobergrenze aktiviert werden, folgt aus dem Vergleich der in der Summenbilanz erfassten Herstellungskosten von 60 GE mit den unter Teilaufgabe (b) errechneten Konzernherstellungskosten zur Obergrenze von 80 GE eine Zwischenverlusteliminierung von 20 GE.

## Lösung zu Teilaufgabe (d)

**Konsolidierungsbuchung zur Aufwands- und Ertragskonsolidierung:**

| Umsatzerlöse | 40 GE | an | Materialaufwand | 40 GE |
|---|---|---|---|---|

In der Konzern-GuV sind ausschließlich die aus Konzernsicht auf den Umsatz entfallenden Aufwendungen bzw. Bestandsveränderungen sowie ein realisierter Gewinn oder Verlust auszuweisen. Konzerninterne Umsätze sind aus Konzernsicht zu eliminieren. Nur der Umsatz mit konzernaußenstehenden Dritten ist zu erfassen.

Im vorliegenden Beispiel sind die Umsatzerlöse in den Einzelabschlüssen von TU 1 und TU 2 nicht am Markt realisiert, sondern resultieren aus Konzernsicht aus konzerninternen Lieferungen „zwischen Abteilungen". Diese Umsätze sind zu eliminieren, so dass im vorliegenden Sachverhalt in der Konzern-GuV keinerlei Umsatzerlöse enthalten sind, weil ein Verkaufsvorgang an konzernaußenstehende Dritte nicht stattgefunden hat. Als Aufwand sind in der Konzern-GuV die auf einen künftigen Außenumsatz entfallenden Aufwendungen bzw. Bestandsveränderungen zu erfassen. Im vorliegenden Beispiel ist der bei M im Einzelabschluss erfasste Materialaufwand aus dem Verbrauch der von TU 1 und TU 2 bezogenen Einsatzstoffe zu eliminieren, da dieser Aufwand im Zusammenhang mit einem konzerninternen Umsatzvorgang steht.

## Lösung zu Teilaufgabe (e)

Entsprechend den Regelungen des HGB sind gemäß IFRS 10.B86 (c) sämtliche innerkonzernliche Salden und Geschäftsvorfälle sowie hieraus resultierende, im Buchwert eines Vermögenswertes enthaltene unrealisierte Zwischengewinne unabhängig von der Höhe der Beteiligungsquote vollständig zu eliminieren. Im Buchwert eines Vermögenswertes enthaltene Zwischenverluste aus konzerninternen Lieferungen oder Leistungen sind ebenfalls unabhängig von der Höhe der Beteiligungsquote in voller Höhe zu eliminieren, sofern die Konzernanschaffungs- oder Konzernherstellungskosten am Absatzmarkt realisierbar sind (recoverable amount). Die Anwendungsvoraussetzungen zur Durchführung der Zwischenergebniseliminierung lassen sich den Vorschriften des IFRS 10.B86 (c) entnehmen und entsprechen denen des HGB. Korrespondierend zu den handelsrechtlichen Regelungen spielt bei der Vollkonsolidierung eine Differenzierung zwischen Up-, Down- und Crossstream-Geschäften nach den IFRS keine Rolle. Die Eliminierung von Zwischenergebnissen darf in Fällen von untergeordneter Bedeutung unterbleiben (CF.2.11).

## Lösung zu Teilaufgabe (f)

Die Regelungen der IFRS zur Zwischenergebniseliminierung sind sehr allgemein und unterscheiden sich hinsichtlich der Technik der Zwischenergebniseliminierung nicht signifikant von den handelsrechtlichen Regelungen (siehe Teilaufgabe (e)). Wesentliche Unterschiede können sich aber aus den Vorschriften der verschiedenen Rechnungslegungssysteme zum Umfang der Herstellungskosten ergeben, was sich wiederum auf den Umfang der Konsolidierungsbuchungen auswirken kann.

Die folgende Übersicht zeigt die Bestandteile der Herstellungskosten nach den Vorschriften der IFRS und verdeutlicht zugleich die Unterschiede zu einer Bewertung nach den handelsrechtlichen Vorschriften:

<table>
<tr><th>Herstellungskostenbestandteile</th><th>HGB</th><th>IFRS</th></tr>
<tr><td>■ Materialeinzelkosten<br>■ Fertigungseinzelkosten<br>■ Sondereinzelkosten der Fertigung<br>■ Materialgemeinkosten<br>■ Fertigungsgemeinkosten<br>■ Abschreibungen</td><td>Einbeziehungspflicht</td><td>Einbeziehungspflicht</td></tr>
<tr><td>■ Anteilige zurechenbare Zinsen für Fremdkapital</td><td>Einbeziehungswahlrecht</td><td>Pflicht für qualifizierte Vermögenswerte / Verbot für andere Fremdkapitalkosten</td></tr>
<tr><td>■ Anteilige Gemeinkosten der allgemeinen Verwaltung<br>■ Anteilige Aufwendungen für soziale Einrichtungen des Betriebes<br>■ Anteilige Aufwendungen für freiwillige soziale Leistungen<br>■ Anteilige Aufwendungen für betriebliche Altersversorgung</td><td>Einbeziehungswahlrecht</td><td rowspan="3">Einbeziehungsverbot</td></tr>
<tr><td>■ Forschungskosten<br>■ Vertriebskosten</td><td>Einbeziehungsverbot</td></tr>
<tr><td>■ Leerkosten</td><td>Einbeziehungsverbot</td></tr>
</table>

**Übersicht 31-1:** Bestandteile der Herstellungskosten nach HGB und IFRS

Die Übersicht zeigt, dass die Vorschriften zur Ermittlung der Herstellungskosten nach den IFRS keine Wahlrechte gewähren. Vermögenswerte werden nach den IFRS-Vorschriften stets in Höhe ihrer produktionsbezogenen Vollkosten bewertet.

Anschaffungs- und Herstellungskosten **im Einzelabschluss nach den IFRS:**

| | | |
|---|---|---|
| M: | 60 GE | (Anschaffungskosten von TU 1 und TU 2 i. H. v. 40 GE, Materialeinzelkosten sowie Fremdkapitalzinsen bei M i. H. v. jeweils 10 GE) |
| TU 1: | 30 GE | (Allgemeine, nicht herstellungsbezogene Verwaltungskosten dürfen nach den IFRS nicht angesetzt werden) |
| TU 2: | 15 GE | |

Anschaffungs- und Herstellungskosten **im Konzernabschluss nach den IFRS:**

| | | |
|---|---|---|
| | Materialeinzelkosten TU 1 | 10 GE |
| + | Personaleinzelkosten TU 1 | 10 GE |
| + | Personalgemeinkosten TU 1 | 5 GE |
| + | Fremdkapitalzinsen TU 1 | 5 GE |
| + | Materialeinzelkosten TU 2 | 10 GE |
| + | Personaleinzelkosten TU 2 | 5 GE |
| + | Fertigungseinzelkosten TU 2 | 5 GE |
| + | Materialeinzelkosten M | 10 GE |
| + | Fremdkapitalzinsen M | 10 GE |
| = | AK/HK des Konzerns | 70 GE |

Die Unterschiede zwischen den Konzernherstellungskosten nach dem HGB und denjenigen nach den IFRS haben die folgenden zwei Ursachen: **Erstens** besteht für Fremdkapitalzinsen nach den IFRS abweichend vom HGB kein Ansatzwahlrecht. Sofern Fremdkapitalzinsen im Zusammenhang mit der Herstellung eines qualifizierten Vermögenswertes angefallen sind, sind diese verpflichtend anzusetzen (IAS 23.1). Ein qualifizierter Vermögenswert zeichnet sich dadurch aus, dass die Herstellung des verkaufs- bzw. verbrauchsfähigen Zustandes eine beträchtliche Zeit erfordert (IAS 23.5). Im vorliegenden Sachverhalt sind sowohl die Konzentratmischung von TU 1 als auch das Endprodukt von M als qualifizierte Vermögenswerte zu klassifizieren. Insofern sind die handelsrechtlichen Herstellungskosten zur Untergrenze von TU 1 um 5 GE geringer als die Herstellungskosten nach den IFRS-Vorschriften. Aus demselben Grund sind im Einzelabschluss von M die Herstellungskosten nach den IFRS-Regelungen um 10 GE höher als die handelsrechtlichen Herstellungskosten zur Untergrenze. **Zweitens** gilt nach den IFRS-Vorschriften für allgemeine, nicht herstellungsbezogene Verwaltungskosten ein Ansatzverbot, so dass die handelsrechtlichen Herstellungskosten zur Obergrenze die Herstellungskosten nach den IFRS-Vorschriften im Einzelabschluss von TU 1 (und daraus resultierend auch im Konzernabschluss) um diesen Betrag i. H. v. 10 GE übersteigen.

Die folgende Übersicht fasst den Umfang der Herstellungskosten innerhalb der verschiedenen Rechnungslegungssysteme zusammen:

| **Umfang der Herstellungskosten** (alle Zahlenangaben in GE) | **HK-Untergrenze nach HGB** | **HK-Obergrenze nach HGB** | **HK nach IFRS** |
|---|---|---|---|
| Einzelabschluss M | 50 | 60 | 60 |
| Einzelabschluss TU 1 | 25 | 40 | 30 |
| Einzelabschluss TU 2 | 15 | 15 | 15 |
| Konzernabschluss | 55 | 80 | 70 |

**Übersicht 31-2:** Umfang der Herstellungskosten nach HGB und IFRS

**Konsolidierungsbuchung zur Zwischenergebniseliminierung:**

| Fertige Erzeugnisse | 10 GE | an | Jahreserfolg | 10 GE |
|---|---|---|---|---|

Die Zwischenergebniseliminierung von 10 GE folgt aus dem Vergleich der in der Summenbilanz erfassten Herstellungskosten von 60 GE, die nach Lieferung von TU 1 und TU 2 an M den angesetzten fertigen Erzeugnissen im Einzelabschluss von M entsprechen, mit den oben errechneten Konzernherstellungskosten von 70 GE.

# Übung 32: Spielräume bei der Eliminierung von Zwischenergebnissen

## Sachverhalt

Das Mutterunternehmen (MU) veräußert einen selbsterstellten Vermögensgegenstand zu einem Preis von 300 GE an ein Tochterunternehmen (TU). Der Vermögensgegenstand war beim MU mit 250 GE aktiviert (50 GE Materialeinzelkosten, 50 GE Personaleinzelkosten, 50 GE Materialgemeinkosten und 100 GE nicht herstellungsbezogene Aufwendungen für die betriebliche Altersversorgung). Beim TU entstehen bei der Weiterverarbeitung dieses Vermögensgegenstandes weitere 80 GE Kosten für die allgemeine Verwaltung.

## Aufgaben

(a) Bestimmen Sie die handelsrechtliche Ober- und Untergrenze der Herstellungskosten aus Konzernsicht (Konzernherstellungskosten) und erläutern Sie, welche Kostenbestandteile eliminierungspflichtig bzw. eliminierungsfähig sind. Gehen Sie in diesem Zusammenhang auf den bilanzpolitischen Spielraum und die Bedeutung einer Konzernbilanzierungsrichtlinie ein.

(b) Im Folgejahr entscheidet sich die Konzernleitung, den Lieferprozess umzustellen. Das MU veräußert den selbsterstellten Vermögensgegenstand dabei nicht mehr an das TU, sondern an ein konzernaußenstehendes Unternehmen - nach wie vor aber zu einem Preis von 300 GE. Das konzernaußenstehende Unternehmen verarbeitet die Lieferung nicht weiter und veräußert sie direkt an das TU für ebenfalls 300 GE. Erläutern Sie, wie in diesem Fall im Rahmen der Zwischenergebniseliminierung vorzugehen ist.

(c) Erläutern Sie, welche Veränderungen sich bei einer Bilanzierung nach den IFRS hinsichtlich der Ober- und Untergrenze der Konzernherstellungskosten und der eliminierungspflichtigen bzw. eliminierungsfähigen Bestandteile der Herstellungskosten ergeben.

## Literaturhinweise


BAETGE, JÖRG/KIRSCH, HANS-JÜRGEN/THIELE, STEFAN, Konzernbilanzen, 15. Aufl., Düsseldorf 2024, Kap. V Abschn. 3.

BAETGE, JÖRG/KIRSCH, HANS-JÜRGEN/THIELE, STEFAN, Bilanzen, 17. Aufl., Düsseldorf 2024, Kap. IV Abschn. 2 und Abschn. 5.

# Lösungen

## Lösung zu Teilaufgabe (a)

Folgende Übersicht fasst die Daten des Sachverhaltes zusammen, wobei das TU bei der Kalkulation der Herstellungskosten seine Anschaffungskosten (Einkaufspreis) als (Material-)Einzelkosten berücksichtigt:

| (Alle Zahlenangaben in GE) | Einzelkosten | Aktivierungspflichtige Gemeinkosten | aktivierungsfähige Gemeinkosten | Gewinnaufschlag | Σ |
|---|---|---|---|---|---|
| MU | 100 | 50 | 100 | 50 | 300 |
| TU | 300 | – | 80 | – | 380 |

**Übersicht 32-1:** Kostenbestandteile beim MU und TU

- Beim MU sind aktivierungspflichtige Kosten i. H. v. 150 GE (= 100 GE Einzelkosten + 50 GE aktivierungspflichtige (Material-)Gemeinkosten) und aktivierungsfähige Gemeinkosten i. H. v. 100 GE (nicht herstellungsbezogene Aufwendungen für die betriebliche Altersversorgung) angefallen. Beim TU entstanden aktivierungsfähige Gemeinkosten i. H. v. 80 GE (Kosten für die allgemeine Verwaltung). Aus Konzernsicht beträgt die Summe der Einzel- und Gemeinkosten (Obergrenze der Konzernherstellungskosten) somit 330 GE. Aus dem Bestandswert des TU von 380 GE ist somit ein Zwischengewinn von 50 GE zu eliminieren.
- Die Untergrenze der Konzernherstellungskosten ergibt sich aus den aktivierungspflichtigen Kosten des MU und beträgt 150 GE. Beim TU sind keine weiteren, aus Konzernsicht aktivierungspflichtigen Kosten angefallen.
- Der Umfang der eliminierungspflichtigen bzw. eliminierungsfähigen Kostenbestandteile hängt davon ab, ob das TU den Vermögensgegenstand zur Herstellungskostenuntergrenze (300 GE) oder zur Herstellungskostenobergrenze (380 GE) angesetzt hat und ob der Vermögensgegenstand im Konzernabschluss zur Herstellungskostenuntergrenze (150 GE) oder zur Herstellungskostenobergrenze (330 GE) angesetzt werden soll:
  - Wurde der Vermögensgegenstand beim TU zur Herstellungskostenobergrenze (380 GE) angesetzt, sind zunächst die in jedem Fall eliminierungspflichtigen 50 GE Zwischengewinn aus dem Vermögensgegenstand auszubuchen (Bewertung zur Herstellungskostenobergrenze (330 GE) auch im Konzernabschluss). Soll der Vermögensgegenstand im Konzernabschluss zur Herstellungskostenuntergrenze (150 GE) angesetzt werden, sind darüber hinaus weitere 180 GE (Restbetrag bis zur Untergrenze der Konzernherstellungskosten entspricht der Summe der aktivierungsfähigen Gemeinkosten beim MU und TU) eliminierungspflichtig.
  - Wurde der Vermögensgegenstand beim TU zur Herstellungskostenuntergrenze (300 GE) angesetzt und soll im Konzernabschluss ebenfalls zur Herstellungskostenuntergrenze angesetzt werden, so sind die 50 GE Zwischengewinn auch hier eliminierungspflichtig ebenso wie die beim MU angefallenen aktivierungsfähigen Gemeinkosten i. H. v. 100 GE. Soll dagegen im Konzernabschluss abweichend vom Einzelabschluss zur Herstellungskostenobergrenze bilanziert werden, wären die 50 GE Zwischengewinn eliminierungspflichtig und die 80 GE, die beim TU als aktivierungsfähige Gemeinkosten angefallen sind, (nachträglich) zu aktivieren.

Die folgende Tabelle fasst diesen Einfluss des Wertansatzes des Vermögensgegenstandes auf die Zwischenergebniseliminierung nochmals zusammen:

| (Alle Zahlenangaben in GE) | | **Konzernabschluss** | | | | | |
|---|---|---|---|---|---|---|---|
| | | HK-Untergrenze$_{KA}$ | = | 150 | HK-Obergrenze$_{KA}$ | = | 330 |
| Einzelabschluss TU | HK-Untergrenze$_{TU}$ = 300 | (I) | | 300 | (II) | | 300 |
| | | Akt.fäh. Gemeinkosten$_{MU}$ | – | 100 | | | |
| | | | | | Akt.fäh. Gemeinkosten$_{TU}$ | + | 80 |
| | | Gewinnaufschlag | – | 50 | Gewinnaufschlag | – | 50 |
| | | | | **150** | | | **330** |
| | HK-Obergrenze$_{TU}$ = 380 | (III) | | 380 | (IV) | | 380 |
| | | Akt.fäh. Gemeinkosten$_{MU}$ | – | 100 | | | |
| | | Akt.fäh. Gemeinkosten$_{TU}$ | – | 80 | | | |
| | | Gewinnaufschlag | – | 50 | Gewinnaufschlag | – | 50 |
| | | | | **150** | | | **330** |

**Übersicht 32-2:** Einfluss des Wertansatzes des Vermögensgegenstandes auf die Zwischenergebniseliminierung

Der Umfang der aktivierungsfähigen Gemeinkosten determiniert folglich den Umfang der eliminierungsfähigen Kostenbestandteile und damit die Höhe des eliminierungsfähigen Zwischengewinns. Hieraus ergibt sich wiederum für den Bilanzierenden ein bilanzpolitischer Spielraum. Strebt der Bilanzierende bspw. einen hohen Jahresüberschuss an, wird er in der Konzernbilanzierungsrichtlinie einen Wertansatz zur Herstellungskostenobergrenze vorschreiben, wodurch er im Vergleich zu einem Ansatz zur Herstellungskostenuntergrenze (unabhängig vom Wertansatz im Einzelabschluss) einen um 180 GE (= Summe der aktivierungsfähigen Gemeinkosten vom MU und TU) höheren Jahresüberschuss erzielen kann. Dies bedeutet aber auch, dass ein eliminierungsfähiger Zwischengewinn und damit ein bilanzpolitischer Spielraum nur so lange besteht, bis in der konzerneinheitlichen Richtlinie eine Festlegung getroffen wird.

Indes ist der bilanzpolitische Spielraum der eliminierungsfähigen Zwischenergebnisse in der Realität aus zwei praktischen Gründen beschränkt. Erstens wird die Entscheidung, ob bestimmte Vermögensgegenstände im Konzernabschluss zur Herstellungskostenobergrenze oder Herstellungskostenuntergrenze angesetzt werden, aufgrund der Komplexität der praktischen Umsetzung regelmäßig schon zu Beginn der Konzernabschlusserstellung gefällt und über die Konzernbilanzierungsrichtlinie an die Konzernunternehmen kommuniziert. Durch diese konzernweite Festlegung werden die grundsätzlich eliminierungsfähigen Gemeinkostenanteile auf Vorstufen entweder eliminierungspflichtig (bei einer Bewertung zur Herstellungskostenuntergrenze) oder aktivierungspflichtig (bei einer Bewertung zur Herstellungskostenobergrenze). Zweitens ist die Datenerhebung über Gemeinkosten, die auf Vorstufen verrechnet worden sind, i. d. R. sehr aufwendig. Daher wird in vielen Fällen eine Bewertung zur Herstellungskostenobergrenze gewählt, wodurch auch in diesem Fall keine Kostenbestandteile mehr eliminierungsfähig sind.

## Lösung zu Teilaufgabe (b)

Bei dem dargestellten Sachverhalt und der darin zum Ausdruck kommenden mittelbaren Transaktion handelt es sich um ein sog. **Dreiecksgeschäft**. Nach dem Wortlaut des § 304 HGB bezieht sich die Eliminierungspflicht nur auf unmittelbare Lieferungen und Leistungen zwischen einbezogenen Unternehmen. Sofern die Transaktion mit einem fremden Unternehmen vorgenommen wird, objektiviert der Markt den Wert des Vermögensgegenstandes. Dreiecksgeschäfte sind folglich grundsätzlich nicht eliminierungspflichtig, es sei denn, dass die Vorschriften der Zwischenergebniseliminierung damit umgangen werden sollen oder dass es sich um treuhänderische oder treuhandähnliche Geschäfte handelt.

## Lösung zu Teilaufgabe (c)

Abweichend von den handelsrechtlichen Regelungen gewähren die Vorschriften der IFRS zur Ermittlung der Herstellungskosten keine Wahlrechte. Vermögenswerte werden nach den IFRS-Vorschriften mit ihren produktionsbezogenen Vollkosten bewertet. Daraus ergeben sich für den vorliegenden Sachverhalt folgende Konsequenzen hinsichtlich der Ober- und Untergrenze der Konzernherstellungskosten und der eliminierungspflichtigen bzw. eliminierungsfähigen Kostenbestandteile:

- Sowohl für die nicht herstellungsbezogenen Aufwendungen für die betriebliche Altersversorgung beim MU (100 GE) als auch für die Kosten für die allgemeine Verwaltung beim TU (80 GE) besteht nach den IFRS abweichend zum HGB ein Ansatzverbot.
- Beim MU ist der Vermögenswert mit 150 GE (= 50 GE Materialeinzelkosten + 50 GE Personaleinzelkosten + 50 GE Materialgemeinkosten) anzusetzen. Das TU setzt den Vermögenswert zu den Anschaffungskosten i. H. v. 300 GE an.
- Die Konzernherstellungskosten betragen 150 GE (= 50 GE Materialeinzelkosten beim MU + 50 GE Personaleinzelkosten beim MU + 50 GE Materialgemeinkosten beim MU). Da beim Ansatz der Herstellungskosten nach den IFRS keine Wahlrechte bestehen, entfällt folglich die Differenzierung zwischen einer Untergrenze und einer Obergrenze.
- Dementsprechend existieren keine eliminierungsfähigen Kostenbestandteile. Die in Aufgabenteil (a) geführte Diskussion um den bilanzpolitischen Spielraum und die Bedeutung einer Konzernbilanzierungsrichtlinie entfällt folglich.
- Analog zur handelsrechtlichen Bilanzierung ist der Zwischengewinn eliminierungspflichtig. Dieser beträgt nach den IFRS 150 GE und ergibt sich aus der Differenz zwischen dem Verkaufspreis des MU (300 GE) und dem Ansatz des Vermögenswertes im Konzernabschluss (150 GE).

# Übung 33: Die Aufwands- und Ertragskonsolidierung

## Sachverhalt

Der Konzern K besteht aus einem Mutterunternehmen M sowie den Tochtergesellschaften T 1 und T 2, an denen M zu jeweils 100 % beteiligt ist. Alle Unternehmen sind in der stahlverarbeitenden Industrie tätig. Die starke wirtschaftliche Abhängigkeit der Tochterunternehmen wird nicht zuletzt durch ein weitreichendes innerkonzernliches Belieferungsgeflecht belegt. Im abgelaufenen Geschäftsjahr haben folgende **Geschäftsvorfälle** stattgefunden:

(1) T 1 hat von seinem Lieferanten L Grundmaterialien im Wert von 200 GE bezogen und diese nach Überarbeitung, für die direkt zurechenbare Personalkosten i. H. v. 50 GE anfielen, an T 2 zu einem Preis von 300 GE verkauft.

(2) T 2 wiederum hat bestimmte Stahlrohre für den Verkauf produziert. Dabei sind direkt zurechenbare Materialaufwendungen i. H. v. 500 GE und direkt zurechenbare Personalaufwendungen i. H. v. 200 GE angefallen. Die Stahlrohre wurden an M, das die Lagerung und den endgültigen Vertrieb vornimmt, zum Preis von 700 GE verkauft.

(3) T 2 hat weiterhin am Markt 10 to Stahlplatten zum Preis von insgesamt 100 GE erworben. T 1 ist ebenfalls in den Vertrieb besagter Stahlplatten involviert und hat eine Lieferanfrage eines Großkunden, der dringend 5 to Stahlplatten benötigt. T 1 kann aber nach einem erfolgreichen Geschäftsjahr aus seinem Lager nicht mehr liefern. T 2 hilft durch eine Lieferung von 5 to Stahlplatten an T 1 für Zwecke des Weiterverkaufs aus. Dabei berechnet T 2 seinem Schwesterunternehmen 75 GE.

(4) M hat ein Produktionsverfahren zur umweltschonenden Stahlrohrproduktion patentieren lassen und verkauft dieses Patent zu einem Preis von 120 GE an T 2, das dieses Patent als immateriellen Vermögensgegenstand aktiviert. Bei der Durchführung der Versuchsreihen waren M im Rahmen der Entwicklung direkt zurechenbare Personalaufwendungen und direkt zurechenbare Materialaufwendungen i. H. v. jeweils 45 GE entstanden.

(5) Zur Unterstützung und Optimierung der Vertriebstätigkeit innerhalb des Konzerns verkauft M die im aktuellen Geschäftsjahr selbsterstellten Kundenlisten zu einem Preis von 75 GE an T 2, das diese Kundenlisten als immaterielle Vermögensgegenstände aktiviert. Im Rahmen der Zusammenstellung und Aufbereitung dieser Listen sind bei M direkt zurechenbare Personalaufwendungen i. H. v. 50 GE angefallen.

## Aufgaben

(a) Stellen Sie kurz die organisatorischen und konsolidierungstechnischen Maßnahmen zur Aufstellung einer handelsrechtlichen Konzern-GuV dar. Gehen Sie anschließend auf die Funktion der Aufwands- und Ertragskonsolidierung nach § 305 HGB vor dem Hintergrund von § 297 Abs. 3 Satz 1 HGB ein.

(b) Führen Sie für die oben dargestellten Sachverhalte die handelsrechtliche Aufwands- und Ertragskonsolidierung durch, indem Sie die erforderlichen Buchungssätze formulieren. Unterstellen Sie dabei alternativ, dass alle Konzernunternehmen ihre GuV nach dem Umsatzkostenverfahren (UKV) bzw. nach dem Gesamtkostenverfahren (GKV) erstellen. Gehen Sie darüber hinaus davon aus, dass alle Konzernunternehmen ihre Herstellungskosten zur Herstellungskostenuntergrenze nach § 255 Abs. 2 HGB ansetzen. Begründen Sie Ihre Konsolidierungsbuchungen.

(c) Stellen Sie die IFRS-Regelungen zur Aufwands- und Ertragskonsolidierung dar.

## Literaturhinweis

BAETGE, JÖRG/KIRSCH, HANS-JÜRGEN/THIELE, STEFAN, Konzernbilanzen, 15. Aufl., Düsseldorf 2024, Kap. V Abschn. 4.

## Lösung

### Lösung zu Teilaufgabe (a)

Zur Erstellung der Konzern-GuV müssen die originären GuV aus den Einzelabschlüssen (**GuV I**) der in den Konzernabschluss vollständig oder quotal einbezogenen Konzernunternehmen zunächst bez. Stichtag (§ 299 HGB), Währung (§ 298 Abs. 1 HGB i. V. m. § 244 HGB), Ansatz (§ 300 HGB), Bewertung (§ 308 HGB) und Ausweis (§ 298 Abs. 1 HGB) vereinheitlicht werden. Für die Einheitlichkeit des Ausweises sind die jeweiligen GuV ggf. an das UKV oder GKV anzupassen. Weiterhin müssen bei den Einzel-GuV der einbezogenen kleinen und mittelgroßen Konzernunternehmen ggf. die aufgrund der Inanspruchnahme größenabhängiger Erleichterungen des § 276 HGB zusammengefassten GuV-Posten aufgegliedert werden. Somit entsteht analog zur Handelsbilanz II (HB II) eine **GuV II.**

Durch die zeilenweise (horizontale) Addition der nunmehr vereinheitlichten GuV-Posten entsteht die **Summen-GuV** als Basis für die in einem letzten Schritt vorzunehmende Konsolidierung konzerninterner Aufwendungen und Erträge sowie der Ergebniswirkungen anderer konzernspezifischer Buchungen, die in der Erstellung der **Konzern-GuV** mündet.

Entsprechend § 297 Abs. 3 Satz 1 HGB ist der Einheitsfiktion folgend u.a. die Ertragslage des Konzerns so darzustellen, als ob dieser Konzern ein einziges Unternehmen wäre, wobei die rechtlich selbständigen Unternehmen den Charakter von „Abteilungen" des Konzerns haben. Vor diesem Hintergrund besteht die Aufgabe der in § 305 HGB kodifizierten Aufwands- und Ertragskonsolidierung in der Bereinigung bzw. Umgliederung jener Aufwendungen und Erträge, die zwar auf Ebene des einzelnen Konzernunternehmens realisiert sind und deshalb auch zutreffenderweise in ihren Einzel-GuV enthalten sein dürfen, jedoch aus Konzernsicht noch nicht realisiert sind und somit auch nicht in der Konzern-GuV enthalten sein dürfen.

## Lösung zu Teilaufgabe (b)

Die einzelnen Lösungsteile sind entsprechend den Nummern der Geschäftsvorfälle gekennzeichnet:

(1) Buchung bei **Anwendung des UKV:**

| Umsatzerlöse | 300 GE | an | Herstellungskosten<br>Jahresergebnis | 250 GE<br>50 GE |
|---|---|---|---|---|

Buchung **bei Anwendung des GKV:**

| Umsatzerlöse | 300 GE | an | Bestandserhöhungen<br>Jahresergebnis | 250 GE<br>50 GE |
|---|---|---|---|---|

In der Konzern-GuV sind ausschließlich der Umsatz mit konzernaußenstehenden Dritten, die auf diesen Umsatz entfallenden Aufwendungen bzw. Bestandsveränderungen sowie ein realisierter Gewinn oder Verlust auszuweisen. Die Umsatzerlöse i. H. v. 300 GE sind aus einer konzerninternen Lieferung von T 1 an T 2 entstanden und müssen eliminiert werden, da bei Lieferungen zwischen Konzernunternehmen aus Sicht des Konzerns lediglich ein Transport zwischen „Abteilungen" eines Unternehmens und kein Verkauf an externe Marktteilnehmer stattfindet. Ein Wertsprung zum konzernexternen Markt liegt demnach nicht vor. Nach dem UKV sind in der Konzern-GuV nur die auf den Außenumsatz entfallenden Aufwendungen zu erfassen. Im vorliegenden Fall sind auch die Aufwendungen i. H. v. 250 GE keinem Außenumsatz zuzuordnen, so dass die Aufwendungen die Definition der Herstellungskosten der zur Erzielung der Umsatzerlöse erbrachten Leistungen an einen Konzernaußenstehenden nicht erfüllen.

Nach dem GKV sind Aufwendungen für die Weiterverarbeitung i. H. v. 250 GE bereits in der GuV II erfasst. Dies ist auch aus Konzernsicht zutreffend. Da sich die Produkte am Geschäftsjahresende noch im Bestand des Konzerns befinden, sind die besagten Aufwendungen aus Konzernsicht mit Bestandsveränderungen zu neutralisieren. Die Korrektur des im Einzelabschluss von T 1 aus diesem Geschäftsvorfall entstandenen Jahresüberschusses vervollständigt die Bereinigung der Summen-GuV. Schließlich handelt es sich im vorliegenden Fall um einen erfolgsneutral zu erfassenden Erwerb von einem Konzernaußenstehenden und eine Weiterverarbeitung, die nach dem GKV in Höhe der angefallenen Aufwendungen als Bestandserhöhung erfasst und nach dem UKV aufgrund des fehlenden Umsatzkostencharakters nicht abgebildet werden.

(2) Buchung bei **Anwendung des UKV:**

| Umsatzerlöse | 700 GE | an | Herstellungskosten | 700 GE |
|---|---|---|---|---|

Buchung bei **Anwendung des GKV:**

| Umsatzerlöse | 700 GE | an | Bestandserhöhungen | 700 GE |
|---|---|---|---|---|

Konzerninterne Lieferungen und Leistungen, bei denen ein Konzernunternehmen die Vermögensgegenstände hergestellt hat und die weder zu einem Verkauf von Vermögensgegenständen an konzernaußenstehende Dritte führen noch sofort vom empfangenden Unternehmen verbraucht werden, sind in der Konzern-GuV als Bestandserhöhungen (bei Vorräten des Umlaufvermögens) oder als aktivierte Eigenleistungen (bei Vermögensgegenständen des Anlagevermögens) zu buchen.

**Geschäftsvorfall Nr. (2)** ist aus Konzernsicht wie ein Herstellungsvorgang eines Vermögensgegenstandes des Umlaufvermögens zu behandeln, d. h., dass bei Anwendung des UKV Umsatzerlöse und Herstellungskosten gegeneinander aufzurechnen sind, da die Aufwendungen nicht die Definition der Herstellungskosten der zur Erzielung der Umsatzerlöse erbrachten Leistungen erfüllen. Darüber hinaus müssen im Fall des GKV die Umsatzerlöse in die Bestandserhöhungen umgegliedert werden.

(3) Buchung bei **Anwendung des UKV:**

| | | | | |
|---|---|---|---|---|
| Umsatzerlöse | 75 GE | an | Herstellungskosten | 50 GE |
| | | | Jahresergebnis | 25 GE |

Buchung bei **Anwendung des GKV:**

| | | | | |
|---|---|---|---|---|
| Umsatzerlöse | 75 GE | an | Materialaufwand | 50 GE |
| | | | Jahresergebnis | 25 GE |

Beim in **Nr. (3)** dargestellten Geschäftsvorfall liegt ein Handel mit fremdbezogenen Vermögensgegenständen zwischen Konzernunternehmen und damit ein vollständig aus der Konzern-GuV zu eliminierender Sachverhalt vor. T 1 hat die Stahlrohre am Ende der Periode ausgeliefert.

Dementsprechend sind sowohl die aus der konzerninternen Transaktion resultierenden Umsätze als auch die auf sie entfallenden Aufwendungen und der nicht zutreffende Erfolgsausweis in der Konzern-GuV zu eliminieren.

(4) Beim in **Nr. (4)** dargestellten **Geschäftsvorfall** wurde von einem Konzernunternehmen ein immaterieller Vermögensgegenstand selbsterstellt und in der gleichen Periode an ein anderes Konzernunternehmen weitergegeben. Aus Sicht des Konzerns handelt es sich bei dem Patent (weiterhin) um einen selbsterstellten immateriellen Vermögensgegenstand, der darüber hinaus nicht unter das Aktivierungsverbot des § 248 Abs. 2 Satz 2 HGB fällt. An dieser Stelle ist eine Fallunterscheidung dahingehend vorzunehmen, ob das Aktivierungswahlrecht nach § 248 Abs. 2 Satz 1 HGB i. V. m. § 298 Abs. 1 HGB im Konzernabschluss in Anspruch genommen werden soll (**Fall A**) oder ob eine Aktivierung unterbleibt (**Fall B**).

**Fall A:**

Buchung bei **Anwendung des UKV:**

| | | | | |
|---|---|---|---|---|
| Umsatzerlöse | 120 GE | an | Herstellungskosten | 90 GE |
| | | | Jahresergebnis | 30 GE |

Buchung bei **Anwendung des GKV:**

| | | | | |
|---|---|---|---|---|
| Umsatzerlöse | 120 GE | an | Aktivierte Eigenleistung | 90 GE |
| | | | Jahresergebnis | 30 GE |

Während das Patent aus Sicht von T 2 entgeltlich erworben wurde, ist es aus Konzernsicht selbsterstellt. Das Wahlrecht nach § 248 Abs. 2 Satz 1 HGB i. V. m. § 298 Abs. 1 HGB führt dazu, dass dieser selbsterstellte immaterielle Vermögensgegenstand auch aus Konzernsicht aktivierungsfähig ist. Bei Zugang ist das Patent mit seinen Herstellungskosten gemäß § 253 Abs. 1 Satz 1 HGB i. V. m. § 255 Abs. 2 und 2a HGB zu bewerten, die aus den im Rahmen der Entwicklung angefallenen Personal- und Materialaufwendungen i. H. v. insgesamt 90 GE bestehen. Da das Patent jedoch nicht an Konzernaußenstehende veräußert worden ist, darf in der Konzern-GuV kein Umsatz ausgewiesen werden. Nach dem UKV darf der gesamte Geschäftsvorfall in der Konzern-GuV nicht berücksichtigt werden, weshalb die im Einzelabschluss von M und damit in der Summen-GuV gebuchten Umsatzerlöse, Herstellungskosten und der Zwischengewinn miteinander zu verrechnen sind.

Nach dem GKV sind die Umsatzerlöse i. H. v. 120 GE in 90 GE aktivierte Eigenleistungen - da es sich bei dem Patent um einen Vermögensgegenstand des Anlagevermögens handelt - umzugliedern, während die Differenz i. H. v. 30 GE mit dem Jahresergebnis in der GuV zu verrechnen ist. Bei dieser Differenz handelt es sich um den bei M entstandenen und im Einzelabschluss zutreffend erfassten Zwischengewinn.

**Fall B:**

Buchungen bei **Anwendung des UKV:**

| Umsatzerlöse | 120 GE | an | Jahresergebnis | 120 GE |
|---|---|---|---|---|

| Sonstiger betrieblicher Aufwand | 90 GE | an | Herstellungskosten | 90 GE |
|---|---|---|---|---|

Buchung bei **Anwendung des GKV:**

| Umsatzerlöse | 120 GE | an | Jahresergebnis | 120 GE |
|---|---|---|---|---|

Wird das Aktivierungswahlrecht nach § 248 Abs. 2 Satz 1 HGB i. V. m. § 298 Abs. 1 HGB im Konzernabschluss nicht in Anspruch genommen, sind die im Rahmen der Herstellung angefallenen Aufwendungen in jedem Fall erfolgsmindernd in der Konzern-GuV zu berücksichtigen. Sowohl nach dem UKV als auch nach dem GKV sind die Umsatzerlöse in der Summen-GuV zu eliminieren, da keine Veräußerung an konzernaußenstehende Dritte stattgefunden hat. Durch die Gegenbuchung im Jahresergebnis wird der Jahresüberschuss zutreffend um 120 GE vermindert, so dass in der Konzern-GuV ein Jahresfehlbetrag in Höhe der nicht aktivierten Personal- und Materialaufwendungen von insgesamt 90 GE ausgewiesen wird, was der Differenz der 30 GE Zwischengewinn von M und den 120 GE Umsatzerlösen von M entspricht. Nach dem UKV sind die nicht aktivierten Aufwendungen von 90 GE zudem noch in die sonstigen betrieblichen Aufwendungen umzubuchen, da diese Aufwendungen zwar auch aus Konzernsicht entstanden sind, jedoch nicht die Definition der Herstellungskosten der zur Erzielung der Umsatzerlöse erbrachten Leistungen an Konzernaußenstehende erfüllen.

(5) Buchung bei **Anwendung des UKV:**

| Umsatzerlöse | 75 GE | an | Jahresergebnis | 75 GE |
|---|---|---|---|---|

Buchung bei **Anwendung des GKV:**

| Umsatzerlöse | 75 GE | an | Jahresergebnis | 75 GE |
|---|---|---|---|---|

Aus Konzernsicht handelt es sich bei den im Einzelabschluss von T 2 aktivierten Kundenlisten um selbsterstellte immaterielle Vermögensgegenstände, die gemäß § 248 Abs. 2 Satz 2 HGB i. V. m. § 298 Abs. 1 HGB nicht aktiviert werden dürfen. Die mit ihrer Erstellung im Zusammenhang stehenden Aufwendungen i. H. v. 50 GE sind in jedem Fall in der Konzern-GuV erfolgsmindernd zu erfassen.

Durch die dargestellten Konsolidierungsbuchungen werden zunächst die aus der konzerninternen Transaktion entstandenen Erträge eliminiert. Die Gegenbuchung im Jahresergebnis bewirkt, dass der bereits in der GuV I von M (und somit in der Summenbilanz) ausgewiesene Jahresüberschuss von 25 GE um 75 GE reduziert wird, wodurch in der Konzern-GuV ein Jahresfehlbetrag von 50 GE entsteht. Dieser Jahresfehlbetrag entspricht den bei M angefallenen und damit auch in der Konzern-GuV enthaltenen Personalaufwendungen i. H. v. 50 GE.

## Lösung zu Teilaufgabe (c)

Nach IFRS 10.B86 sind Aufwendungen und Erträge aus konzerninternen Geschäften sowie konzerninterne Dividendenzahlungen oder sonstige Gewinnvereinnahmungen vollständig zu eliminieren.

In Fällen von untergeordneter Bedeutung darf die Aufwands- und Ertragskonsolidierung nach dem Grundsatz der Wesentlichkeit in einem IFRS-Konzernabschluss unterbleiben (CF.2.11).

# Übung 34: Die Konsolidierung konzerninterner Geschäftsvorfälle in Folgeperioden nach HGB

## Sachverhalt

Das Mutterunternehmen MU hat in der Periode 01 ein neuartiges Produkt erstellt und dafür 400 GE aufgewendet. Noch in der gleichen Periode wird das Produkt an das vollkonsolidierte Tochterunternehmen TU zum Preis von 500 GE mit der Intention eines Weiterverkaufs veräußert und dort unter den Vorräten aktiviert. Trotz intensiver Verkaufsbemühungen durch intensives Marketing gelingt ein Verkauf an ein konzernexternes Unternehmen erst in der Periode 03 zum Preis von 600 GE.

Folgende Übersicht zeigt ausgewählte Posten der Jahresabschlüsse von MU und TU, die für die Perioden 01 bis 03 jeweils identisch sind, einschließlich des oben geschilderten Sachverhaltes:

| (Alle Zahlenangaben in GE) | | MU | TU |
|---|---|---|---|
| | | HB II | HB II |
| **Bilanz** | | | |
| | **Aktiva** | | |
| | Vorräte | 1.000 | 1.000 |
| | Bank | 500 | 500 |
| | Summe Aktiva | 1.500 | 1.500 |
| | **Passiva** | | |
| | Jahresergebnis | 300 | 300 |
| | Sonstige Passiva | 1.200 | 1.200 |
| | Summe Passiva | 1.500 | 1.500 |
| **GuV** | | | |
| | Umsatzerlöse | 3.000 | 3.000 |
| | Herstellungskosten | 2.700 | 2.700 |
| | **Jahresergebnis** | 300 | 300 |

**Übersicht 34-1:** Jahresabschlüsse von MU und TU in den Perioden 01 bis 03

## Aufgabe

Führen Sie die erforderlichen Konsolidierungen in Bilanz und GuV (nach dem Umsatzkostenverfahren) für die Perioden 01 bis 03 durch und erstellen Sie die Konzernabschlüsse.

## Literaturhinweis

BAETGE, JÖRG/KIRSCH, HANS-JÜRGEN/THIELE, STEFAN, Konzernbilanzen, 15. Aufl., Düsseldorf 2024, Kap. V Abschn. 4.

## Lösung

### ■ Periode 01

In der Bilanz des TU sind die Vorräte um den konzerninternen Zwischengewinn i. H. v. 100 GE (= 500 GE Verkaufspreis - 400 GE Herstellungskosten) zu hoch bewertet, da aus Sicht des Konzerns lediglich 400 GE für die Herstellung des Vermögensgegenstandes aufgewendet wurden. Dieser Zwischengewinn muss durch Buchung gegen das Jahresergebnis (ergebniswirksam) eliminiert werden.

Buchung in der Bilanz (Buchungssatz (1)):

| | | | | |
|---|---|---|---|---|
| Jahresergebnis | 100 GE | an | Vorräte | 100 GE |

Aus Konzernsicht ist der Sachverhalt wie ein Herstellungsvorgang von Vorräten zu behandeln. Umsatzerlöse und Herstellungskosten sind gegeneinander aufzurechnen, da die Ausgaben nicht die Definition der Herstellungskosten der zur Erzielung der Umsatzerlöse erbrachten Leistungen erfüllen. Zudem ist die Differenz i. H. v. 100 GE, also der Zwischengewinn, ergebniswirksam zu neutralisieren.

Buchung in der GuV (Buchungssatz (2)):

| | | | | |
|---|---|---|---|---|
| Umsatzerlöse | 500 GE | an | Herstellungskosten | 400 GE |
| | | | Jahresergebnis | 100 GE |

Die folgende Übersicht zeigt den Konzernabschluss in der Periode 01:

| Zeitpunkt 31.12.01 (Alle Zahlenangaben in GE) | MU | TU | SB | Konsolidierungsspalte | | KB |
|---|---|---|---|---|---|---|
| | HB II | HB II | | Soll | Haben | |
| **Bilanz** | | | | | | |
| **Aktiva** | | | | | | |
| Vorräte | 1.000 | 1.000 | 2.000 | | 100[1] | 1.900 |
| Bank | 500 | 500 | 1.000 | | | 1.000 |
| Summe Aktiva | 1.500 | 1.500 | 3.000 | | | 2.900 |
| **Passiva** | | | | | | |
| Jahresergebnis | 300 | 300 | 600 | 100[1] | | 500 |
| Sonstige Passiva | 1.200 | 1.200 | 2.400 | | | 2.400 |
| Summe Passiva | 1.500 | 1.500 | 3.000 | | | 2.900 |
| **GuV** | | | | | | |
| Umsatzerlöse | 3.000 | 3.000 | 6.000 | 500[2] | | 5.500 |
| Herstellungskosten | 2.700 | 2.700 | 5.400 | | 400[2] | 5.000 |
| **Jahresergebnis** | 300 | 300 | 600 | | 100[2] | 500 |

**Übersicht 34-2:** Jahresabschlüsse von MU und TU in den Perioden 01 bis 03

## ■ Periode 02

Wie in Periode 01 sind die Vorräte vom TU um den konzerninternen Zwischengewinn von 100 GE zu hoch bewertet. Da der Zwischengewinn jedoch in der Vorperiode bereits erfolgswirksam eliminiert und der Jahresüberschuss in Periode 02 von diesem Gewinn nicht berührt wurde, ist er erfolgsneutral mit einem gesonderten Korrekturposten innerhalb des Eigenkapitals (häufig als Konsolidierungsausgleichsposten oder Konsolidierungsdifferenzen bezeichnet) zu verrechnen. Dieser Korrekturposten ist im Eigenkapital separat auszuweisen, da nur so für den außenstehenden Konzernabschlussadressaten erkennbar ist, welcher Teil des ausgewiesenen Eigenkapitals aufgrund von Konsolidierungsdifferenzen besteht.

Buchung in der Bilanz (Buchungssatz (3)):

| Korrekturposten (im EK) | 100 GE | an | Vorräte | 100 GE |
|---|---|---|---|---|

Die folgende Übersicht zeigt den Konzernabschluss in der Periode 02:

| Zeitpunkt 31.12.02 (Alle Zahlenangaben in GE) | MU | TU | SB | Konsolidierungs-spalte | | KB |
|---|---|---|---|---|---|---|
| | HB II | HB II | | Soll | Haben | |
| **Bilanz** | | | | | | |
| **Aktiva** | | | | | | |
| Vorräte | 1.000 | 1.000 | 2.000 | | 100[3] | 1.900 |
| Bank | 500 | 500 | 1.000 | | | 1.000 |
| Summe Aktiva | 1.500 | 1.500 | 3.000 | | | 2.900 |
| **Passiva** | | | | | | |
| Jahresergebnis | 300 | 300 | 600 | | | 600 |
| Korrekturposten (im EK) | | | | 100[3] | | – 100 |
| Sonstige Passiva | 1.200 | 1.200 | 2.400 | | | 2.400 |
| Summe Passiva | 1.500 | 1.500 | 3.000 | | | 2.900 |
| **GuV** | | | | | | |
| Umsatzerlöse | 3.000 | 3.000 | 6.000 | | | 6.000 |
| Herstellungskosten | 2.700 | 2.700 | 5.400 | | | 5.400 |
| **Jahresergebnis** | 300 | 300 | 600 | | | 600 |

**Übersicht 34-3:** Konzernabschluss in der Periode 01

## ■ Periode 03

Durch den Verkauf an ein konzernexternes Unternehmen wurden nun auch aus Konzernsicht Umsatzerlöse (i. H. v. 600 GE) generiert. Der dabei erzielte Jahresüberschuss ist jedoch um den Zwischengewinn von 100 GE zu niedrig, da den Umsatzerlösen von 600 GE aus Konzernsicht nicht die vom TU angesetzten 500 GE, sondern die in Periode 01 vom MU aufgewendeten 400 GE Herstellungskosten gegenübergestellt werden müssen. Der Jahresüberschuss ist folglich um 100 GE zu erhöhen und dabei mit dem Korrekturposten im Eigenkapital zu verrechnen.

Buchung in der Bilanz (Buchungssatz (4)):

| Korrekturposten (im EK) | 100 GE | an | Jahresergebnis | 100 GE |
|---|---|---|---|---|

Wie bereits im Rahmen der Bilanzbuchung erläutert, ist der Jahresüberschuss nach der Transaktion mit dem konzernaußenstehenden Unternehmen um 100 GE zu niedrig. Der Gewinn aus dem Verkauf an Konzernexterne ist folglich um 100 GE zu erhöhen. Demgegenüber sind die Herstellungskosten um den konzerninternen Gewinn von 100 GE (= Anschaffungskosten für das TU 500 GE - Herstellungskosten für das MU 400 GE) zu hoch.

Buchung in der GuV (Buchungssatz (5)):

| Jahresergebnis | 100 GE | an | Herstellungskosten | 100 GE |
|---|---|---|---|---|

Die folgende Übersicht zeigt den Konzernabschluss in der Periode 03:

| Zeitpunkt 31.12.03 (Alle Zahlenangaben in GE) | MU | TU | SB | Konsolidierungsspalte | | KB |
|---|---|---|---|---|---|---|
| | HB II | HB II | | Soll | Haben | |
| **Bilanz** | | | | | | |
| **Aktiva** | | | | | | |
| Vorräte | 1.000 | 1.000 | 2.000 | | | 2.000 |
| Bank | 500 | 500 | 1.000 | | | 1.000 |
| Summe Aktiva | 1.500 | 1.500 | 3.000 | | | 3.000 |
| **Passiva** | | | | | | |
| Jahresergebnis | 300 | 300 | 600 | | 100[4] | 700 |
| Korrekturposten (im EK) | | | | 100[4] | | – 100 |
| Sonstige Passiva | 1.200 | 1.200 | 2.400 | | | 2.400 |
| Summe Passiva | 1.500 | 1.500 | 3.000 | | | 3.000 |
| **GuV** | | | | | | |
| Umsatzerlöse | 3.000 | 3.000 | 6.000 | | | 6.000 |
| Herstellungskosten | 2.700 | 2.700 | 5.400 | | 100[5] | 5.300 |
| **Jahresergebnis** | 300 | 300 | 600 | 100[5] | | 700 |

**Übersicht 34-4:** Konzernabschluss in der Periode 03

# Übung 35: Fallstudie zur Vollkonsolidierung im Konzernabschluss der Fix & Fertig AG nach HGB

## Sachverhalt

Die **Fix & Fertig AG**, Münster, zählt seit langem zu den in der Baubranche führenden Anbietern von industriellen Zweckbauten. Im Laufe des Jahres 01 expandierte das Unternehmen sehr stark, so dass der Vorstand der Fix & Fertig AG beschloss, zum 31.12.01 Anteile an Unternehmen zu erwerben, die die bestehende Angebotspalette der Fix & Fertig AG ergänzen und den Unternehmenserfolg nachhaltig sichern. Bei den erworbenen Unternehmen handelt es sich um die **Dachstuhl GmbH**, Freiburg, die ihrerseits wiederum Anteile an der **Richtkranz AG**, Kiefersfelden, hält, die **Betonbau GmbH**, Beckum, und um die Versicherungsgesellschaft **Blitzblank AG**, Frankfurt/Main, mit der ein Entherrschungsvertrag besteht und auf diese somit keinerlei Einfluss ausgeübt wird.

Die folgende Abbildung gibt einen Überblick über die Beteiligungsverhältnisse und die Kaufpreise (in GE) für die Beteiligungen in der Fix & Fertig-Gruppe:

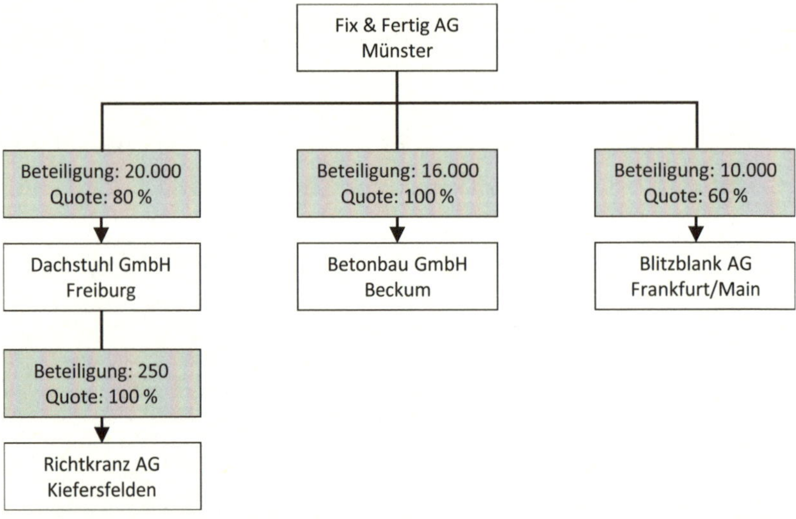


**Übersicht 35-1:** Beteiligungen in der Fix & Fertig-Gruppe

Am 31.12.01 erstellte die Fix & Fertig AG erstmals einen Konzernabschluss für die Gruppe. Zum Jahresende 02 steht die für den Konzernabschluss verantwortliche Abteilung des externen Rechnungswesens erneut vor der Aufgabe, Konzernbilanz und Konzern-GuV zu erstellen.

Die folgende Übersicht zeigt die Handelsbilanz II (**HB II**) der Fix & Fertig AG, der Dachstuhl GmbH und der Betonbau GmbH zum 31.12.02, wobei das Gliederungsschema des § 266 HGB aus Gründen der Übersichtlichkeit gekürzt wurde:

| Zeitpunkt 31.12.02 (Alle Zahlenangaben in GE) | Fix & Fertig AG | Dachstuhl GmbH | Betonbau GmbH |
|---|---|---|---|
| **Aktiva** | | | |
| A. Anlagevermögen | | | |
| I. Immaterielle Vermögensgegenstände | | | |
| 2. Entgeltlich erworbene gewerbliche Schutzrechte | | | 500 |
| II. Sachanlagen | | | |
| 1. Grundstücke | 7.000 | 2.000 | 4.000 |
| 2. Technische Anlagen | 11.000 | 7.000 | 3.000 |
| III. Finanzanlagen | | | |
| 1. Anteile an verbundenen Unternehmen | 46.000 | 250 | |
| B. Umlaufvermögen | | | |
| I. Vorräte | 8.000 | 5.500 | 3.300 |
| II. Forderungen und sonstige Vermögensgegenstände | | | |
| 1. Forderungen gegen verbundene Unternehmen | 100 | 70 | |
| C. Rechnungsabgrenzungsposten | 100 | 1.280 | 200 |
| Summe Aktiva | 72.200 | 16.100 | 11.000 |
| **Passiva** | | | |
| A. Eigenkapital | | | |
| I. Gezeichnetes Kapital | 30.000 | 8.000 | 5.000 |
| II. Kapitalrücklage | 8.000 | 3.000 | 2.000 |
| III. Gewinnrücklagen | 20.000 | 2.200 | 3.000 |
| IV. Bilanzgewinn | 2.000 | 200 | 150 |
| B. Rückstellungen | 11.800 | 2.300 | 400 |
| C. Verbindlichkeiten | | | |
| 1. Verbindlichkeiten gegenüber verbundenen Unternehmen | 80 | 210 | |
| D. Rechnungsabgrenzungsposten | 320 | 190 | 450 |
| Summe Passiva | 72.200 | 16.100 | 11.000 |

**Übersicht 35-2:** HB II der Konzernunternehmen zum 31.12.02

Die **GuV II** der betreffenden Konzernunternehmen sind der folgenden Übersicht zu entnehmen, wobei das Gliederungsschema des § 275 Abs. 2 HGB aus Gründen der Übersichtlichkeit gekürzt wurde:

| Zeitpunkt 31.12.02 (Alle Zahlenangaben in GE) | Fix & Fertig AG | Dachstuhl GmbH | Betonbau GmbH |
|---|---|---|---|
| 1. Umsatzerlöse | 60.000 | 21.000 | 12.000 |
| 2. Bestandsveränderungen | + 4.000 | + 3.000 | + 1.000 |
| 3. Andere aktivierte Eigenleistungen | 2.000 | 1.000 | 1.500 |
| 4. Sonstige betriebliche Erträge | 1.000 | 700 | 900 |
| 5. Materialaufwand | 24.000 | 12.300 | 7.200 |
| 6. Personalaufwand | 29.000 | 6.900 | 5.300 |
| 7. Abschreibungen | 6.000 | 2.300 | 1.100 |
| 8. Sonstige betriebliche Aufwendungen | 2.800 | 1.000 | 1.200 |
| 9. Sonstige Zinsen und ähnliche Erträge | 1.000 | 400 | 100 |
| 10. Zinsen und ähnliche Aufwendungen | 1.200 | 2.200 | 390 |
| 11. Steuern | 2.000 | 1.000 | 160 |
| **12. Jahresüberschuss** | 3.000 | 400 | 150 |
| 13. Zuführung zur Kapitalrücklage | 600 | 0 | 0 |
| 14. Zuführung zu den Gewinnrücklagen | 400 | 200 | 0 |
| **15. Bilanzgewinn** | 2.000 | 200 | 150 |

**Übersicht 35-3:** GuV II der Konzernunternehmen für den Zeitraum 01.01.02 bis 31.12.02

Nachstehende Übersicht gibt einen Überblick über ausgewählte Bilanzposten der Konzernunternehmen zum 31.12.01. Die Aktivposten befinden sich auch am 31.12.02 im Besitz der Konzernunternehmen:

| | Dachstuhl GmbH | | | Betonbau GmbH | | |
|---|---|---|---|---|---|---|
| | BW | stR | ND | BW | stR | ND |
| Grundstücke | 2.000 | 10.000 | ∞ | 4.000 | 5.000 | ∞ |
| Technische Anlagen | 7.000 | 1.000 | 10 | 3.000 | 1.000 | 10 |
| Selbsterstellte Patente des Anlagevermögens | | 400 | 8 | | | |
| Vorräte | 5.500 | 500 | | | | |
| Gezeichnetes Kapital | 8.000 | | | 5.000 | | |
| Kapitalrücklage | 3.000 | | | 2.000 | | |
| Gewinnrücklagen | 2.000 | | | 3.000 | | |

**Übersicht 35-4:** Ausgewählte Bilanzposten der Konzernunternehmen zum 31.12.01

Im Laufe des Geschäftsjahres 02 kommt es in der Fix & Fertig-Gruppe zu folgenden konzerninternen **Geschäftsvorfällen**:

(1) Die Fix & Fertig AG bildet in ihrem Einzelabschluss eine Rückstellung für ungewisse Verbindlichkeiten gegenüber der Betonbau GmbH i. H. v. 200 GE.

(2) Die Fix & Fertig AG hat Verbindlichkeiten gegenüber der Dachstuhl GmbH i. H. v. 80 GE.

(3) Die Dachstuhl GmbH schreibt die unter (2) erwähnte Forderung i. H. v. 80 GE gegen die Fix & Fertig AG im Geschäftsjahr 02 um 10 GE ab.

(4) Die Dachstuhl GmbH schuldet der Richtkranz AG aus dem Bezug von Richtkränzen 10 GE.

(5) Die Fix & Fertig AG gewährt der Dachstuhl GmbH Ende 02 ein Darlehen über 100 GE mit einer Laufzeit von fünf Jahren zu marktüblichen Zinsen. Der Auszahlungsbetrag beträgt 95 GE. Hinsichtlich des Disagios macht die Dachstuhl GmbH in ihrem Einzelabschluss von dem Aktivierungswahlrecht des § 250 Abs. 3 Satz 3 HGB in der Weise Gebrauch, dass sie einen aktiven Rechnungsabgrenzungsposten nicht ansetzt.

(6) Die Dachstuhl GmbH liefert mehrere Werkzeugschränke zum Selbstkostenpreis an die Betonbau GmbH. Die Anschaffungskosten der Schränke betragen bei der Betonbau GmbH 50 GE. Die Werkzeugschränke werden im Anlagevermögen aktiviert.

(7) Die Fix & Fertig AG liefert an die Dachstuhl GmbH selbst hergestellte Eisenträger zum Preis von 150 GE. Darin enthalten sind 40 GE Materialaufwendungen und 60 GE Personalaufwendungen. Die Dachstuhl GmbH verarbeitet die Eisenträger weiter, wobei nochmals 20 GE Personalaufwendungen entstehen. Schließlich werden die Träger noch im Geschäftsjahr zum Preis von 210 GE an Konzernaußenstehende verkauft.

(8) Die Fix & Fertig AG liefert an die Betonbau GmbH eine Betonmischmaschine zu einem Preis von 300 GE, die die Fix & Fertig AG zu einem Preis von 240 GE erworben hatte. Die Anlage wird über drei Jahre linear abgeschrieben, beginnend am 31.12.02.

(9) Die Abteilung „Baustatik" der Fix & Fertig AG berät die Betonbau GmbH. Die Beratungskosten betragen 50 GE. Die Personalaufwendungen belaufen sich bei der Fix & Fertig AG auf 30 GE.

(10) Die Dachstuhl GmbH erhält von der Fix & Fertig AG für ein gewährtes Darlehen Zinserträge i. H. v. 30 GE.

(11) Die Betonbau GmbH erwirbt von der Fix & Fertig AG eine Marke für 500 GE. Die Entwicklungskosten bei der Fix & Fertig AG haben 300 GE betragen.

## Aufgaben

(a) Grenzen Sie den Konsolidierungskreis ab. Unterstellen Sie dabei, dass die Fix & Fertig AG den Konsolidierungskreis so klein wie möglich halten möchte.

(b) Erstellen Sie die Summenbilanz und die Summen-GuV zum 31.12.02.

(c) Konsolidieren Sie die Konzernunternehmen, indem Sie zunächst die Kapitalkonsolidierung vornehmen und anschließend die konzerninternen Vorgänge des Jahres 02 korrigieren (Schuldenkonsolidierung, Zwischenergebniseliminierung, Aufwands- und Ertragskonsolidierung).

(d) Erstellen Sie anschließend den Konzernabschluss der Fix & Fertig-Gruppe zum 31.12.02.

Gehen Sie bei der Aufstellung des Konzernabschlusses von folgenden vereinfachenden **Annahmen** aus:

- Die Richtkranz AG ist für die Fix & Fertig AG nur von untergeordneter Bedeutung.
- Die Fix & Fertig AG übt keinen maßgeblichen Einfluss auf die Blitzblank AG aus.
- Die Kapitalkonsolidierung erfolgt gemäß § 301 Abs. 1 Satz 2 HGB nach der Neubewertungsmethode.
- Stille Reserven im Anlagevermögen sind linear entsprechend den in Übersicht 35-4 ausgewiesenen Nutzungsdauern abzuschreiben.
- Ein Geschäfts- oder Firmenwert (GoF) ist linear über fünf Jahre abzuschreiben.
- Die auf nicht beherrschende Anteile entfallenden Kapitalbeträge werden auf der Passivseite der Konzernbilanz in einen Ausgleichsposten für „Nicht beherrschende Anteile" eingestellt und innerhalb des Eigenkapitals gesondert ausgewiesen.
- Die Beteiligungsunternehmen thesaurieren ihre Gewinne.

## Literaturhinweis

BAETGE, JÖRG/KIRSCH, HANS-JÜRGEN/THIELE, STEFAN, Konzernbilanzen, 15. Aufl., Düsseldorf 2024, Kap. V.

## Lösungen

### Lösung zu Teilaufgabe (a)

Die Beteiligungen der Fix & Fertig AG an der Dachstuhl GmbH und an der Betonbau GmbH erfüllen aufgrund der Mehrheitsbeteiligungen die Tatbestandsmerkmale des § 290 Abs. 2 HGB (beherrschender Einfluss). Die Fix & Fertig AG übt das **Einbeziehungswahlrecht** aus, die Richtkranz AG aufgrund ihrer untergeordneten Bedeutung für die wirtschaftliche Lage des Konzerns nicht in den Konsolidierungskreis einzubeziehen (§ 296 Abs. 2 HGB). Gemäß § 311 Abs. 2 HGB wird die Richtkranz AG auch nicht als assoziiertes Unternehmen nach der Equity-Methode in den Konzernabschluss einbezogen. Die Blitzblank AG ist zwar aufgrund der Stimmrechtsmehrheit gemäß § 290 Abs. 2 Nr. 1 HGB Tochterunternehmen der Fix & Fertig AG. Aufgrund des Entherrschungsvertrages kann der beherrschende Einfluss indes nicht ausgeübt werden, so dass die Fix & Fertig AG das Einbeziehungswahlrecht nach § 296 Abs. 1 Nr. 1 HGB in Anspruch nimmt und auf die Vollkonsolidierung der Blitzblank AG verzichten kann. Da keinerlei Einfluss ausgeübt wird, trifft bei der Blitzblank AG die Assoziierungvermutung des § 311 HGB ebenfalls nicht zu. Die Beteiligung wird daher zu Anschaffungskosten bilanziert. Da ansonsten keine Hinweise darauf vorliegen, dass § 296 HGB in Anspruch genommen werden könnte, sind

- die Fix & Fertig AG,
- die Dachstuhl GmbH und
- die Betonbau GmbH

in den Vollkonsolidierungskreis einzubeziehen.

## Lösung zu Teilaufgabe (b)

Die HB II bzw. GuV II der in den Konsolidierungskreis einbezogenen Konzernunternehmen werden horizontal zur Summenbilanz bzw. zur Summen-GuV addiert. Bei der Aufsummierung müssen zudem die stillen Reserven der Tochterunternehmen (vgl. Übersicht 35-4) berücksichtigt werden (vgl. die zweite Spalte der Übersichten 35-5 und 35-6).

## Lösung zu Teilaufgabe (c)

Bei der Kapitalkonsolidierung nach § 301 Abs. 1 Satz 2 HGB (Neubewertungsmethode) sind die Anteile der Fix & Fertig AG an der Dachstuhl GmbH und an der Betonbau GmbH mit dem anteiligen neubewerteten Eigenkapital dieser Tochterunternehmen zu verrechnen.

Der Erwerb der **Dachstuhl GmbH** und die damit einhergehende Erstkonsolidierung fand am 31.12.01 statt. Es handelt sich bei der Konsolidierung am 31.12.02 daher um eine **Folgekonsolidierung**.

Im **ersten Schritt** der Kapitalkonsolidierung nach der Neubewertungsmethode sind die den Vermögensgegenständen und Schulden der Dachstuhl GmbH zuzurechnenden stillen Reserven aufzudecken (stille Lasten sind annahmegemäß im vorliegenden Fall nicht vorhanden). Die Aufdeckung der stillen Reserven wirkt sich bei der Neubewertungsmethode in voller Höhe auf das Eigenkapital des Tochterunternehmens aus:

| | | | |
|---|---|---|---|
| | Stille Reserven bei Grundstücken | | 10.000 GE |
| + | Stille Reserven bei technischen Anlagen | + | 1.000 GE |
| + | Stille Reserven bei immateriellen Vermögensgegenständen (Selbsterstellte Patente des Anlagevermögens) | + | 400 GE |
| + | Stille Reserven bei Vorräten | + | 500 GE |
| = | Differenz aus der Neubewertung | | 11.900 GE |

Die Aufdeckung der stillen Reserven ist noch vor der Aufstellung der Summenbilanz vorzunehmen. Der in der Spalte der Summenbilanz (vgl. Übersicht 35-5) implizit enthaltene Buchungssatz (1) lautet somit:

| | | | | |
|---|---|---|---|---|
| Grundstück | 10.000 GE | | | |
| Technische Anlagen | 1.000 GE | | | |
| Immaterielle Vermögensgegenstände | 400 GE | | | |
| Vorräte | 500 GE | an | Differenzen aus der Neubewertung | 11.900 GE |

Anschließend wird im **zweiten Schritt** das neubewertete Eigenkapital der Dachstuhl GmbH (bestehend aus dem gezeichneten Kapital, der Kapitalrücklage, der Gewinnrücklage und den Differenzen aus der Neubewertung) anteilig mit dem Buchwert der Anteile des Mutterunternehmens verrechnet:

| | | | |
|---|---|---|---|
| | Buchwert der Anteile | | 20.000 GE |
| – | Anteiliges gezeichnetes Kapital | – | 6.400 GE |
| – | Anteilige Kapitalrücklage | – | 2.400 GE |
| – | Anteilige Gewinnrücklagen | – | 1.600 GE |
| – | Anteilige Differenzen aus der Neubewertung | – | 9.520 GE |
| = | Geschäfts- oder Firmenwert | | 80 GE |

Gemäß § 301 Abs. 2 HGB sind für die Kapitalaufrechnung die Wertansätze im Zeitpunkt der Erstkonsolidierung maßgeblich. Daher sind die Gewinnrücklagen der Dachstuhl GmbH per 31.12.01 i. H. v. 2.000 GE in die Konsolidierung einzubeziehen. Das gezeichnete Kapital und die Kapitalrücklage der Dachstuhl GmbH haben sich per 31.12.02 gegenüber dem Vorjahr nicht verändert. Der Buchungssatz (2) lautet:

| | | | | |
|---|---|---|---|---|
| Geschäfts- oder Firmenwert | 80 GE | | | |
| Gezeichnetes Kapital | 6.400 GE | | | |
| Kapitalrücklage | 2.400 GE | | | |
| Gewinnrücklage | 1.600 GE | | | |
| Differenzen aus der Neubewertung | 9.520 GE | an | Anteile an verbundenen Unternehmen | 20.000 GE |

Im **dritten Schritt** sind die Anteile nicht beherrschender Gesellschafter am Eigenkapital der Dachstuhl GmbH zu berechnen. Den nicht beherrschenden Gesellschaftern stehen 20 % des Eigenkapitals der Dachstuhl GmbH am Ende des Jahres 02 zu, also 5.020 GE (= (8.000 GE + 3.000 GE + 2.200 GE + 11.900 GE) · 20 %). Der Posten „Nicht beherrschende Anteile“ enthält somit auch (anteilig zu 20 %) die während der Konzernzugehörigkeit der Dachstuhl GmbH (Geschäftsjahr 02) gebildeten Gewinnrücklagen (200 GE = 2.200 GE - 2.000 GE). Zudem sind sie am Gewinn der Dachstuhl GmbH zu beteiligen; mithin stehen ihnen auch 20 % von 200 GE, also 40 GE des Bilanzgewinns, zu. Buchungssatz (3) in der Konsolidierungsspalte lautet somit:

| | | | | |
|---|---|---|---|---|
| Gezeichnetes Kapital | 1.600 GE | | | |
| Kapitalrücklage | 600 GE | | | |
| Gewinnrücklage | 440 GE | | | |
| Differenzen aus der Neubewertung | 2.380 GE | | | |
| Bilanzgewinn | 40 GE | an | Nicht beherrschende Anteile | 5.060 GE |

In den Posten „Technische Anlagen“ und „Immaterielle Vermögensgegenstände“ wurden bei der Erstkonsolidierung stille Reserven i. H v. 1.000 GE bzw. 400 GE aufgedeckt (d. h. anteilige stille Reserven i. H. v. 800 GE bzw. 320 GE), die bei der Folgekonsolidierung ebenfalls über zehn bzw. acht Jahre abgeschrieben werden. Ferner ist der bei der Erstkonsolidierung entstandene Geschäfts-

oder Firmenwert linear über fünf Jahre abzuschreiben, wobei die Abschreibung des Geschäfts- oder Firmenwertes das Mutterunternehmen zu 100 % berührt. Die Abschreibungen sind erfolgswirksam. Mit Buchungssatz (4) werden im **vierten Schritt** die stillen Reserven und der Geschäfts- oder Firmenwert bei der Folgekonsolidierung in der Konzernbilanz fortgeführt:

| Bilanzgewinn | 136 GE | an | Technische Anlagen | 80 GE |
|---|---|---|---|---|
| | | | Immaterielle Vermögensgegenstände | 40 GE |
| | | | Geschäfts- oder Firmenwert | 16 GE |

Bei der Neubewertungsmethode werden auch die nicht beherrschenden Gesellschafter erfolgswirksam an den Abschreibungen von stillen Reserven enthaltenden Posten beteiligt (außer am Geschäfts- oder Firmenwert). Dies wird im **fünften Schritt** durch Buchungssatz (5) berücksichtigt:

| Nicht beherrschende Anteile | 30 GE | an | Technische Anlagen | 20 GE |
|---|---|---|---|---|
| | | | Immaterielle Vermögensgegenstände | 10 GE |

Bei den bisher dargestellten Buchungen (1) bis (5) handelt es sich um Buchungen, die die Konzernbilanz betreffen. Im Folgenden ist auch die Konzern-GuV zu berichtigen. Auf diese Weise wird sichergestellt, dass sich das Konzernergebnis laut Konzernbilanz und das Konzernergebnis laut Konzern-GuV entsprechen.

Im **sechsten Schritt** der Kapitalkonsolidierung ist daher zunächst die auf andere Gesellschafter entfallende Veränderung der Gewinnrücklagen der Dachstuhl GmbH im Geschäftsjahr 02 umzugliedern. Die Gewinnrücklagen der Dachstuhl GmbH haben sich insgesamt um 200 GE erhöht (2.200 GE Ende 02 - 2.000 GE Ende 01). An dieser Veränderung sind die nicht beherrschenden Gesellschafter entsprechend ihrer Beteiligungsquote zu 20 % beteiligt. Damit lautet Buchungssatz (6) in der Konsolidierungsspalte der Konzern-GuV wie folgt:

| Zuführung zum Ausgleichsposten für Anteile nicht beherrschender Gesellschafter | 40 GE | an | Entnahme aus den Gewinnrücklagen | 40 GE |
|---|---|---|---|---|

Die nicht beherrschenden Gesellschafter sind entsprechend ihrer Beteiligungsquote auch an dem im Geschäftsjahr 02 erwirtschafteten Bilanzgewinn der Dachstuhl GmbH beteiligt. Im **siebten Schritt** wird der Bilanzgewinn der Dachstuhl GmbH i. H. v. 200 GE durch Buchungssatz (7) in der Konzern-GuV auf die nicht beherrschenden Gesellschafter umgegliedert:

| Auf nicht beherrschende Gesellschafter entfallender Gewinn | 40 GE | an | Bilanzgewin | 40 GE |
|---|---|---|---|---|

Im **achten Schritt** ist die Abschreibung der bei den Bilanzposten aufgedeckten stillen Reserven (vgl. Buchungssatz (4) für die Bilanz) auch in der Konzern-GuV zulasten des Bilanzgewinns nachzuvollziehen. Dies geschieht mit Buchungssatz (8):

| | | | | |
|---|---|---|---|---|
| Abschreibungen (auf technische Anlagen) | 80 GE | | | |
| Abschreibungen (auf immaterielle Vermögensgegenstände) | 40 GE | an | Bilanzgewinn | 120 GE |

Das gleiche Prinzip ist auch im **neunten Schritt** durch Buchungssatz (9) auf die Abschreibungen der aufgedeckten stillen Reserven anzuwenden, die auf die nicht beherrschenden Gesellschafter entfallen (vgl. Buchungssatz (5) für die Bilanz):

| | | | | |
|---|---|---|---|---|
| Abschreibungen (auf technische Anlagen) | 20 GE | | | |
| Abschreibungen (auf immaterielle Vermögensgegenstände) | 10 GE | an | Auf nicht beherrschende Gesellschafter entfallender Gewinn | 30 GE |

Im **zehnten Schritt** ist in der Konsolidierungsspalte der Bilanzgewinn mit Buchungssatz (10) um die Abschreibungen auf den bei der Kapitalkonsolidierung entstandenen Geschäfts- oder Firmenwert zu vermindern:

| | | | | |
|---|---|---|---|---|
| Abschreibungen (auf Geschäfts- oder Firmenwert) | 16 GE | an | Bilanzgewinn | 16 GE |

Im Folgenden ist die Kapitalverflechtung der Fix & Fertig AG mit der **Betonbau GmbH** aus dem Summenabschluss zu eliminieren. Die Betonbau GmbH wurde ebenfalls erstmals zum 31.12.01 in den Konzernabschluss der Fix & Fertig-Gruppe einbezogen. Es handelt sich bei der Konsolidierung zum 31.12.02 daher wie bei der Dachstuhl GmbH um eine **Folgekonsolidierung**.

Im **ersten Schritt** der Kapitalkonsolidierung nach der Neubewertungsmethode sind die in den Vermögensgegenständen der Betonbau GmbH enthaltenen stillen Reserven anteilig (hier 100 %) aufzudecken und den jeweiligen Vermögensgegenständen zuzuordnen. Der Gesamtbetrag der stillen Reserven ermittelt sich wie folgt:

| | | | |
|---|---|---|---|
| | Stille Reserven bei Grundstücken | | 5.000 GE |
| + | Stille Reserven bei technischen Anlagen | + | 1.000 GE |
| = | Differenz aus der Neubewertung | | 6.000 GE |

Die stillen Reserven sind noch vor der Aufstellung der Summenbilanz aufzudecken. Der in der Spalte der Summenbilanz (vgl. Übersicht 35-5) implizit enthaltene Buchungssatz (11) lautet somit:

| | | | | |
|---|---|---|---|---|
| Grundstücke | 5.000 GE | | | |
| Technische Anlagen | 1.000 GE | an | Differenzen aus der Neubewertung | 6.000 GE |

Im **zweiten Schritt** wird der Beteiligungsbuchwert der Anteile der Fix & Fertig AG an der Betonbau GmbH mit dem neubewerteten Eigenkapital der Betonbau GmbH nach Maßgabe der Wertverhältnisse im Zeitpunkt der Erstkonsolidierung verrechnet:

| | | | |
|---|---|---|---|
| | Buchwert der Anteile | | 16.000 GE |
| – | Anteiliges gezeichnetes Kapital | – | 5.000 GE |
| – | Anteilige Kapitalrücklage | – | 2.000 GE |
| – | Anteilige Gewinnrücklagen | – | 3.000 GE |
| – | Anteilige Differenzen aus der Neubewertung | – | 6.000 GE |
| = | Geschäfts- oder Firmenwert | | 0 GE |

Mithin entspricht das neubewertete Eigenkapital dem Buchwert der Anteile der Fix & Fertig AG an der Betonbau GmbH, so dass aus der Kapitalkonsolidierung kein Unterschiedsbetrag bzw. Geschäfts- oder Firmenwert entsteht. Buchungssatz (12) in der Konsolidierungsspalte lautet somit:

| | | | | |
|---|---|---|---|---|
| Gezeichnetes Kapital | 5.000 GE | | | |
| Kapitalrücklage | 2.000 GE | | | |
| Gewinnrücklage | 3.000 GE | | | |
| Differenzen aus der Neubewertung | 6.000 GE | an | Anteile an verbundenen Unternehmen | 16.000 GE |

Die Berechnung der Anteile nicht beherrschender Gesellschafter im **dritten Schritt** entfällt, da an der Betonbau GmbH keine (konzernaußenstehenden) anderen Gesellschafter beteiligt sind.

Die bei den technischen Anlagen aufgedeckten stillen Reserven sind im **vierten Schritt** der Folgekonsolidierung fortzuführen. In dem Posten „Technische Anlagen" wurden stille Reserven i. H. v. 1.000 GE aufgedeckt, die über zehn Jahre zulasten des Bilanzgewinns abzuschreiben sind. Buchungssatz (13) in der Konsolidierungsspalte lautet daher:

| | | | | |
|---|---|---|---|---|
| Bilanzgewinn | 100 GE | an | Technische Anlagen | 100 GE |

Bei den bisher dargestellten Buchungen (11) bis (13) handelt es sich um Buchungen, die die Konzernbilanz betreffen. Im Folgenden ist auch die Konzern-GuV zu berichtigen. Die bei den Bilanzposten aufgedeckten stillen Reserven sind für die Konzern-GuV mit Buchungssatz (14) zulasten des Bilanzgewinns abzuschreiben:

| | | | | |
|---|---|---|---|---|
| Abschreibungen | 100 GE | an | Bilanzgewinn | 100 GE |

Nachdem die innerkonzernlichen Kapitalverflechtungen mit den Buchungssätzen (1) bis (14) eliminiert wurden, sind im Folgenden die **innerkonzernlichen Beziehungen**, die durch die Geschäftsvorfälle (1) bis (11) im Geschäftsjahr 02 entstanden sind, aus dem Summenabschluss herauszurechnen. Dazu bedarf es der Schuldenkonsolidierung, der Zwischenergebniseliminierung sowie der Aufwands- und Ertragskonsolidierung.

Bei **Geschäftsvorfall (1)** ist für die Konzernbilanz die aus Konzernsicht nicht erforderliche Bildung einer Rückstellung für ungewisse Verbindlichkeiten gegenüber einem Konzernunternehmen durch Buchungssatz (15) zu eliminieren (vgl. Übersicht 35-5):

| Rückstellungen | 200 GE | an | Bilanzgewinn | 200 GE |
|---|---|---|---|---|

Für die Konzern-GuV ist der Geschäftsvorfall durch Buchungssatz (16) zu berücksichtigen (vgl. Übersicht 35-6):

| Bilanzgewinn | 200 GE | an | Sonstige betriebliche Aufwendungen | 200 GE |
|---|---|---|---|---|

Die aus **Geschäftsvorfall (2)** resultierende innerkonzernliche Schuldbeziehung ist aus Konzernsicht als eine Schuldbeziehung zwischen „Abteilungen" zu qualifizieren, die im externen Rechnungswesen nicht zu erfassen ist. Buchungssatz (17) in der Konzernbilanz lautet daher:

| Verbindlichkeiten | 80 GE | an | Forderungen | 80 GE |
|---|---|---|---|---|

Die in Geschäftsvorfall (2) erwähnte Forderung wurde mit **Geschäftsvorfall (3)** um 10 GE abgeschrieben. Die Erfolgswirkung der Abschreibung ist mit Buchungssatz (18) für die Konzernbilanz zu neutralisieren:

| Forderungen | 10 GE | an | Bilanzgewinn | 10 GE |
|---|---|---|---|---|

Der korrespondierende Buchungssatz (19) für die Konzern-GuV lautet:

| Bilanzgewinn | 10 GE | an | Sonstige betriebliche Aufwendungen | 10 GE |
|---|---|---|---|---|

**Geschäftsvorfall (4)** löst keine Konsolidierungsbuchung aus: Die Verbindlichkeit der Dachstuhl GmbH gegenüber der Richtkranz AG wird nicht konsolidiert, da die Richtkranz AG nicht in den Konsolidierungskreis einbezogen wird.

Bei **Geschäftsvorfall (5)** wird unterstellt, dass die Dachstuhl GmbH die Differenz zwischen Auszahlungsbetrag und Rückzahlungsbetrag erfolgswirksam als Aufwand bucht. Die Fix & Fertig AG bucht den Unterschiedsbetrag hingegen als passiven Rechnungsabgrenzungsposten, der über die Laufzeit des Darlehens erfolgswirksam aufgelöst wird. Bei der Erstellung des Konzernabschlusses 02 ist mit Buchungssatz (20) die konzerninterne Schuldbeziehung für die Konzernbilanz zu eliminieren:

| Verbindlichkeiten | 100 GE | | | |
|---|---|---|---|---|
| Passive Rechnungsabgrenzungsposten | 5 GE | an | Forderungen | 100 GE |
| | | | Bilanzgewinn | 5 GE |

Die erfolgswirksame Buchung des Disagios i. H. v. 5 GE in der GuV der Dachstuhl GmbH ist durch Buchungssatz (21) für die Konzern-GuV analog zu neutralisieren:

| Bilanzgewinn | 5 GE | an | Zinsen und ähnliche Aufwendungen | 5 GE |
|---|---|---|---|---|

**Geschäftsvorfall (6)** erfordert eine Umgliederung der nicht mit Konzernaußenstehenden realisierten Umsatzerlöse in den Posten „Andere aktivierte Eigenleistungen". Zwischengewinne sind bei diesem Geschäftsvorfall nicht entstanden, so dass für die Konzern-GuV mit Buchungssatz (22) wie folgt zu buchen ist:

| Umsatzerlöse | 50 GE | an | Andere aktivierte Eigenleistungen | 50 GE |
|---|---|---|---|---|

Bei **Geschäftsvorfall (7)** ist zu beachten, dass die (zunächst) konzerninterne Lieferung durch den Verkauf an Konzernaußenstehende als Erlös auch aus Konzernsicht realisiert wurde. Aus Konzernsicht ist daher nur der Innenumsatz für die Konzern-GuV mit Buchungssatz (23) zu eliminieren:

| Umsatzerlöse | 150 GE | an | Materialaufwand | 150 GE |
|---|---|---|---|---|

Der bei **Geschäftsvorfall (8)** entstandene Zwischengewinn i. H. v. 60 GE ist in der Konzern-GuV zu neutralisieren. Basis für die Abschreibungen in der Konzernbilanz sind die Konzernanschaffungskosten i. H. v. 240 GE, so dass die aus dem Einzelabschluss in den Summenabschluss übernommenen Abschreibungen um den auf die Nutzungsdauer verteilten Zwischengewinn zu kürzen sind. Buchungssatz (24) beschreibt die notwendige Konsolidierungsbuchung für die Konzernbilanz:

| Technische Anlagen | 20 GE | | | |
|---|---|---|---|---|
| Bilanzgewinn | 60 GE | an | Technische Anlagen | 60 GE |
| | | | Bilanzgewinn | 20 GE |

Der entsprechende Buchungssatz (25) für die Konzern-GuV lautet:

| Sonstige betriebliche Erträge | 60 GE | | | |
|---|---|---|---|---|
| Bilanzgewinn | 20 GE | an | Abschreibungen | 20 GE |
| | | | Bilanzgewinn | 60 GE |

**Geschäftsvorfall (9)** erfordert eine Eliminierung des konzerninternen Umsatzes aus Beratungsleistungen. Buchungssatz (26) für die Konzern-GuV lautet daher:

| Umsatzerlöse | 50 GE | an | Sonstige betriebliche Aufwendungen | 50 GE |
|---|---|---|---|---|

Die Erfolgswirkungen des in **Geschäftsvorfall (10)** beschriebenen Kreditgeschäftes zwischen „Abteilungen" sind durch Buchungssatz (27) für die Konzern-GuV zu neutralisieren:

| Sonstige Zinsen und ähnliche Erträge | 30 GE | an | Zinsen und ähnliche Aufwendungen | 30 GE |
|---|---|---|---|---|

Aus Konzernsicht handelt es sich bei der in **Geschäftsvorfall (11)** von einem Konzernunternehmen erworbenen Marke um eine selbsterstellte Marke, die nicht angesetzt werden darf (§ 248 Abs. 2 Satz 2 HGB i. V. m. § 298 Abs. 1 HGB). Die Aktivierung in der Bilanz der Betonbau GmbH wird mit Buchungssatz (28) für die Konzernbilanz storniert:

| Bilanzgewinn | 500 GE | an | Immaterielle Vermögensgegenstände | 500 GE |
|---|---|---|---|---|

Der entsprechende Buchungssatz (29) für die Konzern-GuV lautet:

| Umsatzerlöse | 500 GE | an | Bilanzgewinn | 500 GE |
|---|---|---|---|---|

## Lösung zu Teilaufgabe (d)

Die nachstehenden Übersichten 35-5 und 35-6 fassen die Buchungssätze (1) bis (29) zusammen:

| Zeitpunkt 31.12.02 (Alle Zahlenangaben in GE) | SB | Konsolidierungsspalte | | | | KB |
|---|---|---|---|---|---|---|
| | | Kapitalkonsolidierung | | Geschäftsvorfälle | | |
| | | Soll | Haben | Soll | Haben | |
| **Aktiva** | | | | | | |
| A. Anlagevermögen | | | | | | |
| I. Immaterielle Vermögensgegenstände | | | | | | |
| 1. Selbst geschaffene gewerbliche Schutzrechte | 400 | | 40[4]<br>10[5] | | | 350 |
| 2. Entgeltlich erworbene gewerbliche Schutzrechte | 500 | | | | 500[28] | |
| 3. Geschäfts- oder Firmenwert | | 80[2] | 16[4] | | | 64 |
| II. Sachanlagen | | | | | | |
| 1. Grundstücke | 28.000 | | | | | 28.000 |
| 2. Technische Anlagen | 23.000 | | 80[4]<br>20[5]<br>100[13] | 20[24] | 60[24] | 22.760 |
| III. Finanzanlagen | | | | | | |
| 1. Anteile an verbundenen Unternehmen | 46.250 | | 20.000[2]<br>16.000[12] | | | 10.250 |
| B. Umlaufvermögen | | | | | | |
| I. Vorräte | 17.300 | | | | | 17.300 |
| II. Forderungen und sonstige Vermögensgegenstände | | | | | | |
| 2. Forderungen gegen verbundene Unternehmen | 170 | | | 10[18] | 80[17]<br>100[20] | |
| C. Rechnungsabgrenzungsposten | 1.580 | | | | | 1.580 |
| Summe Aktiva | 117.200 | | | | | 80.304 |

| Zeitpunkt<br>31.12.02<br>(Alle Zahlenangaben in GE) | SB | Konsolidierungsspalte | | | | KB |
|---|---|---|---|---|---|---|
| | | Kapitalkonsolidierung | | Geschäftsvorfälle | | |
| | | Soll | Haben | Soll | Haben | |
| **Passiva** | | | | | | |
| A. Eigenkapital | | | | | | |
| I. Gezeichnetes Kapital | 43.000 | 6.400[2]<br>1.600[3]<br>5.000[12] | | | | 30.000 |
| II. Kapitalrücklage | 13.000 | 2.400[2]<br>600[3]<br>2.000[12] | | | | 8.000 |
| III. Gewinnrücklagen | 25.200 | 1.600[2]<br>440[3]<br>3.000[12] | | | | 20.160 |
| IV. Differenzen aus der Neubewertung | 17.900 | 9.520[2]<br>2.380[3]<br>6.000[12] | | | | |
| V. Bilanzgewinn | 2.350 | 40[3]<br>136[4]<br>100[13] | | 60[24]<br>500[28] | 200[15]<br>10[18]<br>5[20]<br>20[24] | 1.749 |
| VI. Nicht beherrschende Anteile | | 30[5] | 5.060[3] | | | 5.030 |
| B. Rückstellungen | 14.500 | | | 200[15] | | 14.300 |
| C. Verbindlichkeiten | | | | | | |
| 6. Verbindlichkeiten gegenüber verbundenen Unternehmen | 290 | | | 80[17]<br>100[20] | | 110 |
| D. Rechnungsabgrenzungsposten | 960 | | | 5[20] | | 955 |
| Summe Passiva | 117.200 | 41.326 | 41.326 | 975 | 975 | 80.304 |

**Übersicht 35-5:** Überleitung von der Summenbilanz zur Konzernbilanz der Fix & Fertig-Gruppe per 31.12.02

| Zeitpunkt 31.12.02 (Alle Zahlenangaben in GE) | Summen-GuV | Konsolidierungsspalte | | | | Konzern-GuV |
|---|---|---|---|---|---|---|
| | | Kapitalkonsolidierung | | Geschäftsvorfälle | | |
| | | Soll | Haben | Soll | Haben | |
| 1. Umsatzerlöse | 93.000 | | | 50[22]<br>150[23]<br>50[26]<br>500[29] | | 92.250 |
| 2. Bestandsveränderungen | + 8.000 | | | | | + 8.000 |
| 3. Andere aktivierte Eigenleistungen | 4.500 | | | | 50[22] | 4.550 |
| 4. Sonstige betriebliche Erträge | 2.600 | | | 60[25] | | 2.540 |
| 5. Materialaufwand | 43.500 | | | | 150[23] | 43.350 |
| 6. Personalaufwand | 41.200 | | | | | 41.200 |
| 7. Abschreibungen | 9.400 | 80[8]<br>40[8]<br>20[9]<br>10[9]<br>16[10]<br>100[14] | | | 20[25] | 9.646 |
| 8. Sonstige betriebliche Aufwendungen | 5.000 | | | | 200[16]<br>10[19]<br>50[26] | 4.740 |
| 9. Sonstige Zinsen und ähnliche Erträge | 1.500 | | | 30[27] | | 1.470 |
| 10. Zinsen und ähnliche Aufwendungen | 3.790 | | | | 5[21]<br>30[27] | 3.755 |
| 11. Steuern | 3.160 | | | | | 3.160 |
| **12. Jahresüberschuss** | 3.550 | | | | | 2.959 |
| 13. Zuführung zur Kapitalrücklage | 600 | | | | | 600 |
| 14. Zuführung zu den Gewinnrücklagen | 600 | | 40[6] | | | 560 |
| 15. Zuführung zum Ausgleichsposten für nicht beh. Anteile | | 40[6] | | | | 40 |
| 16. Auf nicht beh. Anteile entfallender Gewinn | | 40[7] | 30[9] | | | 10 |
| **17. Bilanzgewinn** | 2.350 | | 40[7]<br>120[8]<br>16[10]<br>100[14] | 200[16]<br>10[19]<br>5[21]<br>20[25] | 60[25]<br>500[29] | 1.749 |

**Übersicht 35-6:** Überleitung von der Summen-GuV zur Konzern-GuV der Fix & Fertig-Gruppe für den Zeitraum 01.01.02 bis 31.12.02

Übersicht 35-7 zeigt die Konzernbilanz der Fix & Fertig-Gruppe:

| 31.12.02 (Alle Zahlenangaben in GE) | | | |
|---|---|---|---|
| A. Anlagevermögen | | A. Eigenkapital | |
| I. Immaterielle Vermögensgegenstände | | I. Gezeichnetes Kapital | 30.000 |
| 1. Selbst geschaffene gewerbliche Schutzrechte | 350 | II. Kapitalrücklage | 8.000 |
| 2. Entgeltlich erworbene gewerbliche Schutzrechte | | III. Gewinnrücklagen | 20.160 |
| 3. Geschäfts- oder Firmenwert | 64 | IV. Differenzen aus der Neubewertung | |
| II. Sachanlagen | | V. Bilanzgewinn | 1.749 |
| 1. Grundstücke | 28.000 | VI. Nicht beherrschende Anteile | 5.030 |
| 2. Technische Anlagen | 22.760 | B. Rückstellungen | 14.300 |
| III. Finanzanlagen | | C. Verbindlichkeiten | |
| 1. Anteile an verbundenen Unternehmen | 10.250 | 6. Verbindlichkeiten gegenüber verbundenen Unternehmen | 110 |
| B. Umlaufvermögen | | D. Rechnungsabgrenzungsposten | 955 |
| I. Vorräte | 17.300 | | |
| C. Rechnungsabgrenzungsposten | 1.580 | | |
| Summe Aktiva | 80.304 | Summe Passiva | 80.304 |

**Übersicht 35-7:** Konzernbilanz der Fix & Fertig-Gruppe zum 31.12.02

In Übersicht 35-8 ist die Konzern-GuV der Fix & Fertig-Gruppe dargestellt:

| Zeitpunkt<br>31.12.02<br>(Alle Zahlenangaben in GE) | Konzern-GuV |
|---|---|
| 1. Umsatzerlöse | 92.250 |
| 2. Bestandsveränderungen | 8.000 |
| 3. Andere aktivierte Eigenleistungen | 4.550 |
| 4. Sonstige betriebliche Erträge | 2.540 |
| 5. Materialaufwand | 43.350 |
| 6. Personalaufwand | 41.200 |
| 7. Abschreibungen | 9.646 |
| 8. Sonstige betriebliche Aufwendungen | 4.740 |
| 9. Sonstige Zinsen und ähnliche Erträge | 1.470 |
| 10. Zinsen und ähnliche Aufwendungen | 3.755 |
| 11. Steuern | 3.160 |
| **12. Jahresüberschuss** | 2.959 |
| 13. Zuführung zur Kapitalrücklage | 600 |
| 14. Zuführung zu den Gewinnrücklagen | 560 |
| 15. Zuführung zum Ausgleichsposten für nicht beherrschende Anteile | 40 |
| 16. Auf nicht beherrschende Anteile entfallender Gewinn | 10 |
| **17. Bilanzgewinn** | 1.749 |

**Übersicht 35-8:** Konzern-GuV der Fix & Fertig-Gruppe für den Zeitraum 01.01.02 bis 31.12.02

# Kapitel VI: Die Quotenkonsolidierung

## Übung 36: Konzeption und Anwendungsvoraussetzungen der Quotenkonsolidierung nach HGB

### Aufgaben

(a) Erläutern Sie die Konzeption der Quotenkonsolidierung.

(b) Welche Voraussetzungen müssen erfüllt sein, um eine Quotenkonsolidierung vornehmen zu dürfen?

### Literaturhinweis

Baetge, Jörg/Kirsch, Hans-Jürgen/Thiele, Stefan, Konzernbilanzen, 15. Aufl., Düsseldorf 2024, Kap. VI Abschn. 1 und 2.

### Lösungen

#### Lösung zu Teilaufgabe (a)

Nach der handelsrechtlichen **Stufenkonzeption** sind abhängig von dem Grad der Einflussnahme der Konzernobergesellschaft auf die untergeordneten Unternehmen vier Stufen zu unterscheiden. Der **Einfluss** der Konzernobergesellschaft soll in der Methode, nach der ein Unternehmen im Konzernabschluss berücksichtigt wird, zum Ausdruck kommen.

Während Tochterunternehmen i. S. d. § 290 HGB auf der ersten Stufe voll zu konsolidieren sind, sieht § 310 HGB für **Gemeinschaftsunternehmen** auf der zweiten Stufe ein **Wahlrecht zur quotalen Konsolidierung** vor. Wird dieses Wahlrecht nicht ausgeübt, sind Gemeinschaftsunternehmen aufgrund der Stufenkonzeption nach der Equity-Methode zu bilanzieren.

Das Wahlrecht zur Quotenkonsolidierung kann nur ausgeübt werden, wenn das Gesellschafterunternehmen gleichzeitig Mutterunternehmen i. S. v. § 290 Abs. 1 bzw. Abs. 2 HGB in Bezug auf mindestens ein anderes einzubeziehendes Unternehmen ist und keine Befreiungsmöglichkeit besteht bzw. in Anspruch genommen wird. Besteht keine Pflicht zur Aufstellung eines Konzernabschlusses, besteht folglich auch keine Möglichkeit zur quotalen Konsolidierung eines Gemeinschaftsunternehmens.

Für die Quotenkonsolidierung sind gemäß § 310 Abs. 2 HGB „die §§ 297 bis 301, §§ 303 bis 306, 308, 308a, 309 entsprechend anzuwenden". Somit folgt die Quotenkonsolidierung methodisch der Vollkonsolidierung, wobei Vermögensgegenstände, Schulden, Rechnungsabgrenzungsposten, Sonderposten sowie Aufwendungen und Erträge nur in Höhe der Beteiligungsquote in den Konzernabschluss aufgenommen werden. Entsprechend sind auch das Eigenkapital, die Schulden sowie die Aufwendungen und Erträge nur quotal zu konsolidieren und Zwischenergebnisse nur anteilig zu eliminieren. Aufgrund der quotalen Berücksichtigung des Gemeinschaftsunternehmens ist es nicht erforderlich, die Anteile der übrigen, nicht in den Konzernabschluss einbezogenen Gesellschafterunternehmen wie die Anteile der nicht beherrschenden Gesellschafter vollkonsolidierter Tochterunternehmen unter dem Posten mit entsprechender Bezeichnung auszuweisen.

## Lösung zu Teilaufgabe (b)

In einen Konzernabschluss dürfen gemäß § 310 Abs. 1 HGB nur solche Unternehmen quotal einbezogen werden, die von einem in den Konzernabschluss einbezogenen Mutter- oder Tochterunternehmen gemeinsam mit einem oder mehreren nicht in den Konzernabschluss einbezogenen Unternehmen geführt werden. Der Begriff des Gemeinschaftsunternehmens ist im Gesetz nicht definiert, wird jedoch durch DRS 27 konkretisiert. Ein Gemeinschaftsunternehmen zeichnet sich durch die folgenden drei Merkmale aus:

(1) **Unternehmenseigenschaft des Gemeinschaftsunternehmens**

Grundlegende Voraussetzung ist gemäß DRS 27.8 i. V. m. DRS 19.6, dass die gemeinsam geführte wirtschaftliche Einheit die Eigenschaft eines Unternehmens besitzt. Der Unternehmensbegriff erfasst grundsätzlich alle Formen einer wirtschaftlichen Betätigung, sofern diese von außen erkennbar ausgeübt wird. Die **Rechtsform** des Unternehmens ist dabei unerheblich (DRS 27.9).

Eng verbunden mit der Unternehmenseigenschaft ist die Frage der **Dauer der Zusammenarbeit** zwischen den Gesellschaftern des Gemeinschaftsunternehmens. Die Zusammenarbeit muss grundsätzlich auf Dauer angelegt sein, eine konkrete Mindestdauer hängt gleichwohl von der vom Gemeinschaftsunternehmen verfolgten Geschäftstätigkeit ab. Das Merkmal der Dauerhaftigkeit schließt nicht aus, dass ein Gemeinschaftsunternehmen von vornherein nur zeitlich befristet angelegt ist (DRS 27.18).

(2) **Wirtschaftliche Unabhängigkeit der Gesellschafterunternehmen**

Des Weiteren setzt das Vorliegen eines Gemeinschaftsunternehmens i. S. d. HGB voraus, dass die Gesellschafterunternehmen wirtschaftlich unabhängig voneinander sind. Gemäß § 310 Abs. 1 HGB muss die gemeinsame Führung durch das in einen Konzernabschluss einbezogene Mutterunternehmen oder Tochterunternehmen zusammen mit einem Unternehmen, das nicht in den Konzernabschluss einbezogen wird, ausgeübt werden. Dabei muss das Gemeinschaftsunternehmen zusammen mit einem „fremden", d. h. einem vom Konzern unabhängigen Gesellschafterunternehmen geführt werden (DRS 27.22). Nach § 296 HGB nicht konsolidierte Tochterunternehmen oder nicht quotenkonsolidierte Gemeinschaftsunternehmen sind insofern nicht zu berücksichtigen.

Gemeinsam mit assoziierten Unternehmen geführte Unternehmen dürfen quotal konsolidiert werden. Auch hier ist eine vollständige Unabhängigkeit zwischen den Gesellschafterunternehmen des Gemeinschaftsunternehmens nicht gewährleistet. Die Alternative wäre jedoch das Gemeinschaftsunternehmen nach der Equity-Methode zu berücksichtigen, wodurch eine schwächere Form der Einbeziehung angewendet würde, obwohl eine stärkere Einflussnahme als bei anderen Gemeinschaftsunternehmen möglich ist.

Eine Mindestbeteiligungshöhe oder eine Begrenzung der Anzahl an Gesellschaftern werden weder von § 310 HGB noch DRS 27 vorgesehen. Gleichwohl wird mit zunehmender Anzahl an Gesellschaftern die Ausübung der gemeinsamen Führung schwieriger. Daher ist oftmals zu beobachten, dass die gemeinsam führenden Gesellschafter Anteile zwischen 20 % und 50 % an dem Gemeinschaftsunternehmen halten (DRS 27.B10).

(3) **Tatsächliche Ausübung der gemeinsamen Führung**

Gemäß § 310 Abs. 1 Halbsatz 1 HGB ist die gemeinsame Führung die dritte Voraussetzung für die Anwendung der Quotenkonsolidierung. Eine Definition des Begriffs gemeinsame Führung ist im Gesetz nicht verankert, wird jedoch durch DRS 27 präzisiert. Der Begriff der **Führung** in § 310 HGB entspricht inhaltlich der Beherrschungskonzeption des § 290 HGB (vgl. DRS 27.10 f., die auf DRS 19.11 verweisen). Für die **gemeinsame Führung** fordert DRS 27.10, dass alle beteiligten Unternehmen an der Festlegung der für die Finanz- und Geschäftspolitik des Gemeinschaftsunternehmens wesentlichen Entscheidungen tatsächlich gleichberechtigt zusammenwirken müssen, um eine in ihrem Interesse liegende Geschäftsführung zu gewährleisten. Gemäß DRS 27.13 i. V. m. DRS 19.11 umfassen wesentliche Entscheidungen bspw. strategische Geschäftsentscheidungen, Absatzentscheidungen, Entscheidungen über Investitions- und Finanzierungstätigkeiten oder Entscheidungen über die Personalpolitik. Gleichwohl können die Zuständigkeiten innerhalb des Gemeinschaftsunternehmens aufgeteilt werden (DRS 27.14).

Die gemeinsame Führung zeichnet sich durch das **aktive Lenken und Führen** des Gemeinschaftsunternehmens **im Konsens** aus. Um dieses zu gewährleisten, werden häufig entsprechende Bestimmungen in der Satzung bzw. im Gesellschaftervertrag verankert oder Verträge über einen Katalog zustimmungspflichtiger Geschäfte geschlossen. In jedem Fall bedarf die gemeinsame Führung aber einer **vertraglichen Vereinbarung** (DRS 27.16). Somit ist z. B. bei zwei Gesellschafterunternehmen der Einfluss jedes einzelnen Gesellschafterunternehmens dadurch begrenzt, dass Entscheidungen nicht gegen das Interesse des anderen Gesellschafterunternehmens getroffen werden können. Der Tatbestand der gemeinsamen Führung hängt nicht von der Höhe der Kapitalbeteiligung oder der Höhe der Stimmrechte ab. Ferner reicht eine reine Finanzbeteiligung oder die ausschließliche Ausübung von Gesellschaftsrechten, wie des Stimmrechtes in der Haupt- oder Gesellschafterversammlung, nicht für eine gemeinsame Führung aus (DRS 27.27).

Sind die drei genannten Bedingungen erfüllt, darf das Wahlrecht zur quotalen Konsolidierung von Gemeinschaftsunternehmen ausgeübt werden. Die einzelnen Gesellschafterunternehmen können **unabhängig voneinander das Wahlrecht ausüben**. Außerdem können Gesellschafterunternehmen, die an der gemeinsamen Führung mehrerer Gemeinschaftsunternehmen beteiligt sind, für jedes Gemeinschaftsunternehmen isoliert über das Wahlrecht entscheiden.

# Übung 37: Fallstudie zur Quotenkonsolidierung nach HGB

## Sachverhalt

Die Easy-to-Use AG, München, ein erfolgreiches Unternehmen der Mobilfunkbranche, hat am 31.12.01 **50 % der Anteile** an der Schrittweise AG, Bocholt, für **€ 2 Mio.** erworben. Die übrigen 50 % der Anteile der Schrittweise AG hält die Rollmotor AG, Düsseldorf. Gemeinsam entwickeln und produzieren die Easy-to-Use AG und die Rollmotor AG bei der Schrittweise AG ein neuartiges Smartphone. Das Beteiligungsverhältnis der Easy-to-Use AG zum Joint Venture-Unternehmen ist Ausgangspunkt der folgenden Betrachtung. Bei der Bearbeitung der Fallstudie sind folgende **Prämissen** zu beachten:

- Die Easy-to-Use AG hält neben der Beteiligung an der Schrittweise AG weitere Beteiligungen. Diese übrigen Beteiligungen erfüllen die Voraussetzungen für ein Mutter-Tochter-Verhältnis des § 290 Abs. 1 HGB und fallen nicht unter § 296 HGB.
- Die Größenkriterien nach § 293 HGB werden überschritten. Die Easy-to-Use AG ist demzufolge zur Aufstellung eines Konzernabschlusses verpflichtet.
- Geschäftsvorfälle zwischen der Easy-to-Use AG und ihren Tochterunternehmen werden im Folgenden nicht weiter betrachtet.
- Kapitalanteile und Stimmrechtsverhältnisse aus den Anteilen an der Schrittweise AG stimmen überein. Der Gesellschaftsvertrag zwischen der Easy-to-Use AG und der Rollmotor AG räumt keiner der beiden Gesellschaften die Möglichkeit ein, einen beherrschenden Einfluss auf die Schrittweise AG auszuüben. Wesentliche Entscheidungen bei der Schrittweise AG müssen zwischen den beiden Gesellschafterunternehmen übereinstimmend getroffen werden; notfalls bedarf es eines Kompromisses.
- Weder die Easy-to-Use AG noch eines ihrer Tochterunternehmen ist gleichzeitig an der Rollmotor AG oder an einem ihrer Tochterunternehmen beteiligt. Ebenso hält die Rollmotor AG keine Anteile der Easy-to-Use AG oder eines ihrer Tochterunternehmen.
- Die Schrittweise AG ist selbst Mutterunternehmen i. S. d. § 290 Abs. 1 HGB. Sie hat mehrere Tochterunternehmen, die nicht unter § 296 HGB fallen. Zudem überschreitet die Schrittweise AG die Größenkriterien des § 293 HGB. Folglich hat auch die Schrittweise AG einen Konzernabschluss aufzustellen (Teilkonzernabschluss (B)), in den – neben anderen Tochterunternehmen – die Trick AG, Tokio, einbezogen wird. Der Teilkonzernabschluss (B) liegt der Handelsbilanz II (HB II) der Schrittweise AG zugrunde.
- Die Schrittweise AG hält 100 % der Anteile der Trick AG.
- Die Vorräte und das Anlagevermögen sowie die Rückstellungen der Schrittweise AG, die in der Bilanz zum 31.12.01 ausgewiesen wurden, sind auch zum 31.12.02 noch vorhanden.

- Der Jahresüberschuss des Jahres 01 der Schrittweise AG wurde in die Gewinnrücklagen eingestellt.
- Das abnutzbare Anlagevermögen der Schrittweise AG wird linear abgeschrieben.
- Im Konzernabschluss der Easy-to-Use AG sollen in die Herstellungskosten nur Einzelkosten und aktivierungspflichtige Gemeinkosten einbezogen werden.
- Ein Geschäfts- oder Firmenwert (GoF) ist über fünf Jahre linear abzuschreiben.
- Die Easy-to-Use AG und die Schrittweise AG stellen ihre GuV nach dem Gesamtkostenverfahren (GKV) auf.
- Bilanzposten der Schrittweise AG zum 31.12.01 mit stillen Reserven/stillen Lasten:

| Bilanzposten | Buchwert in € | Zeitwert in € | Anteilige stille Reserven/stille Lasten in € | Nutzungsdauer in Jahren |
|---|---|---|---|---|
| Anlagevermögen: | | | | |
| ▪ Grundstücke | 1.000.000 | 1.500.000 | 250.000 | ∞ |
| ▪ Technische Anlagen | 2.000.000 | 2.400.000 | 200.000 | 5 |
| Umlaufvermögen: | | | | |
| ▪ Vorräte | 2.000.000 | 2.100.000 | 50.000 | – |
| Fremdkapital: | | | | |
| ▪ Rückstellungen | 500.000 | 600.000 | – 50.000 | – |

**Übersicht 37-1:** Bilanzposten der Schrittweise AG mit stillen Reserven/stillen Lasten

- Darstellung der **Beteiligungsstruktur**:

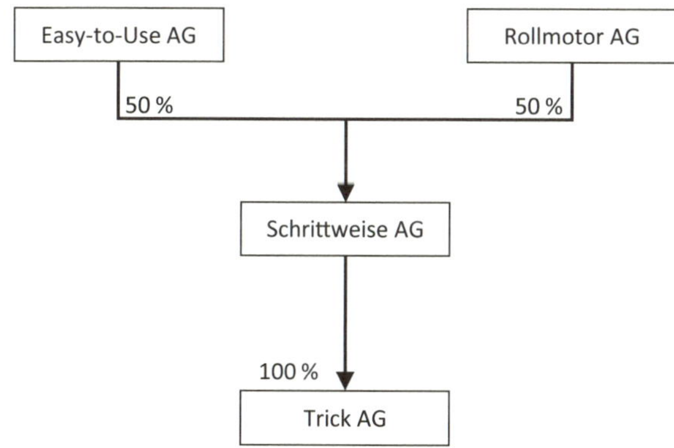


**Übersicht 37-2:** Beteiligungsstruktur der Schrittweise AG

Folgende **Geschäftsvorfälle** des Jahres 02 sind zu berücksichtigen:

(1) Die Easy-to-Use AG hat der Trick AG, Tokio, eine 100 %ige Tochter der Schrittweise AG, einen **Kredit** i. H. v. ¥ 33 Mio. (Yen) gewährt. Zum Zeitpunkt des Abschlusses des Kreditvertrages, am 31.05.02, beträgt der Wechselkurs 0,70 € / 100 ¥. Bis zum 31.12.02 steigt der Wechselkurs auf 0,80 € / 100 ¥.

(2) Zum 01.10.02 liefert die Easy-to-Use AG eine **Bestückungsmaschine** an die Schrittweise AG zum Preis von € 2,4 Mio. Die Anschaffungskosten der Easy-to-Use AG für diese Maschine betrugen € 2,2 Mio. Die voraussichtliche Nutzungsdauer der Maschine beläuft sich auf fünf Jahre.

(3) Die Bestückungsmaschinen des Typs, den die Easy-to-Use AG an die Schrittweise AG geliefert hat, befinden sich noch im Entwicklungsstadium, so dass häufig technische Störungen auftreten. Die Easy-to-Use AG rechnet daher auch beim Einsatz dieser Maschine bei der Schrittweise AG mit technischen Schwierigkeiten. Verbesserte technische Erkenntnisse konnten aus Zeitmangel bei der an die Schrittweise AG gelieferten Bestückungsmaschine bis Jahresende noch nicht umgesetzt werden. Die Easy-to-Use AG erwartet aber in den nächsten zwei Monaten nach dem Bilanzstichtag, dass die Schrittweise AG die aufgetretenen Störungen reklamiert. Die erforderlichen Reparaturen sollen dann unverzüglich nachgeholt werden. In ihrem Einzelabschluss hat die Easy-to-Use AG eine **Rückstellung für Gewährleistungen ohne rechtliche Verpflichtung** i. H. v. € 500.000 gebildet.

(4) Die Schrittweise AG hat an die Easy-to-Use AG **Erzeugnisse** zu einem Preis von € 250.000 geliefert, die bei der Easy-to-Use AG zum Verkauf bestimmt sind, zuvor aber noch bearbeitet werden. Die Herstellungskosten (Einzelkosten und aktivierungspflichtige Gemeinkosten) des Gemeinschaftsunternehmens für diese Erzeugnisse betragen € 200.000. Der Easy-to-Use AG sind Herstellungseinzelkosten und aktivierungspflichtige Herstellungsgemeinkosten i. H. v. € 100.000 entstanden.

(5) Die Schrittweise AG hat im Geschäftsjahr 02 den Betrag von € 200.000 an die Easy-to-Use AG **ausgeschüttet**.

In Übersicht 37-3 werden die Bilanzen (HB II) der Easy-to-Use AG und der Schrittweise AG zum 31.12.02 gezeigt:

| Zeitpunkt 31.12.02 (Alle Zahlenangaben in T€) | MU = GesU | GU | | | SB |
|---|---|---|---|---|---|
| | HB II | HB II | stR/stL 50 % | HB III 50 % | |
| **Bilanz** | | | | | |
| A. Anlagevermögen | | | | | |
| I. Immaterielle Vermögensgegenstände | | | | | |
| 3. Geschäfts- oder Firmenwert | | | | | |
| II. Sachanlagen | | | | | |
| 1. Grundstücke | 8.000 | 1.000 | | | |
| 2. Technische Anlagen | 25.000 | 3.760 | | | |
| III. Finanzanlagen | | | | | |
| 3. Beteiligungen an Gemeinschaftsunternehmen | 2.000 | | | | |
| B. Umlaufvermögen | | | | | |
| I. Vorräte | 25.000 | 3.000 | | | |
| II. Forderungen und sonstige Vermögensgegenstände | | | | | |
| 3. Forderungen gegen Unternehmen, mit denen ein Beteiligungsverhältnis besteht | 10.000 | | | | |
| Verbleib. Unterschiedsbetrag | | | | | |
| Summe Aktiva | 70.000 | 7.760 | | | |
| **Passiva** | | | | | |
| A. Eigenkapital | | | | | |
| I. Gezeichnetes Kapital | 20.000 | 1.000 | | | |
| II./III. Rücklagen | 20.000 | 2.000 | | | |
| IV. Differenzen aus der Neubewertung | | | | | |
| V. Aufrechnungsdifferenzen aus der Schuldenkonsolidierung | | | | | |
| VI. Jahresüberschuss | 5.000 | 760 | | | |
| B. Rückstellungen | 3.000 | 500 | | | |
| C. Verbindlichkeiten | | | | | |
| 1. Anleihen | 10.000 | 2.500 | | | |
| 7. Verbindlichkeiten gegenüber verbundenen Unternehmen | 12.000 | 1.000 | | | |
| Summe Passiva | 70.000 | 7.760 | | | |

**Legende:**
GesU ≙ Gesellschafterunternehmen

**Übersicht 37-3:** Bilanzen der Easy-to-Use AG (MU = GesU) und der Schrittweise AG (GU) zum 31.12.02 (HB II)

Die GuV II der Easy-to-Use AG und der Schrittweise AG sind in Übersicht 37-4 abgebildet:

| Zeitpunkt 31.12.02 (Alle Zahlenangaben in T€) | | MU = GesU | GU | | Summen-GuV |
|---|---|---|---|---|---|
| | | GuV II | GuV II | GuV II 50 % | |
| 1. | Umsatzerlöse | 90.000 | 4.760 | | |
| 2. | Verminderung des Bestandes an fertigen und unfertigen Erzeugnissen | | 350 | | |
| 4. | Sonstige betriebliche Erträge | 500 | 250 | | |
| 5. | Materialaufwand | 27.000 | 950 | | |
| 6. | Personalaufwand | 43.000 | 1.590 | | |
| 7. | Abschreibungen | 10.000 | 640 | | |
| 8. | Sonstige betriebliche Aufwendungen | 1.000 | 160 | | |
| 9. | Erträge aus Beteiligungen | 200 | | | |
| 10. | Sonstige Zinsen und ähnliche Erträge | 800 | 90 | | |
| 11. | Zinsen und ähnliche Aufwendungen | 1.500 | 50 | | |
| 12. | Steuern vom Einkommen und vom Ertrag | 4.000 | 600 | | |
| **13.** | **Jahresüberschuss** | 5.000 | 760 | | |
| **Legende:** Vgl. Übersicht 37-3. | | | | | |

**Übersicht 37-4:** GuV der Easy-to-Use AG (MU = GesU) und der Schrittweise AG (GU) zum 31.12.02 (HB II)

In Übersicht 37-5 ist der Konzernabschluss der Schrittweise AG zum 31.12.01 wiedergegeben:

| Zeitpunkt<br>31.12.01<br>(Alle Zahlenangaben in T€) | GU | |
|---|---|---|
| | HB II | HB II<br>50 % |
| **Bilanz** | | |
| A. Anlagevermögen | | |
| I. Immaterielle Vermögensgegenstände | | |
| 3. Geschäfts- oder Firmenwert | | |
| II. Sachanlagen | | |
| 1. Grundstücke | 1.000 | 500 |
| 2. Technische Anlagen | 2.000 | 1.000 |
| III. Finanzanlagen | | |
| 1. Anteile an verbundenen Unternehmen | | |
| B. Umlaufvermögen | | |
| I. Vorräte | 2.000 | 1.000 |
| II. Forderungen und sonstige Vermögensgegenstände | | |
| 2. Forderungen gegen verbundene Unternehmen | | |
| 3. Forderungen gegen Unternehmen, mit denen ein Beteiligungsverhältnis besteht | | |
| Summe Aktiva | 5.000 | 2.500 |
| **Passiva** | | |
| A. Eigenkapital | | |
| I. Gezeichnetes Kapital | 1.000 | 500 |
| II./III. Rücklagen | 1.500 | 750 |
| V. Jahresüberschuss | 500 | 250 |
| B. Rückstellungen | 500 | 250 |
| C. Verbindlichkeiten | | |
| 2. Verbindlichkeiten gegenüber Kreditinstituten | 500 | 250 |
| 7. Verbindlichkeiten gegenüber Unternehmen, mit denen ein Beteiligungsverhältnis besteht | 1.000 | 500 |
| Summe Passiva | 5.000 | 2.500 |

**Übersicht 37-5:** Konzernabschluss der Schrittweise AG zum 31.12.01 (Teilkonzernabschluss (B))

## Aufgaben

(a) Nach welcher **Methode** kann die Schrittweise AG zum **31.12.02** in den Konzernabschluss der Easy-to-Use AG einbezogen werden?

(b) Was ist bei der Aufstellung des **Summenabschlusses** zum 31.12.02 zu beachten?

(c) Nehmen Sie eine **Kapitalkonsolidierung** zum 31.12.02 vor. Die Easy-to-Use AG übt das Wahlrecht des § 310 Abs. 1 HGB aus.

(d) Nach welcher Methode der **Währungsumrechnung** wird der Einzelabschluss der Trick AG in den Konzernabschluss der Schrittweise AG einbezogen? In welcher Höhe ist die **Verbindlichkeit** der Trick AG gegenüber der Easy-to-Use AG im Teilkonzernabschluss (B) abzubilden? (Dieser Fragestellung liegt Geschäftsvorfall (1) zugrunde, der wie die anderen Geschäftsvorfälle (2) bis (5) bei der Aufstellung des Konzernabschlusses zum 31.12.02 zu berücksichtigen ist.) Im bisherigen Teilkonzernabschluss der Schrittweise AG ist die Verbindlichkeit der Trick AG bereits mit dem zutreffenden Wert abgebildet. Die Verbindlichkeit muss also nicht noch in den Teilkonzernabschluss eingebucht werden.

(e) Ist das **Schuldverhältnis zwischen der Easy-to-Use AG und der Trick AG** aus **Geschäftsvorfall (1)** zu konsolidieren? Wenn ja, in welcher Form? Wie wäre zu verfahren, wenn anders als in Geschäftsvorfall (1) die Trick AG der Easy-to-Use AG unter sonst gleichen Umständen einen Kredit i. H. v. 33 Mio. ¥ gewährt hätte?

(f) Wie ist die **Rückstellung für Gewährleistungen ohne rechtliche Verpflichtung** aus **Geschäftsvorfall (3)** bei der Aufstellung des Konzernabschlusses zu berücksichtigen?

(g) Wie ist die **Lieferung der Bestückungsmaschine** durch die Easy-to-Use AG an die Schrittweise AG aus **Geschäftsvorfall (2)** im Konzernabschluss zu konsolidieren?

(h) Wie sind die von der Schrittweise AG an die Easy-to-Use AG **gelieferten Erzeugnisse** aus **Geschäftsvorfall (4)** im Konzernabschluss zu behandeln?

(i) Gehen die **Ausschüttungen** der Schrittweise AG aus **Geschäftsvorfall (5)** als Beteiligungserträge in den Konzernabschluss ein?

(j) Entwickeln Sie vor dem Hintergrund der genannten Geschäftsvorfälle die **Konzernbilanz** sowie die **Konzern-GuV** der Easy-to-Use AG zum 31.12.02.

## Literaturhinweis

BAETGE, JÖRG/KIRSCH, HANS-JÜRGEN/THIELE, STEFAN, Konzernbilanzen, 15. Aufl., Düsseldorf 2024, Kap. IV Abschn. 4, Kap. V Abschn. 234. und 244. sowie Kap. VI Abschn. 1-4.

## Lösungen

### Lösung zu Teilaufgabe (a)

Die Methode, nach der die Schrittweise AG in den Konzernabschluss einzubeziehen ist, wird durch die Intensität der Beziehung zwischen der Easy-to-Use AG und der Schrittweise AG bestimmt.

Nach dem Stufenkonzept des Konzernabschlusses besteht grundsätzlich eine Pflicht zur Vollkonsolidierung gemäß §§ 300-309 HGB, wenn die Schrittweise AG die Voraussetzungen eines Tochterunternehmens erfüllt. Da aber im Gesellschaftsvertrag zwischen der Easy-to-Use AG und der Rollmotor AG ein beherrschender Einfluss eines Gesellschafterunternehmens auf die Schrittweise AG ausgeschlossen wird und die Beteiligung an der Schrittweise AG auch keine andere der Voraussetzungen des § 290 HGB erfüllt, ist kein **Mutter-Tochter-Verhältnis** gegeben.

Zu prüfen ist, ob die Easy-to-Use AG die Schrittweise AG i. S. d. § 310 Abs. 1 HGB gemeinsam mit einem anderen Unternehmen führt und die Schrittweise AG daher die Voraussetzungen eines Gemeinschaftsunternehmens erfüllt:

- **Unternehmenseigenschaft des Gemeinschaftsunternehmens (1. Kriterium):** Die Voraussetzung der Unternehmenseigenschaft ist erfüllt, da eine Gesellschaft in der Rechtsform der AG immer ein Unternehmen i. S. d. § 310 Abs. 1 HGB ist.
- Die wirtschaftliche Beziehung zwischen der Easy-to-Use AG und der Schrittweise AG dient der gemeinschaftlichen Forschung und Entwicklung sowie Produktion. Sie ist auf Dauer angelegt.
- **Wirtschaftliche Unabhängigkeit der Gesellschafterunternehmen (2. Kriterium):** Die Gesellschafterunternehmen sind wirtschaftlich voneinander unabhängig. Die Rollmotor AG ist kein Tochterunternehmen der Easy-to-Use AG oder umgekehrt.
- **Tatsächliche Ausübung der gemeinsamen Führung (3. Kriterium):** Die Geschäftspolitik der Schrittweise AG wird von der Easy-to-Use AG und der Rollmotor AG gemeinsam bestimmt, da wesentliche Entscheidungen zwischen den beiden Gesellschafterunternehmen übereinstimmend getroffen werden müssen. Die gemeinsame Führung wird aktiv ausgeübt.

Die Schrittweise AG erfüllt somit die Voraussetzungen eines Gemeinschaftsunternehmens. Für die Easy-to-Use AG besteht gemäß § 310 Abs. 1 HGB ein **Wahlrecht** zur quotalen Konsolidierung. Wird das Wahlrecht nicht ausgeübt, ist die Beteiligung an der Schrittweise AG in den Konzernabschluss at equity einzubeziehen. Im Folgenden ist davon auszugehen, dass das Wahlrecht zur quotalen Konsolidierung ausgeübt wird (vgl. Aufgabenteil (c)).

Die Einbeziehung der Schrittweise AG in einen Konzernabschluss der Easy-to-Use AG setzt voraus, dass das Gesellschafterunternehmen einen Konzernabschluss aufstellt. Die gemeinsame Führung der Schrittweise AG allein würde die Easy-to-Use AG nicht zur Aufstellung eines Konzernabschlusses verpflichten. Die Pflicht zur Aufstellung eines Konzernabschlusses setzt gemäß § 290 HGB ein **Mutter-Tochter-Verhältnis** voraus. Da die Easy-to-Use AG gleichzeitig Mutterunternehmen ist, keine der Beteiligungen unter § 296 HGB fällt und darüber hinaus die Größenkriterien nach § 293 HGB überschritten werden, ist die Easy-to-Use AG nach § 290 Abs. 1 HGB verpflichtet, einen Konzernabschluss aufzustellen.

## Lösung zu Teilaufgabe (b)

In den Summenabschluss der Easy-to-Use AG sind die Bilanzposten sowie die Posten der GuV der Schrittweise AG gemäß § 310 Abs. 1 Halbsatz 2 HGB entsprechend des Kapitalanteils, den die Easy-to-Use AG an der Schrittweise AG hält, einzubeziehen.

Da keine anderen Informationen vorliegen, ist anzunehmen, dass die wirtschaftlichen Verhältnisse dieser Quote entsprechen. Somit ist bei der anschließenden Konsolidierung nur noch der Teil des Gemeinschaftsunternehmens zu betrachten, der zum Konzern der Easy-to-Use AG gehört. Dieser Teil des Gemeinschaftsunternehmens wird wie ein „eigenständiges Unternehmen“ angesehen. Der Teil des Gemeinschaftsunternehmens, der von anderen Gesellschafterunternehmen gehalten wird, wird demgegenüber wie ein „fremdes Unternehmen“ behandelt.

Die Bilanzposten und die Posten der GuV des Teilkonzernabschlusses (B) der Schrittweise AG (HB II) sind quotal entsprechend der Beteiligungsquote der Easy-to-Use AG in den Summenabschluss einzubeziehen. Die Beteiligungsquote wird durch die Kapitalanteile bestimmt, die direkt und indirekt von dem Gesellschafterunternehmen gehalten werden, das den Konzernabschluss aufstellt. Da keine anderweitigen Informationen vorliegen, wird auch hier angenommen, dass die wirtschaftlichen Verhältnisse dieser Quote entsprechen.

Im Beispiel werden die Anteile an der Schrittweise AG ausschließlich direkt von der Easy-to-Use AG gehalten. Die Bilanzposten und die Posten der GuV des Gemeinschaftsunternehmens werden daher entsprechend des Kapitalanteils zu 50 % in den Summenabschluss einbezogen. Die ermittelte Einbeziehungsquote gilt **einheitlich** für alle zu konsolidierenden Geschäftsvorfälle zwischen Gesellschafterunternehmen und dessen Tochterunternehmen einerseits und dem Gemeinschaftsunternehmen andererseits.

## Lösung zu Teilaufgabe (c)

Die Einbeziehung eines Gemeinschaftsunternehmens beginnt mit einer **anteiligen Kapitalkonsolidierung** gemäß § 301 HGB i. V. m. § 310 Abs. 2 HGB. Gemäß § 301 Abs. 2 HGB sind zu dem Zeitpunkt, zu dem das Unternehmen Gemeinschaftsunternehmen geworden ist, die Anteile der Easy-to-Use AG mit dem auf diese Anteile entfallenden Eigenkapital zu verrechnen (Erstkonsolidierung). Der Zeitpunkt wird i. d. R. mit dem Zeitpunkt des Anteilserwerbs übereinstimmen. An jedem Bilanzstichtag ist diese Konsolidierung zu wiederholen und fortzuführen (Folgekonsolidierung).

Im Sachverhalt wird gemäß § 301 Abs. 2 Satz 1 HGB die Schrittweise AG zum **31.12.01 erstkonsolidiert**. Die relevanten Wertverhältnisse gibt der Teilkonzernabschluss (B) der Schrittweise AG zum 31.12.01 wieder (vgl. Übersicht 37-5).

Die quotale Kapitalkonsolidierung wird nach der Erwerbsmethode gemäß § 301 HGB i. V. m. § 310 Abs. 2 HGB in Form der **Neubewertungsmethode** vorgenommen. Bei einer Kapitalkonsolidierung nach der Neubewertungsmethode werden im Rahmen der **Erstkonsolidierung** die stillen Reserven und stillen Lasten des Gemeinschaftsunternehmens anteilig in einer HB III aufgedeckt. Die neubewerteten Vermögensgegenstände und Schulden des Gemeinschaftsunternehmens werden nur in Höhe des Kapitalanteils in den Summenabschluss einbezogen.

Bei der **Folgekonsolidierung** ist die Erstkonsolidierung zum 31.12.02 **zu wiederholen**. Zunächst werden die stillen Reserven beim Anlage- und Umlaufvermögen und die stillen Lasten bei den Rückstellungen in Höhe des Kapitalanteils von 50 % aufgedeckt.

Für die Schrittweise AG ergibt sich das neubewertete Eigenkapital im Rahmen der erstmaligen Einbeziehung wie folgt (vgl. Übersichten 37-1 und 37-5):

| | | | |
|---|---|---|---|
| | Anteilige stille Reserven im Anlagevermögen | | 450.000 € |
| + | Anteilige stille Reserven im Umlaufvermögen | + | 50.000 € |
| – | Anteilige stille Lasten in den Rückstellungen | – | 50.000 € |
| = | Summe der stillen Reserven und stillen Lasten | | 450.000 € |
| + | Anteiliges bilanzielles Eigenkapital der Schrittweise AG (50 % von 3.000.000 €) | + | 1.500.000 € |
| = | Anteiliges neubewertetes Eigenkapital der Schrittweise AG | | 1.950.000 € |

Bei der Neubewertungsmethode werden die stillen Reserven und stillen Lasten bei der Aufstellung der HB III mit dem folgenden Buchungssatz (1) berücksichtigt:

| | | | | |
|---|---|---|---|---|
| Grundstücke | 250.000 € | | | |
| Technische Anlagen | 200.000 € | | | |
| Vorräte | 50.000 € | an | Differenzen aus der Neubewertung | 450.000 € |
| | | | Rückstellungen | 50.000 € |

In die Summenbilanz werden neben den Vermögensgegenständen und Schulden der Easy-to-Use AG auch die anteiligen Zeitwerte der Vermögensgegenstände und Schulden der Schrittweise AG einbezogen.

Bei der quotalen Kapitalkonsolidierung ist in einem ersten Teilschritt die Beteiligung der Easy-to-Use AG (€ 2 Mio.) mit dem anteiligen neubewerteten bilanziellen Eigenkapital der Schrittweise AG zu verrechnen. Die verbleibende Differenz wird als verbleibender Unterschiedsbetrag mit Buchungssatz (2) berücksichtigt:

| | | | | |
|---|---|---|---|---|
| Verbleib. Unterschiedsbetrag | 50.000 € | | | |
| Gezeichnetes Kapital | 500.000 € | | | |
| Rücklagen | 750.000 € | | | |
| Rücklagen (Jahresüberschuss aus der Erstkonsolidierung) | 250.000 € | | | |
| Differenzen aus der Neubewertung | 450.000 € | an | Beteiligungen an Gemeinschaftsunternehmen | 2.000.000 € |

In einem zweiten Teilschritt wird der verbleibende Unterschiedsbetrag i. H. v. € 50.000 als **Geschäfts- oder Firmenwert** aus der Kapitalkonsolidierung auf der Aktivseite der Konzernbilanz der Easy-to-Use AG unter den immateriellen Vermögensgegenständen ausgewiesen (Buchungssatz (3)).

| | | | | |
|---|---|---|---|---|
| Geschäfts- oder Firmenwert | 50.000 € | an | Verbleib. Unterschiedsbetrag | 50.000 € |

Der Geschäfts- oder Firmenwert aus der quotalen Kapitalkonsolidierung von Gemeinschaftsunternehmen kann mit positiven Unterschiedsbeträgen aus der Vollkonsolidierung von Tochterunternehmen und anderen Gemeinschaftsunternehmen zusammengefasst werden.

Bei der quotalen Kapitalkonsolidierung gibt es keinen Ausgleichsposten anderer Gesellschafter i. S. d. § 307 HGB. Bei der **Vollkonsolidierung** enthält der Ausgleichsposten den Anteil der nicht beherrschenden Gesellschafter an den neubewerteten Vermögensgegenständen und Schulden, die in den Konzernabschluss zu 100 % einbezogen werden. Da bei der **Quotenkonsolidierung** hingegen alle Posten nur anteilig in den Konzernabschluss eingehen, bleiben Anteile anderer Gesellschafterunternehmen am Gemeinschaftsunternehmen unberücksichtigt.

Bei der **Folgekonsolidierung zum 31.12.02** sind die aufgedeckten stillen Reserven und stillen Lasten fortzuführen. Dies geschieht gemäß der Fortschreibung der zugehörigen Bilanzposten:

- Der Geschäfts- oder Firmenwert wird über einen Zeitraum von fünf Jahren linear abgeschrieben. Zum 31.12.02 betragen die Abschreibungen auf den Geschäfts- oder Firmenwert entsprechend 20 % von € 50.000, also € 10.000.
- Die technischen Anlagen im Sachanlagevermögen haben eine Nutzungsdauer von fünf Jahren. Die aufgedeckten stillen Reserven sind in 02 i. H. v. € 40.000 (= € 200.000 · 20 %) abzuschreiben.
- Die stillen Reserven im Umlaufvermögen sind weiterhin vollständig vorhanden, da die Vorräte noch nicht verkauft und die stillen Reserven dadurch nicht realisiert wurden.
- Auch die stillen Lasten in den Rückstellungen sind noch vollständig vorhanden, da die Rückstellungen im Geschäftsjahr 02 nicht aufgelöst wurden.

In der Bilanz ist gemäß Buchungssatz (4) zu buchen:

| | | | | |
|---|---|---|---|---|
| Jahresüberschuss | 50.000 € | an | Geschäfts- oder Firmenwert | 10.000 € |
| | | | Technische Anlagen | 40.000 € |

Die Buchung (5) in der GuV lautet:

| | | | | |
|---|---|---|---|---|
| Abschreibungen | 50.000 € | an | Jahresüberschuss | 50.000 € |

In der folgenden Übersicht wird zunächst die Summenbilanz der Easy-to-Use AG und der Schrittweise AG zum 31.12.02 ermittelt. Darauf aufbauend wird in Übersicht 37-7 die Kapitalkonsolidierung vorgenommen.

| Zeitpunkt 31.12.02 (Alle Zahlenangaben in T€) | MU = GesU | GU | | | SB |
|---|---|---|---|---|---|
| | HB II | HB II | stR/stL 50 % | HB III 50 % | |
| **Bilanz** | | | | | |
| A. Anlagevermögen | | | | | |
| I. Immaterielle Vermögensgegenstände | | | | | |
| 3. Geschäfts- oder Firmenwert | | | | | |
| II. Sachanlagen | | | | | |
| 1. Grundstücke | 800 | 1.000 | 250[1] | 750 | 8.750 |
| 2. Technische Anlagen | 25.000 | 3.760 | 200[1] | 2.080 | 27.080 |
| III. Finanzanlagen | | | | | |
| 3. Beteiligungen an Gemeinschaftsunternehmen | 2.000 | | | | 2.000 |
| B. Umlaufvermögen | | | | | |
| I. Vorräte | 25.000 | 3.000 | 50[1] | 1.550 | 26.550 |
| II. Forderungen und sonstige Vermögensgegenstände | | | | | |
| 3. Forderungen gegen Unternehmen, mit denen ein Beteiligungsverhältnis besteht | 10.000 | | | | 10.000 |
| Verbleib. Unterschiedsbetrag | | | | | |
| Summe Aktiva | 70.000 | 7.760 | | 4.380 | 74.380 |
| **Passiva** | | | | | |
| A. Eigenkapital | | | | | |
| I. Gezeichnetes Kapital | 20.000 | 1.000 | | 500 | 20.500 |
| II./III. Rücklagen | 20.000 | 2.000 | | 1.000 | 21.000 |
| IV. Differenzen aus der Neubewertung | | | 450[1] | 450 | 450 |
| V. Aufrechnungsdifferenzen aus der Schuldenkonsolidierung | | | | | |
| VI. Jahresüberschuss | 5.000 | 760 | | 380 | 5.380 |
| B. Rückstellungen | 3.000 | 500 | 50[1] | 300 | 3.300 |
| C. Verbindlichkeiten | | | | | |
| 1. Anleihen | 10.000 | 2.500 | | 1.250 | 11.250 |
| 7. Verbindlichkeiten gegenüber Unternehmen, mit denen ein Beteiligungsverhältnis besteht | 12.000 | 1.000 | | 500 | 12.500 |
| Summe Passiva | 70.000 | 7.760 | | 4.380 | 74.380 |

**Übersicht 37-6:** Entwicklung der Summenbilanz der Easy-to-Use AG (MU = GesU) und der Schrittweise AG (GU) zum 31.12.02

| Zeitpunkt 31.12.02 (Alle Zahlenangaben in T€) | SB | Konsolidierungsspalte | | KB |
|---|---|---|---|---|
| | | Soll | Haben | |
| **Bilanz** | | | | |
| A. Anlagevermögen | | | | |
| I. Immaterielle Vermögensgegenstände | | | | |
| 3. Geschäfts- oder Firmenwert | | 50[3] | 10[4] | 40 |
| II. Sachanlagen | | | | |
| 1. Grundstücke | 8.750 | | | 8.750 |
| 2. Technische Anlagen | 27.080 | | 40[4] | 27.040 |
| III. Finanzanlagen | | | | |
| 3. Beteiligungen an Gemeinschaftsunternehmen | 2.000 | | 2000[2] | |
| B. Umlaufvermögen | | | | |
| I. Vorräte | 26.550 | | | 26.550 |
| II. Forderungen und sonstige Vermögensgegenstände | | | | |
| 3. Forderungen gegen Unternehmen, mit denen ein Beteiligungsverhältnis besteht | 10.000 | | | 10.000 |
| Verbleib. Unterschiedsbetrag | | 50[2] | 50[3] | |
| Summe Aktiva | 74.380 | | | 72.380 |
| **Passiva** | | | | |
| A. Eigenkapital | | | | |
| I. Gezeichnetes Kapital | 20.500 | 500[2] | | 20.000 |
| II./III. Rücklagen | 21.000 | 750[2] | | 20.000 |
| | | 250[2] | | |
| IV. Differenzen aus der Neubewertung | 450 | 450[2] | | |
| VI. Jahresüberschuss | 5.380 | 50[4] | | 5.330 |
| B. Rückstellungen | 3.300 | | | 3.300 |
| C. Verbindlichkeiten | | | | |
| 1. Anleihen | 11.250 | | | 11.250 |
| 7. Verbindlichkeiten gegenüber Unternehmen, mit denen ein Beteiligungsverhältnis besteht | 12.500 | | | 12.500 |
| Summe Passiva | 74.380 | 2.100 | 2.100 | 72.380 |

**Übersicht 37-7:** Kapitalkonsolidierung zum 31.12.02

Übersicht 37-8 zeigt die Entwicklung der Summen-GuV zum 31.12.02. In der darauf folgenden Übersicht 37-9 wird die Konzern-GuV dargestellt.

| Zeitpunkt 31.12.02 (Alle Zahlenangaben in T€) | | MU = GesU | GU | | Summen-GuV |
|---|---|---|---|---|---|
| | | GuV II | GuV II | GuV II 50 % | |
| 1. | Umsatzerlöse | 90.000 | 4.760 | 2.380 | 92.380 |
| 2. | Verminderung des Bestandes an fertigen und unfertigen Erzeugnissen | | 350 | 175 | 175 |
| 4. | Sonstige betriebliche Erträge | 500 | 250 | 125 | 625 |
| 5. | Materialaufwand | 27.000 | 950 | 475 | 27.475 |
| 6. | Personalaufwand | 43.000 | 1.590 | 795 | 43.795 |
| 7. | Abschreibungen | 10.000 | 640 | 320 | 10.320 |
| 8. | Sonstige betriebliche Aufwendungen | 1.000 | 160 | 80 | 1.080 |
| 9. | Erträge aus Beteiligungen | 200 | | | 200 |
| 10. | Sonstige Zinsen und ähnliche Erträge | 800 | 90 | 45 | 845 |
| 11. | Zinsen und ähnliche Aufwendungen | 1.500 | 50 | 25 | 1.525 |
| 12. | Steuern vom Einkommen und vom Ertrag | 4.000 | 600 | 300 | 4.300 |
| **13.** | **Jahresüberschuss** | 5.000 | 760 | 380 | 5.380 |
| **Legende:** Vgl. Übersicht 37-3. | | | | | |

**Übersicht 37-8:** Entwicklung der Summen-GuV aus den GuV der Easy-to-Use AG (MU = GesU) und der Schrittweise AG (GU) zum 31.12.02

| Zeitpunkt 31.12.02 (Alle Zahlenangaben in T€) | | Summen-GuV | Konsolidierungsspalte | | Konzern-GuV |
|---|---|---|---|---|---|
| | | | Soll | Haben | |
| 1. | Umsatzerlöse | 92.380 | | | 92.380 |
| 2. | Verminderung des Bestandes an fertigen und unfertigen Erzeugnissen | 175 | | | 175 |
| 4. | Sonstige betriebliche Erträge | 625 | | | 625 |
| 5. | Materialaufwand | 27.475 | | | 27.475 |
| 6. | Personalaufwand | 43.795 | | | 43.795 |
| 7. | Abschreibungen | 10.320 | 50[5] | | 10.370 |
| 8. | Sonstige betriebliche Aufwendungen | 1.080 | | | 1.080 |
| 9. | Erträge aus Beteiligungen | 200 | | | 200 |
| 10. | Sonstige Zinsen und ähnliche Erträge | 845 | | | 845 |
| 11. | Zinsen und ähnliche Aufwendungen | 1.525 | | | 1.525 |
| 12. | Steuern vom Einkommen und vom Ertrag | 4.300 | | | 4.300 |
| **13.** | **Jahresüberschuss** | 5.380 | | 50[5] | 5.330 |

**Übersicht 37-9:** Konzern-GuV zum 31.12.02

## Lösung zu Teilaufgabe (d)

Die Easy-to-Use AG hat der 100 %igen Tochter der Schrittweise AG, der Trick AG, Tokio, einen Kredit i. H. v. 33 Mio. ¥ gewährt. Die Schrittweise AG hat selbst einen Konzernabschluss (Teilkonzernabschluss (B)) aufzustellen, in den (laut Sachverhalt) auch die Trick AG einzubeziehen ist und damit auch die Valutadarlehensverbindlichkeit der Trick AG gegenüber der Easy-to-Use AG. Zum Zwecke der Einbeziehung ist der Einzelabschluss des ausländischen Tochterunternehmens der Schrittweise AG in Euro umzurechnen.

Gemäß § 308a HGB ist für die Umrechnung die modifizierte Stichtagskursmethode maßgeblich. Hierbei sind Aktiv- und Passivposten mit dem Devisenkassamittelkurs zum Bilanzstichtag, das Eigenkapital mit dem historischen Kurs und die Posten der GuV mit dem Durchschnittskurs umzurechnen.

Zum Bilanzstichtag beträgt der Wechselkurs 0,80 € / 100 ¥. Demnach ist die Verbindlichkeit im Einzelabschluss der Trick AG und somit im Teilkonzernabschluss (B) mit € 264.000 (= ¥ 33 Mio. · 0,80 € / 100 ¥) anzusetzen (bzw. ist mit diesem Wert bereits im Teilkonzernabschluss (B) berücksichtigt worden).

## Lösung zu Teilaufgabe (e)

Über die Beteiligung an der Schrittweise AG führt die Easy-to-Use AG gemeinsam mit der Rollmotor AG auch die Trick AG. Aus diesem Grunde ist nicht der Einzelabschluss der Schrittweise AG Ausgangsbasis für die Konsolidierung, sondern ihr Teilkonzernabschluss (B).

Bei der Kreditbeziehung (**Geschäftsvorfall (1)**) zwischen der Easy-to-Use AG und der Trick AG handelt es sich um ein konzerninternes Schuldverhältnis, das im Konzernabschluss der Easy-to-Use AG zu konsolidieren ist. Die Konsolidierung der Valutadarlehensverbindlichkeit führt dazu, dass sämtliche Auswirkungen dieser Schuldbeziehung aus dem Summenabschluss herausgerechnet werden.

Aufgrund der quotalen Konsolidierung des Teilkonzernabschlusses (B) ist die Valutadarlehensverbindlichkeit der Trick AG lediglich zu 50 % in der Summenbilanz des Konzernabschlusses der Easy-to-Use AG enthalten, die Valutadarlehensforderung der Easy-to-Use AG indes zu 100 %. 50 % der Valutadarlehensforderung bestehen gegenüber Konzernaußenstehenden, nämlich gegenüber der Rollmotor AG.

Zum Zwecke der Konsolidierung des Schuldverhältnisses sind nur die Teile zu betrachten, die Konzerninterne betreffen. Zu vergleichen sind demzufolge 50 % der Valutadarlehensforderung gegenüber der Trick AG mit 50 % der Valutadarlehensverbindlichkeit, so wie sie im Summenabschluss enthalten ist. Die Easy-to-Use AG hat die Valutadarlehensforderung am 31.05.02 in ihren Einzelabschluss zu dem damaligen Wechselkurs von 0,70 € / 100 ¥ eingebucht. In der Summenbilanz zum 31.12.02 ist die Valutadarlehensforderung also mit € 231.000 angesetzt. Im Teilkonzernabschluss (B) der Schrittweise AG wurde die Valutadarlehensverbindlichkeit jedoch mit € 264.000 angesetzt (siehe Teilaufgabe (d)). Folglich ergibt sich im Konzernabschluss der Easy-to-Use AG eine echte passive Aufrechnungsdifferenz i. H. v. € 16.500:

| | | | |
|---|---|---|---|
| | Valutadarlehensforderung (50 % von 231.000 €) | | 115.500 € |
| – | Valutadarlehensverbindlichkeit<br>(im Summenabschluss enthalten mit 50 % von 264.000 €) | – | 132.000 € |
| = | Aufrechnungsdifferenz | – | 16.500 € |

Durch die folgenden Buchungen wird die Aufrechnungsdifferenz entsprechend dem Beteiligungsanteil der Easy-to-Use AG an der Schrittweise AG eliminiert. Die Aufrechnungsdifferenz wird aufgrund ihrer erfolgsneutralen Entstehung ebenfalls erfolgsneutral eliminiert. Der Buchungssatz (6) in der Bilanz lautet:

| | | | | |
|---|---|---|---|---|
| Verbindlichkeiten gegenüber Unternehmen, mit denen ein Beteiligungsverhältnis besteht | 132.000 € | an | Forderungen gegen Unternehmen, mit denen ein Beteiligungsverhältnis besteht | 115.500 € |
| | | | Aufrechnungsdifferenzen aus der Schuldenkonsolidierung | 16.500 € |

Bei diesem **Downstream-Geschäft** verbleibt im Konzernabschluss eine Valutadarlehensforderung i. H. v. € 115.500 (= € 231.000 · 50 %). Diese Forderung besteht quasi gegenüber dem Teil der Trick AG, der der Rollmotor AG gehört, und ist daher als Forderung gegen Unternehmen, mit denen ein Beteiligungsverhältnis besteht, auszuweisen.

Falls **Upstream-Geschäfte** vorliegen, d. h., sofern das Gemeinschaftsunternehmen dem Gesellschafterunternehmen (also hier die Trick AG der Easy-to-Use AG) einen Kredit gewährt, führt eine Schuldenkonsolidierung zu den nachstehend erläuterten Ergebnissen.

Die Easy-to-Use AG hat die Valutadarlehensverbindlichkeit am 31.05.02 zu dem damaligen Wechselkurs von 0,70 € / 100 ¥, also mit einem Betrag von € 231.000, in ihren Einzelabschluss eingebucht. Die Trick AG hat die Forderung am 31.05.02 i. H. v. ¥ 33.000.000 in ihren Einzelabschluss eingebucht.

Am Abschlussstichtag (31.12.02) ist der Wechselkurs auf 0,80 € / 100 ¥ gestiegen. Die Easy-to-Use AG muss aufgrund des Höchstwertprinzips ihre Verbindlichkeit um € 33.000 auf € 264.000 zuschreiben. Der Einzelabschluss der Trick AG wird gemäß § 308a HGB umgerechnet. Somit ist die Valutadarlehensforderung i. H. v. € 264.000 im Teilkonzernabschluss (B) enthalten. Bei Aufrechnung von Forderung und Verbindlichkeit entsteht hier also zunächst keine Differenz. Es verbleibt jedoch ein anteiliger eliminierungspflichtiger Aufwand aus der Zuschreibung der Verbindlichkeit i. H. v. € 16.500 (= € 33.000 · 50 %) in der Summen GuV. Bevor die Valutadarlehensforderung und die Valutadarlehensverbindlichkeit miteinander verrechnet werden, ist die Zuschreibung der Verbindlichkeit erfolgswirksam rückgängig zu machen. Eine daraus entstehende Differenz aus der Schuldenkonsolidierung ist erfolgsneutral zu buchen.

In der GuV ist folgende Buchung durchzuführen:

| | | | | |
|---|---|---|---|---|
| Jahresüberschuss | 16.500 € | an | Sonstige betriebliche Aufwendungen | 16.500 € |

In der Bilanz ist zu buchen:

| | | | | |
|---|---|---|---|---|
| Verbindlichkeiten gegenüber Unternehmen, mit denen ein Beteiligungsverhältnis besteht | 16.500 € | an | Jahresüberschuss | 16.500 € |

| | | | | |
|---|---|---|---|---|
| Verbindlichkeiten gegenüber Unternehmen, mit denen ein Beteiligungsverhältnis besteht | 115.500 € | | | |
| Aufrechnungsdifferenzen aus der Schuldenkonsolidierung | 16.500 € | an | Forderungen gegen Unternehmen, mit denen ein Beteiligungsverhältnis besteht | 132.000 € |

Im Fall des Upstream-Geschäftes verbleibt ein Teil der Valutadarlehensverbindlichkeit i. H. v. € 132.000 im Konzernabschluss der Easy-to-Use AG, die als Verbindlichkeit gegenüber dem Teil der Trick AG besteht, der von der Rollmotor AG gehalten wird. Ebenso verbleibt ein Aufwand i. H. v. € 16.500 in der Konzern-GuV, der dem Anteil der Rollmotor AG an der Schrittweise AG entspricht.

## Lösung zu Teilaufgabe (f)

Ebenso wie Verbindlichkeiten zwischen konzerninternen Unternehmen sind auch Verbindlichkeitsrückstellungen (und Drohverlustrückstellungen) zu konsolidieren, die für Verpflichtungen (drohende Verluste) gegenüber (aus Geschäften mit) konzerninternen Unternehmen im Einzelabschluss gebildet wurden. Nicht zu konsolidieren sind hingegen Aufwandsrückstellungen, da es sich sowohl aus der Sicht des einzelnen Unternehmens als auch aus der Sicht des Konzerns um Verpflichtungen gegenüber sich selbst handelt.

Die im Sachverhalt von der Easy-to-Use AG gebildete **Rückstellung für Gewährleistungsverpflichtungen** (**Geschäftsvorfall (3)**) besteht gegenüber einem Konzernunternehmen und ist aus diesem Grund als interne Schuldbeziehung i. H. v. € 250.000 (= € 500.000 · 50 %) zu konsolidieren. Der Rest der Rückstellung betrifft den Anteil der Rollmotor AG am Gemeinschaftsunternehmen. Sie bleibt folglich als Rückstellung für Gewährleistungen ohne rechtliche Verpflichtung im Konzernabschluss enthalten.

Zu prüfen ist aber, ob nicht anstelle der Eliminierung der anteiligen Rückstellung für Gewährleistungsverpflichtungen vielmehr ihre Umqualifizierung notwendig ist. Aus Sicht des Konzerns handelt es sich nämlich um eine im vergangenen Jahr unterlassene Instandhaltungsmaßnahme. Nach § 249 Abs. 1 Satz 2 Nr. 1 HGB sind Rückstellungen für unterlassene Instandhaltungen, die im folgenden Geschäftsjahr innerhalb von drei Monaten nachgeholt werden, zu bilden. Die Rückstellung für Gewährleistungsrisiken ist daher i. H. v. € 250.000 in eine **Aufwandsrückstellung** umzuqualifizieren. Eine Buchung ist demzufolge nicht notwendig.

## Lösung zu Teilaufgabe (g)

Der **Geschäftsvorfall (2)** erfordert eine Zwischenergebniseliminierung. Gemäß § 310 Abs. 2 HGB ist § 304 HGB bei der Quotenkonsolidierung von Gemeinschaftsunternehmen entsprechend anzuwenden. Zwischenergebnisse aus konzerninternen Geschäften sind quotal aus dem Summenabschluss herauszurechnen. Dabei sind folgende Überlegungen zu berücksichtigen:

Vermögensgegenstände, die der Konzern von einem Gemeinschaftsunternehmen bezogen hat (Upstream-Geschäfte), sind im vollen Umfang im Summenabschluss enthalten. Nach quotaler Zwischenergebniseliminierung verbleibt ein „Zwischenergebnis" im Wertansatz des Vermögensgegenstandes. Vermögensgegenstände, die das Gemeinschaftsunternehmen vom Konzern bezogen hat (Downstream-Geschäfte), sind hingegen nur quotal im Summenabschluss enthalten. Nach quotaler Zwischenergebniseliminierung bleiben im Konzernabschluss nur die anteiligen Anschaffungs- bzw. Herstellungskosten. Im vorliegenden Sachverhalt handelt es sich um ein Downstream-Geschäft.

Im Sachverhalt beträgt der Erfolg des Gesellschafterunternehmens aus dem konzerninternen Geschäft € 200.000 (= € 2.400.000 - € 2.200.000). Davon ist der Teil des Zwischenergebnisses bereits realisiert, der auf die Beteiligung des anderen Gesellschafterunternehmens am Gemeinschaftsunternehmen entfällt.

In der HB II der Schrittweise AG zum 31.12.02 wird die Bestückungsmaschine mit fortgeführten Anschaffungskosten ausgewiesen:

| | | | |
|---|---|---|---|
| | Anschaffungskosten | | 2.400.000 € |
| – | Abschreibung (20 % von 2.400.000 €, davon 1/4 für 3 Monate) | – | 120.000 € |
| = | Fortgeführte Anschaffungskosten | | 2.280.000 € |

In die Summenbilanz des Easy-to-Use-Konzerns geht der Vermögensgegenstand mit € 1,14 Mio. ein (= € 2,28 Mio. · 50 %). In den sonstigen betrieblichen Erträgen der HB II der Easy-to-Use AG und damit auch in der Summen-GuV ist das Zwischenergebnis i. H. v. € 200.000 enthalten.

Durch die folgende Buchung (7) werden 50 % dieses Zwischenergebnisses, d. h. € 100.000, in der Bilanz eliminiert:

| | | | | |
|---|---|---|---|---|
| Jahresüberschuss | 100.000 € | an | Technische Anlagen | 100.000 € |

In der GuV ist gemäß Buchungssatz (8) zu buchen:

| | | | | |
|---|---|---|---|---|
| Sonstige betriebliche Erträge | 100.000 € | an | Jahresüberschuss | 100.000 € |

Der vorläufige Buchwert des Vermögensgegenstandes in der Konzernbilanz (vor der Korrektur der Abschreibung) beträgt nunmehr € 1.040.000 (= € 1.140.000 - € 100.000). Nach der Konsolidierung enthält er also kein Zwischenergebnis mehr.

Die sonstigen betrieblichen Erträge werden nur anteilig eliminiert. Der verbleibende Teil i. H. v. € 100.000 betrifft den Teil des Ertrages, der auf die Rollmotor AG entfällt. Dieses Zwischenergebnis ist aus Konzernsicht realisiert.

Im Jahr 02 wurde die Bestückungsmaschine von der Schrittweise AG i. H. v. € 120.000 abgeschrieben. Durch die quotale Zwischenergebniseliminierung hat sich die Bemessungsgrundlage für die Abschreibung aus Sicht des Konzerns geändert. Die Abschreibung ist zu korrigieren. Bisher wurde die Abschreibung wie folgt berechnet:

| | |
|---|---|
| ▪ Nutzungsdauer | 5 Jahre |
| ▪ Lineare Abschreibung (auf Monatsbasis) | |
| Abschreibung pro Jahr (20 % von 2.400.000 €) | 480.000 € |
| Abschreibung (20 % von 2.400.000 €, davon 1/4 für 3 Monate) | 120.000 € |

Die Abschreibung auf die Bestückungsmaschine i. H. v. € 120.000 aus der GuV des Gemeinschaftsunternehmens geht zu 50 % in die Summen-GuV ein.

Die Bemessungsgrundlage für die Abschreibung stellt sich aus Sicht des Konzerns wie folgt dar:

| | | | |
|---|---|---|---|
| | Abschreibung aus Sicht des Gemeinschaftsunternehmens: | | |
| | 120.000 €, davon 50 % | | 60.000 € |
| – | Zwischenergebniseliminierung (20 % von 100.000 €, davon 25 %) | – | 5.000 € |
| = | Aufrechnungsdifferenz | | 55.000 € |

Der Korrekturbetrag ergibt sich dann gemäß der nachstehenden Berechnung:

| | | | |
|---|---|---|---|
| | Abschreibung aus Sicht des Gemeinschaftsunternehmens: | | |
| | 20 % von 1.200.000 €, davon 25 % | | 60.000 € |
| – | Abschreibung aus Sicht des Konzerns: | | |
| | 20 % von 1.100.000 €, davon 25 % | – | 55.000 € |
| = | Korrekturbetrag aus Sicht des Konzerns | | 5.000 € |

In der GuV ist der folgende Buchungssatz (9) erforderlich:

| | | | | |
|---|---|---|---|---|
| Jahresüberschuss | 5.000 € | an | Abschreibungen | 5.000 € |

Die Buchung (10) in der Bilanz lautet:

| | | | | |
|---|---|---|---|---|
| Technische Anlagen | 5.000 € | an | Jahresüberschuss | 5.000 € |

Nach der Korrektur der Abschreibung aus Sicht des Konzerns auf € 55.000 beträgt der endgültige Wert des Vermögensgegenstandes im Konzernabschluss € 1.045.000 (= € 1.100.000 - € 55.000).

## Lösung zu Teilaufgabe (h)

Auch aufgrund des **Upstream-Geschäftsvorfalls (4)** sind im Konzernabschluss der Easy-to-Use AG Zwischenergebnisse aus konzerninternen Geschäften zu eliminieren.

In der Summenbilanz sind von der Schrittweise AG an die Easy-to-Use AG gelieferte und von der Easy-to-Use AG weiterverarbeitete Erzeugnisse als Vorräte i. H. v. € 350.000 ausgewiesen. Zudem enthält die Summen-GuV aus diesem Geschäftsvorfall (4) anteilige Umsatzerlöse i. H. v. € 125.000 (= € 250.000 · 50 %) sowie eine anteilige Bestandsminderung i. H. v. € 100.000. Durch die folgenden Buchungen sind Umsatzerlöse sowie Bestandsminderungen zu konsolidieren und damit auch konzerninterne Erfolgsbeiträge i. H. v. € 25.000 zu eliminieren. Die Buchung (11) in der Bilanz lautet:

| | | | | |
|---|---|---|---|---|
| Jahresüberschuss | 25.000 € | an | Vorräte | 25.000 € |

In der GuV ist gemäß Buchungssatz (12) zu buchen:

| | | | | |
|---|---|---|---|---|
| Umsatzerlöse | 125.000 € | an | Bestandsminderung | 100.000 € |
| | | | Jahresüberschuss | 25.000 € |

Ein Erfolg aus **Upstream-Geschäften** ist nur anteilig in der Summen-GuV enthalten und damit nur, soweit er einen Erfolg aus konzerninternen Geschäften darstellt. Aus Sicht des Konzerns wird für den anteiligen Verkauf der Erzeugnisse vom Gemeinschaftsunternehmen an das Gesellschafterunternehmen kein Erfolg mit Konzernaußenstehenden realisiert. Der Erfolg in der Summen-GuV ist vollständig zu eliminieren.

Im Wertansatz des Vorratsvermögens in der Konzernbilanz bleibt hingegen bei Upstream-Geschäften ein anteiliger Erfolg von € 25.000. Dieser Betrag entspricht dem Erfolgsanteil des anderen Gesellschafterunternehmens, der Rollmotor AG, an dem Geschäftsvorfall (4). Aus Konzernsicht handelt es sich um einen Teil der Herstellungskosten.

## Lösung zu Teilaufgabe (i)

Die Ausschüttung der Schrittweise AG an die Easy-to-Use AG ist gemäß § 305 HGB i. V. m. § 310 Abs. 2 HGB im Zuge der Aufwands- und Ertragskonsolidierung zu berücksichtigen. Da sämtliche Posten der GuV des Gemeinschaftsunternehmens nur anteilig in die Summen-GuV einbezogen werden, sind die Aufwendungen und Erträge aus der GuV der Easy-to-Use AG aus Geschäftsvorfällen zwischen Gesellschafterunternehmen und Gemeinschaftsunternehmen ebenfalls nur quotal zu eliminieren. Der Teil der Aufwendungen und Erträge des Konzerns, der nicht mit quotal einbezogenen Aufwendungen und Erträgen des Gemeinschaftsunternehmens konsolidiert werden kann, verbleibt in der Konzern-GuV als Aufwand bzw. Ertrag mit Fremden.

Ausschüttungen des Gemeinschaftsunternehmens an die Easy-to-Use AG entsprechen ihrem Anteil am Jahresüberschuss der Schrittweise AG. Dieser Anteil am Jahresüberschuss ist bereits in die Summen-GuV übernommen worden. Daher ist dieser (anteilige) Beteiligungsertrag der Easy-to-Use AG **in voller Höhe zu eliminieren** und nicht, wie andere Aufwendungen und Erträge, nur anteilig.

Statt den anteiligen Jahresüberschuss auszuschütten, hätte das Gemeinschaftsunternehmen den anteiligen Jahresüberschuss in seine Rücklagen einstellen können. Die Rücklagen der Schrittweise AG sind anteilig der Easy-to-Use AG als Gesellschafterunternehmen zuzurechnen. Entsprechend sind bei der Aufwands- und Ertragskonsolidierung des Beteiligungsertrages die Rücklagen in der Konzernbilanz um den Beteiligungsertrag zu erhöhen, wie Buchungssatz (13) verdeutlicht:

| Jahresüberschuss | 200.000 € | an | Rücklagen | 200.000 € |
|---|---|---|---|---|

In der Konzern-GuV ist der Jahresüberschuss des Gesellschafterunternehmens um den Beteiligungsertrag zu kürzen, wie aus Buchung (14) ersichtlich ist:

| Erträge aus Beteiligungen | 200.000 € | an | Jahresüberschuss | 200.000 € |
|---|---|---|---|---|

## Lösung zu Teilaufgabe (j)

Die Übersichten 37-10 und 37-11 zeigen sämtliche zuvor erläuterten Konsolidierungsbuchungen sowohl in der Konzernbilanz als auch in der Konzern-GuV:

| Zeitpunkt 31.12.02 (Alle Zahlenangaben in T€) | SB | Konsolidierungsspalte | | KB |
|---|---|---|---|---|
| | | Soll | Haben | |
| **Bilanz** | | | | |
| A. Anlagevermögen | | | | |
| I. Immaterielle Vermögensgegenstände | | | | |
| 3. Geschäfts- oder Firmenwert | | 50[3] | 10[4] | 40 |
| II. Sachanlagen | | | | |
| 1. Grundstücke | 8.750 | | | 8.750 |
| 2. Technische Anlagen | 27.080 | 5[10] | 40[4]<br>100[7] | 26.945 |
| III. Finanzanlagen | | | | |
| 3. Beteiligungen an Gemeinschaftsunternehmen | 2.000 | | 2.000[2] | |
| B. Umlaufvermögen | | | | |
| I. Vorräte | 26.550 | | 25[11] | 26.525 |
| II. Forderungen und sonst. Vermögensgegenstände | | | | |
| 3. Forderungen gegen Unternehmen, mit denen ein Beteiligungsverhältnis besteht | 10.000 | | 115,5[6] | 9.884,5 |
| Verbleib. Unterschiedsbetrag | | 50[2] | 50[3] | |
| Summe Aktiva | 74.380 | | | 72.144,5 |
| **Passiva** | | | | |
| A. Eigenkapital | | | | |
| I. Gezeichnetes Kapital | 20.500 | 500[2] | | 20.000 |
| II./III. Rücklagen | 21.000 | 750[2]<br>250[2] | 200[13] | 20.200 |
| IV. Differenzen aus der Neubewertung | 450 | 450[2] | | |
| V. Aufrechnungsdifferenzen aus der Schuldenkonsolidierung | | | 16,5[6] | 16,5 |
| VI. Jahresüberschuss | 5.380 | 50[4]<br>100[7]<br>25[11]<br>200[13] | 5[10] | 5.010 |
| B. Rückstellungen | 3.300 | | | 3.300 |
| C. Verbindlichkeiten | | | | |
| 1. Anleihen | 11.250 | | | 11.250 |
| 7. Verbindlichkeiten gegenüber Unternehmen, mit denen ein Beteiligungsverhältnis besteht | 12.500 | 132[6] | | 12.368 |
| Summe Passiva | 74.380 | 2.562 | 2.562 | 72.144,5 |

**Übersicht 37-10:** Entwicklung der Konzernbilanz des Easy-to-Use-Konzerns zum 31.12.02

| Zeitpunkt 31.12.02 (Alle Zahlenangaben in T€) | Summen-GuV | Konsolidierungsspalte | | Konzern-GuV |
|---|---|---|---|---|
| | | Soll | Haben | |
| 1. Umsatzerlöse | 92.380 | 125[12] | | 92.255 |
| 2. Verminderung des Bestandes an fertigen und unfertigen Erzeugnissen | 175 | | 100[12] | 75 |
| 4. Sonstige betriebliche Erträge | 625 | 100[8] | | 525 |
| 5. Materialaufwand | 27.475 | | | 27.475 |
| 6. Personalaufwand | 43.795 | | | 43.795 |
| 7. Abschreibungen | 10.320 | 50[5] | 5[9] | 10.365 |
| 8. Sonstige betriebliche Aufwendungen | 1.080 | | | 1.080 |
| 9. Erträge aus Beteiligungen | 200 | 200[14] | | |
| 10. Sonstige Zinsen und ähnliche Erträge | 845 | | | 845 |
| 11. Zinsen und ähnliche Aufwendungen | 1.525 | | | 1.525 |
| 12. Steuern vom Einkommen und vom Ertrag | 4.300 | | | 4.300 |
| **13. Jahresüberschuss** | 5.380 | 5[9] | 50[5]<br>100[8]<br>25[12]<br>200[14] | 5.010 |

**Übersicht 37-11:** Entwicklung der Konzern-GuV des Easy-to-Use-Konzerns zum 31.12.02

# Übung 38: Die Quotenkonsolidierung im Vergleich zu anderen Konsolidierungsmethoden

## Aufgaben

(a) Von der Hilfreich AG liegen zwei alternativ zum 31.12.01 aufgestellte Konzernabschlüsse vor. Die Hilfreich AG ist an mehreren Tochterunternehmen beteiligt. Darüber hinaus ist die Hilfreich AG an einem Unternehmen beteiligt, das als Gemeinschaftsunternehmen i. S. d. § 310 HGB zu qualifizieren ist. Unter sonst gleichen Bedingungen wurde in einem der vorliegenden Konzernabschlüsse (Konzernabschluss A) das Gemeinschaftsunternehmen des Konzerns quotal konsolidiert. In dem anderen Konzernabschluss wurde auf die quotale Einbeziehung des Gemeinschaftsunternehmens verzichtet (Konzernabschluss B). Welche Hinweise gibt Ihnen ein Vergleich der Konzernabschlüsse A und B darauf, ob das Gemeinschaftsunternehmen quotal konsolidiert oder ob auf eine Quotenkonsolidierung verzichtet wurde?

(b) Welche Besonderheiten sind bei quotaler Konsolidierung eines Gemeinschaftsunternehmens im Unterschied zur Vollkonsolidierung zu beachten? Gehen Sie dabei auf die Kapitalkonsolidierung und die Schuldenkonsolidierung ein.

(c) Beschreiben Sie die grundsätzlichen Unterschiede und Gemeinsamkeiten der Bilanzierung von Gemeinschaftsunternehmen nach IFRS und HGB.

## Literaturhinweis

Baetge, Jörg/Kirsch, Hans-Jürgen/Thiele, Stefan, Konzernbilanzen, 15. Aufl., Düsseldorf 2024, Kap. VI sowie Kap. VII Abschn. 34.

## Lösungen

### Lösung zu Teilaufgabe (a)

Werden Gemeinschaftsunternehmen gemäß § 310 HGB wahlweise nicht quotal konsolidiert, sind Gemeinschaftsunternehmen at equity gemäß §§ 311, 312 HGB in den Konzernabschluss einzubeziehen.

Wird das Gemeinschaftsunternehmen at equity in den Konzernabschluss einbezogen, ist die Beteiligung der Hilfreich AG an dem Gemeinschaftsunternehmen im Konzernabschluss B als ein einziger Vermögensgegenstand unter der Bezeichnung „Beteiligung an assoziierten Unternehmen" auszuweisen. Die Beteiligung wird bei der Erstbewertung mit dem Buchwert angesetzt, mit dem sie im Einzelabschluss der Hilfreich AG geführt wird. Der Unterschiedsbetrag zwischen Buchwert und anteiligem Eigenkapital sowie ein darin enthaltener Geschäfts- oder Firmenwert (GoF) bzw. passiver Unterschiedsbetrag sind gemäß § 312 Abs. 1 Satz 2 HGB zu ermitteln und im Konzernanhang anzugeben.

Wird das Wahlrecht des § 310 HGB zur quotalen Konsolidierung des Gemeinschaftsunternehmens ausgeübt, sind die Vermögensgegenstände, Schulden, Rechnungsabgrenzungsposten, Sonderposten sowie Aufwendungen und Erträge des Gemeinschaftsunternehmens entsprechend dem Anteil des Gesellschafterunternehmens (Hilfreich AG) an dem Gemeinschaftsunternehmen in den Konzernabschluss einzubeziehen. Da bei der Bilanzierung at equity die genannten Bilanzposten und Posten der GuV nicht in den Konzernabschluss einbezogen werden, sind Vermögensgegenstände, Schulden, Rechnungsabgrenzungsposten, Sonderposten sowie Aufwendungen und Erträge des Konzerns im Konzernabschluss A ceteris paribus um die anteiligen Bilanzposten und Posten der GuV des Gemeinschaftsunternehmens höher.

Gemäß § 313 Abs. 2 Nr. 3 HGB sind Name und Sitz der nach § 310 HGB nur anteilig in den Konzernabschluss einbezogenen Unternehmen im Konzernanhang anzugeben. Für Gemeinschaftsunternehmen, die at equity im Konzernabschluss berücksichtigt werden, ist § 313 Abs. 2 Nr. 2 HGB wie für assoziierte Unternehmen einschlägig. So sind auch in diesem Fall Name und Sitz des Gemeinschaftsunternehmens im Konzernanhang anzugeben. Die Angabe der Namen der anderen Gesellschafterunternehmen sowie des Zweckes der Zusammenarbeit ist ebenfalls zu empfehlen.

## Lösung zu Teilaufgabe (b)

Gemäß § 310 Abs. 2 HGB sind die einzelnen Konsolidierungsmaßnahmen der Vollkonsolidierung bei quotaler Konsolidierung entsprechend durchzuführen. Gegenüber der **Kapitalkonsolidierung** im Rahmen der Vollkonsolidierung ergeben sich bei quotaler Kapitalkonsolidierung indes folgende Besonderheiten:

- Bei quotaler Kapitalkonsolidierung i. S. v. § 310 Abs. 2 HGB i. V. m. § 301 HGB darf nur das anteilige Eigenkapital des Gemeinschaftsunternehmens mit dem Beteiligungsbuchwert des Gesellschafterunternehmens verrechnet werden. Das anteilige Eigenkapital ist bezogen auf die Anteile zu ermitteln, die dem Konzernabschluss aufstellenden Gesellschafterunternehmen direkt und indirekt gehören.
- Aufgrund der nur anteiligen Einbeziehung von Vermögensgegenständen, Schulden, Rechnungsabgrenzungsposten und Sonderposten ist bei quotaler Kapitalkonsolidierung kein Ausgleichsposten für Anteile nicht beherrschender Gesellschafter i. S. v. § 307 HGB als „globaler Korrekturposten“ zu bilden.

Gegenüber der Schuldenkonsolidierung bei Vollkonsolidierung ergeben sich bei quotaler Schuldenkonsolidierung folgende Besonderheiten:

- Forderungen und Schulden zwischen Konzern und Gemeinschaftsunternehmen werden nur anteilig verrechnet. Insofern verbleibt bei der Quotenkonsolidierung im Konzernabschluss immer ein Teil einer Forderung, Verbindlichkeit oder Rückstellung. Diese Restforderung bzw. Restschuld besteht aus Konzernsicht gegenüber dem Teil des Gemeinschaftsunternehmens, der von konzernaußenstehenden Gesellschafterunternehmen gehalten wird.

- Auch bei quotaler Schuldenkonsolidierung können echte Aufrechnungsdifferenzen entstehen, also Aufrechnungsdifferenzen aus erfolgswirksamen Buchungen, wie Abschreibungen, Zuschreibungen, Bildung oder Änderung einer Rückstellung gegenüber den einzubeziehenden Unternehmen bzw. aus erfolgswirksamer Auflösung von Forderungen oder Schulden.

## Lösung zu Teilaufgabe (c)

Die Behandlung von Gemeinschaftsunternehmen ist in IFRS 11 (Gemeinschaftliche Vereinbarungen) und IAS 28 (Beteiligungen an assoziierten Unternehmen und Gemeinschaftsunternehmen) geregelt. Anders als im HGB unterscheidet IFRS 11.6 zwei Formen von gemeinschaftlichen Vereinbarungen:

- Gemeinschaftliche Tätigkeiten (joint operations),
- Gemeinschaftsunternehmen (joint ventures).

Eine gemeinschaftliche Vereinbarung liegt gemäß IFRS 11.5 vor, sofern die beteiligten Gesellschaften ihre gemeinsamen Aktivitäten sowohl auf Grundlage einer vertraglichen Vereinbarung (contractual arrangement) als auch unter gemeinschaftlicher Beherrschung (joint control) ausüben. Das Vorliegen einer solchen gemeinschaftlichen Vereinbarung stellt die Voraussetzung für die Anwendung von IFRS 11 dar. Im Anschluss an die Prüfung der gemeinschaftlichen Vereinbarung ist diese zu klassifizieren. Die Klassifizierung beruht dabei auf den Rechten und Pflichten der beteiligten Parteien (IFRS 11.14). Bestehen Rechte an einzelnen Vermögenswerten und Pflichten für einzelne Verbindlichkeiten, liegt gemäß IFRS 11.15 eine gemeinschaftliche Tätigkeit vor. Bestehen hingegen Ansprüche am Nettovermögen, handelt es sich i. d. R. um ein Gemeinschaftsunternehmen (IFRS 11.16). Folglich ist ein Gemeinschaftsunternehmen stets über ein separates Vehikel, z. B. in Form einer juristischen Person, zu organisieren (notwendige Bedingung).

Sofern eine gemeinschaftliche Vereinbarung als Gemeinschaftsunternehmen einzustufen ist, sieht IFRS 11.24 verpflichtend die Anwendung der Equity-Methode gemäß IAS 28 vor. Im Ergebnis entfernen sich dadurch die Vorschriften des IFRS 11 von denen des HGB, da § 310 HGB für Gemeinschaftsunternehmen ein Wahlrecht zwischen quotaler Konsolidierung und Anwendung der Equity-Methode vorsieht, wobei keiner der beiden Wahlmöglichkeiten der Vorzug gegeben wird.

# Übung 39: Die Klassifizierung von gemeinschaftlichen Vereinbarungen nach IFRS

## Sachverhalt

Die Gelb AG ist ein Mischkonzern und plant mit der Schwarz GmbH, der Blau AG und der Rot SE zusammenzuarbeiten. Die Vereinbarungen sind wie folgt gestaltet:

(1) Die Gelb AG und die Schwarz GmbH wollen schwarz-gelbe Merchandising-Produkte herstellen und vertreiben. Sie strukturieren diese Aktivitäten nicht über eine separate Gesellschaft.

(2) Die Gelb AG und die Blau AG strukturieren ihre gemeinsamen Fertigungs- und Vertriebsaktivitäten über eine Gesellschaft in Form der Grün GmbH. Beide Parteien halten 50 % an der Gesellschaft. Es liegen keine weiteren Besonderheiten vor.

(3) Die Gelb AG und die Rot SE gründen zur gemeinsamen Herstellung von Vorprodukten für ihre Fertigungsprozesse die Orange GmbH, an der sie zu jeweils 50 % beteiligt sind. Die Produkte werden individuell für die beteiligten Unternehmen hergestellt und von ihnen paritätisch abgenommen. Die Orange GmbH darf die Erzeugnisse nur mit Zustimmung der Gesellschafter an Dritte verkaufen. Der Preis der Produkte deckt sämtliche Produktions- und Verwaltungskosten ab.

Alle Kooperationen unterliegen vertraglichen Vereinbarungen i. S. d. IFRS 11 (Gemeinschaftliche Vereinbarungen) und die beteiligten Unternehmen haben jeweils die gemeinschaftliche Führung inne.

## Aufgaben

(a) Erläutern Sie knapp die Merkmale gemeinschaftlicher Vereinbarungen.

(b) Beschreiben Sie die Regelungen zur Klassifizierung von gemeinschaftlichen Vereinbarungen nach IFRS 11.

(c) Wie beurteilen Sie die vorliegenden Kooperationen hinsichtlich ihrer Klassifizierung?

(d) Umreißen Sie knapp die bilanziellen Auswirkungen der Klassifizierung gemeinschaftlicher Vereinbarungen nach IFRS.

## Literaturhinweis

Baetge, Jörg/Kirsch, Hans-Jürgen/Thiele, Stefan, Konzernbilanzen, 15. Aufl., Düsseldorf 2024, Kap. III Abschn. 422. und Kap. VI Abschn. 5.

# Lösungen

## Lösung zu Teilaufgabe (a)

Eine gemeinschaftliche Vereinbarung hat gemäß IFRS 11.5 die folgenden Merkmale:

- Die Parteien sind durch eine vertragliche Vereinbarung gebunden.
- Die vertragliche Vereinbarung berechtigt zwei oder mehr Parteien zur gemeinschaftlichen Führung der Vereinbarung.

**Vertragliche Vereinbarungen** legen die Bedingungen fest, nach denen sich die Parteien an der Vereinbarung beteiligen. Diese umfassen etwa Zweck, Tätigkeit und Dauer der Vereinbarung, Ernennung der Leitungsgremien oder Stimmrechte für Entscheidungsprozesse. Eine durchsetzbare Vereinbarung wird häufig in Form eines Vertrages schriftlich verfasst. Sie kann aber auch durch gesetzliche Mechanismen entstehen. Wenn gemeinschaftliche Vereinbarungen über separate Vehikel strukturiert werden, sind einzelne Aspekte oder auch die gesamte vertragliche Vereinbarung in der Satzung oder den Statuten des separaten Vehikels festgeschrieben.

Eine Partei einer gemeinschaftlichen Vereinbarung hat zu beurteilen, ob aufgrund der vertraglichen Vereinbarung alle Parteien oder eine Gruppe von Parteien die Vereinbarung **kollektiv beherrschen bzw. beherrscht**. Eine kollektive Beherrschung liegt vor, wenn die Parteien oder eine Gruppe von Parteien gemeinsam handeln müssen bzw. muss, um die maßgeblichen Tätigkeiten (solche, die die wirtschaftlichen Erfolge der gemeinschaftlichen Vereinbarung signifikant beeinflussen) zu bestimmen. Eine kollektive Beherrschung ist Voraussetzung für die **gemeinschaftliche Führung**. Diese ist dann gegeben, wenn die Entscheidungen über die maßgeblichen Tätigkeiten die einstimmige Zustimmung derjenigen Parteien erfordern, die die Vereinbarung kollektiv beherrschen.

## Lösung zu Teilaufgabe (b)

IFRS 11 klassifiziert gemeinschaftliche Vereinbarungen in gemeinschaftliche Tätigkeiten und Gemeinschaftsunternehmen. Eine gemeinschaftliche Tätigkeit ist eine gemeinschaftliche Vereinbarung, bei der die Parteien, die die gemeinschaftliche Führung der Vereinbarung haben, Rechte an den Vermögenswerten und Verpflichtungen für die Schulden haben. Die Parteien werden als gemeinschaftliche Betreiber bezeichnet. Ein Gemeinschaftsunternehmen ist eine gemeinschaftliche Vereinbarung, bei der die Parteien, die die gemeinschaftliche Führung der Vereinbarung innehaben, Rechte am Nettovermögen der Vereinbarung besitzen. Die Parteien werden als Partnerunternehmen bezeichnet.

Gemeinschaftliche Vereinbarungen werden auf der Grundlage von Rechten und Verpflichtungen der Parteien der Vereinbarung klassifiziert. Für diese Beurteilung müssen die Struktur und rechtliche Form der Vereinbarung, die von den Parteien festgelegten Vertragsbedingungen und sonstige relevante Tatsachen und Umstände berücksichtigt werden. Eine gemeinschaftliche Vereinbarung, die nicht über ein separates Vehikel strukturiert wird, stellt eine gemeinschaftliche Tätigkeit dar. Falls jedoch ein separates Vehikel vorliegt, müssen die genannten weiteren Kriterien berücksichtigt werden. Die Parteien müssen beurteilen, ob sie aufgrund der rechtlichen Form des separaten Vehikels, der vertraglichen Vereinbarung oder sonstiger relevanter Tatsachen und Umstände entweder Rechte an den Vermögenswerten und Verpflichtungen für die Schulden haben (in diesem Fall ist die Vereinbarung eine gemeinschaftliche Tätigkeit) oder Rechte am Nettovermögen entstehen (in diesem Fall ist die Vereinbarung ein Gemeinschaftsunternehmen).

## Lösung zu Teilaufgabe (c)

Gemeinschaftliche Vereinbarungen sind entweder als gemeinschaftliche Tätigkeiten oder als Gemeinschaftsunternehmen zu klassifizieren. Für die Beurteilung müssen - wie bereits erwähnt - die Struktur und rechtliche Form der Vereinbarung, die von den Parteien festgelegten Vertragsbedingungen und sonstige relevante Tatsachen und Umstände berücksichtigt werden.

Die Kooperationen sind aufgrund der genannten Kriterien wie folgt zu klassifizieren:

(1) Die Aktivitäten der Gelb AG und Schwarz GmbH werden nicht über eine separate Gesellschaft strukturiert. Dies ist eine notwendige Voraussetzung für die Klassifizierung als Gemeinschaftsunternehmen. Daher wird die Zusammenarbeit als gemeinschaftliche Tätigkeit klassifiziert.

(2) Die Grün GmbH bildet ein separates Vehikel. Aufgrund der Rechtsform der GmbH wird das Eigentum der Grün GmbH von den Eigentümern getrennt. Dementsprechend sind die Vermögenswerte und Schulden im Besitz der Gesellschaft. Die Parteien haben nur Rechte am Nettovermögen der Gesellschaft, so dass die Vereinbarung ein Gemeinschaftsunternehmen darstellt. Es liegen keine weiteren vertraglichen Vereinbarungen oder sonstigen relevanten Umstände vor, die auf eine Klassifizierung als gemeinschaftliche Tätigkeit schließen lassen. Daher ist die Grün GmbH als Gemeinschaftsunternehmen zu klassifizieren.

(3) Die Orange GmbH ist ein separates Vehikel i. S. d. IFRS 11. Die Rechtsform lässt darauf schließen, dass die beteiligten Parteien nur Rechte am Nettovermögen haben. Diese Struktur deutet auf die Klassifizierung als Gemeinschaftsunternehmen hin. Jedoch können auch in diesem Fall vertragliche Bedingungen und sonstige relevante Tatsachen und Umstände dazu führen, dass eine solche Vereinbarung als gemeinschaftliche Tätigkeit klassifiziert wird.

(4) Im vorliegenden Fall haben die Gelb AG und die Rot SE den gesamten wirtschaftlichen Nutzen der Vermögenswerte der Orange GmbH, indem sie jeweils 50 % der hergestellten Produkte abnehmen. Die Gelb AG und die Rot SE sind damit gleichzeitig die einzigen Zahlungsquellen für die Orange GmbH. Sie ist zur Erzeugung von Cashflows und damit auch zur Tilgung von Schulden ausschließlich von ihren Gesellschaftern abhängig. Die Parteien haben damit implizit auch Verpflichtungen für die Schulden. Diese Tatsachen und Umstände weisen darauf hin, dass die Vereinbarung eine gemeinschaftliche Tätigkeit ist.

## Lösung zu Teilaufgabe (d)

Die bilanziellen Auswirkungen der Klassifizierung gemeinschaftlicher Vereinbarungen sind unterschiedlich. Im Fall einer gemeinschaftlichen Tätigkeit erfasst ein gemeinschaftlicher Betreiber gemäß seinem Anteil

- seine Vermögenswerte, einschließlich seines Anteils an gemeinschaftlich gehaltenen Vermögenswerten;
- seine Schulden, einschließlich seines Anteils an gemeinschaftlich gehaltenen Schulden;
- seine Erlöse aus dem Verkauf seines Anteils an den Erzeugnissen oder Leistungen der gemeinschaftlichen Tätigkeit;
- seinen Anteil an den Erlösen aus dem Verkauf der Erzeugnisse oder Leistungen der gemeinschaftlichen Tätigkeit;
- seine Aufwendungen, einschließlich des Anteils an gemeinschaftlich entstandenen Aufwendungen.

Im Gegensatz zur anteiligen Einbeziehung hat ein Partnerunternehmen eines Gemeinschaftsunternehmens seinen Anteil am Gemeinschaftsunternehmen als eine Beteiligung anzusetzen und diese nach der Equity-Methode zu bilanzieren. Die unterschiedlichen Bilanzierungsweisen haben bedeutende Auswirkungen auf die Vermögens- und Finanzlage und damit auch auf Bilanzkennzahlen.

# Kapitel VII: Die Equity-Methode

## Übung 40: Voraussetzungen für die Anwendung der Equity-Methode

### Aufgaben

(a) Welche Unternehmen werden nach der Equity-Methode in den Konzernabschluss einbezogen?

(b) Unter welchen Voraussetzungen ist die Anwendung der Equity-Methode nicht erlaubt bzw. unter welchen Voraussetzungen besteht eine Befreiung von der Pflicht zur Anwendung der Equity-Methode?

(c) Nennen Sie die wesentlichen Unterschiede der Equity-Methode im Vergleich zur Voll- und Quotenkonsolidierung.

Differenzieren Sie bei den Aufgabenteilen (a) und (b) nach den Regelungen des HGB und der IFRS.

### Literaturhinweis

BAETGE, JÖRG/KIRSCH, HANS-JÜRGEN/THIELE, STEFAN, Konzernbilanzen, 15. Aufl., Düsseldorf 2024, Kap. VII.

### Lösungen

#### Lösung zu Teilaufgabe (a)

Der Anwendungsbereich der Equity-Methode im **handelsrechtlichen Konzernabschluss** umfasst sowohl typische assoziierte Unternehmen als auch untypische assoziierte Unternehmen.

Ein Unternehmen gilt als **typisches assoziiertes Unternehmen**, wenn die beiden in § 311 Abs. 1 Satz 1 HGB genannten Kriterien erfüllt sind: Zum einen muss eine Beteiligung i. S. d. § 271 Abs. 1 HGB vorliegen. Zum anderen muss das beteiligte Unternehmen einen maßgeblichen Einfluss auf die Geschäfts- und Finanzpolitik des Beteiligungsunternehmens tatsächlich ausüben.

Die **Beteiligung**sdefinition in § 271 Abs. 1 HGB ist erfüllt, wenn zwei Voraussetzungen vorliegen: Erstens muss das beteiligte Unternehmen Anteile an einem anderen Unternehmen (dem Beteiligungsunternehmen) halten. Zweitens müssen diese Anteile dem Geschäftsbetrieb des beteiligten Unternehmens dauerhaft dienen. Darüber hinaus muss gemäß § 311 Abs. 1 Satz 1 HGB das beteiligte Unternehmen in den Konzernabschluss einbezogen werden.

Ein **maßgeblicher Einfluss** wird gemäß § 311 Abs. 1 Satz 2 HGB bei einem Stimmrechtsanteil von mindestens 20 % unterstellt, ohne dass ein maßgeblicher Einfluss nachgewiesen werden muss (DRS 26.15). Allerdings handelt es sich bei dieser Regelung um eine widerlegbare Vermutung, d. h., der unterstellte maßgebliche Einfluss kann widerlegt werden. Dafür muss das beteiligte Unternehmen glaubhaft machen, dass es tatsächlich keinen maßgeblichen Einfluss ausübt. Es kann entweder nachweisen, dass keine Möglichkeit zur Ausübung eines maßgeblichen Einflusses besteht oder eine solche bestehende Möglichkeit tatsächlich nicht genutzt wird. Bei einem Stimmrechtsanteil von weniger als 20 % ist hingegen stets zu prüfen, ob ein maßgeblicher Einfluss aufgrund der tatsächlichen Umstände vorliegt (DRS 26.16).

Über diese typischen assoziierten Unternehmen hinaus sind ebenfalls sogenannte **untypische assoziierte Unternehmen** nach der Equity-Methode im Konzernabschluss zu berücksichtigen. Darunter fallen zum einen Tochterunternehmen, die aufgrund der Ausübung der Einbeziehungswahlrechte des § 296 HGB nicht in den Vollkonsolidierungskreis einbezogen werden, und zum anderen Gemeinschaftsunternehmen, die aufgrund des Wahlrechtes des § 310 Abs. 1 HGB nicht anteilig konsolidiert werden.

IAS 28 (Beteiligungen an assoziierten Unternehmen und Gemeinschaftsunternehmen) regelt die Bilanzierung von Beteiligungen an assoziierten Unternehmen (associates) nach **internationalen Rechnungslegungsstandards** und legt die Vorschriften zur Anwendung der Equity-Methode fest (IAS 28.1). Der in 2011 geänderte Standard ist neben Beteiligungen unter maßgeblichem Einfluss auch verpflichtend auf Gemeinschaftsunternehmen (joint ventures) nach IFRS 11 (Gemeinschaftliche Vereinbarungen) anzuwenden. Für Tochterunternehmen ist die Equity-Methode nach IFRS allerdings nicht einschlägig.

Wie im Handelsrecht wird auch nach IAS 28 ein **maßgeblicher Einfluss** vermutet, wenn das beteiligte Unternehmen direkt oder indirekt 20 % oder mehr der Stimmrechte (voting power) des Beteiligungsunternehmens hält (IAS 28.5). Umgekehrt wird bei einem Stimmrechtsanteil von weniger als 20 % angenommen, dass kein maßgeblicher Einfluss besteht. Die Assoziierungsvermutung nach IFRS setzt also bei der gleichen Grenze an wie § 311 Abs. 1 Satz 2 HGB. Ein Unterschied zum Handelsrecht besteht indes darin, dass ein maßgeblicher Einfluss nach IAS 28 bereits dann vorliegt, wenn das beteiligte Unternehmen die **Möglichkeit zur Einflussnahme** besitzt. Um die Assoziierungsvermutung zu widerlegen, muss daher deutlich gezeigt werden, dass das beteiligte Unternehmen keinen maßgeblichen Einfluss ausüben kann.

Für die bilanzielle Abbildung von **Gemeinschaftsunternehmen** nach der Equity-Methode ist IFRS 11 einschlägig. In diesem Fall hat das beteiligte Unternehmen lediglich Rechte am Nettovermögen des Beteiligungsunternehmens, so dass die Beteiligung zwingend nach der Equity-Methode gemäß IAS 28 abzubilden ist (IFRS 11.24 i. V. m. IAS 28.16).

## Lösung zu Teilaufgabe (b)

**Handelsrechtlich** darf auf die Anwendung der Equity-Methode im Konzernabschluss gemäß § 311 Abs. 2 HGB verzichtet werden, wenn das assoziierte Unternehmen **unwesentlich**, d. h., von untergeordneter Bedeutung für die Vermittlung eines den tatsächlichen Verhältnissen entsprechenden Bildes der Vermögens-, Finanz- und Ertragslage des Konzerns, ist. Das Kriterium ist indes nicht nur für ein einzelnes Unternehmen zu prüfen, sondern gemeinsam für sämtliche in Frage kommende Unternehmen. Im Fall einer untergeordneten Bedeutung, ist die Beteiligung mit den (fortgeführten) Anschaffungskosten zu bilanzieren. Außerdem ist die Equity-Methode nicht auf assoziierte Unternehmen anzuwenden, wenn der maßgebliche Einfluss **nur vorübergehend** besteht.

Nach **IFRS** bestehen vier Ausnahmen von der grundsätzlichen Pflicht zur Anwendung der Equity-Methode auf assoziierte Unternehmen und Gemeinschaftsunternehmen:

(a) **Ausübung einer bestimmten Geschäftstätigkeit durch das beteiligte Unternehmen**
Trotz eines maßgeblichen Einflusses i. S. d. IAS 28.5-9 haben bestimmte Gesellschaften ihre Beteiligungen nicht zwingend at equity zu bilanzieren. So besteht für Wagniskapitalgesellschaften, offene Investment Fonds, Investmentgesellschaften oder ähnliche Unternehmen einschließlich fondsgebundener Versicherungen ein Wahlrecht, ihre Beteiligungen an einem assoziierten Unternehmen bzw. einem Gemeinschaftsunternehmen erfolgswirksam zum beizulegenden Zeitwert gemäß IAS 39 bzw. IFRS 9 (Finanzinstrumente) zu bewerten (IAS 28.18).

(b) **Absicht zur Weiterveräußerung der Anteile**
Sofern eine Beteiligung als zur Veräußerung gehalten (held for sale) zu klassifizieren ist, fällt die bilanzielle Abbildung nicht in den Anwendungsbereich des IAS 28, sondern in den des IFRS 5 (Zur Veräußerung gehaltene langfristige Vermögenswerte und aufgegebene Geschäftsbereiche) (IAS 28.20). Für eine solche Klassifizierung müssen die gehaltenen Anteile gemäß IFRS 5.7 im gegenwärtigen Zustand veräußerbar sein. Zusätzlich muss die Beteiligung mit einer hohen Wahrscheinlichkeit veräußert werden (IFRS 5.7). Werden die Kriterien für eine Klassifizierung als held for sale erfüllt, ist die Beteiligung zwingend mit dem niedrigeren Wert aus Buchwert und beizulegendem Zeitwert abzüglich Veräußerungskosten anzusetzen (IFRS 5.1 (a)).

(c) **Befreiungsvorschrift für Teilkonzerne**
Das beteiligte Unternehmen ist gemäß IAS 28.17 i. V. m. IFRS 10.4 (a) von der Anwendung der Equity-Methode befreit, wenn es selber als Tochterunternehmen in einen IFRS-Konzernabschluss einbezogen wird. Allerdings ist dieser Befreiungstatbestand innerhalb der Europäischen Union ohne Bedeutung, da sich die Konzernabschlussaufstellungspflicht nach EU-Vorschriften bestimmt.

(d) **Unwesentlichkeit des assoziierten Unternehmens bzw. Gemeinschaftsunternehmens**
Das beteiligte Unternehmen darf auf die Anwendung der Equity-Methode verzichten, wenn das assoziierte Unternehmen bzw. das Gemeinschaftsunternehmen für den Konzernabschluss von untergeordneter Bedeutung ist. Diese Wahlmöglichkeit ergibt sich nicht aus einer expliziten Regelung in IAS 28, sondern aus dem allgemeinen Wesentlichkeitsgrundsatz (materiality) des Conceptual Framework (CF.2.11). Eine Bilanzierung gemäß der Equity-Methode darf indes aus Wesentlichkeitsgründen nur unterbleiben, wenn die Summe aller unwesentlichen assoziierten Unternehmen bzw. Gemeinschaftsunternehmen ebenfalls als unwesentlich einzustufen ist.

Wenn eine Bilanzierung gemäß der Equity-Methode nicht mehr einschlägig ist, ist die Beteiligung grundsätzlich in Übereinstimmung mit IAS 39 bzw. IFRS 9 zu bilanzieren. Aus Wesentlichkeitsgründen kann auch eine Bewertung zu Anschaffungskosten zulässig sein.

## Lösung zu Teilaufgabe (c)

Ein **Vergleich der Quotenkonsolidierung mit der Equity-Methode** zeigt, dass der wesentliche Unterschied zwischen diesen beiden Verfahren im Ausweis des Beteiligungsverhältnisses in der Konzernbilanz besteht und somit die Struktur der Konzernbilanz maßgeblich beeinflusst wird. Während bei der Quotenkonsolidierung sämtliche Vermögensgegenstände und Schulden sowie Aufwendungen und Erträge unmittelbar als solche anteilig berücksichtigt werden und somit dieselben bilanziellen Aufbereitungsmaßnahmen notwendig sind wie bei vollkonsolidierten Tochterunternehmen, wird bei einer bilanziellen Abbildung von Beteiligungsverhältnissen nach der Equity-Methode das auf die Beteiligung entfallende Nettovermögen saldiert im Beteiligungswert (Equity-Wert) gezeigt und fortgeschrieben.

Die Höhe des Konzernerfolges ist indes grundsätzlich gleich, wenngleich Unterschiede in der Ermittlungsweise bestehen. Im Rahmen der Quotenkonsolidierung ergibt sich der Konzernerfolg unter anderem aus der Abschreibung bzw. Auflösung der explizit in der HB III aufgedeckten stillen Reserven und stillen Lasten sowie des aus der Kapitalkonsolidierung entstandenen und in der Konzernbilanz angesetzten Geschäfts- oder Firmenwertes. Bei der Equity-Methode werden dagegen diese Erfolgswirkungen in einer Nebenrechnung ermittelt und der Equity-Wert anschließend um diese fortgeschrieben. Ein Geschäfts- oder Firmenwert wird nur bei der Quotenkonsolidierung separat ausgewiesen.

Unterschiede im Ergebnis entstehen jedoch dann, wenn der Wert der Beteiligung durch Verluste unter Null sinkt. Diese Fehlbeträge werden im Rahmen der Equity-Methode zunächst nur in der Nebenrechnung festgehalten. Die Beteiligung wird erst dann wieder in der Konzernbilanz gezeigt, wenn sämtliche angesammelten Verluste durch anschließende Erfolge kompensiert wurden. Bei einer Quotenkonsolidierung werden dagegen sämtliche Verluste stets im Jahr der Entstehung berücksichtigt.

Für einen **Vergleich der Equity-Methode mit der Vollkonsolidierung** gelten die inhaltlichen Ausführungen zur Quotenkonsolidierung grundsätzlich analog, da das technische Vorgehen der Quotenkonsolidierung dem der Vollkonsolidierung entspricht. Eine Einschränkung besteht darin, dass das Jahresergebnis im Konzernabschluss im Fall der Vollkonsolidierung nur dann dem Ergebnis bei Anwendung der Equity-Methode entspricht, wenn das Jahresergebnis um die Ergebnisbeiträge, die auf nicht beherrschende Anteile entfallen, korrigiert wird.

# Übung 41: Die Vorgehensweise bei der Anwendung der Equity-Methode

## Aufgaben

(a) Zu welchem Zeitpunkt darf die Equity-Methode erstmalig im Konzernabschluss angewendet werden?

(b) Beschreiben Sie, wie der Equity-Wert bei erstmaliger Anwendung der Equity-Methode zu ermitteln ist.

(c) Wie ist der Equity-Wert in den Folgeperioden zu behandeln?

Differenzieren Sie jeweils nach den Regelungen des HGB und der IFRS.

## Literaturhinweis

BAETGE, JÖRG/KIRSCH, HANS-JÜRGEN/THIELE, STEFAN, Konzernbilanzen, 15. Aufl., Düsseldorf 2024, Kap. VII Abschn. 31-33 und 51-53.

## Lösungen

### Lösung zu Teilaufgabe (a)

Gemäß § 312 Abs. 3 HGB ist der Equity-Wert erstmalig zu dem Zeitpunkt zu ermitteln, zu dem das Unternehmen ein assoziiertes Unternehmen geworden ist. Können Wertansätze zu diesem Zeitpunkt nicht endgültig ermittelt werden, sind diese innerhalb der darauf folgenden zwölf Monate anzupassen. Grundsätzlich ist gemäß § 312 Abs. 6 HGB der letzte Jahres- bzw. Konzernabschluss des assoziierten Unternehmens zugrunde zu legen. Dabei ist die Feststellung des Jahresabschlusses bzw. die Billigung des Konzernabschlusses des assoziierten Unternehmens nicht zwingend erforderlich (DRS 26.24).

Gemäß IAS 28.32 sind die Anteile an dem assoziierten Unternehmen von dem Zeitpunkt an nach der Equity-Methode zu bewerten, ab dem das Beteiligungsunternehmen die Kriterien eines assoziierten Unternehmens erfüllt. Bei unterjährigem Anteilserwerb ist regelmäßig ein Zwischenabschluss zum Erwerbszeitpunkt aufzustellen. Ausnahmsweise ist alternativ eine Stichtagsanpassung aus Gründen der Wesentlichkeit zulässig.

## Lösung zu Teilaufgabe (b)

Im Unterschied zur Voll- und Quotenkonsolidierung werden bei der Equity-Methode Vermögensgegenstände und Schulden sowie Aufwendungen und Erträge des assoziierten Unternehmens nicht unmittelbar als solche in den Konzernabschluss übernommen. Lediglich das auf die Beteiligung entfallende Nettovermögen wird saldiert als Equity-Wert im Konzernabschluss gezeigt, wobei dieser bei der Erstbewertung mit dem Buchwert anzusetzen ist, mit dem die Beteiligung im Jahresabschluss des Unternehmens geführt wird, das den maßgeblichen Einfluss ausübt. Der Equity-Wert darf somit im Erstanwendungszeitpunkt die Anschaffungskosten der Beteiligung nicht übersteigen.

Gemäß § 312 Abs. 1 HGB ist sowohl der Unterschiedsbetrag zwischen dem Beteiligungsbuchwert aus dem Jahresabschluss des beteiligten Unternehmens und dem anteiligen Eigenkapital des assoziierten Unternehmens als auch ein darin enthaltener Geschäfts- oder Firmenwert bzw. passiver Unterschiedsbetrag nach der **Buchwertmethode** zu ermitteln und im Konzernanhang anzugeben. Stille Reserven und stille Lasten sind aufzudecken, indem der Unterschiedsbetrag gemäß § 312 Abs. 2 Satz 1 HGB den Vermögensgegenständen und Schulden des Beteiligungsunternehmens im Rahmen einer Neubewertung zugeordnet wird. Die Aufdeckung der stillen Reserven und stillen Lasten ist dabei nicht auf die Anschaffungskosten der Beteiligung beschränkt (DRS 26.36). Die Unterschiede zwischen den Buchwerten und den beizulegenden Zeitwerten der einzelnen Vermögensgegenstände und Schulden werden in einer Nebenrechnung erfasst. Können Wertansätze zu dem Zeitpunkt, zu dem das Unternehmen zum assoziierten Unternehmen wird, nicht endgültig ermittelt werden, sind diese innerhalb des folgenden Jahres anzupassen (§ 312 Abs. 3 Satz 2). Aus dem Vergleich von Beteiligungsbuchwert und dem Eigenkapital des assoziierten Unternehmens zu Buchwerten resultiert der sog. „Unterschiedsbetrag 1" (DRS 26.34). Der nach der Berücksichtigung der aufgedeckten stillen Reserven und stillen Lasten verbleibende sog. „Unterschiedsbetrag 2" entfällt auf den Geschäfts- oder Firmenwert bzw. auf einen passiven Unterschiedsbetrag.

Auch nach **IFRS** entspricht die Bewertung der Beteiligung an dem assoziierten Unternehmen oder dem Gemeinschaftsunternehmen bei erstmaliger Anwendung grundsätzlich ihren Anschaffungskosten. Bei der Equity-Methode nach IAS 28 (Beteiligungen an assoziierten Unternehmen und Gemeinschaftsunternehmen) werden die anteiligen stillen Reserven und stillen Lasten des Beteiligungsunternehmens im Rahmen der **Neubewertungsmethode** durch den Ansatz der Vermögenswerte und Schulden mit ihren Zeitwerten in einer außerbilanziellen Nebenrechnung aufgedeckt. Auf diese Weise wird das anteilige neubewertete Eigenkapital des assoziierten Unternehmens ermittelt. Anschließend werden die Anschaffungskosten der Anteile und das anteilige neubewertete Eigenkapital miteinander verglichen. Aus diesem Vergleich ergibt sich entweder ein aktiver Unterschiedsbetrag (Goodwill bzw. Geschäfts- oder Firmenwert) oder ein passiver Unterschiedsbetrag. Ein Goodwill wird gemäß IAS 28.32 (a) nicht separat in der Konzernbilanz ausgewiesen, sondern ist impliziter Bestandteil des Equity-Wertes. Ein passiver Unterschiedsbetrag hingegen wird als günstiger Erwerb interpretiert und daher gemäß IAS 28.32 (b) sofort als Ertrag in der GuV vereinnahmt. Der Equity-Wert erhöht sich entsprechend.

## Lösung zu Teilaufgabe (c)

In den Folgeperioden ist der Equity-Wert (Beteiligungsbuchwert) gemäß § 312 Abs. 4 Satz 1 HGB um den Betrag der Eigenkapitalveränderungen des assoziierten Unternehmens fortzuschreiben. Die Veränderungen des Equity-Wertes sind – soweit sie nicht auf erfolgsneutralen Änderungen des Eigenkapitals des assoziierten Unternehmens beruhen – gemäß § 312 Abs. 4 Satz 2 HGB in einem gesonderten Posten der Konzern-GuV (z. B. „Ergebnis aus assoziierten Unternehmen“) auszuweisen (DRS 26.78).

Im Rahmen der regelmäßigen Fortschreibung des Equity-Wertes werden die anteiligen Jahresergebnisse in der Periode ihrer Entstehung beim assoziierten Unternehmen im Konzernabschluss erfasst. Jahresüberschüsse erhöhen, Jahresfehlbeträge mindern den Equity-Wert. Tatsächliche Ausschüttungen sind bei der Fortschreibung gemäß § 312 Abs. 4 Satz 1 Halbsatz 2 HGB wertmindernd im Equity-Wert zu berücksichtigen, da diese beim empfangenden Unternehmen bereits zu Beteiligungserträgen geführt haben und ansonsten doppelt erfasst werden würden. Außerdem haben die ausgeschütteten Ergebnisse das der Equity-Methode zugrunde liegende Eigenkapital gemindert.

Bei der Fortschreibung des Equity-Wertes werden gemäß § 312 Abs. 2 Satz 2 HGB ferner die aus der Neubewertung der Vermögensgegenstände und Schulden aufgedeckten stillen Reserven und stillen Lasten entsprechend der Entwicklung der zugehörigen Vermögensgegenstände und Schulden im Jahresabschluss des assoziierten Unternehmens im Konzernabschluss fortgeführt oder aufgelöst.

Der Geschäfts- oder Firmenwert ist gemäß § 312 Abs. 2 Satz 3 HGB i. V. m. § 309 HGB analog zur Voll- und Quotenkonsolidierung planmäßig und ggf. außerplanmäßig abzuschreiben. Ein negativer Unterschiedsbetrag darf gemäß § 312 Abs. 2 Satz 3 HGB i. V. m. § 309 Abs. 2 HGB nur dann aufgelöst werden, wenn entweder die negativen Entwicklungen eingetreten bzw. die erwarteten Aufwendungen zu berücksichtigen sind oder am Abschlussstichtag feststeht, dass dieser verbleibende Unterschiedsbetrag einem realisierten Gewinn entspricht.

Sofern der Equity-Wert durch die regelmäßige Fortschreibung negativ wird, ist dieser gemäß DRS 26.54 in der Konzernbilanz mit dem Erinnerungswert anzusetzen. Der Equity-Wert ist allerdings in der Nebenrechnung fortzuführen. Eine bilanzielle Fortführung kommt erst wieder in Betracht, sobald der Equity-Wert einen positiven Wert angenommen hat.

Auch in den **IFRS** wird der Equity-Wert gemäß IAS 28 entsprechend der Entwicklung des anteiligen Eigenkapitals fortgeschrieben. Die Vorschriften zur Fortführung der stillen Reserven und stillen Lasten entsprechen den Regelungen des HGB. Der **Goodwill** ist hingegen gemäß IAS 28.32 (a) weder planmäßig abzuschreiben noch eigenständig einem Wertminderungstest zu unterziehen. Der IASB begründet dieses Vorgehen damit, dass der Goodwill aus der Equity-Methode implizit im Equity-Wert enthalten ist und der Goodwill daher nicht separat in der Bilanz auszuweisen ist. Der Wertminderungstest ist deshalb auf den Equity-Wert insgesamt anzuwenden. Somit wird auch der Goodwill indirekt auf eine Wertminderung getestet (IAS 28.42).

# Übung 42: Fallstudie zur Equity-Methode nach HGB

## Sachverhalt

Die Stromlos AG hält Beteiligungen i. S. v. § 271 Abs. 1 HGB an folgenden drei Unternehmen:

- Schneebesen GmbH,
- Abfall GmbH und
- Feuerstein AG.

Die Übersicht 42-1 enthält Angaben zu den Beteiligungsverhältnissen:

| | Kapital- und Stimmrechtsanteile der Stromlos AG | Anschaffungskosten | Sonstige Angaben bez. der Einflussnahme |
|---|---|---|---|
| Schneebesen GmbH | 100 % | 45.000 GE | – |
| Abfall GmbH | 80 % | 100 GE | – |
| Feuerstein AG | 15 % | 4.000 GE | ■ Mitspracherecht bei der Bestellung der Leitungs- und Aufsichtsorgane<br>■ Teilnahme an unternehmenspolitischen Entscheidungen |

**Übersicht 42-1:** Angaben über die Beteiligungsverhältnisse

In der nachstehenden Übersicht 42-2 sind die Bilanzen der relevanten Unternehmen zum 31.12.01 dargestellt, wobei in die konsolidierte Bilanz der Stromlos AG bereits die Bilanzen der Stromlos AG und der Schneebesen GmbH einbezogen sind:

| Zeitpunkt 31.12.01 (Alle Zahlenangaben in GE) | Konsolidierte Bilanz der Stromlos AG einschließlich Schneebesen GmbH | HB II der Feuerstein AG | KB |
|---|---|---|---|
| **Aktiva** | | | |
| A. Anlagevermögen | | | |
| I. Immaterielle Vermögensgegenstände | | | |
| 3. Geschäfts- oder Firmenwert | 1.000 | | |
| II. Sachanlagen | | | |
| 1. Grundstücke | 10.000 | 7.000 | |
| 2. Technische Anlagen | 25.000 | 11.000 | |
| III. Finanzanlagen | | | |
| 1. Anteile an verbundenen Unternehmen | 100 | | |
| 3. Beteiligungen an assoziierten Unternehmen | 4.000 | | |
| B. Umlaufvermögen | | | |
| I. Vorräte | 10.000 | 8.000 | |
| II. Forderungen und sonstige Vermögensgegenstände | 2.000 | 2.000 | |
| Summe Aktiva | 52.100 | 28.000 | |
| **Passiva** | | | |
| A. Eigenkapital | | | |
| I. Gezeichnetes Kapital | 12.000 | 9.000 | |
| II. Kapitalrücklage | 9.000 | 5.000 | |
| III. Gewinnrücklagen | 8.000 | 3.000 | |
| IV. Bilanzgewinn | 1.000 | 1.000 | |
| B. Rückstellungen | 11.000 | 6.000 | |
| C. Verbindlichkeiten | 11.100 | 4.000 | |
| Summe Passiva | 52.100 | 28.000 | |

**Übersicht 42-2:** Konsolidierte Bilanz der Stromlos AG einschließlich der Schneebesen GmbH sowie Handelsbilanz II (HB II) der Feuerstein AG zum 31.12.01

Gehen Sie bei Ihren Überlegungen von folgenden **Prämissen** aus:

(1) Die Größenkriterien nach § 293 HGB werden überschritten.

(2) Eine Befreiung durch §§ 291, 292 HGB ist nicht möglich.

(3) Die Schneebesen GmbH erfüllt nicht die Kriterien für eine Nicht-Einbeziehung gemäß § 296 HGB.

(4) Die Einbeziehung der Abfall GmbH ist für die Vermittlung eines den tatsächlichen Verhältnissen entsprechenden Bildes der Vermögens-, Finanz- und Ertragslage des Konzerns von untergeordneter Bedeutung.

(5) Die Einbeziehung der Feuerstein AG ist für die Vermittlung eines den tatsächlichen Verhältnissen entsprechenden Bildes der Vermögens-, Finanz- und Ertragslage von Bedeutung.

(6) Die Stromlos AG nimmt bestehende Einflüsse auch tatsächlich wahr.

(7) Die Stromlos AG kann keinen beherrschenden Einfluss gemäß § 290 Abs. 2 HGB auf die Feuerstein AG ausüben.

(8) Bei der Feuerstein AG handelt es sich nicht um ein Gemeinschaftsunternehmen.

(9) Die Stromlos AG hat keine Geschäfte mit ihren Beteiligungen getätigt.

(10) Die Vorräte und das Anlagevermögen sowie die Rückstellungen der Feuerstein AG, die in der Bilanz zum 31.12.01 ausgewiesen werden, sind auch zum 31.12.02 noch vorhanden.

(11) Das Anlagevermögen der Feuerstein AG wird planmäßig linear abgeschrieben.

(12) Ein ggf. entstehender Geschäfts- oder Firmenwert (GoF) soll planmäßig über vier Jahre linear abgeschrieben werden.

(13) Die Stromlos AG hat alle Beteiligungen zum 31.12.01 erworben.

(14) Angaben zu ausgewählten Bilanzposten der Feuerstein AG zum 31.12.01 sind aus folgender Übersicht 42-3 ersichtlich:

| Bilanzposten 31.12.01 | Buchwert in GE | Zeitwert in GE | Stille Reserven/ Stille Lasten in GE | Nutzungsdauer in Jahren |
|---|---|---|---|---|
| Anlagevermögen | | | | |
| ■ Grundstücke | 7.000 | 10.000 | 3.000 | ∞ |
| ■ Technische Anlagen | 11.000 | 16.000 | 5.000 | 5 |
| Umlaufvermögen | | | | |
| ■ Vorräte | 8.000 | 8.000 | – | – |
| Fremdkapital | | | | |
| ■ Rückstellungen | 6.000 | 10.000 | – 4.000 | – |
| ■ Verbindlichkeiten | 4.000 | 4.000 | – | – |

**Übersicht 42-3:** Angaben zu ausgewählten Bilanzposten der Feuerstein AG zum 31.12.01

## Aufgaben

(a) Welche Unternehmen sind nach welchen Methoden in den Konzernabschluss einzubeziehen?

(b) Stellen Sie den Konzernabschluss zum 31.12.01 auf.

(c) Die Feuerstein AG hat im Jahr 02 einen Jahresüberschuss i. H. v. 2.000 GE erwirtschaftet. Außerdem hat die Feuerstein AG im Mai 02 eine Dividende von insgesamt 1.000 GE ausgeschüttet. Die stillen Reserven in den Grundstücken und die stillen Lasten in den Rückstellungen bestehen weiterhin. Wie ist der Equity-Wert zum 31.12.02 fortzuschreiben?

(d) Nun wird unterstellt, dass die Stromlos AG bei Erwerb der Kapital- und Stimmrechtsanteile der Feuerstein AG auch gleichzeitig einen Beherrschungsvertrag abgeschlossen hat und somit die Feuerstein AG ein Tochterunternehmen der Stromlos AG i. S. d. § 290 HGB ist (Prämisse (7) wird aufgehoben). Erstellen Sie die Konzernbilanz zum 31.12.01.

(e) Vergleichen Sie die Konzernbilanzen der Aufgabenteile (b) und (d) sowie die Wege (Equity-Methode bzw. Vollkonsolidierung), die zu diesen Konzernbilanzen geführt haben.

Berücksichtigen Sie in den Aufgabenteilen (b), (c) und (d) auch latente Steuern. Der Steuersatz beträgt s = 30 %.

## Literaturhinweis

BAETGE, JÖRG/KIRSCH, HANS-JÜRGEN/THIELE, STEFAN, Konzernbilanzen, 15. Aufl., Düsseldorf 2024, Kap. V Abschn. 125.2 sowie Kap. VII.

## Lösungen

### Lösung zu Teilaufgabe (a)

Die Stromlos AG hält 100 % der Stimmrechte an der **Schneebesen GmbH**, wodurch ein beherrschender Einfluss gemäß § 290 Abs. 2 Nr. 1 HGB begründet wird. Die Schneebesen GmbH ist somit gemäß § 290 Abs. 1 HGB ein Tochterunternehmen der Stromlos AG. Die Befreiungsmöglichkeiten zur Aufstellung eines Konzernabschlusses gemäß §§ 291-293 HGB greifen nicht (Prämissen (1) und (2)). Des Weiteren sind die Voraussetzungen eines Einbeziehungswahlrechtes gemäß § 296 HGB nicht erfüllt (Prämisse (3)), so dass auch die Befreiungsmöglichkeit zur Aufstellung eines Konzernabschlusses gemäß § 290 Abs. 5 HGB nicht greift. Somit ist die Stromlos AG verpflichtet, einen Konzernabschluss aufzustellen, in den die Schneebesen GmbH als Tochterunternehmen durch eine Vollkonsolidierung einzubeziehen ist.

Auch bei der **Abfall GmbH** handelt es sich um ein Tochterunternehmen der Stromlos AG, da diese auf die Abfall GmbH einen beherrschenden Einfluss gemäß § 290 Abs. 2 Nr. 1 HGB ausüben kann. Die Abfall GmbH ist indes für die Vermögens-, Finanz- und Ertragslage der Stromlos AG von untergeordneter Bedeutung (Prämisse (4)). Somit muss die Abfall GmbH gemäß § 296 Abs. 2 Satz 1 HGB nicht in den Konzernabschluss nach der Vollkonsolidierung einbezogen werden. Der Stimmrechtsanteil von 80 % lässt einen maßgeblichen Einfluss (≥ 20 %) gemäß § 311 Abs. 1 Satz 2 HGB vermuten. Dieser wird auch tatsächlich ausgeübt (Prämisse (6)). Gemäß § 311 Abs. 1 HGB wäre die Abfall GmbH daher nach der Equity-Methode in den Konzernabschluss einzubeziehen. Hier greift indes § 311 Abs. 2 HGB, nach dem auf eine Einbeziehung der Abfall GmbH nach der Equity-Methode aufgrund der untergeordneten Bedeutung verzichtet werden kann (Prämisse (4)). Somit kann die Abfall GmbH nach der Anschaffungskostenmethode im Konzernabschluss bewertet werden.

Die **Feuerstein AG** ist weder Tochterunternehmen noch Gemeinschaftsunternehmen der Stromlos AG, da weder die Voraussetzungen des § 290 HGB noch des § 310 HGB erfüllt sind (Prämissen (7) und (8)). Obwohl der Stimmrechtsanteil von 15 % keinen maßgeblichen Einfluss gemäß § 311 Abs. 1 Satz 2 HGB vermuten lässt, weisen das Mitspracherecht bei der Bestellung der Mitglieder der Leitungs- und Aufsichtsorgane und die Teilnahme an unternehmenspolitischen Entscheidungen darauf hin, dass die Stromlos AG einen maßgeblichen Einfluss auf die Feuerstein AG hat. Dieser maßgebliche Einfluss wird auch tatsächlich ausgeübt (Prämisse (6)). Außerdem ist § 311 Abs. 2 HGB nicht erfüllt (Prämisse (5)). Somit ist die Feuerstein AG als assoziiertes Unternehmen nach der Equity-Methode im Konzernabschluss zu berücksichtigen.

## Lösung zu Teilaufgabe (b)

Zum 31.12.01 ist die Feuerstein AG erstmalig in den Konzernabschluss der Stromlos AG einzubeziehen. Bei Anwendung der Equity-Methode nach der Buchwertmethode ist zunächst der Unterschiedsbetrag zwischen dem Beteiligungsbuchwert bei der Stromlos AG und dem anteiligen Eigenkapital bei der Feuerstein AG wie folgt zu ermitteln:

| | | |
|---|---|---|
| | Anschaffungskosten der Beteiligung | 4.000 GE |
| – | Anteiliges bilanzielles Eigenkapital (18.000 GE · 15 %) | – 2.700 GE |
| = | Unterschiedsbetrag 1 | 1.300 GE |

Dieser Unterschiedsbetrag enthält sowohl die anteiligen stillen Reserven und stillen Lasten als auch den Geschäfts- oder Firmenwert. Seit dem BilRUG sind gemäß § 312 Abs. 5 Satz 3 HGB latente Steuern auch bei Anwendung der Equity-Methode zu berücksichtigen, soweit die für die Beurteilung maßgeblichen Sachverhalte bekannt oder zugänglich sind.

| | | |
|---|---|---|
| | Unterschiedsbetrag 1 | 1.300 GE |
| – | Anteilige stille Reserven<br>((3.000 GE + 5.000 GE) · 15 %) | – 1.200 GE |
| + | Passive latente Steuern auf stille Reserven<br>(1.200 GE · 30 %) | + 360 GE |
| + | Anteilige stille Lasten<br>(4.000 GE · 15 %) | + 600 GE |
| – | Aktive latente Steuern auf stille Lasten<br>(600 GE · 30 %) | – 180 GE |
| = | Unterschiedsbetrag 2 (Geschäfts- oder Firmenwert) | 880 GE |

Im Konzernabschluss sind die einzelnen Komponenten nicht unmittelbar zu erfassen. Lediglich im Konzernanhang sind gemäß § 312 Abs. 1 Satz 2 HGB der Unterschiedsbetrag 1 i. H. v. 1.300 GE und der Unterschiedsbetrag 2, der hier ein Geschäfts- oder Firmenwert ist, i. H. v. 880 GE anzugeben.

In der Konzernbilanz ist die Beteiligung an der Feuerstein AG gemäß § 311 Abs. 1 Satz 1 HGB unter einem gesonderten Posten (z. B. „Beteiligung an assoziierten Unternehmen“) auszuweisen und zum Zeitpunkt der erstmaligen Anwendung der Equity-Methode am 31.12.01 in Höhe des Buchwertes der Beteiligung aus der Bilanz der Stromlos AG mit 4.000 GE zu bewerten.

In der nachstehenden Übersicht 42-4 ist die Konzernbilanz zum 31.12.01 der Stromlos AG dargestellt:

| Zeitpunkt 31.12.01 (Alle Zahlenangaben in GE) | Konsolidierte Bilanz der Stromlos AG einschließlich Schneebesen GmbH | HB II der Feuerstein AG | KB |
|---|---|---|---|
| **Aktiva** | | | |
| A. Anlagevermögen | | | |
| I. Immaterielle Vermögensgegenstände | | | |
| 3. Geschäfts- oder Firmenwert | 1.000 | | 1.000 |
| II. Sachanlagen | | | |
| 1. Grundstücke | 10.000 | 7.000 | 10.000 |
| 2. Technische Anlagen | 25.000 | 11.000 | 25.000 |
| III. Finanzanlagen | | | |
| 1. Anteile an verbundenen Unternehmen | 100 | | 100 |
| 3. Beteiligungen an assoziierten Unternehmen | 4.000 | | 4.000 |
| B. Umlaufvermögen | | | |
| I. Vorräte | 10.000 | 8.000 | 10.000 |
| II. Forderungen und sonstige Vermögensgegenstände | 2.000 | 2.000 | 2.000 |
| Summe Aktiva | 52.100 | 28.000 | 52.100 |
| **Passiva** | | | |
| A. Eigenkapital | | | |
| I. Gezeichnetes Kapital | 12.000 | 9.000 | 12.000 |
| II. Kapitalrücklage | 9.000 | 5.000 | 9.000 |
| III. Gewinnrücklagen | 8.000 | 3.000 | 8.000 |
| IV. Bilanzgewinn | 1.000 | 1.000 | 1.000 |
| B. Rückstellungen | 11.000 | 6.000 | 11.000 |
| C. Verbindlichkeiten | 11.100 | 4.000 | 11.100 |
| Summe Passiva | 52.100 | 28.000 | 52.100 |

**Übersicht 42-4:** Konzernbilanz der Stromlos AG zum 31.12.01 (Equity-Methode)

## Lösung zu Teilaufgabe (c)

Der Wertansatz zum 31.12.02 für die Beteiligung an assoziierten Unternehmen ist wie folgt zu ermitteln:

| | | |
|---|---|---|
| | Wertansatz des Vorjahres | 4.000 GE |
| + | Anteiliger Jahresüberschuss (2.000 GE · 15 %) | + 300 GE |
| – | Vom Konzern erhaltene Dividende (1.000 GE · 15 %) | – 150 GE |
| – | Abschreibung der anteilig aufgedeckten stillen Reserven ((5.000 GE · 20 %) · 15 %) | – 150 GE |
| + | Auflösung passiver latenter Steuern auf stille Reserven (150 GE · 30 %) | + 45 GE |
| – | Abschreibung des Geschäfts- oder Firmenwertes (880 GE · 25 %) | – 220 GE |
| = | Wertansatz zum 31.12.02 | 3.825 GE |

Der Wert der „Beteiligung an assoziierten Unternehmen“ wird folglich um 175 GE erfolgswirksam auf einen Wert von 3.825 GE verringert.

Der Wert des Geschäfts- oder Firmenwertes ermittelt sich wie folgt:

| | | |
|---|---|---|
| | Wert des Vorjahres | 880 GE |
| – | Abschreibung des Geschäfts- oder Firmenwertes (880 GE · 25 %) | – 220 GE |
| = | Wert zum 31.12.02 | 660 GE |

## Lösung zu Teilaufgabe (d)

Im Folgenden wird unterstellt, dass die Stromlos AG bei Erwerb der Kapital- und Stimmrechtsanteile der Feuerstein AG gleichzeitig einen Beherrschungsvertrag abgeschlossen hat. Somit kann die Stromlos AG gemäß § 290 Abs. 2 Nr. 3 HGB einen beherrschenden Einfluss auf die Feuerstein AG ausüben (Prämisse (7) wurde aufgehoben). Die Feuerstein AG ist folglich gemäß § 290 Abs. 1 HGB ein Tochterunternehmen der Stromlos AG. Da auch die Voraussetzungen des § 296 HGB nicht erfüllt sind (Prämissen (4) und (6)), ist die Feuerstein AG durch eine Vollkonsolidierung in den Konzernabschluss einzubeziehen.

Somit ist die Erstkonsolidierung gemäß § 301 Abs. 1 Satz 2 HGB nach der **Neubewertungsmethode** durchzuführen. Hierbei sind in einem ersten Schritt die stillen Reserven und stillen Lasten unabhängig von der Beteiligungshöhe aufzudecken. Dabei entstehen aktive latente Steuern i. H. v. 1.200 GE (= 4.000 GE · 30 %) und passive latente Steuern i. H. v. 2.400 GE (= 8.000 GE · 30 %). Die Aufdeckung der stillen Reserven und stillen Lasten wird gemäß Buchungssatz (1) wie folgt gebucht:

| | | | | |
|---|---|---|---|---|
| Grundstücke | 3.000 GE | | | |
| Technische Anlagen | 5.000 GE | | | |
| Aktive latente Steuern | 1.200 GE | an | Differenzen aus der Neubewertung | 2.800 GE |
| | | | Rückstellungen | 4.000 GE |
| | | | Passive latente Steuern | 2.400 GE |

Anschließend wird das anteilige neubewertete Eigenkapital mit dem Buchwert der Anteile verglichen. Somit berechnet sich der verbleibende Unterschiedsbetrag wie folgt:

| | | |
|---|---|---|
| | Buchwert der Anteile | 4.000 GE |
| – | Anteiliges neubewertetes Eigenkapital<br>((9.000 GE + 5.000 GE + 3.000 GE + 1.000 GE + 2.800 GE) · 15 %) | – 3.120 GE |
| = | Verbleib. Unterschiedsbetrag | 880 GE |

Der Buchungssatz (2) lautet:

| | | | | |
|---|---|---|---|---|
| Verbleib. Unterschiedsbetrag | 880 GE | | | |
| Gezeichnetes Kapital | 1.350 GE | | | |
| Kapitalrücklage | 750 GE | | | |
| Gewinnrücklagen | 450 GE | | | |
| Differenzen aus der Neubewertung | 420 GE | | | |
| Bilanzgewinn | 150 GE | an | Anteile an verbundenen Unternehmen | 4.000 GE |

Der verbleibende aktive Unterschiedsbetrag ist als Geschäfts- oder Firmenwert durch Buchungssatz (3) umzubuchen:

| | | | | |
|---|---|---|---|---|
| Geschäfts- oder Firmenwert | 880 GE | an | Verbleib. Unterschiedsbetrag | 880 GE |

Der Buchungssatz (4) für „nicht beherrschende Anteile" i. H. v. 17.680 GE (= 20.800 GE · 85 %) lautet:

| | | | | |
|---|---|---|---|---|
| Gezeichnetes Kapital | 7.650 GE | | | |
| Kapitalrücklage | 4.250 GE | | | |
| Gewinnrücklagen | 2.550 GE | | | |
| Differenzen aus der Neubewertung | 2.380 GE | | | |
| Bilanzgewinn | 850 GE | an | Nicht beherrschende Anteile | 17.680 GE |

Folgende Übersicht 42-5 zeigt die Konzernbilanz zum 31.12.01:

| Zeitpunkt 31.12.01 (Alle Zahlenangaben in GE) | Bilanz der Stromlos AG einschließlich Schneebesen GmbH | Feuerstein AG | | SB | Konsolidierungsspalte | | KB |
|---|---|---|---|---|---|---|---|
| | | HB II | stR/stL | | Soll | Haben | |
| **Aktiva** | | | | | | | |
| A. Anlagevermögen | | | | | | | |
| I. Immaterielle Vermögensgegenstände | | | | | | | |
| 3. Geschäfts- oder Firmenwert | 1.000 | | | 1.000 | 880[3] | | 1.880 |
| II. Sachanlagen | | | | | | | |
| 1. Grundstücke | 10.000 | 7.000 | 3.000[1] | 20.000 | | | 20.000 |
| 2. Technische Anlagen | 25.000 | 11.000 | 5.000[1] | 41.000 | | | 41.000 |
| III. Finanzanlagen | | | | | | | |
| 1. Anteile an verbundenen Unternehmen | 4.100 | | | 4.100 | | 4.000[2] | 100 |
| B. Umlaufvermögen | | | | | | | |
| I. Vorräte | 10.000 | 8.000 | | 18.000 | | | 18.000 |
| II. Forderungen und sonstige Vermögensgegenstände | 2.000 | 2.000 | | 4.000 | | | 4.000 |
| C. Aktive latente Steuern | | | 1.200[1] | 1.200 | | | 1.200 |
| Verbleib. Unterschiedsbetrag | | | | | 880[2] | 880[3] | |
| Summe Aktiva | 52.100 | 28.000 | | 89.300 | | | 86.180 |
| **Passiva** | | | | | | | |
| A. Eigenkapital | | | | | | | |
| I. Gezeichnetes Kapital | 12.000 | 9.000 | | 21.000 | 1.350[2]<br>7.650[4] | | 12.000 |
| II. Kapitalrücklage | 9.000 | 5.000 | | 14.000 | 750[2]<br>4.250[4] | | 9.000 |
| III. Gewinnrücklagen | 8.000 | 3.000 | | 11.000 | 450[2]<br>2.550[4] | | 8.000 |
| IV. Differenzen aus der Neubewertung | | | 2.800[1] | 2.800 | 420[2]<br>2.380[4] | | |
| V. Bilanzgewinn | 1.000 | 1.000 | | 2.000 | 150[2]<br>850[4] | | 1.000 |
| VI. Nicht beherrschende Anteile | | | | | | 17.680[4] | 17.680 |
| B. Rückstellungen | 11.000 | 6.000 | 4.000[1] | 21.000 | | | 21.000 |
| C. Verbindlichkeiten | 11.100 | 4.000 | | 15.100 | | | 15.100 |
| D. Passive latente Steuern | | | 2.400[1] | 2.400 | | | 2.400 |
| Summe Passiva | 52.100 | 28.000 | | 89.300 | 22.560 | 22.560 | 86.180 |

**Übersicht 42-5:** Konzernbilanz der Stromlos AG zum 31.12.01 (Vollkonsolidierung)

## Lösung zu Teilaufgabe (e)

Die wesentlichen Unterschiede und Gemeinsamkeiten zwischen der Vollkonsolidierung und der Equity-Methode sind in der folgenden Übersicht systematisch dargestellt:

| | Vollkonsolidierung | Equity-Methode |
|---|---|---|
| Anpassung an konzerneinheitliche Bilanzierungsmethoden (HB II) | ▪ Pflicht | ▪ Wahlrecht |
| Übernahme der Vermögensgegenstände und Schulden in die Konzernbilanz | ▪ ja, unmittelbar | ▪ nicht unmittelbar, stattdessen Ausweis des saldierten Nettovermögens |
| Kapitalkonsolidierung | ▪ Pflicht<br>▪ Ausweis der Anteile nicht beherrschender Gesellschafter | ▪ nur in Nebenrechnung<br>▪ kein Ausweis der Anteile nicht beherrschender Gesellschafter |
| Schuldenkonsolidierung | ▪ Pflicht | ▪ nicht geregelt; Differenzen sind ggf. zu eliminieren |
| Zwischenergebniseliminierung | ▪ Pflicht<br>▪ vollständig | ▪ Pflicht, soweit Sachverhalte bekannt oder zugänglich sind<br>▪ anteilig |
| Aufwands- und Ertragskonsolidierung | ▪ Pflicht | ▪ nicht geregelt; Differenzen sind ggf. zu eliminieren |

**Übersicht 42-6:** Die Vollkonsolidierung und die Equity-Methode im Vergleich

# Übung 43: Quotenkonsolidierung und Equity-Methode nach HGB im Vergleich

## Sachverhalt

Die Unternehmen Wahl AG und Weise AG, die wirtschaftlich voneinander unabhängig sind und beide einen Konzernabschluss aufstellen, entschließen sich, die Join us AG gemeinsam zu übernehmen. Zum einen werden durch diesen Schritt Kosteneinsparungen erwartet, zum anderen werden aber auch Synergieeffekte im Bereich Forschung und Entwicklung erwartet. Die Zusammenarbeit ist folglich auf Dauer ausgelegt. Die Wahl AG und die Weise AG entschließen sich, die Join us AG gemeinsam zu führen. Deshalb wird im Gesellschaftsvertrag festgehalten, dass alle Entscheidungen einstimmig verabschiedet werden müssen. Im Gesellschaftsvertrag wird auch festgehalten, dass der Unternehmenszweck die Gewinnerzielung durch den Verkauf der erstellten Produkte ist. Wirtschaftsprüfer, die vor der Übernahme eine Due Diligence durchgeführt haben, stellen fest, dass nach der Übernahme die Wahl AG 40 % und die Weise AG 60 % an der Join us AG halten. Die Wahl AG erwirbt die Beteiligung für 100 GE.

Weiterhin betreibt die Wahl AG eine aktive Diversifizierungspolitik und erwirbt im selben Jahr noch 30 % der Anteile an der Partnership GmbH für 80 GE. Die Partnership GmbH ist wirtschaftlich im Bereich Maschinenbau tätig. An der Partnership GmbH sind noch zwei weitere Unternehmen beteiligt, unter anderem die Interest AG, die 35 % der Anteile hält. Die Interest AG wird als assoziiertes Unternehmen im Konzernabschluss der Wahl AG berücksichtigt. Die Wahl AG ist im Geschäftsfeld der Partnership GmbH sehr unerfahren und will erst in ca. fünf bis acht Jahren aktiv an Unternehmensentscheidungen mitwirken und während dieser Zeit in dem Geschäftsfeld der Partnership GmbH noch Erfahrungen sammeln. Momentan sieht man die Investition eher als gute Kapitalanlage, stellt jedoch trotzdem einen Vorstand, um Einfluss - falls notwendig - ausüben zu können.

Der Vorstand der Wahl AG hat die Prahlereien seiner Studienkollegen satt, die ihm bei allen Treffen von den hohen Geschäfts- oder Firmenwerten (GoF) ihrer neuesten Übernahmen erzählen, und möchte diesen Posten deshalb maximieren.

Die Handelsbilanz II (HB II) der Join us AG zum 31.10.01 (Abschlussstichtag der Join us AG) ist in der nachfolgenden Übersicht 43-1 abgebildet:

| Zeitpunkt<br>31.12.01<br>(Alle Zahlenangaben in GE) | HB II<br>Join us AG | stR/stL |
|---|---|---|
| **Aktiva** | | |
| A. Anlagevermögen | | |
| II. Sachanlagen | | |
| 1. Grundstücke | 125 | 15 |
| 2. Technische Anlagen und Maschinen | 50 | 10 |
| 3. Andere Anlagen, Betriebs- und Geschäftsausstattung | 25 | |
| B. Umlaufvermögen | | |
| I. Vorräte | | |
| 1. Roh-, Hilfs- und Betriebsstoffe | 25 | 5 |
| 3. Fertige Erzeugnisse, Waren | 25 | |
| II. Forderungen und sonstige Vermögensgegenstände | | |
| 1. Forderungen aus Lieferungen und Leistungen | 25 | |
| IV. Kassenbestand | 50 | |
| Summe Aktiva | 325 | |
| **Passiva** | | |
| A. Eigenkapital | | |
| I. Gezeichnetes Kapital | 50 | |
| II. Kapitalrücklage | 25 | |
| III. Gewinnrücklagen | 25 | |
| B. Rückstellungen | | |
| 1. Rückstellungen für Pensionen und ähnliche Verpflichtungen | 50 | 10 |
| C. Verbindlichkeiten | | |
| 2. Verbindlichkeiten gegenuber Kreditinstituten | 100 | |
| 4. Verbindlichkeiten aus Lieferungen und Leistungen | 75 | |
| Summe Passiva | 325 | |

**Übersicht 43-1:** Handelsbilanz II (HB II) der Join us AG zum 31.10.01

Die nachfolgende Übersicht 43-2 zeigt die Handelsbilanz II (HB II) der Partnership GmbH zum 31.12.01 (Abschlussstichtag der Partnership GmbH):

| Zeitpunkt<br>31.12.01<br>(Alle Zahlenangaben in GE) | HB II<br>Partnership GmbH | stR/stL |
|---|---|---|
| **Aktiva** | | |
| A. Anlagevermögen | | |
| II. Sachanlagen | | |
| 1. Grundstücke | 300 | 100 |
| 2. Technische Anlagen und Maschinen | 100 | 20 |
| 3. Andere Anlagen, Betriebs- und Geschäftsausstattung | 30 | 20 |
| B. Umlaufvermögen | | |
| I. Vorräte | | |
| 1. Roh-, Hilfs- und Betriebsstoffe | 50 | 10 |
| 3. Fertige Erzeugnisse, Waren | 50 | |
| II. Forderungen und sonstige Vermögensgegenstände | | |
| 1. Forderungen aus Lieferungen und Leistungen | 100 | |
| IV. Kassenbestand | 100 | |
| Summe Aktiva | 730 | |
| **Passiva** | | |
| A. Eigenkapital | | |
| I. Gezeichnetes Kapital | 200 | |
| II. Kapitalrücklage | 100 | |
| III. Gewinnrücklagen | 100 | |
| B. Rückstellungen | | |
| 1. Rückstellungen für Pensionen und ähnliche Verpflichtungen | 65 | 25 |
| C. Verbindlichkeiten | | |
| 2. Verbindlichkeiten gegenüber Kreditinstituten | 150 | |
| 4. Verbindlichkeiten aus Lieferungen und Leistungen | 115 | |
| Summe Passiva | 730 | |

**Übersicht 43-2:** Handelsbilanz II (HB II) der Partnership GmbH zum 31.12.01

Die konsolidierte Bilanz der Wahl AG vor Einbezug der Join us AG und der Partnership GmbH sieht wie folgt aus:

| Zeitpunkt<br>31.12.01<br>(Alle Zahlenangaben in GE) | Konsolidierte Bilanz<br>Wahl AG |
|---|---|
| **Aktiva** | |
| A. Anlagevermögen | |
| II. Sachanlagen | |
| 1. Grundstücke | 100 |
| 2. Technische Anlagen und Maschinen | 200 |
| 3. Andere Anlagen, Betriebs- und Geschäftsausstattung | 100 |
| III. Finanzanlagen | |
| 3. Beteiligungen | |
| Join us AG | 100 |
| Partnership GmbH | 80 |
| Interest AG | 50 |
| B. Umlaufvermögen | |
| I. Vorräte | |
| 1. Roh-, Hilfs- und Betriebsstoffe | 50 |
| 3. Fertige Erzeugnisse, Waren | 50 |
| II. Forderungen und sonstige Vermögensgegenstände | |
| 1. Forderungen aus Lieferungen und Leistungen | 100 |
| IV. Kassenbestand | 50 |
| Summe Aktiva | 880 |
| **Passiva** | |
| A. Eigenkapital | |
| I. Gezeichnetes Kapital | 200 |
| II. Kapitalrücklage | 100 |
| III. Gewinnrücklagen | 130 |
| V. Jahresüberschuss | 50 |
| B. Rückstellungen | |
| 1. Rückstellungen für Pensionen und ähnliche Verpflichtungen | 150 |
| C. Verbindlichkeiten | |
| 2. Verbindlichkeiten gegenüber Kreditinstituten | 100 |
| 4. Verbindlichkeiten aus Lieferungen und Leistungen | 150 |
| Summe Passiva | 880 |

**Übersicht 43-3:** Konsolidierte Bilanz der Wahl AG zum 31.12.01

## Aufgaben

(a) Wie sind die Join us AG und die Partnership GmbH im Konzernabschluss der Wahl AG zu berücksichtigen?

(b) Nehmen Sie die Kapitalkonsolidierung der Join us AG für den Einbezug in den Konzernabschluss der Wahl AG nach den zwei Möglichkeiten vor, die Ihnen § 310 Abs. 1 HGB eröffnet.

(c) Erläutern Sie anschließend die Unterschiede, die sich durch die Wahl der Konsolidierungsmethode von Gemeinschaftsunternehmen im Konzernabschluss ergeben können.

(d) Die Wahl AG entschließt sich schließlich, die Join us AG mit Hilfe der Quotenkonsolidierung in ihren Konzernabschluss einzubeziehen. Bei der Konzernabschlussprüfung meint der Wirtschaftsprüfer Justin Time, dass eine solche Einbeziehung der Einheitstheorie widerspreche und daher die Join us AG at equity konsolidiert werden müsse. Helfen Sie der Wahl AG und beurteilen Sie diese Aussage.

## Literaturhinweis

Baetge, Jörg/Kirsch, Hans-Jürgen/Thiele, Stefan, Konzernbilanzen, 15. Aufl., Düsseldorf 2024, Kap. VI Abschn. 1-4 sowie Kap. VII Abschn. 1-4.

## Lösungen

### Lösung zu Teilaufgabe (a)

Die anteilige Konsolidierung von Unternehmen ist gemäß § 310 HGB auf solche Unternehmen beschränkt, die von einem in den Konzernabschluss einbezogenen Konzernunternehmen gemeinsam mit einem oder mehreren nicht in den Konzernabschluss einbezogenen Unternehmen geführt werden. Weder im HGB noch im AktG existieren genaue Definitionen oder Beschreibungen für gemeinsam geführte Unternehmen (auch Gemeinschaftsunternehmen, joint venture oder Partnerschaftsunternehmen genannt). Gleichwohl werden die Eigenschaften von Gemeinschaftsunternehmen durch DRS 27 konkretisiert. Zur Charakterisierung von Gemeinschaftsunternehmen lassen sich folgende drei Kriterien heranziehen:

(1) **Unternehmenseigenschaft des Gemeinschaftsunternehmens**
Der Unternehmensbegriff erfasst grundsätzlich alle Formen einer wirtschaftlichen Betätigung, welche indes von außen erkennbar ausgeübt werden muss (DRS 27.8 i. V. m. DRS 19.6). Eine bestimmte Rechtsform des Gemeinschaftsunternehmens ist nicht erforderlich. Allerdings erfüllen Kapitalgesellschaften und Personenhandelsgesellschaften stets die Voraussetzungen des Unternehmensbegriffs.
Mit der Unternehmenseigenschaft eng verbunden ist die Frage der Dauer der Zusammenarbeit zwischen den Gesellschafterunternehmen. Die Zusammenarbeit muss auf Dauer angelegt sein (DRS 27.18), was jedoch meist durch die Eigeninteressen des Beteiligungsvorhabens unbestritten ist.

Join us AG:

Die Voraussetzung der Unternehmenseigenschaft ist für die Join us AG erfüllt, da bei der Rechtsform der AG immer ein Unternehmen i. S. d. § 310 Abs. 1 HGB vorliegt.
Laut Aufgabenstellung ist die Zusammenarbeit der Wahl AG und Weise AG auf Dauer angelegt.

Partnership GmbH:

Die Voraussetzung der Unternehmenseigenschaft ist bei der Partnership GmbH erfüllt, da auch bei der Rechtsform der GmbH immer ein Unternehmen i. S. d. § 310 Abs. 1 HGB vorliegt. Die Wahl AG plant langfristig (fünf bis acht Jahre) bez. der weiteren Geschäftspolitik der Partnership GmbH. Daraus lässt sich schließen, dass die Zusammenarbeit mit den zwei anderen Unternehmen langfristig angelegt ist.

(2) **Wirtschaftliche Unabhängigkeit der Gesellschafterunternehmen** Die gemeinschaftliche Führung muss von einem Konzernunternehmen zusammen mit einem oder mehreren anderen Unternehmen ausgeübt werden, welche nicht in den Konzernabschluss einbezogen werden (DRS 27.22).

Join us AG:

Da laut Sachverhalt die Wahl AG und die Weise AG wirtschaftlich voneinander unabhängig sind, ist auch diese Voraussetzung erfüllt.

Partnership GmbH:

Laut Sachverhalt wird die an der Partnership GmbH beteiligte Interest AG als assoziiertes Unternehmen in den Konzernabschluss der Wahl AG einbezogen. Folglich ist zu bezweifeln, dass die beiden Gesellschafterunternehmen als wirtschaftlich unabhängig anzusehen sind.

(3) **Tatsächliche Ausübung der gemeinsamen Führung**
Die gemeinsame Führung muss durch die Gesellschafterunternehmen tatsächlich ausgeübt werden (DRS 27.10). Dies bedeutet, dass die Gesellschafterunternehmen nicht nur Kapitalanteile halten, sondern auch aktiv die Geschäfte mit führen müssen. Somit ist eine reine Finanzbeteiligung nicht quotal zu konsolidieren (DRS 27.27). Entscheidungen der Geschäftsabläufe sind gemeinsam zu treffen und einstimmig zu beschließen.

Join us AG:

Laut Sachverhalt üben die Wahl AG und die Weise AG die Führung der Join us AG gemeinsam aus. Kritisch erscheint die ungleiche Verteilung der Gesellschaftsanteile, welche der gemeinsamen Führung widerspricht. Durch die Festlegung der Einstimmigkeit bez. der Entscheidungen im Gesellschaftervertrag ist die Voraussetzung der gemeinsamen Führung jedoch erfüllt.

Partnership GmbH:

Laut Sachverhalt will sich die Wahl AG erst in ca. fünf bis acht Jahren aktiv an der Führung der Partnership GmbH beteiligen. Bis zu diesem Zeitpunkt wird die Investition als Finanzanlage betrachtet. Daher wird die gemeinsame Führung tatsächlich nicht ausgeübt.

Die drei Voraussetzungen eines Gemeinschaftsunternehmens sind nur im Fall der Join us AG erfüllt. Daher besteht bei der Join us AG gemäß § 310 Abs. 1 HGB ein Wahlrecht, die Join us AG im Konzernabschluss der Wahl AG entweder quotal oder nach der Equity-Methode zu berücksichtigen.

Die Partnership GmbH erfüllt nicht die Voraussetzungen eines Gemeinschaftsunternehmens. Zweifelhaft ist die wirtschaftliche Unabhängigkeit der Gesellschafterunternehmen. Da sich die Wahl AG an der Führung der Partnership GmbH nicht beteiligen will, ist auch eine gemeinsame Führung nicht gegeben. Folglich ist die Partnership GmbH von der Wahl AG nicht quotal einzubeziehen. Es ist aber gemäß § 311 Abs. 1 Satz 2 HGB aufgrund der Beteiligung i. H. v. 30 % (≥ 20 %) zu vermuten, dass die Wahl AG einen maßgeblichen Einfluss auf die Partnership GmbH ausübt. Diese Vermutung wird die Wahl AG zudem nicht widerlegen können, da sie ein Vorstandsmitglied der Partnership GmbH stellt. Deshalb ist die Partnership GmbH nach der Stufenkonzeption des HGB als assoziiertes Unternehmen zu betrachten und nach der Equity-Methode im Konzernabschluss zu berücksichtigen.

## Lösung zu Teilaufgabe (b)

Gemäß § 310 Abs. 1 HGB darf das Gesellschafterunternehmen ein Gemeinschaftsunternehmen entweder quotal konsolidieren oder nach der Equity-Methode im Konzernabschluss berücksichtigen. Im vorliegenden Fall darf die Wahl AG die Join us AG demnach entweder quotal in den Konzernabschluss einbeziehen oder die Equity-Methode anwenden. Daher wird im Weiteren auch nach diesen beiden Verfahren unterschieden. Nachfolgend werden zunächst die Quotenkonsolidierung der Join us AG und anschließend die Berücksichtigung der Join us AG im Konzernabschluss der Wahl AG nach der Equity-Methode dargestellt.

**Quotenkonsolidierung der Join us AG:**

Grundsätzlich entspricht die Vorgehensweise der Quotenkonsolidierung derjenigen der Vollkonsolidierung. Bei der quotalen Konsolidierung werden jedoch alle Vermögensgegenstände, Schulden, Rechnungsabgrenzungsposten und Sonderposten sowie Aufwendungen und Erträge nur entsprechend der Beteiligungsquote einbezogen, mit der das Gesellschafterunternehmen am Gemeinschaftsunternehmen beteiligt ist. Anschließend wird eine der Beteiligungshöhe entsprechende Konsolidierung von Eigenkapital, Schulden, Aufwendungen und Erträgen sowie Zwischenergebnissen vorgenommen. Aufgrund der nur anteiligen Einbeziehung ist ein separater Ausweis der „Nicht beherrschenden Anteile“ (§ 307 HGB) nicht notwendig.

Da sich die Stichtage der Aufstellung der Jahresabschlüsse der Wahl AG (31.12.01) und der Join us AG (31.10.01) unterscheiden, ist zunächst zu prüfen, inwieweit gemäß § 299 Abs. 2 HGB die Aufstellung eines Zwischenabschlusses notwendig ist. Da der Stichtag der Aufstellung des Jahresabschlusses der Join us AG nicht mehr als drei Monate zurückliegt, ist die Erstellung eines Zwischenabschlusses nicht erforderlich. Stattdessen sind ggf. Vorgänge von besonderer Bedeutung für die Vermögens-, Finanz- und Ertragslage eines in den Konzernabschluss einbezogenen Unternehmens, die zwischen dem Abschlussstichtag dieses Unternehmens und dem Abschlussstichtag des Konzernabschlusses eingetreten sind, im Konzernabschluss zu berücksichtigen.

Bei der Erstellung der Summenbilanz ist darauf zu achten, dass sämtliche Aktiva und Passiva quotal einzubeziehen sind. Dies gilt auch für die stillen Reserven und stillen Lasten. Die folgende HB II stellt die quotalen Aktiva und Passiva sowie die quotalen stillen Reserven und stillen Lasten der Join us AG dar:

| Zeitpunkt 31.12.01 (Alle Zahlenangaben in GE) | HB II Join us AG (40 %) | stR/stL (40 %) |
|---|---|---|
| **Aktiva** | | |
| A. Anlagevermögen | | |
| II. Sachanlagen | | |
| 1. Grundstücke | 50 | 6 |
| 2. Technische Anlagen und Maschinen | 20 | 4 |
| 3. Andere Anlagen, Betriebs- und Geschäftsausstattung | 10 | |
| B. Umlaufvermögen | | |
| I. Vorräte | | |
| 1. Roh-, Hilfs- und Betriebsstoffe | 10 | 2 |
| 3. Fertige Erzeugnisse, Waren | 10 | |
| II. Forderungen und sonstige Vermögensgegenstände | | |
| 1. Forderungen aus Lieferungen und Leistungen | 10 | |
| IV. Kassenbestand | 20 | |
| Summe Aktiva | 130 | |
| **Passiva** | | |
| A. Eigenkapital | | |
| I. Gezeichnetes Kapital | 20 | |
| II. Kapitalrücklage | 10 | |
| III. Gewinnrücklagen | 100 | |
| B. Rückstellungen | | |
| 1. Rückstellungen für Pensionen und ähnliche Verpflichtungen | 20 | 4 |
| C. Verbindlichkeiten | | |
| 2. Verbindlichkeiten gegenüber Kreditinstituten | 40 | |
| 4. Verbindlichkeiten aus Lieferungen und Leistungen | 30 | |
| Summe Passiva | 130 | |

**Übersicht 43-4:** Quotale Handelsbilanz II (HB II) der Join us AG zum 31.10.01

Im ersten Schritt der quotalen Konsolidierung werden alle stillen Reserven und stillen Lasten quotal, d. h. den Anteilen des Gesellschafterunternehmens entsprechend, aufgedeckt. Dies wird mit dem folgenden Buchungssatz (1) berücksichtigt:

| | | | | |
|---|---|---|---|---|
| Grundstücke | 6 GE | | | |
| Technische Anlagen und Maschinen | 4 GE | | | |
| Roh-, Hilfs- und Betriebsstoffe | 2 GE | an | Differenz aus der Neubewertung | 8 GE |
| | | | Rückstellungen für Pensionen und ähnliche Verpflichtungen | 4 GE |

Die stillen Reserven und stillen Lasten werden vor der Erstellung der Summenbilanz durch die zusätzliche Erstellung einer HB III aufgedeckt, so dass in der Summenbilanz die neubewerteten Posten schon enthalten sind. Nach Erstellung der HB III der Join us AG wird die Summenbilanz erstellt. Anschließend wird das anteilige neubewertete Eigenkapital (48 GE) mit der Beteiligung des Gesellschafterunternehmens (100 GE) verrechnet. Die verbleibende Differenz (52 GE) wird als verbleibender Unterschiedsbetrag mit dem Buchungssatz (2) gebucht:

| | | | | |
|---|---|---|---|---|
| Verbleib. Unterschiedsbetrag | 52 GE | | | |
| Gezeichnetes Kapital | 20 GE | | | |
| Kapitalrücklage | 10 GE | | | |
| Gewinnrücklagen | 10 GE | | | |
| Differenzen aus der Neubewertung | 8 GE | an | Beteiligung Join us AG | 100 GE |

Da es sich um einen aktiven Unterschiedsbetrag handelt, wird dieser als Geschäfts- oder Firmenwert ausgewiesen. Die notwendige Buchung stellt Buchungssatz (3) dar:

| | | | | |
|---|---|---|---|---|
| Geschäfts- oder Firmenwert | 52 GE | an | Verbleib. Unterschiedsbetrag | 52 GE |

Die Konzernbilanz der Wahl AG hat bei Berücksichtigung der Join us AG nach der Quotenkonsolidierung folgendes Aussehen (Übersicht 43-5):

| Zeitpunkt 31.12.01 (Alle Zahlenangaben in GE) | Bilanz Wahl AG | Join us AG | | | SB | Konsolidierungsspalte | | KB |
|---|---|---|---|---|---|---|---|---|
| | | HB II 40 % | stR/stL 40 % | HB III 40 % | | Soll | Haben | |
| **Aktiva** | | | | | | | | |
| A. Anlagevermögen | | | | | | | | |
| I. Immaterielle Vermögensgegenstände | | | | | | | | |
| 3. Geschäfts- oder Firmenwert | | | | | | 52[3] | | 52 |
| II. Sachanlagen | | | | | | | | |
| 1. Grundstücke | 100 | 50 | 6[1] | 56 | 156 | | | 156 |
| 2. Technische Anlagen und Maschinen | 200 | 20 | 4[1] | 24 | 224 | | | 224 |
| 3. Andere Anlagen, Betriebs- und Geschäftsausstattung | 100 | 10 | | 10 | 110 | | | 110 |
| III. Finanzanlagen | | | | | | | | |
| 3. Beteiligungen | | | | | | | | |
| Join us AG | 100 | | | | 100 | | 100[2] | |
| Partnership GmbH | 80 | | | | 80 | | | 80 |
| Interest AG | 50 | | | | 50 | | | 50 |
| B. Umlaufvermögen | | | | | | | | |
| I. Vorräte | | | | | | | | |
| 1. Roh-, Hilfs- und Betriebsstoffe | 50 | 10 | 2[1] | 12 | 62 | | | 62 |
| 3. Fertige Erzeugnisse, Waren | 50 | 10 | | 10 | 60 | | | 60 |
| II. Forderungen und sonstige Vermögensgegenstände | | | | | | | | |
| 1. Forderungen aus Lieferungen und Leistungen | 100 | 10 | | 10 | 110 | | | 110 |
| IV. Kassenbestand | 50 | 20 | | 20 | 70 | | | 70 |
| Verbleib. Unterschiedsbetrag | | | | | | 52[2] | 52[3] | |
| Summe Aktiva | 880 | 130 | | 142 | 1.022 | | | 974 |
| **Passiva** | | | | | | | | |
| A. Eigenkapital | | | | | | | | |
| I. Gezeichnetes Kapital | 200 | 20 | | 20 | 220 | 20[2] | | 200 |
| II. Kapitalrücklage | 100 | 10 | | 10 | 110 | 10[2] | | 100 |
| III. Gewinnrücklagen | 130 | 10 | | 10 | 140 | 10[2] | | 130 |
| IV. Differenzen aus der Neubewertung | | | 8[1] | 8 | 8 | 8[2] | | |
| V. Jahresüberschuss | 50 | | | | 50 | | | 50 |
| B. Rückstellungen | | | | | | | | |
| 1. Rückstellungen für Pensionen und ähnliche Verpflichtungen | 150 | 20 | 4[1] | 24 | 174 | | | 174 |
| C. Verbindlichkeiten | | | | | | | | |
| 2. Verbindlichkeiten gegenüber Kreditinstituten | 100 | 40 | | 40 | 140 | | | 140 |
| 4. Verbindlichkeiten aus Lieferungen und Leistungen | 150 | 30 | | 30 | 180 | | | 180 |
| Summe Passiva | 880 | 130 | | 142 | 1.022 | 152 | 152 | 974 |

**Übersicht 43-5:** Konzernbilanz der Wahl AG zum 31.12.01 (Quotenkonsolidierung)

**Berücksichtigung der Join us AG nach der Equity-Methode:**

Die Equity-Methode ist in der Stufenkonzeption des HGB eine Stufe tiefer als die Quotenkonsolidierung einzuordnen. Ein Unternehmen ist als assoziiertes Unternehmen einzustufen, wenn eine Beteiligung i. S. d. § 271 Abs. 1 HGB vorliegt und ein in den Konzernabschluss einbezogenes Unternehmen einen maßgeblichen Einfluss gemäß § 311 Abs. 1 HGB auf die Geschäfts- und Finanzpolitik dieses Unternehmens tatsächlich ausübt.

Die Equity-Methode ist ebenfalls bei nicht konsolidierten Tochterunternehmen (§ 296 HGB) und bei nicht quotal konsolidierten Gemeinschaftsunternehmen (§ 310 Abs. 1 HGB) anzuwenden. Die Vorgehensweise bei der Equity-Methode wird in § 312 HGB näher erläutert. Im Gegensatz zur Vollkonsolidierung bzw. Quotenkonsolidierung werden keine Vermögensgegenstände, Schulden, Rechnungsabgrenzungsposten und Sonderposten sowie Aufwendungen und Erträge aus dem Jahresabschluss des assoziierten Unternehmens unmittelbar als solche in den Konzernabschluss übernommen. Mit der Equity-Methode wird vielmehr das auf die Beteiligung entfallende Nettovermögen (= anteiliges Eigenkapital) saldiert im Beteiligungsbuchwert (Equity-Wert) ausgewiesen, welcher entsprechend der Entwicklung des anteiligen Eigenkapitals des assoziierten Unternehmens fortgeschrieben wird. Die Ermittlung des Equity-Wertes erfolgt nach der Buchwertmethode.

Ermittlung des Unterschiedsbetrages der Join us AG:

| | | |
|---|---|---|
| | Anschaffungskosten der Beteiligung | 100 GE |
| – | Anteiliges bilanzielles Eigenkapital (100 GE · 40 %) | – 40 GE |
| = | Unterschiedsbetrag 1 | 60 GE |

Dieser Unterschiedsbetrag 1 enthält sowohl die anteiligen stillen Reserven und stillen Lasten als auch den Geschäfts- oder Firmenwert:

| | | |
|---|---|---|
| | Unterschiedsbetrag 1 | 60 GE |
| – | Anteilige stille Reserven<br>((15 GE + 10 GE + 5 GE) · 40 %) | – 12 GE |
| + | Anteilige stille Lasten<br>(10 GE · 40 %) | + 4 GE |
| = | Unterschiedsbetrag 2 (Geschäfts- oder Firmenwert) | 52 GE |

In der Konzernbilanz der Wahl AG sind der Unterschiedsbetrag und dessen Komponenten nicht ersichtlich. Diese müssen lediglich gemäß § 312 Abs. 1 Satz 2 HGB im Konzernanhang angegeben werden.

Die Konzernbilanz hat bei der Berücksichtigung der Join us AG at equity nach der Buchwertmethode im Konzernabschluss der Wahl AG folgendes Aussehen:

| Zeitpunkt 31.12.01 (Alle Zahlenangaben in GE) | Bilanz Wahl AG | Join us AG | | SB | Konsolidierungsspalte | | KB |
|---|---|---|---|---|---|---|---|
| | | HB II 40 % | stR/stL 40 % | | Soll | Haben | |
| **Aktiva** | | | | | | | |
| A. Anlagevermögen | | | | | | | |
| I. Immaterielle Vermögensgegenstände | | | | | | | |
| 3. Geschäfts- oder Firmenwert | | | | | | | |
| II. Sachanlagen | | | | | | | |
| 1. Grundstücke | 100 | 50 | 6 | | | | 100 |
| 2. Technische Anlagen und Maschinen | 200 | 20 | 4 | | | | 200 |
| 3. Andere Anlagen, Betriebs- und Geschäftsausstattung | 100 | 10 | | | | | 100 |
| III. Finanzanlagen | | | | | | | |
| 3. Beteiligungen | | | | | | | |
| Join us AG | 100 | | | | | | 100 |
| Partnership GmbH | 80 | | | | | | 80 |
| Interest AG | 50 | | | | | | 50 |
| B. Umlaufvermögen | | | | | | | |
| I. Vorräte | | | | | | | |
| 1. Roh-, Hilfs- und Betriebsstoffe | 50 | 10 | 2 | | | | 50 |
| 3. Fertige Erzeugnisse, Waren | 50 | 10 | | | | | 50 |
| II. Forderungen und sonstige Vermögensgegenstände | | | | | | | |
| 1. Forderungen aus Lieferungen und Leistungen | 100 | 10 | | | | | 100 |
| IV. Kassenbestand | 50 | 20 | | | | | 50 |
| Verbleib. Unterschiedsbetrag | | | | | | | |
| Summe Aktiva | 880 | 130 | | | | | 880 |
| **Passiva** | | | | | | | |
| A. Eigenkapital | | | | | | | |
| I. Gezeichnetes Kapital | 200 | 20 | | | | | 200 |
| II. Kapitalrücklage | 100 | 10 | | | | | 100 |
| III. Gewinnrücklagen | 130 | 10 | | | | | 130 |
| V. Jahresüberschuss | 50 | | | | | | 50 |
| B. Rückstellungen | | | | | | | |
| 1. Rückstellungen für Pensionen und ähnliche Verpflichtungen | 150 | 20 | 4 | | | | 150 |
| C. Verbindlichkeiten | | | | | | | |
| 2. Verbindlichkeiten gegenüber Kreditinstituten | 100 | 40 | | | | | 100 |
| 4. Verbindlichkeiten aus Lieferungen und Leistungen | 150 | 30 | | | | | 150 |
| Summe Passiva | 880 | 130 | | | | | 880 |

**Übersicht 43-6:** Konzernbilanz der Wahl AG zum 31.12.01 (Equity-Methode)

## Lösung zu Teilaufgabe (c)

Gemeinschaftsunternehmen sind entweder quotal zu konsolidieren oder nach der Equity-Methode in den Konzernabschluss einzubeziehen. Der wesentliche Unterschied zwischen diesen beiden Verfahren besteht in dem Ausweis des Beteiligungsverhältnisses in der Konzernbilanz. Während bei der Quotenkonsolidierung sämtliche Vermögensgegenstände, Schulden, Rechnungsabgrenzungsposten und Sonderposten sowie Aufwendungen und Erträge des Gemeinschaftsunternehmens anteilig berücksichtigt werden, wird bei der Equity-Methode lediglich der Beteiligungswert fortgeschrieben. Folglich ist die Bilanzsumme bei der Berücksichtigung nach der Equity-Methode kleiner als bei Anwendung der Quotenkonsolidierung.

Die Konzernbilanz der Wahl AG unter Berücksichtigung der Join us AG nach der Equity-Methode ist im Jahr 01 identisch mit der Einzelbilanz der Wahl AG. Erst in den Folgeperioden wird sie sich durch die erfolgswirksame Fortschreibung des ausgewiesenen Beteiligungsbuchwertes entsprechend der Entwicklung des Eigenkapitals von der Einzelbilanz unterscheiden.

Die Höhe des Erfolges sowie des Geschäfts- oder Firmenwertes, der aus dem Beteiligungsverhältnis resultiert, ist indes bei der quotalen Konsolidierung und der Berücksichtigung nach der Equity-Methode grundsätzlich gleich. Lediglich in der Ermittlungsweise und im Ausweis bestehen Unterschiede. Beispielsweise wird der Geschäfts- oder Firmenwert bei der Quotenkonsolidierung separat ausgewiesen, während dieser bei Anwendung der Equity-Methode lediglich im Anhang anzugeben ist. Dem Vorstand der Wahl AG ist folglich die Anwendung der quotalen Konsolidierung zu empfehlen, da somit der ihm wichtige Posten des „Geschäfts- oder Firmenwertes“ direkt in der Bilanz ersichtlich ist.

## Lösung zu Teilaufgabe (d)

Zunächst könnte man dem Wirtschaftsprüfer Justin Time mit Blick auf § 297 Abs. 3 Satz 1 HGB, in dem der Einheitsgrundsatz für den Konzern kodifiziert ist, Recht geben. Denn meist wird die Einheitstheorie mit dem Einheitsgrundsatz des § 297 Abs. 3 Satz 1 HGB verbunden. Nach dem Einheitsgrundsatz sind sämtliche Vermögensgegenstände und Schulden, Aufwendungen und Erträge zu 100 % zu übernehmen. Bei der Quotenkonsolidierung werden diese indes nur anteilig übernommen, was auf einen Verstoß hindeuten könnte. Dem kann entgegengehalten werden, dass bei einem Gemeinschaftsunternehmen gerade nicht das für einen Konzern erforderliche Kriterium der Beherrschung vorliegt. Vielmehr wird ein Gemeinschaftsunternehmen paritätisch von zwei oder mehreren Partnerunternehmen geführt. Da sich die Theorien für den Konzernabschluss aber konkret auf ein Konzernverhältnis richten, in das ausschließlich Mutter- und Tochterunternehmen einbezogen werden, sind sie nicht auf Gemeinschaftsunternehmen übertragbar. Die Diskussion um die Einheits- und Interessentheorie war schon im Ansatz nicht für die Einordnung von Gemeinschaftsunternehmen gedacht. Ob § 297 Abs. 3 Satz 1 HGB außerdem Ausdruck der Einheitstheorie ist oder ob ihm auch Elemente der Interessentheorie mit Vollkonsolidierung zugrunde liegen, kann daher außer Acht gelassen werden. Somit kann das Gemeinschaftsunternehmen wahlweise nach der Quotenkonsolidierung oder at equity einbezogen werden, zumal § 310 HGB diese Möglichkeit explizit vorsieht.

# Kapitel VIII: Einzelfragen der Konzernrechnungslegung

## Übung 44: Die Kapitalkonsolidierung im mehrstufigen Konzern: Kettenkonsolidierung nach der Neubewertungsmethode

### Sachverhalt

Die Taifun AG, ein einzelnes Unternehmen, erwirbt am 31.12.01 für 300 GE eine Beteiligung von 75 % an der Hurricane AG, einem Konzernmutterunternehmen. Die Hurricane AG hält zu diesem Zeitpunkt eine Beteiligung von 80 % an der Monsun AG, einem Tochterunternehmen. Der Buchwert der Beteiligung der Hurricane AG an der Monsun AG entspricht dem Zeitwert der Beteiligung i. H. v. 400 GE. Durch die Transaktion wird die Taifun AG zum obersten Mutterunternehmen des entstehenden mehrstufigen Konzerns. Die Hurricane AG wird zu deren Tochterunternehmen und somit zu einem Teilkonzernmutterunternehmen. Die hierarchisch nachgeordnete Monsun AG, als Tochterunternehmen dieses Teilkonzernmutterunternehmens, wird als Enkelunternehmen bezeichnet. Weitere (vorkonzernliche) Geschäftsbeziehungen zwischen den Konzernunternehmen bestehen nicht.

In der folgenden Übersicht 44-1 ist die Struktur des beschriebenen mehrstufigen Konzerns schematisch dargestellt:

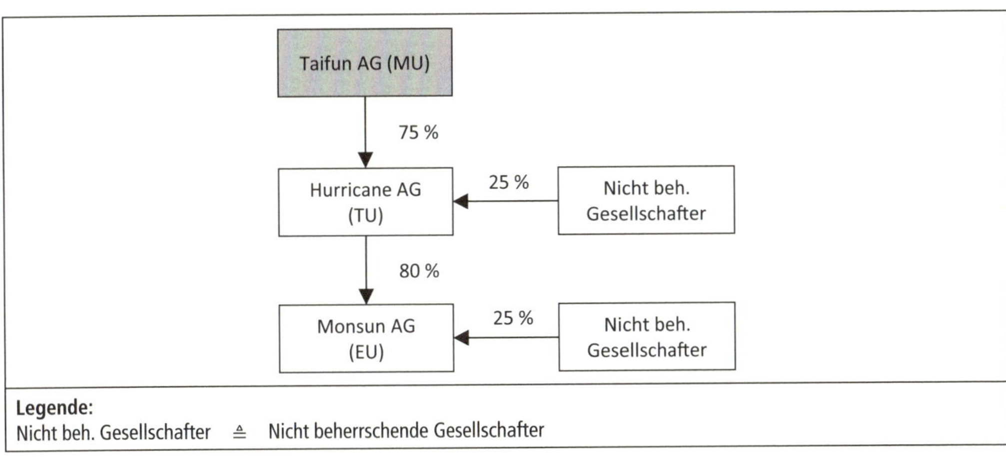


Übersicht 44-1: Beteiligungsstrukturen des mehrstufigen Konzerns der Taifun AG

Die Bilanzen wie auch die stillen Reserven und stillen Lasten der Konzernunternehmen zeigt die nachstehende Übersicht 44-2:

| Zeitpunkt 31.12.01 (Alle Zahlenangaben in GE) | Taifun AG (MU) | Hurricane AG (TU) | | Monsun AG (EU) | |
|---|---|---|---|---|---|
| | HB II | HB II | stR/stL | HB II | stR/stL |
| **Aktiva** | | | | | |
| Beteiligungen | | | | | |
| ■ MU an TU | 300 | | | | |
| ■ TU an EU | | 400 | | | |
| Umlaufvermögen | 700 | 600 | 100 | 500 | 100 |
| Summe Aktiva | 1.000 | 1.000 | | 500 | |
| **Passiva** | | | | | |
| Eigenkapital | 300 | 200 | | 300 | |
| Fremdkapital | 700 | 800 | | 200 | |
| Summe Passiva | 1.000 | 1.000 | | 500 | |

**Übersicht 44-2:** Bilanzen der Konzernunternehmen des mehrstufigen Konzerns der Taifun AG

## Aufgaben

(a) Beschreiben Sie allgemein die typisierten Möglichkeiten der Entstehung bzw. Erweiterung eines mehrstufigen Konzerns sowie die multiplikative und die additive Methode zur Bestimmung der maßgeblichen Beteiligungsquote für die Kapitalkonsolidierung und ordnen Sie den Beispielfall ein.

(b) Beschreiben Sie die Technik der Kettenkonsolidierung.

(c) Führen Sie die Kapitalkonsolidierung nach der Neubewertungsmethode am 31.12.01 für den Taifun-Konzern durch. Wenden Sie dabei die **multiplikative Methode** an und nutzen Sie zur Konsolidierung die Technik der Kettenkonsolidierung.

(d) Führen Sie die Kapitalkonsolidierung nach der Neubewertungsmethode am 31.12.01 für den Taifun-Konzern durch. Wenden Sie dabei die **additive Methode** an und nutzen Sie zur Konsolidierung die Technik der Kettenkonsolidierung.

(e) Beschreiben Sie am Beispiel des Taifun-Konzerns die Gemeinsamkeiten und Unterschiede der multiplikativen und der additiven Methode bei der Kapitalkonsolidierung nach der Neubewertungsmethode.

## Literaturhinweis

BAETGE, JÖRG/KIRSCH, HANS-JÜRGEN/THIELE, STEFAN, Konzernbilanzen, 15. Aufl., Düsseldorf 2024, Kap. VIII Abschn. 1.

# Lösung

## Lösung zu Teilaufgabe (a)

Bei mehrstufigen Konzernen mit mehreren Mutter-Tochter-Beziehungen auf unterschiedlichen hierarchischen Ebenen stellt sich die Frage, ob für die Kapitalkonsolidierung eines hierarchisch nachgeordneten Tochterunternehmens die Perspektive des „direkten" Mutterunternehmens oder des Mutterunternehmens an der Konzernspitze einzunehmen ist. Zur Beantwortung dieser Frage wird vor allem im handelsrechtlichen Kontext die **Erwerbshistorie** berücksichtigt.

Im Wesentlichen können die Fälle des Erwerbs eines einzelnen Tochterunternehmens (Konzernerweiterung „nach unten") und des Erwerbs eines Teilkonzerns (Konzernerweiterung „nach oben") unterschieden werden:

- Im ersten Fall bilden ein Mutterunternehmen und mindestens ein Tochterunternehmen[1] bereits einen Konzern. Ein Tochterunternehmen des Konzerns erwirbt dann eine Beteiligung an einem einzelnen Unternehmen, die es dem erwerbenden Tochterunternehmen ermöglicht, beherrschenden Einfluss i. S. d. § 290 HGB bzw. Kontrolle i. S. d. IFRS 10.6 f. über das erworbene Tochterunternehmen auszuüben. Dieses hierarchisch nachgeordnete Tochterunternehmen wird als Enkelunternehmen bezeichnet. Der Konzern wird somit **„nach unten" erweitert**.
- Im zweiten Fall kann, wie im vorliegenden Beispiel, neben einem Tochterunternehmen eines Konzerns auch ein einzelnes Unternehmen einen (Teil-)Konzern erwerben. Durch den Erwerb einer Beteiligung an einem (Teil-)Konzernmutterunternehmen mit der Möglichkeit, beherrschenden Einfluss i. S. d. § 290 HGB bzw. Kontrolle i. S. d. IFRS 10.6 f. über dieses Unternehmen auszuüben, wird der erworbene (Teil-)Konzern **„nach oben" erweitert**.

In Abhängigkeit von der eingenommenen Perspektive ist die für die Kapitalkonsolidierung maßgebliche Beteiligungsquote des Konzerns an einem hierarchisch nachgeordneten Tochterunternehmen zu bestimmen. Diese wirkt sich bei Vorhandensein nicht beherrschender Gesellschafter auf einer Konzernzwischenstufe nicht nur auf die Höhe eines etwaigen aus der Kapitalkonsolidierung entstehenden Unterschiedsbetrages aus, sondern auch auf die Höhe der Anteile nicht beherrschender Gesellschafter.

Bei der sog. **multiplikativen Methode** wird die Perspektive des obersten Mutterunternehmens des Konzerns eingenommen. Die maßgebliche Beteiligungsquote ($Bet_{(m)}$) für die Kapitalkonsolidierung des Enkelunternehmens ist daher zu bestimmen, indem die nominelle Beteiligungsquote des Tochterunternehmens am Enkelunternehmen mit dem nominellen Anteil des Mutterunternehmens am Tochterunternehmen multipliziert wird. Die so bestimmte Beteiligungsquote entspricht der effektiven Beteiligungsquote des Konzernmutterunternehmens am Enkelunternehmen.

Bei der sog. **additiven Methode** wird die maßgebliche Beteiligungsquote ($Bet_{(a)}$) für die Kapitalkonsolidierung des Enkelunternehmens aus der Perspektive des jeweils direkten Mutterunternehmens bestimmt, so dass dessen Beteiligungsquote der Kapitalkonsolidierung des Enkelunternehmens zugrunde gelegt wird.

1 Hier und im Folgenden wird angenommen, dass die Tochterunternehmen vollkonsolidiert und somit die Wahlrechte des § 296 HGB nicht ausgeübt werden.

## Lösung zu Teilaufgabe (b)

Die **Kettenkonsolidierung** ist eine Technik, um konzerninterne Kapitalverflechtungen im mehrstufigen Konzern zu eliminieren. Dabei wird zunächst das hierarchisch unterste Konzernunternehmen eines mehrstufigen Konzerns mit dem unmittelbar darüber liegenden Konzernunternehmen zum Kettenzwischenabschluss konsolidiert. Anschließend wird der Kettenzwischenabschluss seinerseits mit dem Jahresabschluss des darüber liegenden Mutterunternehmens zusammengefasst. Handelt es sich bei dem darüber liegenden Mutterunternehmen um das oberste Mutterunternehmen, werden der Kettenzwischenabschluss und der Jahresabschluss des Mutterunternehmens zum Konzernabschluss zusammengefasst. Sofern es sich bei dem darüber liegenden Mutterunternehmen nicht um das oberste Mutterunternehmen handelt, werden der Kettenzwischenabschluss und der Jahresabschluss des direkten Mutterunternehmens zu einem weiteren Kettenzwischenabschluss konsolidiert.

## Lösung zu Teilaufgabe (c)

Im Folgenden wird die Technik der Kettenkonsolidierung unter Anwendung der multiplikativen Methode anhand des Taifun-Konzerns gezeigt. Im Taifun-Konzern werden zuerst die Monsun AG (EU) und die Hurricane AG (TU) zum Kettenzwischenabschluss$_{TU/EU}$ zusammengefasst. Dieser Kettenzwischenabschluss$_{TU/EU}$ ist anschließend mit dem an die konzerneinheitlichen Bilanzierungs- und Bewertungsmethoden angepassten Jahresabschluss der Taifun AG (MU) zu konsolidieren, um den Konzernabschluss zu erhalten.

Bei Anwendung der **Neubewertungsmethode** werden zunächst die stillen Reserven und stillen Lasten des jeweiligen Tochterunternehmens vollständig aufgedeckt und im Anschluss der Beteiligungsbuchwert mit dem anteiligen neubewerteten Eigenkapital verrechnet.

Nach der sog. **multiplikativen Methode** errechnet sich die maßgebliche Beteiligungsquote ($Bet_{(m)}$) für die Kapitalkonsolidierung der Monsun AG (EU) wie folgt:

$$Bet_{(m)} = \alpha \cdot \beta = 0{,}75 \cdot 0{,}8 = 0{,}6$$

**Legende:**

| | | |
|---|---|---|
| $Bet_{(m)}$ | ≙ | Für die Kapitalkonsolidierung maßgebliche Beteiligungsquote an der Monsun AG (EU) bei multiplikativer Ermittlung |
| $\alpha$ | ≙ | Beteiligungsquote der Taifun AG (MU) an der Hurricane AG (TU) (75 %) |
| $\beta$ | ≙ | Beteiligungsquote der Hurricane AG (TU) an der Monsun AG (EU) (80 %) |

Die für die Kapitalkonsolidierung des EU maßgebliche Beteiligungsquote beträgt für den Taifun-Konzern daher 60 % und entspricht der effektiven Beteiligungsquote der Taifun AG (MU) an der Monsun AG (EU). Dadurch wird die Kapitalkonsolidierung aus der Perspektive der Taifun AG (MU) als oberstes Mutterunternehmen des Konzerns und nicht aus Sicht des hierarchisch unmittelbaren Mutterunternehmens der Monsun AG (EU), der Hurricane AG (TU), durchgeführt.

Die restlichen 40 % an der Monsun AG (EU) werden von den nicht beherrschenden Gesellschaftern der Monsun AG (EU) und der Hurricane AG (TU) gehalten. Diese 40 % umfassen den direkten Anteil der nicht beherrschenden Gesellschafter der Monsun AG (EU) am Eigenkapital der Monsun AG (EU) i. H. v. 20 % und den indirekten Anteil der nicht beherrschenden Gesellschafter der Hurricane AG (TU) am Eigenkapital der Monsun AG (EU) i. H. v. 20 % (= 25 % · 80 %).

Die folgende Übersicht 44-3 zeigt die Ergebnisse der Kapitalkonsolidierung nach der Neubewertungsmethode unter Anwendung der multiplikativen Methode mit Hilfe der Technik der Kettenkonsolidierung:

| Zeitpunkt 31.12.01 (Alle Zahlenangaben in GE) | TU HB II | EU HB III | SB | Konsolidierungsspalte I | | KZA TU/EU | MU HB II | SB | Konsolidierungsspalte II | | KB |
|---|---|---|---|---|---|---|---|---|---|---|---|
| | | | | Soll | Haben | | | | Soll | Haben | |
| **Aktiva** | | | | | | | | | | | |
| Geschäfts- oder Firmenwert | | | | 60[3] | | 60 | | 60 | 75[8] | | 135 |
| Beteiligung | | | | | | | | | | | |
| ▪ MU an TU | | | | | | | 300 | 300 | | 300[7] | |
| ▪ TU an EU | 400 | | 400 | | 300[2] | | | | | | |
| | | | | | 100[4] | | | | | | |
| Umlaufvermögen | 600 | 600 | 1.200 | | | 1.300 | 700 | 2.000 | | | 2.000 |
| Unterschiedsbetrag | | | | 60[2] | 60[3] | | | | 75[7] | 75[8] | |
| Summe Aktiva | 1.000 | 600 | 1.600 | | | 1.360 | 1.000 | 2.360 | | | 2.135 |
| **Passiva** | | | | | | | | | | | |
| Eigenkapital | | | | | | | | | | | |
| ▪ Sonst. EK | 200 | 400 | 600 | 240[2] | | 300 | 300 | 600 | 225[7] | | 300 |
| | | | | 80[4] | | | | | 75[9] | | |
| | | | | 80[5] | | | | | | | |
| ▪ Nicht beh. Anteile | | | | 20[4] | 80[5] | 60 | | 60 | | 75[9] | 135 |
| Fremdkapital | 800 | 200 | 1.000 | | | 1.000 | 700 | 1.700 | | | 1.700 |
| Summe Passiva | 1.000 | 600 | 1.600 | 540 | 540 | 1.360 | 1.000 | 2.360 | 450 | 450 | 2.135 |

**Legende:**

| | | | | | |
|---|---|---|---|---|---|
| EU | ≙ | Enkelunternehmen | MU | ≙ | Mutterunternehmen |
| GE | ≙ | Geldeinheiten | Nicht beh. Anteile | ≙ | Nicht beherrschende Anteile |
| HB | ≙ | Handelsbilanz | SB | ≙ | Summenbilanz |
| KZA | ≙ | Kettenzwischenabschluss | Sonst. EK | ≙ | Sonstiges Eigenkapital |
| KB | ≙ | Konzernbilanz | TU | ≙ | Tochterunternehmen |

**Übersicht 44-3:** Kettenkonsolidierung nach der Neubewertungsmethode unter Anwendung der multiplikativen Methode

Durch den nicht explizit in der Übersicht 44-3 gezeigten, aber implizit in der HB III des EU enthaltenen Buchungssatz (1) werden die stillen Reserven der Monsun AG (EU) i. H. v. 100 GE vollständig aufgedeckt, so dass das neubewertete Eigenkapital der Monsun AG (EU) 400 GE beträgt:

| Umlaufvermögen | 100 GE | an | Sonstiges Eigenkapital | 100 GE |
|---|---|---|---|---|

Bei der Kapitalkonsolidierung nach der multiplikativen Methode ist zunächst der Wert des der Taifun AG (MU) zuzurechnenden Anteils der Beteiligung der Hurricane AG (TU) an der Monsun AG (EU) mit dem anteiligen neubewerteten Eigenkapital der Monsun AG (EU) zu verrechnen. Der Unterschiedsbetrag aus der Kapitalkonsolidierung für den Kettenzwischenabschluss wird somit wie folgt ermittelt:

| | | |
|---|---|---|
| | Wert des der Taifun AG (MU) zuzuordnenden Beteiligungsanteils an der Monsun AG (EU) (400 GE · 75 %) | 300 GE |
| – | Anteiliges neubewertetes Eigenkapital der Monsun AG (EU) (400 GE · 60 %) | – 240 GE |
| = | Unterschiedsbetrag | 60 GE |

Der Unterschiedsbetrag wird mit dem Buchungssatz (2) in die Konsolidierungsspalte I eingestellt:

| Sonstiges Eigenkapital | 240 GE | | | |
|---|---|---|---|---|
| Unterschiedsbetrag | 60 GE | an | Beteiligung TU an EU | 300 GE |

Der Unterschiedsbetrag entspricht einem Geschäfts- oder Firmenwert i. S. d. § 301 Abs. 3 Satz 1 HGB bzw. IFRS 3.32 und kann daher unverändert als solcher im Kettenzwischenabschluss$_{TU/EU}$ mit dem Buchungssatz (3) ausgewiesen werden:

| Geschäfts- oder Firmenwert | 60 GE | an | Unterschiedsbetrag | 60 GE |
|---|---|---|---|---|

Mit dem Buchungssatz (4) ist der Wert des den nicht beherrschenden Gesellschaftern der Hurricane AG (TU) zuzurechnenden Anteils der Beteiligung an der Monsun AG (EU), im Beispiel 100 GE, mit dem auf diese Anteile (indirekt) entfallenden neubewerteten Eigenkapital der Monsun AG (EU) zu verrechnen. Bei Anwendung der multiplikativen Methode beträgt die indirekte Beteiligungsquote der nicht beherrschenden Gesellschafter der Hurricane AG (TU) an der Monsun AG (EU) 20 % (= 25 % · 80 %). Der Unterschiedsbetrag ergibt sich somit wie folgt:

| | | | |
|---|---|---|---|
| | Wert des der Hurricane AG (TU) zuzuordnenden Beteiligungsanteils an der Monsun AG (EU) (400 GE · 25 %) | | 100 GE |
| – | Anteiliges neubewertetes Eigenkapital der Monsun AG (EU) (400 GE · 20 %) | – | 80 GE |
| = | Unterschiedsbetrag | | 20 GE |

Dieser Unterschiedsbetrag ist der aus der Kapitalkonsolidierung der Monsun AG (EU) entstehende Geschäfts- oder Firmenwert, der den nicht beherrschenden Gesellschaftern der Hurricane AG (TU) zuzuordnen ist. Da ein den indirekten Anteilen der nicht beherrschenden Gesellschaftern zuordenbarer Geschäfts- oder Firmenwert bei der multiplikativen Methode nicht angesetzt wird, ist dieser Unterschiedsbetrag erfolgsneutral mit dem Ausgleichsposten für die Anteile nicht beherrschender Gesellschafter zu verrechnen. Der Buchungssatz (4) lautet somit:

| Sonstiges Eigenkapital | 80 GE | | | |
|---|---|---|---|---|
| Nicht beherrschende Anteile | 20 GE | an | Beteiligung TU an EU | 100 GE |

Durch den Buchungssatz (5) wird der den nicht beherrschenden Gesellschaftern der Monsun AG (EU) zuordenbare direkte Anteil am neubewerteten Eigenkapital der Monsun AG (EU) i. H. v. 80 GE (= 400 GE · 20 %) in dem Ausgleichsposten für die Anteile nicht beherrschender Gesellschafter ausgewiesen. Der Buchungssatz (5) lautet:

| Sonstiges Eigenkapital | 80 GE | an | Nicht beherrschende Anteile | 80 GE |
|---|---|---|---|---|

Der Kettenzwischenabschluss$_{TU/EU}$ wird im nächsten Schritt mit dem Jahresabschluss der Taifun AG (MU) zusammengefasst. Dabei werden bei der Neubewertungsmethode die stillen Reserven im Umlaufvermögen der Hurricane AG (TU) vollständig mittels der implizit im Kettenzwischenabschluss$_{TU/EU}$ enthaltenen Buchungssatz (6) aufgedeckt, so dass das neubewertete Eigenkapital der Hurricane AG (TU) im Kettenzwischenabschluss$_{TU/EU}$ 300 GE beträgt:

| Umlaufvermögen | 100 GE | an | Sonstiges Eigenkapital | 100 GE |
|---|---|---|---|---|

Im Anschluss daran wird gemäß § 301 Abs. 1 Satz 1 HGB bzw. IFRS 3.32 der Buchwert der Beteiligung der Taifun AG (MU) an der Hurricane AG (TU) mit dem anteiligen neubewerteten Eigenkapital der Hurricane AG (TU) verrechnet und der Unterschiedsbetrag aus der Kapitalkonsolidierung ermittelt:

| | | | |
|---|---|---|---|
| | Buchwert der Beteiligung der Taifun AG (MU) an der Hurricane AG (TU) | | 300 GE |
| – | Anteiliges neubewertetes Eigenkapital der Hurricane AG (TU) (300 GE · 75 %) | – | 225 GE |
| = | Unterschiedsbetrag | | 75 GE |

Mit dem Buchungssatz (7) wird in der Konsolidierungsspalte II das anteilige neubewertete Eigenkapital der Hurricane AG (TU) mit dem Buchwert der Beteiligung der Taifun AG (MU) an der Hurricane AG (TU) verrechnet:

| | | | | |
|---|---|---|---|---|
| Sonstiges Eigenkapital | 225 GE | | | |
| Unterschiedsbetrag | 75 GE | an | Beteiligung MU an TU | 300 GE |

Da der aktive Unterschiedsbetrag aus der Kapitalkonsolidierung nach der Neubewertungsmethode einem Geschäfts- oder Firmenwert i. S. d. § 301 Abs. 3 Satz 1 HGB bzw. IFRS 3.32 entspricht, wird er mit Buchungssatz (8) aktiviert:

| | | | | |
|---|---|---|---|---|
| Geschäfts- oder Firmenwert | 75 GE | an | Unterschiedsbetrag | 75 GE |

Mit dem letzten Buchungssatz (9) wird der direkte Anteil der nicht beherrschenden Gesellschafter der Hurricane AG (TU) an dem neubewerteten Eigenkapital der Hurricane AG (TU) i. H. v. 75 GE (= 300 GE · 25 %) gesondert ausgewiesen:

| | | | | |
|---|---|---|---|---|
| Sonstiges Eigenkapital | 75 GE | an | Nicht beherrschende Anteile | 75 GE |

## Lösung zu Teilaufgabe (d)

Wie bereits in Aufgabenteil (c) wird auch bei der Anwendung der additiven Methode im Folgenden die Kapitalkonsolidierung nach der Neubewertungsmethode mit der Technik der Kettenkonsolidierung durchgeführt.

Nach der sog. **additiven Methode** ist der Kapitalkonsolidierung der Monsun AG (EU) die wie folgt zu berechnende maßgebliche Beteiligungsquote ($Bet_{(a)}$) zugrunde zu legen:

$$Bet_{(a)} = \beta = 0{,}8$$

**Legende:**
$Bet_{(a)}$ ≙ Für die Kapitalkonsolidierung maßgebliche Beteiligungsquote an der Monsun AG (EU) bei additiver Ermittlung
$\beta$ ≙ Beteiligungsquote der Hurricane AG (TU) an der Monsun AG (EU) (80 %)

Die maßgebliche Beteiligungsquote beträgt für den Taifun-Konzern daher 80 %. Diese Quote umfasst auch den Anteil der nicht beherrschenden Gesellschafter der Hurricane AG (TU), d. h. der indirekt an der Monsun AG (EU) beteiligten nicht beherrschenden Gesellschafter. Die verbleibenden 20 % an der Monsun AG (EU) werden von den direkt an der Monsun AG (EU) beteiligten nicht beherrschenden Gesellschaftern gehalten. Beteiligungsbeziehungen auf hierarchisch vorgelagerten Konzernstufen bleiben bei Anwendung der additiven Methode zunächst unberücksichtigt.

Die folgende Übersicht 44-4 zeigt die Ergebnisse der Kapitalkonsolidierung nach der Neubewertungsmethode unter Anwendung der additiven Methode mit Hilfe der Technik der Kettenkonsolidierung:

| Zeitpunkt 31.12.01 (Alle Zahlenangaben in GE) | TU HB II | EU HB III | SB | Konsolidierungsspalte I Soll | Konsolidierungsspalte I Haben | KZA TU/EU | MU HB II | SB | Konsolidierungsspalte II Soll | Konsolidierungsspalte II Haben | KB |
|---|---|---|---|---|---|---|---|---|---|---|---|
| **Aktiva** | | | | | | | | | | | |
| Geschäfts- oder Firmenwert | | | | 80[3] | | 80 | | 80 | 75[7] | | 155 |
| Beteiligung | | | | | | | | | | | |
| ■ MU an TU | | | | | | | 300 | 300 | | 300[6] | |
| ■ TU an EU | 400 | | 400 | | 400[2] | | | | | | |
| Umlaufvermögen | 600 | 600 | 1.200 | | | 1.300 | 700 | 2.000 | | | 2.000 |
| Unterschiedsbetrag | | | | 80[2] | 80[3] | | | | 75[6] | 75[7] | |
| Summe Aktiva | 1.000 | 600 | 1.600 | | | 1.380 | 1.000 | 2.380 | | | 2.155 |
| **Passiva** | | | | | | | | | | | |
| Eigenkapital | | | | | | | | | | | |
| ■ Sonst. EK | 200 | 400 | 600 | 320[2]<br>80[4] | | 300 | 300 | 600 | 225[6]<br>75[8] | | 300 |
| ■ Nicht beh. Anteile | | | | | 80[4] | 80 | | 80 | | 75[8] | 155 |
| Fremdkapital | 800 | 200 | 1.000 | | | 1.000 | 700 | 1.700 | | | 1.700 |
| Summe Passiva | 1.000 | 600 | 1.600 | 560 | 560 | 1.380 | 1.000 | 2.380 | 450 | 450 | 2.155 |

**Legende:**

| | | | |
|---|---|---|---|
| EU | ≙ Enkelunternehmen | MU | ≙ Mutterunternehmen |
| GE | ≙ Geldeinheiten | Nicht beh. Anteile | ≙ Nicht beherrschende Anteile |
| HB | ≙ Handelsbilanz | SB | ≙ Summenbilanz |
| KZA | ≙ Kettenzwischenabschluss | Sonst. EK | ≙ Sonstiges Eigenkapital |
| KB | ≙ Konzernbilanz | TU | ≙ Tochterunternehmen |

**Übersicht 44-4:** Kettenkonsolidierung nach der Neubewertungsmethode unter Anwendung der additiven Methode

Bei der Neubewertungsmethode sind unabhängig von der angewendeten Methode zur Ermittlung der maßgeblichen Beteiligungsquote zunächst sämtliche stille Reserven und stille Lasten aufzudecken. Somit werden, wie schon in Aufgabenteil (c), die stillen Reserven der Monsun AG (EU) i. H. v. 100 GE durch den nicht explizit in der Übersicht 44-4 gezeigten Buchungssatz (1) vollständig aufgedeckt, so dass das neubewertete Eigenkapital der Monsun AG (EU) in der HB III 400 GE beträgt:

| Umlaufvermögen | 100 GE | an | Eigenkapital | 100 GE |
|---|---|---|---|---|

Bei der Kapitalkonsolidierung nach der additiven Methode ist anschließend die gesamte Beteiligung der Hurricane AG (TU) an der Monsun AG (EU), d. h. sowohl der Anteil der Taifun AG (MU) als auch der Anteil der nicht beherrschenden Gesellschafter der Hurricane AG (TU), mit dem anteiligen neubewerteten Eigenkapital der Monsun AG (EU) zu verrechnen. Der Unterschiedsbetrag aus der Kapitalkonsolidierung für den Kettenzwischenabschluss$_{TU/EU}$ wird somit wie folgt ermittelt:

| | | |
|---|---|---|
| | Wert der Beteiligung der Hurricane AG (TU) an der Monsun AG (EU) | 400 GE |
| – | Anteiliges neubewertetes Eigenkapital der Monsun AG (EU) (400 GE · 80 %) | – 320 GE |
| = | Unterschiedsbetrag | 80 GE |

Der Unterschiedsbetrag wird mit dem Buchungssatz (2) in die Konsolidierungsspalte I eingestellt:

| | | | | |
|---|---|---|---|---|
| Eigenkapital | 320 GE | | | |
| Unterschiedsbetrag | 80 GE | an | Beteiligung TU an EU | 400 GE |

Der Unterschiedsbetrag entspricht einem Geschäfts- oder Firmenwert i. S. d. § 301 Abs. 3 Satz 1 HGB bzw. IFRS 3.32 und kann daher unverändert als solcher im Kettenzwischenabschluss$_{TU/EU}$ mit dem Buchungssatz (3) ausgewiesen werden. Dieser Geschäfts- oder Firmenwert entfällt auf die Taifun AG (MU) und auf die nicht beherrschenden Gesellschafter der Hurricane AG (TU), da deren Anteil an der Beteiligung der Hurricane AG (TU) an der Monsun AG (EU) mit in die Ermittlung des Unterschiedsbetrages aus der Kapitalkonsolidierung einbezogen wurde.

| | | | | |
|---|---|---|---|---|
| Geschäfts- oder Firmenwert | 80 GE | an | Unterschiedsbetrag | 80 GE |

Mit dem Buchungssatz (4) werden die direkten Anteile der nicht beherrschenden Gesellschafter am neubewerteten Eigenkapital der Monsun AG (EU) berücksichtigt und gesondert im Kettenzwischenabschluss$_{TU/EU}$ ausgewiesen. Die Beteiligungsquote der direkt an der Monsun AG (EU) beteiligten nicht beherrschenden Gesellschafter beträgt 20 %. Der auf diese Gesellschafter entfallende Teil des neubewerteten Eigenkapitals der Monsun AG (EU) beträgt 80 GE (= 400 GE · 20 %). Der Buchungssatz (4) lautet somit wie folgt:

| | | | | |
|---|---|---|---|---|
| Eigenkapital | 80 GE | an | Nicht beherrschende Anteile | 80 GE |

Der Kettenzwischenabschluss wird anschließend mit dem Jahresabschluss der Taifun AG (MU) zusammengefasst. Die weiteren, nachfolgenden Schritte entsprechen der Vorgehensweise bei der Kapitalkonsolidierung nach der multiplikativen Methode wie in Aufgabenteil (c). Mit der implizit im Kettenzwischenabschluss$_{TU/EU}$ enthaltenen Buchung (5) werden die stillen Reserven im Umlaufvermögen der Hurricane AG (TU) aufgedeckt, so dass das neubewertete Eigenkapital der Hurricane AG (TU) im Kettenzwischenabschluss$_{TU/EU}$ 300 GE beträgt:

| | | | | |
|---|---|---|---|---|
| Umlaufvermögen | 100 GE | an | Eigenkapital | 100 GE |

Im Anschluss daran wird gemäß § 301 Abs. 1 Satz 1 HGB bzw. IFRS 3.32 der Buchwert der Beteiligung der Taifun AG (MU) an der Hurricane AG (TU) mit dem anteiligen neubewerteten Eigenkapital der Hurricane AG (TU) verrechnet und der Unterschiedsbetrag aus der Kapitalkonsolidierung ermittelt:

| | | |
|---|---|---|
| | Buchwert der Beteiligung der Taifun AG (MU) an der Hurricane AG (TU) | 300 GE |
| – | Anteiliges neubewertetes Eigenkapital der Hurricane AG (TU) (300 GE · 75 %) | – 225 GE |
| = | Unterschiedsbetrag | 75 GE |

Mit dem Buchungssatz (6) wird diese Verrechnung in der Konsolidierungsspalte II abgebildet:

| | | | | |
|---|---|---|---|---|
| Eigenkapital | 225 GE | | | |
| Unterschiedsbetrag | 75 GE | an | Beteiligung MU an TU | 300 GE |

Der positive Unterschiedsbetrag aus der Kapitalkonsolidierung nach der Neubewertungsmethode entspricht einem Geschäfts- oder Firmenwert i. S. d. § 301 Abs. 3 Satz 1 HGB bzw. IFRS 3.32 und wird mit Buchungssatz (7) aktiviert:

| Geschäfts- oder Firmenwert | 75 GE | an | Unterschiedsbetrag | 75 GE |
|---|---|---|---|---|

Mit dem letzten Buchungssatz (8) wird der direkte Anteil der nicht beherrschenden Gesellschafter der Hurricane AG (TU) an dem neubewerteten Eigenkapital der Hurricane AG (TU) i. H. v. 75 GE (= 300 GE · 25 %) gesondert ausgewiesen:

| Eigenkapital | 75 GE | an | Nicht beherrschende Anteile | 75 GE |
|---|---|---|---|---|

## Lösung zu Teilaufgabe (e)

Der Vergleich der Konzernbilanzen nach der multiplikativen und der additiven Methode zeigt, dass Unterschiede in der Höhe der Posten „Geschäfts- oder Firmenwert" sowie „Nicht beherrschende Anteile" bestehen. Die Ermittlungsmethodik der der Kapitalkonsolidierung zugrunde zu legenden Beteiligungsquote an der Monsun AG (EU) kann folglich Auswirkungen auf die Höhe eines Geschäfts- oder Firmenwertes und der Anteile der nicht beherrschenden Gesellschafter haben.

Bei Anwendung der multiplikativen Methode wird unterstellt, dass für die Kapitalkonsolidierung das oberste Mutterunternehmen des Konzerns das relevante Mutterunternehmen ist. Bei der additiven Methode wird hingegen die Perspektive des jeweils direkten Mutterunternehmens eingenommen, so dass die Kapitalkonsolidierung auf den einzelnen Stufen des Konzerns der Vorgehensweise im einstufigen Fall entspricht.

Bedingt durch die Ermittlungsmethodik wird bei der multiplikativen Methode ein Geschäfts- oder Firmenwert nur in der Höhe aktiviert, die aus dem (multiplikativ) durchgerechneten Anteilsbesitz der beherrschenden Gesellschafter resultiert. Im Taifun-Konzern entspricht dies einem Geschäfts- oder Firmenwert i. H. v. 135 GE, der auf die Taifun AG (MU) entfällt (Spalte KB (Übersicht 44-3)). Ein auf indirekt am EU beteiligte nicht beherrschende Gesellschafter - im Taifun-Konzern die nicht beherrschenden Gesellschafter der Hurricane AG (TU) - entfallender Geschäfts- oder Firmenwert wird nicht aktiviert, sondern erfolgsneutral mit dem Posten „Nicht beherrschende Anteile" verrechnet. Im Gegensatz dazu wird bei der additiven Methode der Geschäfts- oder Firmenwert, der auf indirekt am EU beteiligte nicht beherrschende Gesellschafter entfällt, ebenso wie der Geschäfts- oder Firmenwert der beherrschenden Gesellschafter des MU aktiviert. Somit sind im Taifun-Konzern sowohl der Posten „Geschäfts- oder Firmenwert" als auch der Posten „Nicht beherrschende Anteile" nach der additiven Methode - entsprechend des Anteils der indirekt an der Monsun AG (EU) beteiligten nicht beherrschenden Gesellschafter der Hurricane AG (TU) am Geschäfts- oder Firmenwert - um 20 GE höher als nach der multiplikativen Methode (Spalte KB (Übersicht 44-4)).

Unterschiede ergeben sich daher immer dann, wenn auf Zwischenstufen des Konzerns nicht beherrschende Gesellschafter beteiligt sind. Hält das Mutterunternehmen 100 % der Anteile an sämtlichen Unternehmen des erworbenen Teilkonzerns oder sind nicht beherrschende Gesellschafter nur auf der hierarchisch untersten Stufe beteiligt, führen die multiplikative und die additive Methode zum gleichen Ergebnis.

Die zusammenfassende Übersicht 44-5 zeigt die Unterschiede und Gemeinsamkeiten der multiplikativen und additiven Methode bei der Kapitalkonsolidierung nach der Neubewertungsmethode anhand der jeweiligen Konzernbilanz (KB) des Taifun-Konzerns:

| Zeitpunkt 31.12.01 (Alle Zahlenangaben in GE) | Taifun AG (MU) | Hurricane AG (TU) | Monsun AG (EU) | KB (Übersicht 44-3) | KB (Übersicht 44-4) |
|---|---|---|---|---|---|
| | HB II | HB III | HB III | Multiplikative Methode | Additive Methode |
| **Aktiva** | | | | | |
| Geschäfts- oder Firmenwert | | | | 135 | 155 |
| Beteiligung | | | | | |
| ■ MU an TU | 300 | | | | |
| ■ TU an EU | | 400 | | | |
| Umlaufvermögen | 700 | 700 | 600 | 2.000 | 2.000 |
| Summe Aktiva | 1.000 | 1.100 | 600 | 2.135 | 2.155 |
| **Passiva** | | | | | |
| Eigenkapital | | | | | |
| ■ Sonst. EK | 300 | 300 | 400 | 300 | 300 |
| ■ Nicht beh. Anteile | | | | 135 | 155 |
| Fremdkapital | 700 | 800 | 200 | 1.700 | 1.700 |
| Summe Passiva | 1.000 | 1.100 | 600 | 2.135 | 2.155 |

**Legende:**

| | | | |
|---|---|---|---|
| EU | ≙ Enkelunternehmen | MU | ≙ Mutterunternehmen |
| GE | ≙ Geldeinheiten | Nicht beh. Anteile | ≙ Nicht beherrschende Anteile |
| HB | ≙ Handelsbilanz | Sonst. EK | ≙ Sonstiges Eigenkapital |
| KB | ≙ Konzernbilanz | TU | ≙ Tochterunternehmen |

**Übersicht 44-5:** Vergleich der Kapitalkonsolidierung nach der Neubewertungsmethode unterAnwendung der multiplikativen und additiven Methode im Zeitpunkt der Erstkonsolidierung anhand des Taifun-Konzerns

# Übung 45: Änderungen bestehender Beteiligungsverhältnisse: Entkonsolidierung

## Sachverhalt

Das Unternehmen A erwirbt am 01.01.01 80 % der Anteile an dem Unternehmen B zum Preis von 250 GE. Die Einzelabschlüsse von A und B sehen am 31.12.01 (unverändert gegenüber 01.01.01) wie folgt aus:

| Zeitpunkt 01.01.01 und 31.12.01 (Alle Zahlenangaben in GE) | MU | TU |
|---|---|---|
| | HB II | HB II |
| **Aktiva** | | |
| Sonstiges Anlagevermögen | 500 | 100 |
| Anteile an verbundenen Unternehmen | 250 | |
| Sonstiges Umlaufvermögen | 100 | 165 |
| Summe Aktiva | 850 | 265 |
| **Passiva** | | |
| Eigenkapital | | |
| ▪ Sonstiges Eigenkapital | 150 | 100 |
| ▪ Jahresüberschuss | 50 | 15 |
| Rückstellungen | | 100 |
| Verbindlichkeiten | 650 | 50 |
| Summe Passiva | 850 | 265 |

**Übersicht 45-1:** Einzelabschlüsse von A und B am 01.01.01 und 31.12.01

Bei der Erstkonsolidierung und in den Folgeperioden sind die folgenden Sachverhalte zu beachten:

- Der Zeitwert des sonstigen Anlagevermögens beim Tochterunternehmen beträgt 150 GE. Die stillen Reserven gehören zu Vermögensgegenständen, die über eine Restlaufzeit von fünf Jahren linear abgeschrieben werden.
- Für das sonstige Anlagevermögen wird angenommen, dass in Höhe der Abschreibungen neue Vermögensgegenstände beschafft wurden, und für das Umlaufvermögen, dass der Wert der abgegangenen Vermögensgegenstände dem Wert der zugegangenen Vermögensgegenstände entspricht.

- Die Rückstellungen enthalten stille Lasten i. H. v. 25 GE, die zu Beginn von Periode 02 realisiert werden.
- Für einen ggf. entstehenden Geschäfts- oder Firmenwert ist eine planmäßige Nutzungsdauer von 15 Jahren vorgesehen.
- Der Jahresüberschuss von Unternehmen B bleibt über die Perioden konstant und wird in jedem Jahr thesauriert. In Höhe der Thesaurierung mindern sich pro Jahr die Verbindlichkeiten, so dass die Bilanzsumme unverändert bleibt.
- Die Kapitalkonsolidierung ist nach der Neubewertungsmethode vorzunehmen.
- Am 31.12.02 wird Unternehmen B zum Preis von 300 GE vollständig veräußert.
- Ein Geschäftsjahr beginnt am 01.01. und endet am 31.12. eines Jahres.

## Aufgabe

Ermitteln Sie den handelsrechtlichen Entkonsolidierungserfolg ausgehend vom Summenabschluss und ausgehend von einer fortgeführten Konzernbilanz sowohl für die beherrschenden als auch für die nicht beherrschenden Gesellschafter.

## Literaturhinweis

Baetge, Jörg/Kirsch, Hans-Jürgen/Thiele, Stefan, Konzernbilanzen, 15. Aufl., Düsseldorf 2024, Kap. VIII Abschn. 2.

## Lösung

Das Tochterunternehmen (Unternehmen B) wird zum 31.12.02 vollständig veräußert. Im Einzelabschluss des Mutterunternehmens (Unternehmen A) wird der Veräußerungserfolg als Differenz zwischen dem Veräußerungserlös und dem Buchwert der Beteiligung an dem Tochterunternehmen erfasst. Dieser Veräußerungserfolg geht über die HB II des Mutterunternehmens in den Summenabschluss ein. Aus der Perspektive des Konzernabschlusses wird bei einer vollständig veräußerten Beteiligung der Entkonsolidierungserfolg aus der Sicht des Konzerns ermittelt, indem dem Veräußerungserlös aus dem Einzelabschluss des Mutterunternehmens der Abgangswert des Tochterunternehmens aus dem Konzernabschluss gegenübergestellt wird.

Da der Beteiligungsbuchwert aus dem Einzelabschluss des Mutterunternehmens und der Abgangswert aus dem Konzernabschluss im Entkonsolidierungszeitpunkt regelmäßig voneinander abweichen, entspricht der Entkonsolidierungserfolg des Konzerns nicht dem in den Summenabschluss übernommenen Veräußerungserfolg aus dem Einzelabschluss des veräußernden Unternehmens. Dies resultiert daraus, dass die Erfolge aus der Investition in eine Beteiligung im Einzelabschluss des veräußernden Unternehmens und im Konzernabschluss unterschiedlich periodisiert werden.

Aufgrund dieser Periodisierungsunterschiede darf der Veräußerungserfolg aus dem Einzelabschluss des veräußernden Unternehmens nicht unkorrigiert in den Konzernabschluss übernommen werden, da sonst Teile der Aufwendungen und Erträge im Konzernabschluss doppelt erfolgswirksam erfasst werden würden. Durch die Korrekturen zweifach erfolgswirksamer Komponenten aus dem Summenabschluss bzw. Konzernabschluss wird sichergestellt, dass der Totalerfolg aus der Beteiligung im Konzernabschluss und der Totalerfolgsbeitrag im Einzelabschluss des veräußernden Unternehmens übereinstimmen. Die Periodisierungsunterschiede werden dementsprechend im Rahmen der Entkonsolidierung neutralisiert.

Für die Ermittlung des Entkonsolidierungserfolges nach der Erwerbsmethode lassen sich zwei (gleichwertige) Verfahren unterscheiden, die zum gleichen Ergebnis führen.

(a) Zum einen wird bei der **Entkonsolidierung ausgehend vom Summenabschluss** der Veräußerungserfolg (Veräußerungserlös abzüglich Beteiligungsbuchwert) aus dem Einzelabschluss des Mutterunternehmens um die im Konzernabschluss bereits erfolgswirksam verrechneten Komponenten korrigiert.

(b) Zum anderen kann der **Entkonsolidierungserfolg ausgehend von einer fortgeführten Konzernbilanz** ermittelt werden. Die im Konzernabschluss erfassten Vermögensgegenstände und Schulden des Beteiligungsunternehmens sowie der aus der Erstkonsolidierung resultierende Unterschiedsbetrag aus der Kapitalkonsolidierung werden dabei aus dem letzten Konzernabschluss erfolgswirksam ausgebucht und dem Veräußerungserlös gegenübergestellt.

Um den Entkonsolidierungserfolg nach diesen beiden Verfahren ermitteln zu können, sind die Summen- und Konzernbilanz zum 31.12.02 aufzustellen.

Zum 01.01.01 ist die Erstkonsolidierung nach der Neubewertungsmethode durchzuführen. Somit werden zunächst die stillen Reserven und stillen Lasten des Tochterunternehmens aufgedeckt. Der Buchungssatz 1 lautet:

| | | | | |
|---|---|---|---|---|
| Sonstiges Anlagevermögen | 50 GE | an | Sonstiges Eigenkapital | 25 GE |
| | | | Rückstellungen | 25 GE |

Im Anschluss wird der Unterschiedsbetrag aus der Kapitalkonsolidierung ermittelt, indem der Beteiligungsbuchwert des Mutterunternehmens am Tochterunternehmen mit dem auf das Mutterunternehmen entfallenden, neubewerteten Eigenkapital des Tochterunternehmens verrechnet wird:

| | | |
|---|---|---|
| | Beteiligungsbuchwert des MU am TU | 250 GE |
| – | Anteiliges neubewertetes $\text{Eigenkapital}_{TU}$ (125 GE · 80 %) | – 100 GE |
| = | Unterschiedsbetrag | 150 GE |

Der Unterschiedsbetrag wird mit dem Buchungssatz (2) in die Konsolidierungsspalte eingestellt:

| | | | | |
|---|---|---|---|---|
| Sonstiges Eigenkapital | 100 GE | | | |
| Unterschiedsbetrag | 150 GE | an | Anteile an verbundenen Unternehmen | 250 GE |

Der Unterschiedsbetrag entspricht einem Geschäfts- oder Firmenwert i. S. d. § 301 Abs. 3 Satz 1 HGB und kann daher unverändert als solcher im Konzernabschluss ausgewiesen werden (Buchungssatz (3)):

| | | | | |
|---|---|---|---|---|
| Geschäfts- oder Firmenwert | 150 GE | an | Unterschiedsbetrag | 150 GE |

Mit dem Buchungssatz (4) werden die Anteile der nicht beherrschenden Gesellschafter am neubewerteten Eigenkapital des Tochterunternehmens i. H. v. 25 GE (= 125 GE · 20 %) berücksichtigt:

| | | | | |
|---|---|---|---|---|
| Sonstiges Eigenkapital | 25 GE | an | Nicht beherrschende Anteile | 25 GE |

Zum 31.12.01 wird durch den Buchungssatz (5) berücksichtigt, dass die nicht beherrschenden Gesellschafter auch am Jahresüberschuss der Periode 01 des Tochterunternehmens i. H. v. 3 GE (= 15 GE · 20 %) beteiligt sind:

| Jahresüberschuss | 3 GE | an | Nicht beherrschende Anteile | 3 GE |
|---|---|---|---|---|

Ebenfalls zum 31.12.01 sind, aufgrund des Zuganges zum 01.01.01, die Folgekonsolidierungsbuchungen für die aufgedeckten stillen Reserven und stillen Lasten sowie für den angesetzten Geschäfts- oder Firmenwert durchzuführen. Der Geschäfts- oder Firmenwert wird pro Jahr mit 10 GE (= 150 GE / 15 Jahre) abgeschrieben. Bei der Fortführung der stillen Reserven und stillen Lasten ist zu berücksichtigen, dass sie sowohl anteilig dem Mutterunternehmen als auch anteilig den nicht beherrschenden Gesellschaftern zuzurechnen sind. Somit ergeben sich Abschreibungen i. H. v. 8 GE pro Jahr (= (50 GE / 5 Jahre) · 80 %) für das Mutterunternehmen (Buchungssatz (6)).

| Jahresüberschuss | 18 GE | an | Geschäfts- oder Firmenwert | 10 GE |
|---|---|---|---|---|
| | | | Nicht beherrschende Anteile | 8 GE |

Der auf die nicht beherrschenden Gesellschafter entfallende Teil der Abschreibungen am Anlagevermögen i. H. v. 2 GE (= (50 GE / 5 Jahre) · 20 %) ist über den Buchungssatz (7) mit dem Ausgleichsposten für die Anteile nicht beherrschender Gesellschafter zu verrechnen:

| Nicht beherrschende Anteile | 2 GE | an | Sonstiges Anlagevermögen | 2 GE |
|---|---|---|---|---|

Die Übersicht 45-2 zeigt die Ermittlung der Konzernbilanz zum 31.12.01:

| Zeitpunkt 31.12.01 (Alle Zahlenangaben in GE) | MU | TU (80 %) | | | SB | Konsolidierungsspalte | | KB |
|---|---|---|---|---|---|---|---|---|
| | HB II | HB II | stR/stL | HB III | | Soll | Haben | |
| **Aktiva** | | | | | | | | |
| Geschäfts- oder Firmenwert | | | | | | 150[3] | 10[6] | 140 |
| Sonstiges Anlagevermögen | 500 | 100 | 50[1] | 150 | 650 | | 8[6]<br>2[7] | 640 |
| Anteile an verbundenen Unternehmen | 250 | | | | 250 | | 250[2] | |
| Sonstiges Umlaufvermögen | 100 | 165 | | 165 | 265 | | | 265 |
| Unterschiedsbetrag | | | | | | 150[2] | 150[3] | |
| Summe Aktiva | 850 | 265 | | 315 | 1.165 | | | 1.045 |
| **Passiva** | | | | | | | | |
| Eigenkapital | | | | | | | | |
| Sonstiges Eigenkapital | 150 | 100 | 25[1] | 125 | 275 | 100[2]<br>25[4] | | 150 |
| Jahresüberschuss | 50 | 15 | | 15 | 65 | 18[6]<br>3[5] | | 44 |
| Nicht beherrschende Anteile | | | | | | 2[7] | 25[4]<br>3[5] | 26 |
| Rückstellungen | | 100 | 25[1] | 125 | 125 | | | 125 |
| Verbindlichkeiten | 650 | 50 | | 50 | 700 | | | 700 |
| Summe Passiva | 850 | 265 | | 315 | 1.165 | 448 | 448 | 1.045 |

**Übersicht 45-2:** Konzernbilanz am 31.12.01

Zum Ende der Periode 02 wird Unternehmen B vollständig veräußert. Für die Berechnungen des Entkonsolidierungserfolges sind zunächst noch die Summenbilanz und die fortgeführte Konzernbilanz zum 31.12.02 zu erstellen.

In Periode 02 sind die Buchungen der Erst- und Folgekonsolidierung aus Periode 01 zu wiederholen (Buchungssätze (1) bis (4)). Darüber hinaus sind die in der vorherigen Periode erfassten Fortschreibungen der stillen Reserven und stillen Lasten sowie des Geschäfts- oder Firmenwertes nachzuholen. Zu beachten ist dabei, dass die in den Vorjahren in der Konzern-GuV erfassten Folgekonsolidierungen erfolgsneutral gegen das Konzerneigenkapital zu buchen sind (Buchungssatz (8)):

| | | | | |
|---|---|---|---|---|
| Sonstiges Eigenkapital | 18 GE | an | Geschäfts- oder Firmenwert | 10 GE |
| | | | Sonstiges Anlagevermögen | 8 GE |

Die nicht beherrschenden Gesellschafter sind an dem über die Geschäftsjahre konstanten Jahresüberschuss und an den Gewinnrücklagen (jeweils: 15 GE · 20 %) zu beteiligen (Buchungssatz (9)):

| | | | | |
|---|---|---|---|---|
| Gewinnrücklagen | 3 GE | | | |
| Jahresüberschuss | 3 GE | an | Nicht beherrschende Anteile | 6 GE |

Mit dem Buchungssatz (10) werden die stillen Reserven sowie der Geschäfts- oder Firmenwert für das Mutterunternehmen fortgeführt. In der Periode 02 werden zudem die stillen Lasten aus den Rückstellungen realisiert, die anteilig i. H. v. 20 GE (= 25 GE · 80 %) dem Mutterunternehmen zuzuordnen sind.

| | | | | |
|---|---|---|---|---|
| Rückstellungen | 20 GE | an | Geschäfts- oder Firmenwert | 10 GE |
| | | | Sonstiges Anlagevermögen | 8 GE |
| | | | Jahresüberschuss | 2 GE |

Der Anteil der nicht beherrschenden Gesellschafter an der Fortschreibung der aufgedeckten stillen Reserven i. H. v. 4 GE ((= 50 GE / 5 Jahre) · 20 % · 2 Jahre) und den in der Periode 02 realisierten stillen Lasten i. H. v. 5 GE (= 25 GE · 20 %) wird mit dem Ausgleichsposten „Nicht beherrschende Anteile" verrechnet (Buchungssatz (11)):

| | | | | |
|---|---|---|---|---|
| Rückstellungen | 5 GE | an | Sonstiges Anlagevermögen | 4 GE |
| | | | Nicht beherrschende Anteile | 1 GE |

Die Übersicht 45-3 zeigt die Ermittlung der Konzernbilanz zum 31.12.02:

| Zeitpunkt 31.12.02 (Alle Zahlenangaben in GE) | MU | TU (80 %) | | | SB | Konsolidierungs-spalte | | KB |
|---|---|---|---|---|---|---|---|---|
| | HB II | HB II | stR/stL | HB III | | Soll | Haben | |
| **Aktiva** | | | | | | | | |
| Geschäfts- oder Firmenwert | | | | | | 150[3] | 10[8]<br>10[10] | 130 |
| Sonstiges Anlagevermögen | 500 | 100 | 50[1] | 150 | 650 | | 8[8]<br>8[10]<br>4[11] | 630 |
| Anteile an verbundenen Unternehmen | 250 | | | | 250 | | 250[2] | |
| Sonstiges Umlaufvermögen | 100 | 165 | | 165 | 265 | | | 265 |
| Unterschiedsbetrag | | | | | | 150[2] | 150[3] | |
| Summe Aktiva | 850 | 265 | | 315 | 1.165 | | | 1.025 |
| **Passiva** | | | | | | | | |
| Eigenkapital | | | | | | | | |
| Sonstiges Eigenkapital | 150 | 100 | 25[1] | 125 | 275 | 100[2]<br>25[4]<br>18[8] | | 132 |
| Gewinnrücklagen | | 15 | | 15 | 15 | 3[9] | | 12 |
| Jahresüberschuss | 50 | 15 | | 15 | 65 | 3[9] | 2[10] | 64 |
| Nicht beherrschende Anteile | | | | | | | 25[4]<br>6[9]<br>1[11] | 32 |
| Rückstellungen | | 100 | 25[1] | 125 | 125 | 5[11]<br>20[10] | | 100 |
| Verbindlichkeiten | 650 | 35 | | 35 | 685 | | | 685 |
| Summe Passiva | 850 | 265 | | 315 | 1.165 | 474 | 474 | 1.025 |

**Übersicht 45 3:** Konzernbilanz zum 31.12.02

Zunächst wird der **Entkonsolidierungserfolg ausgehend vom Summenabschluss** auf Basis der Übersicht 45-4 ermittelt:

| | | | |
|---|---|---|---|
| | Veräußerungserlös des Mutterunternehmens | | 300 GE |
| – | Beteiligungsbuchwert | – | 250 GE |
| = | Veräußerungserfolg des Mutterunternehmens | | 50 GE |
| – | Kumulierte außerplanmäßige Abschreibungen (unter Verrechnung der kumulierten Zuschreibungen) auf den Beteiligungsbuchwert im Einzelabschluss des Mutterunternehmens | – | 0 GE |
| + | Bereits erfolgswirksam verrechnete aufgedeckte stille Reserven | + | 16 GE |
| – | Bereits erfolgswirksam verrechnete aufgedeckte stille Lasten | – | 20 GE |
| + | Bereits erfolgswirksam verrechneter Geschäfts- oder Firmenwert aus der Erstkonsolidierung | + | 20 GE |
| – | Bereits erfolgswirksam verrechneter passiver Unterschiedsbetrag aus der Erstkonsolidierung | – | 0 GE |
| – | Rücklagenzuführungen im Tochterunternehmen seit Beteiligungserwerb | – | 12 GE |
| + | Rücklagenminderungen im Tochterunternehmen seit Beteiligungserwerb | + | 0 GE |
| – | Jahresüberschuss zum Veräußerungszeitpunkt | – | 12 GE |
| – | Bereits erfolgswirksam verrechnete Erträge aus der Währungsumrechnung (bei ausländischen Tochterunternehmen) | – | 0 GE |
| + | Bereits erfolgswirksam verrechnete Aufwendungen aus der Währungsumrechnung (bei ausländischen Tochterunternehmen) | + | 0 GE |
| = | Entkonsolidierungserfolg des Konzerns | | 42 GE |

**Übersicht 45-4:** Ermittlung des Entkonsolidierungserfolges ausgehend vom Veräußerungserfolg des Mutterunternehmens im Summenabschluss

Bereits erfolgswirksam aufgedeckte stille Reserven und stille Lasten dürfen nur in Höhe des Anteils berücksichtigt werden, der dem Mutterunternehmen zuzurechnen ist. Es wurden bis zum Ende der Periode 02 als stille Reserven des Anlagevermögens in Summe 20 GE der 50 GE erfolgswirksam verrechnet. Von diesen 20 GE entfallen 16 GE (80 %) auf das Mutterunternehmen und 4 GE (20 %) auf die nicht beherrschenden Gesellschafter. Die stillen Lasten wurden vollständig erfolgswirksam verrechnet, wobei 20 GE von 25 GE auf das Mutterunternehmen entfallen. Die Abschreibungen auf den Geschäfts- oder Firmenwert i. H. v. 10 GE pro Periode (20 GE in Summe) sind in vollem Umfang den beherrschenden Gesellschaftern zuzurechnen und daher auch in deren Entkonsolidierungserfolg einzubeziehen.

Weiterhin sind sowohl Zuführungen zu den Rücklagen des Tochterunternehmens als auch der Jahresüberschuss des Tochterunternehmens im Veräußerungszeitpunkt vom Veräußerungserfolg des Mutterunternehmens anteilig zu subtrahieren (24 GE = 15 GE · 80 % + 15 GE · 80 % = 12 GE + 12 GE), da sie zwar im Konzernabschluss im Zeitpunkt ihrer Entstehung erfolgswirksam berücksichtigt worden sind, indes im Einzelabschluss des Mutterunternehmens erst über den Veräußerungserlös entgolten und damit realisiert werden.

Werden alternativ die Anteile auf Basis einer **fortgeführten Konzernbilanz** entkonsolidiert, so ist der **Entkonsolidierungserfolg** der Anteile direkt aus dem Konzernabschluss zu ermitteln. Zunächst wird der Entkonsolidierungserfolg des Konzerns berechnet, indem der Veräußerungserlös des Mutterunternehmens mit dem auf das Mutterunternehmen entfallenden Abgangswert des Tochterunternehmens zu verrechnen ist:

| | | | |
|---|---|---|---|
| | Veräußerungserlös des Mutterunternehmens | | 300 GE |
| – | Anteilige Vermögensgegenstände des Tochterunternehmens zu Buchwerten in der HB II | – | 212 GE |
| + | Anteilige Schulden des Tochterunternehmens zu Buchwerten in der HB II | + | 108 GE |
| – | Anteilige noch nicht erfolgswirksam verrechnete stille Reserven aus der Erstkonsolidierung | – | 24 GE |
| + | Anteilige noch nicht erfolgswirksam verrechnete stille Lasten aus der Erstkonsolidierung | + | 0 GE |
| – | Noch nicht erfolgswirksam verrechneter Geschäfts- oder Firmenwert aus der Erstkonsolidierung | – | 130 GE |
| + | Noch nicht erfolgswirksam aufgelöster passiver Unterschiedsbetrag aus der Erstkonsolidierung | + | 0 GE |
| – | Anteiliger aktiver Unterschiedsbetrag aus der Währungsumrechnung | – | 0 GE |
| + | Anteiliger passiver Unterschiedsbetrag aus der Währungsumrechnung | + | 0 GE |
| = | Entkonsolidierungserfolg des Konzerns | | 42 GE |

**Übersicht 45-5:** Ermittlung des Entkonsolidierungserfolges ausgehend vom Veräußerungserlös für die Beteiligung in einer fortgeführten Konzernbilanz

Der auf die Anteile des Mutterunternehmens entfallende Abgangswert entspricht dabei dem fortgeschriebenen, auf diese Anteile entfallenden Reinvermögen des Tochterunternehmens zu Konzernbuchwerten. Der anteilige Abgangswert beträgt somit 258 GE (= 212 GE - 108 GE + 24 GE + 130 GE).

Die **Anteile nicht beherrschender Gesellschafter** sind abhängig vom gewählten Verfahren ggf. differenziert zu entkonsolidieren. Wird der Entkonsolidierungserfolg ausgehend vom Summenabschluss aufgestellt, so entfällt die Entkonsolidierung dieser Anteile, da die anteilig zurechenbaren Vermögensgegenstände und Schulden nicht mehr im Summenabschluss des Konzerns enthalten sind. Im Fall der Entkonsolidierung ausgehend von einer fortgeführten Konzernbilanz wird der anteilige Abgangswert des Tochterunternehmens gegen den gleich hohen Ausgleichsposten für Anteile nicht beherrschender Gesellschafter aufgerechnet. Dieser Vorgang ist erfolgsneutral. Bei Anwendung der Neubewertungsmethode ergibt sich der Abgangswert als Differenz aus den anteiligen Vermögensgegenständen und Schulden des Beteiligungsunternehmens im Konzernabschluss unmittelbar vor der Entkonsolidierung einschließlich der anteiligen aufgedeckten noch nicht erfolgswirksam verrechneten stillen Reserven und stillen Lasten aus der Erstkonsolidierung:

| | | | |
|---|---|---|---|
| | Ausgleichsposten für Anteile nicht beherrschender Gesellschafter | | 32 GE |
| – | Anteilige Vermögensgegenstände des Tochterunternehmens zu Buchwerten in der HB II | – | 53 GE |
| + | Anteilige Schulden des Tochterunternehmens zu Buchwerten in der HB II | + | 27 GE |
| – | Anteilige noch nicht erfolgswirksam verrechnete stille Reserven aus der Erstkonsolidierung | – | 6 GE |
| + | Anteilige noch nicht erfolgswirksam verrechnete stille Lasten aus der Erstkonsolidierung | + | 0 GE |
| = | Differenzbetrag aus der Ausbuchung der nicht beherrschenden Gesellschafter | | 0 GE |

**Übersicht 45-6:** Entkonsolidierung der nicht beherrschenden Gesellschafter

Der auf die Anteile der nicht beherrschenden Gesellschafter entfallende Abgangswert entspricht dabei dem fortgeschriebenen, auf diese Anteile entfallenden Reinvermögen des Tochterunternehmens zu Konzernbuchwerten. Der anteilige Abgangswert beträgt somit 32 GE (= 53 GE - 27 GE + 6 GE).

# Übung 46: Die Bilanzierung latenter Steuern im Konzernabschluss nach HGB

## Aufgaben

(a) Erläutern Sie kurz das Konzept des Ansatzes latenter Steuern im Konzernabschluss nach HGB. Bei welchen Schritten der Erstellung eines Konzernabschlusses nach HGB können Steuerlatenzen entstehen?

(b) Wie werden die latenten Steuern im Konzernabschluss nach HGB bewertet?

## Literaturhinweis

BAETGE, JÖRG/KIRSCH, HANS-JÜRGEN/THIELE, STEFAN, Konzernbilanzen, 15. Aufl., Düsseldorf 2024, Kap. VIII Abschn. 31-34.

## Lösungen

### Lösung zu Teilaufgabe (a)

Der steuerrechtliche Abschluss ist der Ausgangspunkt zur Ermittlung des tatsächlichen Steueraufwandes. Die Ursache für den Ansatz latenter Steuern liegt in bestehenden Diskrepanzen zwischen dem Handelsrecht und dem Steuerrecht. Bedingt durch unterschiedliche Bilanzierungsregeln sowie die sich unterscheidende Ausübung von Wahlrechten kann der steuerrechtliche Abschluss vom handelsrechtlichen Jahres- bzw. Konzernabschluss abweichen. Darüber hinaus können Differenzen im Konzernabschluss aus den Konsolidierungsmaßnahmen entstehen. Die Grundlagen zur Bildung latenter Steuern sind in den gesetzlichen Vorschriften des § 274 Abs. 1 und 2 HGB (i. V. m. § 298 Abs. 1 HGB) sowie des § 306 Satz 1 HGB normiert. Weitere konkretisierende Anforderungen finden sich darüber hinaus in DRS 18 (Latente Steuern).

Seit dem BilMoG beruht die Ermittlung latenter Steuern im handelsrechtlichen Jahresabschluss einer Kapitalgesellschaft gemäß § 274 HGB sowie im handelsrechtlichen Konzernabschluss gemäß § 306 HGB nicht mehr auf dem Timing-Konzept, sondern auf dem bilanzorientierten **Temporary-Konzept**. Dieses Konzept basiert auf **temporären Differenzen** in der Bilanz. Demnach werden die Vermögensgegenstände und Schulden in der Handelsbilanz mit den nach den steuerlichen Vorschriften ermittelten Wertansätzen in der Steuerbilanz verglichen. Der Zweck der Bilanzierung von latenten Steuern nach dem Temporary-Konzept liegt in der zutreffenden Darstellung der Vermögenslage durch die Abbildung künftiger steuerrechtlicher Vermögensvorteile und Lasten.

Temporäre Ansatz- und Bewertungsunterschiede zwischen Steuerbilanz und Handels- bzw. Konzernbilanz begründen gemäß dem **bilanzorientierten Temporary-Konzept** den Ansatz von Steuerlatenzen, wenn daraus in einer späteren Periode eine Steuerbelastung (passive latente Steuer) oder eine Steuerentlastung (aktive latente Steuer) resultiert. Voraussetzung für den Ansatz latenter Steuern ist gemäß § 306 Satz 1 HGB bzw. § 274 Abs. 1 Sätze 1 und 2 HGB der **voraussichtliche Abbau** der gegenwärtigen Differenzen in späteren Geschäftsjahren.

Für die Bilanzierung latenter Steuern ist nicht relevant, zu welchem Zeitpunkt sich die temporären Differenzen in der Bilanz ausgleichen. Im Vergleich zum Timing Konzept werden damit auch **quasi-permanente Ergebnisdifferenzen** in die Bilanzierung latenter Steuern einbezogen, die sich nicht automatisch, sondern im Rahmen der unternehmerischen Disposition und u. U. erst am Ende der Lebenszeit eines Konzernunternehmens oder durch nicht vorhersehbare Gründe ausgleichen. Auch **permanente Ergebnisdifferenzen** können gleichzeitig temporäre Differenzen in der Bilanz sein und insofern zum Ansatz latenter Steuern führen.

Die Bilanzierung latenter Steuern im handelsrechtlichen Konzernabschluss kann, angelehnt an die Schritte der Aufstellung eines Konzernabschlusses, in mehrere Ebenen unterteilt werden:

- Latente Steuern aus dem **Jahresabschluss** (HB I),
- latente Steuern aus der **Vereinheitlichung** der Jahresabschlüsse (HB II),
- latente Steuern aus den **Konsolidierungsmaßnahmen** (KB).

Auf Ebene des **Jahresabschlusses** ergeben sich latente Steuern aus den Differenzen zwischen den Wertansätzen der Vermögensgegenstände und Schulden in der Handelsbilanz und der Steuerbilanz, da die Maßgeblichkeit der Handelsbilanz für die Steuerbilanz nicht vollständig greift.

Im Rahmen der **Vereinheitlichung** werden die jeweiligen nationalen Jahresabschlüsse im vierten Schritt der Aufstellung des Konzernabschlusses in eine HB II nach einheitlichen handelsrechtlichen Vorschriften übergeleitet. Bei der Entwicklung der HB II aus dem originären Jahresabschluss des Tochterunternehmens können sich die Differenzen zwischen der Handelsbilanz und der Steuerbilanz durch die Anpassung der HB I an die konzerneinheitlichen Ansatz- und Bewertungsregeln in der HB II erhöhen oder vermindern, da die Steuerbilanz von diesen Anpassungen unberührt bleibt.

Latente Steuern aus den **Konsolidierungsmaßnahmen** entstehen aus Differenzen zwischen den Wertansätzen der Vermögensgegenstände und Schulden in der Konzernbilanz und den in der Summenbilanz ausgewiesenen Wertansätzen der einzelnen Bilanzposten laut HB II. Diese können aus der Kapitalkonsolidierung, der Schuldenkonsolidierung und der Zwischenergebniseliminierung entstehen.

Neben den bilanziellen Differenzen zwischen den handels- und steuerrechtlichen Wertansätzen auf Ebene des Jahresabschlusses (**inside basis differences I**) und bilanziellen Differenzen, die sich aus der Vereinheitlichung der Jahresabschlüsse oder aus den Konsolidierungsmaßnahmen ergeben (**inside basis differences II**), werden noch sog. **outside basis differences** unterschieden. Diese beziehen sich auf Differenzen zwischen dem (anteiligen) im Konzernabschluss angesetzten Nettovermögen einer Konzerngesellschaft und dem Beteiligungsbuchwert in der Steuerbilanz des Anteilseigners. Für outside basis differences dürfen gemäß § 306 Satz 4 HGB keine latenten Steuern auf Konzernebene angesetzt werden. Gleiches gilt gemäß § 306 Satz 5 HGB i. V. m. § 274 Abs. 3 HGB für Differenzen, die sich aus dem Mindeststeuergesetz oder einem anderen ausländischen Mindeststeuergesetz ergeben, das zur Gewährleistung einer globalen Mindestbesteuerung für Unternehmensgruppen dient.

## Lösung zu Teilaufgabe (b)

Die Bewertung latenter Steuern ist in § 274 Abs. 2 HGB geregelt. Auch § 306 Satz 5 HGB verweist für die aus den Konsolidierungsmaßnahmen resultierenden latenten Steuern auf § 274 Abs. 2 HGB. Bei der Wahl des Steuersatzes ist gemäß § 274 Abs. 2 Satz 1 HGB die **Liability-Methode** (Verbindlichkeitsmethode) anzuwenden. Die Beträge der sich ergebenden künftigen Steuerbe- und -entlastung sind mit dem **künftigen Steuersatz** zu bewerten, der zum Zeitpunkt des Abbaus der Differenz gültig ist.

Der Betrag der latenten Steuern ergibt sich wie folgt:

| Betrag der latenten Steuern = Temporäre Differenz · künftiger Steuersatz |
|---|

**Übersicht 46-1:** Ermittlung der latenten Steuern nach der Liability-Methode

Kann der künftige Steuersatz nicht hinreichend zuverlässig bestimmt werden, so ist gemäß der Gesetzesbegründung zum BilMoG der aktuelle Steuersatz anzuwenden. Sofern der Bundesrat Änderungen des Steuersatzes im Rahmen eines Steuergesetzes vor oder am Bilanzstichtag zugestimmt hat, sind diese entsprechend zu berücksichtigen.

Im Konzernabschluss ist der **unternehmensindividuelle Steuersatz** der in den Konzernabschluss einbezogenen Unternehmen im Zeitpunkt des Abbaus der Differenz zur Berechnung der latenten Steuern heranzuziehen. Ausnahmsweise kann gemäß der Gesetzesbegründung zum BilMoG ein **konzerneinheitlicher Steuersatz** verwendet werden, wenn dies unter Verhältnismäßigkeits- und Wesentlichkeitsgesichtspunkten zu rechtfertigen ist.

# Übung 47: Konsolidierungsspezifische Steuerlatenzen nach HGB

## Sachverhalt

Das Mutterunternehmen (MU) erwirbt 100 % der Anteile an einem Tochterunternehmen (TU) zum Preis von 800 GE. Der Buchwert des Eigenkapitals beträgt 600 GE. Bis auf die nachfolgend genannten Sachverhalte entsprechen die steuerrechtlichen Buchwerte den handelsrechtlichen Buchwerten vor Aufdeckung stiller Reserven und stiller Lasten. Unterstellt sei ein Steuersatz von s = 30 %.

## Aufgaben

(a) Beim Erwerb des TU werden stille Reserven bei Maschinen i. H. v. 50 GE und stille Lasten in den Rückstellungen i. H. v. 80 GE aufgedeckt. Erläutern Sie, ob und warum sich aus der Aufdeckung der stillen Reserven und stillen Lasten latente Steuern ergeben. Berechnen Sie auch deren Höhe.

(b) Das MU gewährt seinem TU nach dem Erwerb ein endfälliges Darlehen mit einer Laufzeit von drei Jahren i. H. v. 120 GE. Das TU weist dieses in seinem Jahresabschluss unter dem Posten „Verbindlichkeiten gegenüber verbundenen Unternehmen" aus. Das MU rechnet nicht mit dem Eingang des vollen Forderungsbetrages, sondern schreibt die Forderung von 120 GE auf 80 GE ab. Erläutern Sie, ob und warum sich aus diesem Sachverhalt latente Steuern ergeben. Berechnen Sie auch deren Höhe.

(c) Das TU hat eine Maschine für 50 GE an das MU verkauft. Die Herstellungskosten beim TU betrugen 30 GE. Erläutern Sie, ob und warum sich aus dieser konzerninternen Transaktion latente Steuern ergeben. Berechnen Sie auch deren Höhe.

(d) Welche Ausweismöglichkeiten bestehen bez. der latenten Steuern aus Aufgabe (a)-(c)? Erläutern Sie die Möglichkeiten mit Bezug zu den berechneten Werten.

## Literaturhinweis

Baetge, Jörg/Kirsch, Hans-Jürgen/Thiele, Stefan, Konzernbilanzen, 15. Aufl., Düsseldorf 2024, Kap. VIII Abschn. 31–34.

## Lösungen

### Lösung zu Teilaufgabe (a)

Bei der Kapitalkonsolidierung werden durch die Anwendung der Neubewertungsmethode stille Reserven und stille Lasten aufgedeckt. Da im Sachverhalt zunächst die handelsrechtlichen Buchwerte den steuerrechtlichen Buchwerten entsprechen, führt eine solche Aufdeckung zu bilanziellen Differenzen, die – unter der Voraussetzung des voraussichtlichen Abbaus – den Ansatz von latenten Steuern begründen. Die stillen Reserven des Anlagevermögens werden sich aufgrund von Abschreibungen voraussichtlich abbauen. Aus dem im Vergleich zur Steuerbilanz höheren Wertansatz ergeben sich somit passive latente Steuern i. H. v. 15 GE (= 50 GE · 30 %). Auch die stillen Lasten in den sonstigen Passiva werden sich bei Auflösung oder Verbrauch der Rückstellung voraussichtlich abbauen. Durch den im Vergleich zur Steuerbilanz höheren Wertansatz einer Schuld entstehen aktive latente Steuern i. H. v. 24 GE (= 80 GE · 30 %). Aufgrund der Berücksichtigung von latenten Steuern verringert sich der Geschäfts- oder Firmenwert (GoF) um 9 GE (= 24 GE – 15 GE).

### Lösung zu Teilaufgabe (b)

Im Sachverhalt stehen sich die Forderung und die Verbindlichkeit aus dem konzerninternen Geschäft in unterschiedlicher Höhe gegenüber. Das MU hat die Forderung auf 80 GE abgeschrieben, beim TU wird die Verbindlichkeit hingegen weiterhin zu 120 GE bilanziert. Bei der Schuldenkonsolidierung entstehen hieraus Aufrechnungsdifferenzen. Da sich die Aufrechnungsdifferenzen mit der Rückzahlung des Darlehens voraussichtlich in drei Jahren abbauen werden, sind darauf latente Steuern zu bilden. Bei einem Steuersatz von s = 30 % entstehen passive latente Steuern i. H. v. 12 GE (= 40 GE · 30 %).

### Lösung zu Teilaufgabe (c)

Im Rahmen der Zwischenergebniseliminierung sind die durch den konzerninternen Verkauf entstandenen Zwischengewinne zu eliminieren. Die Maschine ist in der Konzernbilanz mit ihren Konzernanschaffungs- bzw. Konzernherstellungskosten i. H. v. 30 GE zu bewerten. In der Handels- bzw. Steuerbilanz des Mutterunternehmens ist die Maschine allerdings mit 50 GE bewertet. Die Differenz wird sich in künftigen Perioden voraussichtlich durch die Abschreibung der Maschine auflösen. Es entstehen folglich aus dem im Vergleich zur Steuerbilanz niedrigeren Wertansatz aktive latente Steuern i. H. v. 6 GE (= 20 GE · 30 %).

## Lösung zu Teilaufgabe (d)

Grundsätzlich sind gemäß § 306 Satz 1 HGB die entstehenden latenten Steuern saldiert auszuweisen:

Aktive latente Steuern i. H. v.

- 24 GE (Aufgabe (a)),
- 6 GE (Aufgabe (c))

sowie passive latente Steuern i. H. v.

- 15 GE (Aufgabe (a)),
- 12 GE (Aufgabe (b)).

Für den resultierenden Aktivüberhang an latenten Steuern i. H. v. 3 GE (24 GE + 6 GE - 15 GE - 12 GE) besteht im Konzernabschluss, anders als im Jahresabschluss, kein Ansatzwahlrecht. Der Aktivüberhang ist folglich im Posten „Aktive latente Steuern" zu bilanzieren. Alternativ dürfen gemäß § 306 Satz 2 HGB die latenten Steuern auch unsaldiert als aktive latente Steuern i. H. v. 30 GE im Posten „Aktive latente Steuern" und passive latente Steuern i. H. v. 27 GE im Posten „Passive latente Steuern" ausgewiesen werden.

# Übung 48: Fallstudie zur Abgrenzung latenter Steuern im Konzernabschluss nach HGB

## Sachverhalt

Der Karl Kaiser-Konzern besteht aus zwei Unternehmen. Das Mutterunternehmen, die Karl Kaiser AG, hält eine 100 %ige Beteiligung an der Red Baron GmbH. Die Handelsbilanzen I (HB I) der beiden Konzernunternehmen für die Geschäftsjahre 01 und 02 können der folgenden Übersicht entnommen werden:

| Zeitpunkt 31.12.01 und 31.12.02 (Alle Zahlenangaben in GE) | Karl Kaiser AG | | Red Baron GmbH | |
|---|---|---|---|---|
| | 01 | 02 | 01 | 02 |
| **Aktiva** | | | | |
| A. Anlagevermögen | | | | |
| II. Sachanlagen | 500 | 500 | 500 | 500 |
| III. Finanzanlagen | | | | |
| 1. Anteile an verbundenen Unternehmen | 570 | 570 | | |
| B. Umlaufvermögen | | | | |
| I. Vorräte | 300 | 300 | 300 | 300 |
| II. Forderungen und sonstige Vermögensgegenstände | | | | |
| 2. Forderungen gegen verbundene Unternehmen | 400 | | | |
| 4. Sonstige Vermögensgegenstände | 100 | 100 | 200 | 200 |
| IV. Kasse | 100 | 542 | 200 | 212 |
| D. Aktive latente Steuern | 42 | | 12 | |
| Summe Aktiva | 2.012 | 2.012 | 1.212 | 1.212 |
| **Passiva** | | | | |
| A. Eigenkapital | | | | |
| I. Gezeichnetes Kapital | 750 | 750 | 200 | 200 |
| II. Kapitalrücklage | 140 | 140 | 100 | 100 |
| III. Gewinnrücklagen | 350 | 700 | 200 | 400 |
| V. Jahresüberschuss | 350 | 350 | 200 | 200 |
| B. Rückstellungen | | | | |
| 3. Sonstige Rückstellungen | 140 | | 100 | |
| C. Verbindlichkeiten | | | | |
| 6. Verbindlichkeiten gegenüber verbundenen Unternehmen | | | 400 | |
| 8. Sonstige Verbindlichkeiten | 242 | 72 | 12 | 312 |
| D. Rechnungsabgrenzungsposten | 40 | | | |
| Summe Passiva | 2.012 | 2.012 | 1.212 | 1.212 |

**Übersicht 48-1:** HB I der Karl Kaiser AG und der Red Baron GmbH für die Geschäftsjahre 01 und 02

Die GuV I der beiden Geschäftsjahre sind der folgenden Übersicht zu entnehmen. Im Posten „Steuern vom Einkommen und vom Ertrag (davon aus latenten Steuern)" steht ein negatives Vorzeichen für einen latenten Steuerertrag:

| Zeitpunkt<br>31.12.01 und 31.12.02<br>(Alle Zahlenangaben in GE) | Karl Kaiser AG | | Red Baron GmbH | |
|---|---|---|---|---|
| | 01 | 02 | 01 | 02 |
| 1. Umsatzerlöse | 2.500 | 2.500 | 1.000 | 1.000 |
| 4. Sonstige betriebliche Erträge | | 140 | | |
| 5. Materialaufwand | 800 | 800 | 200 | 200 |
| 6. Personalaufwand | 1.000 | 1.000 | 300 | 300 |
| 7. Abschreibungen | 50 | 50 | 50 | 50 |
| 8. Sonstige betriebliche Aufwendungen | 222 | 362 | 52 | 132 |
| 11. Sonstige Zinsen und ähnliche Erträge | 72 | 72 | | |
| 13. Zinsen und ähnliche Aufwendungen | | | 112 | 32 |
| 14. Steuern vom Einkommen und vom Ertrag | 150 | 150 | 86 | 86 |
| (davon aus latenten Steuern) | (– 42) | (42) | (– 12) | (12) |
| **17. Jahresüberschuss** | 350 | 350 | 200 | 200 |

**Übersicht 48-2:** GuV I der Karl Kaiser AG und der Red Baron GmbH für die Geschäftsjahre 01 und 02

Bei der Lösung der Fallstudie sind die folgenden grundlegenden **Prämissen zu beachten**:

- Die Karl Kaiser AG hat die Anteile an der Red Baron GmbH zum 01.01.01 für 570 GE erworben und muss erstmals zum 31.12.01 einen Konzernabschluss aufstellen.
- Die Red Baron GmbH wird zum 31.12.01 erstmalig in den Konzernabschluss der Karl Kaiser AG einbezogen. Die Geschäftsjahre der beiden in den Konzernabschluss einzubeziehenden Unternehmen enden jeweils am 31.12.
- Das bilanzielle Eigenkapital der Red Baron GmbH zum 01.01.01 entspricht bis auf den Jahresüberschuss dem bilanziellen Eigenkapital zum 31.12.01. Der Jahresüberschuss hatte zum 01.01.01 einen Wert von 0 GE.
- Die Karl Kaiser AG und die Red Baron GmbH nehmen jeweils Reinvestitionen in Hohe ihrer Abschreibungen vor. Verbrauchte Vorräte werden umgehend ersetzt.
- Die Kapitalkonsolidierung erfolgt nach der Neubewertungsmethode.
- Die Steuersätze betragen auf Jahres- und Konzernabschlussebene 30 %.
- Die Jahres- und Konzernabschlüsse werden ohne Berücksichtigung der Verwendung des Jahresüberschusses aufgestellt.
- Gemäß § 5 Abs. 5 Satz 1 Nr. 1 EStG besteht eine Pflicht zur Bildung eines aktiven Rechnungsabgrenzungspostens für Ausgaben vor dem Abschlussstichtag, die Aufwand einer künftigen Periode darstellen.
- Gemäß § 5 Abs. 4a EStG besteht ein Passivierungsverbot für Drohverlustrückstellungen.

Bei der Erstellung der HB II sind die nachstehenden Bilanzierungsvorschriften der **konzerneinheitlichen Bilanzierungsrichtlinien** zu beachten:

- Ist der Erfüllungsbetrag einer Verbindlichkeit höher als der Ausgabebetrag, so ist der Unterschiedsbetrag in einen Rechnungsabgrenzungsposten auf der Aktivseite aufzunehmen.
- Sich ergebende latente Steuern sind unsaldiert in der Bilanz in den Posten „Aktive latente Steuern“ und „Passive latente Steuern“ auszuweisen.

Bei der **Konsolidierung** der beiden Unternehmen sind in Bezug auf die Red Baron GmbH folgende Aspekte zu berücksichtigen:

- Zum 01.01.01 sind im Sachanlagevermögen stille Reserven i. H. v. 100 GE enthalten. Das Sachanlagevermögen wird über zehn Jahre linear abgeschrieben.
- Die Vorräte sind zum 01.01.01 um 20 GE zu niedrig ausgewiesen. Die Vermögensgegenstände, denen die stillen Reserven zugeordnet werden, sollen im Geschäftsjahr 03 verkauft werden.
- Die sonstigen Rückstellungen sind zum 01.01.01 um 20 GE zu niedrig bewertet. Die entsprechende Rückstellung wird zum 31.12.02 aufgelöst.
- Selbsterstellte Vermögensgegenstände werden mit den aktivierungspflichtigen Konzernherstellungskosten (= Herstellungskostenuntergrenze) bewertet.
- Die Karl Kaiser AG und die Red Baron GmbH thesaurieren ihre Gewinne.

Die folgenden **konzerninternen Geschäftsvorfälle** sind bei der Konsolidierung zu berücksichtigen:

(1) Die Karl Kaiser AG gewährt der Red Baron GmbH am 01.01.01 unmittelbar nach dem Erwerb ein Darlehen von 400 GE zu folgenden Konditionen:

   - Laufzeit: 2 Jahre,
   - Zinssatz: 8 %, jährlich zahlbar,
   - Disagio: 20 %,
   - Tilgung: Endfällig am 31.12.02 in einer Summe.

   Die Karl Kaiser AG aktiviert das Darlehen zum Nennbetrag in ihrer HB I. Auf der Passivseite bildet sie hierfür einen Rechnungsabgrenzungsposten, den sie über die Laufzeit des Darlehens auflöst. Die Red Baron GmbH macht von dem Wahlrecht in ihrer HB I, das Disagio gemäß § 250 Abs. 3 Satz 1 HGB zu aktivieren, hingegen keinen Gebrauch.

(2) Die Karl Kaiser AG bildet im Geschäftsjahr 01 eine Drohverlustrückstellung aufgrund eines schwebenden Absatzgeschäftes mit der Red Baron GmbH i. H. v. 140 GE. Zum 31.12.02 ist der Grund dafür entfallen.

(3) Die Red Baron GmbH liefert im Laufe des Geschäftsjahres 01 von ihr im selben Jahr erstellte fertige Erzeugnisse zum Preis von 150 GE an die Karl Kaiser AG, die diese als Handelswaren in ihrem Jahresabschluss aktiviert. Die aktivierungspflichtigen Konzernherstellungskosten betragen 60 GE. Die Handelswaren werden im Geschäftsjahr 02 von der Karl Kaiser AG zu einem Preis von über 150 GE an Konzernaußenstehende veräußert.

## Aufgaben

(a) Erstellen Sie die HB III der Red Baron GmbH zum 31.12.01 und den Konzernabschluss der Karl Kaiser AG für das Geschäftsjahr 01. Berücksichtigen Sie dabei latente Steuern.

(b) Erstellen Sie die HB III der Red Baron GmbH zum 31.12.02 und den Konzernabschluss der Karl Kaiser AG für das Geschäftsjahr 02.

## Literaturhinweis

Baetge, Jörg/Kirsch, Hans-Jürgen/Thiele, Stefan, Konzernbilanzen, 15. Aufl., Düsseldorf 2024, Kap. VIII Abschn. 3.

## Lösungen

### Lösung zu Teilaufgabe (a)

Die Erstkonsolidierung ist gemäß § 301 Abs. 2 Satz 1 HGB auf Basis der Wertverhältnisse zu dem Zeitpunkt durchzuführen, zu dem die Red Baron GmbH Tochterunternehmen geworden ist (01.01.01). Für diesen Zeitpunkt sind keine Sachverhalte in Bezug auf die Red Baron GmbH bekannt, die eine Anpassung an die konzerneinheitlichen Vorschriften erfordern. Das bilanzielle Eigenkapital zum 01.01.01 ist daher schon nach konzerneinheitlichen Vorschriften ermittelt worden. Da die Beteiligung an der Red Baron GmbH „unterjährig" zum 01.01.01 erworben wurde, ist zum Zeitpunkt der erstmaligen Einbeziehung in den Konzernabschluss am 31.12.01 bereits die erste Folgekonsolidierung durchzuführen.

Zur **Erstellung des Konzernabschlusses** zum 31.12.01 sind die einzubeziehenden Jahresabschlüsse an **konzerneinheitliche Bilanzierungsrichtlinien** anzupassen.

Bei der **Karl Kaiser AG** besteht zum 31.12.01 kein Anpassungsbedarf an die konzerneinheitlichen Vorschriften. Die HB I entspricht somit bereits der HB II der Karl Kaiser AG.

Die **Red Baron GmbH** hat zum 31.12.01 nicht alle Sachverhalte entsprechend den Konzernvorgaben bilanziert. Die konzerneinheitlichen Richtlinien der Karl Kaiser AG besagen, dass das Wahlrecht zur Aktivierung eines Disagios stets ausgeübt werden muss. Die Red Baron GmbH hat allerdings in ihrem Jahresabschluss von dem Aktivierungswahlrecht aus § 250 Abs. 3 Satz 1 HGB keinen Gebrauch gemacht (**Geschäftsvorfall (1)**). Somit sind Aufwendungen i. H. v. 40 GE (= 400 GE · 20 % · 1/2) in der HB II nachträglich zu aktivieren, da der aktive Rechnungsabgrenzungsposten anteilig über die Laufzeit des Darlehens aufzulösen ist. Der Jahresüberschuss ist folglich um diesen Betrag zu erhöhen (Buchungssätze (1) und (2)):

| Aktiver Rechnungsabgrenzungsposten | 40 GE | an | Jahresüberschuss (EK) | 40 GE |
|---|---|---|---|---|

| Jahresüberschuss (GuV) | 40 GE | an | Zinsen und ähnliche Aufwendungen | 40 GE |
|---|---|---|---|---|

Die Aufwandsverrechnung des Disagios i. H. v. 40 GE in der HB I der Red Baron GmbH konnte steuerrechtlich aufgrund der Aktivierungspflicht des § 5 Abs. 5 Satz 1 Nr. 1 EStG nicht nachvollzogen werden. Da die zwischen der HB I und der Steuerbilanz der Red Baron GmbH bestehende temporäre Differenz von 40 GE durch die Aktivierung des Disagios rückgängig gemacht wurde, sind auch die darauf gebildeten aktiven latenten Steuern i. H. v. 12 GE (= 40 GE · 30 %) aus dem Jahresabschluss zu eliminieren (Buchungssätze (3) und (4)):

| Jahresüberschuss (EK) | 12 GE | an | Aktive latente Steuern | 12 GE |
|---|---|---|---|---|

| Steuern vom Einkommen und vom Ertrag | 12 GE | an | Jahresüberschuss (GuV) | 12 GE |
|---|---|---|---|---|

Erfolgswirksame Buchungen in dem Posten „Steuern vom Einkommen und vom Ertrag“ aus der Bilanzierung von aktiven und passiven latenten Steuern werden in einem Vermerk („davon aus latenten Steuern“) saldiert ausgewiesen.

Zur Ermittlung des konsolidierungspflichtigen Eigenkapitals der Red Baron GmbH ist gemäß § 301 Abs. 1 Satz 2 HGB die Neubewertungsmethode anzuwenden. Bei der Neubewertungsmethode wird das Eigenkapital des Tochterunternehmens zunächst neubewertet, um anschließend in die Kapitalkonsolidierung einzufließen. Folglich sind die stillen Reserven bzw. stillen Lasten der Vermögensgegenstände und Schulden zum 01.01.01 mit Buchung (5) aufzudecken:

| Sachanlagen | 100 GE | | | |
|---|---|---|---|---|
| Vorräte | 20 GE | an | Sonstige Rückstellungen | 20 GE |
| | | | Differenzen aus der Neubewertung | 100 GE |

Durch diese **Aufdeckung stiller Reserven und stiller Lasten** entstehen temporäre Differenzen, da die Wertveränderungen in der Steuerbilanz nicht nachvollzogen werden. Der im Vergleich zur Steuerbilanz höhere Wertansatz der sonstigen Rückstellungen in der Konzernbilanz führt zur Bildung von aktiven latenten Steuern, der höhere Wertansatz der Sachanlagen und Vorräte hingegen zur Bildung von passiven latenten Steuern. Unter Verwendung eines Steuersatzes von 30 % berechnen sich die latenten Steuern wie folgt:

| | Latente Steuern auf die aufgedeckten stillen Lasten in den sonstigen Rückstellungen (20 GE · 30 %) | 6 GE |
|---|---|---|
| = | Aktive latente Steuern | 6 GE |

| | Latente Steuern auf die aufgedeckten stillen Reserven in den Sachanlagen (100 GE · 30 %) | 30 GE |
|---|---|---|
| + | Latente Steuern auf die aufgedeckten stillen Reserven in den Vorräten (20 GE · 30 %) | + 6 GE |
| = | Passive latente Steuern | 36 GE |

Die stillen Reserven und stillen Lasten werden nicht erfolgswirksam, sondern erfolgsneutral im Eigenkapital berücksichtigt. Die latenten Steuern werden unmittelbar im Eigenkapital in derselben Kategorie erfasst, auf die sich der zugrunde liegende Sachverhalt ausgewirkt hat; hier „Differenzen aus der Neubewertung“ im Eigenkapital. Die berechneten aktiven und passiven latenten Steuern sind mit den Buchungen (6) und (7) anzusetzen. Die aktiven und passiven latenten Steuern werden unsaldiert ausgewiesen.

| Aktive latente Steuern | 6 GE | an | Differenzen aus der Neubewertung | 6 GE |
|---|---|---|---|---|

| Differenzen aus der Neubewertung | 36 GE | an | Passive latente Steuern | 36 GE |
|---|---|---|---|---|

Das neubewertete Eigenkapital errechnet sich bei der Red Baron GmbH zum 01.01.01 folgendermaßen:

| | | | |
|---|---|---|---|
| | Bilanzielles Eigenkapital | | 500 GE |
| + | Stille Reserven | + | 120 GE |
| – | Passive latente Steuern auf stille Reserven | – | 36 GE |
| – | Stille Lasten | – | 20 GE |
| + | Aktive latente Steuern auf stille Lasten | + | 6 GE |
| = | Neubewertetes Eigenkapital | | 570 GE |

Bei der Ermittlung des neubewerteten Eigenkapitals wurde kein Jahresüberschuss im bilanziellen Eigenkapital berücksichtigt, da der Jahresüberschuss zum 01.01.01 noch 0 GE betrug.

Zum Zeitpunkt der erstmaligen Einbeziehung der Red Baron GmbH in den Konzernabschluss der Karl Kaiser AG zum 31.12.01 sind die aufgedeckten **stillen Reserven und stillen Lasten** bereits fortzuführen. Da das Sachanlagevermögen über zehn Jahre linear abgeschrieben wird, sind auch die stillen Reserven des Sachanlagevermögens über zehn Jahre linear abzuschreiben (100 GE / 10 Jahre = 10 GE pro Jahr) (Buchungen (8) und (9)):

| Jahresüberschuss (EK) | 10 GE | an | Sachanlagevermögen | 10 GE |
|---|---|---|---|---|

| Abschreibungen | 10 GE | an | Jahresüberschuss (GuV) | 10 GE |
|---|---|---|---|---|

Folglich sind auch die entsprechenden passiven latenten Steuern (30 GE) i. H. v. 3 GE pro Jahr (= 30 GE / 10 Jahre) erfolgswirksam aufzulösen (Buchungen (10) und (11)):

| Passive latente Steuern | 3 GE | an | Jahresüberschuss (EK) | 3 GE |
|---|---|---|---|---|

| Jahresüberschuss (GuV) | 3 GE | an | Steuern vom Einkommen und vom Ertrag | 3 GE |
|---|---|---|---|---|

Die folgende Übersicht zeigt die bei der Entwicklung von der HB I zur HB III und von der GuV I zur GuV III angesprochenen Posten der Red Baron GmbH zum 31.12.01:

| Zeitpunkt 31.12.01 (Alle Zahlenangaben in GE) | HB I / GuV I | Umbuchung | | HB III / GuV III |
|---|---|---|---|---|
| | | Soll | Haben | |
| **Handelsbilanz** | | | | |
| A. Anlagevermögen | | | | |
| II. Sachanlagen | 500 | 100[5] | 10[8] | 590 |
| B. Umlaufvermögen | | | | |
| I. Vorräte | 300 | 20[5] | | 320 |
| C. Rechnungsabgrenzungsposten | | 40[1] | | 40 |
| D. Aktive latente Steuern | 12 | 6[6] | 12[3] | 6 |
| A. Eigenkapital | | | | |
| IV. Differenzen aus der Neubewertung | | 36[7] | 100[5] | 70 |
| | | | 6[6] | |
| V. Jahresüberschuss | 200 | 12[3] | 40[1] | 221 |
| | | 10[8] | 3[10] | |
| B. Rückstellungen | | | | |
| 3. Sonstige Rückstellungen | 100 | | 20[5] | 120 |
| E. Passive latente Steuern | | 3[10] | 36[7] | 33 |
| **GuV** | | | | |
| 7. Abschreibungen | 50 | 10[9] | | 60 |
| 13. Zinsen und ähnliche Aufwendungen | 112 | | 40[2] | 72 |
| 14. Steuern vom Einkommen und vom Ertrag | 86 | 12[4] | 3[11] | 95 |
| (davon aus latenten Steuern) | (– 12) | | | (– 3) |
| 17. Jahresüberschuss | 200 | 40[2] | 12[4] | 221 |
| | | 3[11] | 10[9] | |

**Übersicht 48-3:** Red Baron GmbH: Entwicklung der HB III und der GuV III aus der HB I und der GuV I für das Geschäftsjahr 01

Im Folgenden sind die HB II bzw. HB III der Konzernunternehmen horizontal zur **Summenbilanz** zu addieren:

| Zeitpunkt 31.12.01 (Alle Zahlenangaben in GE) | Karl Kaiser AG (HB II) | Red Baron GmbH (HB III) | SB |
|---|---|---|---|
| **Aktiva** | | | |
| A. Anlagevermögen | | | |
| II. Sachanlagen | 500 | 590 | 1.090 |
| III. Finanzanlagen | | | |
| 1. Anteile an verbundenen Unternehmen | 570 | | 570 |
| B. Umlaufvermögen | | | |
| I. Vorräte | 300 | 320 | 620 |
| II. Forderungen und sonstige Vermögensgegenstände | | | |
| 2. Forderungen gegen verbundene Unternehmen | 400 | | 400 |
| 4. Sonstige Vermögensgegenstände | 100 | 200 | 300 |
| IV. Kasse | 100 | 200 | 300 |
| C. Rechnungsabgrenzungsposten | | 40 | 40 |
| D. Aktive latente Steuern | 42 | 6 | 48 |
| Summe Aktiva | 2.012 | 1.356 | 3.368 |
| **Passiva** | | | |
| A. Eigenkapital | | | |
| I. Gezeichnetes Kapital | 750 | 200 | 950 |
| II. Kapitalrücklage | 140 | 100 | 240 |
| III. Gewinnrücklagen | 350 | 200 | 550 |
| IV. Differenzen aus der Neubewertung | | 70 | 70 |
| V. Jahresüberschuss | 350 | 221 | 571 |
| B. Rückstellungen | | | |
| 3. Sonstige Rückstellungen | 140 | 120 | 260 |
| C. Verbindlichkeiten | | | |
| 6. Verbindlichkeiten gegenüber verbundenen Unternehmen | | 400 | 400 |
| 8. Sonstige Verbindlichkeiten | 242 | 12 | 254 |
| D. Rechnungsabgrenzungsposten | 40 | | 40 |
| E. Passive latente Steuern | | 33 | 33 |
| Summe Passiva | 2.012 | 1.356 | 3.368 |

**Übersicht 48-4:** Entwicklung der Summenbilanz aus den HB II bzw. HB III der Karl Kaiser AG und der Red Baron GmbH für das Geschäftsjahr 01

In gleicher Weise sind die GuV II bzw. GuV III der Karl Kaiser AG und der Red Baron GmbH zur **Summen-GuV** zu aggregieren:

| Zeitpunkt 31.12.01 (Alle Zahlenangaben in GE) | Karl Kaiser AG (GuV II) | Red Baron GmbH (GuV III) | Summen-GuV |
|---|---|---|---|
| 1. Umsatzerlöse | 2.500 | 1.000 | 3.500 |
| 5. Materialaufwand | 800 | 200 | 1.000 |
| 6. Personalaufwand | 1.000 | 300 | 1.300 |
| 7. Abschreibungen | 50 | 60 | 110 |
| 8. Sonstige betriebliche Aufwendungen | 222 | 52 | 274 |
| 11. Sonstige Zinsen und ähnliche Erträge | 72 | | 72 |
| 13. Zinsen und ähnliche Aufwendungen | | 72 | 72 |
| 14. Steuern vom Einkommen und vom Ertrag | 150 | 95 | 245 |
| (davon aus latenten Steuern) | (– 42) | (– 3) | (– 45) |
| **17. Jahresüberschuss** | 350 | 221 | 571 |

**Übersicht 48-5:** Entwicklung der Summen-GuV aus den GuV II bzw. GuV III der Karl Kaiser AG und der Red Baron GmbH für das Geschäftsjahr 01

Im Rahmen der **Kapitalkonsolidierung** wird anschließend der Beteiligungsbuchwert mit dem neubewerteten Eigenkapital verrechnet. Der entsprechende Buchungssatz (12) in der Konzernbilanz lautet daher:

| | | | | |
|---|---|---|---|---|
| Gezeichnetes Kapital | 200 GE | | | |
| Kapitalrücklage | 100 GE | | | |
| Gewinnrücklagen | 200 GE | | | |
| Differenzen aus der Neubewertung | 70 GE | an | Anteile an verbundenen Unternehmen | 570 GE |

Bei der Verrechnung des Beteiligungsbuchwertes mit dem neubewerteten Eigenkapital ergibt sich kein Unterschiedsbetrag und damit auch kein Bilanzansatz eines Geschäfts- oder Firmenwertes bzw. eines negativen Unterschiedsbetrages.

In der Konzernbilanz ist zudem die **Schuldenkonsolidierung** gemäß § 303 HGB durchzuführen. Zunächst ist das konzerninterne Darlehen (**Geschäftsvorfall (1)**) zu eliminieren, wobei die konzerninterne Forderung in ihrer Höhe der konzerninternen Verbindlichkeit entspricht (Buchungssatz (13)):

| | | | | |
|---|---|---|---|---|
| Verbindlichkeiten gegenüber verbundenen Unternehmen | 400 GE | an | Forderungen gegen verbundene Unternehmen | 400 GE |

Aufrechnungsdifferenzen, die zur Bildung latenter Steuern führen könnten, entstehen bei diesem Sachverhalt nicht.

Die im Zusammenhang mit dem Darlehen geleisteten bzw. erhaltenen Zinszahlungen i. H. v. 32 GE (= 400 GE · 8 %) sind bei der mit der Schuldenkonsolidierung verbundenen Aufwands- und Ertragskonsolidierung in der Konzern-GuV durch Buchungssatz (14) zu neutralisieren:

| Sonstige Zinsen und ähnliche Erträge | 32 GE | an | Zinsen und ähnliche Aufwendungen | 32 GE |
|---|---|---|---|---|

Weiterhin sind mit Hilfe der Buchungssätze (15) und (16) die zum 31.12.01 abgegrenzten aktiven und passiven Rechnungsabgrenzungsposten i. H. v. 40 GE sowie die bereits erfolgswirksam gewordenen Teile des Disagios i. H. v. 40 GE als Aufwand bei dem TU und als Ertrag bei dem MU zu eliminieren:

| Sonstige Zinsen und ähnliche Erträge | 40 GE | an | Aktiver Rechnungsabgrenzungsposten | 40 GE |
|---|---|---|---|---|

| Passiver Rechnungsabgrenzungsposten | 40 GE | an | Zinsen und ähnliche Aufwendungen | 40 GE |
|---|---|---|---|---|

Zusätzlich ist die konzerninterne Drohverlustrückstellung (**Geschäftsvorfall (2)**) aus der HB I der Karl Kaiser AG aufzulösen. Da dieser Verpflichtung kein Anspruch gegenübersteht, entsteht im Geschäftsjahr 01 eine echte passive Aufrechnungsdifferenz aus der Schuldenkonsolidierung. Die Buchung (17) für die Eliminierung der konzerninternen Drohverlustrückstellung lautet:

| Sonstige Rückstellungen | 140 GE | an | Jahresüberschuss (EK) | 140 GE |
|---|---|---|---|---|

Der Aufwand aus der Rückstellungsbildung in der GuV des Konzerns ist ebenfalls zu eliminieren. Dies zeigt Buchungssatz (18):

| Jahresüberschuss (GuV) | 140 GE | an | Sonstige betriebliche Aufwendungen | 140 GE |
|---|---|---|---|---|

Da die Drohverlustrückstellung gemäß § 5 Abs. 4a EStG nicht in der Steuerbilanz der Karl Kaiser AG passiviert werden durfte, waren in der HB I der Karl Kaiser AG bereits aktive latente Steuern i. H. v. 42 GE (= 140 GE · 30 %) ausgewiesen. Aus der Aufrechnungsdifferenz der Schuldenkonsolidierung würden gegenläufige passive latente Steuern i. H. v. 42 GE (= 140 GE · 30 %) resultieren. In Summe gleichen sich demnach die latenten Steuern für diesen Geschäftsvorfall aus. Da ohne die Drohverlustrückstellung keine Differenz mehr zur Steuerbilanz besteht, werden mit den Buchungssätzen (19) und (20) die im Jahresabschluss entstandenen aktiven latenten Steuern ausgebucht:

| Jahresüberschuss (EK) | 42 GE | an | Aktive latente Steuern | 42 GE |
|---|---|---|---|---|

| Steuern vom Einkommen und vom Ertrag | 42 GE | an | Jahresüberschuss (GuV) | 42 GE |
|---|---|---|---|---|

Die Lieferung der fertigen Erzeugnisse von der Red Baron GmbH an die Karl Kaiser AG ist durch eine **Zwischenergebniseliminierung** zu berücksichtigen (**Geschäftsvorfall (3)**). Da der Verkaufspreis von 150 GE über den Konzernherstellungskosten von 60 GE liegt, entsteht ein nach § 304 HGB zu eliminierender Zwischengewinn. Zugleich ist der Wertansatz der unter den Vorräten in der HB I bzw. der HB II der Karl Kaiser AG mit Anschaffungskosten von 150 GE ausgewiesenen Handelswaren durch den Buchungssatz (21) entsprechend um 90 GE zu kürzen:

| Jahresüberschuss (EK) | 90 GE | an | Vorräte | 90 GE |
|---|---|---|---|---|

Durch die Zwischenergebniseliminierung fallen die Konzernherstellungskosten des konzernintern verkauften Vermögensgegenstandes und die Anschaffungskosten dieses Vermögensgegenstandes im Jahresabschluss des kaufenden Unternehmens auseinander. Das kaufende Unternehmen bilanziert in der HB I, HB II sowie der Steuerbilanz den erhaltenen Vermögensgegenstand zu seinen Anschaffungskosten. Folglich ist der Wert in der Konzernbilanz um den Wert des Zwischengewinns (90 GE) geringer. Beim Verkauf an Dritte lösen sich diese Differenzen wieder auf. Somit sind in diesem Fall aktive latente Steuern i. H. v. 27 GE (= 90 GE · 30 %) zu bilanzieren. Die Buchungssätze (22) und (23) lauten daher:

| Aktive latente Steuern | 27 GE | an | Jahresüberschuss (EK) | 27 GE |
|---|---|---|---|---|

| Jahresüberschuss (GuV) | 27 GE | an | Steuern vom Einkommen und vom Ertrag | 27 GE |
|---|---|---|---|---|

Der nur intern realisierte Umsatzerlös von 150 GE aus dem Verkauf der Handelswaren von der Red Baron GmbH an die Karl Kaiser AG ist in der Konzern-GuV zu eliminieren. Aus Konzernsicht handelt es sich nämlich um eine Bestandserhöhung, die mit den Herstellungskosten von 60 GE anzusetzen ist. Auf diese Weise verringert sich das Konzernergebnis gegenüber der Summe der HB III-Ergebnisse um 90 GE, wie Buchungssatz (24) zeigt:

| Umsatzerlöse | 150 GE | an | Bestandsveränderungen | 60 GE |
|---|---|---|---|---|
| | | | Jahresüberschuss (GuV) | 90 GE |

Die folgende Übersicht zeigt die Entwicklung von der Summenbilanz zur **Konzernbilanz** des Geschäftsjahres 01:

| Zeitpunkt 31.12.01 (Alle Zahlenangaben in GE) | SB | Konsolidierungsspalte | | KB |
|---|---|---|---|---|
| | | Soll | Haben | |
| **Aktiva** | | | | |
| A. Anlagevermögen | | | | |
| II. Sachanlagen | 1.090 | | | 1.090 |
| III. Finanzanlagen | | | | |
| 1. Anteile an verbundenen Unternehmen | 570 | | 570[12] | |
| B. Umlaufvermögen | | | | |
| I. Vorräte | 620 | | 90[21] | 530 |
| II. Forderungen und sonstige Vermögensgegenstände | | | | |
| 2. Forderungen gegen verbundene Unternehmen | 400 | | 400[13] | |
| 4. Sonstige Vermögensgegenstände | 300 | | | 300 |
| IV. Kasse | 300 | | | 300 |
| C. Rechnungsabgrenzungsposten | 40 | | 40[15] | |
| D. Aktive latente Steuern | 48 | 27[22] | 42[19] | 33 |
| Summe Aktiva | 3.368 | | | 2.253 |
| **Passiva** | | | | |
| A. Eigenkapital | | | | |
| I. Gezeichnetes Kapital | 950 | 200[12] | | 750 |
| II. Kapitalrücklage | 240 | 100[12] | | 140 |
| III. Gewinnrücklagen | 550 | 200[12] | | 350 |
| IV. Differenzen aus der Neubewertung | 70 | 70[12] | | |
| V. Jahresüberschuss | 571 | 42[19] | 140[17] | 606 |
| | | 90[21] | 27[22] | |
| B. Rückstellungen | | | | |
| 3. Sonstige Rückstellungen | 260 | 140[17] | | 120 |
| C. Verbindlichkeiten | | | | |
| 6. Verbindlichkeiten gegenüber verbundenen Unternehmen | 400 | 400[13] | | |
| 8. Sonstige Verbindlichkeiten | 254 | | | 254 |
| D. Rechnungsabgrenzungsposten | 40 | 40[16] | | |
| E. Passive latente Steuern | 33 | | | 33 |
| Summe Passiva | 3.368 | 1.309 | 1.309 | 2.253 |

**Übersicht 48-6:** Entwicklung der Konzernbilanz aus der Summenbilanz des Karl Kaiser-Konzerns für das Geschäftsjahr 01

Die nachstehende Übersicht zeigt die Entwicklung von der Summen-GuV zur **Konzern-GuV** des Geschäftsjahres 01:

| Zeitpunkt 31.12.01 (Alle Zahlenangaben in GE) | Summen-GuV | Konsolidierungsspalte | | Konzern-GuV |
|---|---|---|---|---|
| | | Soll | Haben | |
| 1. Umsatzerlöse | 3.500 | 150[24] | | 3.350 |
| 2. Bestandsveränderungen | | | 60[24] | 60 |
| 5. Materialaufwand | 1.000 | | | 1.000 |
| 6. Personalaufwand | 1.300 | | | 1.300 |
| 7. Abschreibungen | 110 | | | 110 |
| 8. Sonstige betriebliche Aufwendungen | 274 | | 140[18] | 134 |
| 11. Sonstige Zinsen und ähnliche Erträge | 72 | 32[14]<br>40[15] | | |
| 13. Zinsen und ähnliche Aufwendungen | 72 | | 32[14]<br>40[16] | |
| 14. Steuern vom Einkommen und vom Ertrag<br>(davon aus latenten Steuern) | 245<br>(– 45) | 42[20] | 27[23] | 260<br>(– 30) |
| **17. Jahresüberschuss** | 571 | 140[18]<br>27[23] | 42[20]<br>90[24] | 606 |

**Übersicht 48-7:** Entwicklung der Konzern-GuV aus der Summen-GuV des Karl Kaiser-Konzerns für das Geschäftsjahr 01

## Lösung zu Teilaufgabe (b)

Bei der **Karl Kaiser AG** besteht, wie auch im Geschäftsjahr 01, keine Anpassungsnotwendigkeit an die konzerneinheitlichen Vorschriften (**HB II**).

Bei der **Red Baron GmbH** mussten im Geschäftsjahr 01 Anpassungen aufgrund des **Geschäftsvorfalls (1)** vorgenommen werden, indem das auf Jahresabschlussebene aufwandswirksam verbuchte Disagio nachträglich aktiviert wurde. Zum 31.12.02 ist der Grund zur Bildung eines aktiven Rechnungsabgrenzungspostens entfallen, da das Laufzeitende des Darlehens erreicht ist. Folglich ist es nicht erforderlich, diesen Posten erneut im Rahmen der Anpassung an die konzerneinheitliche Bilanzierung in der HB II der Red Baron GmbH zu aktivieren. Die Erfolgswirkungen aus der Auflösung des aktiven Rechnungsabgrenzungspostens sind hingegen noch zu erfassen. Dazu ist in der GuV II der Aufwand aus der Auflösung zulasten des Jahresüberschusses zu erhöhen. Zugleich ist in der HB II der Jahresüberschuss zugunsten der Gewinnrücklagen um diesen Aufwand zu verringern. Alternativ kann auch gegen einen Korrekturposten im Eigenkapital gebucht werden. Die Buchungssätze (25) und (26) fassen diese Anpassungen zusammen:

| Jahresüberschuss (EK) | 40 GE | an | Gewinnrücklagen | 40 GE |
|---|---|---|---|---|

| Zinsen und ähnliche Aufwendungen | 40 GE | an | Jahresüberschuss (GuV) | 40 GE |
|---|---|---|---|---|

Die aktiven latenten Steuern aus der Einzeldifferenz zwischen der HB I und der Steuerbilanz der Red Baron GmbH wurden bereits im handelsrechtlichen Jahresabschluss erfolgswirksam ausgebucht. Die Erfolgswirkung aus der Auflösung dieser latenten Steuern ist entsprechend der Auflösung des Disagios mit den Buchungen (27) und (28) zu eliminieren:

| Gewinnrücklagen | 12 GE | an | Jahresüberschuss (EK) | 12 GE |
|---|---|---|---|---|

| Jahresüberschuss (GuV) | 12 GE | an | Steuern vom Einkommen und vom Ertrag | 12 GE |
|---|---|---|---|---|

Die Buchungen der Erstkonsolidierung sind zu wiederholen. Im Folgenden werden die Buchungen (5) bis (7) zur Aufdeckung **der stillen Reserven und stillen Lasten** wiederholt (Buchungen (29) bis (31)).

| Sachanlagen | 100 GE | | | |
|---|---|---|---|---|
| Vorräte | 20 GE | an | Sonstige Rückstellungen | 20 GE |
| | | | Differenzen aus der Neubewertung | 100 GE |

| Aktive latente Steuern | 6 GE | an | Differenzen aus der Neubewertung | 6 GE |
|---|---|---|---|---|

| Differenzen aus der Neubewertung | 36 GE | an | Passive latente Steuern | 36 GE |
|---|---|---|---|---|

Die schon im Geschäftsjahr 01 vorgenommene Fortschreibung der stillen Reserven im **Sachanlagevermögen** ist ebenso zu wiederholen wie die Auflösung der darauf entfallenden latenten Steuern. Dies hat allerdings entgegen der Behandlung im ersten Jahr nicht erfolgswirksam, sondern erfolgsneutral zu erfolgen. Als Gegenposten dienen die Gewinnrücklagen (Buchungen (32) und (33)):

| Gewinnrücklagen | 10 GE | an | Sachanlagevermögen | 10 GE |
|---|---|---|---|---|

| Passive latente Steuern | 3 GE | an | Gewinnrücklagen | 3 GE |
|---|---|---|---|---|

Darüber hinaus sind die stillen Reserven im Sachanlagevermögen und die korrespondierenden latenten Steuern analog zum ersten Jahr für eine weitere Periode fortzuschreiben (Buchungen (34) bis (37)):

| Jahresüberschuss (EK) | 10 GE | an | Sachanlagevermögen | 10 GE |
|---|---|---|---|---|

| Abschreibungen | 10 GE | an | Jahresüberschuss (GuV) | 10 GE |
|---|---|---|---|---|

| Passive latente Steuern | 3 GE | an | Jahresüberschuss (EK) | 3 GE |
|---|---|---|---|---|

| Jahresüberschuss (GuV) | 3 GE | an | Steuern vom Einkommen und vom Ertrag | 3 GE |
|---|---|---|---|---|

Die latenten Steuern auf die stillen Reserven des **Vorratsvermögens** sind noch nicht aufzulösen, da die stillen Reserven bis zum Verkauf der Vorräte im Geschäftsjahr 03 bestehen bleiben.

Der Grund für die **stillen Lasten** ist zum 31.12.02 entfallen. Die noch durch die Wiederholung der Buchungen der Erstkonsolidierung passivierten stillen Lasten sind daher aufzulösen (Buchungen (38) und (39)):

| Sonstige Rückstellungen | 20 GE | an | Jahresüberschuss (EK) | 20 GE |
|---|---|---|---|---|

| Jahresüberschuss (GuV) | 20 GE | an | Sonstige betriebliche Erträge | 20 GE |
|---|---|---|---|---|

Die aktiven latenten Steuern, die durch die Passivierung der stillen Lasten i. H. v. 6 GE entstanden, sind daher auch erfolgswirksam aufzulösen (Buchungen (40) und (41)):

| Jahresüberschuss (EK) | 6 GE | an | Aktive latente Steuern | 6 GE |
|---|---|---|---|---|

| Steuern vom Einkommen und vom Ertrag | 6 GE | an | Jahresüberschuss (GuV) | 6 GE |
|---|---|---|---|---|

Die folgende Übersicht zeigt die bei der Entwicklung von der HB I zur **HB III** und von der GuV I zur **GuV III** angesprochenen Posten:

| Zeitpunkt 31.12.02 (Alle Zahlenangaben in GE) | HB I / GuV I | Umbuchung | | HB III / GuV III |
|---|---|---|---|---|
| | | Soll | Haben | |
| **Handelsbilanz** | | | | |
| A. Anlagevermögen | | | | |
| II. Sachanlagen | 500 | 100[29] | 10[32] | 580 |
| | | | 10[34] | |
| B. Umlaufvermögen | | | | |
| I. Vorräte | 300 | 20[29] | | 320 |
| D. Aktive latente Steuern | | 6[30] | 6[40] | |
| A. Eigenkapital | | | | |
| III. Gewinnrücklagen | 400 | 12[27] | 40[25] | 421 |
| | | 10[32] | 3[33] | |
| IV. Differenzen aus der Neubewertung | | 36[31] | 100[29] | 70 |
| | | | 6[30] | |
| V. Jahresüberschuss | 200 | 40[25] | 12[27] | 179 |
| | | 10[34] | 3[36] | |
| | | 6[40] | 20[38] | |
| B. Rückstellungen | | | | |
| 3. Sonstige Rückstellungen | | 20[38] | 20[29] | |
| E. Passive latente Steuern | | 3[33] | 36[31] | 30 |
| | | 3[36] | | |
| **GuV** | | | | |
| 4. Sonstige betriebliche Erträge | | | 20[39] | 20 |
| 7. Abschreibungen | 50 | 10[35] | | 60 |
| 13. Zinsen und ähnliche Aufwendungen | 32 | 40[26] | | 72 |
| 14. Steuern vom Einkommen und vom Ertrag | 86 | 6[41] | 12[28] | 77 |
| (davon aus latenten Steuern) | (12) | | 3[37] | (3) |
| 17. Jahresüberschuss | 200 | 12[28] | 40[26] | 179 |
| | | 3[37] | 10[35] | |
| | | 20[39] | 6[41] | |

**Übersicht 48-8:** Red Baron GmbH: Entwicklung der HB III und der GuV III aus der HB I und der GuV I für das Geschäftsjahr 02

Die nachstehende Übersicht zeigt die horizontale Addition der HB II und HB III zur **Summenbilanz**:

| Zeitpunkt 31.12.02 (Alle Zahlenangaben in GE) | Karl Kaiser AG (HB II) | Red Baron GmbH (HB III) | SB |
|---|---|---|---|
| **Aktiva** | | | |
| A. Anlagevermögen | | | |
| II. Sachanlagen | 500 | 580 | 1.080 |
| III. Finanzanlagen | | | |
| 1. Anteile an verbundenen Unternehmen | 570 | | 570 |
| B. Umlaufvermögen | | | |
| I. Vorräte | 300 | 320 | 620 |
| II. Forderungen und sonstige Vermögensgegenstände | | | |
| 4. Sonstige Vermögensgegenstände | 100 | 200 | 300 |
| IV. Kasse | 542 | 212 | 754 |
| Summe Aktiva | 2.012 | 1.312 | 3.324 |
| **Passiva** | | | |
| A. Eigenkapital | | | |
| I. Gezeichnetes Kapital | 750 | 200 | 950 |
| II. Kapitalrücklage | 140 | 100 | 240 |
| III. Gewinnrücklagen | 700 | 421 | 1.121 |
| IV. Differenzen aus der Neubewertung | | 70 | 70 |
| V. Jahresüberschuss | 350 | 179 | 529 |
| C. Verbindlichkeiten | | | |
| 8. Sonstige Verbindlichkeiten | 72 | 312 | 384 |
| E. Passive latente Steuern | | 30 | 30 |
| Summe Passiva | 2.012 | 1.312 | 3.324 |

**Übersicht 48-9:** Entwicklung der Summenbilanz aus den HB II bzw. HB III der Karl Kaiser AG und der Red Baron GmbH für das Geschäftsjahr 02

Entsprechend ist aus den GuV II bzw. GuV III der beiden Konzernunternehmen die **Summen-GuV** des Geschäftsjahres 02 zu bilden:

| Zeitpunkt 31.12.02 (Alle Zahlenangaben in GE) | Karl Kaiser AG (GuV II) | Red Baron GmbH (GuV III) | Summen-GuV |
|---|---|---|---|
| 1. Umsatzerlöse | 2.500 | 1.000 | 3.500 |
| 4. Sonstige betriebliche Erträge | 140 | 20 | 160 |
| 5. Materialaufwand | 800 | 200 | 1.000 |
| 6. Personalaufwand | 1.000 | 300 | 1.300 |
| 7. Abschreibungen | 50 | 60 | 110 |
| 8. Sonstige betriebliche Aufwendungen | 362 | 132 | 494 |
| 11. Sonstige Zinsen und ähnliche Erträge | 72 | | 72 |
| 13. Zinsen und ähnliche Aufwendungen | | 72 | 72 |
| 14. Steuern vom Einkommen und vom Ertrag<br>(davon aus latenten Steuern) | 150<br>(42) | 77<br>(3) | 227<br>(45) |
| **17. Jahresüberschuss** | 350 | 179 | 529 |

**Übersicht 48-10:** Entwicklung der Summen-GuV aus den GuV II bzw. GuV III der Karl Kaiser AG und der Red Baron GmbH für das Geschäftsjahr 02

Nachdem die Summenbilanz aufgestellt wurde, ist entsprechend der Erstkonsolidierung das neubewertete **Eigenkapital** mit den Anteilen an der Red Baron GmbH zu **konsolidieren** (Buchung (42)):

| | | | | |
|---|---|---|---|---|
| Gezeichnetes Kapital | 200 GE | | | |
| Kapitalrücklage | 100 GE | | | |
| Gewinnrücklagen | 200 GE | | | |
| Differenzen aus der Neubewertung | 70 GE | an | Anteile an verbundenen Unternehmen | 570 GE |

Die konzerninterne Beziehung durch das Darlehen (**Geschäftsvorfall (1)**) existiert zum 31.12.02 nicht mehr, da dieses Darlehen vollständig von der Red Baron GmbH zurückgezahlt wurde. Allerdings sind nach § 305 HGB bei der **Aufwands- und Ertragskonsolidierung** in der Konzern-GuV der Disagioertrag aus der GuV I der Karl Kaiser AG sowie der in der GuV II entstandene Zinsaufwand der Red Baron GmbH zu neutralisieren. Der Buchungssatz (43) in der Konzern-GuV lautet daher:

| | | | | |
|---|---|---|---|---|
| Sonstige Zinsen und ähnliche Erträge | 40 GE | an | Zinsen und ähnliche Aufwendungen | 40 GE |

Weiterhin ist die (jährliche) Zinszahlung der Red Baron GmbH an die Karl Kaiser AG auch für das Geschäftsjahr 02 zu eliminieren. Der zugehörige Buchungssatz (44) in der Konzern-GuV lautet:

| | | | | |
|---|---|---|---|---|
| Sonstige Zinsen und ähnliche Erträge | 32 GE | an | Zinsen und ähnliche Aufwendungen | 32 GE |

Die Drohverlustrückstellung (**Geschäftsvorfall (2)**) existiert im Geschäftsjahr 02 ebenfalls nicht mehr. Da der Grund entfallen ist, weist die Karl Kaiser AG in ihrer HB I (und in ihrer HB II) des Geschäftsjahres 02 keine Drohverlustrückstellung mehr aus. Die Auflösung der Drohverlustrückstellung hat dabei das Konzernergebnis erhöht. Dieser Einfluss auf das Konzernergebnis muss über einen Korrektur- bzw. Ausgleichsposten in der Konzernbilanz neutralisiert werden. Durch den Buchungssatz (45) wird das Ergebnis in der Konzernbilanz um 140 GE vor Steuern verringert:

| Jahresüberschuss (EK) | 140 GE | an | Ausgleichsposten aus der Konsolidierung | 140 GE |
|---|---|---|---|---|

In der Konzern-GuV ist bei der Aufwands- und Ertragskonsolidierung durch den Buchungssatz (46) der sonstige betriebliche Ertrag aus der Auflösung der Drohverlustrückstellung zu eliminieren:

| Sonstige betriebliche Erträge | 140 GE | an | Jahresüberschuss (GuV) | 140 GE |
|---|---|---|---|---|

Die aktiven latenten Steuern aus der Einzeldifferenz zwischen der HB I und der Steuerbilanz der Karl Kaiser AG wurden im handelsrechtlichen Jahresabschluss bereits aufwandswirksam ausgebucht. Diese Erfolgswirkung ist zu eliminieren, da es diese aus Konzernsicht nicht gegeben hätte (Buchungen (47) und (48)):

| Ausgleichsposten aus der Konsolidierung | 42 GE | an | Jahresüberschuss (EK) | 42 GE |
|---|---|---|---|---|

| Jahresüberschuss (GuV) | 42 GE | an | Steuern vom Einkommen und vom Ertrag | 42 GE |
|---|---|---|---|---|

Das Zwischenergebnis aufgrund der konzerninternen Lieferung von fertigen Erzeugnissen (**Geschäftsvorfall (3)**) hat sich im Geschäftsjahr 02 realisiert, da die Karl Kaiser AG die im Vorjahr von der Red Baron GmbH bezogenen und als Handelswaren aktivierten Vorräte an Konzernaußenstehende veräußert hat. Der Jahresüberschuss ist folglich um den realisierten Zwischengewinn i. H. v. 90 GE zu erhöhen. Der zugehörige Buchungssatz (49) lautet:

| Ausgleichsposten aus der Konsolidierung | 90 GE | an | Jahresüberschuss (EK) | 90 GE |
|---|---|---|---|---|

Im Jahresabschluss der Karl Kaiser AG hat der Einsatz an Handelswaren einen Materialaufwand i. H. v. 150 GE verursacht. Aus Konzernsicht stellt der Wareneinsatz hingegen eine Bestandsverringerung der im Vorjahr aktivierten Herstellungskosten i. H. v. 60 GE dar. Der zugehörige Buchungssatz (50) lautet:

| Bestandsveränderungen | 60 GE | | | |
|---|---|---|---|---|
| Jahresüberschuss (GuV) | 90 GE | an | Materialaufwand | 150 GE |

Da sich die temporäre Differenz aufgrund des Zwischenergebnisses umgekehrt hat, sind auch die latenten Steuern aufzulösen. Die Buchungssätze (51) und (52) zeigen die Ergebniswirkung aus der Auflösung:

| Jahresüberschuss (EK) | 27 GE | an | Ausgleichsposten aus der Konsolidierung | 27 GE |
|---|---|---|---|---|

| Steuern vom Einkommen und vom Ertrag | 27 GE | an | Jahresüberschuss (GuV) | 27 GE |
|---|---|---|---|---|

Die nachstehende Übersicht zeigt die Entwicklung von der Summenbilanz zur **Konzernbilanz** des Geschäftsjahres 02:

| Zeitpunkt 31.12.02 (Alle Zahlenangaben in GE) | SB | Konsolidierungsspalte | | KB |
|---|---|---|---|---|
| | | Soll | Haben | |
| **Aktiva** | | | | |
| A. Anlagevermögen | | | | |
| II. Sachanlagen | 1.080 | | | 1.080 |
| III. Finanzanlagen | | | | |
| 1. Anteile an verbundenen Unternehmen | 570 | | 570[42] | |
| B. Umlaufvermögen | | | | |
| I. Vorräte | 620 | | | 620 |
| II. Forderungen und sonstige Vermögensgegenstände | | | | |
| 4. Sonstige Vermögensgegenstände | 300 | | | 300 |
| IV. Kasse | 754 | | | 754 |
| Summe Aktiva | 3.324 | | | 2.754 |
| **Passiva** | | | | |
| A. Eigenkapital | | | | |
| I. Gezeichnetes Kapital | 950 | 200[42] | | 750 |
| II. Kapitalrücklage | 240 | 100[42] | | 140 |
| III. Gewinnrücklagen | 1.121 | 200[42] | | 921 |
| IV. Differenzen aus der Neubewertung | 70 | 70[42] | | |
| V. Jahresüberschuss | 529 | 140[45] | 42[47] | 494 |
| | | 27[51] | 90[49] | |
| VI. Ausgleichsposten aus der Konsolidierung | | 42[47] | 140[45] | 35 |
| | | 90[49] | 27[51] | |
| C. Verbindlichkeiten | | | | |
| 8. Sonstige Verbindlichkeiten | 384 | | | 384 |
| E. Passive latente Steuern | 30 | | | 30 |
| Summe Passiva | 3.324 | 869 | 869 | 2.754 |

**Übersicht 48-11:** Entwicklung der Konzernbilanz aus der Summenbilanz des Karl Kaiser-Konzerns für das Geschäftsjahr 02

Die Entwicklung von der Summen-GuV zur **Konzern-GuV** des Geschäftsjahres 02 ist der folgenden Übersicht zu entnehmen:

| Zeitpunkt 31.12.02 (Alle Zahlenangaben in GE) | Summen-GuV | Konsolidierungsspalte | | Konzern-GuV |
|---|---|---|---|---|
| | | Soll | Haben | |
| 1. Umsatzerlöse | 3.500 | | | 3.500 |
| 2. Bestandsveränderungen | | 60[50] | | – 60 |
| 4. Sonstige betriebliche Erträge | 160 | 140[46] | | 20 |
| 5. Materialaufwand | 1.000 | | 150[50] | 850 |
| 6. Personalaufwand | 1.300 | | | 1.300 |
| 7. Abschreibungen | 110 | | | 110 |
| 8. Sonstige betriebliche Aufwendungen | 494 | | | 494 |
| 11. Sonstige Zinsen und ähnliche Erträge | 72 | 40[43] | | |
| | | 32[44] | | |
| 13. Zinsen und ähnliche Aufwendungen | 72 | | 40[43] | |
| | | | 32[44] | |
| 14. Steuern vom Einkommen und vom Ertrag | 227 | 27[52] | 42[48] | 212 |
| (davon aus latenten Steuern) | (45) | | | (30) |
| **17. Jahresüberschuss** | 529 | 42[48] | 140[46] | 494 |
| | | 90[50] | 27[52] | |

**Übersicht 48-12:** Entwicklung der Konzern-GuV aus der Summen-GuV des Karl Kaiser-Konzerns für das Geschäftsjahr 02

# Übung 49: Die Bilanzierung latenter Steuern im Konzernabschluss nach IFRS

## Aufgaben

(a) Erläutern Sie das Konzept des Ansatzes latenter Steuern im Konzernabschluss nach IAS 12 (Ertragsteuern) im Vergleich zum Ansatz latenter Steuern nach HGB. Beziehen Sie auch die Ebenen der Bilanzierung latenter Steuern im Konzernabschluss in Ihre Ausführungen ein.

(b) Erläutern Sie die Methode der Ermittlung und Bewertung latenter Steuern im Konzernabschluss nach IAS 12 im Vergleich zur Ermittlung und Bewertung latenter Steuern nach HGB.

## Literaturhinweis

BAETGE, JÖRG/KIRSCH, HANS-JÜRGEN/THIELE, STEFAN, Konzernbilanzen, 15. Aufl., Düsseldorf 2024, Kap. VIII Abschn. 3.

## Lösungen

### Lösung zu Teilaufgabe (a)

Durch das Konzept der Bilanzierung latenter Steuern wird festgelegt, für welche Differenzen zwischen der IFRS-Bilanzierung und der steuerrechtlichen Bilanzierung grundsätzlich latente Steuern gebildet werden. Mit Hilfe der Ermittlungs- und Bewertungsmethode wird darauf aufbauend der für den jeweiligen Sachverhalt konkret anzusetzende Betrag latenter Steuern bestimmt, welcher aus der nach dem Konzept festgestellten Differenz resultiert.

Analog zum HGB basieren die Regelungen der Steuerabgrenzung nach IFRS auf dem bilanzorientierten **Temporary-Konzept**. Demnach werden die Vermögenswerte und Schulden in der IFRS-Bilanz (accounting base) mit den nach den steuerrechtlichen Vorschriften ermittelten Wertansätzen in der Steuerbilanz (tax base) verglichen. Dabei werden ausschließlich temporäre Ansatz- und Bewertungsunterschiede erfasst, die künftig wieder abgebaut werden. Je nachdem, ob diese temporären Differenzen zu einer künftigen Steuerentlastung (aktive latente Steuer) oder einer künftigen Steuerbelastung (passive latente Steuer) führen, unterscheidet IAS 12 zwischen abzugsfähigen temporären Differenzen und zu versteuernden temporären Differenzen.

Die Bilanzierung latenter Steuern im Konzernabschluss kann entsprechend der Ebene, auf der die Ansatz- und Bewertungsunterschiede entstehen, in sog. inside basis differences und sog. outside basis differences unterteilt werden. Weichen die IFRS-Bilanzwerte auf Ebene des Jahresabschlusses von den Werten der Steuerbilanz ab, bestehen **inside basis differences I**. Weichen darüber hinaus die IFRS-Bilanzwerte auf Ebene des Konzernabschlusses aufgrund der Vereinheitlichung der Jahresabschlüsse oder aufgrund der Konsolidierungsmaßnahmen von den Werten der Steuerbilanz ab, wird von **inside basis differences II** gesprochen. Latente Steuern auf inside basis differences sind sowohl nach IFRS als auch nach HGB grundsätzlich ansatzpflichtig.

**Outside basis differences** liegen vor, wenn das (anteilige) Nettovermögen eines einbezogenen Unternehmens im Konzernabschluss (accounting base) von dem steuerlichen Beteiligungsbuchwert der Muttergesellschaft an dem einbezogenen Unternehmen abweicht (tax base). Diese Differenzen resultieren daraus, dass im deutschen Bilanzsteuerrecht keine Konzernbilanz aufgestellt wird. Stattdessen wird die Beteiligung an dem einbezogenen Unternehmen als ein einzelnes Wirtschaftsgut bilanziert; in die Konzernbilanz werden hingegen die einzelnen Aktiva und Passiva des einbezogenen Unternehmens aufgenommen bzw. das Unternehmen at equity bilanziert. Für outside basis differences besteht nach IFRS grundsätzlich eine Ansatzpflicht, gemäß § 306 Satz 4 HGB allerdings ein Ansatzverbot.

Grundsätzlich sind somit nach IAS 12 latente Steuern auf sämtliche temporäre Differenzen zu bilden. Explizit ausgenommen von dieser grundsätzlichen Verpflichtung sind allerdings gemäß IAS 12.15 (a) Differenzen, die bei dem erstmaligen Ansatz eines derivativen **Goodwill** aus der Kapitalkonsolidierung entstehen, sofern dieser steuerrechtlich nicht abzugsfähig ist. Aus einer sich in den Folgeperioden ergebenden zu versteuernden temporären Differenz, die noch nicht zum Zeitpunkt der Erstkonsolidierung bestand, kann hingegen gemäß IAS 12.21B eine zu passivierende Steuerlatenz resultieren. Die Bilanzierung latenter Steuern auf den erstmaligen Ansatz eines derivativen Goodwill aus der Kapitalkonsolidierung ist auch nach § 306 Satz 3 HGB nicht zulässig.

## Lösung zu Teilaufgabe (b)

Das Temporary-Konzept legt gleichzeitig die Ermittlungs- und Bewertungsmethode fest. Das Temporary-Konzept ist methodisch nur mit der ebenfalls bilanzorientierten **Liability-Methode** kompatibel. Passive latente Steuern haben bei der Liability-Methode den Charakter einer möglichen Steuerschuld gegenüber der Finanzverwaltung. Aktive latente Steuern haben hingegen den Charakter einer latenten Steuerforderung. Grundsätzlich sind latente Steuern durch eine Einzeldifferenzenbetrachtung zu ermitteln.

Der Betrag der latenten Steuern ergibt sich, indem der Betrag der temporären Differenz mit dem **künftigen unternehmensindividuellen Steuersatz** multipliziert wird. Dies resultiert daraus, dass die Höhe des künftigen Anspruchs bzw. der künftigen Verpflichtung gegenüber der Finanzverwaltung von dem künftigen Steuersatz abhängt.

Bei der Ermittlung der relevanten Teilsteuersätze für die Bewertung latenter Steuern muss zwischen latenten Steuern auf **inside basis differences** und **outside basis differences** unterschieden werden. Bei der Bewertung von latenten Steuern auf outside basis differences muss der Bilanzierende beachten, dass damit die steuerlichen Folgen des Anteilseigners abgebildet werden, die bei ihm aufgrund einer Veräußerung des Anteils an dem einbezogenen Unternehmen oder der Vereinnahmung von Dividenden entstehen. Folglich ist zur Bewertung von outside basis differences der Steuersatz des Anteilseigners heranzuziehen. Im Rahmen der Bilanzierung von latenten Steuern auf inside basis differences werden hingegen die steuerlichen Folgen beim jeweiligen Beteiligungsunternehmen berücksichtigt, so dass der Steuersatz des entsprechenden Beteiligungsunternehmens maßgeblich ist.

Trotz des Charakters eines Vermögenswertes bzw. einer Schuld in den IFRS dürfen latente Steuern nach IAS 12.53 nicht abgezinst werden. Eine **Abzinsung** ist auch nach HGB nicht zulässig, allerdings kommt latenten Steuern hier der Charakter eines Sonderpostens eigener Art zu.

# Übung 50: Konsolidierungsspezifische Steuerlatenzen nach IFRS

## Sachverhalt

Ein Mutterunternehmen (MU) erwirbt am Bilanzstichtag 01 ein Tochterunternehmen (TU) für 500 GE. Bei beiden Gesellschaften handelt es sich um deutsche Kapitalgesellschaften. Unterstellt sei ein Steuersatz von 30 % für die durchschnittliche steuerliche Belastung einer deutschen Mutterkapitalgesellschaft. Für ausgeschüttete Gewinne von Tochterunternehmen soll angenommen werden, dass 5 % der erhaltenen Dividenden als Ausgaben gelten, die nicht als Betriebsausgaben abgezogen werden dürfen.

## Aufgaben

(a) Am Bilanzstichtag 01 beträgt das Eigenkapital des TU in der Handelsbilanz I (HB I) sowie in der Steuerbilanz 500 GE. Es bestehen keine stillen Reserven oder stillen Lasten und keine konzerninternen Lieferungs- und Leistungsbeziehungen. Zum Bilanzstichtag 02 thesauriert das TU einen Gewinn i. H. v. 100 GE, der in 03 ausgeschüttet werden soll. Ergeben sich aus diesem Sachverhalt nach IFRS zu bilanzierende latente Steuern an den Bilanzstichtagen 01 oder 02? Beziehen Sie in Ihre Erläuterungen die verschiedenen Arten von Differenzen und Berechnungen mit ein.

(b) Im Gegensatz zu Teilaufgabe (a) beträgt das Nettovermögen des TU zum Bilanzstichtag 02 nur 400 GE. In der Steuerbilanz wird wieder der Buchwert i. H. v. 500 GE beibehalten. Es wird davon ausgegangen, dass der Wert des Nettovermögens schon bald wieder steigen und das TU Gewinne erwirtschaften wird. Sind aus diesem Sachverhalt zum Bilanzstichtag 02 nach IFRS latente Steuern zu bilanzieren? Beziehen Sie in Ihre Erläuterungen die verschiedenen Arten von Differenzen und Berechnungen mit ein.

(c) Im Gegensatz zu Teilaufgabe (a) beträgt das Eigenkapital des TU am Bilanzstichtag 01 in der HB I und in der Steuerbilanz 300 GE. Es bestehen keine stillen Reserven oder stillen Lasten und keine konzerninternen Lieferungs- und Leistungsbeziehungen. Ergeben sich aus diesem Sachverhalt nach IFRS zu bilanzierende latente Steuern für die Periode 01? Können aus dem Sachverhalt latente Steuern in den Folgeperioden entstehen?

## Literaturhinweis

BAETGE, JÖRG/KIRSCH, HANS-JÜRGEN/THIELE, STEFAN, Konzernbilanzen, 15. Aufl., Düsseldorf 2024, Kap. VIII Abschn. 3.

## Lösungen

### Lösung zu Teilaufgabe (a)

Am Bilanzstichtag 01 ist das TU erstmalig zu konsolidieren. Da keine stillen Reserven und stillen Lasten bestehen, ist auch das Eigenkapital des TU für die Kapitalkonsolidierung nicht neu zu bewerten. Dem Beteiligungsbuchwert i. H. v. 500 GE steht das Eigenkapital des TU ebenfalls i. H. v. 500 GE gegenüber, so dass kein Unterschiedsbetrag verbleibt. Am Bilanzstichtag 01 ergeben sich aus der Einbeziehung des TU keine latenten Steuern.

Am Bilanzstichtag 02 thesauriert das TU Gewinne i. H. v. 100 GE. Die Gewinnthesaurierung erhöht das im Konzernabschluss ausgewiesene Nettovermögen des TU. Das Steuerrecht kennt indes keinen Konzernabschluss. Daher steht die Beteiligung am TU als Wirtschaftsgut weiterhin mit dem Wert von 500 GE in der Steuerbilanz des Mutterunternehmens. Somit bestehen outside basis differences i. H. v. 100 GE.

Im Gegensatz zu den handelsrechtlichen Vorschriften sind nach IFRS auch für outside basis differences grundsätzlich latente Steuern zu bilden. Dem Ansatz latenter Steuern steht jedoch gemäß IAS 12.39 ein Passivierungsverbot für solche outside basis differences entgegen, die folgende Bedingungen kumulativ erfüllen:

- Der zeitliche Verlauf der Umkehrung der temporären Differenz kann vom MU gesteuert werden (IAS 12.39 (a)).
- Die temporäre Differenz wird sich wahrscheinlich künftig nicht abbauen (IAS 12.39 (b)).

Zwar ist davon auszugehen, dass der zeitliche Verlauf der Umkehrung der temporären Differenz aufgrund des beherrschenden Einflusses vom MU gesteuert werden kann. Die temporäre Differenz wird sich durch die Ausschüttung des Gewinns jedoch wahrscheinlich in Periode 03 abbauen. Die Voraussetzungen des Passivierungsverbotes sind damit nicht kumulativ erfüllt. Die aus den outside basis differences entstehenden passiven latenten Steuern sind daher zu bilanzieren. Die steuerlichen Konsequenzen aus der künftigen Gewinnausschüttung des Tochterunternehmens werden folglich bereits im Zeitpunkt der Gewinnentstehung berücksichtigt.

Für die Bewertung latenter Steuern auf outside basis differences ist der Steuersatz des MU heranzuziehen. Dieser beträgt im Sachverhalt 30 %. Für ausgeschüttete Gewinne von Tochterunternehmen wird angenommen, dass 5 % der erhaltenen Dividenden nicht steuerfrei vereinnahmt werden. Die künftige steuerliche Belastung aus der outside basis difference beträgt daher nur 1,5 % (= 30 % · 5 %).

Zum Bilanzstichtag der Periode 02 sind im IFRS-Konzernabschluss passive latente Steuern auf outside basis differences i. H. v. 1,5 GE (= 100 GE · 1,5 %) zu bilanzieren.

## Lösung zu Teilaufgabe (b)

Der steuerrechtliche Beteiligungsbuchwert übersteigt das im Konzernabschluss angesetzte Nettovermögen des TU. Hierdurch entstehen in Periode 02 keine zu versteuernden, sondern abzugsfähige temporäre Differenzen i. H. v. 100 GE. Gemäß IAS 12.44 besteht eine Aktivierungspflicht für solche outside basis differences, wenn wahrscheinlich ist, dass

- sich die abzugsfähige temporäre Differenz künftig abbauen wird (IAS 12.44 (a)) und
- künftig ein zu versteuerndes Ergebnis entsteht, mit dem die abzugsfähige temporäre Differenz verrechnet werden kann (IAS 12.44 (b)).

Da davon ausgegangen wird, dass sich das Nettovermögen des TU in den nächsten Jahren wieder erhöhen wird, kann ein künftiger Abbau der temporären Differenz gemäß IAS 12.44 (a) unterstellt werden. Des Weiteren werden in der Zukunft Gewinne beim TU erwartet. Somit ist es wahrscheinlich, dass künftig ein zu versteuerndes Ergebnis entstehen wird, mit dem die abzugsfähige temporäre Differenz gemäß IAS 12.44 (b) verrechnet werden kann.

Zusammenfassend sind aus diesem Sachverhalt zum Bilanzstichtag der Periode 02 aktive latente Steuern i. H. v. 30 GE (= 100 GE · 30 %) zu bilanzieren.

## Lösung zu Teilaufgabe (c)

Am Bilanzstichtag 01 ist das TU erstmalig zu konsolidieren. Da keine stillen Reserven und stillen Lasten bestehen, ist auch das Eigenkapital des TU für die Kapitalkonsolidierung nicht neu zu bewerten. Dem Beteiligungsbuchwert i. H. v. 500 GE steht das Eigenkapital des TU i. H. v. 300 GE gegenüber.

Die Differenz zwischen dem Beteiligungsbuchwert und dem Eigenkapital des TU ergibt den zu bilanzierenden Goodwill i. H. v. 200 GE (= 500 GE - 300 GE). Der Ansatz eines Goodwill führt zwar zu einer temporären Bilanzdifferenz, aber nicht zum Ansatz latenter Steuern. IAS 12.15 (a) verbietet die Berücksichtigung dieser temporären Bilanzdifferenz in Form passiver latenter Steuern, u. a. weil es sich beim Goodwill um eine Residualgröße handelt.

Aus einer sich in den Folgeperioden ergebenden zu versteuernden temporären Differenz, die noch nicht zum Zeitpunkt der Erstkonsolidierung bestand, kann hingegen gemäß IAS 12.21B eine zu passivierende Steuerlatenz resultieren. Voraussetzung dafür ist allerdings, dass die steuerrechtliche Bemessungsgrundlage durch die Abschreibungen des steuerrechtlichen Goodwill vermindert wird.

# Übung 51: Die Gliederung von Konzernbilanz und Konzern-GuV

## Aufgaben

(a) Unternehmen A erwirbt die kleine Kapitalgesellschaft B. Beide Unternehmen haben ihren Sitz im Inland. A ist nicht kapitalmarktorientiert. Die Rechnungsleger der zwei Gesellschaften diskutieren nach der Übernahme über die Gliederung der erstmalig aufzustellenden Konzernbilanz und Konzern-GuV. Erläutern Sie, worauf bei der Gliederung von Konzernbilanz und Konzern-GuV nach HGB zu achten ist.

(b) Nehmen Sie nun an, dass A kapitalmarktorientiert sei. Erläutern Sie auch für diesen Fall, worauf die Rechnungsleger von A und B bei der Gliederung ihrer Konzernbilanz und Konzern-Gesamtergebnisrechnung achten müssen.

## Literaturhinweise

BAETGE, JÖRG/KIRSCH, HANS-JÜRGEN/THIELE, STEFAN, Konzernbilanzen, 15. Aufl., Düsseldorf 2024, Kap. VIII Abschn. 4.

BAETGE, JÖRG/KIRSCH, HANS-JÜRGEN/THIELE, STEFAN, Bilanzen, 17. Aufl., Düsseldorf 2024, Kap. V Abschn. 4, Kap. VI Abschn. 23 und 42, Kap. VII Abschn. 6, Kap. VIII Abschn. 4, Kap. IX Abschn. 6.

## Lösungen

### Lösung zu Teilaufgabe (a)

Eine eigene Vorschrift für die Gliederung von Konzernbilanz und Konzern-GuV existiert nicht. Vielmehr verweist § 298 Abs. 1 HGB auf die Gliederungsvorschriften für den Einzelabschluss großer Kapitalgesellschaften, so dass diese grundsätzlich auch für den Konzernabschluss maßgeblich sind. Jedoch dürfen die Gliederungserleichterungen der §§ 266 Abs. 1 Satz 3 und 276 HGB nicht angewendet werden, da sich der Konzernabschluss am Jahresabschluss einer großen Kapitalgesellschaft orientiert und somit die Größe der Muttergesellschaft bzw. des Gesamtkonzerns unerheblich ist.

Bei der Gliederung sind die allgemeinen Grundsätze des § 265 HGB und, soweit keine expliziten Vorschriften existieren, der Grundsatz der Klarheit und Übersichtlichkeit gemäß § 297 Abs. 2

Satz 1 HGB zu beachten. Eine Gliederung des Konzernabschlusses setzt notwendige Anpassungen der Einzelabschlüsse der Tochtergesellschaften bei der Erstellung der Handelsbilanz II (HB II) auf dieses Gliederungsschema voraus. Ebenso sind Abweichungen aufgrund von Eigenarten des Konzernabschlusses oder besonderer Ausweisvorschriften der §§ 299 bis 312 HGB in den Einzelabschlüssen nachzuvollziehen.

Gegenüber dem Gliederungsschema für die Bilanz nach § 266 HGB i. V. m. § 298 Abs. 1 HGB sollten die folgenden zusätzlichen Posten aufgenommen werden:

Aktivseite:

- In A.I. der Geschäfts- oder Firmenwert (GoF) aus der Kapitalkonsolidierung nach der Erwerbsmethode bei Voll- und Quotenkonsolidierung,
- in A.III. als 3. Beteiligungen an assoziierten Unternehmen.

Passivseite:

- Nach A.III. als (IV.) Ausgleichsposten für nicht beherrschende Anteile,
- nach A.III. Korrekturposten zum Eigenkapital:
  - (V.) Aufrechnungsdifferenzen aus der Schuldenkonsolidierung und/oder der Zwischenergebniseliminierung (indirekte Globalkorrektur),
  - (VI.) Eigenkapitaldifferenz aus Währungsumrechnung,
- nach A. der Unterschiedsbetrag aus der Kapitalkonsolidierung als (B.).

Gegenüber dem GuV-Gliederungsschema nach Gesamtkostenverfahren (GKV) gemäß § 275 Abs. 2 HGB i. V. m. § 298 Abs. 1 HGB bzw. Umsatzkostenverfahren (UKV) gemäß § 275 Abs. 3 HGB i. V. m. § 298 Abs. 1 HGB sollten die folgenden zusätzlichen Posten aufgenommen werden (Unterpunkte in Klammern gelten für das UKV):

- 10.(9.) Ergebnis aus Beteiligungen an assoziierten Unternehmen,
- 19.(17.) auf nicht beherrschende Anteile entfallender Gewinn,
- 20.(18.) auf nicht beherrschende Anteile entfallender Verlust.

Bei einer Erweiterung der GuV um eine Ergebnisverwendungsrechnung sind die beiden letzten Positionen in die Ergebnisverwendungsrechnung einzubeziehen.

## Lösung zu Teilaufgabe (b)

Da A kapitalmarktorientiert ist, muss der Konzernabschluss nach den Regelungen der IFRS erstellt werden. Die Gliederung der Konzernbilanz und der Konzern-Gesamtergebnisrechnung sind für Geschäftsjahre, die vor dem 1. Januar 2027 beginnen, in IAS 1 (Darstellung des Abschlusses) geregelt. Für Geschäftsjahre, die ab dem 1. Januar 2027 beginnen, ist IFRS 18 (Darstellung und Angaben im Abschluss) einschlägig, wobei der Standard von Unternehmen freiwillig schon für frühere Geschäftsjahre angewendet werden kann. Anders als das HGB enthalten sowohl IAS 1 als auch IFRS 18 keine detaillierte Gliederung, sondern schreiben lediglich bestimmte gesondert auszuweisende Posten vor, die unter bestimmten Voraussetzungen zu ergänzen bzw. zu untergliedern sind. Indes enthält IFRS 18 im Vergleich zu IAS 1 konkretere Anforderungen, wie einzelne Posten zu aggregieren oder weiter aufzugliedern sind, damit sie den Adressaten wesentliche und relevante Informationen bereitstellen (IFRS 18.41-43).

Konkret enthalten IAS 1.54 bzw. IFRS 18.103 f. für die Konzernbilanz sowie IAS 1.81A-82A bzw. IFRS 18.75 f. für die Konzern-Gesamtergebnisrechnung Beispiele und Erläuterungen. In den jeweiligen illustrierenden Beispielen (illustrative examples) sind zudem Gliederungsbeispiele für beide Rechenwerke aufgeführt. Gemäß IAS 1.38 bzw. IFRS 18.31 f. sind die Vorjahreswerte der einzelnen Posten anzugeben.

Die Gliederungsvorschriften für die Konzernbilanz lassen sich in drei Stufen einteilen:

- 1. Stufe: Qualifikation von mindestens zu trennenden Posten (IAS 1.54 bzw. IFRS 18.103 f.),
- 2. Stufe: Ergänzung dieser Posten um zusätzliche Überschriften, Zwischensummen und weitere Posten (IAS 1.55 und 58 bzw. IFRS 18.105 i. V. m. IFRS 18.24 und IFRS 18.B109-111),
- 3. Stufe: Weitere Ergänzungen und Untergliederungen (IAS 1.79 f. bzw. IFRS 18.130-132), die aber auch im Anhang aufgeführt werden können. So sind z. B. umfassende Angaben über die Zusammensetzung des Eigenkapitals erforderlich.

Gemäß IAS 1.60 bzw. IFRS 18.96 sind Vermögenswerte und Schulden nach der Fristigkeit in der Konzernbilanz darzustellen, sofern eine Gliederung nach der Liquidität nicht zuverlässig und relevanter ist. Unabhängig von der nach IAS 1.60 bzw. IFRS 18.96 gewählten Darstellungsform sind gesonderte Angaben über die Fälligkeit der Vermögenswerte und Schulden zu machen (IAS 1.61 bzw. IFR 18.97).

Eine vorgegebene Gliederung für die Konzern-Gesamtergebnisrechnung existiert, wie auch für die Bilanz, nicht. In den illustrierenden Beispielen zu IAS 1 bzw. IFRS 18 wird für die Gliederungsbeispiele zur Gesamtergebnisrechnung lediglich die Staffelform herangezogen. IAS 1.81A-82A bzw. IFRS 18.75 f. benennen die Posten, die in einer Konzern-Gesamtergebnisrechnung mindestens auszuweisen sind. Die einzelnen Posten sind wiederum aufgrund expliziter Vorschriften von Einzelnormen bzw. zur Verbesserung der Darstellung eines den tatsächlichen Verhältnissen entsprechenden Bildes der Ertragslage um Überschriften, Zwischenergebnisse oder weitere Posten zu ergänzen (IAS 1.85). IFRS 18 enthält im Vergleich zum IAS 1 konkreter gefasste Mindestanforderungen an die Gliederung der Konzern-Gesamtergebnisrechnung, wonach die Aufwendungen und Erträge in Anlehnung an die Struktur der Kapitalflussrechnung in die nachfolgenden **fünf Kategorien** einzuordnen sind:

(1) Operativer Betrieb (IFRS 18.52),
(2) Investition (IFRS 18.53-58),
(3) Finanzierung (IFRS 18.59-66),
(4) Ertragsteuern (IFRS 18.67) oder
(5) aufgegebene Geschäftsbereiche (IFRS 18.68)

Zudem sind im Unterschied zu IAS 1 folgende **Zwischensummen** verpflichtend in der GuV auszuweisen:

(1) Betriebsergebnis (operating profit or loss) (IFRS 18.70)
(2) Ergebnis vor Finanzierung und Ertragssteuern (profit or loss before financing and income taxes) (IFRS 18.71)
(3) Periodenergebnis (profit or loss) (IFRS 18.72)

Zur Verdeutlichung des Zusammenspiels aus den fünf Kategorien und den drei verpflichtend zu bildenden Zwischensummen ergibt sich dann die beispielhafte Gliederung der GuV:

|  |  |
|---|---|
| **Kategorie 1:** Operativer Betrieb (IFRS 18.52) | + Operative Erträge<br>– Operative Aufwendungen |
| (IFRS 18.70) | = **Betriebsergebnis** (operating profit or loss) |
| **Kategorie 2:** Investition (IFRS 18.53-58) | + Investive Erträge<br>– Investive Aufwendungen |
| (IFRS 18.71) | = **Ergebnis vor Finanzierung und Ertragsteuern** (profit or loss before financing and income taxes) |
| **Kategorie 3:** Finanzierung (IFRS 18.59-66) | + Finanzielle Erträge<br>– Finanzielle Aufwendungen |
| **Kategorie 4:** Ertragsteuern (IFRS 18.67) | + Erträge aus Ertragsteuern<br>– Aufwendungen aus Ertragsteuern |
| **Kategorie 5:** aufgegebene Geschäftsbereiche (IFRS 18.68) | + Erträge aus aufgegebenen Geschäftsbereichen<br>– Aufwendungen aus aufgegebenen Geschäftsbereichen |
| (IFRS 18.72) | = **Periodenergebnis** (profit or loss) |

**Übersicht 51-1:** Übersicht der gemäß IFRS 18 zu bildenden Kategorien und Zwischensummen der GuV

Das berichterstattende Unternehmen kann gemäß IAS 1.10A bzw. IFRS 18.12 zwischen zwei Darstellungsformen der Gesamtergebnisrechnung wählen, die sich hinsichtlich einer zusätzlichen Unterteilung des Rechenwerkes unterscheiden. In der ersten Darstellungsvariante werden sowohl GuV-wirksame als auch GuV-neutrale Aufwendungen und Erträge innerhalb eines Rechenwerkes ausgewiesen (one statement approach). Alternativ ist es indes auch möglich, GuV-wirksame Aufwendungen und Erträge innerhalb einer gesonderten GuV auszuweisen und GuV-neutrale Aufwendungen und Erträge des sonstigen Ergebnisses ebenfalls separat darzustellen (two statement approach).

Wie im HGB besteht auch nach IFRS das Wahlrecht, die Gesamtergebnisrechnung nach dem GKV oder dem UKV aufzustellen. Gemäß IAS 1.99 bzw. IFRS 18.78 ist eine Aufschlüsselung der Aufwendungen nach Art (nature of expense method) oder Funktion im Unternehmen (function of expense method) vorzunehmen. Gemäß IFRS 18.78 ist es zudem erlaubt, eine Mischform beider Darstellungsformen zu wählen, sofern dies der Vermittlung eines den tatsächlichen Verhältnissen entsprechenden Bildes der Ertragslage zuträglich ist. Die Aufschlüsselung der Aufwendungen kann gemäß IAS 1 wahlweise in der Gesamtergebnisrechnung oder im Anhang erfolgen. Der IASB empfiehlt indes einen Ausweis in der Gesamtergebnisrechnung oder, sofern vorhanden, in der gesondert erstellten GuV (IAS 1.100). Wird das UKV angewendet, sind die für die Prognose künftiger Cashflows erforderlichen Aufwendungen sowie die Abschreibungen und Personalaufwendungen gesondert anzugeben (IAS 1.104 f.). IFRS 18 erweitert diese Angabepflichten, indem für bestimmte operative Aufwandsarten sowohl ihre absolute Höhe als auch ihr Anteil an den einzelnen Funktionsbereichen, nach denen die Gesamtergebnisrechnung im UKV strukturiert ist, separat im Anhang anzugeben ist (IFRS 18.80-83).

# Kapitel IX: Der Konzernanhang

## Übung 52: Grundlagen und Zwecke des Konzernanhangs nach HGB

### Aufgaben

(a) Nennen Sie die gesetzlichen Grundlagen und die Zwecke des Konzernanhangs. Beschreiben Sie die Möglichkeiten, im Konzernabschluss auf den Anhang des Jahresabschlusses des Mutterunternehmens zurückzugreifen.

(b) Erläutern Sie die Struktur sowie die Bestandteile des Konzernanhangs.

### Literaturhinweis

Baetge, Jörg/Kirsch, Hans-Jürgen/Thiele, Stefan, Konzernbilanzen, 15. Aufl., Düsseldorf 2024, Kap. IX.

### Lösungen

#### Lösung zu Teilaufgabe (a)

Nach § 297 Abs. 1 HGB bilden die Konzernbilanz, die Konzern-GuV, der Konzernanhang, die Kapitalflussrechnung, der Eigenkapitalspiegel und ggf. eine Segmentberichterstattung gemeinsam den Konzernabschluss. Das bedeutet, dass alle Muttergesellschaften, die verpflichtet sind, einen Konzernabschluss aufzustellen, auch einen Konzernanhang erstellen müssen. Die gesetzlichen Regelungen zum Konzernanhang sind zum einen in den mit „Konzernanhang“ überschriebenen §§ 313 und 314 HGB kodifiziert. Zum anderen resultieren Angabepflichten aus den §§ 290-312 HGB sowie aus den nach § 298 Abs. 1 HGB auch für den Konzernabschluss geltenden Vorschriften zum Jahresabschluss. Nicht einschlägig sind indes die jahresabschlussspezifischen Anhangvorschriften der §§ 284-288 HGB, sofern in den §§ 313 und 314 HGB nicht auf sie verwiesen wird.

Der Konzernanhang als Bestandteil des Konzernabschlusses dient dem Rechenschaftszweck und dem Zweck der Kapitalerhaltung aufgrund von Informationen. Primär fällt dem Konzernanhang dabei die Rechenschaftsfunktion zu, da der Anhang die Aufgabe hat, in Konzernbilanz und Konzern-GuV vermittelte Informationen näher zu erläutern, zu ergänzen, zu korrigieren und, wenn nötig, von bestimmten Angaben zu entlasten.

§ 298 Abs. 2 Satz 1 HGB räumt das Wahlrecht ein, den Konzernanhang mit dem Anhang des Jahresabschlusses des Mutterunternehmens zusammenzufassen, womit sich Wiederholungen im Jahres- bzw. Konzernabschluss vermeiden lassen. Der Konzernabschluss und der Jahresabschluss des Mutterunternehmens sind in diesem Fall nach § 298 Abs. 2 Satz 2 HGB gemeinsam offenzulegen. Dabei muss aus dem zusammengefassten Anhang hervorgehen, welche Angaben sich auf den Konzern und welche sich auf das Mutterunternehmen beziehen (§ 298 Abs. 2 Satz 3 HGB).

## Lösung zu Teilaufgabe (b)

Der Inhalt des Konzernanhangs beruht im Wesentlichen auf **Pflichtangaben aufgrund handelsrechtlicher Vorschriften**. Auf diese Pflichtangaben darf grundsätzlich nur verzichtet werden, wenn die in den Vorschriften geregelten Tatbestände den bei einem bestimmten Konzern vorliegenden Sachverhalten nicht entsprechen.

Neben den Pflichtangaben existieren für den Konzernanhang sog. **Wahlpflichtangaben**, bei denen der Rechnungslegende das Wahlrecht hat, ausweispflichtige Informationen entweder in der Konzernbilanz bzw. in der Konzern-GuV oder alternativ im Konzernanhang auszuweisen.

Zusätzlich zu Pflichtangaben und Wahlpflichtangaben, die im Handelsrecht kodifiziert sind, ergeben sich **Anhangangaben aus** verschiedenen **DRS**. Soweit die DRS vom BMJV bekanntgemacht worden sind, wird gemäß § 342 Abs. 2 HGB vermutet, dass unter Beachtung der DRS aufgestellte Konzernabschlüsse den Grundsätzen ordnungsmäßiger Konzernrechnungslegung (GoK) entsprechen. Somit sind auch diese Angaben bei der Erstellung des Anhangs zu beachten.

**Freiwillige Angaben** sind im Konzernanhang ebenfalls zulässig, sofern sie das den tatsächlichen Verhältnissen entsprechende Bild der Vermögens-, Finanz- und Ertragslage des Konzerns nicht beeinträchtigen.

Mit dem BilRUG hat der Gesetzgeber in § 313 Abs. 1 Satz 1 Halbsatz 2 HGB eine Gliederungsvorschrift für den Konzernanhang im Handelsrecht implementiert. Demnach sind Angaben in der Reihenfolge der einzelnen Posten der Konzernbilanz und der Konzern-GuV darzustellen. Anhand des formalen Aufbaus muss der Konzernabschlussadressat die Struktur der angegebenen Informationen problemlos erkennen können. Dies lässt sich gewährleisten, indem inhaltlich zusammenhängende Angaben jeweils in zusammenhängenden Abschnitten - unabhängig von der numerischen Kennzeichnung der Vorschriften im HGB - im Konzernanhang ausgewiesen werden.

Die einzelnen Abschnitte sollten durch aussagefähige Überschriften kenntlich gemacht werden. Die folgende Struktur des Konzernanhangs ist sachgerecht und in der Praxis der Unternehmensberichterstattung weit verbreitet:

(1) Allgemeine Angaben zu Inhalt und Gliederung des Konzernabschlusses,

(2) Angaben zum Konsolidierungskreis,

(3) Angaben zu den Konsolidierungsgrundsätzen, Bilanzierungs- und Bewertungsmethoden sowie zur Währungsumrechnung,

(4) sonstige Angaben zu den einzelnen Posten der Konzernbilanz und der Konzern-GuV,

(5) sonstige Pflichtangaben,

(6) freiwillige Anhangangaben.

Unter den **allgemeinen Angaben zu Inhalt und Gliederung des Konzernabschlusses** sind u. a. Informationen zu einzelnen Posten der Konzernbilanz und der Konzern-GuV nach § 313 Abs. 1 Satz 2 HGB auszuweisen, wenn diese nicht aufgrund eines Wahlrechtes in die Konzernbilanz oder die Konzern-GuV aufgenommen werden. Weiterhin ist für den Fall, dass der Konzernanhang mit dem Anhang des Jahresabschlusses des Mutterunternehmens zusammengefasst wird, kenntlich zu machen, welche Angaben sich jeweils auf den Konzern bzw. das Mutterunternehmen beziehen.

Das HGB verlangt in § 313 Abs. 2 HGB explizit **Angaben zum Konsolidierungskreis** und zu sonstigen Beteiligungsbeziehungen des Konzerns im Konzernanhang. Damit soll über Umfang und Inhalt des Konsolidierungskreises und über den weiteren Anteils- und Stimmrechtsbesitz des Konzerns informiert werden. Diese Regelung entspricht im Wesentlichen der Berichterstattung nach § 285 Nr. 11, 11a und 11b HGB, wobei hier die Sichtweise des Konzerns maßgeblich ist.

**Angabepflichten zu den Konsolidierungsgrundsätzen, Bilanzierungs- und Bewertungsmethoden sowie zur Währungsumrechnung** resultieren aus § 313 Abs. 1 Satz 3 Nr. 1 HGB. Diesbezüglich sind nach § 313 Abs. 1 Satz 3 Nr. 2 HGB auch alle Abweichungen vom Regelfall im Konzernabschluss anzugeben und deren Einfluss auf die Vermögens-, Finanz- und Ertragslage des Konzerns darzustellen und zu begründen.

**Sonstige Angaben zu den einzelnen Posten der Konzernbilanz und der Konzern-GuV** ergeben sich aus unterschiedlichen handelsrechtlichen Einzelvorschriften. Dabei handelt es sich z. B. um umfangreiche Angaben zu Finanzinstrumenten (§ 314 Abs. 1 Nr. 10-12 HGB) sowie zu Berechnungsverfahren im Rahmen der Bewertung von Pensionsrückstellungen (§ 314 Abs. 1 Nr. 16 HGB) und von latenten Steuern (§ 314 Abs. 1 Nr. 22 HGB).

Unter die **sonstigen Pflichtangaben** fällt u. a. die Berichterstattung über Geschäfte mit nahestehenden Unternehmen und Personen (§ 314 Abs. 1 Nr. 13 HGB) sowie die sogenannte Nachtragsberichterstattung (§ 314 Abs. 1 Nr. 25 HGB), in deren Rahmen über Vorgänge von besonderer Bedeutung nach Ablauf des Konzerngeschäftsjahres, die weder in Konzernbilanz noch in Konzern-GuV abgebildet sind, zu berichten ist.

Als **freiwillige Angaben** kommen Zusatzrechnungen, wie z. B. Bewegungs- und Sozialbilanzen, in Betracht. Zudem ist die Angabe von bestimmten Kennzahlen möglich (z. B. das Ergebnis pro Aktie).

Bei der Auswahl der Bestandteile des Konzernanhangs ist der **Grundsatz der Wesentlichkeit** zu beachten, d. h. bestimmte eigentlich geforderte Angaben des Konzernanhangs müssen bei untergeordneter Bedeutung für die Vermögens-, Finanz- und Ertragslage nicht gemacht werden (§ 313 Abs. 3 Satz 4 HGB).

# Kapitel X: Die Kapitalflussrechnung

## Übung 53: Die Konzern-Kapitalflussrechnung nach DRS 21 und IAS 7

### Sachverhalt

Die Funsport GmbH ist die Muttergesellschaft eines (Teil-)Konzerns mit mehreren in- und ausländischen Tochterunternehmen und assoziierten Unternehmen, dessen Geschäftstätigkeit vor allem aus der Herstellung von Sportartikeln und der Vermarktung von Sportaktivitäten besteht. Das Unternehmen ist eine 100 %ige Tochtergesellschaft der börsennotierten No Fear Freizeitspaß AG und wird in deren Konzernabschluss einbezogen. Aufgrund konzerninterner Regelungen verzichtet die Funsport GmbH auf die mögliche Befreiung von der Pflicht zur Aufstellung eines Konzernabschlusses gemäß § 291 HGB. Einheitlicher Konzernabschlussstichtag ist der 31.12.

Zwischen der No Fear Freizeitspaß AG und der Funsport GmbH besteht ein Gewinnabführungs- und Beherrschungsvertrag, der auch die Voraussetzungen für ein Körperschaftsteuer-Organschaftsverhältnis erfüllt. Die No Fear Freizeitspaß AG belastet ihren Organgesellschaften die auf sie entfallenden Ertragsteuern im Wege einer Konzernumlage. Dazu werden von der Funsport GmbH quartalsweise Vorauszahlungen geleistet.

Des Weiteren ist die Funsport GmbH, nicht aber deren Tochterunternehmen, in das „Cash-Pooling" der No Fear Freizeitspaß AG einbezogen, in dessen Rahmen zum Ende jeden Monats die laufenden Konten der Funsport GmbH durch die Muttergesellschaft „ausgeglichen" (im Fall von Verbindlichkeiten) bzw. „leergeräumt" (im Fall von Forderungen) werden. Entsprechend weist die Funsport GmbH in ihrem Abschluss Verbindlichkeiten bzw. Forderungen gegen die No Fear Freizeitspaß AG aus, die eine Fristigkeit von weniger als drei Monaten aufweisen (siehe Übersicht 53-4).

Die von der Funsport GmbH erstellte Konzernbilanz, Konzern-GuV sowie der Konzern-Anlagespiegel zum 31.12.02 werden in den folgenden Übersichten gezeigt:

| **Konzernbilanz**<br>(Alle Zahlenangaben in Mio. GE) | 31.12.02 | 31.12.01 |
|---|---|---|
| **Aktiva** | | |
| **A. Anlagevermögen** | | |
| I. Immaterielle Vermögensgegenstände | 237,4 | 271,8 |
| II. Sachanlagen | 697,4 | 674,8 |
| III. Finanzanlagen | 254,5 | 238,2 |
| | **1.189,3** | **1.184,8** |
| **B. Umlaufvermögen** | | |
| I. Vorräte | 281,4 | 251,5 |
| II. Forderungen und sonstige Vermögensgegenstände | | |
| 1. Forderungen aus Lieferungen und Leistungen | 318,9 | 248,5 |
| 2. Forderungen gegen verbundene Unternehmen | 161,9 | 164,5 |
| 3. Sonstige Vermögensgegenstände | 21,8 | 37,8 |
| III. Flüssige Mittel | 26,4 | 45,2 |
| | **810,4** | **747,5** |
| **Summe Aktiva** | **1.999,7** | **1.932,3** |
| Passiva | | |
| **A. Eigenkapital** | | |
| I. Gezeichnetes Kapital | 118,7 | 118,7 |
| II. Kapitalrücklage | 67,6 | 19,3 |
| III. Gewinnrücklagen | 495,8 | 478,2 |
| IV. Bilanzgewinn | 18,3 | 0,0 |
| | **700,4** | **616,2** |
| **B. Rückstellungen** | | |
| I. Rückstellungen für Pensionen und ähnliche Verpflichtungen | 515,8 | 481,8 |
| II. Steuerrückstellungen | 27,5 | 33,4 |
| III. Sonstige Rückstellungen | 221,4 | 227,8 |
| | **764,7** | **743,0** |
| **C. Verbindlichkeiten** | | |
| I. Verbindlichkeiten gegenüber Kreditinstituten | 25,6 | 4,3 |
| II. Verbindlichkeiten aus Lieferungen und Leistungen | 76,4 | 65,2 |
| III. Verbindlichkeiten gegenüber verbundenen Unternehmen | 408,9 | 476,0 |
| IV. Sonstige Verbindlichkeiten | 23,7 | 27,6 |
| | **534,6** | **573,1** |
| **Summe Passiva** | **1.999,7** | **1.932,3** |

**Übersicht 53-1:** Konzernbilanz zum 31.12.02

| Konzern-GuV (Alle Zahlenangaben in Mio. GE) | 31.12.02 | 31.12.01 |
|---|---|---|
| Umsatzerlöse | 1.916,1 | 1.239,8 |
| Herstellungskosten | – 1.425,0 | – 948,4 |
| **Bruttoergebnis vom Umsatz** | **491,1** | **291,4** |
| Vertriebskosten | – 224,5 | – 116,3 |
| Allgemeine Verwaltungskosten | – 88,5 | – 60,6 |
| Forschungs- und Entwicklungskosten | – 46,0 | – 22,1 |
| Sonstige betriebliche Erträge | 111,1 | 54,8 |
| Sonstige betriebliche Aufwendungen | – 78,6 | – 75,3 |
| | **– 326,5** | **– 219,5** |
| | **164,6** | **71,9** |
| Zinsergebnis | – 4,0 | – 6,3 |
| Abschreibungen auf Finanzanlagen | – 30,1 | – 0,3 |
| Steuern vom Einkommen und vom Ertrag | – 58,6 | – 53,1 |
| Aufgrund eines Gewinnabführungsvertrags abgeführter Gewinn | – 53,6 | – 53,6 |
| **Konzernjahresüberschuss/-fehlbetrag** | **18,3** | **– 41,4** |
| Entnahmen aus den Gewinnrücklagen | 0,0 | 41,4 |
| **Konzernbilanzgewinn** | **18,3** | **0,0** |

**Übersicht 53-2:** Konzern-GuV vom 01.01.02 bis 31.12.02

| Konzern-Anlagespiegel (Alle Zahlenangaben in Mio. GE) | Buchwert 01.01.02 | Zugänge | Abgänge (Restbuchwerte) | Abschreibungen des Geschäftsjahres | Buchwert 31.12.02 |
|---|---|---|---|---|---|
| Immaterielle Vermögensgegenstände | 271,8 | 15,6 | 13,1 | 36,9 | 237,4 |
| Sachanlagen | 674,8 | 196,0 | 27,6 | 145,8 | 697,4 |
| Finanzanlagen | 238,2 | 76,1 | 29,7 | 30,1 | 254,5 |
| | 1.184,8 | 287,7 | 70,4 | 212,8 | 1.189,3 |

**Übersicht 53-3:** Verkürzter Konzern-Anlagespiegel zum 31.12.02

**Informationen zu einzelnen Bilanz- und GuV-Posten:**

- Die Erhöhung des Anlagevermögens resultiert mit 17,6 Mio. GE aus Währungsumrechnungsdifferenzen bei der Surfing Inc.; die Investitionen in das Sachanlagevermögen erhöhten sich aufgrund dieses Effektes um 18,9 Mio. GE, die Abschreibungen um 1,3 Mio. GE.
- Die Zugänge zum Anlagevermögen (Investitionen) im Geschäftsjahr 02 waren in voller Höhe zahlungswirksam.

- Aus dem Verkauf von Vermögensgegenständen des Anlagevermögens ergaben sich bei Erlösen i. H. v. 76,3 Mio. GE Buchgewinne i. H. v. 5,9 Mio. GE. Die Erlöse entfallen mit 15,0 Mio. GE auf den Verkauf von immateriellen Vermögensgegenständen, mit 30,0 Mio. GE auf den Verkauf von Sachanlagevermögen und mit 31,3 Mio. GE auf den Verkauf von Finanzanlagevermögen.
- Die Forderungen gegen verbundene Unternehmen betreffen ausschließlich Forderungen aus Lieferungen und Leistungen.
- Im Geschäftsjahr 02 kam es zu einer Eigenkapitalzuführung durch die No Fear Freizeitspaß AG i. H. v. 48,3 Mio. GE (Erhöhung der Kapitalrücklagen).
- Im Geschäftsjahr 02 wurden bei Kreditinstituten Darlehen i. H. v. 30,0 Mio. GE aufgenommen und i. H. v. 8,7 Mio. GE getilgt.
- Bei verbundenen Unternehmen wurden im Geschäftsjahr 02 Darlehen i. H. v. 20,0 Mio. GE aufgenommen. Die Verbindlichkeiten gegenüber verbundenen Unternehmen setzen sich wie folgt zusammen:

| **Verbindlichkeiten gegenüber verbundenen Unternehmen** (Alle Zahlenangaben in Mio. GE) | 31.12.02 | 31.12.01 |
|---|---|---|
| Verbindlichkeiten gegenüber der No Fear Freizeitspaß AG | | |
| aus Darlehen | 256,4 | 236,4 |
| aus Gewinnabführung | 53,6 | 53,6 |
| aus Organschaftsabrechnung | 14,5 | 69,0 |
| aus Cash-Pooling | 13,3 | 18,5 |
| aus Lieferungen und Leistungen | 18,0 | 2,5 |
| | **355,8** | **380,0** |
| Sonstige Verbindlichkeiten gegenüber verbundenen, nicht konsolidierten Unternehmen (aus Lieferungen und Leistungen) | 53,1 | 96,0 |
| | **408,9** | **476,0** |

**Übersicht 53-4:** Zusammensetzung der Verbindlichkeiten gegenüber verbundenen Unternehmen

- Durch die Umstellung des Produktionsprozesses ist es zu einem signifikanten Anstieg des Vorratsbestandes einzelner Rohstoffe gekommen. Der damit verbundene Einkauf und Verbrauch der hochwertigen Vorräte hat im Geschäftsjahr 02 zu Aufwendungen außergewöhnlicher Größenordnung i. H. v. 11,3 Mio. GE geführt, welche vollständig zahlungswirksam sind. Diese Aufwendungen sind in den sonstigen betrieblichen Aufwendungen enthalten.
- Die Steuern vom Einkommen und vom Ertrag setzen sich unter anderem aus Ertragsteuerzahlungen i. H. v. 35,0 Mio. GE zusammen, welche ebenfalls vollständig zahlungswirksam sind.
- Wie bereits im Vorjahr weist die Konzern-GuV der Funsport GmbH im Geschäftsjahr 02 Aufwendungen aus Gewinnabführung - Funsport GmbH an die No Fear Freizeitspaß AG - i. H. v. 53,6 Mio. GE auf, die in der Bilanz unter den Verbindlichkeiten gegenüber verbundenen Unternehmen ausgewiesen werden. Die im Vorjahr gebildete Verbindlichkeit wurde im Geschäftsjahr 02 beglichen, so dass sich die Verbindlichkeiten aus Gewinnabführung per Saldo nicht verändert haben.

**Informationen zu besonderen Geschäftsvorfällen im Geschäftsjahr 02:**

- Im Geschäftsjahr 02 wurde der nicht zum Kerngeschäft zählende Geschäftsbereich „Briefmarken" aus der Funsport GmbH ausgegliedert und in ein mit einem Partnerunternehmen gegründetes Gemeinschaftsunternehmen, das nicht in den Konzernabschluss der Funsport GmbH einbezogen wird, eingelegt. Der Beteiligungsbuchwert an dem neu gegründeten Gemeinschaftsunternehmen beträgt 30,5 Mio. GE. Die Einbringungsbilanz sieht wie folgt aus:

| Aktiva | Mio. GE |
|---|---|
| Sachanlagen | 7,4 |
| Vorräte | 15,6 |
| Flüssige Mittel | 13,3 |
| | **36,3** |
| **Passiva** | |
| Eigenkapital | 30,5 |
| Rückstellungen | 5,8 |
| | **36,3** |

**Übersicht 53-5:** Einbringungsbilanz des ausgegliederten Geschäftsbereiches „Briefmarken"

- Verschmelzung der Funsport GmbH mit einer ihrer Tochtergesellschaften, der Bungee Jump Vertriebs GmbH, zum 01.01.02; die Bungee Jump Vertriebs GmbH wurde in den Vorjahren wegen untergeordneter Bedeutung gemäß § 296 Abs. 2 HGB nicht konsolidiert. Die Schlussbilanz sieht wie folgt aus:

| Aktiva | Mio. GE |
|---|---|
| Forderungen aus Lieferungen und Leistungen | 14,1 |
| | **14,1** |
| **Passiva** | |
| Eigenkapital | 9,0 |
| Verbindlichkeiten | 5,1 |
| | **14,1** |

**Übersicht 53-6:** Schlussbilanz der Bungee Jump Vertriebs GmbH zum 31.12.02

Die Funsport GmbH wies zum 31.12.02 einen Beteiligungsbuchwert an der Bungee Jump Vertriebs GmbH von 7,3 Mio. GE aus. Demzufolge ergab sich im Geschäftsjahr 02 ein Verschmelzungsgewinn i. H. v. 1,7 Mio. GE (= 9,0 Mio. GE - 7,3 Mio. GE).

- Verkauf der Anteile an der Downhill Racing GmbH zum 01.01.02 zu einem Verkaufspreis von 2,2 Mio. GE. Die Downhill Racing GmbH wurde im Vorjahr vollkonsolidiert. Die Schlussbilanz sieht wie folgt aus:

| Aktiva | Mio. GE |
|---|---|
| Sachanlagen | 2,9 |
| Forderungen aus Lieferungen und Leistungen | 3,3 |
| Flüssige Mittel | 2,0 |
| | **8,2** |
| **Passiva** | |
| Eigenkapital | 2,2 |
| Verbindlichkeiten aus Lieferungen und Leistungen | 6,0 |
| | **8,2** |

**Übersicht 53-7:** Schlussbilanz der Downhill Racing GmbH zum 31.12.02

Die in Übersicht 53-7 genannten Bilanzposten gingen mit Ausnahme des Eigenkapitals, das im Rahmen der Kapitalkonsolidierung eliminiert wurde, mit den angegebenen Werten in die Konzernbilanz zum 31.12.01 ein. Zu konsolidierende konzerninterne Beziehungen existierten nicht. Aus dem Verkauf ergab sich kein Veräußerungsgewinn.

## Aufgaben

(a) Erläutern Sie kurz die Rechtsgrundlagen für die Erstellung einer Kapitalflussrechnung, ihren Zweck und die Formen ihrer Erstellung.

(b) Beschreiben Sie die Abgrenzung des Finanzmittelfonds. Erläutern Sie kurz die Zusammensetzung des Finanzmittelfonds der Funsport GmbH, für den Fall, dass sich im Geschäftsjahr 02 aus dem Cash-Pooling statt der Verbindlichkeit eine Forderung i. H. v. 13,3 Mio. GE ergeben hätte.

(c) Skizzieren Sie kurz die Vorgehensweise bei der derivativen Erstellung einer Kapitalflussrechnung.

(d) Erstellen Sie die Veränderungsbilanz der Funsport GmbH zum 31.12.02. Orientieren Sie sich dabei an der Mindestgliederung für den Cashflow aus der laufenden Geschäftstätigkeit nach DRS 21.40.

(e) Erläutern Sie kurz die notwendige Aufbereitung und Zuordnung der Bilanzposten des Anlagevermögens und des Eigenkapitals sowie der Bilanzposten „Verbindlichkeiten gegenüber Kreditinstituten" und „Verbindlichkeiten gegenüber verbundenen Unternehmen" bei der Erstellung der „vorläufigen" Kapitalflussrechnung.

(f) Erstellen Sie die „vorläufige" Kapitalflussrechnung der Funsport GmbH. Leiten Sie dabei den Cashflow aus der laufenden Geschäftstätigkeit aus dem Konzernergebnis nach Ertragsteuern vor Gewinnabführung ab.

(g) Begründen Sie kurz, wie die im Sachverhalt genannten Beziehungen zur Muttergesellschaft und besonderen Geschäftsvorfälle der Funsport GmbH (Ausgliederung des Geschäftsbereiches „Briefmarken", Verschmelzung mit der Bungee Jump Vertriebs GmbH, Verkauf der Anteile an der Downhill Racing GmbH, Währungsumrechnungsdifferenzen bei der Surfing Inc.) in ihrer Konzernkapitalflussrechnung zu berücksichtigen sind.

(h) Erstellen Sie aufgrund Ihrer bisherigen Ergebnisse die Konzern-Kapitalflussrechnung der Funsport GmbH für das Geschäftsjahr 02. Vorjahreszahlen sind aus Vereinfachungsgründen nicht anzugeben.

(i) Erläutern Sie den Ausweis von Zins- und Dividendenzahlungen nach DRS 21.

(j) Beschreiben Sie kurz die wesentlichen Abweichungen zwischen einer Konzernkapitalflussrechnung nach § 297 Abs. 1 Satz 1 HGB und IAS 7.

## Literaturhinweise

BAETGE, JÖRG/KIRSCH, HANS-JÜRGEN/THIELE, STEFAN, Konzernbilanzen, 15. Aufl., Düsseldorf 2024, Kap. X.

BAETGE, JÖRG/KIRSCH, HANS-JÜRGEN/THIELE, STEFAN, Bilanzanalyse, 2. Aufl., Düsseldorf 2004, Kap. V.

## Lösungen

### Lösung zu Teilaufgabe (a)

Gemäß **§ 297 Abs. 1 Satz 1 HGB** haben alle Mutterunternehmen, die zur Aufstellung eines Konzernabschlusses verpflichtet sind, auch eine Kapitalflussrechnung zu erstellen. Die Kapitalflussrechnung stellt einen eigenständigen Bestandteil des Konzernabschlusses dar, deren Struktur jedoch nicht explizit im Handelsrecht geregelt ist. Konkretisiert wird die Ausgestaltung der Kapitalflussrechnung in **DRS 21,** der durch das BMJV im Bundesanzeiger bekannt gemacht wurde und daher als Grundsatz ordnungsmäßiger Buchführung fungiert. Für Mutterunternehmen, die verpflichtet sind einen Konzernabschluss und somit eine Kapitalflussrechnung zu erstellen, ist die Anwendung dieses Standards bei der Aufstellung der Kapitalflussrechnung faktisch verpflichtend. Für kapitalmarktorientierte Unternehmen, die gemäß § 264 Abs. 1 Satz 2 HGB eine Kapitalflussrechnung aufstellen, sowie bei freiwilliger Aufstellung einer Kapitalflussrechnung wird die Anwendung des DRS 21 empfohlen (DRS 21.6 f.).

Der Zweck der Kapitalflussrechnung besteht darin, den Rechnungslegungsadressaten detailliertere Informationen über die **Finanzlage** eines Unternehmens zu geben, als dies auf Basis der Konzernbilanz, der Konzern-GuV und des Konzernanhangs möglich ist. Insoweit soll die Kapitalflussrechnung zeigen, welche Zahlungsströme bzw. Kapitalflüsse (Cashflows) in einem Geschäftsjahr geflossen sind, wie das Unternehmen Finanzmittel aus der laufenden Geschäftstätigkeit erwirtschaftet hat und welche zahlungswirksamen Investitions- und Finanzierungstätigkeiten vorgenommen wurden (DRS 21.1). Entsprechend werden Cashflows in die **Bereiche laufende Geschäftstätigkeit, Investitionstätigkeit und Finanzierungstätigkeit** eingeteilt. Die Summe der Cashflows aus diesen drei Tätigkeitsbereichen entspricht der zahlungswirksamen **Veränderung des Finanzmittelfonds** im Geschäftsjahr.

Kapitalflussrechnungen können **originär** aus den tatsächlichen Zahlungsvorgängen oder **derivativ**, d. h. aus den in der Finanzbuchhaltung erfassten Geschäftsvorfällen unter Berücksichtigung ihrer Zahlungswirksamkeit, ermittelt werden. Der Cashflow aus der laufenden Geschäftstätigkeit kann entweder direkt, d. h. ausgehend von den tatsächlich geflossenen Zahlungsströmen bei unsaldierter Darstellung der Ein- und Auszahlungen, oder indirekt dargestellt werden (DRS 21.24). Bei der **indi-**

**rekten Darstellung** bildet das in der GuV ausgewiesene Periodenergebnis den Ausgangspunkt und wird schrittweise um nicht zahlungswirksame Aufwendungen und Erträge, Bestandsveränderungen bei Posten des Nettoumlaufvermögens und alle Posten, die Cashflows aus der Investitions- oder Finanzierungstätigkeit enthalten, bereinigt. Cashflows aus der Investitions- und Finanzierungstätigkeit werden ausschließlich **direkt** dargestellt.

Für die Kapitalflussrechnung sieht DRS 21.21 die **Staffelform** vor, wobei die im Standard beschriebenen **Mindestgliederungen** zu berücksichtigen sind.

## Lösung zu Teilaufgabe (b)

In den Finanzmittelfonds sind nach DRS 21.33 nur **Zahlungsmittel** (Barmittel und täglich fällige Sichteinlagen) und **Zahlungsmitteläquivalente** (als Liquiditätsreserve gehaltene, kurzfristige, äußerst liquide Finanzmittel, die jederzeit in Zahlungsmittel umgewandelt werden können und nur unwesentlichen Wertschwankungen unterliegen) einzubeziehen; Zahlungsmitteläquivalente liegen nur dann vor, wenn ihre Restlaufzeit ab dem Erwerbszeitpunkt **drei Monate** nicht übersteigt. Daneben sind jederzeit fällige Verbindlichkeiten gegenüber Kreditinstituten, soweit sie zur Disposition der liquiden Mittel gehören, nach DRS 21.34 in den Finanzmittelfonds einzubeziehen.

Entsprechend diesen Grundsätzen sind in den Finanzmittelfonds der Funsport GmbH ausschließlich die flüssigen Mittel i. H. v. 26,4 Mio. GE einzubeziehen. Hätte sich im Geschäftsjahr 02 aus dem Cash-Pooling eine Forderung ergeben, so wäre diese als Zahlungsmitteläquivalent ebenfalls Bestandteil des Finanzmittelfonds. In diesem Fall würde sich der Finanzmittelfonds also aus den flüssigen Mitteln (26,4 Mio. GE) sowie der Forderung aus Cash-Pooling i. H. v. 13,3 Mio. GE zusammensetzen.

## Lösung zu Teilaufgabe (c)

Gedanklich bietet sich bei Erstellung der Kapitalflussrechnung ein Vorgehen in **mehreren Schritten** an:

Im ersten Schritt werden alle für die Erstellung der Kapitalflussrechnung erforderlichen **Informationen** (vor allem Bilanz, GuV, Anlage-, Verbindlichkeiten- und Rückstellungsspiegel sowie die Zahlungswirksamkeit von Aufwendungen, Erträgen und sonstigen Transaktionen im Unternehmen) **gesammelt**.

Im zweiten Schritt wird dann als Grundlage für die spätere Kapitalflussrechnung eine sog. **Veränderungsbilanz** erstellt, aus der die Veränderung der einzelnen Bilanzposten zwischen zwei aufeinander folgenden Bilanzstichtagen hervorgeht. Der Veränderungsbilanz liegt die Überlegung zugrunde, dass sich die Veränderung der flüssigen Mittel in der Veränderung aller übrigen Aktiv- und Passivposten niederschlagen muss.

Anschließend sollte zweckmäßigerweise aus den Veränderungen der einzelnen Bilanzposten eine **„vorläufige“ Kapitalflussrechnung** erstellt werden. Hierbei wird zunächst vereinfachend angenommen, dass sämtliche Änderungen der einzelnen Bilanzposten in voller Höhe zahlungswirksam sind. Im Rahmen der Erstellung der „vorläufigen“ Kapitalflussrechnung werden dann lediglich einzelne Bilanzpostenänderungen so aufbereitet, dass ein Ausweis gemäß DRS 21 einschließlich Zuordnung zu den Bereichen laufende Geschäftstätigkeit, Finanzierungs- und Investitionstätigkeit möglich ist. Diese Aufbereitungsmaßnahmen betreffen im Regelfall das Anlagevermögen, das Eigenkapital und die Darlehensverbindlichkeiten (siehe dazu die Lösung zu Teilaufgabe (e)).

Aus der „vorläufigen" Kapitalflussrechnung werden im vierten und letzten Schritt **alle nicht bzw. nur teilweise zahlungswirksamen besonderen Geschäftsvorfälle** des Geschäftsjahres **eliminiert** (im Sachverhalt handelt es sich hierbei um die Ausgliederung des Geschäftsbereiches „Briefmarken", die Verschmelzung der Funsport GmbH mit der Bungee Jump Vertriebs GmbH, den Verkauf der Anteile an der Downhill Racing GmbH sowie die Berücksichtigung der Währungsumrechnungsdifferenzen) und so die endgültige Kapitalflussrechnung erstellt.

## Lösung zu Teilaufgabe (d)

| **Veränderungsbilanz** (Alle Zahlenangaben in Mio. GE) | 02 | 01 | Veränderung |
|---|---|---|---|
| **Aktiva** | | | |
| Anlagevermögen | 1.189,3 | 1.184,8 | 4,5 |
| Vorräte, Forderungen aus Lieferungen und Leistungen sowie andere Aktiva, die nicht der Investitions- oder Finanzierungstätigkeit zuzuordnen sind | 784,0 | 702,3 | 81,7 |
| Flüssige Mittel | 26,4 | 45,2 | – 18,8 |
| | **1.999,7** | **1.932,3** | **67,4** |
| **Passiva** | | | |
| Eigenkapital | 700,4 | 616,2 | 84,2 |
| Rückstellungen | 764,7 | 743,0 | 21,7 |
| Verbindlichkeiten aus Lieferungen und Leistungen sowie andere Passiva, die nicht der Investitions- oder Finanzierungstätigkeit zuzuordnen sind[1] | 171,2 | 191,3 | – 20,1 |
| Verbindlichkeiten gegenüber verbundenen Unternehmen aus Darlehensaufnahme | 256,4 | 236,4 | 20,0 |
| Verbindlichkeiten gegenüber verbundenen Unternehmen aus Organschaftsabrechnung, Cash-Pooling und Gewinnabführung | 81,4 | 141,1 | – 59.7 |
| Verbindlichkeiten gegenüber Kreditinstituten | 25,6 | 4,3 | 21,3 |
| | **1.999,7** | **1.932,3** | **67,4** |

**Übersicht 53-8:** Veränderungsbilanz der Funsport GmbH zum 31.12.02 auf der Grundlage des Mindestgliederungsschemas für die Kapitalflussrechnung nach DRS 21.40

1 Verbindlichkeiten aus Lieferungen und Leistungen, Verbindlichkeiten gegenüber verbundenen Unternehmen aus Lieferungen und Leistungen (vgl. Übersicht 53-4) und sonstige Verbindlichkeiten.

## Lösung zu Teilaufgabe (e)

### (a) Anlagevermögen

Die Zunahme des Anlagevermögens von 4,5 Mio. GE resultiert laut Anlagespiegel (Übersicht 53-3) aus folgenden Geschäftsvorfällen:

| | | |
|---|---|---|
| | Investitionen | 287,7 Mio. GE |
| – | Abschreibungen | – 212,8 Mio. GE |
| – | Abgänge (Restbuchwert) | – 70,4 Mio. GE |
| = | Veränderungen des Anlagevermögens | 4,5 Mio. GE |

Die Abgänge von 70,4 Mio. GE führten nach dem Sachverhalt zu Erlösen (Einzahlungen) i. H. v. 76,3 Mio. GE und zu Buchgewinnen i. H. v. 5,9 Mio. GE. Die Einzahlungen entfallen laut Sachverhalt mit 15,0 Mio. GE auf den Verkauf von immateriellen Vermögensgegenständen, mit 30,0 Mio. GE auf den Verkauf von Sachanlagevermögen sowie mit 31,3 Mio. GE auf den Verkauf von Finanzanlagevermögen.

In der Kapitalflussrechnung werden die Abschreibungen und die Buchgewinne aus dem Anlagenabgang gesondert unter dem Cashflow aus der laufenden Geschäftstätigkeit und die Investitionen und die Einzahlungen aus dem Anlagenabgang gesondert unter dem Cashflow aus der Investitionstätigkeit ausgewiesen (DRS 21.40 und 46).

### (b) Eigenkapital

Die Veränderung des Eigenkapitals resultiert aus folgenden Geschäftsvorfällen:

| | | |
|---|---|---|
| | Konzernergebnis vor Gewinnabführung | 71,9 Mio. GE |
| – | Gewinnabführung | – 53,6 Mio. GE |
| + | Eigenkapitalzuführung durch Muttergesellschaft | + 48,3 Mio. GE |
| + | Wechselkursbedingte Veränderungen des Eigenkapitals | + 17,6 Mio. GE |
| = | Veränderung des Eigenkapitals | 84,2 Mio. GE |

Laut Aufgabenstellung ist das **Konzernergebnis vor Gewinnabführung** i. H. v. 71,9 Mio. GE Ausgangsgröße der nach der indirekten Methode dargestellten Kapitalflussrechnung. Die Aufwendungen aus Gewinnabführung vermindern das Konzernergebnis und damit das Eigenkapital um 53,6 Mio. GE. Die **Eigenkapitalzuführung** i. H. v. 48,3 Mio. GE erhöht nach DRS 21.51 den Cashflow aus der Finanzierungstätigkeit. Die **wechselkursbedingte Veränderung des Eigenkapitals** i. H. v. 17,6 Mio. GE resultiert nach dem Sachverhalt aus Währungsumrechnungsdifferenzen im Anlagevermögen; diese Erhöhung wird in der „vorläufigen" Kapitalflussrechnung zunächst unter dem Cashflow aus der Finanzierungstätigkeit ausgewiesen (siehe Teilaufgabe (f)). Da Währungseinflüsse aber nicht zahlungswirksam sind, wird die wechselkursbedingte Eigenkapitalveränderung in der endgültigen Kapitalflussrechnung eliminiert (siehe Teilaufgabe (g)). Unter dem Cashflow aus der Finanzierungstätigkeit ist schließlich gemäß DRS 21.47 i. V. m. DRS 21.50 die Auszahlung der **Gewinnabführung** des Vorjahres auszuweisen.

### (c) Verbindlichkeiten gegenüber Kreditinstituten

Die Zunahme der Verbindlichkeiten gegenüber Kreditinstituten um 21,3 Mio. GE resultiert nach dem Sachverhalt aus Neuaufnahmen von Darlehen i. H. v. 30,0 Mio. GE und Tilgungen i. H. v. 8,7 Mio. GE. Beide Zahlungsströme werden nach DRS 21.50 unter dem Cashflow aus der Finanzierungstätigkeit ausgewiesen.

### (d) Verbindlichkeiten gegenüber verbundenen Unternehmen

Die Abnahme der Verbindlichkeiten gegenüber verbundenen Unternehmen um insgesamt 67,1 Mio. GE ist zur Erstellung der Kapitalflussrechnung nach DRS 21 wie folgt aufzuteilen:

(1) Die Veränderung der Verbindlichkeiten gegenüber verbundenen Unternehmen betreffend Lieferungen und Leistungen (gemäß Sachverhalt + 15,5 Mio. GE gegenüber der No Fear Freizeitspaß AG und - 42,9 Mio. GE gegenüber sonstigen verbundenen Unternehmen) ist nach DRS 21.40 dem Cashflow aus der laufenden Geschäftstätigkeit zuzuordnen und wird dem Vorzeichen nach als Teil des Postens „Abnahme der Verbindlichkeiten aus Lieferung und Leistung sowie anderer Passiva, die nicht der Investitions- oder Finanzierungstätigkeit zuzuordnen sind“, ausgewiesen.

(2) Die Veränderung der Verbindlichkeiten gegenüber verbundenen Unternehmen aus Darlehen (20,0 Mio. GE) ist nach DRS 21.50 dem Cashflow aus der Finanzierungstätigkeit zuzuordnen.

(3) Die Veränderung der Verbindlichkeiten gegenüber verbundenen Unternehmen aus Organschaftsabrechnung (- 54,5 Mio. GE), Cash-Pooling (Kontokorrentkredit; - 5,2 Mio. GE) und Gewinnabführung (+/- 0 Mio. GE) ist nach DRS 21.50 dem Cashflow aus der Finanzierungstätigkeit zuzuordnen, da es sich hierbei um Finanztransaktionen mit dem Unternehmenseigner handelt.

## Lösung zu Teilaufgabe (f)

Entsprechend der bisherigen Ausführungen ergibt sich unter Beachtung von DRS 21 die folgende „vorläufige“ Kapitalflussrechnung, die dann später in Teilaufgabe (h) unter Berücksichtigung der Ausführungen in Teilaufgabe (g) zur „endgültigen“ Kapitalflussrechnung erweitert wird:

| | | | Veränderung Mio. GE |
|---|---|---|---|
| 1. | | Periodenergebnis des Konzerns vor Gewinnabführung | 71,9 |
| 2. | + | Abschreibungen auf Gegenstände des Anlagevermögens | 212,8 |
| 3. | + | Zunahme der Rückstellungen | 21,7 |
| 4. | – | Zunahme der Vorräte, der Forderungen aus Lieferungen und Leistungen sowie anderer Aktiva, die nicht der Investitions- oder Finanzierungstätigkeit zuzuordnen sind | – 81,7 |
| 5. | – | Abnahme der Verbindlichkeiten aus Lieferungen und Leistungen sowie anderer Passiva, die nicht der Investitions- oder Finanzierungstätigkeit zuzuordnen sind | – 20,1 |
| 6. | – | Gewinn aus dem Abgang von Gegenständen des Anlagevermögens | – 5,9 |
| 7. | + | Aufwendungen von außergewöhnlicher Größenordnung oder außergewöhnlicher Bedeutung | 11,3 |
| 8. | + | Ertragsteueraufwand | 35,0 |
| 9. | – | Auszahlungen im Zusammenhang mit Aufwendungen von außergewöhnlicher Größenordnung oder außergewöhnlicher Bedeutung | – 11,3 |
| 10. | – | Ertragsteuerzahlungen | – 35,0 |
| **11.** | = | **Cashflow aus der laufenden Geschäftstätigkeit** | **198,7** |
| 12. | + | Einzahlungen aus Abgängen von Gegenständen des immateriellen Anlagevermögens | **15,0** |
| 13. | – | Auszahlungen für Investitionen in das immaterielle Anlagevermögen | – 15,6 |
| 14. | + | Einzahlungen aus Abgängen von Gegenständen des Sachanlagevermögens | 30,0 |
| 15. | – | Auszahlungen für Investitionen in das Sachanlagevermögen | – 196,0 |
| 16. | + | Einzahlungen aus Abgängen von Gegenständen des Finanzanlagevermögens | 31,3 |
| 17. | – | Auszahlungen für Investitionen in das Finanzanlagevermögen | – 76,1 |
| **18.** | = | **Cashflow aus der Investitionstätigkeit** | **– 211,4** |
| 19. | + | Einzahlungen aus Eigenkapitalzuführungen | 48,3 |
| 20. | – | Auszahlungen an den Unternehmenseigner[1] | – 113,3 |
| 21. | + | Einzahlungen aus der Aufnahme von (Finanz-)Krediten[2] | 50,0 |
| 22. | – | Auszahlungen aus der Tilgung von Anleihen und (Finanz-)Krediten | – 8,7 |
| 23. | + | Sonstige Veränderungen Eigenkapital | 17,6 |
| **24.** | = | **Cashflow aus der Finanzierungstätigkeit** | **– 6,1** |
| **25.** | | **Zahlungswirksame Veränderungen des Finanzmittelfonds** | **– 18,8** |
| 26. | + | Finanzmittelfonds am Anfang der Periode | 45,2 |
| **27.** | = | **Finanzmittelfonds am Ende der Periode** | **26,4** |

**Übersicht 53-9:** Vorläufige Kapitalflussrechnung

1 Auszahlung Gewinnabführung (53,6 Mio. GE), Abnahme der Verbindlichkeit aus Organschaftsabrechnung (54,5 Mio. GE) sowie Rückgang der Verbindlichkeit aus Cash-Pooling (5,2 Mio. GE).

2 Darlehensaufnahme bei Kreditinstituten (30,0 Mio. GE) und bei verbundenen Unternehmen (20,0 Mio. GE).

Anmerkung: Gemäß DRS 21.18 i. V. m. DRS 21.19 sind ertragsteuerbedingte Zahlungen in der Kapitalflussrechnung jeweils gesondert anzugeben.

## Lösung zu Teilaufgabe (g)

### (a) Ausgliederung des Geschäftsbereiches „Briefmarken"

Der Beteiligungszugang (30,5 Mio. GE) ist lediglich in Höhe der hingegebenen flüssigen Mittel (13,3 Mio. GE) zahlungswirksam. Im Übrigen, d. h. zu 17,2 Mio. GE, wurde die Beteiligung durch Tausch gegen Vermögensgegenstände (Sachanlagen i. H. v. 7,4 Mio. GE und Vorräte i H. v. 15,6 Mio. GE) und Schulden (Rückstellungen i. H. v. 5,8 Mio. GE) erworben. Diese Transaktionen sind nicht zahlungswirksam und dürfen in die endgültige Kapitalflussrechnung nicht aufgenommen werden. Sie sind daher aus der vorläufigen Kapitalflussrechnung zu eliminieren. Dazu sind die darin ausgewiesenen Werte aufgrund der Ausgliederung des Geschäftsbereiches

„Briefmarken" wie folgt zu korrigieren: Erhöhung der Rückstellungsveränderung um 5,8 Mio. GE, Erhöhung der Zunahme der Vorräte um 15,6 Mio. GE, Kürzung der Auszahlungen für Investitionen in das Finanzanlagevermögen um 17,2 Mio. GE und Kürzung der Einzahlungen aus Sachanlageabgängen um 7,4 Mio. GE.

### (b) Verschmelzung mit der Bungee Jump Vertriebs GmbH

Da die Bungee Jump Vertriebs GmbH nach dem Sachverhalt über keine flüssigen Mittel verfügt, ist die Verschmelzung vollständig zahlungsunwirksam. Dem Beteiligungsabgang stehen Zugänge von Vermögensgegenständen und Schulden gegenüber. Diese zahlungsunwirksamen Transaktionen dürfen nicht in die endgültige Kapitalflussrechnung aufgenommen werden. Sie sind daher aus der vorläufigen Kapitalflussrechnung zu eliminieren. Dazu sind die darin ausgewiesenen Werte aufgrund der Verschmelzung der Funsport GmbH mit der Bungee Jump Vertriebs GmbH wie folgt zu korrigieren: Verminderung der Forderungszunahme um 14,1 Mio. GE, Erhöhung der Verbindlichkeitsabnahme um 5,1 Mio. GE und Kürzung der Einzahlungen aus Finanzanlageabgängen um 7,3 Mio. GE. Der Verschmelzungsgewinn i. H. v. 1,7 Mio. GE ist als sonstiger nicht zahlungswirksamer Ertrag ebenfalls aus der vorläufigen Kapitalflussrechnung zu eliminieren.

### (c) Verkauf der Anteile an der Downhill Racing GmbH

Der Verkauf der Anteile an der Downhill Racing GmbH berührt den Zahlungsmittelbestand nur in Höhe des Veräußerungspreises und des veräußerten Bestandes an flüssigen Mitteln; im Übrigen ergeben sich keine Auswirkungen auf die Cashflows (DRS 21.43 i. V. m. DRS 21.46). Daher sind die in der vorläufigen Kapitalflussrechnung ausgewiesenen Werte aufgrund der Anteilsveräußerung wie folgt zu korrigieren: Erhöhung der Forderungszunahme um 3,3 Mio. GE, Verminderung der Verbindlichkeitsabnahme um 6,0 Mio. GE und Kürzung der Einzahlungen aus Anlageabgängen um 2,9 Mio. GE. Der Zahlungsstrom aus der Veräußerung (Verkaufspreis i. H. v. 2,2 Mio. GE abzüglich veräußerter Bestand an flüssigen Mitteln i. H. v. 2,0 Mio. GE) ist nach DRS 21.43 innerhalb des Cashflows aus der Investitionstätigkeit als Einzahlung aus Abgängen aus dem Konsolidierungskreis gesondert auszuweisen.

**(d) Währungsumrechnungsdifferenzen bei der Surfing Inc., USA**

Da es sich bei den Währungsumrechnungsdifferenzen um nicht zahlungswirksame Vorgänge handelt, ist ihr Einfluss auf die in der vorläufigen Kapitalflussrechnung ausgewiesenen Veränderungen zu eliminieren. Ohne Währungsdifferenzen wären die Investitionen in das Sachanlagevermögen um 18,9 Mio. GE, die Abschreibungen um 1,3 Mio. GE und die Erhöhung des Eigenkapitals um 17,6 Mio. GE niedriger ausgefallen.

## Lösung zu Teilaufgabe (h)

Die nachfolgende Übersicht zeigt die Entwicklung der endgültigen Kapitalflussrechnung, wobei die Spalten folgenden Inhalt haben:

(1) Vorläufige Kapitalflussrechnung (siehe Teilaufgabe (f))

(2) Ausgliederung des Geschäftsbereiches „Briefmarken“ (siehe Teilaufgabe (g))

(3) Verschmelzung mit der Bungee Jump Vertriebs GmbH (siehe Teilaufgabe (g))

(4) Verkauf der Anteile an der Downhill Racing GmbH (siehe Teilaufgabe (g))

(5) Abbildung der Währungsumrechnungsdifferenzen (siehe Teilaufgabe (g))

(6) Endgültige Kapitalflussrechnung

| Kapitalflussrechnung (Alle Zahlenangaben in Mio. GE) | (1) | (2) | (3) | (4) | (5) | (6) |
|---|---|---|---|---|---|---|
| Periodenergebnis des Konzerns vor Gewinnabführung | 71,9 | | | | | 71,9 |
| Abschreibungen auf Gegenstände des Anlagevermögens | 212,8 | | | | – 1,3 | 211,5 |
| Zunahme der Rückstellungen | 21,7 | 5,8 | | | | 27,5 |
| Sonstige zahlungsunwirksame Erträge | 0,0 | | – 1,7 | | | – 1,7 |
| Gewinn aus dem Abgang von Gegenständen des Anlagevermögens | – 5,9 | | | | | – 5,9 |
| Zunahme der Vorräte, der Forderungen aus Lieferungen und Leistungen sowie anderer Aktiva, die nicht der Investitions- oder Finanzierungstätigkeit zuzuordnen sind | – 81,7 | – 15,6 | 14,1 | – 3,3 | | – 86,5 |
| Abnahme der Verbindlichkeiten aus Lieferungen und Leistungen sowie anderer Passiva, die nicht der Investitions- oder Finanzierungstätigkeit zuzuordnen sind | – 20,1 | | – 5,1 | 6,0 | | – 19,2 |
| Aufwendungen von außergewöhnlicher Größenordnung oder außergewöhnlicher Bedeutung | 11,3 | | | | | 11,3 |
| Ertragsteueraufwand | 35,0 | | | | | 35,0 |
| Auszahlungen im Zusammenhang mit Aufwendungen von außergewöhnlicher Größenordnung oder außergewöhnlicher Bedeutung | – 11,3 | | | | | – 11,3 |
| Ertragsteuerzahlungen | – 35,0 | | | | | – 35,0 |
| **Cashflow aus der laufenden Geschäftstätigkeit** | **198,7** | **– 9,8** | **7,3** | **2,7** | **– 1,3** | **197,6** |
| Einzahlungen aus Abgängen von Gegenständen des Sachanlagevermögens | 30,0 | – 7,4 | | – 2,9 | | 19,7 |
| Auszahlungen für Investitionen in das Sachanlagevermögen | – 196,0 | | | | 18,9 | – 177,1 |
| Einzahlungen aus Abgängen von Gegenständen des immateriellen Anlagevermögens | 15,0 | | | | | 15,0 |
| Auszahlungen für Investitionen in das immaterielle Anlagevermögen | – 15,6 | | | | | – 15,6 |
| Einzahlungen aus Abgängen von Gegenständen des Finanzanlagevermögens | 31,3 | | – 7,3 | | | 24,0 |
| Auszahlungen für Investitionen in das Finanzanlagevermögen | – 76,1 | 17,2 | | | | – 58,9 |
| Einzahlungen aus dem Verkauf von konsolidierten Unternehmen und sonstigen Geschäftseinheiten | 0,0 | | | 0,2 | | 0,2 |
| **Cashflow aus der Investitionstätigkeit** | **– 211,4** | **9,8** | **– 7,3** | **– 2,7** | **18,9** | **– 192,7** |
| Einzahlungen aus Eigenkapitalzuführungen | 48,3 | | | | | 48,3 |
| Auszahlungen an den Unternehmenseigner[1] | – 113,3 | | | | | – 113,3 |
| Einzahlungen aus der Aufnahme von (Finanz-)Krediten[2] | 50,0 | | | | | 50,0 |
| Auszahlungen aus der Tilgung von Anleihen und (Finanz-)Krediten | – 8,7 | | | | | – 8,7 |
| Sonstige Veränderungen Eigenkapital | 17,6 | | | | – 17,6 | 0,0 |
| **Cashflow aus der Finanzierungstätigkeit** | **6,1** | **0,0** | **0,0** | **0,0** | **– 17,6** | **– 23,7** |
| **Zahlungswirksame Veränderungen des Finanzmittelfonds** | **– 18,8** | | | | | **– 18,8** |
| Finanzmittelfonds am Anfang der Periode | 45,2 | | | | | 45,2 |
| **Finanzmittelfonds am Ende der Periode** | **26,4** | **0,0** | **0,0** | **0,0** | **0,0** | **26,4** |

**Übersicht 53-10:** Herleitung der Kapitalflussrechnung

1 Auszahlung Gewinnabführung (53,6 Mio. GE), Abnahme der Verbindlichkeit aus Organschaftsabrechnung (54,5 Mio. GE) sowie Rückgang der Verbindlichkeit aus Cash-Pooling (5,2 Mio. GE).

2 Darlehensaufnahme bei Kreditinstituten (30,0 Mio. GE) und bei verbundenen Unternehmen (20,0 Mio. GE).

## Lösung zu Teilaufgabe (i)

Gemäß DRS 21.44 sind **erhaltene Zinsen und erhaltene Dividendenzahlungen** dem Cashflow aus Investitionstätigkeit zuzuordnen. In DRS 21.B25 wird diese Zuordnung damit begründet, dass solche „Erträge als Entgelt für die Kapitalüberlassung in Form von auf der Aktivseite ausgewiesenen Investitionen (ausgereichte Kredite und Beteiligungen) interpretiert werden". Für den Fall, dass erhaltene Zinsen nicht mit einer Kapitalüberlassung im Zusammenhang stehen, ist zu prüfen, ob diese dem Cashflow aus der laufenden Geschäftstätigkeit oder Finanzierungstätigkeit zuzuordnen sind.

**Gezahlte Zinsen und gezahlte Dividenden** sind hingegen gemäß DRS 21.48 dem Cashflow aus Finanzierungstätigkeit zuzuordnen. In DRS 21.B30 wird die Zuordnung damit begründet, dass gezahlte Zinsen und Dividenden als „Entgelt für die Kapitalüberlassung interpretiert werden".

Bei dieser Zuordnung wird indes nicht berücksichtigt, ob die entstandenen Zahlungsströme aus Zins- oder Dividendenzahlungen zum eigentlichen Geschäftsmodell gehören, oder ob eingegangene Beteiligungen eher aus operativen als aus investiven Gründen eingegangen wurden. Denkbar wären hier z. B. Objektfinanzierungen in der Immobilienbranche. Der HGB-FA stellt es dem Ersteller der Kapitalflussrechnung nach DRS 21.B7 frei, zusätzliche Angaben und Erläuterungen vorzunehmen, um die Besonderheiten einzelner Geschäftsmodelle klarzustellen, und so die Transparenz zu fördern.

## Lösung zu Teilaufgabe (j)

Zwischen den Kapitalflussrechnungen nach HGB (DRS 21) und IAS 7 bestehen vor allem folgende Unterschiede:

- Abgrenzung der Cashflows aus der laufenden Geschäftstätigkeit, aus Investitions- und aus Finanzierungstätigkeit: Nach DRS 21.44 sind erhaltene Zinsen und erhaltene Dividenden grundsätzlich dem Cashflow aus der Investitionstätigkeit zuzuordnen, gezahlte Zinsen und Dividenden hingegen nach DRS 21.48 dem Cashflow aus der Finanzierungstätigkeit. Nach IAS 7.33A sind gezahlte Dividenden sowie gezahlte Zinsen nach IAS 7.34A (a) dem Cashflow aus der Finanzierungstätigkeit zuzuordnen. Daneben sind nach IAS 7.34A (b) erhaltene Zinsen und Dividenden dem Cashflow aus der Investitionstätigkeit zuzuordnen.
- Ausweis von Ertragsteuerzahlungen: Ertragsteuerzahlungen sind nach DRS 21.18 i. V. m. DRS 21.19 gesondert in der Kapitalflussrechnung auszuweisen und i. d. R. dem Cashflow aus der laufenden Geschäftstätigkeit zuzuordnen. Insofern der Geschäftsvorfall eindeutig der Investitions- oder Finanzierungstätigkeit zuzuordnen ist, sind auch die ertragsteuerbedingten Zahlungen in den entsprechenden Cashflows enthalten. Analog zur Regelung im DRS 21 sieht auch IAS 7.35 grundsätzlich einen Ausweis der Ertragsteuerzahlungen innerhalb des Cashflows aus der betrieblichen Tätigkeit vor.
- Mindestgliederung der Kapitalflussrechnung: DRS 21 und IAS 7 machen unterschiedliche Vorgaben. So fordert DRS 21.46 z. B. eine jeweils gesonderte Angabe der Ein- und Auszahlungen aus dem Verkauf und dem Erwerb von Anlagevermögen getrennt nach Sachanlagevermögen, immateriellem Vermögen und Finanzanlagevermögen in der Kapitalflussrechnung. IAS 7 verlangt indes keine entsprechende Aufgliederung.

Anzumerken ist in diesem Zusammenhang, dass eine Kapitalflussrechnung nach DRS 21 alle Anforderungskriterien des IAS 7 erfüllt. Dies wird im DRS 21 durch das sog. „**Meistregelungsprinzip**" sichergestellt, demzufolge in einer Kapitalflussrechnung nach DRS 21 alle Pflichtangaben nach IAS 7 enthalten sein müssen. Zudem können Wahlrechte des DRS 21 so genutzt werden, dass die Anforderungen aus IAS 7 erfüllt werden.

Abweichend vom Meistregelungsprinzip ergeben sich durch die Änderungen im Rahmen der Angabeninitiative (Disclosure Initiative) des IASB in IAS 7 zusätzliche Angabepflichten. Diese haben das Ziel, dem Adressaten einen verbesserten Einblick in die Finanzierungstätigkeit des Unternehmens zu ermöglichen (IAS 7.44A). Gemäß IAS 7.44B sind über die Veränderungen von Verbindlichkeiten,[1] deren zugehörige Zahlungsströme (künftig) dem Cashflow aus der Finanzierungstätigkeit zugeordnet werden, folgende Angaben zu machen:

- Zahlungswirksame Veränderungen,
- Veränderungen aus der Erlangung bzw. dem Verlust der Beherrschung über Tochterunternehmen,
- Auswirkungen von Wechselkursänderungen,
- Änderungen von beizulegenden Zeitwerten und
- sonstige Änderungen.

Als mögliche, jedoch nicht verpflichtende, Darstellung der Veränderungen sieht IAS 7.44D eine Überleitungsrechnung vor, welche die Eröffnungs- und Schlussbilanzsalden der entsprechenden Bilanzposten angibt.

1 Die Angabepflichten beziehen sich ebenso auf finanzielle Vermögenswerte (z. B. aus Absicherungsgeschäften), sofern die mit der Veränderung des Bilanzpostens verbundenen (künftigen) Zahlungsströme dem Cashflow aus der Finanzierungstätigkeit zugerechnet werden (IAS 7.44C).

# Kapitel XI: Die Segmentberichterstattung

## Übung 54: Die Segmentberichterstattung nach IFRS 8 und DRS 28

### Aufgaben

(a) Mit Einführung des DRS 28 wurde die Segmentberichterstattung nach DRS und IFRS weitestgehend harmonisiert. Erläutern Sie die Abgrenzung der angabepflichtigen Segmente gemäß DRS 28 und IFRS 8. Erläutern Sie ferner, welchem theoretischen Ansatz der Segmentberichterstattung dadurch Rechnung getragen wird.

(b) Beschreiben Sie die angabepflichtigen Segmentinformationen gemäß DRS 28 und IFRS 8.

### Literaturhinweis

BAETGE, JÖRG/KIRSCH, HANS-JÜRGEN/THIELE, STEFAN, Konzernbilanzen, 15. Aufl., Düsseldorf 2024, Kap. XI.

### Lösungen

#### Lösung zu Teilaufgabe (a)

Nach IFRS 8 sind anhand der internen Berichtsstruktur sog. Geschäftssegmente abzugrenzen, wobei nach IFRS 8.5 ein Geschäftssegment definiert ist als ein Unternehmensbestandteil,

- der Geschäftstätigkeiten betreibt, mit denen Umsatzerlöse erwirtschaftet werden und bei denen Aufwendungen anfallen können,
- dessen Betriebsergebnisse regelmäßig vom Hauptentscheidungsträger des Unternehmens (chief operating decision maker) im Hinblick auf die Allokation von Ressourcen zu diesem Segment und die Bewertung seiner Ertragskraft überprüft werden und
- für den gesonderte Finanzinformationen vorliegen.

Sofern nach diesen Kennzeichen keine eindeutigen Geschäftssegmente identifiziert werden können, sind in IFRS 8.8 weitere Indizien für die Identifizierung eines Geschäftssegmentes genannt. So können bspw. die Wesensart der Geschäftstätigkeiten jedes Bereiches oder das Vorhandensein und die Verantwortlichkeit von Führungskräften als Faktoren zur Identifizierung von Geschäftssegmenten maßgebend sein.

Nach DRS 28 werden die operativen Segmente, ähnlich wie nach IFRS 8, aufbauend auf der internen Berichts- und Organisationsstruktur des Unternehmens so abgegrenzt, dass

- ihre Geschäftsaktivitäten zu Umsatzerlösen oder sonstigen Erträgen führen,
- dem Unternehmen für die jeweiligen Segmente eigenständige Rechnungslegungsinformationen vorliegen und
- die wirtschaftliche Lage regelmäßig von der Unternehmensleitung überwacht wird.

Zur Identifizierung eindeutiger Geschäftssegmente kommen hierbei i. d. R. produktorientierte bzw. geografische Segmentierungskriterien unterstützend in Frage, die in DRS 28.16 bzw. DRS 28.17 spezifiziert werden.

Sowohl die Regelungen in IFRS 8 als auch in DRS 28 folgen dem management approach, da sich die Segmentabgrenzung an den unternehmensinternen Berichtsstrukturen und -inhalten orientiert. Demnach sind Segmentaktivitäten anhand von Informationen darzustellen, wie sie das Management für die interne Steuerung verwendet. Dies impliziert, dass die quantifizierten Segmentangaben auch kalkulatorische Größen umfassen, die nicht mit den Bewertungsvorschriften der IFRS bzw. des HGB zu vereinbaren sind. Aus konzeptioneller Sicht haben diese Angaben zwar einen hohen Informationswert, indes ist die Verlässlichkeit und Vergleichbarkeit der Angaben durchaus in Frage zu stellen, da der Rückgriff auf interne Daten dem Abschlussersteller Gestaltungsspielräume eröffnet.

## Lösung zu Teilaufgabe (b)

Die angabepflichtigen Segmentinformationen gemäß IFRS 8 sind in IFRS 8.21-28 geregelt: Neben allgemeinen Informationen zu den berichtspflichtigen Segmenten, insbesondere zu deren Identifikationsprozess (IFRS 8.22), müssen auch quantitative Informationen über den Gewinn bzw. Verlust eines Segments, sowie die Segmentvermögenswerte und -schulden offengelegt werden. (IFRS 8.23 f.). Die Ergebnisgröße eines jeden berichtspflichtigen Segments ist dabei die einzige unbedingt anzugebende Segmentgröße. Ferner sind u. a. folgende Größen im Wesentlichen dann offenzulegen, wenn sie dem Hauptentscheidungsträger regelmäßig berichtet werden (bedingte Angabepflicht):

- Die externen und internen Umsatzerlöse,
- das Segmentvermögen,
- die Segmentschulden,
- die Zugänge an langfristigem Segmentvermögen,
- die Zinserträge und Zinsaufwendungen,
- die planmäßigen Abschreibungen,
- Ertrags- und Aufwandsposten, die aufgrund ihrer Wesentlichkeit angabepflichtig sind (IAS 1.97 bzw. IFRS 18.42) sowie
- wesentliche zahlungsunwirksame Posten, die keine planmäßigen Abschreibungen sind.

Zu beachten ist, dass sich die Bewertung der in der Segmentberichterstattung angegebenen Posten gemäß IFRS 8.25 f. nach der internen Berichtsstruktur und den intern berichteten Werten richtet. Der Abschlussersteller kann somit die im Segmentbericht vermittelten Informationen durch Gestaltung der internen Berichtsstruktur und der internen Werte, für die keine standardisierten Bewertungsvorschriften vorliegen, beeinflussen. Diese Problematik versucht IFRS 8 durch umfangreiche Angaben zu den Bewertungsgrundlagen gemäß IFRS 8.27 und einer nach IFRS 8.28 aufzustellenden Überleitungsrechnung, bei der die Posten der Segmentberichterstattung auf die Posten der Konzern-Bilanz und der Konzern-Gesamtergebnisrechnung zu überführen sind, zu lösen.

Nach DRS 28 ist jedes angegebene Segment zu beschreiben, etwa durch die Nennung zuordenbarer Produkte oder Dienstleistungen, die Tätigkeiten oder die geographische Zusammensetzung des jeweiligen Segments (DRS 28.29 f.). Für jedes angegebene Segment muss ferner gemäß DRS 28.33 das jeweilige Segmentergebnis berichtet werden. Zusätzlich werden u. a. folgende Angaben pro Segment im Wesentlichen dann gefordert, sofern diese Größen regelmäßig der Geschäftsleitung berichtet werden:

- Die Umsatzerlöse oder vergleichbaren Erträge, unterteilt in externe und intersegmentäre,
- das Segmentvermögen,
- die Segmentschulden,
- die Zugänge an langfristigem Segmentvermögen zu Buchwerten,
- die Zinserträge und Zinsaufwendungen,
- die planmäßigen Abschreibungen,
- wesentliche Ertrags- und Aufwandsposten sowie
- wesentliche zahlungsunwirksame Posten, die keine Abschreibungen sind.

Auch die Gesamtbeträge der Segmentumsatzerlöse bzw. der vergleichbaren Erträge, der Segmentergebnisse, des Segmentvermögens, der Segmentschulden und sonstige wesentliche Segmentposten müssen auf die im Konzernabschluss ausgewiesenen aggregierten Größen übergeleitet werden (DRS 28.39 f.).

Anders als noch in DRS 3.20 gefordert müssen die Ansatz- und Bewertungsmethoden der Segmentberichterstattung nach DRS 28 durch die Anwendung des management approach nicht länger in Einklang mit den Bilanzierungs- und Bewertungsmethoden des Konzernabschlusses stehen.

Während IFRS 8 die Aufstellung einer Segmentberichterstattung für Unternehmen, deren Wertpapiere öffentlich gehandelt werden oder die sich gerade im Going-public-Prozess befinden, verpflichtend vorschreibt, besteht nach § 297 Abs. 1 HGB für Konzernmutterunternehmen ein Wahlrecht zur Aufstellung. Von diesem handelsrechtlichen Wahlrecht zur Aufstellung einer Segmentberichterstattung kann das Mutterunternehmen keinen Gebrauch machen, sofern es kapitalmarktorientiert ist und daher die Aufstellung eines IFRS-Konzernabschlusses einschließlich einer Segmentberichterstattung verbindlich ist.

# Kapitel XII: Die Darstellung von Eigenkapitalveränderungen

## Übung 55: Eigenkapitalveränderungen im Konzernabschluss nach DRS 22 und IAS 1 bzw. IFRS 18

### Aufgaben

(a) Erläutern Sie den Zweck der Darstellung von Eigenkapitalveränderungen nach DRS 22 (Konzerneigenkapital) und IAS 1 (Darstellung des Abschlusses) bzw. IFRS 18 (Darstellung und Angaben im Abschluss).

(b) Welche Darstellungen der Eigenkapitalveränderungen sehen diese Vorschriften vor?

### Literaturhinweis

BAETGE, JÖRG/KIRSCH, HANS-JÜRGEN/THIELE, STEFAN, Konzernbilanzen, 15. Aufl., Düsseldorf 2024, Kap. XII.

### Lösungen

#### Lösung zu Teilaufgabe (a)

Neben dem Jahresergebnis, den Dividendenzahlungen und der Emission neuer Anteile wird das Konzerneigenkapital durch weitere Faktoren beeinflusst. Problematisch für Abschlussadressaten ist hierbei, dass diese Faktoren aus den bekannten Rechenwerken des Konzernabschlusses nicht oder nur schwerlich abgeleitet werden können. Auch die entsprechenden Erläuterungen im Anhang besitzen i. d. R. nur wenig Aussagekraft.

Neben den aus dem Konzernabschluss ersichtlichen Eigenkapitalveränderungen sind vor allem Informationen über die erfolgsneutralen Änderungen des Eigenkapitals, die nicht auf Vorgängen zwischen

Anteilseignern und Konzern beruhen, entscheidungsnützlich für Abschlussadressaten. Hierunter fallen nach gegenwärtigem deutschen Recht die erfolgsneutrale Berücksichtigung von Differenzen aus der Umrechnung der Abschlüsse der in fremder Währung aufgestellten Abschlüsse von ausländischen Tochtergesellschaften oder erfolgsneutral abgebildete Konsolidierungsvorgänge, z. B. bei der Erweiterung oder Einschränkung des Konsolidierungskreises.

Angaben zur Darstellung der Veränderungen sowie die zu berücksichtigenden Posten werden in DRS 22 und IAS 1 bzw. IFRS 18 gemacht. DRS 22 regelt die Darstellung der Entwicklung des Konzerneigenkapitals als Bestandteil des Konzernabschlusses gemäß § 297 Abs. 1 HGB. IAS 1 bzw. IFRS 18 bestimmt die Regelungen zur Darstellung von Veränderungen des Eigenkapitals nach den internationalen Rechnungslegungsstandards. Indes bestehen hier keine konkreten Formvorschriften. Die Berichtsinstrumente zeigen die Zusammensetzung und Entwicklung des Eigenkapitals des Mutterunternehmens und eventuell vorhandener anderer Gesellschafter und sollen es dem Abschlussadressaten ermöglichen, sämtliche eigenkapitalverändernden Sachverhalte - sowohl GuV-wirksame als auch GuV-neutrale - vollständig aus dem Konzernabschluss zu erkennen. Außerdem wird die zwischenbetriebliche Vergleichbarkeit der Informationen durch die genannten Vorgaben gefördert.

## Lösung zu Teilaufgabe (b)

**DRS 22** gibt für die Darstellung der Eigenkapitalveränderungen je ein Schema für Mutterunternehmen in der Rechtsform der Kapitalgesellschaft und in der Rechtsform einer Personenhandelsgesellschaft vor. Diese sind der Anlage zu DRS 22 zu entnehmen. Hierbei sind die folgenden Positionen zu berücksichtigen:

Für ein Mutterunternehmen in der Rechtsform einer Kapitalgesellschaft

- Gezeichnetes Kapital,
- eigene Anteile,
- nicht eingeforderte ausstehende Einlagen,
- Kapitalrücklage,
- Gewinnrücklagen,
- Gewinnvortrag/Verlustvortrag,
- Konzernjahresüberschuss/-fehlbetrag,
- Eigenkapitaldifferenz aus Währungsumrechnung,
- nicht beherrschende Anteile.

Für ein Mutterunternehmen in der Rechtsform einer Personenhandelsgesellschaft

- Kapitalanteile
- evtl. Rücklagen,
- Gewinnvortrag/Verlustvortrag,
- Konzernjahresüberschuss/-fehlbetrag,
- Eigenkapitaldifferenz aus Währungsumrechnung,
- nicht beherrschende Anteile.

Im Rahmen der **IFRS** hat ein Unternehmen gemäß IAS 1.106 bzw. IFRS 18.107 eine Aufstellung über die Veränderungen des Eigenkapitals zu erstellen. Die folgenden Informationen über eigenkapitalverändernde Sachverhalte werden gefordert:

- Das Gesamtergebnis der Periode, getrennt in auf die Eigentümer des Mutterunternehmens und die nicht beherrschenden Anteile entfallenden Beträge,
- alle Eigenkapitaländerungen, die sich gemäß IAS 8 (Rechnungslegungsmethoden, Änderungen von rechnungslegungsbezogenen Schätzungen und Fehler) aufgrund von rückwirkenden Anwendungen oder Anpassungen ergeben,
- eine Überleitungsrechnung, die die Entwicklung aller Eigenkapitalbestandteile in der Berichtsperiode angibt, wobei die folgenden Posten gesondert zu zeigen sind:
  - Gewinn oder Verlust;
  - sonstiges Ergebnis;
  - Geschäftsvorfälle mit Eigentümern, die in ihrer Eigenschaft als Eigentümer handeln, wobei Kapitalzuführungen von und Ausschüttungen an Eigentümer sowie Änderungen der Eigentumsanteile an Tochterunternehmen, die nicht zu einem Verlust der Beherrschung führen, separat ausgewiesen werden.

Spezielle Formvorschriften sind nicht vorgesehen, allerdings enthalten die Anwendungsleitlinien (implementation guidance) zu IAS 1 bzw. IFRS 18 ein Beispiel für eine mögliche Darstellung der Eigenkapitalveränderungen. Die folgenden Positionen werden vorgeschlagen:

- Gezeichnetes Kapital,
- Gewinnrücklagen,
- Umrechnung ausländischer Geschäftsbetriebe,
- Finanzinvestitionen in Eigenkapitalinstrumente,
- Rücklage für die Absicherung von Zahlungsströmen,
- Neubewertungsrücklage,
- Eigenkapital der nicht beherrschenden Anteile.

Zusätzlich sind entweder in der Eigenkapitalveränderungsrechnung oder im Anhang die folgenden Angaben zu machen:

- Ausschüttungen in Form von Dividenden an die Eigentümer sowie
- den Ausschüttungsbetrag je Anteil.

Sowohl die Regelungen in DRS 22 als auch die nach IAS 1 bzw. IFRS 18 sehen eine separate Darstellung der Entwicklung des Eigenkapitals des Mutterunternehmens und der nicht beherrschenden Anteile vor. IAS 1 bzw. IFRS 18 trifft hinsichtlich des Anwenderkreises indes keine Aussagen zur Gültigkeit für Unternehmen bestimmter Rechtsformen, die Vorgaben sind daher für alle IFRS anwendenden Unternehmen relevant. Außerdem werden bis auf ein Beispiel in den Anwendungsleitlinien zu IAS 1 bzw. IFRS 18 keine Formvorgaben gemacht.

DRS 22 gibt hingegen zwei konkrete Schemata zur Darstellung vor und unterscheidet dabei zwischen den Rechtsformen der Unternehmen. Des Weiteren ist der Detaillierungsgrad der Vorgaben des DRS 22 u. a. in Bezug auf die Vorgaben der einzubeziehenden Positionen und das vorgegebene Schema höher als bei IAS 1 bzw. IFRS 18.

# Kapitel XIII: Der Konzernlagebericht

## Übung 56: Der Konzernlagebericht nach HGB

### Aufgaben

(a) Nennen Sie die für die Konzernlageberichterstattung relevanten gesetzlichen Regelungen und erläutern Sie den Zweck des Konzernlageberichts.

(b) Erläutern Sie die Notwendigkeit und den Umfang der Grundsätze ordnungsmäßiger Konzernlageberichterstattung.

(c) Welche Angaben sind in einem Konzernlagebericht zu veröffentlichen?

### Literaturhinweise

BAETGE, JÖRG/KIRSCH, HANS-JÜRGEN/THIELE, STEFAN, Konzernbilanzen, 15. Aufl., Düsseldorf 2024, Kap. XIII.

BAETGE, JÖRG/KIRSCH, HANS-JÜRGEN/THIELE, STEFAN, Bilanzen, 17. Aufl., Düsseldorf 2024, Kap. XV.

BAETGE, JÖRG/FISCHER, THOMAS R./PASKERT, DIERK, Der Lagebericht. Aufstellung, Prüfung und Offenlegung, Stuttgart 1989.

### Lösungen

#### Lösung zu Teilaufgabe (a)

Mutterunternehmen von Konzernen und Teilkonzernen müssen nach § 290 Abs. 1 HGB einen Konzernlagebericht aufstellen. Die gesetzlichen Regelungen zum Inhalt des Konzernlageberichts finden sich in § 315 HGB sowie den §§ 315a-315d HGB. Die Ausgestaltung der Vorschriften entspricht im Wesentlichen denen des § 289 HGB sowie der §§ 289a-289f HGB zum Lagebericht im Einzelabschluss bzw. verweisen auf selbige. Ein Unterschied besteht z. B. darin, dass die Analyse von Geschäftsverlauf und Lage im Konzernlagebericht stets auch nichtfinanzielle Leistungsindikatoren umfassen muss, während dies im Lagebericht zum Einzelabschluss gemäß § 289 Abs. 3 HGB nur bei großen Kapitalgesellschaften erforderlich ist. Die Gleichartigkeit entspricht indes der Konzeption des HGB, wonach der Konzernabschluss im Wesentlichen dem Abschluss einer großen Kapitalgesellschaft entspricht. Zur Normierung und Konkretisierung der Anforderungen an die Konzernlageberichterstattung hat das Deutsche Rechnungslegungs Standards Committee (DRSC) den DRS 20 (Konzernlagebericht) verabschiedet und mehrmals an neue gesetzliche Entwicklungen angepasst.

Die Zwecke des Konzernlageberichts lassen sich aus dem Wortlaut des § 315 HGB ableiten. Der Konzernlagebericht hat ein den tatsächlichen Verhältnissen entsprechendes Bild des Geschäftsverlaufs (einschließlich des Geschäftsergebnisses) und der Lage des Konzerns zu vermitteln. Die Essenz dieser Ausführungen stimmt mit der Generalnorm des Konzernabschlusses in § 297 Abs. 2 Satz 2 HGB überein, so dass auch der Konzernlagebericht zum einen dem Zweck der Rechenschaft und zum anderen dem Zweck der Kapitalerhaltung aufgrund von Informationen dient. Der Konzernlagebericht soll indes nicht nur über Vergangenes informieren, er soll vielmehr auch Prognoseinformationen enthalten. Der wesentliche Zweck des Konzernlageberichts lässt sich somit treffender als Informationsvermittlung bezeichnen.

Aus diesem Zwecke der **Informationsvermittlung** lassen sich folgende Aufgaben für den Konzernlagebericht ableiten:

(1) Verdichtung der Vermögens-, Finanz- und Ertragslage zur wirtschaftlichen Gesamtlage des Konzerns.

(2) Sachliche Ergänzung des Konzernabschlusses, da dieser in Bezug auf Faktoren, die den Erfolg beeinflussen, oftmals nicht vollständig ist (z. B. schwebende Geschäfte oder Komponenten des Firmenwertes).

(3) Zeitliche Ergänzung des Konzernabschlusses, da der Konzernabschluss als vergangenheitsorientiertes Rechnungslegungsinstrument die Gesamtlage nicht ausreichend darstellen kann, weil diese gravierend von der künftigen Geschäftsentwicklung abhängt.

Der Konzernlagebericht ist keine Zusammenfassung der einzelnen Lageberichte der Tochtergesellschaften, vielmehr ist der Gesamtkonzern Gegenstand der Betrachtung. Somit sind Geschäftsverlauf, Lage sowie Chancen und Risiken der künftigen Entwicklung einzelner Tochtergesellschaften nicht zwangsläufig, sondern nur dann im Konzernlagebericht zu erläutern, wenn diese Informationen für das Verständnis der Lage des Gesamtkonzerns erforderlich sind.

Die Konzernleitung hat durch den Konzernlagebericht die Möglichkeit, Einschätzungen und Prognosen und somit Informationen über die künftige Entwicklung der Unternehmenslage zu publizieren. Der Stellenwert dieser Informationen ist für die Adressaten des Konzernabschlusses deshalb so hoch, weil dem Konzernabschluss in erster Linie nur Informationen über Vergangenheit und Gegenwart entnommen werden können.

## Lösung zu Teilaufgabe (b)

In den handelsrechtlichen Vorschriften wird die Informationsvermittlung im Konzernlagebericht nur rudimentär geregelt. Aufgrund unbestimmter Rechtsbegriffe eröffnen sich für Unternehmen verschiedene Interpretationsspielräume, die die Ausübung eines subjektiven Einflusses auf den Inhalt des Konzernlageberichts durch die Unternehmensleitung ermöglichen. Um diese Interpretationsspielräume zu begrenzen, wurden für den Lagebericht von BAETGE/FISCHER/PASKERT[1] Grundsätze ordnungsmäßiger Lageberichterstattung entwickelt. Werden diese Grundsätze bei der Lageberichterstattung

1 Vgl. BAETGE, JÖRG/FISCHER, THOMAS R./PASKERT, DIERK, Der Lagebericht. Aufstellung, Prüfung und Offenlegung, Stuttgart 1989.

beachtet, kann davon ausgegangen werden, dass objektiv und ausgewogen über die wirtschaftliche Lage des Unternehmens berichtet wird. Die seinerzeit entwickelten Grundsätze ordnungsmäßiger Lageberichterstattung lauten im Einzelnen:

- Grundsatz der Richtigkeit (Objektivität/Willkürfreiheit),
- Grundsatz der Vollständigkeit,
- Grundsatz der Klarheit,
- Grundsatz der Vergleichbarkeit,
- Grundsatz der Wirtschaftlichkeit und der Wesentlichkeit,
- Grundsatz der Informationsabstufung nach Art und Größe des Konzerns,
- Grundsatz der Ausgewogenheit.

Für die Konzernlageberichterstattung hat das DRSC in DRS 20.12-35 ebenfalls die folgenden sechs allgemeinen Grundsätze für die Konzernlageberichterstattung normiert:

- Grundsatz der Vollständigkeit,
- Grundsatz der Verlässlichkeit und Ausgewogenheit,
- Grundsatz der Klarheit und Übersichtlichkeit,
- Grundsatz der Vermittlung der Sicht der Konzernleitung,
- Grundsatz der Wesentlichkeit,
- Grundsatz der Informationsabstufung.

Die vom DRSC entwickelten Grundsätze umfassen somit im Wesentlichen jene von BAETGE/FISCHER/PASKERT und gehen mit dem Grundsatz der „Vermittlung der Sicht der Konzernleitung" darüber hinaus.

## Lösung zu Teilaufgabe (c)

In der Regel stellt sich die wirtschaftliche Situation für einen Konzern anders dar als für die einzelnen Tochtergesellschaften. Mithin ist im Konzernlagebericht aus der Perspektive des Konzerns als Einheit zu berichten. Den Kern des Konzernlageberichts bilden die in § 315 Abs. 1 und 3 HGB kodifizierten Berichtspflichten. Diese umfassen prinzipiell drei zentrale Bestandteile: Erstens die Darstellung des Geschäftsverlaufs einschließlich des Geschäftsergebnisses und der Lage der Gesellschaft, zweitens die Analyse von Geschäftsverlauf und Lage der Gesellschaft, unter Einbezug von finanziellen und nichtfinanziellen Leistungsindikatoren, und drittens der Bericht über die voraussichtliche Entwicklung mit ihren Chancen und Risiken.

Geschäftsverlauf und Lage des Konzerns sind im Allgemeinen eng miteinander verknüpft, weshalb diese beiden Bestandteile des Konzernlageberichts zum Wirtschaftsbericht zusammengefasst werden. Die vergangenheitsbezogenen Angaben zum Geschäftsverlauf beziehen sich auf das abgelaufene Geschäftsjahr. Nach Ansicht des deutschen Gesetzgebers ist das Geschäftsergebnis dabei als Bestandteil des Geschäftsverlaufs anzusehen. Die zeitpunktbezogenen Angaben zur Lage der Gesellschaft sind eine Bestandsaufnahme der Potentiale, die dem Unternehmen am Abschlussstichtag zur Verfügung stehen und die aus dem Geschäftsverlauf resultieren. Der Wirtschaftsbericht sollte im Einzelnen Informationen zu den folgenden Bereichen enthalten:

Rahmenbedingungen:

- Gesamtwirtschaftliche Situation,
- Branchensituation.

Betriebliche Situation des Konzerns:

- Investitionen,
- Finanzierung,
- Beschaffung etc. (siehe Literaturhinweise).

Über den Geschäftsverlauf und die Lage einzelner Tochtergesellschaften ist im Wirtschaftsbericht des Konzerns nur zu berichten, wenn bei diesen Gesellschaften Ereignisse eintreten, die sich auf die Gesamtlage des Konzerns auswirken. Im Wirtschaftsbericht sind ggf. auch Tochtergesellschaften zu berücksichtigen, die gemäß § 296 HGB nicht im Konzernabschluss abgebildet wurden.

Die Lage und der Geschäftsverlauf des Konzerns sind nicht nur darzustellen, sondern darüber hinaus auch ausgewogen und umfassend zu analysieren. Dies kann durch eine klassische Bilanzanalyse der Vermögens-, Finanz- und Ertragslage erfolgen. In die Analyse sind die für die Geschäftstätigkeit bedeutsamsten finanziellen Leistungsindikatoren einzubeziehen. Hierzu gehören bspw. die Liquidität und die Kapitalausstattung. Auch nichtfinanzielle Leistungsindikatoren wie Umwelt- und Arbeitnehmerbelange sind gemäß § 315 Abs. 3 HGB in der Analyse zu berücksichtigen, soweit sie für das Verständnis des Geschäftsverlaufs erforderlich sind.

Der dritte Hauptbestandteil des Konzernlageberichts ist der Bericht über die voraussichtliche Entwicklung mit ihren Chancen und Risiken. Im Prognosebericht soll die voraussichtliche Entwicklung des Konzerns beurteilt und erläutert werden. Diese Berichterstattung knüpft somit direkt an die Berichterstattung über den Geschäftsverlauf nach § 315 Abs. 1 Satz 1 HGB an, so dass die Berichtsinhalte grundsätzlich die gleichen sind wie im Wirtschaftsbericht. Darüber hinaus ist aber auch auf die wesentlichen Chancen und Risiken der voraussichtlichen Entwicklung einzugehen. Die Adressaten sollen dadurch i. V. m. dem Konzernabschluss ein zutreffendes Bild von der voraussichtlichen Entwicklung des Konzerns und den damit verbundenen Chancen und Risiken erhalten, um auch auf Basis von Zukunftsaussagen Entscheidungen treffen zu können.

Der Inhalt dieser Berichterstattung ist dabei in DRS 20 konkretisiert. Auf der Basis von DRS 20 sollen Konzerne relevante Informationen bereitstellen, damit Adressaten sich ein Bild von der Risikostruktur des Unternehmens machen können. Der Schwerpunkt der Risikoberichterstattung sollte auf den Risiken liegen, die mit der Geschäftstätigkeit des Unternehmens verbunden sind. Die Darstellung aller Risiken ist aufgrund der Fülle indes nicht zielführend, so dass gemäß DRS 20 nur auf Risiken einzugehen ist, die sich konkret auf den Prognosezeitraum beziehen, gewisse Eintrittswahrscheinlichkeiten haben und wesentlich sind. Wesentliche Veränderungen der Risiken gegenüber dem Vorjahr sind darzustellen und zu erläutern. Risiken, für die schon eine bilanzielle Vorsorge getroffen wurde, sind wahlweise zu berücksichtigen. Eine Verrechnung von Chancen und Risiken ist nicht zulässig.

DRS 20 schreibt weiterhin vor, Risiken in Risikokategorien zusammenzufassen. Gesondert zu nennen sind bestandsgefährdende Risiken. Die Nennung einzelner Risiken ist indes nicht ausreichend, vielmehr sind die Auswirkungen auf die Vermögens-, Finanz- und Ertragslage des Konzerns zu beschreiben. Des Weiteren ist im Risikobericht noch das eingerichtete Risikomanagementsystem und dessen Funktionsweise zu erläutern.

Neben der Risikoberichterstattung ist gleichberechtigt auf die Chancen der künftigen Entwicklung des Konzerns einzugehen. Im Konzernlagebericht ist somit ausgewogen über Chancen und Risiken zu berichten. Konkretisierende Vorgaben zur Chancenberichterstattung sind ebenfalls in DRS 20 enthalten. Hiernach können Änderungen der Geschäftspolitik, die Erschließung neuer Märkte und die Verwendung neuer Verfahren Inhalt einer chancenorientierten Berichterstattung sein. Der Chancen- und Risikobericht ist verpflichtend und kann auch dann nicht entfallen, wenn sich daraus keine zusätzlichen Hinweise ergeben.

Gemäß § 315 Abs. 1 Satz 5 HGB haben die Mitglieder des vertretungsberechtigten Organs eines Mutterunternehmens i. S. d. § 297 Abs. 2 Satz 4 schriftlich zu versichern, dass der Konzernabschluss nach bestem Wissen ein den tatsächlichen Verhältnissen entsprechendes Bild vermittelt und dass die wesentlichen Chancen und Risiken beschrieben sind. Diese Angabe wird auch als Bilanzeid bezeichnet.

Die weiteren Angaben des Konzernlageberichts sind:

- Eine Berichterstattung über Finanzrisiken (Finanzrisikobericht; § 315 Abs. 2 Nr. 1 HGB),
- eine Berichterstattung über den Bereich Forschung und Entwicklung des Konzerns (Forschungs- und Entwicklungsbericht; § 315 Abs. 2 Nr. 2 HGB),
- eine Berichterstattung über Zweigniederlassungen (Zweigniederlassungsbericht; § 315 Abs. 2 Nr. 3 HGB),
- die Beschreibung der wesentlichen Merkmale des internen Kontrollsystems und des Risikomanagementsystems im Hinblick auf den Konzernrechnungslegungsprozess (Bericht über das interne Kontroll- und Risikomanagementsystem; § 315 Abs. 4 HGB),
- der Bericht zur Übernahmesituation (Übernahmebericht; § 315a HGB),
- die nichtfinanzielle Konzernerklärung (§§ 315b und 315c HGB) und
- die Konzernerklärung zur Unternehmensführung (§ 315d HGB).

Im Finanzrisikobericht soll auf die Risikomanagementziele und -methoden des Konzerns eingegangen werden. Des Weiteren ist über die finanzwirtschaftlichen Risiken des Konzerns im Zusammenhang mit Finanzinstrumenten zu berichten. Konkret genannt sind hier Preisänderungsrisiken, Ausfallrisiken, Liquiditätsrisiken sowie Risiken aus Zahlungsstromschwankungen. Dabei bezieht sich § 315 Abs. 2 Nr. 1 HGB explizit auf Risiken im Zusammenhang mit Finanzinstrumenten, nicht auf andere Risiken.

Ziel des Forschungs- und Entwicklungsberichts ist es, Informationen zu vermitteln, inwieweit der Konzern durch Forschung und Entwicklung für die Zukunft vorsorgt. Im Forschungs- und Entwicklungsbereich ist auf die Grundlagenforschung, angewendete Forschung und experimentelle Entwicklung einzugehen. Weiterhin sollte auf die Effizienz und Produktivität der Forschung und Entwicklung eingegangen werden, was durch Nennung der Ziele/Schwerpunkte, Faktoreinsätze und Ergebnisse zu erreichen ist. Sollte keine Forschung und Entwicklung betrieben werden, so ist, dem Grundsatz der Vollständigkeit folgend, eine Fehlanzeige erforderlich. An dieser Stelle sei darauf hingewiesen, dass im Forschungs- und Entwicklungsbericht nur die für den Konzern insgesamt wesentlichen Vorgänge zu erläutern sind.

Im Zweigniederlassungsbericht ist über Zweigniederlassungen der insgesamt in den Konzernabschluss einbezogenen Unternehmen zu berichten, die für das Verständnis der Lage des Konzerns wesentlich sind. Ziel des Zweigniederlassungsberichts ist es, über die geografische Ausbreitung des Konzerns zu informieren. Dadurch sollen den Adressaten bedeutende Rückschlüsse auf die Verantwortung des Konzerns bezüglich der Einhaltung der gesetzlichen und unternehmensinternen Richtlinien ermöglicht werden.

Ist das Mutterunternehmen oder ein in den Konzernabschluss einbezogenes Tochterunternehmen kapitalmarktorientiert i. S. d. § 264d HGB, sind nach § 315 Abs. 4 HGB die wesentlichen Merkmale des internen Kontrollsystems und des Risikomanagementsystems im Hinblick auf den Konzernrechnungslegungsprozess zu beschreiben. Angaben zur Effektivität des internen Kontrollsystems und des Risikomanagementsystems werden nicht verlangt.

Mit Umsetzung der EU-Übernahmerichtlinie sind Mutterunternehmen, die einen organisierten Markt i. S. d. § 2 Abs. 7 des Wertpapiererwerbs- und Übernahmegesetzes durch ausgegebene Aktien in Anspruch nehmen, im Konzernlagebericht zudem nach § 315a HGB verpflichtet, umfangreiche Angaben zur Übernahmesituation des Unternehmens zu veröffentlichen. Hierzu zählen bspw. Informationen zur Struktur des Kapitals und zu Beschränkungen hinsichtlich der Übertragung von Wertpapieren. Potentielle Bieter sollen so über mögliche Übernahmehindernisse informiert werden.

Seit Inkrafttreten des CSR-Richtlinie-Umsetzungsgesetzes sind große Mutterunternehmen, die kapitalmarktorientiert sind und im Jahresdurchschnitt mehr als 500 Arbeitnehmer beschäftigen, dazu verpflichtet, eine nichtfinanzielle Konzernerklärung offenzulegen (§ 315b Abs. 1 HGB). Nach § 315c HGB i. V. m. § 289c HGB sind darin umfangreiche Informationen zu Umwelt-, Sozial- und Arbeitnehmerbelangen sowie zur Achtung der Menschenrechte und der Bekämpfung von Korruption und Bestechung zu berichten; z. B. ist über Risiken zu berichten, die aus den geschäftlichen Aktivitäten für die nichtfinanziellen Aspekte resultieren. Am 16.12.2022 veröffentlichte die Europäische Kommission eine Richtlinie zur Nachhaltigkeitsberichterstattung (sog. „Corporate Sustainability Reporting Directive" (CSRD)), welche die bereits bisher verpflichtende nichtfinanzielle Berichterstattung zu einer umfassenden Nachhaltigkeitsberichterstattung ausbaut.[2]

In einem gesonderten Abschnitt im Konzernlagebericht hat das Konzernmutterunternehmen gemäß § 315d HGB i. V. m. § 289f Abs. 1 HGB für den Konzern eine Konzernerklärung zur Unternehmensführung zu erstellen. Darin sind u. a. Angaben zu Unternehmensführungspraktiken, eine Beschreibung der Arbeitsweise von Vorstand und Aufsichtsrat sowie differenzierte Angaben zur Diversität eines Konzerns zu berichten. Ziel ist es, dass das Mutterunternehmen für den Konzern und für sich selbst die gleichen Unternehmensführungsgrundsätze zugrunde legt.

Darüber hinaus kann der Konzernlagebericht noch weitere freiwillige Angaben enthalten. Als Beispiele seien hier Mehrjahresübersichten zu wichtigen Kennzahlen oder Wertschöpfungsrechnungen genannt. Durch die freiwillige Berichterstattung dürfen indes die tatsächlichen Verhältnisse im Konzern nicht verfälscht wiedergegeben werden.

Die folgende Übersicht 56-1 stellt die Bestandteile des Konzernlageberichts im Überblick dar:

2 Vgl. ausführlich zur Weiterentwicklung der nichtfinanziellen Berichterstattung Baetge, J./Kirsch, H.-J./Thiele, S., Bilanzen, 17. Aufl., Kap. XV Abschn. 343.2.

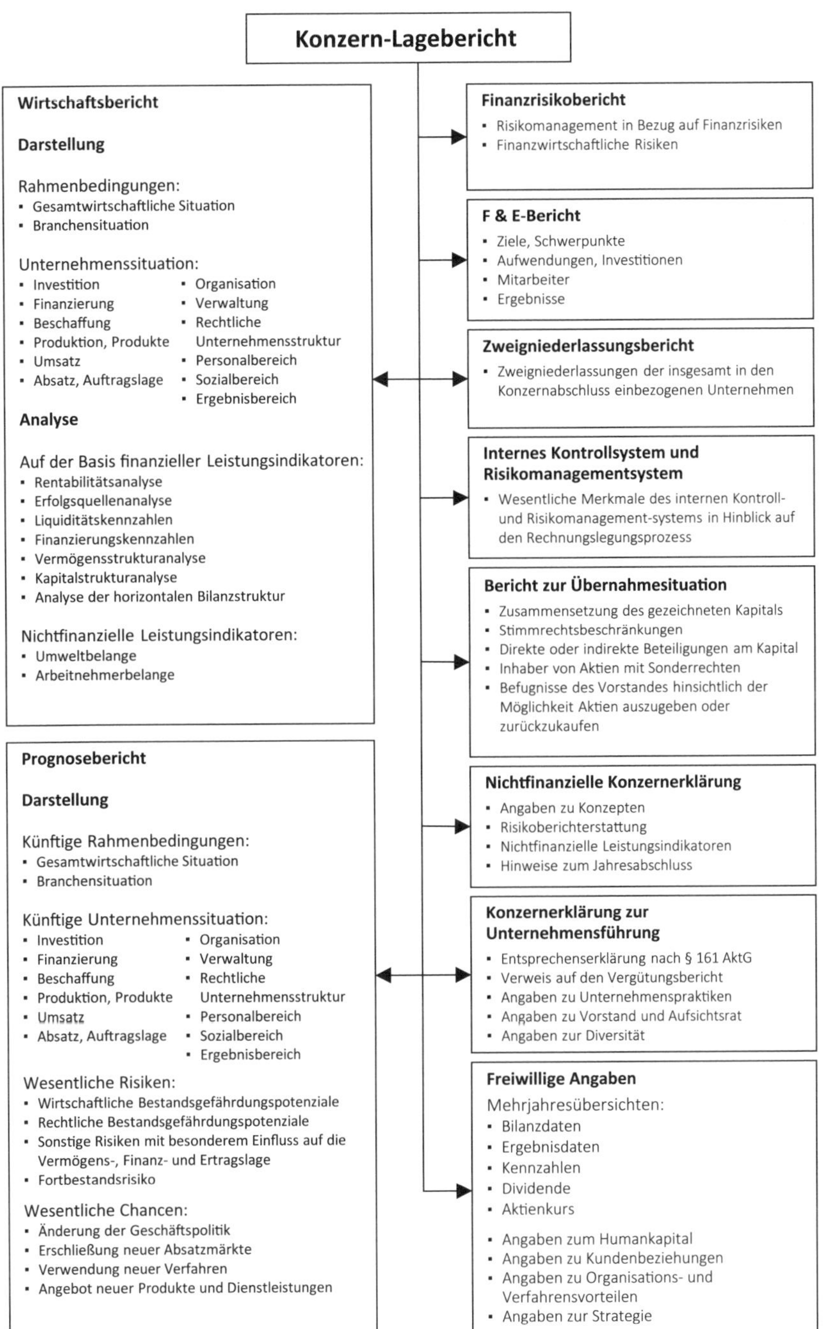


**Übersicht 56-1:** Inhalte der einzelnen Berichtselemente des Konzernlageberichts

# Übung 57: Der „Konzernlagebericht" nach IFRS

## Aufgaben

(a) Welche Regelungen zum „Konzernlagebericht" existieren in den IFRS?

(b) Erläutern Sie wesentliche Unterschiede zwischen einem IFRS Practice Statement Management Commentary (IFRS PS MC) und einem (Konzern-)Lagebericht nach DRS 20 (Konzernlagebericht).

(c) Was ist unter einem sog. „dualen Managementbericht" in der Konzernlageberichterstattung zu verstehen?

## Literaturhinweise

BAETGE, JÖRG/KIRSCH, HANS-JÜRGEN/THIELE, STEFAN, Konzernbilanzen, 15. Aufl., Düsseldorf 2024, Kap. XIII.

BAETGE, JÖRG/KIRSCH, HANS-JÜRGEN/THIELE, STEFAN, Bilanzen, 17. Aufl., Düsseldorf 2024, Kap. XV.

## Lösungen

### Lösung zu Teilaufgabe (a)

Konkrete Regelungen, die dem § 315 HGB entsprechen, existieren in den IFRS nicht. Es existiert weiterhin auch keine Verpflichtung, ein mit dem handelsrechtlichen Lagebericht vergleichbares Informationsinstrument zu erstellen. Deutsche kapitalmarktorientierte Unternehmen, die im Konzernabschluss nach IFRS bilanzieren, sind indes gemäß § 315e Abs. 1 HGB dazu verpflichtet, einen Konzernlagebericht aufzustellen, der den Regelungen des § 315 HGB entspricht.

Allerdings sind im Anhang eines IFRS-Abschlusses verschiedene Informationen zu vermitteln, die denen des handelsrechtlichen Konzernlageberichts zum Teil entsprechen. Dieses gilt z. B. für Finanzrisiken, auf die sowohl nach § 315 Abs. 2 Nr. 1 HGB als auch nach IFRS 7 (Finanzinstrumente: Angaben), IAS 37 (Rückstellungen, Eventualverbindlichkeiten und Eventualforderungen) und IFRS 9 (Finanzinstrumente) einzugehen ist.

Darüber hinaus gewinnt der Themenkomplex „Lageberichterstattung" auch in den IFRS an Bedeutung. Im Dezember 2010 hat der IASB das „IFRS Practice Statement Management Commentary" (IFRS PS MC) veröffentlicht, bei dem es sich um Anwendungsleitlinien handelt. Ein IFRS PS MC sollte demnach folgende Berichtsinhalte enthalten:

- Art der Geschäftstätigkeit,
- Ziele und Strategien des Managements,
- Geschäftsergebnisse und Zukunftsaussichten sowie
- wesentliche Ressourcen, Risiken und Beziehungen,
- wesentliche finanzielle und nichtfinanzielle Leistungsindikatoren.

Eine Aufstellung eines IFRS PS MC ist in Deutschland nicht vorgeschrieben. Ein IFRS PS MC hat zudem keine befreiende Wirkung, d. h. es kann den nationalen Lagebericht nach § 315 HGB nicht ersetzen.

Im Mai 2021 hat der IASB eine Überarbeitung des Practice Statement Management Commentary in Form des ED/2021/6 veröffentlicht. Zwar enthält der ED/2021/6 Vorschläge für einen umfassenden neuen Rahmen für die Erstellung eines Management Commentary. Gleichwohl sind die Anforderungen an ein Management Commentary künftig weiterhin innerhalb eines Practice Statements geregelt. Somit bleibt der Management Commentary für IFRS-Anwender ein freiwilliges Berichtsinstrument.

## Lösung zu Teilaufgabe (b)

Das „IFRS Practice Statement Management Commentary" (**IFRS PS MC**) ist sowohl in der Fassung von 2010 als auch nach den Anforderungen des ED/2021/6 ein zusätzliches, freiwilliges Berichtsinstrument und somit kein Teil des IFRS-Abschlusses. Dieses soll aus der Sicht des Managements erstellt werden und die Informationen des IFRS-Abschlusses ergänzen und erläutern. Das IFRS PS MC folgt in der Fassung von 2010 einem prinzipienorientierten Ansatz und lässt dem Management sowohl bei der formalen als auch der inhaltlichen Gestaltung große Spielräume. Die im IFRS PS MC definierten qualitativen Anforderungen und inhaltlichen Kernberichtselemente (vgl. Lösung zu Teilaufgabe (a)) geben dem Management somit lediglich eine **Orientierungshilfe**.

Der (Konzern-)Lagebericht ist ein in sich abgeschlossenes, eigenständiges Rechnungslegungsinstrument. Dieser muss die Einschätzungen und Beurteilungen der Konzernleitung zum Ausdruck bringen (DRS 20.31). DRS 20 ist wie das IFRS PS MC prinzipienorientiert, konkretisiert indes die handelsrechtlichen Anforderungen zur (Konzern-)Lageberichterstattung sowohl formal als auch inhaltlich. Die Anforderungen des HGB bzw. der DRS sind somit höher als die des Management Commentary. Bei den Regelungen des **DRS 20** wird gemäß § 342 Abs. 2 HGB vermutet, dass es sich um Grundsätze ordnungsmäßiger Konzernrechnungslegung handelt. Folglich haben die Regelungen des DRS 20 einen höheren **Verbindlichkeitscharakter** als die des IFRS PS MC.

## Lösung zu Teilaufgabe (c)

Ein sog. „dualer Managementbericht" erfüllt sowohl die Anforderungen des HGB bzw. der DRS als auch die des IFRS PS MC. Da die Anforderungen des HGB bzw. der DRS umfangreicher sind als die des Management Commentary (vgl. Lösung zu Teilaufgabe (b)), bildet der deutsche (Konzern-)Lagebericht i. d. R. die Basis für die Erstellung eines dualen Managementberichts. In diesem Fall müssen zusätzlich die Anforderungen des PS MC erfüllt werden. So muss dieser bspw. mindestens Angaben zur strategischen Ausrichtung des Unternehmens enthalten. Da die Anforderungen des PS MC hohe Gestaltungsspielräume hinsichtlich Form und Inhalt des Management Commentary zulassen, ist eine Übereinstimmung des PS MC mit dem deutschen Konzernlagebericht leicht zu erreichen. Die Übereinstimmung mit dem PS MC können Unternehmen in ihrem (Konzern-)Lagebericht erklären. DRS 20 enthält hierzu keine Vorschriften, so dass ein formloser Hinweis dazu ausreichend ist. Ziel eines dualen Managementberichts soll eine größere internationale Akzeptanz des (Konzern-)Lageberichts sein. Zugleich reduziert sich der Berichterstattungsaufwand für Unternehmen, die neben einem verpflichtenden (Konzern-)Lagebericht einen zusätzlichen internationalen PS MC erstellen wollen.

# Kapitel XIV: Zusammenfassende Fallstudien zur Konzernrechnungslegung

## Übung 58: Der handelsrechtliche Konzernabschluss der A AG

### Sachverhalt – Erstkonsolidierung

Die A AG ist ein aufstrebendes Unternehmen, das in den letzten Jahren solide finanzielle Überschüsse erwirtschaftet hat. Daher hat sich der Vorstand der A AG zum 31.12.01 dazu entschieden, zusätzliche Beteiligungen an diversen Unternehmen zu erwerben.

Zunächst wurden 50 % an der B GmbH erworben, mit der die A AG zudem einen Beherrschungsvertrag abgeschlossen hat. Der von der A AG gezahlte Kaufpreis für die Anteile an der B GmbH betrug 350 GE. In der Handelsbilanz der B GmbH, die den allgemeinen Bilanzierungsgrundsätzen des Konzerns entspricht, stimmen die Buchwerte der immateriellen Vermögensgegenstände nicht mit ihren Zeitwerten überein. So beträgt der Zeitwert einer in der Handelsbilanz der B GmbH nicht aktivierten Marke am 31.12.01 120 GE. Des Weiteren hat die B GmbH das Wahlrecht zur Aktivierung selbsterstellter immaterieller Vermögensgegenstände des Anlagevermögens, die einen Zeitwert von 80 GE haben, nicht ausgeübt. Da die Rohstoffe in den Vorräten der B GmbH nach dem Lifo-Verfahren bewertet werden und die Preise für diese im Geschäftsjahr 01 stetig gestiegen sind, ist der Zeitwert der Vorräte 40 GE höher als deren Buchwert. In der Handelsbilanz der B GmbH existieren darüber hinaus stille Reserven bei den Rückstellungen i. H. v. 50 GE.

Neben den Anteilen an der B GmbH hat die A AG zum 31.12.01 auch 100 % der Anteile an der C GmbH und damit in entsprechender Höhe Stimmrechte erworben. Der Kaufpreis für die Anteile an der C GmbH betrug 150 GE. Der Jahresabschluss der C GmbH entspricht - wie auch der der B GmbH - den allgemeinen Bilanzierungsgrundsätzen des Konzerns. Er enthält jedoch nicht die in den Vermögensgegenständen des Sachanlagevermögens der C GmbH vorhandenen stillen Reserven i. H. v. 10 GE.

Darüber hinaus erwarb die A AG 50 % der Anteile an der D GmbH. An der D GmbH ist ebenfalls die von der A AG unabhängige Z GmbH zu 50 % beteiligt. Die A AG und die Z GmbH steuern gemeinsam die Geschäfts- und Finanzpolitik der D GmbH und wollen im Rahmen des Joint Venture langfristig zusammenarbeiten. Für die Anteile an der D GmbH entstanden der A AG Anschaffungskosten i. H. v. 80 GE. Im Jahresabschluss der D GmbH, der den allgemeinen Bilanzierungsgrundsätzen des Konzerns entspricht, sind keine stillen Reserven oder stillen Lasten enthalten.

Bereits zum 31.12.00 hatte die A AG 40 % der Anteile an der E GmbH für 100 GE erworben. Der Kapitalanteil entspricht dem Stimmrechtsanteil der A AG. Das erworbene Reinvermögen der E GmbH enthielt keine stillen Reserven oder stille Lasten und entsprach dem Kaufpreis. Im Geschäftsjahr 01 hat die E GmbH einen Gewinn von 25 GE erwirtschaftet und eine Dividende von 5 GE an die A AG ausgeschüttet. Die A AG plant eine dauernde geschäftliche Beziehung zu der E GmbH und ist in wesentliche Entscheidungen der Geschäftspolitik sowie sonstige grundsätzliche Fragen der Geschäftsführung eingebunden. Die Bilanz der A AG zum 31.12.01 zeigt die Übersicht 58-1:

| 31.12.01 (Alle Zahlenangaben in GE) | | | |
|---|---|---|---|
| Immaterielle Vermögensgegenstände | 400 | Eigenkapital | |
| Sachanlagevermögen | 1.500 | ■ Sonstiges Eigenkapital | 1.755 |
| Anteile an verbundenen Unternehmen | 500 | ■ Jahresüberschuss | 245 |
| | | Finanzverbindlichkeiten | 1.000 |
| Beteiligungen | 180 | Sonstige Passiva | 2.030 |
| Vorräte | 2.000 | | |
| Kasse | 450 | | |
| Summe Aktiva | 5.030 | Summe Passiva | 5.030 |

**Übersicht 58-1:** Bilanz der A AG zum 31.12.01

Die Bilanzen der neu erworbenen Unternehmen zum 31.12.01 zeigen die nachfolgenden Übersichten:

| 31.12.01 (Alle Zahlenangaben in GE) | | | |
|---|---|---|---|
| Immaterielle Vermögensgegenstände | 50 | Eigenkapital | |
| Sachanlagevermögen | 300 | ■ Sonstiges Eigenkapital | 250 |
| Vorräte | 220 | ■ Jahresüberschuss | 0 |
| Kasse | 30 | Sonstige Passiva | 350 |
| Summe Aktiva | 600 | Summe Passiva | 600 |

**Übersicht 58-2:** Bilanz der B GmbH zum 31.12.01

| 31.12.01 (Alle Zahlenangaben in GE) | | | |
|---|---|---|---|
| Immaterielle Vermögensgegenstände | 20 | Eigenkapital | |
| Sachanlagevermögen | 100 | ■ Sonstiges Eigenkapital | 120 |
| Vorräte | 25 | ■ Jahresüberschuss | 0 |
| Kasse | 10 | Sonstige Passiva | 35 |
| Summe Aktiva | 155 | Summe Passiva | 155 |

**Übersicht 58-3:** Bilanz der C GmbH zum 31.12.01

| 31.12.01 (Alle Zahlenangaben in GE) | | | |
|---|---|---|---|
| Immaterielle Vermögensgegenstände | 50 | Eigenkapital | |
| Sachanlagevermögen | 120 | ▪ Sonstiges Eigenkapital | 130 |
| Vorräte | 40 | ▪ Jahresüberschuss | 0 |
| Kasse | 10 | Sonstige Passiva | 90 |
| Summe Aktiva | 220 | Summe Passiva | 220 |

**Übersicht 58-4:** Bilanz der D GmbH zum 31.12.01

Die GuV der Gesellschaften stellen sich zum 31.12.01 wie folgt dar:

| Zeitpunkt 31.12.01 (Alle Zahlenangaben in GE) | A AG | B GmbH | C GmbH | D GmbH |
|---|---|---|---|---|
| | GuV | GuV | GuV | GuV |
| **Erträge** | | | | |
| Umsatzerlöse | 3.050 | 875 | 700 | 1.000 |
| Sonstige betriebliche Erträge | 390 | 250 | 50 | 450 |
| Erträge aus Beteiligungen | 5 | | | |
| **Aufwendungen** | | | | |
| Materialaufwand für Roh-, Hilfs- und Betriebsstoffe | 1.700 | 550 | 300 | 700 |
| Sonstiger Materialaufwand | 400 | 175 | 50 | 205 |
| Personalaufwand | 500 | 200 | 10 | 350 |
| Abschreibungen | 250 | 35 | 10 | 20 |
| Sonstige betriebliche Aufwendungen | 250 | 165 | 380 | 175 |
| Zinsen und ähnliche Aufwendungen | 100 | | | |
| **Jahresergebnis** | 245 | 0 | 0 | 0 |

**Übersicht 58-5:** GuV der Konzernunternehmen zum 31.12.01

## Aufgabe – Erstkonsolidierung

Erstellen Sie den Konzernabschluss der A AG zum 31.12.01. Sofern ein Wahlrecht zur unterschiedlichen Behandlung einer Beteiligung besteht, ist dieses Wahlrecht zugunsten einer möglichst hohen Einordnung des Unternehmens in der Stufenkonzeption des HGB auszuüben.

## Lösung – Erstkonsolidierung

Die A AG muss gemäß § 290 HGB einen Konzernabschluss aufstellen, wenn sie einen beherrschenden Einfluss auf mindestens ein anderes Unternehmen ausüben kann und dieses Unternehmen als Tochterunternehmen in den Konzernabschluss einbezogen wird. Gemäß § 294 Abs. 1 HGB sind in den Konzernabschluss alle Tochterunternehmen einzubeziehen, sofern nicht die Ausnahmeregelungen für eine Einbeziehung nach § 296 HGB in Anspruch genommen werden. Für entsprechende Ausnahmen bestehen im vorliegendem Sachverhalt keine Hinweise.

**B GmbH:**

Die B GmbH ist als Tochterunternehmen der A AG zu klassifizieren, da die A AG gemäß § 290 Abs. 2 Nr. 3 HGB aufgrund eines Beherrschungsvertrages einen beherrschenden Einfluss auf die B GmbH ausübt. Folglich ist die B GmbH im Wege der Vollkonsolidierung in den Konzernabschluss einzubeziehen.

**C GmbH:**

Die C GmbH ist gemäß § 290 Abs. 2 Nr. 1 HGB Tochterunternehmen der A AG, da der A AG mit 100 % der Kapitalanteile im vorliegenden Sachverhalt die Mehrheit der Stimmrechte zusteht. Daher ist auch die C GmbH im Wege der Vollkonsolidierung in den Konzernabschluss einzubeziehen.

**D GmbH:**

Die D GmbH, als Joint Venture der A AG und der Z GmbH, ist ein Gemeinschaftsunternehmen i. S. d. § 310 HGB, da die folgenden Kriterien erfüllt sind:

- Das Joint Venture hat die Eigenschaft eines Unternehmens (DRS 27.8),
- die Gesellschafterunternehmen sind voneinander wirtschaftlich unabhängig (DRS 27.22) und
- eine gemeinsame Führung wird tatsächlich ausgeübt (DRS 27.10).

Aus diesem Grund darf die D GmbH gemäß § 310 HGB mit der Quotenkonsolidierung oder alternativ entsprechend der Equity-Methode gemäß §§ 311 und 312 HGB im Konzernabschluss der A AG abgebildet werden. Aufgrund der Vorgabe, ein Unternehmen bei einem Wahlrecht möglichst hoch in der Stufenkonzeption des HGB einzuordnen, ist die D GmbH anteilsmäßig zu konsolidieren.

**E GmbH:**

Die A AG verfügt nicht über die Mehrheit der Stimmrechte und kann auch sonst keinen beherrschenden Einfluss auf die E GmbH ausüben. Daher liegt kein Tochterunternehmen i. S. d. § 290 HGB vor. Auch die Voraussetzungen für ein Gemeinschaftsunternehmen nach § 310 HGB bzw. DRS 27 sind nicht erfüllt, weil die A AG lediglich in wesentliche Entscheidungen der Geschäfts- und Finanzpolitik eingebunden ist, die E GmbH jedoch nicht mit den anderen Gesellschaftern gemeinsam führt. Bei der Beteiligung der A AG an der E GmbH handelt es sich um ein typisches assoziiertes Unternehmen, da die folgenden Kriterien erfüllt sind:

- Es liegt eine Beteiligung i. S. d. § 271 Abs. 1 HGB vor, da die Anteile der A AG an der E GmbH einer dauernden Geschäftsbeziehung dienen sollen, und

- die A AG kann einen maßgeblichen Einfluss auf die Geschäfts- und Finanzpolitik der E GmbH ausüben. Ein maßgeblicher Einfluss wird nach § 311 Abs. 1 Satz 2 HGB widerlegbar vermutet, wenn ein Unternehmen bei einem anderen Unternehmen mindestens 20 % der Stimmrechte innehat (positive Assoziierungsvermutung) (DRS 26.15). Der A AG steht es frei, ob sie eine positive Assoziierungsvermutung widerlegt oder nicht (DRS 26.16). Sie wird hier den maßgeblichen Einfluss indes nicht widerlegen können, da sie in wesentliche Entscheidungen der Geschäftspolitik und sonstige grundsätzliche Fragen der Geschäftsführung eingebunden ist.

Die E GmbH ist als typisches assoziiertes Unternehmen gemäß §§ 311 und 312 HGB entsprechend der Equity-Methode in den Konzernabschluss einzubeziehen.

Da im vorliegenden Fall die Stichtage, Bilanzierungsmethoden und die Währungen bereits einheitlich sind, werden im nächsten Schritt die Neubewertungsbilanzen der B GmbH, der C GmbH und der D GmbH mit der Handelsbilanz der A AG in der Summenbilanz zusammengefasst. Hierbei wurden die stillen Reserven und stillen Lasten bereits aufgedeckt und sind in den Handelsbilanz III-Werten der einzelnen Gesellschaften (HB III-Werten) enthalten. Die Handelsbilanz der E GmbH ist indes nicht in die Summenbilanz aufzunehmen, da die E GmbH mit der Equity-Methode im Konzernabschluss abgebildet wird, so dass ihre Vermögensgegenstände und Schulden nicht einzeln anzusetzen sind.

Im Rahmen der Neubewertung des Reinvermögens der B GmbH werden folgende stille Reserven aufgedeckt:

- Nicht aktivierte Marke (120 GE),
- nicht aktivierte selbsterstellte immaterielle Vermögensgegenstände (80 GE),
- zu niedrig bewertete Rohstoffe (40 GE) und
- zu hohe Rückstellung (50 GE).

| | | |
|---|---|---|
| | Stille Reserven im immateriellen Anlagevermögen der B GmbH | 200 GE |
| | Nicht aktivierte Marke (120 GE) | |
| | Nicht aktivierte selbsterstellte immaterielle Vermögensgegenstände (80 GE) | |
| + | Stille Reserven in den Vorräten der B GmbH | + 40 GE |
| | Rohstoffe (40 GE) | |
| + | Stille Reserven in den sonstigen Passiva der B GmbH | + 50 GE |
| | Rückstellungen (50 GE) | |
| – | Stille Lasten der B GmbH | |
| = | Summe der stillen Reserven und stille Lasten der B GmbH | 290 GE |
| + | Bilanzielles Eigenkapital der B GmbH | + 250 GE |
| = | Neubewertetes Eigenkapital der B GmbH | 540 GE |

Die stillen Reserven bei der C GmbH werden ebenfalls in den HB III-Werten aufgedeckt:

| | | |
|---|---|---|
| | Stille Reserven im Sachanlagevermögen der C GmbH | 10 GE |
| – | Stille Lasten der C GmbH | |
| = | Summe der stillen Reserven und stillen Lasten der C GmbH | 10 GE |
| + | Bilanzielles Eigenkapital der C GmbH | + 120 GE |
| = | Neubewertetes Eigenkapital der C GmbH | 130 GE |

Im Reinvermögen der D GmbH und der E GmbH befinden sich keine stillen Reserven und stillen Lasten. Der Buchwert des Eigenkapitals beider Gesellschaften entspricht somit seinem beizulegenden Wert.

Die D GmbH wird mittels der Quotenkonsolidierung in den Konzernabschluss einbezogen. Daher werden die Vermögensgegenstände und Schulden nur anteilig in die Summenbilanz aufgenommen. Unter Berücksichtigung der Anpassungen im Rahmen der Neubewertung ergibt sich die folgende Summenbilanz:

| Zeitpunkt 31.12.01 (Alle Zahlenangaben in GE) | A AG HB II | B GmbH HB III | C GmbH HB III | D GmbH HB III 50 % | SB |
|---|---|---|---|---|---|
| **Aktiva** | | | | | |
| Geschäfts- oder Firmenwert | | | | | |
| Immaterielle Vermögensgegenstände | 400 | 250 | 20 | 25 | 695 |
| Sachanlagevermögen | 1.500 | 300 | 110 | 60 | 1.970 |
| Anteile an verbundenen Unternehmen | 500 | | | | 500 |
| Beteiligungen | 180 | | | | 180 |
| Vorräte | 2.000 | 260 | 25 | 20 | 2.305 |
| Kasse | 450 | 30 | 10 | 5 | 495 |
| Summe Aktiva | 5.030 | 840 | 165 | 110 | 6.145 |
| **Passiva** | | | | | |
| Eigenkapital | | | | | |
| ▪ Sonstiges Eigenkapital | 1.755 | 540 | 130 | 65 | 2.490 |
| ▪ Jahresüberschuss | 245 | | | | 245 |
| Finanzverbindlichkeiten | 1.000 | | | | 1.000 |
| Sonstige Passiva | 2.030 | 300 | 35 | 45 | 2.410 |
| Summe Passiva | 5.030 | 840 | 165 | 110 | 6.145 |

**Übersicht 58-6:** Summenbilanz des Konzerns der A AG zum 31.12.01

Im Folgenden sind die Kapitalverflechtungen zwischen den in den Konzernabschluss einbezogenen Unternehmen durch die Kapitalkonsolidierung zu eliminieren.

**B GmbH:**

Im Rahmen der Kapitalkonsolidierung wird die Beteiligung des Mutterunternehmens an dem Tochterunternehmen mit dem anteiligen neubewerteten Eigenkapital des Tochterunternehmens verrechnet. Da der Kaufpreis bzw. der Beteiligungsbuchwert und das anteilige neubewertete Eigenkapital nur selten übereinstimmen, verbleibt i. d. R. ein **Unterschiedsbetrag**. Der bei der Kapitalkonsolidierung der B GmbH verbleibende Unterschiedsbetrag ist bei einem Anteil der A AG an der B GmbH i. H. v. 50 % wie folgt zu berechnen:

| | | |
|---|---|---|
| | Buchwert der Beteiligung der A AG an der B GmbH | 350 GE |
| – | Anteiliges neubewertetes Eigenkapital der B GmbH (540 GE · 50 %) | – 270 GE |
| = | Verbleib. Unterschiedsbetrag | 80 GE |

Mit dem Buchungssatz (1) wird die Beteiligung der A AG an der B GmbH in Höhe des Kaufpreises von 350 GE mit dem anteiligen neubewerteten Eigenkapital i. H. v. 270 GE und dem verbleibenden Unterschiedsbetrag von 80 GE verrechnet:

| | | | | |
|---|---|---|---|---|
| Verbleib. Unterschiedsbetrag | 80 GE | | | |
| Sonstiges Eigenkapital | 270 GE | an | Anteile an verbundenen Unternehmen | 350 GE |

Der verbleibende Unterschiedsbetrag aus der Kapitalkonsolidierung nach der Neubewertungsmethode kann sowohl positiv als auch negativ sein. Gemäß § 301 Abs. 3 Satz 1 HGB ist ein positiver Unterschiedsbetrag als Geschäfts- oder Firmenwert auf der Aktivseite der Konzernbilanz auszuweisen, ein negativer Unterschiedsbetrag ist dagegen als „Unterschiedsbetrag aus der Kapitalkonsolidierung" zu passivieren. Im vorliegenden Fall handelt es sich um einen positiven Unterschiedsbetrag, der als Geschäfts- oder Firmenwert zu behandeln ist. Der aus der Kapitalkonsolidierung verbleibende Unterschiedsbetrag ist daher mit dem folgenden Buchungssatz (2) zu aktivieren:

| | | | | |
|---|---|---|---|---|
| Geschäfts- oder Firmenwert | 80 GE | an | Verbleib. Unterschiedsbetrag | 80 GE |

Ferner ist zu berücksichtigen, dass die A AG lediglich 50 % der Anteile an der B GmbH erworben hat. Im Rahmen der Vollkonsolidierung werden jedoch sämtliche neubewertete Vermögensgegenstände und Schulden in die Konzernbilanz aufgenommen. Aus diesem Grund ist für die Anteile am Eigenkapital der B GmbH, die nicht im Besitz des A AG-Konzerns sind, ein Ausgleichsposten für „Nicht beherrschende Anteile" zu bilden. Der Posten **„Nicht beherrschende Anteile"** ist gemäß § 307 Abs. 1 HGB in der Konzernbilanz innerhalb des **Eigenkapitals gesondert auszuweisen** und entspricht dem relativen Anteil der nicht beherrschenden Gesellschafter an dem neubewerteten Eigenkapital der B GmbH. In dem hier vorliegenden Sachverhalt sind die Anteile der nicht beherrschenden Gesellschafter wie folgt zu berechnen:

| | | |
|---|---|---|
| Nicht beherrschende Anteile | = | Beteiligungsquote der nicht beherrschenden Gesellschafter der B GmbH · neubewertetes Eigenkapital der B GmbH |
| | = | 50 % · 540 GE |
| | = | 270 GE |

Mit nachfolgendem Buchungssatz (3) wird der Anteil der nicht beherrschenden Gesellschafter der B GmbH in den Posten „Nicht beherrschende Anteile“ eingestellt:

| Sonstiges Eigenkapital | 270 GE | an | Nicht beherrschende Anteile | 270 GE |
|---|---|---|---|---|

**C GmbH:**

Auch die Beteiligung der A AG an der C GmbH ist mit dem anteiligen neubewerteten Eigenkapital der C GmbH zu verrechnen. Da an der C GmbH keine nicht beherrschenden Gesellschafter beteiligt sind, ist die Beteiligung der A AG an der C GmbH mit dem gesamten neubewerteten Eigenkapital der C GmbH zu konsolidieren. Auch in diesem Fall entsteht ein Unterschiedsbetrag:

| | | |
|---|---|---|
| | Buchwert der Beteiligung der A AG an der C GmbH | 150 GE |
| – | Anteiliges neubewertetes Eigenkapital der C GmbH (130 GE · 100 %) | – 130 GE |
| = | Verbleib. Unterschiedsbetrag | 20 GE |

Die Beteiligung der A AG an der C GmbH wird in Höhe des Kaufpreises von 150 GE mit dem anteiligen neubewerteten Eigenkapital der C GmbH i. H. v. 130 GE und dem verbleibenden Unterschiedsbetrag aus der Kapitalkonsolidierung i. H. v. 20 GE verrechnet. Der Buchungssatz (4) für diese Konsolidierung lautet:

| | | | | |
|---|---|---|---|---|
| Verbleib. Unterschiedsbetrag | 20 GE | | | |
| Sonstiges Eigenkapital | 130 GE | an | Anteile an verbundenen Unternehmen | 150 GE |

Der positive Unterschiedsbetrag ist hier - wie auch bei der Kapitalkonsolidierung der B GmbH - als Geschäfts- oder Firmenwert gemäß § 301 Abs. 3 Satz 1 HGB zu behandeln. Daher ist der aus der Kapitalkonsolidierung verbleibende Unterschiedsbetrag mit folgendem Buchungssatz (5) zu aktivieren:

| Geschäfts- oder Firmenwert | 20 GE | an | Verbleib. Unterschiedsbetrag | 20 GE |
|---|---|---|---|---|

**D GmbH:**

Die Beteiligung der A AG an der D GmbH ist ebenfalls mit dem auf die Beteiligung entfallenden neubewerteten Eigenkapital der D GmbH zu verrechnen. Auch in diesem Fall entsteht hierbei ein Unterschiedsbetrag:

| | | |
|---|---|---|
| | Buchwert der Beteiligung der A AG an der D GmbH | 80 GE |
| – | Anteiliges neubewertetes Eigenkapital der D GmbH (130 GE · 50 %) | – 65 GE |
| = | Verbleib. Unterschiedsbetrag | 15 GE |

Die Beteiligung der A AG an der D GmbH wird in Höhe des Kaufpreises von 80 GE mit dem anteiligen neubewerteten Eigenkapital der D GmbH i. H. v. 65 GE und dem verbleibenden Unterschiedsbetrag aus der Kapitalkonsolidierung i. H. v. 15 GE verrechnet. Der Buchungssatz (6) für diese Konsolidierung lautet:

| | | | | |
|---|---|---|---|---|
| Verbleib. Unterschiedsbetrag | 15 GE | | | |
| Sonstiges Eigenkapital | 65 GE | an | Beteiligungen | 80 GE |

Der positive Unterschiedsbetrag ist gemäß § 301 Abs. 3 Satz 1 HGB als Geschäfts- oder Firmenwert zu behandeln und daher mit dem folgenden Buchungssatz (7) zu aktivieren:

| | | | | |
|---|---|---|---|---|
| Geschäfts- oder Firmenwert | 15 GE | an | Verbleib. Unterschiedsbetrag | 15 GE |

Im Rahmen der Quotenkonsolidierung ist kein Ausgleichsposten für „Nicht beherrschende Anteile" gemäß § 307 Abs. 1 HGB zu bilden. Die neubewerteten Vermögensgegenstände und Schulden werden lediglich in Höhe des Anteils der A AG an der D GmbH in die Konzernbilanz aufgenommen. Die Anteile der anderen Gesellschafter an den Vermögensgegenständen und Schulden der D GmbH werden nicht berücksichtigt. Aus diesem Grund ist für die Anteile der Z GmbH kein Ausgleichsposten für „Nicht beherrschende Anteile" zu bilden.

**E GmbH:**

Die E GmbH wird mittels der Equity-Methode im Konzernabschluss abgebildet. Hierfür wird der ursprüngliche Buchwert der Beteiligung der A AG an der E GmbH um die Entwicklung des anteiligen Eigenkapitals der E GmbH fortgeschrieben. Daher ist der Beteiligungsbuchwert bzw. Equity-Wert der E GmbH in der Konzernbilanz der A AG um den anteiligen Jahresüberschuss der E GmbH zu erhöhen. Damit eine Doppelerfassung des anteiligen Jahresüberschusses verhindert wird, ist der Equity-Wert um die von der E GmbH an die A AG ausgeschüttete Dividende zu vermindern. Da der von der A AG gezahlte Kaufpreis für die Anteile an der E GmbH dem anteiligen Reinvermögen der E GmbH im Erwerbszeitpunkt entsprach, ist kein Unterschiedsbetrag aus der Kapitalverrechnung in der Nebenrechnung der Equity-Methode entstanden, der fortzuführen wäre. Ebenso enthielt das Reinvermögen der E GmbH im Erwerbszeitpunkt keine stillen Reserven oder stille Lasten, die bei der Ermittlung des Equity-Wertes der E GmbH zum 31.12.01 berücksichtigt werden müssen. Der Equity-Wert der E GmbH, die bereits am 31.12.00 erworben wurde, ist daher wie folgt zu bestimmen:

| | | |
|---|---|---|
| | Anschaffungskosten der A AG für die Anteile an der E GmbH | 100 GE |
| + | Anteiliger Jahresüberschuss der E GmbH (25 GE · 40 %) | + 10 GE |
| – | Von der E GmbH an die A AG ausgeschüttete Dividende | – 5 GE |
| = | Equity-Wert der E GmbH | 105 GE |

Der Beteiligungsbuchwert bzw. Equity-Wert der E GmbH ist daher durch den folgenden Buchungssatz (8) fortzuschreiben:

| | | | | |
|---|---|---|---|---|
| Beteiligungen | 5 GE | an | Jahresüberschuss | 5 GE |

Die nachfolgende Übersicht 58-7 zeigt die Konzernbilanz der A AG zum 31.12.01:

| Zeitpunkt 31.12.01 (Alle Zahlenangaben in GE) | SB | Konsolidierungsspalte | | KB |
|---|---|---|---|---|
| | | Soll | Haben | |
| **Aktiva** | | | | |
| Geschäfts- oder Firmenwert | | 80[2] | | 115 |
| | | 20[5] | | |
| | | 15[7] | | |
| Immaterielle Vermögensgegenstände | 695 | | | 695 |
| Sachanlagevermögen | 1.970 | | | 1.970 |
| Anteile an verbundenen Unternehmen | 500 | | 350[1] | |
| | | | 150[4] | |
| Beteiligungen | 180 | 5[8] | 80[6] | 105 |
| Vorräte | 2.305 | | | 2.305 |
| Kasse | 495 | | | 495 |
| Verbleib. Unterschiedsbetrag | | 80[1] | 80[2] | |
| | | 20[4] | 20[5] | |
| | | 15[6] | 15[7] | |
| Summe Aktiva | 6.145 | | | 5.685 |
| **Passiva** | | | | |
| Eigenkapital | | | | |
| ▪ Sonstiges Eigenkapital | 2.490 | 270[1] | | 1.755 |
| | | 270[3] | | |
| | | 130[4] | | |
| | | 65[6] | | |
| ▪ Jahresüberschuss | 245 | | 5[8] | 250 |
| ▪ Nicht beherrschende Anteile | | | 270[3] | 270 |
| Finanzverbindlichkeiten | 1.000 | | | 1.000 |
| Sonstige Passiva | 2.410 | | | 2.410 |
| Summe Passiva | 6.145 | 970 | 970 | 5.685 |

**Übersicht 58-7:** Konzernbilanz der A AG zum 31.12.01

Die GuV eines Konzerns wird durch die erstmalige Konsolidierung von Unternehmen nicht tangiert, weil sich der Jahresüberschuss der erstmalig zu konsolidierenden Unternehmen als Stromgröße auf einen Zeitraum bezieht, in dem die Unternehmen noch nicht zum Konzernverbund gehörten. Daher entspricht die Summen-GuV im vorliegenden Sachverhalt der GuV der A AG nach den allgemeinen Bilanzierungsgrundsätzen des Konzerns (GuV II). Allerdings ist hier zu berücksichtigen, dass die Beteiligung an der E GmbH bereits zum 31.12.00 erworben wurde. Die Aufstockung des Equity-Wertes im Geschäftsjahr 01 um 5 GE ist in der Konzern-GuV daher durch eine Konsolidierungsbuchung zu berücksichtigen. Die Equity-Beteiligung wurde im Geschäftsjahr 01 um 5 GE aufgewertet. Der Buchungssatz (8a) lautet daher:

| Jahresergebnis | 5 GE | an | Erträge aus Beteiligungen an assoziierten Unternehmen | 5 GE |
|---|---|---|---|---|

Die nachstehende Übersicht 58-8 zeigt die Konzern-GuV der A AG für das Geschäftsjahr 01:

| Zeitpunkt 31.12.01 (Alle Zahlenangaben in GE) | Summen-GuV | Konsolidierungsspalte | | Konzern-GuV |
|---|---|---|---|---|
| | | Soll | Haben | |
| **Erträge** | | | | |
| Umsatzerlöse | 3.050 | | | 3.050 |
| Sonstige betriebliche Erträge | 390 | | | 390 |
| Erträge aus Beteiligungen an assoziierten Unternehmen | 5 | | 5[8a] | 10 |
| **Aufwendungen** | | | | |
| Materialaufwand für Roh-, Hilfs- und Betriebsstoffe | 1.700 | | | 1.700 |
| Sonstiger Materialaufwand | 400 | | | 400 |
| Personalaufwand | 500 | | | 500 |
| Abschreibungen | 250 | | | 250 |
| Sonstige betriebliche Aufwendungen | 250 | | | 250 |
| Zinsen und ähnliche Aufwendungen | 100 | | | 100 |
| **Jahresergebnis** | 245 | 5[8a] | | 250 |

**Übersicht 58-8:** Konzern-GuV der A AG zum 31.12.01

## Sachverhalt – Folgekonsolidierung

Auch das Geschäftsjahr 02 verlief für den Konzern relativ stabil und erfolgreich. Weitere Beteiligungen wurden in diesem Zeitraum nicht erworben. Allerdings hat die A AG einige Anstrengungen unternommen, um die Integration des neuen Konzerns voranzutreiben.

**Geschäftsvorfall (1):**

Die A AG hat festgestellt, dass die Liquiditätslage sowohl der B GmbH als auch der C GmbH leicht angespannt ist. Daher wurden an beide Unternehmen am 01.01.02 jeweils Darlehen über 100 GE vergeben, die mit 5 % p. a. verzinst werden.

**Geschäftsvorfall (2):**

Zur weiteren Optimierung der Produktion hat sich die A AG dazu entschieden, ein Vorprodukt bei der B GmbH einzukaufen. Zum Ende des Geschäftsjahres 02 hat die A AG zehn Vorprodukte auf Lager, die sie in diesem Jahr von der B GmbH erworben hat. Der Kaufpreis betrug 10 GE pro Stück; bei der B GmbH sind Herstellungskosten i. H. v. 8 GE angefallen, die nach konzerneinheitlichen Bilanzierungsgrundsätzen ermittelt wurden.

Darüber hinaus bleiben die stillen Reserven im Vorratsvermögen und in den Rückstellungen der B GmbH unverändert bestehen. Stille Reserven im Anlagevermögen der B GmbH und der C GmbH werden entsprechend den ihnen zugrunde liegenden Vermögensgegenständen über zehn Jahre abgeschrieben. Gleiches gilt für die in der Handelsbilanz der B GmbH nicht aktivierte Marke. Die Nutzungsdauer von Geschäfts- oder Firmenwerten (GoF) wird auf fünf Jahre geschätzt.

Die nachfolgenden Übersichten zeigen die Bilanzen der Konzernunternehmen zum 31.12.02:

| 31.12.02 (Alle Zahlenangaben in GE) | | | |
|---|---|---|---|
| Immaterielle Vermögensgegenstände | 400 | Eigenkapital | |
| Sachanlagevermögen | 1.500 | ▪ Sonstiges Eigenkapital | 2.000 |
| Anteile an verbundenen Unternehmen | 500 | ▪ Jahresüberschuss | 200 |
| Beteiligungen | 180 | Finanzverbindlichkeiten | 1.000 |
| Vorräte | 2.000 | Sonstige Passiva | 2.030 |
| Forderungen | 200 | | |
| Kasse | 450 | | |
| Summe Aktiva | 5.230 | Summe Passiva | 5.230 |

**Übersicht 58-9:** Bilanz der A AG zum 31.12.02

| 31.12.02 (Alle Zahlenangaben in GE) | | | |
|---|---|---|---|
| Immaterielle Vermögensgegenstände | 50 | Eigenkapital | |
| Sachanlagevermögen | 300 | ▪ Sonstiges Eigenkapital | 250 |
| Vorräte | 220 | ▪ Jahresüberschuss | 450 |
| Kasse | 580 | Finanzverbindlichkeiten | 100 |
| | | Sonstige Passiva | 350 |
| Summe Aktiva | 1.150 | Summe Passiva | 1.150 |

**Übersicht 58-10:** Bilanz der B GmbH zum 31.12.02

| 31.12.02 (Alle Zahlenangaben in GE) | | | |
|---|---|---|---|
| Immaterielle Vermögensgegenstände | 20 | Eigenkapital | |
| Sachanlagevermögen | 100 | ▪ Sonstiges Eigenkapital | 120 |
| Vorräte | 25 | ▪ Jahresüberschuss | 170 |
| Kasse | 280 | Finanzverbindlichkeiten | 100 |
| | | Sonstige Passiva | 35 |
| Summe Aktiva | 425 | Summe Passiva | 425 |

**Übersicht 58-11:** Bilanz der C GmbH zum 31.12.02

| 31.12.02 (Alle Zahlenangaben in GE) | | | |
|---|---|---|---|
| Immaterielle Vermögensgegenstände | 50 | Eigenkapital | |
| Sachanlagevermögen | 120 | ▪ Sonstiges Eigenkapital | 130 |
| Vorräte | 40 | ▪ Jahresüberschuss | 90 |
| Kasse | 100 | Sonstige Passiva | 90 |
| Summe Aktiva | 310 | Summe Passiva | 310 |

**Übersicht 58-12:** Bilanz der D GmbH zum 31.12.02

Die GuV der Gesellschaften stellen sich zum 31.12.02 wie folgt dar:

| Zeitpunkt 31.12.02 (Alle Zahlenangaben in GE) | A AG | B GmbH | C GmbH | D GmbH |
|---|---|---|---|---|
| | GuV | GuV | GuV | GuV |
| **Erträge** | | | | |
| Umsatzerlöse | 4.040 | 1.085 | 600 | 1.050 |
| Sonstige betriebliche Erträge | 400 | 400 | 55 | 450 |
| Zinsen und ähnliche Erträge | 10 | | | |
| **Aufwendungen** | | | | |
| Materialaufwand für Roh-, Hilfs- und Betriebsstoffe | 2.200 | 550 | 400 | 750 |
| Sonstiger Materialaufwand | 500 | 180 | 50 | 210 |
| Personalaufwand | 800 | 200 | 10 | 350 |
| Abschreibungen | 250 | 35 | 10 | 20 |
| Sonstige betriebliche Aufwendungen | 350 | 65 | 10 | 80 |
| Zinsen und ähnliche Aufwendungen | 150 | 5 | 5 | |
| **Jahresergebnis** | 200 | 450 | 170 | 90 |

**Übersicht 58-13:** GuV der Konzernunternehmen zum 31.12.02

Die E GmbH hat im Geschäftsjahr 02 einen Jahresüberschuss i. H. v. 20 GE erwirtschaftet. Den Vorjahresgewinn hat sie komplett thesauriert.

## Aufgabe – Folgekonsolidierung

Erstellen Sie den Konzernabschluss der A AG zum 31.12.02. Nehmen Sie hierfür an, dass der Konzerngewinn stets auf das nächste Geschäftsjahr vorgetragen wird. Stellen Sie die GuV daher für eine teilweise Gewinnverwendung dar.

## Lösung – Folgekonsolidierung

Der Konsolidierungskreis besteht unverändert fort, da sich im Geschäftsjahr 02 die Beteiligungsbeziehungen nicht verändert haben. Daher ist zunächst die Summenbilanz des Konzerns wiederum durch Horizontaladditionen der HB III der dem Konzernmutterunternehmen hierarchisch nachgeordneten und in den Konzernabschluss einbezogenen Konzernunternehmen sowie der HB II des Konzernmutterunternehmens aufzustellen. Hierbei werden die ursprünglichen stillen Reserven weiterhin in voller Höhe aufgedeckt.

| Zeitpunkt 31.12.02 (Alle Zahlenangaben in GE) | A AG | B GmbH | C GmbH | D GmbH | SB |
|---|---|---|---|---|---|
| | HB II | HB III | HB III | HB III 50 % | |
| **Aktiva** | | | | | |
| Geschäfts- oder Firmenwert | | | | | |
| Immaterielle Vermögensgegenstände | 400 | 250 | 20 | 25 | 695 |
| Sachanlagevermögen | 1.500 | 300 | 110 | 60 | 1.970 |
| Anteile an verbundenen Unternehmen | 500 | | | | 500 |
| Beteiligungen | 180 | | | | 180 |
| Vorräte | 2.000 | 260 | 25 | 20 | 2.305 |
| Forderungen | 200 | | | | 200 |
| Kasse | 450 | 580 | 280 | 50 | 1.360 |
| Summe Aktiva | 5.230 | 1.390 | 435 | 155 | 7.210 |
| **Passiva** | | | | | |
| Eigenkapital | | | | | |
| ▪ Sonstiges Eigenkapital | 2.000 | 540 | 130 | 65 | 2.735 |
| ▪ Jahresüberschuss | 200 | 450 | 170 | 45 | 865 |
| Finanzverbindlichkeiten | 1.000 | 100 | 100 | | 1.200 |
| Sonstige Passiva | 2.030 | 300 | 35 | 45 | 2.410 |
| Summe Passiva | 5.230 | 1.390 | 435 | 155 | 7.210 |

**Übersicht 58-14:** Summenbilanz des Konzerns der A AG zum 31.12.02

**B GmbH:**

Zunächst sind die Buchungen aus der Erstkonsolidierung erneut durchzuführen und erhalten ihre Nummerierung aus der Erstkonsolidierung. Buchungen im Rahmen der Folgekonsolidierung beginnen mit der Nummer 10, um den Unterschied zur Erstkonsolidierung deutlich zu machen. Für die Folgekonsolidierung sind also die Buchungssätze (1) und (2) zu wiederholen:

| | | | | |
|---|---|---|---|---|
| Verbleib. Unterschiedsbetrag | 80 GE | | | |
| Sonstiges Eigenkapital | 270 GE | an | Anteile an verbundenen Unternehmen | 350 GE |

| | | | | |
|---|---|---|---|---|
| Geschäfts- oder Firmenwert | 80 GE | an | Verbleib. Unterschiedsbetrag | 80 GE |

Des Weiteren hat die A AG lediglich 50 % der Anteile an der B GmbH erworben. Im Rahmen der Vollkonsolidierung im Erwerbszeitpunkt wurden jedoch sämtliche neubewertete Vermögensgegenstände und Schulden der B GmbH in die Konzernbilanz aufgenommen. Aus diesem Grund ist für die Anteile am Eigenkapital der B GmbH, die nicht im Besitz des A AG-Konzerns sind, ein Ausgleichsposten für „Nicht beherrschende Anteile" zu bilden. Der Buchungssatz (3) ist folglich zu wiederholen:

| | | | | |
|---|---|---|---|---|
| Sonstiges Eigenkapital | 270 GE | an | Nicht beherrschende Anteile | 270 GE |

In der Folgekonsolidierung wurde nun der gesamte Gewinn der B GmbH im Geschäftsjahr 02 i. H. v. 450 GE in den Summenabschluss aufgenommen. Da ein Teil des Gewinns nicht beherrschenden Gesellschaftern zusteht, ist der auf diese Gesellschafter entfallende Anteil i. H. v. 225 GE (= 450 GE · 50 %) aus dem „Bilanzgewinn" in den Posten „Nicht beherrschende Anteile" mit dem Buchungssatz (10) umzubuchen:

| | | | | |
|---|---|---|---|---|
| Bilanzgewinn | 225 GE | an | Nicht beherrschende Anteile | 225 GE |

Ebenso ist der Ausweis in der Konzern-GuV im Rahmen der Ergebnisverwendung anzupassen, indem der auf die nicht beherrschenden Gesellschafter entfallende Anteil des Ergebnisses der B GmbH durch einen „Davon-Vermerk" kenntlich gemacht wird.

Außerdem sind die stillen Reserven entsprechend den ihnen zugrunde liegenden Vermögensgegenständen linear über zehn Jahre abzuschreiben. In den „immateriellen Vermögensgegenständen" sind stille Reserven i. H. v. 200 GE enthalten. Somit ist für das Geschäftsjahr 02 eine Abschreibung i. H. v. 20 GE (= 200 GE / 10 Jahre) zu erfassen. Die Abschreibung wird hierbei erfolgswirksam erfasst, wobei die nicht beherrschenden Gesellschafter der B GmbH entsprechend ihres Anteils an der Abschreibung i. H. v. 10 GE (= 20 GE · 50 %) partizipieren. Infolgedessen sind neben dem Wertansatz der immateriellen Vermögensgegenstände sowohl der Posten „Nicht beherrschende Anteile" als auch der „Bilanzgewinn" anzupassen. Der Buchungssatz (11) berücksichtigt diesen Vorgang:

| | | | | |
|---|---|---|---|---|
| Bilanzgewinn | 10 GE | | | |
| Nicht beherrschende Anteile | 10 GE | an | Immaterielle Vermögensgegenstände | 20 GE |

Auch in diesem Fall ist der Ausweis in der Konzern-GuV im Rahmen der Ergebnisverwendung anzupassen. Der relevante Buchungssatz (11a) lautet:

| Abschreibungen | 20 GE | an | Jahresergebnis | 20 GE |
|---|---|---|---|---|
| | | | (davon auf nicht beherrschende Anteile entfallendes Ergebnis | 10 GE) |

**C GmbH:**

Auch für die C GmbH werden die Buchungen aus der Erstkonsolidierung durch die Buchungssätze (4) und (5) wiederholt:

| Verbleib. Unterschiedsbetrag | 20 GE | | | |
|---|---|---|---|---|
| Sonstiges Eigenkapital | 130 GE | an | Anteile an verbundenen Unternehmen | 150 GE |

| Geschäfts- oder Firmenwert | 20 GE | an | Verbleib. Unterschiedsbetrag | 20 GE |
|---|---|---|---|---|

Im Rahmen der Folgekonsolidierung sind die stillen Reserven im Sachanlagevermögen der C GmbH ebenso erfolgswirksam fortzuführen und daher um 1 GE (= 10 GE / 10 Jahre) abzuschreiben. Da die A AG alleiniger Anteilseigner der C GmbH ist, sind keine Anteile nicht beherrschender Gesellschafter zu berücksichtigen. Dieser Sachverhalt wird mit dem folgenden Buchungssatz (12) berücksichtigt:

| Bilanzgewinn | 1 GE | an | Sachanlagevermögen | 1 GE |
|---|---|---|---|---|

Die Abschreibung der stillen Reserven im Sachanlagevermögen der C GmbH wird durch den Buchungssatz (12a) in der Konzern-GuV berücksichtigt:

| Abschreibungen | 1 GE | an | Jahresergebnis | 1 GE |
|---|---|---|---|---|

**D GmbH:**

Auch die Kapitalkonsolidierung der D GmbH ist zu wiederholen. Die Buchungssätze (6) und (7) für diese Konsolidierung lauten:

| Verbleib. Unterschiedsbetrag | 15 GE | | | |
|---|---|---|---|---|
| Sonstiges Eigenkapital | 65 GE | an | Beteiligungen | 80 GE |

| Geschäfts- oder Firmenwert | 15 GE | an | Verbleib. Unterschiedsbetrag | 15 GE |
|---|---|---|---|---|

Im Rahmen der Folgekonsolidierung sind nun auch die Geschäfts- oder Firmenwerte linear abzuschreiben, die in der Erstkonsolidierung aktiviert wurden. Im vorliegenden Sachverhalt beträgt die Nutzungsdauer der Geschäfts- oder Firmenwerte fünf Jahre. Der gesamte Abschreibungsbetrag ist auf der Grundlage der Abschreibungsbeträge der einzelnen Geschäfts- oder Firmenwerte der in den Konzernabschluss einbezogenen Unternehmen zu ermitteln:

| | | |
|---|---|---|
| | Abschreibung des Geschäfts- oder Firmenwertes aus der Konsolidierung der B GmbH (80 GE / 5 Jahre) | 16 GE |
| + | Abschreibung des Geschäfts- oder Firmenwertes aus der Konsolidierung der C GmbH (20 GE / 5 Jahre) | + 4 GE |
| + | Abschreibung des Geschäfts- oder Firmenwertes aus der Konsolidierung der D GmbH (15 GE / 5 Jahre) | + 3 GE |
| = | Abschreibung der Geschäfts- oder Firmenwerte | 23 GE |

**Übersicht 58-15:** Ermittlung der Abschreibung der Geschäfts- oder Firmenwerte

Durch den Buchungssatz (13) wird die Abschreibung der Geschäfts- oder Firmenwerte berücksichtigt:

| | | | | |
|---|---|---|---|---|
| Bilanzgewinn | 23 GE | an | Geschäfts- oder Firmenwert | 23 GE |

In der Konzern-GuV wird die Abschreibung durch den Buchungssatz (13a) berücksichtigt:

| | | | | |
|---|---|---|---|---|
| Abschreibungen | 23 GE | an | Jahresergebnis | 23 GE |

Nachdem die Kapitalverflechtungen zwischen den in den Konzernabschluss einbezogenen Unternehmen durch die Kapitalkonsolidierung eliminiert wurden, sind nunmehr deren Schuldbeziehungen im Rahmen der **Schuldenkonsolidierung** zu bereinigen (**Geschäftsvorfall (1)**). Das Mutterunternehmen, die A AG, hat den beiden Konzernunternehmen B GmbH und C GmbH jeweils ein Darlehen über 100 GE eingeräumt. Die Ansprüche der A AG und die Verpflichtungen der B GmbH und der C GmbH stehen sich in gleicher Höhe gegenüber, so dass aus der Schuldenkonsolidierung keine Aufrechnungsdifferenzen entstehen. Die konzerninternen Schuldbeziehungen werden durch den Buchungssatz (14) eliminiert:

| | | | | |
|---|---|---|---|---|
| Finanzverbindlichkeiten | 200 GE | an | Forderungen | 200 GE |

Zudem sind aus den eingeräumten Darlehen Zinsen i. H. v. 10 GE fällig geworden, da die Kredite mit 5 % p. a. verzinst werden. Hierdurch ist der Ausweis des Zinsaufwandes und des Zinsertrages in der Summen-GuV zu hoch, da aus Sicht des Konzerns als wirtschaftliche Einheit das Ergebnis nicht beeinflusst worden ist. Folglich sind die Erfolgswirkungen im Rahmen der **Aufwands- und Ertragskonsolidierung** rückgängig zu machen. Buchungssatz (14a) verdeutlicht, wie die Erfolgswirkungen ausgebucht werden:

| | | | | |
|---|---|---|---|---|
| Zinsen und ähnliche Erträge | 10 GE | an | Zinsen und ähnliche Aufwendungen | 10 GE |

Abschließend sind die konzerninternen Lieferungs- und Leistungsverflechtungen zu konsolidieren. Um dies zu erreichen, werden zunächst in den Wertansätzen von Vermögensgegenständen enthaltene Zwischenergebnisse im Rahmen der **Zwischenergebniseliminierung** eliminiert. Im vorliegenden Sachverhalt betrifft dies die Auswirkungen des **Geschäftsvorfalls (2)**. Die A AG hat in diesem Geschäftsvorfall Produkte von der B GmbH erworben. Aus dieser Transaktion ist bei der B GmbH ein Zwischengewinn i. H. v. 2 GE (= 10 GE – 8 GE) pro Produkt entstanden. Daher ergibt sich ein Zwischengewinn von insgesamt 20 GE (= 10 Produkte · 2 GE), der aus Konzernsicht nicht realisiert worden ist und damit gemäß § 252 Abs. 1 Nr. 4 Halbsatz 2 HGB i. V. m. § 298 Abs. 1 HGB nicht erfasst werden darf. Der nicht realisierte Zwischengewinn wird durch den Buchungssatz (15) eliminiert:

| Bilanzgewinn | 20 GE | an | Vorräte | 20 GE |
|---|---|---|---|---|

Durch diese Transaktion wurde zudem die Summen-GuV beeinflusst. Die B GmbH hat einen Umsatz i. H. v. 100 GE (= 10 Produkte · 10 GE) gebucht, gleichzeitig hat sie Herstellungskosten i. H. v. 80 GE (= 10 Produkte · 8 GE) und einen Gewinn i. H. v. 20 GE (= 10 Produkte · 2 GE) erfasst. Aus Sicht des Konzerns als wirtschaftliche Einheit handelt es sich indes um die Herstellung von Produkten, die den Vorratsbestand erhöhen. Der Sachverhalt darf in der Konzern-GuV daher keine Auswirkungen auf die Höhe des Konzernjahresergebnisses haben, da die Gewinne bisher nicht i. S. d. § 252 Abs. 1 Nr. 4 Halbsatz 2 HGB i. V. m. § 298 Abs. 1 HGB realisiert wurden. Aus Konzernsicht schlägt sich die Produktion in einer Bestandserhöhung nieder. Im Rahmen der **Aufwands- und Ertragskonsolidierung** sind folglich die Umsatzerlöse, die Bestandserhöhung und das Jahresergebnis anzupassen. Diese Effekte werden durch den Buchungssatz (15a) berücksichtigt:

| Umsatzerlöse | 100 GE | an | Bestandserhöhung | 80 GE |
|---|---|---|---|---|
| | | | Jahresergebnis | 20 GE |

**E GmbH:**

Abschließend ist noch der Equity-Wert der Beteiligung an der E GmbH fortzuschreiben. Die E GmbH hat im Geschäftsjahr 02 einen Jahresüberschuss i. H. v. 20 GE erwirtschaftet und den Vorjahresgewinn komplett thesauriert. Der Equity-Wert ist daher wie folgt fortzuschreiben:

| | | |
|---|---|---|
| | Equity-Wert der E GmbH zum 31.12.01 | 105 GE |
| + | Anteiliger Jahresüberschuss der E GmbH (20 GE · 40 %) | + 8 GE |
| – | Von der E GmbH an die A AG ausgeschüttete Dividende | |
| = | Equity-Wert der E GmbH zum 31.12.02 | 113 GE |

Der Beteiligungsbuchwert der E GmbH ist in der Summenbilanz i. H. v. 100 GE enthalten. Er ist daher um 13 GE zu erhöhen, um den Equity-Wert der E GmbH zum 31.12.02 zu erhalten. Dabei ist zu berücksichtigen, dass die bereits im Geschäftsjahr 01 erfasste Aufstockung des Equity-Wertes der E GmbH i. H. v. 5 GE gegen das „sonstige Eigenkapital" zu buchen ist. Lediglich der Teil, um den der Equity-Wert der E GmbH zum 31.12.02 im Vergleich zum 31.12.01 erfolgswirksam aufzustocken ist, erhöht den „Bilanzgewinn". Mit Buchungssatz (16) wird der Equity-Wert der E GmbH fortgeschrieben:

| Beteiligungen | 13 GE | an | Sonstiges Eigenkapital | 5 GE |
|---|---|---|---|---|
| | | | Bilanzgewinn | 8 GE |

Die erfolgswirksame Aufstockung des Equity-Wertes der E GmbH i. H. v. 8 GE ist zudem in der Konzern-GuV abzubilden. Die Veränderung wird durch den Buchungssatz (16a) berücksichtigt:

| Jahresergebnis | 8 GE | an | Erträge aus Beteiligungen an assoziierten Unternehmen | 8 GE |
|---|---|---|---|---|

Die folgende Übersicht 58-16 zeigt die Konzernbilanz der A AG zum 31.12.02:

| Zeitpunkt<br>31.12.02<br>(Alle Zahlenangaben in GE) | SB | Konsolidierungsspalte | | KB |
|---|---|---|---|---|
| | | Soll | Haben | |
| **Aktiva** | | | | |
| Geschäfts- oder Firmenwert | | 80[2]<br>20[5]<br>15[7] | 23[13] | 92 |
| Immaterielle Vermögens-gegenstände | 695 | | 20[11] | 675 |
| Sachanlagevermögen | 1.970 | | 1[12] | 1.969 |
| Anteile an verbundenen Unternehmen | 500 | | 350[1]<br>150[4] | |
| Beteiligungen | 180 | 13[16] | 80[6] | 113 |
| Vorräte | 2.305 | | 20[15] | 2.285 |
| Forderungen | 200 | | 200[14] | |
| Kasse | 1.360 | | | 1.360 |
| Verbleib. Unterschiedsbetrag | | 80[1]<br>20[4]<br>15[6] | 80[2]<br>20[5]<br>15[7] | |
| Summe Aktiva | 7.210 | | | 6.494 |
| **Passiva** | | | | |
| Eigenkapital | | | | |
| ■ Sonstiges Eigenkapital | 2.735 | 270[1]<br>270[3]<br>130[4]<br>65[6] | 5[16] | 2.005 |
| ■ Bilanzgewinn | 865 | 225[10]<br>10[11]<br>1[12]<br>23[13]<br>20[15] | 8[16] | 594 |
| ■ Nicht beherrschende Anteile | | 10[11] | 270[3]<br>225[10] | 485 |
| Finanzverbindlichkeiten | 1.200 | 200[14] | | 1.000 |
| Sonstige Passiva | 2.410 | | | 2.410 |
| Summe Passiva | 7.210 | 1.467 | 1.467 | 6.494 |

**Übersicht 58-16:** Konzernbilanz der A AG zum 31.12.02

Für die Konzern-GuV der A AG im Geschäftsjahr 02 wird in einem ersten Schritt durch die Addition der einzelnen Gewinn- und Verlustrechnungen der in den Konzernabschluss einbezogenen Unternehmen die Summen-GuV ermittelt. Da die dem Konzernmutterunternehmen hierarchisch nachgeordneten Konzernunternehmen im vorliegenden Sachverhalt erstmalig über das gesamte Geschäftsjahr zum Konzern gehörten, sind ihre Gewinn- und Verlustrechnungen neben der Gewinn- und Verlustrechnung der A AG nach Anpassung an die allgemeinen Bilanzierungsgrundsätze (GuV II) zu berücksichtigen. Hierbei sind die Werte der D GmbH wiederum nur anteilig zu übernehmen. Die Summen-GuV stellt sich zum 31.12.02 wie folgt dar:

| Zeitpunkt 31.12.02 (Alle Zahlenangaben in GE) | A AG | B GmbH | C GmbH | D GmbH | Summen-GuV |
|---|---|---|---|---|---|
| | GuV II | GuV II | GuV II | GuV II 50 % | |
| **Erträge** | | | | | |
| Umsatzerlöse | 4.040 | 1.085 | 600 | 525 | 6.250 |
| Sonstige betriebliche Erträge | 400 | 400 | 55 | 225 | 1.080 |
| Zinsen und ähnliche Erträge | 10 | | | | 10 |
| **Aufwendungen** | | | | | |
| Materialaufwand für Roh-, Hilfs- und Betriebsstoffe | 2.200 | 550 | 400 | 375 | 3.525 |
| Sonstiger Materialaufwand | 500 | 180 | 50 | 105 | 835 |
| Personalaufwand | 800 | 200 | 10 | 175 | 1.185 |
| Abschreibungen | 250 | 35 | 10 | 10 | 305 |
| Sonstige betriebliche Aufwendungen | 350 | 65 | 10 | 40 | 465 |
| Zinsen und ähnliche Aufwendungen | 150 | 5 | 5 | | 160 |
| **Jahresergebnis** | 200 | 450 | 170 | 45 | 865 |

**Übersicht 58-17:** Summen-GuV des Konzerns der A AG zum 31.12.02

In einem zweiten Schritt sind die Konsolidierungsbuchungen vorzunehmen, um die Konzern-GuV der A AG zu ermitteln. Dieser Schritt wird in der nachstehenden Übersicht 58-18 gezeigt:

| Zeitpunkt 31.12.02 (Alle Zahlenangaben in GE) | Summen-GuV | Konsolidierungsspalte | | Konzern-GuV |
|---|---|---|---|---|
| | | Soll | Haben | |
| **Ertrag** | | | | |
| Umsatzerlöse | 6.250 | 100[15a] | | 6.150 |
| Bestandserhöhung | | | 80[15a] | 80 |
| Sonstige betriebliche Erträge | 1.080 | | | 1.080 |
| Erträge aus Beteiligungen an assoziierten Unternehmen | | | 8[16a] | 8 |
| Zinsen und ähnliche Erträge | 10 | 10[14a] | | |
| **Aufwand** | | | | |
| Materialaufwand für Roh-, Hilfs- und Betriebsstoffe | 3.525 | | | 3.525 |
| Sonstiger Materialaufwand | 835 | | | 835 |
| Personalaufwand | 1.185 | | | 1.185 |
| Abschreibungen | 305 | 20[11a]<br>1[12a]<br>23[13a] | | 349 |
| Sonstige betriebliche Aufwendungen | 465 | | | 465 |
| Zinsen und ähnliche Aufwendungen | 160 | | 10[14a] | 150 |
| **Jahresergebnis** | 865 | 8[16a] | 20[11a]<br>1[12a]<br>23[13a]<br>20[15a] | 809 |
| (davon auf nicht beherrschende Anteile entfallendes Ergebnis) | | (225[10]) | (10[11a]) | (215) |
| Zuführung zum Ausgleichsposten „Nicht beherrschende Anteile" | | | | 215 |
| **Bilanzgewinn** | | | | 594 |

**Übersicht 58-18:** Konzern-GuV der A AG zum 31.12.02

# Übung 59: Der handelsrechtliche Konzernabschluss der Koka-Cooler AG

## Sachverhalt – Aufstellungspflicht und Konsolidierungskreis

Die Koka-Cooler AG ist ein nicht kapitalmarktorientiertes Unternehmen der Lebensmittelbranche. Das breit diversifizierte Unternehmen hat sich zum 31.12.01 an verschiedensten Gesellschaften mit entsprechenden Anteilen und Stimmrechten beteiligt:

- **KC-Tec GmbH** (mit Sitz in Deutschland) zu 100 %,
- **Müllers Bester AG** (mit Sitz in Deutschland) zu 80 %,
- **KC Constructions GmbH** (mit Sitz in Deutschland) zu 10 %,
- **Longdrink GmbH** (mit Sitz in Deutschland) zu 50 %.

Des Weiteren bestimmt die Leitung der Koka-Cooler AG aus einer alten Gewohnheit heraus die Geschäftspolitik und sonstige grundsätzliche Fragen der Geschäftsführung der **Koka-Fun GmbH**. Dieses resultiert daraus, dass die Koka-Fun GmbH ein ehemaliges 100 %iges Tochterunternehmen der Koka-Cooler AG ist, bei dem aufgrund einer kartellrechtlichen Auflage die Beteiligung auf unter 50 % reduziert werden musste. Hierzu wurden 60 % der Anteile an vier Investoren veräußert. Zudem sind folgende Sachverhalte zu berücksichtigen:

- Die KC-Tec GmbH besitzt wiederum an zwei verschiedenen Unternehmen jeweils 80 % der Anteile. Bei der **KC-Tec-Venez** hat die KC-Tec GmbH jedoch Jahr für Jahr erhebliche Probleme, die in Deutschland von der Geschäftsführung beschlossene Geschäftspolitik ohne massive Veränderungen durch staatliche Interventionen umsetzen zu können. Von den Anteilen an der **KC-Tec-Oase** erhofft sich die KC-Tec GmbH hingegen eine enorme Wertsteigerung. Die Anteile wurden daher mit dem Zweck der Weiterveräußerung erworben.
- Die kapitalmarktorientierte Müllers Bester AG hält an den Unternehmen **Müllers Becher** und **Müllers Bottle** jeweils 75 % der Anteile. Des Weiteren ist die Müllers Bester AG zu 45 % an der KC Constructions GmbH beteiligt.
- Die KC Constructions GmbH ist an der **Little Construction** zu 70 % beteiligt. Sieben Monate vor dem Konzernabschlussstichtag des KC Constructions-Konzerns haben 19 % der nicht beherrschenden Gesellschafter die Aufstellung eines Konzernabschlusses und eines Konzernlageberichts beantragt.
- Die Longdrink GmbH wurde gemeinsam mit einem Unternehmen aus Österreich gegründet. Das österreichische Unternehmen bringt in die Longdrink GmbH Kenntnisse auf dem Gebiet der Energydrinks ein, die durch die Kenntnisse der Koka-Cooler AG auf dem Gebiet der Alkoholmischgetränke ergänzt werden. Die Gesellschaft wurde gegründet, um langfristig gemeinsam Longdrinks auf dem österreichischen und deutschen Markt zu verkaufen. Beide beteiligten Gesellschaften halten einen Anteil i. H. v. 50 % inklusive entsprechender Stimmrechte.

## Aufgaben

(a) Zeichnen Sie das Konzernorganigramm des Koka-Cooler AG-Konzerns. Welche Unternehmen müssen nach den Vorschriften des HGB einen Konzern- oder Teilkonzernabschluss aufstellen bzw. warum müssen sie es ggf. nicht? Welche Unternehmen sind jeweils in die Abschlüsse einzubeziehen? Begründen Sie Ihre Antworten.

(b) Beschreiben Sie, wie die Unternehmen KC-Tec GmbH, Müllers Bester AG, Koka-Fun GmbH und die Longdrink GmbH nach der Stufenkonzeption des HGB in den Konzernabschluss der Koka-Cooler AG einzubeziehen sind. Besteht hierbei für die Koka-Cooler AG ein Wahlrecht, so soll dies stets i. S. einer möglichst hohen Einordnung in die Stufenkonzeption des HGB ausgeübt werden.

## Lösungen

### Lösung zu Teilaufgabe (a)

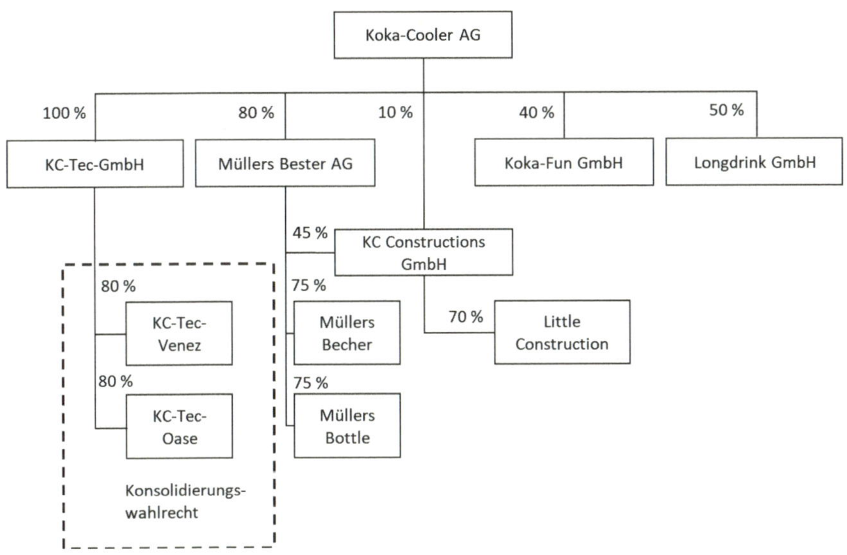


**Übersicht 59-1:** Konzernorganigramm des Koka-Cooler AG-Konzerns

Die Koka-Cooler AG muss gemäß § 290 HGB einen Konzernabschluss aufstellen, wenn sie einen beherrschenden Einfluss auf mindestens ein anderes Unternehmen ausüben kann. Gemäß § 294 HGB sind dann in den Konzernabschluss alle Tochterunternehmen einzubeziehen, sofern nicht die Einbeziehung nach § 296 HGB unterbleiben darf.

Die Tochterunternehmen der Koka-Cooler AG müssen ebenfalls nach den Vorschriften des § 290 HGB einen Teilkonzernabschluss aufstellen, sofern der Konzernabschluss der Koka-Cooler AG keine befreiende Wirkung nach § 291 oder § 292 HGB hat bzw. die größenabhängigen Befreiungsvorschriften nach § 293 HGB nicht wirken. Gemäß § 294 HGB sind in den Teilkonzernabschluss alle Tochterunternehmen einzubeziehen, sofern ihre Einbeziehung nicht nach § 296 HGB unterbleiben darf.

**KC-Tec-Teilkonzern:**

Die zwei Tochterunternehmen KC-Tec-Venez und KC-Tec-Oase sind grundsätzlich in den Teilkonzernabschluss einzubeziehen, da der KC-Tec GmbH mit jeweils 80 % die Mehrheit der Stimmrechte zusteht (§ 290 Abs. 2 Nr. 1 HGB). Nach § 290 Abs. 5 HGB ist ein Mutterunternehmen jedoch von der Pflicht einen Konzernabschluss aufzustellen befreit, wenn es nur Tochterunternehmen hat, die gemäß § 296 HGB nicht in den Konzernabschluss einbezogen zu werden brauchen.

- Die **KC-Tec-Venez** braucht nicht in den Konzernabschluss einbezogen zu werden, da die KC-Tec GmbH erheblich und andauernd in der Ausübung ihrer Rechte in Bezug auf die Geschäftsführung beeinträchtigt ist (§ 296 Abs. 1 Nr. 1 HGB).
- Die **KC-Tec-Oase** braucht ebenfalls nicht in den Teilkonzernabschluss einbezogen zu werden, da ihre Anteile ausschließlich zum Zwecke der Weiterveräußerung gehalten werden (§ 296 Abs. 1 Nr. 3 HGB).

Die KC-Tec GmbH hat also zwei Tochterunternehmen, für die ein Einbeziehungswahlrecht in den Teilkonzernabschluss besteht. Somit ist die KC-Tec GmbH gemäß § 290 Abs. 5 HGB von der Pflicht zur Aufstellung eines Teilkonzernabschlusses befreit. Sie hat jedoch das Wahlrecht, einen Teilkonzernabschluss aufzustellen.

**Müllers Bester-Teilkonzern:**

Die Unternehmen **Müllers Becher** und **Müller Bottle** sind hingegen verpflichtend in den Teilkonzernabschluss der Müllers Bester AG einzubeziehen, da ihr mit jeweils 75 % die Mehrheit der Stimmrechte zusteht (§ 290 Abs. 2 Nr. 1 HGB). Nach § 291 Abs. 1 und 2 HGB hätte der Konzernabschluss der Koka-Cooler AG befreiende Wirkung, sofern nicht die Ausnahme der Befreiung durch einen Tatbestand i. S. d. Abs. 3 verwehrt wird. Die Müllers Bester AG ist kapitalmarktorientiert und erfüllt somit den Tatbestand des § 291 Abs. 3 Nr. 1 HGB.

Die Müllers Bester AG ist damit zur Aufstellung eines Teilkonzernabschlusses verpflichtet.

**KC Constructions-Teilkonzern:**

Die KC Constructions GmbH hält an der Little Construction mit 70 % die Mehrheit der Stimmrechte und könnte somit zur Aufstellung eines Konzernabschlusses nach § 290 Abs. 2 Nr. 1 HGB verpflichtet sein. Zu beachten sind hierbei § 291 Abs. 1 und 2 HGB, durch die der Konzernabschluss der Koka-Cooler AG eine befreiende Wirkung hat. Bei der KC Constructions GmbH haben 19 % der Gesellschafter sieben Monate vor dem Konzernabschlussstichtag die Aufstellung beantragt. Die Befreiung von der Teilkonzernaufstellungspflicht kann nach § 291 Abs. 3 Nr. 2 HGB nicht in Anspruch genommen werden, wenn mindestens 20 % der GmbH-Gesellschafter spätestens sechs Monate vor Ablauf des Geschäftsjahres die Aufstellung beantragen. Dies ist hier nicht der Fall, so dass die KC Constructions GmbH nicht zur Aufstellung eines Teilkonzernabschlusses verpflichtet ist, sondern ein Aufstellungswahlrecht hat.

**Koka-Cooler-Konzern:**

Die Pflicht der Koka-Cooler AG einen Konzernabschluss aufzustellen ergibt sich wie folgt:

- Die **KC-Tec GmbH** ist als Tochterunternehmen in den Konzernabschluss einzubeziehen, da der Koka-Cooler AG mit 100 % die Mehrheit der Stimmrechte zusteht (§ 290 Abs. 2 Nr. 1 HGB). Für ihre zwei Töchter (KC-Tec-Venez und KC-Tec-Oase) besteht jeweils ein Einbeziehungswahlrecht nach § 296 Abs. 1 Nr. 1 bzw. Nr. 3 HGB.
- Die **Müllers Bester AG** ist als Tochterunternehmen in den Konzernabschluss einzubeziehen, da der Koka-Cooler AG mit 80 % die Mehrheit der Stimmrechte zusteht (§ 290 Abs. 2 Nr. 1 HGB). Gleiches gilt für ihre zwei Tochterunternehmen Müllers Becher und Müllers Bottle.

- Die **KC Constructions GmbH** ist in den Konzernabschluss einzubeziehen, da der Koka-Cooler AG mit 55 % (10 % unmittelbar und 45 % mittelbar über die Müllers Bester AG) die Mehrheit der Stimmrechte zusteht. Auch die Little Construction ist als Tochterunternehmen im Konzernabschluss der Koka-Cooler AG zu berücksichtigen.
- Die **Longdrink GmbH** ist kein Tochterunternehmen, da die Koka-Cooler AG keinen beherrschenden Einfluss gemäß § 290 Abs. 2 HGB auf die Longdrink GmbH ausüben kann. Es besteht ein Wahlrecht zur quotalen Konsolidierung gemäß § 310 Abs. 1 HGB. Dieses kann jedoch nur ausgeübt werden, wenn das den Konzernabschluss aufstellende Gesellschafterunternehmen gleichzeitig Mutterunternehmen i. S. d. § 290 Abs. 1 bzw. Abs. 2 HGB in Bezug auf mindestens ein anderes einzubeziehendes Unternehmen ist. Sollte das Gesellschafterunternehmen ausschließlich Unternehmen gemeinsam mit fremden Unternehmen führen, indes kein Tochterunternehmen haben, folgt keine Pflicht zur Aufstellung eines Konzernabschlusses. Hier existieren jedoch weitere Tochtergesellschaften, so dass ein Wahlrecht zur quotalen Konsolidierung der Longdrink GmbH besteht.
- Die **Koka-Fun GmbH** ist nicht als Tochterunternehmen in den Konzernabschluss einzubeziehen, da die Koka-Cooler AG keinen beherrschenden Einfluss gemäß § 290 Abs. 2 HGB auf die Koka-Fun GmbH ausüben kann. Aufgrund der Beteiligung i. H. v. 40 % fließt die Koka-Fun GmbH jedoch noch als assoziiertes Unternehmen i. S. d. §§ 311 und 312 HGB in den Konzernabschluss ein.

## Lösung zu Teilaufgabe (b)

**KC-Tec GmbH:**

Die **KC-Tec GmbH** ist als Tochterunternehmen in den Konzernabschluss einzubeziehen, da der Koka-Cooler AG mit 100 % die Mehrheit der Stimmrechte zusteht (§ 290 Abs. 2 Nr. 1 HGB). Eine Einbeziehung in den Konzernabschluss im Rahmen der Vollkonsolidierung kann auch gemäß § 296 Abs. 1 Satz 1 HGB nicht unterbleiben, da die Beschränkung der Ausübung der Geschäftsführung lediglich das Tochterunternehmen der KC-Tec GmbH betrifft.

**Müllers Bester AG:**

Die **Müllers Bester AG** ist als Tochterunternehmen in den Konzernabschluss einzubeziehen, da der Koka-Cooler AG mit 80 % die Mehrheit der Stimmrechte zusteht (§ 290 Abs. 2 Nr. 1 HGB). Eine Einbeziehung in den Konzernabschluss im Rahmen der Vollkonsolidierung kann auch gemäß § 296 HGB nicht unterbleiben.

**Koka-Fun GmbH:**

Die Koka-Cooler AG verfügt nicht über die Mehrheit der Stimmrechte und kann auch sonst keinen beherrschenden Einfluss auf die **Koka-Fun GmbH** ausüben. Daher liegt kein Tochterunternehmen i. S. d. § 290 HGB vor. Auch die Voraussetzungen für ein Gemeinschaftsunternehmen nach § 310 HGB sind nicht erfüllt. Bei der Beteiligung an der Koka-Fun GmbH handelt es sich indes um ein typisches assoziiertes Unternehmen, da die folgenden Kriterien erfüllt sind:

- Es liegt eine Beteiligung i. S. d. § 271 Abs. 1 HGB vor und
- die Koka-Cooler AG kann einen maßgeblichen Einfluss auf die Geschäfts- und Finanzpolitik der Koka-Fun GmbH ausüben. Ein maßgeblicher Einfluss wird nach § 311 Abs. 1 Satz 2 HGB widerlegbar vermutet, wenn ein Unternehmen bei einem anderen Unternehmen eine Beteiligung von mindestens 20 % der Stimmrechte hält (positive Assoziierungsvermutung) (DRS 26.15). Der

Koka-Cooler AG steht es zudem frei, ob sie eine positive Assoziierungsvermutung widerlegt oder nicht (DRS 26.16). Im vorliegenden Fall wird die Koka-Cooler AG den maßgeblichen Einfluss allerdings nicht widerlegen können, da sie aus einer alten Gewohnheit heraus die Geschäftspolitik und sonstige grundsätzliche Fragen der Geschäftsführung bestimmt.

Ein typisches assoziiertes Unternehmen ist gemäß §§ 311 und 312 HGB entsprechend der Equity-Methode in den Konzernabschluss einzubeziehen.

**Longdrink GmbH:**

Das Joint Venture mit dem Unternehmen aus Österreich ist ein Gemeinschaftsunternehmen i. S. d. § 310 HGB, da die folgenden Kriterien erfüllt sind:

- Das Joint Venture hat die Eigenschaft eines Unternehmens (DRS 27.8),
- die Gesellschaftsunternehmen sind voneinander wirtschaftlich unabhängig (DRS 27.22) und
- eine gemeinsame Führung wird tatsächlich ausgeübt (DRS 27.10).

Aus diesem Grund darf die **Longdrink GmbH** in Form der Quotenkonsolidierung oder alternativ entsprechend der Equity-Methode (§ 311 HGB) in den Konzernabschluss der Koka-Cooler AG einbezogen werden. Aufgrund der Vorgabe der höheren Stufe innerhalb der Stufenkonzeption ist die Longdrink GmbH mittels der Quotenkonsolidierung zu berücksichtigen.

## Sachverhalt – Kapitalkonsolidierung

Die Koka-Cooler AG hat in den letzten Jahren im Bereich der Limonaden erhebliche Marktanteile an einen neuen Wettbewerber verloren. Bei dem neuen Wettbewerber handelt es sich um die Biolade GmbH, eine ehemalige Brauerei, die nun Bio-Limonaden produziert und diese auf dem Markt der Koka-Cooler AG verkauft. Die Biolade GmbH hat ihre besondere Herstellungstechnik über einen langen Zeitraum entwickelt und erst vor einem Jahr die Marktreife des Produktes erreicht. Die Biolade GmbH ist vollständig im Besitz einer Familie aus Norddeutschland, die über den Verkauf der GmbH nachdenkt. Die Familie hat bisher noch nicht entschieden, ob die GmbH vollständig verkauft werden soll oder ob sie 50 % der Anteile behält. Trotz einer vor kurzem erfolgten Erhöhung der Anteile an der Müllers Bester AG auf 100 % ist die Koka-Cooler AG auch einer der Interessenten für den Erwerb der Biolade GmbH. Der Vorstand der Koka-Cooler AG überlegt nun, welche Auswirkungen ein Erwerb am 31.12.01 auf die geplante Konzernbilanz der Geschäftsjahre 01 und 02 hätte.

Ohne den Erwerb der Biolade GmbH würde die erwartete Konzernbilanz der Koka-Cooler AG zum 31.12.01 wie folgt aussehen:

| 31.12.01 (Alle Zahlenangaben in GE) | | | |
|---|---|---|---|
| Immaterielle Vermögensgegenstände | 500 | Eigenkapital | 1.800 |
| Sonstiges Anlagevermögen | 2.000 | Finanzverbindlichkeiten | 1.000 |
| Kasse | 300 | Sonstiges Fremdkapital | 2.500 |
| Sonstiges Umlaufvermögen | 2.500 | | |
| Summe Aktiva | 5.300 | Summe Passiva | 5.300 |

**Übersicht 59-2:** Erwartete Konzernbilanz der Koka-Cooler AG zum 31.12.01

Am 01.04.02 soll bei der vollkonsolidierten Müllers Bester AG eine Forderung aus Lieferung und Leistung gegenüber der Biolade GmbH i. H. v. 66 GE hinzukommen. Inklusive dieses Geschäftsvorfalls soll die Bilanz zu diesem Zeitpunkt aufgrund von anderen Geschäftsvorfällen weiterhin der Bilanz zum 31.12.01 entsprechen. Im September 02 soll die Forderung um 20 GE reduziert werden, wodurch die Kasse der Koka-Cooler AG um 20 GE steigt.

Ansonsten werden in der geplanten Konzernbilanz der Koka-Cooler AG zum 31.12.02 kaum Änderungen gegenüber der zum 31.12.01 erwartet. Ausnahmen stellen einerseits der Gewinn i. H. v. 250 GE und die Verringerung der Finanzverbindlichkeiten um den identischen Betrag sowie andererseits die Reduktion des sonstigen Anlagevermögens um 100 GE und die Verringerung der Finanzverbindlichkeiten um 100 GE aufgrund von Veräußerungen dar.

Nachfolgend wird die erwartete Bilanz der Biolade GmbH zum 31.12.01 dargestellt:

| 31.12.01 (Alle Zahlenangaben in GE) | | | |
|---|---|---|---|
| Immaterielle Vermögensgegenstände | 50 | Eigenkapital | 250 |
| Sonstiges Anlagevermögen | 300 | Finanzverbindlichkeiten | 125 |
| Kasse | 30 | Sonstiges Fremdkapital | 225 |
| Sonstiges Umlaufvermögen | 220 | | |
| Summe Aktiva | 600 | Summe Passiva | 600 |

**Übersicht 59-3:** Erwartete Bilanz der Biolade GmbH zum 31.12.01

In der Einzelbilanz der Biolade GmbH entsprechen die dort ausgewiesenen immateriellen Vermögensgegenstände nicht den Zeitwerten. So ist der Wert der in der Einzelbilanz nicht aktivierten Marke „Biolade" Ende 01 auf 120 GE gestiegen. Des Weiteren sind selbsterstellte immaterielle Vermögensgegenstände mit einem Zeitwert von 80 GE in der Einzelbilanz nicht enthalten. Da die Rohstoffe nach dem Lifo-Verfahren bewertet werden und die Preise für diese bis zum Ende 01 stetig gestiegen sind, ist der Zeitwert der Vorräte 40 GE höher als der Buchwert. In der geplanten Einzelbilanz existieren bei den Rückstellungen stille Reserven i. H. v. 50 GE.

Für die Bilanz der Biolade GmbH zum 31.12.02 werden wie bei der Koka-Cooler AG kaum Änderungen erwartet. Ausnahmen stellen der Gewinn i. H. v. 100 GE sowie die Verringerung der Finanzverbindlichkeiten in identischer Höhe dar. Des Weiteren erhöhen sich aufgrund einer Unternehmensakquisition sowohl das sonstige Anlagevermögen als auch die Finanzverbindlichkeiten um 200 GE. Es wird zudem davon ausgegangen, dass sich die Preise für die Rohstoffe verringern und dass die Buchwerte und Zeitwerte der Vorräte am 31.12.02 einen identischen Wert haben. Die Buchwerte der immateriellen Vermögensgegenstände werden identisch zu denen in 01 erwartet, da in Höhe der Abschreibungen neue immaterielle Vermögensgegenstände angeschafft werden. Im Vergleich zu der Bilanz am 31.12.01 wird erwartet, dass sich die Verbindlichkeiten aus Lieferungen und Leistungen und die Vorräte im April 02 aufgrund einer Lieferung der Müllers Bester AG um 66 GE erhöhen. Im September sollen 20 GE dieser Verbindlichkeit beglichen werden, so dass die Verbindlichkeiten aus Lieferungen und Leistungen sowie die Kasse um 20 GE sinken.

Sowohl bei der Biolade GmbH als auch bei der Koka-Cooler AG haben alle Vermögensgegenstände des Anlagevermögens eine Restlaufzeit von vier Jahren.

Die Koka-Cooler AG rechnet mit einem Kaufpreis von 700 GE für eine vollständige Übernahme der Biolade GmbH und würde bei einer Übernahme von lediglich 50 % auch nur 50 % des Kaufpreises bezahlen. Das Mutterunternehmen möchte lediglich 250 GE des Kaufpreises aus der Kasse zahlen und für den Restbetrag Finanzverbindlichkeiten aufnehmen. Diese verringern den Gewinn in 02 bei dem Kauf von 100 % der Biolade GmbH um 20 GE und bei dem Kauf von 50 % der Anteile um 6 GE.

## Aufgabe

Gehen Sie davon aus, dass die Koka-Cooler AG am 31.12.01 50 % der Anteile an der Biolade GmbH erwirbt, was annahmegemäß zu einem beherrschenden Einfluss nach § 290 HGB führt. Ermitteln Sie eine Summenbilanz für den Koka-Cooler AG-Konzern einschließlich der Biolade GmbH zum Kaufdatum 31.12.01 und zum 31.12.02. Führen Sie anschließend im Rahmen der Vollkonsolidierung die Kapitalkonsolidierung nach der Neubewertungsmethode durch. Die Einzelbilanz der Biolade GmbH entspricht den konzerneinheitlichen Bilanzierungsgrundsätzen des Koka-Cooler AG-Konzerns.

## Lösung

Durch die Finanzierung des Erwerbs von 50 % der Anteile an der Biolade GmbH würden sich in der erwarteten handelsrechtlichen Bilanz der Koka-Cooler AG einerseits die liquiden Mittel um 250 GE verringern sowie die Finanzverbindlichkeiten um den restlichen Kaufpreis von 100 GE erhöhen und andererseits die Anteile an verbundenen Unternehmen um den Kaufpreis i. H. v. 350 GE steigen.

| | | | | |
|---|---|---|---|---|
| Anteile an verbundenen Unternehmen | 350 GE | an | Kasse | 250 GE |
| | | | Finanzverbindlichkeiten | 100 GE |

Die Bilanz der Biolade GmbH würde sich durch den Erwerb zwar nicht verändern, allerdings werden bei der Kapitalkonsolidierung nach der Neubewertungsmethode zunächst die stillen Reserven und stillen Lasten aufgedeckt und erst anschließend wird das anteilige Eigenkapital des Tochterunternehmens gegen die Beteiligung des Mutterunternehmens an dem Tochterunternehmen aufgerechnet. Somit müssen zuerst die stillen Reserven und stillen Lasten in der Einzelbilanz der Biolade GmbH identifiziert werden. In der Bilanz der Biolade GmbH existieren die nachfolgend aufgeführten stillen Reserven:

- Nicht aktivierte Marke „Biolade" (120 GE),
- nicht aktivierte selbsterstellte immaterielle Vermögensgegenstände (80 GE),
- zu niedrig bewertete Rohstoffe (40 GE) und
- zu hohe Rückstellung (50 GE).

Stille Lasten existieren hingegen nicht. In der Handelsbilanz III (HB III) der Biolade GmbH werden gemäß § 301 Abs. 1 HGB die stillen Reserven und stillen Lasten als Differenz zwischen Zeit- und Buchwert aufgedeckt, so dass die HB III die Vermögensgegenstände und Schulden der Biolade GmbH zu Zeitwerten ausweist.

Unabhängig von der Beteiligungshöhe werden die stillen Reserven und stillen Lasten vollständig aufgedeckt. Für die Biolade GmbH ergibt sich durch die **vollständige Aufdeckung der stillen Reserven und stillen Lasten** folgendes neubewertetes Eigenkapital:

| | | |
|---|---|---|
| | Stille Reserven im Anlagevermögen | 200 GE |
| | Nicht aktivierte Marke „Biolade" (120 GE) | |
| | Nicht aktivierte selbsterstellte immaterielle Vermögensgegenstände (80 GE) | |
| + | Stille Reserven im Umlaufvermögen | + 40 GE |
| | Rohstoffe (40 GE) | |
| + | Stille Reserven bei den Rückstellungen | + 50 GE |
| – | Stille Lasten | |
| = | Summe der stillen Reserven und stillen Lasten | 290 GE |
| + | Bilanzielles Eigenkapital der Biolade GmbH | + 250 GE |
| = | Neubewertetes Eigenkapital der Biolade GmbH | 540 GE |

Die Aufdeckung der stillen Reserven und stillen Lasten wird in der Handelsbilanz der Biolade GmbH durch den hier gesondert gezeigten Buchungssatz (K1) berücksichtigt:

| | | | | |
|---|---|---|---|---|
| Immaterielle Vermögensgegenstände | 200 GE | | | |
| Sonstiges Umlaufvermögen | 40 GE | | | |
| Sonstiges Fremdkapital | 50 GE | an | Sonstiges Eigenkapital | 290 GE |

Übersicht 59-4 zeigt die erwartete Bilanz des Koka-Cooler AG-Konzerns unter Berücksichtigung der Biolade GmbH als Beteiligung, die erwartete Einzelbilanz der Biolade GmbH und die sich daraus ergebende Summenbilanz des Koka-Cooler AG-Konzerns zum 31.12.01:

| Zeitpunkt 31.12.01 (Alle Zahlenangaben in GE) | Koka-Cooler AG-Konzern | Biolade GmbH | | | SB | Konsolidierungs-spalte | | KB |
|---|---|---|---|---|---|---|---|---|
| | | HB II | stR/stL | HB III | | Soll | Haben | |
| **Aktiva** | | | | | | | | |
| Geschäfts- oder Firmenwert | | | | | | | | |
| Immaterielle Vermögens-gegenstände | 500 | 50 | 200[K1] | 250 | 750 | | | |
| Anteile an verbundenen Unternehmen | 350 | | | | 350 | | | |
| Sonstiges Anlagevermögen | 2.000 | 300 | | 300 | 2.300 | | | |
| Kasse | 50 | 30 | | 30 | 80 | | | |
| Sonstiges Umlaufvermögen | 2.500 | 220 | 40[K1] | 260 | 2.760 | | | |
| Verbleib. Unterschiedsbetrag | | | | | | | | |
| Summe Aktiva | 5.400 | 600 | | 840 | 6.240 | | | |
| **Passiva** | | | | | | | | |
| Eigenkapital | | | | | | | | |
| ▪ Sonstiges Eigenkapital | 1.800 | 250 | 290[K1] | 540 | 2.340 | | | |
| ▪ Gewinn | | | | | | | | |
| ▪ Nicht beherrschende Anteile | | | | | | | | |
| Finanzverbindlichkeiten | 1.100 | 125 | | 125 | 1.225 | | | |
| Sonstiges Fremdkapital | 2.500 | 225 | –50[K1] | 175 | 2.675 | | | |
| Summe Passiva | 5.400 | 600 | | 840 | 6.240 | | | |

**Übersicht 59-4:** Summenbilanz des Koka-Cooler AG-Konzerns nach Berücksichtigung der Biolade GmbH zum 31.12.01

Im Rahmen der Kapitalkonsolidierung wird die Beteiligung des Mutterunternehmens an dem Tochterunternehmen mit dem anteilig neubewerteten Eigenkapital verrechnet. Da der Kaufpreis bzw. der Beteiligungsbuchwert und das anteilige neubewertete Eigenkapital nur selten übereinstimmen, verbleibt i. d. R. ein **Unterschiedsbetrag**. Der bei der Konsolidierung der Biolade GmbH verbleibende Unterschiedsbetrag errechnet sich bei einem Anteil der Koka-Cooler AG an der Biolade GmbH von 50 % wie folgt:

| | | |
|---|---|---|
| | Buchwert der Biolade GmbH | 350 GE |
| – | Anteiliges neubewertetes Eigenkapital der Biolade GmbH (540 GE · 50 %) | – 270 GE |
| = | Verbleib. Unterschiedsbetrag | 80 GE |

Die Beteiligung der Koka-Cooler AG in Höhe des Kaufpreises von 350 GE an der Biolade GmbH wird mit dem anteilig neubewerteten Eigenkapital i. H. v. 270 GE und dem verbleibenden Unterschiedsbetrag von 80 GE verrechnet. Der Buchungssatz (K2) für diese Konsolidierung lautet:

| | | | | |
|---|---|---|---|---|
| Verbleib. Unterschiedsbetrag | 80 GE | | | |
| Sonstiges Eigenkapital | 270 GE | an | Anteile an verbundenen Unternehmen | 350 GE |

Der nach Aufdeckung aller stillen Reserven und stillen Lasten verbleibende Unterschiedsbetrag kann sowohl positiv als auch negativ sein. Ein positiver Unterschiedsbetrag ist als Geschäfts- oder Firmenwert (GoF) auf der Aktivseite der Konzernbilanz auszuweisen; eine negative Restdifferenz ist dagegen als „Unterschiedsbetrag aus der Kapitalkonsolidierung" zu passivieren (§ 301 Abs. 3 Satz 1 HGB). Im vorliegenden Fall handelt es sich um einen positiven Unterschiedsbetrag, der als Geschäfts- oder Firmenwert zu behandeln ist. Der Unterschiedsbetrag ist somit mit folgendem Konsolidierungsbuchungssatz (K3) umzubuchen:

| | | | | |
|---|---|---|---|---|
| Geschäfts- oder Firmenwert | 80 GE | an | Verbleib. Unterschiedsbetrag | 80 GE |

Des Weiteren hat die Koka-Cooler AG lediglich 50 % der Anteile an der Biolade GmbH erworben. Im Rahmen der Vollkonsolidierung werden jedoch sämtliche neubewertete Vermögensgegenstände und Schulden in die Konzernbilanz aufgenommen. Aus diesem Grund ist für die Anteile am Eigenkapital der Biolade GmbH, die nicht im Besitz des Koka-Cooler AG-Konzerns sind, ein Ausgleichsposten für „Nicht beherrschende Anteile" zu bilden. Der Posten **„Nicht beherrschende Anteile"** ist gemäß § 307 Abs. 1 HGB in der Konzernbilanz innerhalb des **Eigenkapitals gesondert auszuweisen** und ergibt sich aus dem Produkt der Beteiligungsquote der nicht beherrschenden Gesellschafter und dem neubewerteten Eigenkapital. In dem hier vorliegenden Sachverhalt errechnen sich die „Nicht beherrschenden Anteile" wie folgt:

| | | |
|---|---|---|
| Nicht beherrschende Anteile | = | Beteiligungsquote der nicht beherrschenden Gesellschafter<br>· neubewertetes Eigenkapital der Biolade GmbH |
| | = | 50 % · 540 GE |
| | = | 270 GE |

Mit der nachfolgenden Buchung (K4) werden die nicht beherrschenden Anteile ausgewiesen:

| | | | | |
|---|---|---|---|---|
| Sonstiges Eigenkapital | 270 GE | an | Nicht beherrschende Anteile | 270 GE |

Die nachfolgende Übersicht zeigt die Erstkonsolidierung nach der Neubewertungsmethode bei einer Beteiligung der Koka-Cooler AG von 50 % an der Biolade GmbH:

| Zeitpunkt 31.12.01 (Alle Zahlenangaben in GE) | Koka-Cooler AG-Konzern | Biolade GmbH | | | SB | Konsolidierungs-spalte | | KB |
|---|---|---|---|---|---|---|---|---|
| | | HB II | stR/stL | HB III | | Soll | Haben | |
| **Aktiva** | | | | | | | | |
| Geschäfts- oder Firmenwert | | | | | | 80[K3] | | 80 |
| Immaterielle Vermögensgegenstände | 500 | 50 | 200[K1] | 250 | 750 | | | 750 |
| Anteile an verbundenen Unternehmen | 350 | | | | 350 | | 350[K2] | |
| Sonstiges Anlagevermögen | 2.000 | 300 | | 300 | 2.300 | | | 2.300 |
| Kasse | 50 | 30 | | 30 | 80 | | | 80 |
| Sonstiges Umlaufvermögen | 2.500 | 220 | 40[K1] | 260 | 2.760 | | | 2.760 |
| Verbleib. Unterschiedsbetrag | | | | | | | | |
| Summe Aktiva | 5.400 | 600 | | 840 | 6.240 | | | 5.970 |
| **Passiva** | | | | | | | | |
| Eigenkapital | | | | | | | | |
| ■ Sonstiges Eigenkapital | 1.800 | 250 | 290[K1] | 540 | 2.340 | 270[K2] 270[K4] | | 1.800 |
| ■ Gewinn | | | | | | | | |
| ■ Nicht beherrschende Anteile | | | | | | | 270[K4] | 270 |
| Finanzverbindlichkeiten | 1.100 | 125 | | 125 | 1.225 | | | 1.225 |
| Sonstiges Fremdkapital | 2.500 | 225 | –50[K1] | 175 | 2.675 | | | 2.675 |
| Summe Passiva | 5.400 | 600 | | 840 | 6.240 | 700 | 700 | 5.970 |

**Übersicht 59-5:** Erstkonsolidierung der Biolade GmbH nach der Neubewertungsmethode bei einer Beteiligungsquote von 50 %

Im Geschäftsjahr 02 verändert sich die erwartete Bilanz des Koka-Cooler AG-Konzerns (vor der Konsolidierung der Biolade GmbH) gegenüber dem Geschäftsjahr 01 wie folgt:

- Das Eigenkapital steigt um den Gewinn i. H. v. 244 GE (Gewinn vor Kauf der Biolade GmbH von 250 GE abzüglich 6 GE Finanzierungskosten) und die Finanzverbindlichkeiten verringern sich um den identischen Betrag.
- Aufgrund der Reduktion der Forderung der Müllers Bester AG gegenüber der Biolade GmbH verringert sich das sonstige Umlaufvermögen um 20 GE, und die Kasse erhöht sich um den identischen Betrag.
- Das sonstige Anlagevermögen und die Finanzverbindlichkeiten verringern sich jeweils um 100 GE.

Die HB II der Biolade GmbH verändert sich im Geschäftsjahr 02 gegenüber Geschäftsjahr 01 wie folgt:

- Das Eigenkapital steigt um den Gewinn i. H. v. 100 GE und die Verbindlichkeiten verringern sich um den identischen Betrag.
- Das sonstige Anlagevermögen und die Finanzverbindlichkeiten erhöhen sich jeweils um 200 GE.
- Die hinzugekommene Verbindlichkeit gegenüber der Müllers Bester AG führt zu einer Erhöhung der Verbindlichkeiten aus Lieferungen und Leistungen (sonstiges Fremdkapital) um 46 GE, der Vorräte um 66 GE sowie einer Verringerung der Kasse aufgrund der Teilrückzahlung der Verbindlichkeit im September 02 um 20 GE.

Die stillen Reserven der Biolade GmbH werden - unabhängig von einer Veränderung - auch in der Folgekonsolidierung in Höhe des Wertes der Erstkonsolidierung in der HB III berücksichtigt. Die nachfolgende Übersicht zeigt die Bilanzen vor der Konsolidierung:

| Zeitpunkt 31.12.02 (Alle Zahlenangaben in GE) | Koka-Cooler AG-Konzern | Biolade GmbH | | | SB | Konsolidierungsspalte | | KB |
|---|---|---|---|---|---|---|---|---|
| | | HB II | stR/stL | HB III | | Soll | Haben | |
| **Aktiva** | | | | | | | | |
| Geschäfts- oder Firmenwert | | | | | | | | |
| Immaterielle Vermögensgegenstände | 500 | 50 | 200[K1] | 250 | 750 | | | |
| Anteile an verbundenen Unternehmen | 350 | | | | 350 | | | |
| Sonstiges Anlagevermögen | 1.900 | 500 | | 500 | 2.400 | | | |
| Kasse | 70 | 10 | | 10 | 80 | | | |
| Sonstiges Umlaufvermögen | 2.480 | 286 | 40[K1] | 326 | 2.806 | | | |
| Verbleib. Unterschiedsbetrag | | | | | | | | |
| Summe Aktiva | 5.300 | 846 | | 1.086 | 6.386 | | | |
| **Passiva** | | | | | | | | |
| Eigenkapital | | | | | | | | |
| ■ Sonstiges Eigenkapital | 1.800 | 250 | 290[K1] | 540 | 2.340 | | | |
| ■ Gewinn | 244 | 100 | | 100 | 344 | | | |
| ■ Nicht beherrschende Anteile | | | | | | | | |
| Finanzverbindlichkeiten | 756 | 225 | | 225 | 981 | | | |
| Sonstiges Fremdkapital | 2.500 | 271 | –50[K1] | 221 | 2.721 | | | |
| Summe Passiva | 5.300 | 846 | | 1.086 | 6.386 | | | |

**Übersicht 59-6:** Summenbilanz des Koka-Cooler AG-Konzerns nach Berücksichtigung der Biolade GmbH zum 31.12.02

Die Verrechnung von Beteiligungsbuchwert und anteiligem Eigenkapital an der Biolade GmbH wird in dem Folgejahr auf der Datenbasis des ersten Jahres der Zugehörigkeit der Biolade GmbH zum Konsolidierungskreis lediglich wiederholt. Somit werden die entsprechenden Konsolidierungsbuchungen (K2) bis (K4) mit dem zum Zeitpunkt der Erstkonsolidierung ermittelten anteiligen neubewerteten Eigenkapital, Beteiligungsbuchwert und Unterschiedsbetrag wiederholt, unabhängig von einer Veränderung der stillen Reserven und stillen Lasten. Veränderungen hätten sich nur bei Änderungen des gezeichneten Kapitals des Tochterunternehmens bzw. der Beteiligungshöhe ergeben, was hier nicht der Fall ist.

(K2):

| | | | | |
|---|---|---|---|---|
| Verbleib. Unterschiedsbetrag | 80 GE | | | |
| Sonstiges Eigenkapital | 270 GE | an | Anteile an verbundenen Unternehmen | 350 GE |

(K3):

| | | | | |
|---|---|---|---|---|
| Geschäfts- oder Firmenwert | 80 GE | an | Verbleib. Unterschiedsbetrag | 80 GE |

Bei dem Ausweis der „Nicht beherrschenden Anteile“ muss gegenüber der Erstkonsolidierung berücksichtigt werden, dass den konzernaußenstehenden Gesellschaftern nicht nur - entsprechend ihrer Anteile an der Biolade GmbH - 50 % des neubewerteten Eigenkapitals der Biolade GmbH (270 GE = 540 GE · 50 %), sondern auch 50 % des bei der Biolade GmbH entstandenen Gewinns i. H. v. 100 GE zuzurechnen sind. Dies wird neben dem Buchungssatz (K4) mit dem Buchungssatz (K5) erreicht.

(K4):

| | | | | |
|---|---|---|---|---|
| Sonstiges Eigenkapital | 270 GE | an | Nicht beherrschende Anteile | 270 GE |

(K5):

| | | | | |
|---|---|---|---|---|
| Gewinn | 50 GE | an | Nicht beherrschende Anteile | 50 GE |

Die bei der Erstkonsolidierung durch die Aufdeckung von stillen Reserven und stillen Lasten ermittelten Werte der Vermögensgegenstände und Schulden und ein verbleibender Unterschiedsbetrag sind in den Folgejahren fortzuführen. Für die Wertansätze der Vermögensgegenstände und Schulden im Konzernabschluss ergeben sich dabei die gleichen Wertentwicklungen wie in den HB II der Biolade GmbH. Hieraus entstehen folgende erfolgswirksame Wertänderungen, die sich über das Konzernergebnis im Konzerneigenkapital niederschlagen und entsprechend zu korrigieren sind:

- Die **stillen Reserven im Anlagevermögen** in Form der nicht aktivierten Marke „Biolade“ und der selbsterstellten immateriellen Vermögensgegenstände werden planmäßig über die Nutzungsdauer der zugehörigen Vermögensgegenstände abgeschrieben (vier Jahre). Somit beträgt die Abschreibung 50 GE / Jahr (= 200 GE / 4 Jahre). Die Abschreibungen werden entsprechend der Beteiligungsquote auf die beherrschenden Gesellschafter und auf die nicht beherrschenden Gesellschafter verteilt, also jeweils 25 GE (= 50 GE · 50 %).
- Die **stillen Reserven im Umlaufvermögen** werden nicht planmäßig abgeschrieben. Allerdings sind zum 31.12.02 die Buch- und Zeitwerte der Rohstoffe identisch, so dass die stillen Reserven im Umlaufvermögen i. H. v. 40 GE vollständig außerplanmäßig abzuschreiben sind. Die Abschreibungen werden entsprechend der Beteiligungsquote auf die beherrschenden Gesellschafter und auf die nicht beherrschenden Gesellschafter verteilt, also jeweils 20 GE (= 40 GE · 50 %).

- Der **Geschäfts- oder Firmenwert** wird gemäß Aufgabenstellung planmäßig über vier Jahre abgeschrieben. Somit ergeben sich planmäßige Abschreibungen von 20 GE / Jahr (= 80 GE / 4 Jahre). Diese Abschreibungen werden vollständig dem Mehrheitsgesellschafter - also der Koka-Cooler AG - zugerechnet, da es sich hierbei lediglich um den durch die Koka-Cooler AG erworbenen Geschäfts- oder Firmenwert handelt.
- Die **Rückstellung** ist auch im Folgejahr noch zu hoch bemessen, so dass hieraus keine Wertänderung resultiert.

Mit folgendem Buchungssatz (K6) wird der Gewinn korrigiert:

| | | | | |
|---|---|---|---|---|
| Gewinn | 65 GE | an | Geschäfts- oder Firmenwert | 20 GE |
| | | | Immaterielle Vermögensgegenstände | 25 GE |
| | | | Sonstiges Umlaufvermögen | 20 GE |

Die den nicht beherrschenden Gesellschaftern der Biolade GmbH zuzurechnenden Abschreibungen sind mit Buchungssatz (K7) gegen den Posten „Nicht beherrschende Anteile" zu buchen:

| | | | | |
|---|---|---|---|---|
| Nicht beherrschende Anteile | 45 GE | an | Immaterielle Vermögensgegenstände | 25 GE |
| | | | Sonstiges Umlaufvermögen | 20 GE |

Die nachfolgende Übersicht zeigt die Folgekonsolidierung nach der Neubewertungsmethode zum 31.12.02 bei einer Beteiligung der Koka-Cooler AG von 50 % an der Biolade GmbH:

| Zeitpunkt 31.12.02 (Alle Zahlenangaben in GE) | Koka-Cooler AG-Konzern | Biolade GmbH | | | SB | Konsolidierungs-spalte | | KB |
|---|---|---|---|---|---|---|---|---|
| | | HB II | stR/stL | HB III | | Soll | Haben | |
| **Aktiva** | | | | | | | | |
| Geschäfts- oder Firmenwert | | | | | | 80[K3] | 20[K6] | 60 |
| Immaterielle Vermögensgegenstände | 500 | 50 | 200[K1] | 250 | 750 | | 25[K6]<br>25[K7] | 700 |
| Anteile an verbundenen Unternehmen | 350 | | | | 350 | | 350[K2] | |
| Sonstiges Anlagevermögen | 1.900 | 500 | | 500 | 2.400 | | | 2.400 |
| Kasse | 70 | 10 | | 10 | 80 | | | 80 |
| Sonstiges Umlaufvermögen | 2.480 | 286 | 40[K1] | 326 | 2.806 | | 20[K6]<br>20[K7] | 2.766 |
| Verbleib. Unterschiedsbetrag | | | | | | 80[K2] | 80[K3] | |
| Summe Aktiva | 5.300 | 846 | | 1.086 | 6.386 | | | 6.006 |
| **Passiva** | | | | | | | | |
| Eigenkapital | | | | | | | | |
| ■ Sonstiges Eigenkapital | 1.800 | 250 | 290[K1] | 540 | 2.340 | 270[K2]<br>270[K4] | | 1.800 |
| ■ Gewinn | | 100 | | 100 | 344 | 50[K5]<br>65[K6] | | 229 |
| ■ Nicht beherrschende Anteile | 244 | | | | | 45[K7] | 270[K4]<br>50[K5] | 275 |
| Finanzverbindlichkeiten | 756 | 225 | | 225 | 981 | | | 981 |
| Sonstiges Fremdkapital | 2.500 | 271 | –50[K1] | 221 | 2.721 | | | 2.721 |
| Summe Passiva | 5.300 | 846 | | 1.086 | 6.386 | 860 | 860 | 6.006 |

**Übersicht 59-7:** Folgekonsolidierung der Biolade GmbH nach der Neubewertungsmethode bei einer Beteiligungsquote von 50 %

## Weitere Geschäftsvorfälle

Dem Vorstandsvorsitzenden der Koka-Cooler AG liegt nun die erwartete Konzernbilanz (nach Kapitalkonsolidierung) zum 31.12.02 vor. Es wird zwar die schnelle Arbeit des Mitarbeiters gelobt, aber es wird auch betont, dass die Kapitalkonsolidierung nur einen Konsolidierungsschritt darstellt. Daraufhin bittet der Vorstandsvorsitzende einen Mitarbeiter aus der Controlling-Abteilung die für das Geschäftsjahr 02 geplanten Geschäftsvorfälle herauszusuchen, an denen sowohl die Biolade GmbH als auch ein anderes Konzernunternehmen des Koka-Cooler AG-Konzerns beteiligt ist. Der Mitarbeiter hält die folgenden für das Geschäftsjahr 02 - unabhängig von einem Kauf der Biolade GmbH - geplanten **Geschäftsvorfälle**[1] für relevant:

(1) Die Koka-Cooler AG soll der Biolade GmbH 10 % der KC Constructions GmbH für 200 GE verkaufen. Die KC Constructions GmbH ist zum 31.12.01 mit den Anschaffungskosten von 100 GE in der Konzernbilanz der Koka-Cooler AG bewertet.

(2) Die Koka-Cooler AG verkauft für 110 GE Flaschen an die Biolade GmbH. Es entstehen hierbei 100 GE Herstellungskosten. Die Hälfte der Flaschen wird direkt weiterverarbeitet und für 200 GE an ein konzernaußenstehendes Unternehmen veräußert. Bei der Weiterverarbeitung entstehen bei der Biolade GmbH Herstellungskosten i. H. v. 60 GE. Weitere 30 % der Flaschen werden ebenfalls weiterverarbeitet, wobei 20 GE Herstellungskosten entstehen. Diese Produkte werden jedoch nicht direkt veräußert und liegen Ende 02 noch auf Lager. Auch die letzten 20 % der Flaschen liegen Ende 02 noch auf Lager, allerdings ohne dass sie weiterverarbeitet wurden.

(3) Die Müllers Bester AG liefert der Biolade GmbH für 66 GE Mangosaft. Die Herstellungskosten betragen für die Müllers Bester AG 60 GE. Die Biolade GmbH verarbeitet den Mangosaft zu Limonade. Hierbei entstehen 34 GE Herstellungskosten. Anschließend wird die Mangolimonade an die Koka-Cooler AG für 110 GE verkauft. Die Koka-Cooler AG etikettiert die Mangolimonade und verkauft sie für 132 GE an die Biolade GmbH. Hierbei entstehen 10 GE Herstellungskosten. Die Biolade GmbH hat die Limonade noch nicht weiterveräußert.

(4) Die Müllers Bester AG liefert dem konzernaußenstehenden österreichischen Energydrink-Hersteller für 66 GE Mangosaft. Der Energydrink-Hersteller verarbeitet den Mangosaft nicht weiter und veräußert ihn direkt an die Biolade GmbH für ebenfalls 66 GE. Die Herstellungskosten betragen für die Müllers Bester AG 60 GE.

(5) Im Rahmen eines Unternehmensverkaufs soll von der Müllers Bester AG eine Due Diligence durchgeführt werden. Für die hierbei anfallenden 20 GE Personalaufwand wird die Müllers Bester AG sowohl der Koka-Cooler AG als auch der Biolade GmbH eine Rechnung über 11 GE stellen. Die Rechnungen werden direkt beglichen.

## Sachverhalt – Schuldenkonsolidierung

Auf die Frage, ob noch weitergehende Informationen zu den Schuldbeziehungen zwischen einem Konzernunternehmen und der Biolade GmbH existieren, muss der Mitarbeiter aus dem Controlling kleinlaut gestehen, dass die Forderung aus Lieferungen und Leistungen der vollkonsolidierten Müllers Bester AG gegenüber der Biolade GmbH i. H. v. 66 GE vom 01.04.02 im September 02 mit 20 GE zum Teil beglichen werden soll (Geschäftsvorfall (3)).

## Aufgabe

Führen Sie auf Grundlage der nachfolgenden Konzernbilanz nach Kapitalkonsolidierung der Koka-Cooler AG eine handelsrechtliche Schuldenkonsolidierung durch. Beachten Sie hierbei, dass die Schuldbeziehung zwar in der erwarteten Konzernbilanz und der geplanten Einzelbilanz der Biolade GmbH berücksichtigt wurde, allerdings zu einem Zeitpunkt, als die Biolade GmbH noch kein

1 Im Folgenden werden die Konsolidierungsbuchungen der Schuldenkonsolidierung (S), Zwischenergebniseliminierung (Z) sowie Aufwands-und Ertragskonsolidierung (A) auf die Geschäftsvorfälle angewendet. Die Schuldenkonsolidierungsbuchung von Geschäftsvorfall (3) wird dementsprechend als S3 dargestellt.

Tochterunternehmen der Koka-Cooler AG war. Gehen Sie bei der Schuldenkonsolidierung von einem Erwerb von 50 % der Anteile an der Biolade GmbH aus.

| Zeitpunkt<br>31.12.02<br>(Alle Zahlenangaben in GE) | KB<br>(nach Kapitalkonsolidierung) |
|---|---|
| **Aktiva** | |
| Geschäfts- oder Firmenwert | 60 |
| Immaterielle Vermögensgegenstände | 700 |
| Anteile an verbundenen Unternehmen | |
| Sonstiges Anlagevermögen | 2.400 |
| Kasse | 80 |
| Sonstiges Umlaufvermögen | 2.766 |
| Verbleib. Unterschiedsbetrag | |
| Summe Aktiva | 6.006 |
| **Passiva** | |
| Eigenkapital | |
| ▪ Sonstiges Eigenkapital | 1.800 |
| ▪ Gewinn | 229 |
| ▪ Nicht beherrschende Anteile | 275 |
| Finanzverbindlichkeiten | 981 |
| Sonstiges Fremdkapital | 2.721 |
| Summe Passiva | 6.006 |

**Übersicht 59-8:** Erwartete Konzernbilanz der Koka-Cooler AG nach der Kapitalkonsolidierung

## Lösung

Durch die Schuldenkonsolidierung soll erreicht werden, dass die Konzernbilanz frei von internen Schuldbeziehungen sowie von sämtlichen Konsequenzen aus diesen Schuldbeziehungen ist. Aus diesem Grund sind die Geschäftsvorfälle 1, 2, 4 und 5 für die Schuldenkonsolidierung nicht von Belang. Der Geschäftsvorfall 3 muss hingegen in die Schuldenkonsolidierung einbezogen werden.

**Geschäftsvorfall (3):**

Da es sich bei der Müllers Bester AG und der Biolade GmbH um zwei im Konzernabschluss der Koka-Cooler AG vollkonsolidierte Unternehmen handelt, würde diese Schuldbeziehung aus Sicht des Koka-Cooler AG-Konzerns einer Verpflichtung gegenüber sich selbst entsprechen, die nach den Ansatzgrundsätzen in der Bilanz nicht berücksichtigt werden darf.

Gemäß § 303 HGB muss die zum Stichtag vorliegende Forderung bei der Müllers Bester AG und die Verbindlichkeit bei der Biolade GmbH herausgerechnet werden. Da die Forderung und die Verbindlichkeit die gleiche Höhe haben, entsteht hierbei keine Aufrechnungsdifferenz.

Aufgrund der Reduktion der Forderung bzw. der Verbindlichkeit im September 02 würde die Forderung bzw. die Verbindlichkeit am 31.12.02 nur noch 46 GE betragen. Mit der folgenden Konsolidierungsbuchung (S3) ist die erwartete Konzernbilanz zu korrigieren:

| Sonstiges Fremdkapital | 46 GE | an | Sonstiges Umlaufvermögen | 46 GE |
|---|---|---|---|---|

Die Konzernbilanz nach der Kapital- und Schuldenkonsolidierung würde wie folgt aussehen:

| Zeitpunkt 31.12.02 (Alle Zahlenangaben in GE) | KB (nach Kapitalkonsolidierung) | Konsolidierungsspalte | | KB |
|---|---|---|---|---|
| | | Soll | Haben | |
| **Aktiva** | | | | |
| Geschäfts- oder Firmenwert | 60 | | | 60 |
| Immaterielle Vermögensgegenstände | 700 | | | 700 |
| Anteile an verbundenen Unternehmen | | | | |
| Sonstiges Anlagevermögen | 2.400 | | | 2.400 |
| Kasse | 80 | | | 80 |
| Sonstiges Umlaufvermögen | 2.766 | | 46[S3] | 2.720 |
| Verbleib. Unterschiedsbetrag | | | | |
| Summe Aktiva | 6.006 | | | 5.960 |
| **Passiva** | | | | |
| Eigenkapital | | | | |
| ▪ Sonstiges Eigenkapital | 1.800 | | | 1.800 |
| ▪ Gewinn | 229 | | | 229 |
| ▪ Nicht beherrschende Anteile | 275 | | | 275 |
| Finanzverbindlichkeiten | 981 | 46[S3] | | 981 |
| Sonstiges Fremdkapital | 2.721 | | | 2.675 |
| Summe Passiva | 6.006 | 46 | 46 | 5.960 |

**Übersicht 59-9:** Schuldenkonsolidierung im Rahmen der Vollkonsolidierung der Biolade GmbH bei einer Beteiligungsquote von 50 %

## Sachverhalt – Zwischenergebniseliminierung

Nachdem nun die erwartete Konzernbilanz (nach Kapital- und Schuldenkonsolidierung) vorliegt, fehlt nur noch ein Konsolidierungsschritt, um den Vorstandsvorsitzenden die vollständige erwartete Konzernbilanz präsentieren zu können. In Anbetracht des nahenden Feierabends möchte der zuständige Mitarbeiter die Zwischenergebniseliminierung noch vor Dienstschluss zu Ende bringen.

## Aufgaben

(a) Führen Sie auf Grundlage der nachfolgenden Konzernbilanz nach Kapital- und Schuldenkonsolidierung der Koka-Cooler AG eine handelsrechtliche Zwischenergebniseliminierung durch. Beachten Sie hierbei, dass die Geschäftsvorfälle zwar in der geplanten Konzernbilanz und der geplanten Einzelbilanz der Biolade GmbH berücksichtigt wurden, allerdings zu einem Zeitpunkt als die Biolade GmbH noch kein Tochterunternehmen der Koka-Cooler AG war. Gehen Sie bei der Zwischenergebniseliminierung von einem Erwerb von 50 % der Anteile an der Biolade GmbH aus.

| Zeitpunkt<br>31.12.02<br>(Alle Zahlenangaben in GE) | KB<br>(nach Kapitalkonsolidierung) |
|---|---|
| **Aktiva** | |
| Geschäfts- oder Firmenwert | 60 |
| Immaterielle Vermögensgegenstände | 700 |
| Anteile an verbundenen Unternehmen | |
| Sonstiges Anlagevermögen | 2.400 |
| Kasse | 80 |
| Sonstiges Umlaufvermögen | 2.720 |
| Verbleib. Unterschiedsbetrag | |
| Summe Aktiva | 5.960 |
| **Passiva** | |
| Eigenkapital | |
| ▪ Sonstiges Eigenkapital | 1.800 |
| ▪ Gewinn | 229 |
| ▪ Nicht beherrschende Anteile | 275 |
| Finanzverbindlichkeiten | 981 |
| Sonstiges Fremdkapital | 2.675 |
| Summe Passiva | 5.960 |

**Übersicht 59-10:** Erwartete Konzernbilanz der Koka-Cooler AG nach der Kapital- und Schuldenkonsolidierung

Unterstellen Sie hier und im Folgenden, dass alle Konzernunternehmen ihre GuV nach dem Umsatzkostenverfahren (UKV) erstellen und sowohl die Bilanzen als auch die GuV den konzerneinheitlichen Bilanzierungsgrundsätzen entsprechen. Gehen Sie darüber hinaus davon aus, dass alle Konzernunternehmen ihre Herstellungskosten zu Vollkosten nach dem HGB ansetzen. Bei selbsterstellten Vermögensgegenständen wird ein konzerninterner Verrechnungssatz i. H. v. 10 % der Vollkosten als Gewinnaufschlag verwendet. Gehen Sie bei allen Sachverhalten stets von keiner Barzahlung und einer Werthaltigkeit der Vermögensgegenstände aus.

(b) Stellen Sie die vollständige geplante Konzernbilanz mit allen Konsolidierungsbuchungen (Kapital- und Schuldenkonsolidierung sowie Zwischenergebniseliminierung) zum 31.12.02 dar.

# Lösungen

## Lösung zu Teilaufgabe (a)

Auch im Konzernabschluss sind nach dem Realisationsprinzip Güter und Leistungen, die ein Unternehmen bezogen bzw. selbsterstellt hat, solange mit den Anschaffungs- und Herstellungskosten anzusetzen, bis sie den Wertsprung zum Absatzmarkt geschafft haben, sofern nicht ein niedrigerer Wert anzusetzen ist. Bei Lieferungen und Leistungen zwischen in den Konzernabschluss einbezogenen Unternehmen ist der Sprung zum Absatzmarkt aus Sicht des Konzerns noch nicht vollzogen, so dass diese konzerninterne Transaktionen darstellen und zu Konzern-AK/HK in der Konzernbilanz anzusetzen sind. Dieses wird in der Bilanz durch die Zwischenergebniseliminierung sichergestellt.

Ein Zwischenergebnis ist nach § 304 Abs. 1 HGB zu eliminieren, wenn folgende Anwendungsvoraussetzungen kumulativ erfüllt sind:

- Es müssen Vermögensgegenstände vorliegen.
- Die Vermögensgegenstände müssen in der Summenbilanz enthalten sein.
- Die Vermögensgegenstände sind in der Summenbilanz höher oder niedriger als die Konzernanschaffungskosten bzw. Konzernherstellungskosten bewertet worden und zwar aufgrund von Lieferungen oder Leistungen zwischen einbezogenen Unternehmen.

Im Folgenden wird für die vier Geschäftsvorfälle betrachtet, ob die Anwendungsvoraussetzungen erfüllt sind:

**Geschäftsvorfall (1):**

- Die Beteiligung an der KC Constructions GmbH ist selbständig verwertbar, so dass ein Vermögensgegenstand vorliegt.
- Der Vermögensgegenstand ist in der Bilanz der Biolade GmbH und somit auch in der Summenbilanz mit 200 GE enthalten.
- Der Vermögensgegenstand ist in der Summenbilanz um 100 GE höher bewertet als die Konzernanschaffungskosten i. H. v. 100 GE.

Die Anwendungsvoraussetzungen sind erfüllt, so dass ein Zwischenergebnis zu eliminieren ist. Dies geschieht mit dem folgenden Buchungssatz (Z1):

| Gewinn | 100 GE | an | Sonstiges Anlagevermögen | 100 GE |
|---|---|---|---|---|

**Geschäftsvorfall (2):**

An ein konzernaußenstehendes Unternehmen weiterveräußerte Flaschen:

- Die Flaschen sind bereits an Konzernaußenstehende weiterveräußert, so dass keine Vermögensgegenstände im Summenabschluss enthalten sind.

Die Anwendungsvoraussetzungen sind nicht erfüllt, so dass keine Zwischenergebniseliminierung erforderlich ist.

Flaschen im Bestand (weiterverarbeitet und nicht weiterverarbeitet):

- Unabhängig davon, ob die Flaschen weiterverarbeitet wurden, sind sie selbständig verwertbar, so dass Vermögensgegenstände vorliegen.

- Die weiterverarbeiteten Flaschen sind in der Einzelbilanz der Biolade GmbH und somit auch in der Summenbilanz mit 53 GE (= 33 GE Materialkosten (= 110 GE · 30 %) + 20 GE Herstellungskosten) enthalten. Die nicht weiterverarbeiteten Flaschen sind in der Summenbilanz mit 22 GE Materialkosten (= 110 GE · 20 %) angesetzt.
- Die Herstellungskosten der weiterverarbeiteten Flaschen betragen aus Konzernsicht 50 GE (= 100 GE · 30 % + 20 GE). Die Flaschen sind somit in der Summenbilanz um 3 GE höher bewertet als die Konzernherstellungskosten. Die nicht weiterverarbeiteten Flaschen sind in der Summenbilanz um 2 GE höher bewertet als die Konzernherstellungskosten i. H. v. 20 GE (= 100 GE · 20 %).

Die Anwendungsvoraussetzungen sind erfüllt, so dass ein Zwischenergebnis i. H. v. insgesamt 5 GE zu eliminieren ist (Buchungssatz (Z2)):

| | | | | |
|---|---|---|---|---|
| Gewinn | 5 GE | an | Sonstiges Umlaufvermögen | 5 GE |

**Geschäftsvorfall (3):**

- Hier liegt ebenfalls ein selbständig verwertbarer Vermögensgegenstand vor.
- Der Vermögensgegenstand ist in der Einzelbilanz der Biolade GmbH und somit auch in der Summenbilanz mit 132 GE (132 GE Materialkosten) enthalten.
- Die Herstellungskosten des Getränks betragen aus Konzernsicht 104 GE (= 60 GE (Müllers Bester AG) + 34 GE (Biolade GmbH) + 10 GE (Koka-Cooler AG)). Der Vermögensgegenstand ist in der Summenbilanz um 2 GE höher bewertet als die Konzernherstellungskosten.

Die Anwendungsvoraussetzungen sind erfüllt, so dass ein Zwischenergebnis zu eliminieren ist. Zu beachten ist allerdings, dass von den 10 GE (= 110 GE - 66 GE - 34 GE) Zwischengewinn bei der Biolade GmbH 50 % den nicht beherrschenden Gesellschaftern zuzuweisen sind. Somit wird dieser Teil gegen den im Eigenkapital gesondert ausgewiesenen Posten „Nicht beherrschende Anteile" gebucht (Buchungssatz (Z3)):

| | | | | |
|---|---|---|---|---|
| Gewinn | 23 GE | | | |
| Nicht beherrschende Anteile | 5 GE | an | Sonstiges Umlaufvermögen | 28 GE |

**Geschäftsvorfall (4):**

Bei diesem Geschäftsvorfall handelt es sich um eine mittelbare Transaktion (Dreiecksgeschäft), da zunächst an ein konzernaußenstehendes Unternehmen geliefert wurde. Nach dem Wortlaut des § 304 HGB bezieht sich die Eliminierungspflicht nur auf unmittelbare Lieferungen und Leistungen zwischen in den Konzernabschluss einbezogenen Unternehmen. Sofern die Transaktion mit einem fremden Unternehmen vorgenommen wird, objektiviert der Markt den Wert des Vermögensgegenstandes. Dreiecksgeschäfte sind grundsätzlich nicht eliminierungspflichtig, es sei denn, dass die Vorschriften der Zwischenergebniseliminierung damit umgangen werden sollen oder dass es sich um treuhänderische Geschäfte handelt. Hier liegen keine Indizien vor, dass hierdurch die Zwischenergebniseliminierung umgangen werden soll, so dass hier keine Zwischenergebniseliminierungspflicht besteht.

**Geschäftsvorfall (5):**

Geschäftsvorfall (5) erfüllt keine der Anwendungsvoraussetzungen für eine Zwischenergebniseliminierung nach § 304 Abs. 1 HGB.

Die Konzernbilanz nach der Kapital- und der Schuldenkonsolidierung sowie nach der Zwischenergebniseliminierung würde unter Berücksichtigung der Geschäftsvorfälle (1) bis (5) wie folgt aussehen:

| Zeitpunkt 31.12.02 (Alle Zahlenangaben in GE) | KB (nach Kapital- und Schuldenkonsolidierung) | Konsolidierungsspalte | | KB |
|---|---|---|---|---|
| | | Soll | Haben | |
| **Aktiva** | | | | |
| Geschäfts- oder Firmenwert | 60 | | | 60 |
| Immaterielle Vermögensgegenstände | 700 | | | 700 |
| Anteile an verbundenen Unternehmen | | | | |
| Sonstiges Anlagevermögen | 2.400 | | 100[Z1] | 2.300 |
| Kasse | 80 | | | 80 |
| Sonstiges Umlaufvermögen | 2.720 | | 5[Z2] | 2.687 |
| Verbleib. Unterschiedsbetrag | | | 28[Z3] | |
| Summe Aktiva | 5.960 | | | 5.827 |
| **Passiva** | | | | |
| Eigenkapital | | | | |
| ▪ Sonstiges Eigenkapital | 1.800 | | | 1.800 |
| ▪ Gewinn | 229 | 100[Z1] | | 101 |
| | | 5[Z2] | | |
| | | 23[Z3] | | |
| ▪ Nicht beherrschende Anteile | 275 | 5[Z3] | | 270 |
| Finanzverbindlichkeiten | 981 | | | 981 |
| Sonstiges Fremdkapital | 2.675 | | | 2.675 |
| Summe Passiva | 5.960 | 46 | 46 | 5.827 |

**Übersicht 59-11:** Zwischenergebniseliminierung im Rahmen der Vollkonsolidierung der Biolade GmbH bei einer Beteiligungsquote von 50 %

## Lösung zu Teilaufgabe (b)

Die nachfolgende Übersicht zeigt die erwartete Konzernbilanz der Koka-Cooler AG vor der Konsolidierung der Biolade GmbH und die Bilanz der Biolade GmbH. Wie vorstehend beschrieben muss die sich hieraus ergebende Summenbilanz um die Kapital- und Schuldenkonsolidierung sowie die Zwischenergebniseliminierung korrigiert werden. Die in den vorstehenden Teilaufgaben beschriebenen erforderlichen Korrekturen sind in der Konsolidierungsspalte dargestellt.

Die letzte Spalte zeigt die vollständige erwartete Konzernbilanz vor der Aufwands- und Ertragskonsolidierung der Koka-Cooler AG zum 31.12.02 unter Berücksichtigung der Biolade GmbH als Tochterunternehmen. Der Anteil an der Biolade GmbH beträgt 50 %.

| Zeitpunkt 31.12.02 (Alle Zahlenangaben in GE) | Koka-Cooler AG-Konzern | Biolade GmbH | | | SB | Konsolidierungsspalte | | KB |
|---|---|---|---|---|---|---|---|---|
| | | HB II | stR/stL | HB III | | Soll | Haben | |
| **Aktiva** | | | | | | | | |
| Geschäfts- oder Firmenwert | | | | | | 80[K3] | 20[K6] | 60 |
| Immaterielle Vermögensgegenstände | 500 | 50 | 200[K1] | 250 | 750 | | 25[K6]<br>25[K7] | 700 |
| Anteile an verbundenen Unternehmen | 350 | | | | 350 | | 350[K2] | |
| Sonstiges Anlagevermögen | 1.900 | 500 | | 500 | 2.400 | | 100[Z1] | 2.300 |
| Kasse | 70 | 10 | | 10 | 80 | | | 80 |
| Sonstiges Umlaufvermögen | 2.480 | 286 | 40[K1] | 326 | 2.806 | | 20[K6]<br>20[K7]<br>5[Z2]<br>28[Z3]<br>46[S3] | 2.687 |
| Verbleib. Unterschiedsbetrag | | | | | | 80[K2] | 80[K3] | |
| Summe Aktiva | 5.300 | 846 | | 1.086 | 6.386 | | | 5.827 |
| **Passiva** | | | | | | | | |
| Eigenkapital | | | | | | | | |
| ■ Sonstiges Eigenkapital | 1.800 | 250 | 290[K1] | 540 | 2.340 | 270[K2]<br>270[K4] | | 1.800 |
| ■ Gewinn | 244 | 100 | | 100 | 344 | 50[K5]<br>65[K6]<br>100[Z1]<br>5[Z2]<br>23[Z3] | | 101 |
| ■ Nicht beherrschende Anteile | | | | | | 45[K7]<br>5[Z3] | 270[K4]<br>50[K5] | 270 |
| Finanzverbindlichkeiten | 756 | 225 | | 225 | 981 | | | 981 |
| Sonstiges Fremdkapital | 2.500 | 271 | –50[K1] | 221 | 2.721 | 46[S3] | | 2.675 |
| Summe Passiva | 5.400 | 846 | | 1.086 | 6.386 | 1.039 | 1.039 | 5.827 |

**Übersicht 59-12:** Erwartete Konzernbilanz der Koka-Cooler AG unter Berücksichtigung der Biolade GmbH zum 31.12.02

## Sachverhalt – Aufwands- und Ertragskonsolidierung

Nach wenigen Stunden hat ein Mitarbeiter aus der Rechnungslegungsabteilung die vollständige erwartete Konzernbilanz fertig und präsentiert sie dem Vorstandsvorsitzenden. Dieser schaut nur kurz über die Ergebnisse und bittet den Mitarbeiter am Folgetag auch die geplante Konzern-GuV für das Geschäftsjahr 02 unter Berücksichtigung der Biolade GmbH aufzustellen.

Zusätzlich zu den Geschäftsvorfällen stellt der Mitarbeiter Unterlagen zur geplanten Konzern-GuV der Koka-Cooler AG (vor dem Erwerb der Biolade GmbH) und zur geplanten GuV der Biolade GmbH zum 31.12.02 zusammen. Im vorliegenden Sachverhalt kann davon ausgegangen werden, dass auch die GuV der Biolade GmbH nach konzerneinheitlichen Standards aufgestellt wurde, so dass die originäre Einzel-GuV (GuV I) mit der GuV II für die Biolade GmbH übereinstimmt. Die nachfolgende Übersicht zeigt die geplanten Gewinn- und Verlustrechnungen:

| Zeitpunkt 31.12.02 (Alle Zahlenangaben in GE) | Koka-Cooler AG-Konzern | Biolade GmbH |
|---|---|---|
| | GuV | GuV II |
| **Ertrag** | | |
| Umsatzerlöse | 3.200 | 900 |
| Sonstige betriebliche Erträge | 200 | 250 |
| Erträge aus Beteiligungen | 300 | |
| Zinsen und ähnliche Erträge | 50 | 5 |
| **Aufwand** | | |
| Herstellungskosten | 1.800 | 550 |
| Vertriebskosten | 500 | 175 |
| Allgemeine Verwaltungskosten | 600 | 200 |
| Sonstige betriebliche Aufwendungen | 300 | 100 |
| Abschreibungen auf Finanzanlagen | 200 | |
| Zinsen und ähnliche Aufwendungen | 100 | 30 |
| **Jahresergebnis** | 250 | 100 |

**Übersicht 59-13:** Erwartete GuV des Koka-Cooler AG-Konzerns ohne die Biolade GmbH sowie die GuV II der Biolade GmbH

## Aufgaben

(a) Die dargestellten Gewinn- und Verlustrechnungen enthalten zwar die Geschäftsvorfälle, jedoch wurden sie ohne Berücksichtigung der Biolade GmbH als Konzernunternehmen aufgestellt. Führen Sie daher eine handelsrechtliche Aufwands- und Ertragskonsolidierung für die geplante GuV des Koka-Cooler AG-Konzerns für das Geschäftsjahr 02 auf Grundlage der geplanten Geschäftsvorfälle durch. Gehen Sie davon aus, dass die GuV der Biolade GmbH den konzerneinheitlichen Bilanzierungsgrundsätzen entspricht. Zudem stellt die Biolade GmbH wie die anderen Konzernunternehmen ihre GuV nach dem UKV auf.

(b) Ermitteln Sie die Konzern-GuV für das Geschäftsjahr 02 unter Berücksichtigung der durch den Erwerb zusätzlich entstehenden Abschreibungen.

# Lösungen

## Lösung zu Teilaufgabe (a)

Die Summen-GuV wird durch zeilenweise (horizontale) Addition der GuV der Biolade GmbH und der Konzern-GuV der Koka-Cooler AG analog zur Summenbilanz ermittelt. Bei der Koka-Cooler AG entsteht durch die Finanzierung des Erwerbs der Biolade GmbH ein Zinsaufwand i. H. v. 6 GE. Dies führt dazu, dass sich die erwarteten Zinsen und ähnliche Aufwendungen - im Vergleich zur geplanten GuV des Koka-Cooler AG-Konzerns aus Übersicht 59-13 - um 6 GE erhöhen. Die nachfolgende Übersicht zeigt die Summen-GuV des Koka-Cooler AG-Konzerns nach Berücksichtigung der Biolade GmbH und des Zinsaufwandes bei der Koka-Cooler AG:

| Zeitpunkt 31.12.02 (Alle Zahlenangaben in GE) | Koka-Cooler AG-Konzern | Biolade GmbH | Summen-GuV |
|---|---|---|---|
| | GuV II | GuV II | |
| **Ertrag** | | | |
| Umsatzerlöse | 3.200 | 900 | 4.100 |
| Sonstige betriebliche Erträge | 200 | 250 | 450 |
| Erträge aus Beteiligungen | 300 | | 300 |
| Zinsen und ähnliche Erträge | 50 | 5 | 55 |
| **Aufwand** | | | |
| Herstellungskosten | 1.800 | 550 | 2.350 |
| Vertriebskosten | 500 | 175 | 675 |
| Allgemeine Verwaltungskosten | 600 | 200 | 800 |
| Sonstige betriebliche Aufwendungen | 300 | 100 | 400 |
| Abschreibungen auf Finanzanlagen | 200 | | 200 |
| Zinsen und ähnliche Aufwendungen | 106 | 30 | 136 |
| **Jahresergebnis** | 244 | 100 | 344 |

**Übersicht 59-14:** Erwartete Summen-GuV des Koka-Cooler AG-Konzerns

Auf der Basis der Summen-GuV wird die Konsolidierung der konzerninternen Aufwendungen und Erträge gemäß § 305 HGB vorgenommen. Mit der sogenannten Aufwands- und Ertragskonsolidierung wird die Konzern-GuV von Erfolgskomponenten befreit, die aus Geschäften zwischen einbezogenen Konzernunternehmen resultieren.

Die Aufgabe der Aufwands- und Ertragskonsolidierung besteht darin, jene Erträge und Aufwendungen zu konsolidieren, die zwar aus Sicht des einzelnen Konzernunternehmens realisiert und daher in der GuV des entsprechenden Konzernunternehmens erfasst wurden, die indes aus Konzernsicht gemäß den Definitionsgrundsätzen für den Jahreserfolg noch nicht realisiert sind und somit in der Konzern-GuV (noch) nicht erscheinen dürfen.

Im Folgenden wird für die fünf Geschäftsvorfälle betrachtet, ob es sich hierbei um konzerninterne Aufwendungen und Erträge handelt, die zu konsolidieren sind. Hierfür werden jeweils die nachfolgenden drei Schritte betrachtet:

(1) Zunächst ist festzustellen, wie der zu betrachtende Geschäftsvorfall in der GuV der wirtschaftlichen Einheit Konzern abzubilden ist.

(2) Die Abbildung in der Konzern-GuV ist mit der Abbildung in der Summen-GuV zu vergleichen.

(3) Ausgehend von der Summen-GuV sind dann die erforderlichen Konsolidierungsbuchungen zu bestimmen.

**Geschäftsvorfall (1):**

Der Verkauf der KC Constructions GmbH an die Biolade GmbH oberhalb des Buchwertes führt in der Einzel-GuV der Koka-Cooler AG und somit auch in der Summen-GuV zu sonstigen betrieblichen Erträgen i. H. v. 100 GE und dadurch zu einem Gewinn in identischer Höhe. Die GuV der Biolade GmbH wird durch den Kauf nicht berührt. Aus Sicht des Koka-Cooler AG-Konzerns handelt es sich hierbei allerdings nicht um ein Veräußerungsgeschäft, so dass sowohl die Erträge als auch der Gewinn mit dem folgenden Buchungssatz (A1) aus der Summen-GuV zu korrigieren sind:

| Sonstige betriebliche Erträge | 100 GE | an | Jahresergebnis | 100 GE |
|---|---|---|---|---|

**Geschäftsvorfall (2):**

In der geplanten Einzel-GuV der Koka-Cooler AG werden aufgrund der Veräußerung der Flaschen 110 GE Umsatzerlöse und 100 GE Herstellungskosten ausgewiesen. Bei der Biolade GmbH führt die Veräußerung von 50 % der Flaschen an Konzernaußenstehende zu Umsatzerlösen i. H. v. 200 GE. Hierbei sind der Biolade GmbH 60 GE Herstellungskosten durch die Weiterverarbeitung und 55 GE Herstellungskosten (= 110 GE · 50 %) durch den Kauf der Flaschen entstanden.

Die restlichen Flaschen befinden sich bei der Biolade GmbH noch im Bestand. Da nach der Konzeption des UKV die Herstellungskosten zur Erzielung der Umsatzerlöse unabhängig davon, wann sie entstanden sind, in derjenigen Periode ausgewiesen werden, in der der entsprechende Umsatz realisiert wird, sind der Erwerb und auch die Weiterverarbeitung des Vermögensgegenstandes für die GuV der Biolade GmbH zunächst ergebnisunwirksam. Die nachfolgende Übersicht zeigt, wie der Sachverhalt in die Einzel-GuV und hierdurch in die Summen-GuV einfließt:

| Zeitpunkt 31.12.02 (Alle Zahlenangaben in GE) | Koka-Cooler AG | Biolade GmbH | Summen-GuV |
|---|---|---|---|
| | GuV II | GuV II | |
| **Ertrag** | | | |
| Umsatzerlöse | 110 | 200 | 310 |
| Sonstige betriebliche Erträge | | | |
| Erträge aus Beteiligungen | | | |
| Zinsen und ähnliche Erträge | | | |
| **Aufwand** | | | |
| Herstellungskosten | 100 | 115 | 215 |
| Vertriebskosten | | | |
| Allgemeine Verwaltungskosten | | | |
| Sonstige betriebliche Aufwendungen | | | |
| Abschreibungen auf Finanzanlagen | | | |
| Zinsen und ähnliche Aufwendungen | | | |
| **Jahresergebnis** | 10 | 85 | 95 |

**Übersicht 59-15:** Auswirkungen von Geschäftsvorfall (2) auf die Summen-GuV

In der Konzern-GuV dürfen lediglich diejenigen Umsatzerlöse und Herstellungskosten angesetzt werden, die dem Konzern durch das konzernaußenstehende Veräußerungsgeschäft entstehen. Dies sind die von der Biolade GmbH erzielten Umsatzerlöse i. H. v. 200 GE, die Herstellungskosten von 60 GE, die bei der Biolade GmbH durch die Weiterverarbeitung entstehen, und die Herstellungskosten der Koka-Cooler AG für 50 % der Flaschen i. H. v. 50 GE (= 100 GE · 50 %). Somit sind die

Umsatzerlöse der Koka-Cooler AG i. H. v. 110 GE sowie die Herstellungskosten der Koka-Cooler AG i. H. v. 50 GE (= 100 GE · 50 %) für die Flaschen, die sich noch im Bestand der Biolade GmbH befinden, zu eliminieren. Des Weiteren ist das Jahresergebnis um den Zwischengewinn von 5 GE zu mindern, der sich aus den Umsatzerlösen der nicht weiterveräußerten Flaschen von 55 GE (= 110 GE · 50 %) und den diesen Umsatzerlösen zuzuordnenden Herstellungskosten von 50 GE (= 100 GE · 50 %) ergibt. Bei der Biolade GmbH müssen die Herstellungskosten i. H. v. 55 GE für den Erwerb der weiterveräußerten Flaschen herausgerechnet werden, da lediglich die dargestellten tatsächlichen Herstellungskosten der Koka-Cooler AG und der Biolade GmbH berücksichtigt werden dürfen. Die nicht veräußerten Flaschen haben keine Auswirkung auf die GuV der Biolade GmbH und somit die Summen-GuV, so dass hieraus keine Konsolidierungsnotwendigkeit entsteht.

Der Buchungssatz (A2) lautet:

| | | | | |
|---|---|---|---|---|
| Umsatzerlöse | 110 GE | an | Herstellungskosten | 105 GE |
| | | | Jahresergebnis | 5 GE |

**Geschäftsvorfall (3):**

Dieser Sachverhalt führt aus Sicht des Konzerns nicht zu einer Realisation, da keine Veräußerung an einen Konzernaußenstehenden stattgefunden hat. Aus diesem Grund darf durch diesen Geschäftsvorfall keine Erfolgswirkung in der Konzern-GuV entstehen.

Die geplanten Einzel-GuV der Müllers Bester AG, der Biolade GmbH und der Koka-Cooler AG enthalten allerdings jeweils die Umsatzerlöse, Herstellungskosten und den daraus resultierenden Gewinn aus den konzerninternen Veräußerungsgeschäften, da aus Sicht der Einzelunternehmen eine Realisation stattfindet. Die nachfolgende Übersicht zeigt, wie der Sachverhalt in die Einzel-GuV und die Summen-GuV einfließt:

| Zeitpunkt 31.12.02 (Alle Zahlenangaben in GE) | Koka-Cooler AG | Müllers Bester AG | Biolade GmbH | Summen-GuV |
|---|---|---|---|---|
| | GuV II | GuV II | GuV II | |
| **Ertrag** | | | | |
| Umsatzerlöse | 132 | 66 | 110 | 308 |
| Sonstige betriebliche Erträge | | | | |
| Erträge aus Beteiligungen | | | | |
| Zinsen und ähnliche Erträge | | | | |
| **Aufwand** | | | | |
| Herstellungskosten | 120 | 60 | 100 | 280 |
| Vertriebskosten | | | | |
| Allgemeine Verwaltungskosten | | | | |
| Sonstige betriebliche Aufwendungen | | | | |
| Abschreibungen auf Finanzanlagen | | | | |
| Zinsen und ähnliche Aufwendungen | | | | |
| **Jahresergebnis** | 12 | 6 | 10 | 28 |

**Übersicht 59-16:** Auswirkungen von Geschäftsvorfall (3) auf die Summen-GuV

Die Summen-GuV ist somit um die Umsatzerlöse i. H. v. 308 GE (= 132 GE + 66 GE + 110 GE), Herstellungskosten i. H. v. 280 GE (= 120 GE + 60 GE + 100 GE) und Gewinne i. H. v. 28 GE (= 12 GE + 6 GE + 10 GE) aus diesem Geschäftsvorfall zu korrigieren.

Der Buchungssatz zur Korrektur der Summen-GuV (A3) lautet:

| Umsatzerlöse | 308 GE | an | Herstellungskosten | 280 GE |
|---|---|---|---|---|
| | | | Jahresergebnis | 28 GE |

**Geschäftsvorfall (4):**

Die Getränkelieferung der Müllers Bester AG an den österreichischen Händler sowie dessen Weiterverkauf an die Biolade GmbH erfordert aufgrund der lediglich mittelbaren Transaktion keine Aufwands- und Ertragskonsolidierung.

**Geschäftsvorfall (5):**

Beim UKV dürfen unter Posten 2 des § 275 Abs. 3 HGB nur solche Aufwendungen als Herstellungskosten erfasst werden, die zur Erzielung von Umsatzerlösen entstanden sind. Daher sind die von der Biolade GmbH an die Müllers Bester AG entrichteten 11 GE in der Einzel-GuV der Biolade GmbH als sonstige betriebliche Aufwendungen auszuweisen. Aus Sicht der Müllers Bester AG stellen die von der Biolade GmbH erhaltenen 11 GE Umsatzerlöse, und die Personalaufwendungen i. H. v. 10 GE Herstellungskosten dar.[2] Die nachfolgende Übersicht zeigt, wie der Sachverhalt in die Einzel-GuV und die Summen-GuV einfließt:

| Zeitpunkt 31.12.02 (Alle Zahlenangaben in GE) | Koka-Cooler AG | Biolade GmbH | Summen-GuV |
|---|---|---|---|
| | GuV II | GuV II | |
| **Ertrag** | | | |
| Umsatzerlöse | 11 | | 11 |
| Sonstige betriebliche Erträge | | | |
| Erträge aus Beteiligungen | | | |
| Zinsen und ähnliche Erträge | | | |
| **Aufwand** | | | |
| Herstellungskosten | 10 | | 10 |
| Vertriebskosten | | | |
| Allgemeine Verwaltungskosten | | | |
| Sonstige betriebliche Aufwendungen | | 11 | 11 |
| Abschreibungen auf Finanzanlagen | | | |
| Zinsen und ähnliche Aufwendungen | | | |
| **Jahresergebnis** | 1 | – 11 | – 10 |

**Übersicht 59-17:** Auswirkungen von Geschäftsvorfall (5) auf die Summen-GuV

Aus Sicht des Konzerns berät eine Abteilung eine andere Abteilung, wobei zwar 10 GE Personalaufwendungen, allerdings keine (Außen-)Umsatzerlöse entstehen. Diese Aufwendungen hat die Müllers Bester AG als Herstellungskosten erfasst, die der Beratungsleistung zuzuordnen sind. Da diese

2 Annahmegemäß werden die 20 GE Personalaufwand - wie auch die erzielten Umsatzerlöse - hälftig auf die Koka-Cooler AG sowie die Biolade GmbH verteilt.

aus Konzernsicht nicht zur Erzielung eines Umsatzes führen, stellen die Personalaufwendungen aus Konzernsicht keine Herstellungskosten, sondern sonstige betriebliche Aufwendungen dar. Somit sind die in der Summen-GuV ausgewiesenen Umsatzerlöse i. H. v. 11 GE mit den Herstellungskosten der Müllers Bester AG i. H. v. 10 GE zu verrechnen. In Höhe der Differenz von 1 GE sind die um diesen Betrag zu hoch ausgewiesenen sonstigen betrieblichen Aufwendungen zu korrigieren.

Der Buchungssatz (A5) lautet:

| Umsatzerlöse | 11 GE | an | Herstellungskosten | 10 GE |
|---|---|---|---|---|
| | | | Sonstige betriebliche Aufwendungen | 1 GE |

Die Beratungsleistung der Müllers Bester AG für die Koka-Cooler AG stellte bereits ohne den Erwerb der Biolade GmbH eine konzerninterne Transaktion dar, so dass davon ausgegangen werden muss, dass dieser Geschäftsvorfall bereits in der geplanten Konzern-GuV der Koka-Cooler AG berücksichtigt wurde und somit keine weitere Konsolidierungsbuchung erforderlich ist.

Die nachfolgende Übersicht zeigt die GuV des Koka-Cooler AG-Konzerns:

| Zeitpunkt 31.12.02 | Koka-Cooler AG-Konzern | Biolade GmbH | Summen-GuV | Konsolidierungsspalte | | Konzern-GuV |
|---|---|---|---|---|---|---|
| (Alle Zahlenangaben in GE) | GuV II | GuV II | | Soll | Haben | |
| **Ertrag** | | | | | | |
| Umsatzerlöse | 3.200 | 900 | 4.100 | 110[A2]<br>308[A3]<br>11[A5] | | 3.671 |
| Sonstige betriebliche Erträge | 200 | 250 | 450 | 100[A1] | | 350 |
| Erträge aus Beteiligungen | 300 | | 300 | | | 300 |
| Zinsen und ähnliche Erträge | 50 | 5 | 55 | | | 55 |
| **Aufwand** | | | | | | |
| Herstellungskosten | 1.800 | 550 | 2.350 | | 105[A2]<br>280[A3]<br>10[A5] | 1.955 |
| Vertriebskosten | 500 | 175 | 675 | | | 675 |
| Allgemeine Verwaltungskosten | 600 | 200 | 800 | | | 800 |
| Sonstige betriebliche Aufwendungen | 300 | 100 | 400 | | 1[A5] | 399 |
| Abschreibungen auf Finanzanlagen | 200 | | 200 | | | 200 |
| Zinsen und ähnliche Aufwendungen | 106 | 30 | 136 | | | 136 |
| **Jahresergebnis** | 244 | 100 | 344 | | 100[A1]<br>5[A2]<br>28[A3] | 211 |

**Übersicht 59-18:** Aufwands- und Ertragskonsolidierung im Rahmen der Vollkonsolidierung der Biolade GmbH bei einer Beteiligungsquote von 50 %

## Lösung zu Teilaufgabe (b)

Im Rahmen der Kapitalkonsolidierung wurden ein Geschäfts- oder Firmenwert i. H. v. 80 GE und stille Reserven i. H. v. 290 GE ermittelt. Abschreibungen auf den Geschäfts- oder Firmenwert und die stillen Reserven sind bisher nicht in der Konzern-GuV im Geschäftsjahr 02 berücksichtigt worden. Sie werden systematisch im Rahmen der Aufwands- und Ertragskonsolidierung eliminiert, werden hier aber gesondert behandelt. Folgende Abschreibungen müssen aufgrund des Erwerbs der Biolade GmbH zusätzlich berücksichtigt werden:

- Die **stillen Reserven im Anlagevermögen** in Form der nicht aktivierten Marke „Biolade" (120 GE) und der selbsterstellten immateriellen Vermögensgegenstände (80 GE) werden planmäßig über die Nutzungsdauer der zugehörigen Vermögensgegenstände abgeschrieben (hier vier Jahre). Hieraus resultieren bisher nicht berücksichtigte Abschreibungen i. H. v. 50 GE (= (120 GE + 80 GE) / 4 Jahre).
- Die **stillen Reserven im Umlaufvermögen** werden nicht planmäßig abgeschrieben. Allerdings sind zum 31.12.02 die Buch- und Zeitwerte der Rohstoffe identisch, so dass die stillen Reserven im Umlaufvermögen i. H. v. 40 GE vollständig außerplanmäßig abzuschreiben sind.
- Der **Geschäfts- oder Firmenwert** wird gemäß Aufgabenstellung planmäßig über vier Jahre abgeschrieben. Somit ergeben sich planmäßige Abschreibungen von 20 GE / Jahr (= 80 GE / 4 Jahre).

Diese zusätzlichen Abschreibungen i. H. v. 110 GE (= 50 GE + 40 GE + 20 GE) sind in der Konzern-GuV als Herstellungskosten zu berücksichtigen (Buchungssatz (AB1)):

| Herstellungskosten | 110 GE | an | Jahresergebnis | 110 GE |
|---|---|---|---|---|

| Zeitpunkt 31.12.02 (Alle Zahlenangaben in GE) | Summen-GuV | Konsolidierungsspalte | | Konzern-GuV (vor Abschreibungen) | Abschreibungen | Konzern-GuV |
|---|---|---|---|---|---|---|
| | | Soll | Haben | | | |
| **Ertrag** | | | | | | |
| Umsatzerlöse | 4.100 | 429[A2,A3,A5] | | 3.671 | | 3.671 |
| Sonstige betriebliche Erträge | 450 | 100[A1] | | 350 | | 350 |
| Erträge aus Beteiligungen | 300 | | | 300 | | 300 |
| Zinsen und ähnliche Erträge | 55 | | | 55 | | 55 |
| **Aufwand** | | | | | | |
| Herstellungskosten | 2.350 | | 395[A2,A3,A5] | 1.955 | 110[AB1] | 2.065 |
| Vertriebskosten | 675 | | | 675 | | 675 |
| Allgemeine Verwaltungskosten | 800 | | | 800 | | 800 |
| Sonstige betriebliche Aufwendungen | 400 | | 1[A5] | 399 | | 399 |
| Abschreibungen auf Finanzanlagen | 200 | | | 200 | | 200 |
| Zinsen und ähnliche Aufwendungen | 136 | | | 136 | | 136 |
| **Jahresergebnis** | 344 | | 133[A1,A2,A3] | 211 | 110[AB1] | 101 |

**Übersicht 59-19:** Konzern-GuV der Koka-Cooler AG

## Aufgabe

Die verschiedenen Geschäftsvorfälle des Koka-Cooler AG-Konzerns wurden bisher systematisch nach den jeweiligen Konsolidierungsschritten behandelt. Um einen umfassenden Eindruck von den Auswirkungen der einzelnen Geschäftsvorfälle auf die Bilanz und die GuV zu erhalten, bittet der Vorstandsvorsitzende seinen Mitarbeiter darum, die Buchungen für jeden einzelnen Geschäftsvorfall zusammenzustellen.

Bilden Sie im Folgenden **jeden der Geschäftsvorfälle (1) bis (5) über die verschiedenen Konsolidierungsschritte** der Vollkonsolidierung zum 31.12.02 ab. Geben Sie dabei die jeweiligen Buchungssätze an.

## Lösung

**Geschäftsvorfall (1):**

Durch die Veräußerung der Anteile an der KC Constructions GmbH seitens der Koka-Cooler AG ist die Beteiligung in der Bilanz der Biolade GmbH und somit in der Summenbilanz um 100 GE höher bewertet als die Konzernanschaffungskosten. Das Zwischenergebnis ist folglich zu eliminieren (Z1):

| | | | | |
|---|---|---|---|---|
| Gewinn | 100 GE | an | Sonstiges Anlagevermögen | 100 GE |

Außerdem sind die Erfolgswirkungen des Geschäftsvorfalls im Rahmen der Aufwands- und Ertragskonsolidierung zu korrigieren (A1):

| | | | | |
|---|---|---|---|---|
| Sonstige betriebliche Erträge | 100 GE | an | Jahresergebnis | 100 GE |

**Geschäftsvorfall (2):**

Für die an das konzernaußenstehende Unternehmen veräußerten Flaschen ist eine Zwischenergebniseliminierung nicht erforderlich. Die angefallenen konzerninternen Umsatzerlöse von 55 GE sowie die korrespondierenden Herstellungskosten von 55 GE sind jedoch in der Aufwands- und Ertragskonsolidierung zu berichtigen.

Die Flaschen im Bestand sind mit 75 GE (= 33 GE + 20 GE + 22 GE) angesetzt, wohingegen die Konzernherstellungskosten 70 GE (= 50 GE + 20 GE) betragen. Der (Zwischen-)Gewinn i. H. v. 5 GE ist zu eliminieren (Z2):

| | | | | |
|---|---|---|---|---|
| Gewinn | 5 GE | an | Sonstiges Umlaufvermögen | 5 GE |

Im Rahmen der Aufwands- und Ertragskonsolidierung sind die Umsatzerlöse i. H. v. 55 GE, Herstellungskosten von 50 GE sowie das Jahresergebnis i. H. v. 5 GE in der Aufwands- und Ertragskonsolidierung zu korrigieren.

Inklusive der für die bereits veräußerten Flaschen erforderlichen Korrekturen ergibt sich folgender Buchungssatz (A3):

| | | | | |
|---|---|---|---|---|
| Umsatzerlöse | 110 GE | an | Herstellungskosten | 105 GE |
| | | | Jahresergebnis | 5 GE |

**Geschäftsvorfall (3):**

Die durch die Lieferung von Mangosaft i. H. v. 66 GE entstandene Forderung aus Lieferung und Leistung der vollkonsolidierten Müllers Bester AG gegenüber der Biolade GmbH wurde zum Stichtag mit 20 GE teilweise beglichen. Im Rahmen der Schuldenkonsolidierung wird dieses Schuldverhältnis berücksichtigt (S3):

| | | | | |
|---|---|---|---|---|
| Sonstiges Fremdkapital | 46 GE | an | Sonstiges Umlaufvermögen | 46 GE |

Unabhängig vom Zeitpunkt der Begleichung der Verpflichtung entstand durch den konzerninternen Umsatz bei der Müllers Bester AG ein zu eliminierender Gewinn i. H. v. 6 GE. Durch den Weiterverkauf des Saftes an die Koka-Cooler AG sowie von dort an die Biolade GmbH entstanden weitere zu korrigierende Gewinne i. H. v. 10 GE bzw. 12 GE. Dabei sind 50 % der bei der Biolade GmbH anfallenden Zwischengewinne den nicht beherrschenden Gesellschaftern zuzuordnen (Z3):

| | | | | |
|---|---|---|---|---|
| Gewinn | 23 GE | | | |
| Nicht beherrschende Anteile | 5 GE | an | Sonstiges Umlaufvermögen | 28 GE |

Nach der Berichtigung der Bilanzposten sind in der Aufwands- und Ertragskonsolidierung die Umsatzerlöse i. H. v. 308 GE (= 66 GE + 110 GE + 132 GE), Herstellungskosten i. H. v. 280 GE (= 6 GE + 100 GE + 120 GE) sowie das Jahresergebnis i. H. v. 28 GE (= 6 GE + 10 GE + 12 GE) zu korrigieren (A3).

| | | | | |
|---|---|---|---|---|
| Umsatzerlöse | 308 GE | an | Herstellungskosten | 280 GE |
| | | | Jahresergebnis | 28 GE |

**Geschäftsvorfall (4):**

Die Getränkelieferung der Müllers Bester AG an den österreichischen Händler sowie dessen Weiterverkauf an die Biolade GmbH erfordert aufgrund der lediglich mittelbaren Transaktion weder eine Zwischenergebniseliminierung noch eine Aufwands- und Ertragskonsolidierung.

**Geschäftsvorfall (5):**

Auch im Fall der Due-Diligence-Prüfungsleistung entsteht kein zu eliminierender Gewinn. Die ausgewiesenen Umsatzerlöse i. H. v. 11 GE sind jedoch mit den Herstellungskosten i. H. v. 10 GE zu verrechnen. In Höhe der Differenz von 1 GE sind die um diesen Betrag zu hoch ausgewiesenen sonstigen betrieblichen Aufwendungen im Rahmen der Aufwands- und Ertragskonsolidierung zu korrigieren (A5).

| | | | | |
|---|---|---|---|---|
| Umsatzerlöse | 11 GE | an | Herstellungskosten | 10 GE |
| | | | Sonstige betriebliche Aufwendungen | 1 GE |

## Sachverhalt – Quotenkonsolidierung

Bisher wurde betrachtet, welche Auswirkung ein Erwerb der Biolade GmbH unter Anwendung der Vollkonsolidierung auf die Konzernbilanz der Koka-Cooler AG hätte. Im Laufe der Betrachtungen ist für den Vorstand der Koka-Cooler AG eine weitere Variante in Frage gekommen. Der Vorstand der Koka-Cooler AG denkt über den gemeinsamen Erwerb der Biolade GmbH mit dem zwar befreundeten, aber unabhängigen österreichischen Unternehmen RedLion nach. Bei diesem gemeinsamen Erwerb würden beide Unternehmen je 50 % der Stimmrechte für 350 GE übernehmen. Die sonstigen Rahmenbedingungen würden bei dem gemeinsamen Erwerb weiterhin gelten. Somit würde der Erwerb ebenfalls aus flüssigen Mitteln i. H. v. 250 GE und durch die Aufnahme von Finanzverbindlichkeiten i. H. v. 100 GE finanziert werden, wodurch ein Zinsaufwand i. H. v. 6 GE entsteht.

## Aufgaben

(a) Stellen Sie die erwartete handelsrechtliche Konzernbilanz für das Kaufdatum 31.12.01 und für den 31.12.02 des Koka-Cooler AG-Konzerns auf, wobei die Biolade GmbH nach der Quotenkonsolidierung einbezogen werden soll. Führen Sie hierzu zunächst nur die Kapitalkonsolidierung durch.

(b) Führen Sie nun die handelsrechtliche Schuldenkonsolidierung unter Berücksichtigung der Quotenkonsolidierung durch.

## Lösungen

### Lösung zu Teilaufgabe (a)

Gemäß § 310 Abs. 2 HGB sind die einzelnen Konsolidierungsmaßnahmen der Vollkonsolidierung bei quotaler Konsolidierung entsprechend anzuwenden. Somit ist auch bei der Quotenkonsolidierung eine Kapitalkonsolidierung, eine Schuldenkonsolidierung, eine Zwischenergebniseliminierung sowie eine Aufwands- und Ertragskonsolidierung vorzunehmen. Ebenfalls gemäß § 310 Abs. 2 HGB ist auch bei der Quotenkonsolidierung das Kapital nach der Erwerbsmethode in der Form der Neubewertungsmethode zu konsolidieren.

Im **Gegensatz zur Vollkonsolidierung** sind sämtliche Vermögensgegenstände, Schulden, Rechnungsabgrenzungsposten, Sonderposten, Aufwendungen und Erträge indes nur **anteilig** in den Konzernabschluss einzubeziehen. Die auf andere Gesellschafterunternehmen entfallenden Teile der Vermögensgegenstände, Schulden, Rechnungsabgrenzungsposten, Sonderposten, Aufwendungen und Erträge der Biolade GmbH werden demzufolge nicht in den Konzernabschluss aufgenommen. Aufgrund der anteiligen Berücksichtigung der Vermögensgegenstände und Schulden entfällt daher der Ausgleichsposten für die „Nicht beherrschenden Anteile". Dies bedeutet allerdings ebenfalls, dass zwar die identifizierten stillen Reserven und stillen Lasten in die Konzernbilanz aufgenommen werden, jedoch lediglich mit dem Beteiligungsanteil von 50 %. In der Bilanz der Biolade GmbH existieren die nachfolgend aufgeführten stillen Reserven:

- Nicht aktivierte Marke „Biolade" (120 GE),
- nicht aktivierte selbsterstellte immaterielle Vermögensgegenstände (80 GE),
- zu niedrig bewertete Rohstoffe (40 GE) und
- zu hohe Rückstellung (50 GE).

Die nachfolgende Übersicht zeigt die anteilige Berücksichtigung der Vermögensgegenstände und Schulden sowie die anteilig aufgedeckten stillen Reserven der Biolade GmbH und die sich hierdurch ergebende Summenbilanz:

| Zeitpunkt 31.12.01 (Alle Zahlenangaben in GE) | Koka-Cooler AG-Konzern | Biolade GmbH | | | SB | Konsolidierungsspalte | | KB |
|---|---|---|---|---|---|---|---|---|
| | | HB II | stR/stL | HB III (50 %) | | Soll | Haben | |
| **Aktiva** | | | | | | | | |
| Geschäfts- oder Firmenwert | | | | | | | | |
| Immaterielle Vermögensgegenstände | 500 | 50 | 200[K1] | 125 | 625 | | | |
| Anteile an verbundenen Unternehmen | 350 | | | | 350 | | | |
| Sonstiges Anlagevermögen | 2.000 | 300 | | 150 | 2.150 | | | |
| Kasse | 50 | 30 | | 15 | 65 | | | |
| Sonstiges Umlaufvermögen | 2.500 | 220 | 40[K1] | 130 | 2.630 | | | |
| Verbleib. Unterschiedsbetrag | | | | | | | | |
| Summe Aktiva | 5.400 | 600 | | 420 | 5.820 | | | |
| **Passiva** | | | | | | | | |
| Eigenkapital | | | | | | | | |
| ■ Sonstiges Eigenkapital | 1.800 | 250 | 290[K1] | 270 | 2.070 | | | |
| ■ Gewinn | | | | | | | | |
| Finanzverbindlichkeiten | 1.100 | 125 | | 62,5 | 1.162,5 | | | |
| Sonstiges Fremdkapital | 2.500 | 225 | –50[K1] | 87,5 | 2.587,5 | | | |
| Summe Passiva | 5.400 | 600 | | 420 | 5.820 | | | |

**Übersicht 59-20:** Die erwartete Summenbilanz des Koka-Cooler AG-Konzerns zum 31.12.01 nach anteiliger Berücksichtigung der Biolade GmbH

Für die Biolade GmbH ergibt sich durch die anteilige Berücksichtigung der stillen Reserven und stillen Lasten folgendes anteiliges neubewertetes Eigenkapital:

| | | |
|---|---|---|
| | Stille Reserven im Anlagevermögen | 200 GE |
| | Nicht aktivierte Marke „Biolade" (120 GE) | |
| | Nicht aktivierte selbsterstellte immaterielle Vermögensgegenstände (80 GE) | |
| + | Stille Reserven im Umlaufvermögen | + 40 GE |
| | Rohstoffe (40 GE) | |
| + | Stille Reserven bei den Rückstellungen | + 50 GE |
| – | Stille Lasten | |
| = | Summe der stillen Reserven und stillen Lasten | 290 GE |
| | Anteilige stille Reserven und stille Lasten (290 GE · 50 %) | 145 GE |
| + | Anteiliges bilanzielles Eigenkapital der Biolade GmbH (250 GE · 50 %) | + 125 GE |
| = | Anteiliges neubewertetes Eigenkapital der Biolade GmbH | 270 GE |

Im Rahmen der Kapitalkonsolidierung wird die Beteiligung des Mutterunternehmens an dem Gemeinschaftsunternehmen gegen das anteilige neubewertete Eigenkapital aufgerechnet. Da der Kaufpreis bzw. der Beteiligungsbuchwert und das anteilige neubewertete Eigenkapital nur selten übereinstimmen, verbleibt i. d. R. ein Unterschiedsbetrag. Der bei der Konsolidierung der Biolade GmbH verbleibende Unterschiedsbetrag errechnet sich bei einem Anteil der Koka-Cooler AG an der Biolade GmbH von 50 % wie folgt:

| | | |
|---|---|---|
| | Buchwert der Biolade GmbH | 350 GE |
| – | Anteiliges neubewertetes Eigenkapital der Biolade GmbH | – 270 GE |
| = | Verbleib. Unterschiedsbetrag | 80 GE |

Die Beteiligung der Koka-Cooler AG in Höhe des Kaufpreises von 350 GE an der Biolade GmbH wird mit dem anteiligen neubewerteten Eigenkapital i. H. v. 270 GE und dem verbleibenden Unterschiedsbetrag von 80 GE verrechnet. Der Unterschiedsbetrag weicht aufgrund des identischen Kaufpreises und anteiligen neubewerteten Eigenkapitals nicht von dem bei der Vollkonsolidierung ab. Der Buchungssatz (Q1) für diese Konsolidierung lautet:

| | | | | |
|---|---|---|---|---|
| Verbleib. Unterschiedsbetrag | 80 GE | | | |
| Sonstiges Eigenkapital | 270 GE | an | Anteile an verbundenen Unternehmen | 350 GE |

Der verbleibende Unterschiedsbetrag wird wie bei der Anwendung der Vollkonsolidierung behandelt. Der hier vorliegende positive Unterschiedsbetrag wird somit als Geschäfts- oder Firmenwert aus der Kapitalkonsolidierung auf der Aktivseite der Konzernbilanz mit dem Buchungssatz (Q2) ausgewiesen:

| | | | | |
|---|---|---|---|---|
| Geschäfts- oder Firmenwert | 80 GE | an | Verbleib. Unterschiedsbetrag | 80 GE |

Die nachfolgende Übersicht zeigt die Erstkonsolidierung nach der Neubewertungsmethode bei Anwendung der Quotenkonsolidierung und bei einer Beteiligung der Koka-Cooler AG von 50 % an der Biolade GmbH:

| Zeitpunkt 31.12.01 (Alle Zahlenangaben in GE) | Koka-Cooler AG-Konzern | Biolade GmbH | | | SB | Konsolidierungsspalte | | KB |
|---|---|---|---|---|---|---|---|---|
| | | HB II | stR/stL | HB III (50 %) | | Soll | Haben | |
| **Aktiva** | | | | | | | | |
| Geschäfts- oder Firmenwert | | | | | | 80[Q2] | | 80 |
| Immaterielle Vermögensgegenstände | 500 | 50 | 200[K1] | 125 | 625 | | | 625 |
| Anteile an verbundenen Unternehmen | 350 | | | | 350 | | 350[Q1] | |
| Sonstiges Anlagevermögen | 2.000 | 300 | | 150 | 2.150 | | | 2.150 |
| Kasse | 50 | 30 | | 15 | 65 | | | 65 |
| Sonstiges Umlaufvermögen | 2.500 | 220 | 40[K1] | 130 | 2.630 | | | 2.630 |
| Verbleib. Unterschiedsbetrag | | | | | | 80[Q1] | 80[Q2] | |
| Summe Aktiva | 5.400 | 600 | | 420 | 5.820 | | | 5.550 |
| **Passiva** | | | | | | | | |
| Eigenkapital | | | | | | | | |
| ■ Sonstiges Eigenkapital | 1.800 | 250 | 290[K1] | 270 | 2.070 | 270[Q1] | | 1.800 |
| ■ Gewinn | | | | | | | | |
| Finanzverbindlichkeiten | 1.100 | 125 | | 62,5 | 1.162,5 | | | 1.162,5 |
| Sonstiges Fremdkapital | 2.500 | 225 | –50[K1] | 87,5 | 2.587,5 | | | 2.587,5 |
| Summe Passiva | 5.400 | 600 | | 420 | 5.820 | 430 | 430 | 5.550 |

**Übersicht 59-21:** Quotale Erstkonsolidierung der Biolade GmbH nach der Neubewertungsmethode bei einer Beteiligungsquote von 50 %

Wie bei der Vollkonsolidierung verändert sich im Geschäftsjahr 02 die Bilanz des Koka-Cooler AG-Konzerns (vor der Konsolidierung der Biolade GmbH) gegenüber dem Geschäftsjahr 01 wie folgt:

- Das Eigenkapital steigt um den Gewinn i. H. v. 244 GE (Gewinn vor Kauf der Biolade GmbH von 250 GE abzüglich 6 GE Finanzierungskosten).
- Die Finanzverbindlichkeiten verringern sich um den identischen Betrag (244 GE).
- Das sonstige Umlaufvermögen verringert sich um 20 GE und die Kasse erhöht sich um den identischen Betrag aufgrund der Reduktion der Forderung der Müllers Bester AG gegenüber der Biolade GmbH.
- Das sonstige Anlagevermögen und die Finanzverbindlichkeiten verringern sich um 100 GE.

Die HB II der Biolade GmbH verändert sich im Geschäftsjahr 02 gegenüber Geschäftsjahr 01 wie folgt:

- Das Eigenkapital steigt um den Gewinn i. H. v. 100 GE und die Verbindlichkeiten verringern sich um den identischen Betrag.
- Das sonstige Anlagevermögen und die Finanzverbindlichkeiten erhöhen sich um 200 GE.

- Die hinzugekommene Verbindlichkeit gegenüber der Müllers Bester AG führt zu einer Erhöhung der Verbindlichkeiten aus Lieferungen und Leistungen (sonstiges Fremdkapital) um 46 GE, der Vorräte um 66 GE sowie zu einer Verringerung der Kasse aufgrund der Teilrückzahlung der Verbindlichkeit im September 02 um 20 GE.

Die anteiligen stillen Reserven der Biolade GmbH werden - unabhängig von einer Veränderung - auch in der Folgekonsolidierung in Höhe des Wertes der Erstkonsolidierung in der HB III berücksichtigt. Die nachfolgende Übersicht zeigt die Bilanzen vor der Konsolidierung:

| Zeitpunkt 31.12.02 (Alle Zahlenangaben in GE) | Koka-Cooler AG-Konzern | Biolade GmbH | | | SB | Konsolidierungsspalte | | KB |
|---|---|---|---|---|---|---|---|---|
| | | HB II | stR/stL | HB III (50 %) | | Soll | Haben | |
| **Aktiva** | | | | | | | | |
| Geschäfts- oder Firmenwert | | | | | | | | |
| Immaterielle Vermögensgegenstände | 500 | 50 | 200[K1] | 125 | 625 | | | |
| Anteile an verbundenen Unternehmen | 350 | | | | 350 | | | |
| Sonstiges Anlagevermögen | 1.900 | 500 | | 250 | 2.150 | | | |
| Kasse | 70 | 10 | | 5 | 75 | | | |
| Sonstiges Umlaufvermögen | 2.480 | 286 | 40[K1] | 163 | 2.643 | | | |
| Verbleib. Unterschiedsbetrag | | | | | | | | |
| Summe Aktiva | 5.300 | 846 | | 543 | 5.843 | | | |
| **Passiva** | | | | | | | | |
| Eigenkapital | | | | | | | | |
| ▪ Sonstiges Eigenkapital | 1.800 | 250 | 290[K1] | 270 | 2.070 | | | |
| ▪ Gewinn | 244 | 100 | | 50 | 294 | | | |
| Finanzverbindlichkeiten | 756 | 225 | | 112,5 | 868,5 | | | |
| Sonstiges Fremdkapital | 2.500 | 271 | –50[K1] | 110,5 | 2.610,5 | | | |
| Summe Passiva | 5.300 | 846 | | 543 | 5.843 | | | |

**Übersicht 59-22:** Summenbilanz des Koka-Cooler AG-Konzerns nach anteiliger Berücksichtigung der Biolade GmbH zum 31.12.02

Die Verrechnung von Beteiligungsbuchwert und anteiligem Eigenkapital an der Biolade GmbH wird wie bei der Vollkonsolidierung in dem Folgejahr auf der Datenbasis des ersten Jahres der Zugehörigkeit der Biolade GmbH zum Konsolidierungskreis lediglich wiederholt. Somit werden die entsprechenden Konsolidierungsbuchungen mit dem zum Zeitpunkt der Erstkonsolidierung ermittelten anteiligen neubewerteten Eigenkapital, Beteiligungsbuchwert und Unterschiedsbetrag, unabhängig von einer Veränderung der stillen Reserven und stillen Lasten, identisch durchgeführt. Veränderungen ergeben sich nur bei Änderungen des gezeichneten Kapitals des Tochterunternehmens bzw. der Beteiligungshöhe. Dies ist hier nicht der Fall, so dass die folgenden Buchungen (Q1) und (Q2) der Erstkonsolidierung wiederholt werden:

| Verbleib. Unterschiedsbetrag | 80 GE | | | |
|---|---|---|---|---|
| Sonstiges Eigenkapital | 270 GE | an | Anteile an verbundenen Unternehmen | 350 GE |

| Geschäfts- oder Firmenwert | 80 GE | an | Verbleib. Unterschiedsbetrag | 80 GE |
|---|---|---|---|---|

Die bei der Erstkonsolidierung durch die Aufdeckung von stillen Reserven und stillen Lasten ermittelten Werte der Vermögensgegenstände und Schulden sowie der verbleibende Unterschiedsbetrag sind in den Folgejahren fortzuführen. Für die Wertansätze der Vermögensgegenstände und Schulden im Konzernabschluss ergeben sich dabei die gleichen Wertentwicklungen wie in den HB II der Biolade GmbH. Hieraus entstehen folgende erfolgswirksame Wertänderungen, die sich über das Konzernergebnis im Konzerneigenkapital niederschlagen und entsprechend zu korrigieren sind:

- Die **anteiligen stillen Reserven im Anlagevermögen** in Form von der nicht aktivierten Marke „Biolade" und der selbsterstellten immateriellen Vermögensgegenstände werden planmäßig über die Nutzungsdauer der zugehörigen Vermögensgegenstände abgeschrieben (hier vier Jahre). Somit beträgt die Abschreibung 25 GE / Jahr (= (60 GE + 40 GE) / 4 Jahre). Da es sich hierbei lediglich um die Abschreibungen der anteiligen stillen Reserven handelt, werden die Abschreibungen anders als bei der Vollkonsolidierung nicht anteilig dem anderen Gesellschafter des Gemeinschaftsunternehmens zugerechnet.
- Die **anteiligen stillen Reserven im Umlaufvermögen** werden nicht planmäßig abgeschrieben. Allerdings sind zum 31.12.02 die Buchwerte und Zeitwerte der Rohstoffe identisch, so dass die anteiligen stillen Reserven im Umlaufvermögen i. H. v. 20 GE (= 40 GE · 50 %) vollständig außerplanmäßig abzuschreiben sind. Da es sich auch hierbei lediglich um die Abschreibungen der anteiligen stillen Reserven handelt, werden die Abschreibungen ebenfalls nicht anteilig dem anderen Gesellschafter zugeordnet.
- Der **Geschäfts- oder Firmenwert** wird planmäßig über vier Jahre abgeschrieben. Somit ergeben sich planmäßige Abschreibungen von 20 GE / Jahr (= 80 GE / 4 Jahre). Diese Abschreibungen werden vollständig der Koka-Cooler AG zugerechnet, da es sich hierbei lediglich um den durch die Koka-Cooler AG erworbenen Geschäfts- oder Firmenwert handelt.
- Die **Rückstellung** ist auch im Folgejahr noch zu hoch bemessen, so dass hieraus keine Wertänderung resultiert.

Mit folgendem Buchungssatz (Q3) wird der Gewinn korrigiert:

| | | | | |
|---|---|---|---|---|
| Gewinn | 65 GE | an | Geschäfts- oder Firmenwert | 20 GE |
| | | | Immaterielle Vermögensgegenstände | 25 GE |
| | | | Sonstiges Umlaufvermögen | 20 GE |

Die nachfolgende Übersicht zeigt die Folgekonsolidierung nach der Neubewertungsmethode unter Anwendung der Quotenkonsolidierung bei einer Beteiligung der Koka-Cooler AG von 50 % an der Biolade GmbH:

| Zeitpunkt 31.12.02 (Alle Zahlenangaben in GE) | Koka-Cooler AG-Konzern | Biolade GmbH | | | SB | Konsolidierungsspalte | | KB |
|---|---|---|---|---|---|---|---|---|
| | | HB II | stR/stL | HB III (50 %) | | Soll | Haben | |
| **Aktiva** | | | | | | | | |
| Geschäfts- oder Firmenwert | | | | | | $80^{Q2}$ | $20^{Q3}$ | 60 |
| Immaterielle Vermögensgegenstände | 500 | 50 | $200^{K1}$ | 125 | 625 | | $25^{Q3}$ | 600 |
| Anteile an verbundenen Unternehmen | 350 | | | | 350 | | $350^{Q1}$ | |
| Sonstiges Anlagevermögen | 1.900 | 500 | | 250 | 2.150 | | | 2.150 |
| Kasse | 70 | 10 | | 5 | 75 | | | 75 |
| Sonstiges Umlaufvermögen | 2.480 | 286 | $40^{K1}$ | 163 | 2.643 | | $20^{Q3}$ | 2.623 |
| Verbleib. Unterschiedsbetrag | | | | | | $80^{Q1}$ | $80^{Q2}$ | |
| Summe Aktiva | 5.300 | 846 | | 543 | 5.843 | | | 5.508 |
| **Passiva** | | | | | | | | |
| Eigenkapital | | | | | | | | |
| ▪ Sonstiges Eigenkapital | 1.800 | 250 | $290^{K1}$ | 270 | 2.070 | $270^{Q1}$ | | 1.800 |
| ▪ Gewinn | 244 | 100 | | 50 | 294 | $65^{Q3}$ | | 229 |
| Finanzverbindlichkeiten | 756 | 225 | | 112,5 | 868,5 | | | 868,5 |
| Sonstiges Fremdkapital | 2.500 | 271 | $-50^{K1}$ | 110,5 | 2.610,5 | | | 2.610,5 |
| Summe Passiva | 5.300 | 846 | | 543 | 5.843 | 495 | 495 | 5.508 |

**Übersicht 59-23** Quotale Folgekonsolidierung der Biolade GmbH nach der Neubewertungsmethode bei einer Beteiligungsquote von 50 %

## Lösung zu Teilaufgabe (b)

Durch die Schuldenkonsolidierung soll erreicht werden, dass die Konzernbilanz frei von internen Schuldbeziehungen sowie sämtlichen Konsequenzen aus diesen Schuldbeziehungen ist. Da es sich bei der Müllers Bester AG (Vollkonsolidierung) und der Biolade GmbH (Quotenkonsolidierung) um zwei im Konzernabschluss der Koka-Cooler AG einbezogene Unternehmen handelt, würde die durch die Lieferung des Mangosaftes entstandene Schuldbeziehung aus Sicht des Koka-Cooler AG-Konzerns einer Verpflichtung gegenüber sich selbst entsprechen, die nach den Ansatzgrundsätzen in der Bilanz nicht berücksichtigt werden darf.

Gemäß § 303 HGB müssen die im hier vorliegenden Sachverhalt geplante Forderung bei der Müllers Bester AG und die Verbindlichkeit bei der Biolade GmbH herausgerechnet werden. Allerdings sind bei der quotalen Einbeziehung eines Unternehmens auch die Schuldbeziehungen nur quotal zu konsolidieren.

Aufgrund der Reduktion der Forderung bzw. der Verbindlichkeit im September 02 beträgt die Forderung bzw. die Verbindlichkeit am 31.12.02 nur noch 46 GE. In der geplanten Konzernbilanz ist zwar nur die anteilige Verbindlichkeit i. H. v. 23 GE der Biolade GmbH enthalten, jedoch die vollständige Forderung der vollkonsolidierten Müllers Bester AG i. H. v. 46 GE. Nach der Konsolidierung verbleibt somit der Anteil der Forderung der Müllers Bester AG, der dem Anteil des anderen Gesellschafterunternehmens (23 GE = 46 GE · 50 %) entspricht.

Mit der folgenden Konsolidierungsbuchung (QS3) ist die erwartete Konzernbilanz zu korrigieren:

| Sonstiges Fremdkapital | 23 GE | an | Sonstiges Umlaufvermögen | 23 GE |
|---|---|---|---|---|

Da die Forderung und die Verbindlichkeit in gleicher Höhe herausgerechnet wird, entsteht hierbei keine Aufrechnungsdifferenz.

Die Konzernbilanz nach der Kapital- und Schuldenkonsolidierung würde wie folgt aussehen:

| Zeitpunkt 31.12.02 (Alle Zahlenangaben in GE) | KB (nach Kapital- und Schuldenkonsolidierung) | Konsolidierungsspalte | | KB |
|---|---|---|---|---|
| | | Soll | Haben | |
| **Aktiva** | | | | |
| Geschäfts- oder Firmenwert | 60 | | | 60 |
| Immaterielle Vermögensgegenstände | 600 | | | 600 |
| Anteile an verbundenen Unternehmen | | | | |
| Sonstiges Anlagevermögen | 2.150 | | | 2.150 |
| Kasse | 75 | | | 75 |
| Sonstiges Umlaufvermögen | 2.623 | | 23[QS3] | 2.600 |
| Verbleib. Unterschiedsbetrag | | | | |
| Summe Aktiva | 5.508 | | | 5.485 |
| **Passiva** | | | | |
| Eigenkapital | | | | |
| ▪ Sonstiges Eigenkapital | 1.800 | | | 1.800 |
| ▪ Gewinn | 229 | | | 229 |
| Finanzverbindlichkeiten | 868,5 | | | 868,5 |
| Sonstiges Fremdkapital | 2.610,5 | 23[QS3] | | 2.587,5 |
| Summe Passiva | 5.508 | 23 | 23 | 5.485 |

**Übersicht 59-24:** Schuldenkonsolidierung im Rahmen der Quotenkonsolidierung der Biolade GmbH bei einer Beteiligungsquote von 50 %

## Sachverhalt – Equity-Methode

Der Vorstandsvorsitzende der Koka-Cooler AG ist mit den festgestellten Auswirkungen auf die geplante Konzernbilanz bei Anwendung der Voll- oder Quotenkonsolidierung nicht zufrieden. Im Vorstand wird daher überlegt, ob die Ausübung des Wahlrechtes nach § 310 Abs. 1 HGB und somit die Abbildung der Biolade GmbH nach der Equity-Methode eine vorteilhaftere Alternative darstellt. Vereinfachend soll dabei davon ausgegangen werden, dass die Biolade GmbH im Jahr 02 60 GE ausschüttet und sich der Konzerngewinn der Koka-Cooler AG hierdurch um 30 GE erhöht. Die weiteren Rahmenbedingungen ändern sich hierdurch nicht. Somit würde der Erwerb ebenfalls aus flüssigen Mitteln i. H. v. 250 GE und durch die Aufnahme von Finanzverbindlichkeiten i. H. v. 100 GE finanziert werden, wodurch ein Zinsaufwand i. H. v. 6 GE entsteht.

## Aufgabe

Stellen Sie die erwartete handelsrechtliche Konzernbilanz des Koka-Cooler AG-Konzerns für das Kaufdatum 31.12.01 sowie für den 31.12.02 unter Verwendung der Equity-Methode zur Berücksichtigung der Biolade GmbH auf (ohne Zwischenergebniseliminierung).

## Lösung

Im Unterschied zur Vollkonsolidierung und Quotenkonsolidierung werden bei der Equity-Methode keine Vermögensgegenstände und Schulden sowie Aufwendungen und Erträge des assoziierten Unternehmens in den Konzernabschluss übernommen. Gemäß § 312 Abs. 1 Satz 1 HGB ist die Beteiligung bei der Erstbewertung mit dem Buchwert anzusetzen, mit dem sie im Einzelabschluss der Koka-Cooler AG geführt wird. Zum Zeitpunkt der Erstbewertung - dem Kaufdatum (31.12.01) - wird die Beteiligung im Einzelabschluss der Koka-Cooler AG somit mit dem Kaufpreis von 350 GE geführt.

Wenngleich im Rahmen der Equity-Methode kein Geschäfts- oder Firmenwert in der Bilanz ausgewiesen wird, müssen der Unterschiedsbetrag und der darin enthaltene Geschäfts- oder Firmenwert ermittelt werden. Hierfür wird der Beteiligungsbuchwert i. H. v. 350 GE mit dem anteiligen Eigenkapital verglichen. Aus dem Vergleich von Beteiligungsbuchwert und dem anteiligen Eigenkapitel des assoziierten Unternehmens zu Buchwerten entsteht der sog. „Unterschiedsbetrag 1“ (DRS 26.34). Da es sich bei dem anteiligen Eigenkapital nicht um das neubewertete Eigenkapital nach Aufdeckung der stillen Reserven und stillen Lasten handelt, weicht der hierbei ermittelte Unterschiedsbetrag 1 um die stillen Reserven und stillen Lasten von dem bei der Vollkonsolidierung und der Quotenkonsolidierung ermittelten Unterschiedsbetrag ab. Der Unterschiedsbetrag 1 berechnet sich wie folgt:

| | | |
|---|---|---|
| | Buchwert der Biolade GmbH | 350 GE |
| – | Anteiliges bilanzielles Eigenkapital der Biolade GmbH (250 GE · 50 %) | – 125 GE |
| = | Unterschiedsbetrag 1 | 225 GE |

Dieser Unterschiedsbetrag, der in DRS 26.34 als Unterschiedsbetrag 1 bezeichnet wird, ist gemäß § 312 Abs. 2 Satz 1 HGB den Vermögensgegenständen und Schulden des Beteiligungsunternehmens im Rahmen einer Neubewertung zuzuordnen. Die beizulegenden Zeitwerte - nach Aufdeckung der stillen Reserven und stillen Lasten - werden in einer Nebenrechnung erfasst. Der nach Berücksichtigung der aufgedeckten stillen Reserven und Lasten verbleibende sog. „Unterschiedsbetrag 2“ entfällt auf den Geschäfts- oder Firmenwert bzw. auf einen passiven Unterschiedsbetrag (DRS 26.34). Der Unterschiedsbetrag 2 berechnet sich wie folgt:

| | | |
|---|---|---|
| | Unterschiedsbetrag 1 | 225 GE |
| – | Anteilige stille Reserven | – 145 GE |
| | Marke „Biolade" (120 GE · 50 %) | 60 GE |
| | Selbsterstellte immaterielle Vermögensgegenstände (80 GE · 50 %) | 40 GE |
| | Rohstoffe (40 GE · 50 %) | 20 GE |
| | Rückstellungen (50 GE · 50 %) | 25 GE |
| = | Geschäfts- oder Firmenwert (Unterschiedsbetrag 2) | 80 GE |

Der Unterschiedsbetrag 1 sowie ein darin enthaltener Geschäfts- oder Firmenwert, d. h. der Unterschiedsbetrag 2, sind gemäß § 312 Abs. 1 Satz 2 HGB im Konzernanhang anzugeben (DRS 26.88).

Die erwartete Konzernbilanz der Koka-Cooler AG sieht zum 31.12.01 wie folgt aus:

| Zeitpunkt 31.12.01 (Alle Zahlenangaben in GE) | Koka-Cooler AG-Konzern | Biolade GmbH | | | SB | Konsolidierungs-spalte | | KB |
|---|---|---|---|---|---|---|---|---|
| | | HB II | stR/stL | HB III | | Soll | Haben | |
| **Aktiva** | | | | | | | | |
| Geschäfts- oder Firmenwert | | | | | | | | |
| Immaterielle Vermögensgegenstände | 500 | 50 | 200[K1] | 250 | | | | 500 |
| Anteile an assoziierten Unternehmen | 350 | | | | | | | 350 |
| Sonstiges Anlagevermögen | 2.000 | 300 | | 300 | | | | 2.000 |
| Kasse | 50 | 30 | | 30 | | | | 50 |
| Sonstiges Umlaufvermögen | 2.500 | 220 | 40[K1] | 260 | | | | 2.500 |
| Verbleib. Unterschiedsbetrag | | | | | | | | |
| Summe Aktiva | 5.400 | 600 | | 840 | | | | 5.400 |
| **Passiva** | | | | | | | | |
| Eigenkapital | | | | | | | | |
| ■ Sonstiges Eigenkapital | 1.800 | 250 | 290[K1] | 540 | | | | 1.800 |
| ■ Gewinn | | | | | | | | |
| Finanzverbindlichkeiten | 1.100 | 125 | | 125 | | | | 1.100 |
| Sonstiges Fremdkapital | 2.500 | 225 | –50[K1] | 175 | | | | 2.500 |
| Summe Passiva | 5.400 | 600 | | 840 | | | | 5.400 |

**Übersicht 59-25:** Erwartete Konzernbilanz der Koka-Cooler AG zum 31.12.01 bei Anwendung der Equity-Methode zur Berücksichtigung der Biolade GmbH

**In den Folgejahren** ist der Equity-Wert gemäß § 312 Abs. 4 Satz 1 HGB um die Eigenkapitalveränderung des assoziierten Unternehmens fortzuschreiben. Die Erhöhungen bzw. Verminderungen des Equity-Wertes sind gemäß § 312 Abs. 4 Satz 2 HGB in der Konzern-GuV in einem gesonderten Posten im Finanzergebnis zu zeigen.

Die aus der Neubewertung der Vermögensgegenstände und Schulden resultierenden Wertänderungen werden entsprechend der Entwicklung der zugehörigen Vermögensgegenstände und Schulden im Einzelabschluss des assoziierten Unternehmens auch im Konzernabschluss fortgeführt oder aufgelöst. Der Geschäfts- oder Firmenwert ist gemäß § 312 Abs. 2 Satz 3 i. V. m. § 309 HGB wie bei der Vollkonsolidierung zu behandeln und somit planmäßig über die Nutzungsdauer abzuschreiben (hier vier Jahre). Die nachfolgenden Wertänderungen müssen bei der Fortschreibung des Equity-Wertes am 31.12.02 berücksichtigt werden:

- Die **anteiligen stillen Reserven im Anlagevermögen** in Form der nicht aktivierten Marke „Biolade“ und der selbsterstellten immateriellen Vermögensgegenstände werden planmäßig über die Nutzungsdauer der zugehörigen Vermögensgegenstände abgeschrieben (hier vier Jahre). Somit beträgt die Abschreibung 25 GE / Jahr (= (60 GE + 40 GE) / 4 Jahre).

- Die **anteiligen stillen Reserven im Umlaufvermögen** werden nicht planmäßig abgeschrieben. Allerdings sind zum 31.12.02 die Buch- und Zeitwerte der Rohstoffe identisch, so dass die anteiligen stillen Reserven im Umlaufvermögen i. H. v. 20 GE vollständig außerplanmäßig abzuschreiben sind.
- Der **Geschäfts- oder Firmenwert** wird planmäßig über vier Jahre abgeschrieben. Somit ergeben sich planmäßige Abschreibungen von 20 GE / Jahr (= 80 GE / 4 Jahre).
- Die **Rückstellung** ist auch im Folgejahr 02 noch zu hoch bemessen, so dass hieraus keine Wertänderung resultiert.

Die nachfolgende Übersicht zeigt die Fortschreibung des Equity-Wertes zum 31.12.02. Zusätzlich zu den zuvor aufgeführten Wertänderungen müssen noch die anteilige Dividende und der anteilige Jahresüberschuss berücksichtigt werden. Die Dividende führt bei der Koka-Cooler AG zu zusätzlichen Beteiligungserträgen und würde ansonsten doppelt erfasst werden.

| | | Beteiligungsbuchwert am 31.12.01 | 350 |
|---|---|---|---|
| Regelmäßige Fortschreibung des Equity-Wertes | +/– | Anteiliger Jahresüberschuss/Jahresfehlbetrag des Beteiligungsunternehmens | + 50 |
| | – | Erhaltene Dividendenzahlungen von Beteiligungsunternehmen | – 30 |
| | – | Auflösung/Abschreibung der aufgedeckten stillen Reserven | – 45 |
| | + | Auflösung/Abschreibung der aufgedeckten stillen Lasten | |
| | – | Abschreibung des Geschäfts- oder Firmenwertes | – 20 |
| | + | Auflösung eines passiven Unterschiedsbetrages | |
| | –/+ | Eliminierung von Zwischengewinnen/Zwischenverlusten | |
| Unregelmäßige Fortschreibung des Equity-Wertes | – | Außerplanmäßige Abschreibungen | |
| | + | Zuschreibungen | |
| | + | Kapitaleinzahlungen/Zugänge | |
| | – | Kapitalrückzahlungen/Abgänge | |
| | = | Beteiligungsbuchwert am 31.12.02 | 305 |

Mit der folgenden Buchung (E1) wird der Beteiligungsbuchwert fortgeschrieben:

| Gewinn | 45 GE | an | Anteile an assoziierten Unternehmen | 45 GE |
|---|---|---|---|---|

Der ursprüngliche Konzerngewinn der Koka-Cooler AG i. H. v. 250 GE erhöht sich im Jahr 02 aufgrund der Dividende um 30 GE und verringert sich aufgrund der Finanzierungskosten für den Erwerb der Biolade GmbH um 6 GE. Der sich ergebende Konzerngewinn verringert auch hier die Finanzverbindlichkeiten.

Die erwartete Konzernbilanz der Koka-Cooler AG zum 31.12.02 würde unter Berücksichtigung der Fortschreibung des Equity-Wertes wie folgt aussehen:

| Zeitpunkt 31.12.02 (Alle Zahlenangaben in GE) | Koka-Cooler AG-Konzern | Biolade GmbH | | | SB | Konsolidierungsspalte | | KB |
|---|---|---|---|---|---|---|---|---|
| | | HB II | stR/stL | HB III | | Soll | Haben | |
| **Aktiva** | | | | | | | | |
| Geschäfts- oder Firmenwert | | | | | | | | |
| Immaterielle Vermögensgegenstände | 500 | 50 | 200[K1] | 250 | | | | 500 |
| Anteile an assoziierten Unternehmen | 350 | | | | | | 45[E1] | 305 |
| Sonstiges Anlagevermögen | 1.900 | 500 | | 500 | | | | 1.900 |
| Kasse | 70 | 10 | | 10 | | | | 70 |
| Sonstiges Umlaufvermögen | 2.480 | 286 | 40[K1] | 326 | | | | 2.480 |
| Verbleib. Unterschiedsbetrag | | | | | | | | |
| Summe Aktiva | 5.300 | 846 | | 1.086 | | | | 5.255 |
| **Passiva** | | | | | | | | |
| Eigenkapital | | | | | | | | |
| ▪ Sonstiges Eigenkapital | 1.800 | 250 | 290[K1] | 540 | | | | 1.800 |
| ▪ Gewinn | 274 | 100 | | 100 | | 45[E1] | | 229 |
| Finanzverbindlichkeiten | 726 | 225 | | 225 | | | | 726 |
| Sonstiges Fremdkapital | 2.500 | 271 | –50[K1] | 221 | | | | 2.500 |
| Summe Passiva | 5.300 | 846 | | 1.086 | | | | 5.255 |

**Übersicht 59-26:** Die erwartete Konzernbilanz der Koka-Cooler AG zum 31.12.02 nach Fortschreibung des Equity-Wertes